이 책을 펴고 있는 그대를 환영합니다.

밑줄을 긋고

형광펜을 칠하고

메모를 하고

틀리고 맞고를 반복할 그대

쿵. 쿵. 쿵

알아가는 즐거움으로

심장이 벅차게 뛰기를

이 책을 펴고 있는 그대를 응원합니다.

BETTER CONTENT BETTER LIFE

공통수학1 686제

WRITERS

김동은 대신고 교사
김한결 상문고 교사
변도열 상명고 교사
서미경 영동일고 교사
원슬기 신일고 교사
정재훈 영동일고 교사
최승호 서울고 교사

COPYRIGHT

인쇄일 2024년 11월 15일(1판1쇄)
발행일 2024년 11월 15일

펴낸이 신광수
펴낸곳 ㈜미래엔
등록번호 제16-67호

교육개발1실장 하남규
개발책임 주석호
개발 조희수, 박혜령, 박은지

디자인실장 손현지
디자인책임 김기욱
디자인 페이퍼눈

CS본부장 강윤구
CS지원책임 강승훈

ISBN 979-11-7311-135-8

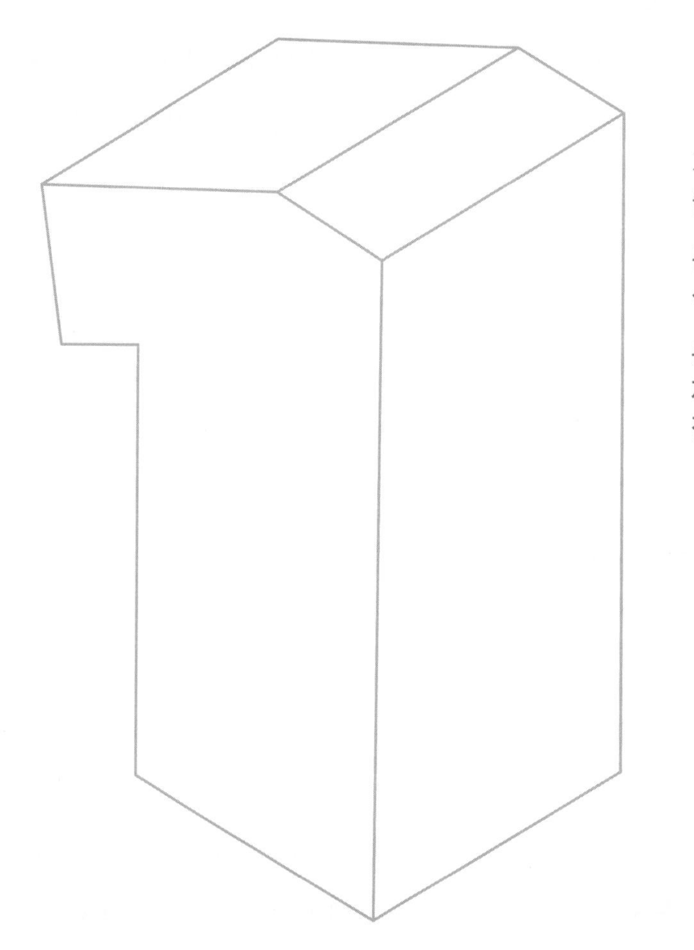

기출 분석 문제집

1등급 만들기

공통수학1 686제

Mirae N 에듀

핵심 개념

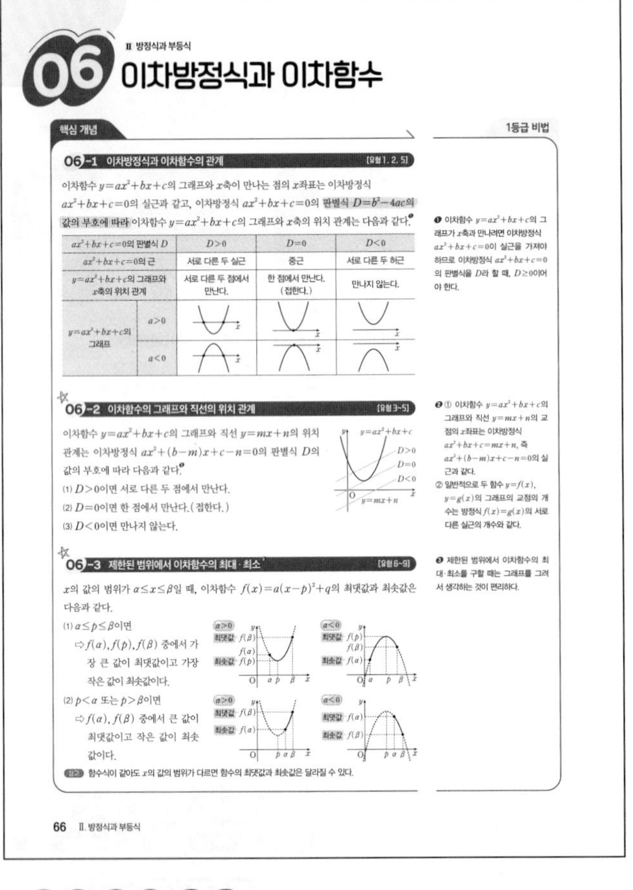

II 방정식과 부등식

06 이차방정식과 이차함수

핵심 개념 / 1등급 비법

06-1 이차방정식과 이차함수의 관계 [유형 1, 2, 5]

이차함수 $y=ax^2+bx+c$의 그래프와 x축이 만나는 점의 x좌표는 이차방정식 $ax^2+bx+c=0$의 실근과 같고, 이차방정식 $ax^2+bx+c=0$의 판별식 $D=b^2-4ac$의 값의 부호에 따라 이차함수 $y=ax^2+bx+c$의 그래프와 x축의 위치 관계는 다음과 같다.❶

$ax^2+bx+c=0$의 판별식 D		$D>0$	$D=0$	$D<0$
$ax^2+bx+c=0$의 근		서로 다른 두 실근	중근	서로 다른 두 허근
$y=ax^2+bx+c$의 그래프와 x축의 위치 관계		서로 다른 두 점에서 만난다.	한 점에서 만난다. (접한다.)	만나지 않는다.
$y=ax^2+bx+c$의 그래프	$a>0$			
	$a<0$			

❶ 이차함수 $y=ax^2+bx+c$의 그래프가 x축과 만나려면 이차방정식 $ax^2+bx+c=0$이 실근을 가져야 하므로 이차방정식 $ax^2+bx+c=0$의 판별식을 D라 할 때, $D\ge0$이어야 한다.

06-2 이차함수의 그래프와 직선의 위치 관계 [유형 3~5]

이차함수 $y=ax^2+bx+c$의 그래프와 직선 $y=mx+n$의 위치 관계는 이차방정식 $ax^2+(b-m)x+c-n=0$의 판별식 D의 값의 부호에 따라 다음과 같다.❷

(1) $D>0$이면 서로 다른 두 점에서 만난다.

(2) $D=0$이면 한 점에서 만난다.(접한다.)

(3) $D<0$이면 만나지 않는다.

❷ ① 이차함수 $y=ax^2+bx+c$의 그래프와 직선 $y=mx+n$의 교점의 x좌표는 이차방정식 $ax^2+bx+c=mx+n$, 즉 $ax^2+(b-m)x+c-n=0$의 실근과 같다.
② 일반적으로 두 함수 $y=f(x)$, $y=g(x)$의 그래프의 교점의 개수는 방정식 $f(x)=g(x)$의 서로 다른 실근의 개수와 같다.

06-3 제한된 범위에서 이차함수의 최대·최소 [유형 6~9]

x의 값의 범위가 $\alpha\le x\le\beta$일 때, 이차함수 $f(x)=a(x-p)^2+q$의 최댓값과 최솟값은 다음과 같다.

(1) $\alpha\le p\le\beta$이면
⇨ $f(\alpha)$, $f(p)$, $f(\beta)$ 중에서 가장 큰 값이 최댓값이고 가장 작은 값이 최솟값이다.

(2) $p<\alpha$ 또는 $p>\beta$이면
⇨ $f(\alpha)$, $f(\beta)$ 중에서 큰 값이 최댓값이고 작은 값이 최솟값이다.

❸ 제한된 범위에서 이차함수의 최대·최소를 구할 때는 그래프를 그려서 생각하는 것이 편리하다.

참고 함수식이 같아도 x의 값의 범위가 다르면 함수의 최댓값과 최솟값은 달라질 수 있다.

66 II. 방정식과 부등식

시험에 자주 나오는 핵심 개념 파악하기

학교 시험에 자주 나오는 개념을 일목 요연하게 정리하여 핵심 개념을 빠르게 파악할 수 있도록 구성하였습니다.

1등급 비법 1등급을 위하여 문제 해결에 활용할 수 있는 비법을 제시하였습니다.

1등급 만들기 3단계 문제 코스

1등급 만들기의 3단계 문제를 풀면 1등급이 이루어집니다.

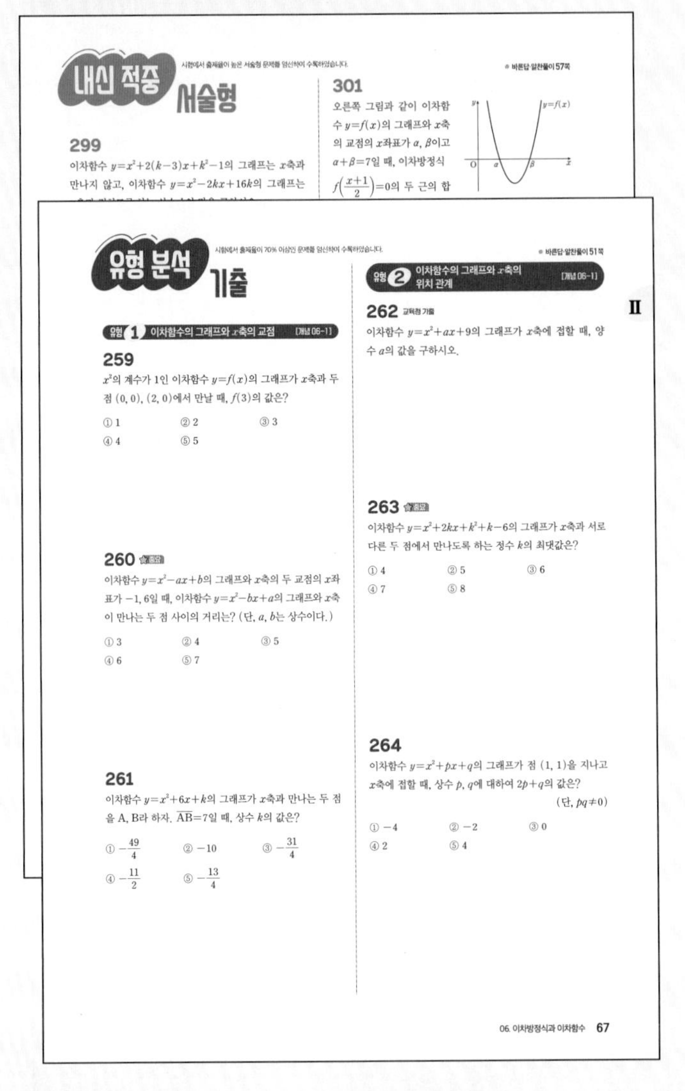

내신 적중 서술형

299
이차함수 $y=x^2+2(k-3)x+k^2-1$의 그래프는 x축과 만나지 않고, 이차함수 $y=x^2-2kx+16k$의 그래프는 …

301
오른쪽 그림과 같이 이차함수 $y=f(x)$의 그래프와 x축의 교점의 x좌표가 α, β이고 $\alpha+\beta=7$일 때, 이차방정식 $f\left(\frac{x+1}{2}\right)=0$의 두 근의 합 …

유형 분석 기출

유형 1 이차함수의 그래프와 x축의 교점 [개념 06-1]

259
x^2의 계수가 1인 이차함수 $y=f(x)$의 그래프가 x축과 두 점 $(0, 0)$, $(2, 0)$에서 만날 때, $f(3)$의 값은?
① 1 ② 2 ③ 3 ④ 4 ⑤ 5

260 중요
이차함수 $y=x^2-ax+b$의 그래프와 x축의 두 교점의 x좌표가 -1, 6일 때, 이차함수 $y=x^2-bx+a$의 그래프와 x축이 만나는 두 점 사이의 거리는? (단, a, b는 상수이다.)
① 3 ② 4 ③ 5 ④ 6 ⑤ 7

261
이차함수 $y=x^2+6x+k$의 그래프가 x축과 만나는 두 점을 A, B라 하자. $\overline{AB}=7$일 때, 상수 k의 값은?
① $-\frac{49}{4}$ ② -10 ③ $-\frac{31}{4}$ ④ $-\frac{11}{2}$ ⑤ $-\frac{13}{4}$

유형 2 이차함수의 그래프와 x축의 위치 관계 [개념 06-1]

262 교육청 기출
이차함수 $y=x^2+ax+9$의 그래프가 x축에 접할 때, 양수 a의 값을 구하시오.

263 중요
이차함수 $y=x^2+2kx+k^2+k-6$의 그래프가 x축과 서로 다른 두 점에서 만나도록 하는 정수 k의 최댓값은?
① 4 ② 5 ③ 6 ④ 7 ⑤ 8

264
이차함수 $y=x^2+px+q$의 그래프가 점 $(1, 1)$을 지나고 x축에 접할 때, 상수 p, q에 대하여 $2p+q$의 값은? (단, $pq\ne0$)
① -4 ② -2 ③ 0 ④ 2 ⑤ 4

06. 이차방정식과 이차함수 67

STEP 1 기출 문제로 실전 감각 키우기

기출 문제를 유형별로 분석한 후 출제율이 70% 이상인 문제를 선별하여 수록하였습니다. 문제를 풀며 탄탄하게 실력을 키울 수 있습니다.

중요 시험에서 출제 빈도가 매우 높은 문제입니다.

실력 UP 실력을 한 단계 높일 수 있는 문제입니다.

교육청 기출, 수능 기출 최근 5개년에 출제된 기출 문제입니다.

배점이 높은 서술형 문제도 꼼꼼히 준비할 수 있도록 출제율이 높은 서술형 문제를 수록하였습니다.

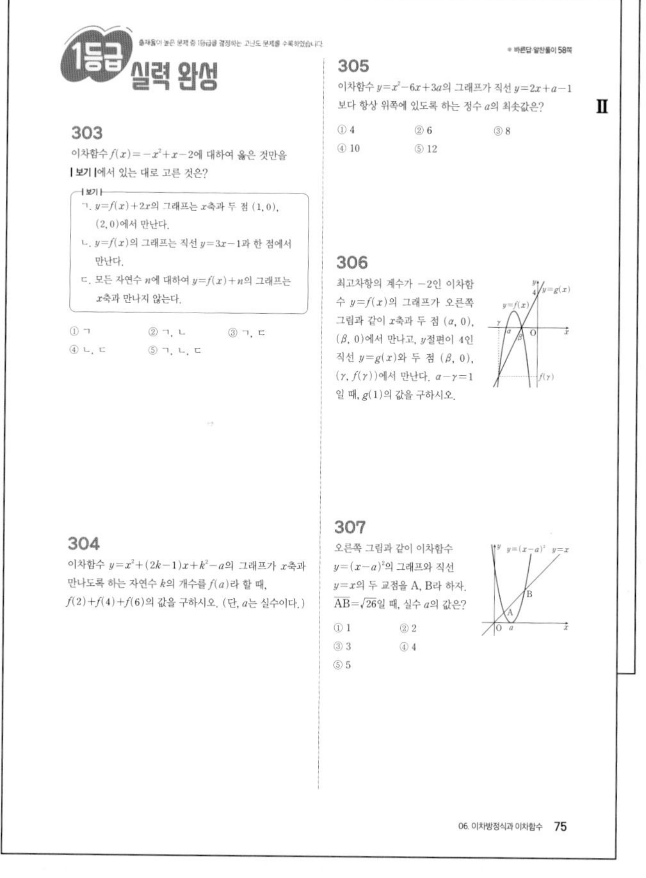

도전 1등급 최고난도

318
두 함수 $f(x)=|x^2-4x|$, $g(x)=-x+k$에 대하여 방정식 $f(x)-g(x)=0$이 4개의 실근을 가질 때, 실수 k의 값

320 교육청 기출
이차함수 $f(x)$와 이차항의 계수가 1인 이차함수 $g(x)$에 대하여 x에 대한 이차방정식
$\{x-f(k)\}\{x-g(k)\}=0$
이 서로 다른 두 실근 0, 4를 갖도록 하는 모든 실수 k의 개수가 3이다. $f(2)=4$일 때, $g(8)-f(8)$의 값은?

1등급 실력 완성

303
이차함수 $f(x)=-x^2+x-2$에 대하여 옳은 것만을 |보기|에서 있는 대로 고른 것은?

|보기|
ㄱ. $y=f(x)+2x$의 그래프는 x축과 두 점 (1, 0), (2, 0)에서 만난다.
ㄴ. $y=f(x)$의 그래프는 직선 $y=3x-1$과 한 점에서 만난다.
ㄷ. 모든 자연수 n에 대하여 $y=f(x)+n$의 그래프는 x축과 만나지 않는다.

① ㄱ ② ㄱ, ㄴ ③ ㄱ, ㄷ
④ ㄴ, ㄷ ⑤ ㄱ, ㄴ, ㄷ

304
이차함수 $y=x^2+(2k-1)x+k^2-a$의 그래프가 x축과 만나도록 하는 자연수 k의 개수를 $f(a)$라 할 때, $f(2)+f(4)+f(6)$의 값을 구하시오. (단, a는 실수이다.)

305
이차함수 $y=x^2-6x+3a$의 그래프가 직선 $y=2x+a-1$보다 항상 위쪽에 있도록 하는 정수 a의 최솟값은?
① 4 ② 6 ③ 8
④ 10 ⑤ 12

306
최고차항의 계수가 -2인 이차함수 $y=f(x)$의 그래프가 오른쪽 그림과 같이 x축과 두 점 $(\alpha, 0)$, $(\beta, 0)$에서 만나고, y절편이 4인 직선 $y=g(x)$와 두 점 $(\beta, 0)$, $(\gamma, f(\gamma))$에서 만난다. $\alpha-\gamma=1$일 때, $g(1)$의 값을 구하시오.

307
오른쪽 그림과 같이 이차함수 $y=(x-a)^2$의 그래프와 직선 $y=x$의 두 교점을 A, B라 하자. $\overline{AB}=\sqrt{26}$일 때, 실수 a의 값은?
① 1 ② 2
③ 3 ④ 4
⑤ 5

06. 이차방정식과 이차함수 75

바른답·알찬풀이

$a+(a+7)=-6$ ······ ㉠
$a(a+7)=k$ ······ ㉡
㉠에서 $2a+7=-6$ $\therefore a=-\frac{13}{2}$
$a=-\frac{13}{2}$을 ㉡에 대입하면
$k=\left(-\frac{13}{2}\right)\times\left(-\frac{13}{2}+7\right)$
$=\left(-\frac{13}{2}\right)\times\frac{1}{2}=-\frac{13}{4}$

262
이차함수 $y=x^2+ax+9$의 그래프가 x축과 접하려면 이차방정식 $x^2+ax+9=0$이 중근을 가져야 하므로 판별식을 D라 할 때,
$D=a^2-4\times9=0$
$a^2=36$ $\therefore a=6$ ($\because a>0$)

263
이차함수 $y=x^2+2kx+k^2+k-6$의 그래프가 x축과 서로 다른 두 점에서 만나려면 이차방정식 $x^2+2kx+k^2+k-6=0$이 서로 다른 두 실근을 가져야 하므로 판별식을 D라 할 때,
$\frac{D}{4}=k^2-(k^2+k-6)>0$
$-k+6>0$ $\therefore k<6$
따라서 정수 k의 최댓값은 5이다.

264
이차함수 $y=x^2+px+q$의 그래프가 점 (1, 1)을 지나므로
$1=1+p+q$ $\therefore q=-p$ ······ ㉠
또, 이 이차함수의 그래프가 x축에 접하려면 이차방정식 $x^2+px+q=0$이 중근을 가져야 하므로 판별식을 D라 할 때,
$D=p^2-4q=0$ ······ ㉡
㉠을 ㉡에 대입하면 $p^2+4p=0$
$p(p+4)=0$ $\therefore p=-4$ ($\because p\neq0$)
$p=-4$를 ㉠에 대입하면 $q=4$
$\therefore 2p+q=2\times(-4)+4=-4$

265
x^2의 계수가 1이므로 $f(x)=x^2+ax+b$라 하자.
$f(-1)=f(3)$이므로 $1-a+b=9+3a+b$
$4a=-8$ $\therefore a=-2$
이차함수 $y=x^2-2x+b$의 그래프가 x축과 한 점에서 만나므로 이차함수 $y=f(x)$의 그래프는 x축과 접한다.
이차방정식 $x^2-2x+b=0$의 판별식을 D라 할 때,
$\frac{D}{4}=(-1)^2-b=0$
$1-b=0$ $\therefore b=1$
따라서 $f(x)=x^2-2x+1$이므로
$f(2)=2^2-2\times2+1=1$

266
이차함수 $y=x^2-(2k+a)x+k^2+bk+4$의 그래프가 x축에 접하려면 이차방정식 $x^2-(2k+a)x+k^2+bk+4=0$이 중근을 가져야 하므로 판별식을 D라 할 때,
$D=\{-(2k+a)\}^2-4(k^2+bk+4)=0$
$4(a-b)k+a^2-16=0$
이 등식이 k에 대한 항등식이므로
$a-b=0$, $a^2-16=0$
$a^2-16=0$에서 $(a+4)(a-4)=0$
$\therefore a=-4$ 또는 $a=4$
$a=-4$를 $a-b=0$에 대입하면
$-4-b=0$ $\therefore b=-4$
$a=4$를 $a-b=0$에 대입하면
$4-b=0$ $\therefore b=4$
$\therefore a=-4, b=-4$ 또는 $a=4, b=4$
$\therefore a^2+b^2=16+16=32$

1등급 비법
'등식이 k의 값에 관계없이 항상 성립한다.'는 조건이 주어지면 다음과 같은 순서로 문제를 해결한다.
(i) 등식의 모든 항을 좌변으로 이항한다.
(ii) k를 포함하는 항끼리 묶어 $□\times k+▲=0$ 꼴로 만든다.
(iii) $□=0$, $▲=0$이 되도록 하는 미지수의 값을 구한다.

267
이차함수 $y=x^2+3x-k$의 그래프와 직선 $y=x-2$가 만나지 않으려면 이차방정식 $x^2+3x-k=x-2$, 즉 $x^2+2x-k+2=0$이 서로 다른 두 허근을 가져야 한다.
이차방정식 $x^2+2x-k+2=0$의 판별식을 D라 할 때,
$\frac{D}{4}=1^2-(-k+2)<0$
$-1+k<0$ $\therefore k<1$

개념 보충
이차함수 $y=f(x)$의 그래프와 직선 $y=g(x)$가 만나지 않는다.
⇨ 이차방정식 $f(x)=g(x)$, 즉 $f(x)-g(x)=0$이 서로 다른 두 허근을 갖는다.
⇨ 이차방정식 $f(x)-g(x)=0$의 판별식을 D라 하면 $D<0$이다.

268
이차함수 $y=x^2-5x+3k$의 그래프와 직선 $y=x+k$가 만나려면 이차방정식 $x^2-5x+3k=x+k$, 즉 $x^2-6x+2k=0$이 실근을 가져야 한다.
이차방정식 $x^2-6x+2k=0$의 판별식을 D라 할 때,
$\frac{D}{4}=(-3)^2-2k\geq0$
$9-2k\geq0$ $\therefore k\leq\frac{9}{2}$
따라서 정수 k의 최댓값은 4이다.

52 바른답·알찬풀이

STEP 2 1등급 문제로 실력 향상시키기

등급의 차이를 결정하는 어려운 문제도 자신 있게 풀 수 있도록 중요 기출 문제 중에서 개념 통합형 문제와 높은 사고력을 요구하는 고난도 문제를 수록하였습니다.

STEP 3 최고난도 문제로 1등급 도전하기

1등급을 결정하는 최고난도의 문제로 시험에서 1등급을 정복할 수 있습니다.

자세한 해설로 문제별 핵심 다시 파악하기

이해하기 쉽도록 자세하고 친절한 풀이를 제시하였습니다.
1등급 실력 완성 문제와 도전 1등급 최고난도 문제에는 해결 전략을 단계적으로 제시하여 문제 해결 능력을 강화할 수 있습니다.

1등급 비법 1등급을 달성할 수 있는 노하우를 수록하였습니다.

개념 보충 놓치기 쉬운 개념을 다시 한번 정리하였습니다.

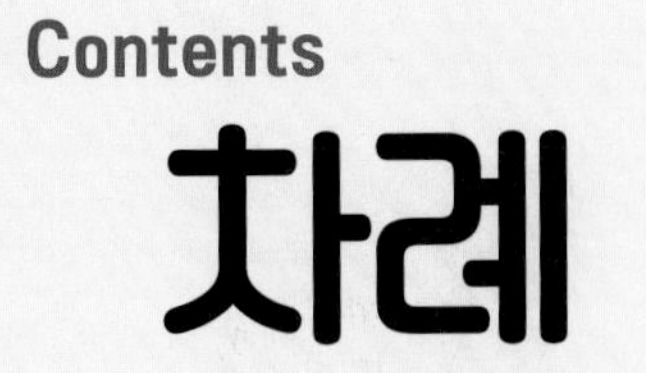

Contents

차례

1등급 만들기로 1등급 완성하자!

1등급 선배들의 공부 TIP

- 하나 문제를 풀기 전에는 절대로 풀이를 보지 말고, 문제가 풀릴 때까지 **스스로의 힘으로 풀자!**
- 둘 잘 모르거나 틀린 문제는 해설을 보면서 어느 부분에서 **왜 틀렸는지 반드시 파악하자!**
- 셋 계산 실수 때문에 틀리는 경우가 없도록 한 문제 한 문제를 **꼼꼼히 풀자!**
- 넷 **등급을 가르는 문제**들은 따로 체크해 두고, 틈틈이 풀면서 **익숙해 지도록 하자!**

1등급 만들기를 활용한 수학 공부법

1 기본기를 탄탄히 하려면?

교과서로 기본 개념을 익힌 후, 시험에 꼭 나오는 핵심 개념만을 모은 **1등급 만들기의 핵심 개념**을 반복해서 읽자. 중요 공식은 반드시 암기하고, **1등급 비법**을 숙지하자.

2 시험에 대비하려면?

시험에 자주 출제되는 문제로 공부하되, 쉬운 문제부터 어려운 문제까지 차근차근 공부하자. **1등급 만들기의 유형 분석 기출 문제**와 **내신 적중 서술형 문제**를 풀면서 기출 문제에 대한 감을 익힌 후, **1등급 실력 완성 문제**로 실력을 높이자. 각 단계를 공부한 후에는 채점하여 틀린 문제에 표시하고, 오답노트를 만들어 다시 한번 풀어 보자.

3 1등급을 정복하려면?

1등급이 되려면 실생활 문제, 여러 단원의 개념을 묻는 통합 문제 등을 해결할 수 있어야 한다. 수학적 사고력을 필요로 하는 **1등급 만들기의 도전 1등급 최고난도 문제**를 풀면서 문제 해결 능력을 키우자.

View Point

노력하는 만큼

지금은 당신이 처한 형편이 어떠하든
당신의 생각과 이상에 따라 노력하는 만큼
높이 솟아오를 것이다.

– 제임스 앨런(미국의 작가)

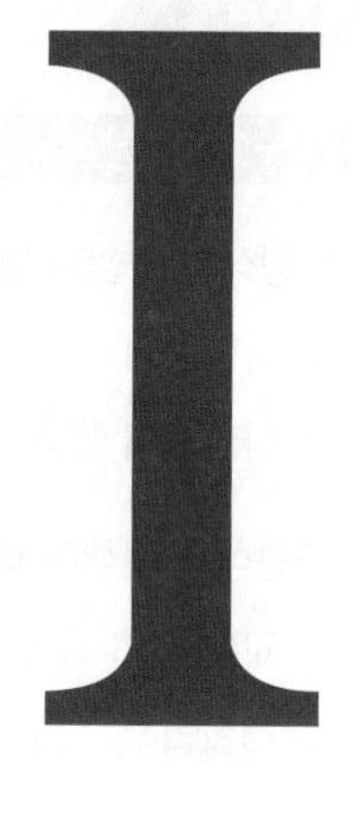

I 다항식

학습 계획 Check

• 학습하기 전, 중단원이 무엇인지 먼저 확인하세요.

• 이해가 부족한 개념이 있는 단원은 ▢ 안에 표시하고 반복하여 학습하세요.

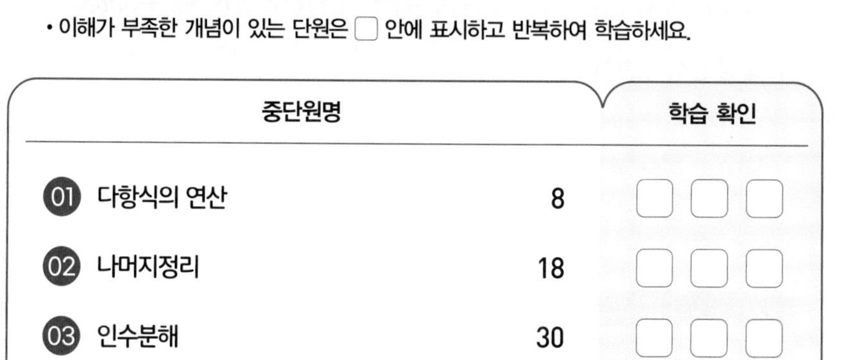

I 다항식

01 다항식의 연산

핵심 개념

01-1 다항식의 덧셈과 뺄셈 [유형 1]

1 다항식의 덧셈과 뺄셈

(1) 다항식의 덧셈: 동류항끼리 모아서 정리한다. (동류항 → 다항식에서 문자와 차수가 각각 같은 항)

(2) 다항식의 뺄셈: 빼는 식의 각 항의 부호를 바꾸어서 더한다.

2 다항식의 덧셈에 대한 성질: 세 다항식 A, B, C에 대하여

(1) 교환법칙: $A+B=B+A$

(2) 결합법칙: $(A+B)+C=A+(B+C)$

01-2 다항식의 곱셈과 곱셈 공식 [유형 2~4]

1 다항식의 곱셈: 분배법칙을 이용하여 식을 전개한 후 동류항끼리 모아서 정리한다. (전개 → 다항식의 곱을 하나의 다항식으로 나타내는 것)

2 다항식의 곱셈에 대한 성질: 세 다항식 A, B, C에 대하여

(1) 교환법칙: $AB=BA$

(2) 결합법칙: $(AB)C=A(BC)$

(3) 분배법칙: $A(B+C)=AB+AC$, $(A+B)C=AC+BC$

3 곱셈 공식

(1) $(a+b)^2=a^2+2ab+b^2$, $(a-b)^2=a^2-2ab+b^2$

(2) $(a+b)(a-b)=a^2-b^2$

(3) $(x+a)(x+b)=x^2+(a+b)x+ab$

(4) $(ax+b)(cx+d)=acx^2+(ad+bc)x+bd$

(5) $(a+b)^3=a^3+3a^2b+3ab^2+b^3$, $(a-b)^3=a^3-3a^2b+3ab^2-b^3$

(6) $(a+b)(a^2-ab+b^2)=a^3+b^3$, $(a-b)(a^2+ab+b^2)=a^3-b^3$

(7) $(a+b+c)^2=a^2+b^2+c^2+2ab+2bc+2ca$

(8) $(a+b+c)(a^2+b^2+c^2-ab-bc-ca)=a^3+b^3+c^3-3abc$

4 곱셈 공식의 변형❶

(1) $a^2+b^2=(a+b)^2-2ab=(a-b)^2+2ab$

(2) $a^3+b^3=(a+b)^3-3ab(a+b)$, $a^3-b^3=(a-b)^3+3ab(a-b)$

(3) $a^2+b^2+c^2=(a+b+c)^2-2(ab+bc+ca)$

01-3 다항식의 나눗셈 [유형 5]

다항식 A를 다항식 B $(B\neq 0)$로 나누었을 때의 몫을 Q, 나머지를 R이라 하면

$A=BQ+R$ (단, (R의 차수)$<$(B의 차수))

특히 $R=0$, 즉 $A=BQ$일 때, 'A는 B로 나누어떨어진다'고 한다.

1등급 비법

❶ 곱셈 공식의 변형: $x+\frac{1}{x}$, $x-\frac{1}{x}$ 꼴

① $x^2+\frac{1}{x^2}=\left(x+\frac{1}{x}\right)^2-2$
$=\left(x-\frac{1}{x}\right)^2+2$

② $x^3+\frac{1}{x^3}=\left(x+\frac{1}{x}\right)^3-3\left(x+\frac{1}{x}\right)$,
$x^3-\frac{1}{x^3}=\left(x-\frac{1}{x}\right)^3+3\left(x-\frac{1}{x}\right)$

유형 분석 기출

시험에서 출제율이 70% 이상인 문제를 엄선하여 수록하였습니다.

● 바른답·알찬풀이 2쪽

유형 1 다항식의 덧셈과 뺄셈 [개념 01-1]

001

두 다항식

$A=x^2-2xy+2y^2$, $B=2x^2-xy+3y^2$

에 대하여 $2(2A-B)+(B-A)$를 간단히 하면?

① $-x^2+3xy-5y^2$　② $-x^2+5xy-5y^2$
③ $x^2-5xy+3y^2$　④ $x^2-3xy+3y^2$
⑤ $x^2-3xy+5y^2$

002

세 다항식

$A=x^3+ax^2+bx+1$,
$B=2x^3-3x^2-4x$,
$C=x^3+2x^2-3$

에 대하여 $A-\{B-(A-C)\}$를 계산하면 x^2의 계수는 5이고 x의 계수는 6이다. 상수 a, b에 대하여 $a+b$의 값을 구하시오.

003 ☆중요

두 다항식 $A=-x^2+6xy-y^2$, $B=4x^2+y^2$에 대하여 등식 $2X+A=2B-X$를 만족시키는 다항식 X를 구하시오.

004

두 다항식 A, B에 대하여

$A+B=4x^2-9x+7$, $A-2B=x^2+3x+1$

일 때, $2A+B$를 구하시오.

005

두 다항식

$A=x^{10}+2x^9+3x^8+\cdots+9x^2+10x$,
$B=10x^{10}+9x^9+8x^8+\cdots+2x^2+x$

에 대하여 $X+A=B$를 만족시키는 다항식 X의 모든 계수의 합은?

① -2　② -1　③ 0
④ 1　⑤ 2

유형 분석 기출

유형 2 다항식의 곱셈과 곱셈 공식 [개념 01-2]

006

다항식 $(x^2+1)(2x^3-4x^2+3)$의 전개식에서 x^2의 계수는?

① -2 ② -1 ③ 1
④ 2 ⑤ 3

007 교육청 기출

다항식 $(x+a)^3+x(x-4)$의 전개식에서 x^2의 계수가 10일 때, 상수 a의 값을 구하시오.

008

다항식 $(x^2-3x+2)(x^2-3x-5)+8$을 전개하면?

① $x^4-6x^3-6x^2-9x+2$
② $x^4-6x^3+6x^2+9x-2$
③ $x^4-6x^3+6x^2+9x+2$
④ $x^4+6x^3-6x^2+9x-2$
⑤ $x^4+6x^3+6x^2+9x-2$

009

세 실수 x, y, z가 $4x^2+y^2+1=6$, $2xy-2x+y=-5$일 때, $(2x-y+1)^2$의 값은?

① 12 ② 13 ③ 14
④ 15 ⑤ 16

010

$a^3=9$일 때, $(a+2)(a-2)(a^2+2a+4)(a^2-2a+4)$의 값은?

① 13 ② 15 ③ 17
④ 19 ⑤ 21

011

$(a+2)^2=6$일 때, $(a+1)(a-1)(a+3)(a+5)$의 값을 구하시오.

유형 3 곱셈 공식의 변형 [개념 01-2]

012

$a=2-\sqrt{3}$, $b=2+\sqrt{3}$일 때, a^3-b^3의 값은?

① $-30\sqrt{3}$ ② $-18\sqrt{3}$ ③ -8
④ $-3\sqrt{3}$ ⑤ $-\sqrt{3}$

013

$x-y=2$, $xy=2$일 때, x^4+y^4의 값은? (단, $x>0$, $y>0$)

① 56 ② 57 ③ 58
④ 59 ⑤ 60

014

$a+b+c=0$, $a^2+b^2+c^2=6$일 때, $a^2b^2+b^2c^2+c^2a^2$의 값을 구하시오.

015 중요

$x-\frac{1}{x}=2$일 때, $x^3-x^2-\frac{1}{x^2}-\frac{1}{x^3}$의 값은?

① -8 ② -4 ③ 0
④ 4 ⑤ 8

016

$a+b+c=3$, $ab+bc+ca=-6$, $abc=-8$일 때, $(a+b)(b+c)(c+a)$의 값은?

① -10 ② -8 ③ -6
④ -4 ⑤ -2

017 실력 UP

$\frac{1}{x}+\frac{1}{y}+\frac{1}{z}=0$, $x^2+y^2+z^2=3$일 때, $(x+y+z)^{10}$의 값을 구하시오. (단, $xyz\neq0$)

유형 분석 기출

유형 4 곱셈 공식의 활용 - 수, 도형 [개념 01-2]

018

$A=101^3-99^3$일 때, 자연수 A의 모든 자리의 숫자의 합은?

① 8　② 9　③ 10　④ 11　⑤ 12

019

$(7+1)(7^2+1)(7^4+1)(7^8+1)=\dfrac{7^n-1}{m}$일 때, 상수 m, n에 대하여 $m+n$의 값은? (단, $1\le m\le 10$)

① 16　② 18　③ 20　④ 22　⑤ 24

020

오른쪽 그림과 같이 선분 AB 위의 점 C에 대하여 선분 AC와 선분 BC를 각각 한 모서리로 하는 두 정육면체가 있다. $\overline{AB}=8$이고 두 정육면체의 부피의 합이 224일 때, 두 정육면체의 겉넓이의 합을 구하시오. (단, 두 정육면체는 한 모서리에서 만난다.)

021 중요

오른쪽 그림과 같은 직육면체 모양의 상자가 있다. 이 상자의 겉넓이는 24이고 모든 모서리의 길이의 합은 28일 때, 이 상자의 대각선의 길이는?

① 4　② 5　③ 6　④ 7　⑤ 8

022 실력 UP 교육청 기출

그림과 같이 $\angle A=90^\circ$, $\overline{BC}=\sqrt{10}$, $\overline{AB}=x$, $\overline{AC}=y$인 삼각형 ABC에 대하여 선분 AB 위에 점 P, 선분 BC 위에 두 점 Q, R, 선분 AC 위에 점 S를 사각형 PQRS가 정사각형이 되도록 잡는다. $\overline{PQ}=\dfrac{2}{7}\sqrt{10}$일 때, x^3-y^3의 값은? (단, $x>y$)

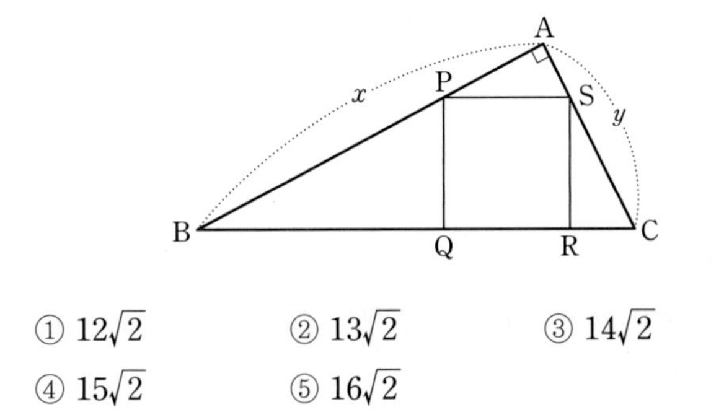

① $12\sqrt{2}$　② $13\sqrt{2}$　③ $14\sqrt{2}$　④ $15\sqrt{2}$　⑤ $16\sqrt{2}$

유형 5 다항식의 나눗셈 [개념 01-3]

023

다항식 $2x^3+6x+4$를 x^2+x+1로 나누었을 때의 나머지가 $6x+k$일 때, 상수 k의 값은?

① -6 ② -3 ③ 0
④ 3 ⑤ 6

024 중요

다항식 x^3-4x^2+2x+1을 x^2+2x-1로 나누었을 때의 몫을 $Q(x)$, 나머지를 $R(x)$라 할 때, $Q(3)+R(1)$의 값은?

① 6 ② 7 ③ 8
④ 9 ⑤ 10

025

다항식 $6x^2-5x+1$을 다항식 A로 나누었을 때의 몫이 $6x+1$이고 나머지가 2일 때, 다항식 A는?

① $x-1$ ② x ③ $x+1$
④ $x+2$ ⑤ $x+3$

026

다항식 $P(x)$를 x^2-1로 나누었을 때의 몫이 $x+1$이고 나머지가 $2x$이다. 다항식 $P(x)$를 x^2+1로 나누었을 때의 나머지를 구하시오.

027

$x^2+2x-1=0$일 때, x^4+x^3+7x-2의 값은?

① 0 ② 1 ③ 2
④ 3 ⑤ 4

028 실력 UP

다항식 $f(x)$를 $2x-1$로 나누었을 때의 몫이 $Q(x)$, 나머지가 -2일 때, 다음 중 다항식 $xf(x)$를 $x-\frac{1}{2}$로 나누었을 때의 몫과 나머지를 차례대로 나열한 것은?

① $2xQ(x),\ -2$ ② $2xQ(x),\ -1$
③ $2xQ(x)-2,\ -2$ ④ $2xQ(x)-2,\ -1$
⑤ $2xQ(x)-2,\ -\frac{1}{2}$

내신 적중 서술형

시험에서 출제율이 높은 서술형 문제를 엄선하여 수록하였습니다.

● 바른답·알찬풀이 5쪽

029

다항식 $(2x^3+x-1)(x+k)^3$의 전개식에서 x^2의 계수가 6일 때, 양수 k의 값을 구하시오.

[풀이]

030

양수 x에 대하여 $\left(x+\frac{2}{x}\right)^2+\left(2x-\frac{1}{x}\right)^2=35$일 때, 다음 물음에 답하시오.

(1) $x^2+\frac{1}{x^2}$의 값을 구하시오.

[풀이]

(2) $x+\frac{1}{x}$의 값을 구하시오.

[풀이]

(3) $x^4+2x^3-13x^2+2x+1$의 값을 구하시오.

[풀이]

031

다음 그림과 같이 중심이 O, 반지름의 길이가 5이고 중심각의 크기가 90°인 부채꼴 OAB가 있다. 호 AB 위의 점 P에서 두 선분 OA, OB에 내린 수선의 발을 각각 H, I라 하자. $\overline{BI}+\overline{IH}+\overline{HA}=8$일 때, 삼각형 PIH의 넓이를 구하시오.

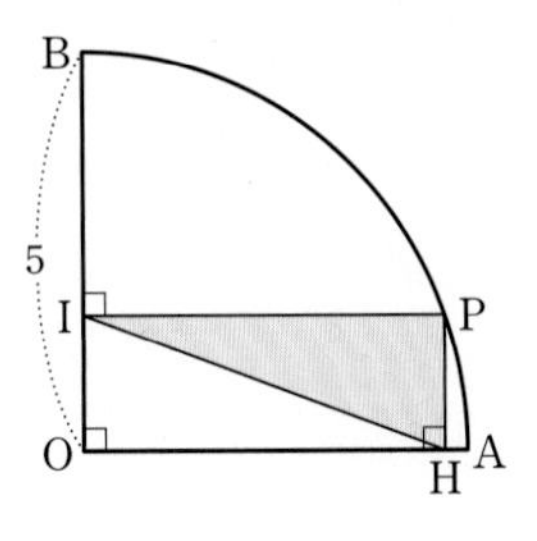

[풀이]

032

두 다항식 $f(x)$, $g(x)$에 대하여 $f(x)$와 $2f(x)-g(x)$를 x^2+2로 나누었을 때의 나머지가 모두 $2x+4$일 때, $g(x)$를 x^2+2로 나누었을 때의 나머지를 구하시오.

[풀이]

1등급 실력 완성

출제율이 높은 문제 중 1등급을 결정하는 고난도 문제를 수록하였습니다.

033

두 다항식 A, B에 대하여

$$A \circ B=3A-B,\ A * B=A+2B$$

라 하자. $P=5x^2+x+11$, $Q=-2x^2+5x-4$일 때, $(P * Q) \circ (Q * P)$를 간단히 하시오.

034

오른쪽 그림과 같은 직사각형 ABCD가 다음 **| 조건 |**을 만족시킨다. (단, 점 M은 $\overline{BC}$의 중점이다.)

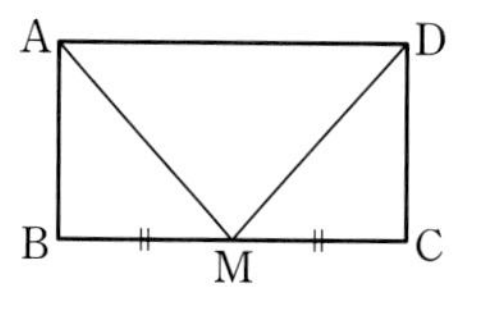

| 조건 |

(가) $\overline{MC}-\overline{CD}=x-y+5$

(나) $\overline{DA}+\overline{AB}+\overline{BM}=3x+y+7$

직사각형 ABCD의 둘레의 길이를 x, y에 대한 식으로 나타내면?

① $2x+y+4$　② $2x+2y+4$　③ $2x+2y+8$　④ $4x+2y+4$　⑤ $4x+2y+8$

● 바른답·알찬풀이 6쪽

I

035

다항식 $(x+2x^2+3x^3+\cdots+100x^{100})^2$의 전개식에서 x^4의 계수는?

① 10　② 15　③ 20　④ 25　⑤ 30

036

$a+b=ab=-2$, $x+y=xy=5$일 때, $(ax+by)(bx+ay)$의 값은?

① 9　② 10　③ 11　④ 12　⑤ 13

037

$x-\dfrac{1}{x}=3$일 때, $\left|x^4-\dfrac{1}{x^4}\right|$의 값은?

① $27\sqrt{11}$　② $27\sqrt{13}$　③ $33\sqrt{11}$　④ $33\sqrt{13}$　⑤ $39\sqrt{13}$

038

세 실수 x, y, z가 다음 **| 조건 |**을 만족시킬 때, xyz의 값을 구하시오.

| 조건 |

(가) x, y, z 중 적어도 하나는 3이다.

(나) $3(x+y+z)=xy+yz+zx$

039

다음 그림과 같이 밑면의 가로, 세로의 길이가 각각 a와 b이고 높이가 c인 직육면체 ABCD$-$EFGH가 있다. 이 직육면체의 옆면의 넓이는 44이고 모든 모서리의 길이의 합이 48일 때, 점 A에서 직육면체의 겉면을 따라 점 G에 도달하는 최단 거리를 구하시오. (단, $b<a<c$)

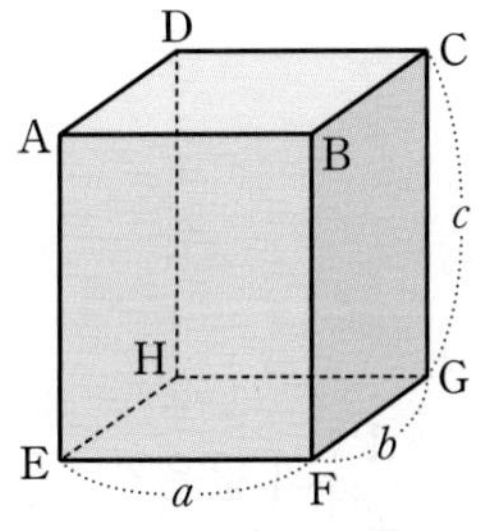

040

다항식 $f(x)$를 $(x-1)^2$으로 나눈 나머지가 x이고 $\{f(x)\}^2$을 $(x-1)^2$으로 나눈 나머지가 $R(x)$일 때, $R(2)$의 값은?

① 1 ② 2 ③ 3
④ 4 ⑤ 5

041

다음 그림과 같이 선분 AB를 빗변으로 하는 직각삼각형 ABC가 있다. 점 C에서 선분 AB에 내린 수선의 발을 H라 할 때, $\overline{CH}=1$이고 삼각형 ABC의 넓이는 $\frac{4}{3}$이다.

$\overline{BH}=x$라 할 때, $3x^3-5x^2+4x+7$의 값은? (단, $x<1$)

① $13-3\sqrt{7}$ ② $14-3\sqrt{7}$ ③ $15-3\sqrt{7}$
④ $16-3\sqrt{7}$ ⑤ $17-3\sqrt{7}$

도전 1등급 최고난도

1등급을 결정하는 문제 중 최고난도 문제를 수록하였습니다.

042

$\frac{1}{x}+\frac{1}{y}+\frac{1}{z}=3$, $xy+yz+zx=3$,
$(x+y)(y+z)(z+x)=8$일 때, $x^2y^2+y^2z^2+z^2x^2$의 값은?

① 2　② $\frac{5}{2}$　③ 3
④ $\frac{7}{2}$　⑤ 4

043

다음 그림과 같이 모든 모서리의 길이가 a인 정사각뿔 O$-$ABCD가 있다. 네 선분 OA, OB, OC, OD 위의 네 점 E, F, G, H를 $\overline{OE}=\overline{OF}=\overline{OG}=\overline{OH}=b$가 되도록 잡는다. 두 정사각뿔 O$-$ABCD, O$-$EFGH의 부피의 합이 $2\sqrt{2}$이고 $\overline{AF}=2$일 때, 사각형 ABFE의 넓이를 S라 하자. $32S^2$의 값을 구하시오.

(단, a, b는 $a>b>0$인 상수이다.)

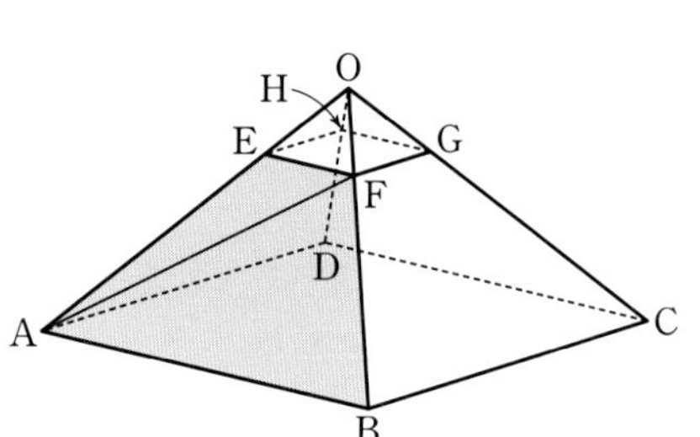

044

$(x+2)^{10}$을 x^2+4로 나누었을 때의 나머지를 $R(x)$라 할 때, $R(2)$의 값은?

① 2^{14}　② 2^{15}　③ 2^{16}
④ 2^{17}　⑤ 2^{18}

I 다항식

02 나머지정리

핵심 개념

02-1 항등식 [유형 1~3]

1 항등식: 주어진 식의 문자에 어떤 값을 대입해도 항상 성립하는 등식

2 항등식의 성질

(1) $ax^2+bx+c=0$이 x에 대한 항등식이면 $a=b=c=0$이다.

(2) $ax^2+bx+c=a'x^2+b'x+c'$이 x에 대한 항등식이면 $a=a'$, $b=b'$, $c=c'$이다.

3 미정계수법: 항등식의 뜻이나 성질을 이용하여 주어진 등식에서 정해져 있지 않은 계수를 정하는 방법

(1) **계수비교법**: 항등식의 양변의 동류항의 계수를 비교하여 계수를 정하는 방법 (→ 양변을 각각 내림차순으로 정리한 후 비교한다.)

(2) **수치대입법**: 항등식의 문자에 적당한 수를 대입하여 계수를 정하는 방법

02-2 나머지정리 [유형 4~10]

1 나머지정리

(1) 다항식 $f(x)$를 일차식 $x-\alpha$로 나누었을 때의 나머지를 R이라 하면

$$R=f(\alpha)$$

(2) 다항식 $f(x)$를 일차식 $ax+b$로 나누었을 때의 나머지를 R이라 하면

$$R=f\left(-\frac{b}{a}\right)$$

2 인수정리[1]

다항식 $f(x)$에 대하여

(1) $f(\alpha)=0$이면 $f(x)$는 일차식 $x-\alpha$로 나누어떨어진다.

(2) $f(x)$가 일차식 $x-\alpha$로 나누어떨어지면 $f(\alpha)=0$이다.

3 조립제법: 다항식을 일차식으로 나눌 때, 계수만을 사용하여 몫과 나머지를 구하는 방법[2]

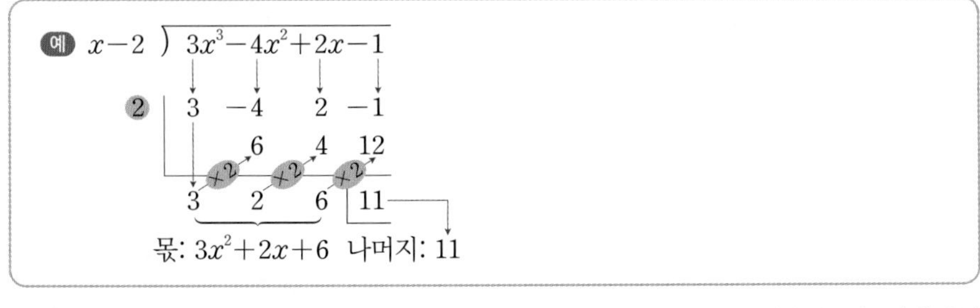

주의 조립제법을 이용할 때는 차수가 높은 항의 계수부터 차례대로 적는다. 이때 해당되는 차수의 항이 없으면 그 항의 계수를 0으로 적는다.

참고 다항식을 일차식으로 나눌 때, 나머지만 구하는 경우에는 나머지정리를 이용하고 몫과 나머지를 모두 구하는 경우에는 조립제법을 이용한다.

1등급 비법

[1] 다음은 모두 '다항식 $f(x)$가 $x-\alpha$로 나누어떨어진다.'와 같은 표현이다.
① 다항식 $f(x)$를 일차식 $x-\alpha$로 나누었을 때의 나머지가 0이다.
② $f(\alpha)=0$
③ $f(x)=(x-\alpha)Q(x)$ (단, $Q(x)$는 다항식이다.)
④ 일차식 $x-\alpha$는 다항식 $f(x)$의 인수이다.

[2] 조립제법을 이용하여 다항식 $f(x)$를 일차식 $ax+b$로 나누었을 때의 몫과 나머지 구하기
(i) 조립제법을 이용하여 다항식 $f(x)$를 $x+\frac{b}{a}$로 나누었을 때의 몫 $Q(x)$와 나머지 R을 구한다.
(ii) $f(x)=\left(x+\frac{b}{a}\right)Q(x)+R$
$=(ax+b)\times\frac{1}{a}Q(x)+R$
이므로 $f(x)$를 $ax+b$로 나누었을 때의 몫은 $\frac{1}{a}Q(x)$, 나머지는 R이다.

유형 분석 기출

시험에서 출제율이 70% 이상인 문제를 엄선하여 수록하였습니다.

● 바른답·알찬풀이 10쪽

유형 1 미정계수법 [개념 02-1]

045

모든 실수 x에 대하여 등식

$$(x+1)^2+2(x+1)-1=a(x-1)^2+b(x-1)+c$$

가 성립할 때, abc의 값은? (단, a, b, c는 상수이다.)

① 40　② 42　③ 44　④ 46　⑤ 48

046

등식 $x^2+3x-4=(x-1)^2+a(x-1)+b$가 x에 대한 항등식일 때, a^2+b^2의 값은? (단, a, b는 상수이다.)

① 21　② 22　③ 23　④ 24　⑤ 25

047

모든 실수 x에 대하여 등식

$$x^3-ax^2+(a-1)x-12=(x-2)(x^2+bx+6)$$

이 성립할 때, $a-b$의 값은? (단, a, b는 상수이다.)

① -8　② -6　③ -4　④ -2　⑤ 0

048 중요

x의 값에 관계없이 등식

$2x^2-2x+2=ax(x+1)+bx(x-2)+c(x+1)(x-2)$

가 항상 성립할 때, 상수 a, b, c에 대하여 $a^2+b^2+c^2$의 값은?

① 2　② 3　③ 4　④ 5　⑤ 6

049 실력 UP

x의 값에 관계없이 $\dfrac{6x^2+2ax+b}{3x^2+2bx+9}$의 값이 항상 일정할 때, 상수 a, b에 대하여 $a+b$의 값을 구하시오.

(단, $3x^2+2bx+9\neq0$)

유형 분석 기출

유형 2 조건을 만족시키는 항등식 [개념 02-1]

050 중요

x에 대한 이차방정식

$$x^2+(k-2)x+(k+3)p-q+2=0$$

이 k의 값에 관계없이 $x=1$을 근으로 가질 때, 상수 p, q에 대하여 pq의 값은?

① -2 ② -1 ③ 0
④ 1 ⑤ 2

051

$x+y=1$을 만족시키는 모든 실수 x, y에 대하여 등식 $(2a-b)x+(b-a)y+1=0$이 성립할 때, $a+b$의 값을 구하시오. (단, a, b는 상수이다.)

052 실력 UP

모든 실수 x에 대하여 등식

$$(x-1)^{10}=a_0+a_1x+a_2x^2+\cdots+a_{10}x^{10}$$

이 항상 성립할 때, $a_1+a_2+a_3+\cdots+a_9$의 값은?

① -2 ② -1 ③ 0
④ 1 ⑤ 2

유형 3 다항식의 나눗셈과 항등식 [개념 02-1]

053

다항식 x^3+ax^2-2x+b를 x^2+x-2로 나누었을 때의 나머지가 $-3x+4$일 때, 상수 a, b에 대하여 $a-b$의 값은?

① -6 ② -4 ③ 2
④ 4 ⑤ 6

054

다항식 $2x^3-5x^2+4$를 $x-1$로 나누었을 때의 몫을 $f(x)$, 나머지를 a라 할 때, $f(a)$의 값을 구하시오.

055

다항식 x^3+ax^2-2x+1을 $x-2$로 나누었을 때의 몫이 $Q(x)$, 나머지가 9일 때, $Q(a)$의 값은?

(단, a는 상수이다.)

① 8 ② 9 ③ 10
④ 11 ⑤ 12

056

x에 대한 항등식 $P(x)=(x^2+1)(ax+b)+2$에 대하여 $P(x^2+1)$을 x^2-x로 나누었을 때의 나머지가 7일 때, $P(-2)$의 값은?

① 31　② 33　③ 35　④ 37　⑤ 39

유형 4 나머지정리; 일차식으로 나누는 경우 [개념 02-2]

057

다항식 $P(x)$를 $x-5$로 나누었을 때의 나머지가 -2이고, 다항식 $Q(x)$를 $x-5$로 나누었을 때의 나머지가 4일 때, 다항식 $3P(x)+4Q(x)$를 $x-5$로 나누었을 때의 나머지를 구하시오.

058

다항식 x^3+3x^2-ax+2를 $x+1$로 나누었을 때의 나머지가 2일 때, 이 다항식을 $x+2$로 나누었을 때의 나머지를 구하시오. (단, a는 상수이다.)

059 중요

다항식 x^3-6x^2+ax+b를 $x-1$, $x-2$로 나누었을 때의 나머지가 각각 5, 7일 때, 상수 a, b에 대하여 ab의 값은?

① -39　② -30　③ -15　④ 21　⑤ 27

060 교육청 기출

최고차항의 계수가 1인 이차다항식 $P(x)$가 다음 **| 조건 |**을 만족시킬 때, $P(4)$의 값은?

| 조건 |

(가) $P(x)$를 $x-1$로 나누었을 때의 나머지는 1이다.

(나) $xP(x)$를 $x-2$로 나누었을 때의 나머지는 2이다.

① 6　② 7　③ 8　④ 9　⑤ 10

061 실력 UP

두 다항식 $f(x)$, $g(x)$에 대하여 $f(x)+g(x)$를 $x-3$으로 나누었을 때의 나머지가 2이고, $f(x)-g(x)$를 $x-3$으로 나누었을 때의 나머지가 -1일 때, 다항식 $2f(x)-(x+1)g(x)$를 $x-3$으로 나누었을 때의 나머지는?

① -7　② -6　③ -5　④ -4　⑤ -3

유형 분석 기출

유형 5 나머지정리; 이차식으로 나누는 경우 [개념 02-2]

062

다항식 $f(x)$를 $x-2$, $x-3$으로 나누었을 때의 나머지가 각각 3, 7일 때, $f(x)$를 x^2-5x+6으로 나누었을 때의 나머지를 구하시오.

063

다항식 $f(x)$를 x^2+2x-3으로 나누었을 때의 나머지가 $3x+1$일 때, $f(2x-5)$를 $x-1$로 나누었을 때의 나머지는?

① -8　② -5　③ -3
④ 0　⑤ 4

064 실력 UP

다항식 $f(x)+2$를 $x+1$로 나누었을 때의 나머지가 5이고, $3f(x)-2$를 $2x-1$로 나누었을 때의 나머지가 1이다. $f(x)$를 $(x+1)(2x-1)$로 나누었을 때의 나머지가 $ax+b$일 때, 상수 a, b에 대하여 $a+b$의 값은?

① $\frac{1}{3}$　② $\frac{2}{3}$　③ 1
④ $\frac{4}{3}$　⑤ $\frac{5}{3}$

유형 6 나머지정리; 삼차식으로 나누는 경우 [개념 02-2]

065

다항식 $2x^4-x$를 $x(x-1)(x+2)$로 나누었을 때의 나머지를 ax^2+bx라 할 때, $a-b$의 값은?

(단, a, b는 상수이다.)

① 7　② 8　③ 9
④ 10　⑤ 11

066

다항식 $f(x)$를 $(x-1)(x+1)$로 나누었을 때의 나머지가 $3x+1$이고, $x(x-1)$로 나누었을 때의 나머지가 4이다. 다항식 $f(x)$를 $x(x-1)(x+1)$로 나누었을 때의 나머지를 $R(x)$라 할 때, $R(x)$를 $x-2$로 나누었을 때의 나머지는?

① -2　② -1　③ 0
④ 1　⑤ 2

067

다항식 $f(x)$를 $x-2$로 나누었을 때의 나머지가 -9이고, $(x+1)^2$으로 나누었을 때의 나머지가 $2x+5$이다. $f(x)$를 $(x-2)(x+1)^2$으로 나누었을 때의 나머지를 $R(x)$라 할 때, $R(0)$의 값은?

① 1　② 2　③ 3
④ 4　⑤ 5

유형 7 인수정리; 일차식으로 나누는 경우 [개념 02-2]

068

다항식 $x^3+ax^2-2bx-4$가 $x-1$, $x-2$를 모두 인수로 가질 때, 상수 a, b에 대하여 a^2+b^2의 값을 구하시오.

069

다항식 $x^3+2(k-1)x^2+k^2$이 $x+1$을 인수로 갖도록 하는 모든 상수 k의 값의 합을 구하시오.

070 중요

다항식 $f(x)$에 대하여 $f(x)+2$, $xf(x)+2$가 각각 일차식 $x-a$로 나누어떨어질 때, $f(1)$의 값은?

(단, a는 상수이다.)

① -3　② -2　③ 0
④ 1　⑤ 2

071 중요

최고차항의 계수가 1인 이차식 $f(x)$에 대하여 $f(x)$가 $x-1$로 나누어떨어지고, $f(x+3)$이 $x-2$로 나누어떨어질 때, $f(0)$의 값은?

① 1　② 2　③ 3
④ 4　⑤ 5

유형 8 인수정리; 이차식으로 나누는 경우 [개념 02-2]

072

다항식 x^3+ax^2-bx+2가 x^2-4로 나누어떨어질 때, ab의 값은? (단, a, b는 상수이다.)

① -4　② -3　③ -2
④ -1　⑤ 0

073 중요

다항식 $f(x)+x$가 $x+1$, $x-2$로 각각 나누어떨어질 때, $f(x)$를 $(x+1)(x-2)$로 나누었을 때의 나머지는?

① $-x-1$　② $-x$　③ $-x+1$
④ $x-1$　⑤ $x+1$

유형 분석 기출

074

다항식 $k(kx^2+1)(x-1)+6k^2-2$가 $x(x+1)$로 나누어떨어질 때, 상수 k의 값은?

① $-\frac{1}{2}$ ② $\frac{1}{6}$ ③ $\frac{2}{3}$
④ 1 ⑤ $\frac{5}{3}$

075

다항식 $f(x)$는 x^2-2x-3으로 나누어떨어지고, $f(x)-2$는 $x-1$로 나누어떨어진다. 이때 $f(x)+1$을 x^2-1로 나누었을 때의 나머지는?

① $x+2$ ② $x+3$ ③ $2x-1$
④ $2x$ ⑤ $2x+1$

076 실력 UP

최고차항의 계수가 1인 이차식 $f(x)$와 일차식 $g(x)$가 다음 **| 조건 |**을 만족시킨다.

| 조건 |
(가) 방정식 $f(x)=g(x)$는 중근을 갖는다.
(나) 두 다항식 $f(x)$와 $g(x)$를 $x-2$로 나누었을 때의 나머지가 같다.

다항식 $f(x)-g(x)$를 x^2-1로 나누었을 때의 나머지를 구하시오.

유형 9 조립제법 [개념 02-2]

077 중요

다음은 조립제법을 이용하여 다항식 $2x^3-x^2-2x+3$을 $2x-1$로 나누었을 때의 몫과 나머지를 구하는 과정이다. $a-b+c$의 값은?

a	2	−1	−2	3
		□	□	□
	2	0	b	c

① $\frac{1}{2}$ ② $\frac{3}{2}$ ③ $\frac{5}{2}$
④ $\frac{7}{2}$ ⑤ $\frac{9}{2}$

078

다항식 $2x^3-3x^2-2x+1$을 $2x+1$로 나누었을 때의 몫을 $Q(x)$, 나머지를 R이라 할 때, $Q(2)+R$의 값을 구하시오.

079

다항식 x^3+ax+2를 $x+1$로 나누었을 때의 몫을 $Q(x)$라 하자. $Q(x)$를 $x-2$로 나누었을 때의 나머지가 1일 때, 상수 a의 값은?

① -4 ② -3 ③ -2
④ -1 ⑤ 0

● 바른답·알찬풀이 14쪽

I

080 실력 UP

x의 값에 관계없이 등식

$x^3-2x^2+3x-4=a(x-1)^3+b(x-1)^2+c(x-1)+d$

가 항상 성립할 때, 상수 a, b, c, d에 대하여 $abcd$의 값을 구하시오.

081

다항식 $x^3+2ax^2-5x+2b$가 $(x+1)^2$으로 나누어떨어질 때, 상수 a, b에 대하여 ab의 값을 구하시오.

082 교육청 기출

x에 대한 다항식 x^3+x^2+ax+b가 $(x-1)^2$으로 나누어떨어질 때의 몫을 $Q(x)$라 하자. 두 상수 a, b에 대하여 $Q(ab)$의 값은?

① -15　② -14　③ -13
④ -12　⑤ -11

유형 10 나머지정리를 활용한 수의 나눗셈 [개념 02-2]

083

2025^4-2025^2+1을 2024로 나눈 나머지는?

① 1　② 3　③ 5
④ 7　⑤ 9

084

1000^{10}을 998로 나눈 나머지는?

① 25　② 26　③ 27
④ 28　⑤ 29

085

1234^5을 123으로 나눈 나머지를 구하시오.

내신 적중 서술형

시험에서 출제율이 높은 서술형 문제를 엄선하여 수록하였습니다.

● 바른답·알찬풀이 17쪽

086

다항식 $(x+1)^{30}$을 x로 나누었을 때의 몫을 $Q(x)$, 나머지를 R이라 할 때, 다음 물음에 답하시오.

(1) R의 값을 구하시오.

[풀이]

(2) $Q(x)$의 상수항을 포함한 모든 계수의 합을 구하시오.

[풀이]

087

다항식 $f(x)$를 x^4+1로 나눈 나머지가 x^3+1이다. $\{f(x)\}^2$을 x^4+1로 나눈 나머지가 $R(x)$일 때, $R(1)$의 값을 구하시오.

[풀이]

088

두 다항식 $f(x)$, $g(x)$에 대하여 $f(x)+g(x)$를 $x-2$로 나누었을 때의 나머지가 5이고, $f(x)g(x)$를 $x-2$로 나누었을 때의 나머지가 6이다. 다항식 $\{f(x)\}^2+\{g(x)\}^2$을 $x-2$로 나누었을 때의 나머지를 구하시오.

[풀이]

089

두 다항식 x^3-2x^2+3x+a, x^2-x-2가 모두 $x+b$로 나누어떨어질 때, $a+b$의 최댓값을 구하시오.

(단, a, b는 상수이다.)

[풀이]

1등급 실력 완성

출제율이 높은 문제 중 1등급을 결정하는 고난도 문제를 수록하였습니다.

090

등식 $(1+3x-2x^3)^6=a_0+a_1x+a_2x^2+\cdots+a_{18}x^{18}$이 x의 값에 관계없이 항상 성립할 때,

$$a_0+a_2+a_4+\cdots+a_{18}$$

의 값은? (단, $a_0, a_1, \cdots, a_{18}$은 상수이다.)

① 8 ② 16 ③ 32
④ 64 ⑤ 128

091

자연수 n에 대하여 n차다항식

$$P_n(x)=(x-1)(x-2)(x-3)\cdots(x-n)$$

이라 할 때, 등식

$$x^3-2x^2+3x-2=a+bP_1(x)+cP_2(x)+dP_3(x)$$

는 x에 대한 항등식이다. 상수 a, b, c, d에 대하여 $a+b+c+d$의 값을 구하시오.

● 바른답·알찬풀이 18쪽

I

092

다항식 $f(x)$를 x^2-2x-3으로 나누었을 때의 몫이 $Q(x)$, 나머지가 $3x+2$이고, $Q(x)$를 $x-2$로 나누었을 때의 나머지가 3이다. 이때 $f(x)$를 x^2-x-2로 나누었을 때의 나머지를 구하시오.

093

다항식 $f(x)$를 $(x-1)^2$으로 나누었을 때의 나머지가 $2x+1$이고, $x-2$로 나누었을 때의 나머지가 6이다. $f(x)$를 $(x-1)^2(x-2)$로 나누었을 때의 나머지를 구하시오.

094 교육청 기출

삼차다항식 $f(x)$가 다음 **| 조건 |**을 만족시킨다.

| 조건 |
(가) $f(1)=2$
(나) $f(x)$를 $(x-1)^2$으로 나누었을 때의 몫과 나머지가 같다.

$f(x)$를 $(x-1)^3$으로 나누었을 때의 나머지를 $R(x)$라 하자. $R(0)=R(3)$일 때, $R(5)$의 값을 구하시오.

1등급 실력 완성

● 바른답·알찬풀이 19쪽

095

두 다항식 $f(x)$, $g(x)$에 대하여 $2f(x)-g(x)$는 $x-1$로 나누어떨어지고, $f(x)+2g(x)$를 $x-1$로 나누었을 때의 나머지는 5이다. $x-1$로 나누어떨어지는 다항식만을 **| 보기 |**에서 있는 대로 고른 것은?

| 보기 |

ㄱ. $f(x)-2x^2+2x-1$

ㄴ. $g(x)-4x^2$

ㄷ. $4x^2-2f(x)g(x)$

① ㄱ　② ㄴ　③ ㄱ, ㄷ
④ ㄴ, ㄷ　⑤ ㄱ, ㄴ, ㄷ

096 교육청 기출

x에 대한 다항식 x^3+ax^2+bx-4를 $x+1$로 나누었을 때의 몫은 $Q(x)$이고 나머지는 3이다. $(x^2+a)Q(x-2)$가 $x-2$로 나누어떨어질 때, $Q(1)$의 값은?

(단, a, b는 상수이다.)

① -15　② -13　③ -11
④ -9　⑤ -7

097

두 이차다항식 $f(x)$, $g(x)$가 다음 **| 조건 |**을 만족시킨다.

| 조건 |

(가) 모든 실수 x에 대하여 $f(x)-2g(x)=0$

(나) $f(x)g(x)$는 x^2-9로 나누어떨어진다.

$f(0)=18$일 때, $g(x)$를 $x-2$로 나눈 나머지는?

① 1　② 2　③ 3
④ 4　⑤ 5

098

다음은 조립제법을 이용하여 삼차다항식 $f(x)$를 $x-1$로 나누었을 때의 몫과 나머지를 구하는 과정이다. 몫을 $g(x)$라 할 때, $g(x)$를 $x+2$로 나누었을 때의 나머지는?

1	□	□	-2	□
		□	6	□
	1	□	□	8

① -8　② -4　③ 0
④ 6　⑤ 10

099

다항식 $f(x)=x^3-2x^2+x+1$에 대하여 $f(2.1)$의 값을 구하시오.

도전 1등급 최고난도

1등급을 결정하는 문제 중 최고난도 문제를 수록하였습니다.

● 바른답·알찬풀이 20쪽

100

최고차항의 계수가 1인 다항식 $P(x)$가 모든 실수 x에 대하여 등식

$$P(x^2-1)=x^2\{P(x)-3x-1\}$$

을 만족시킬 때, $P(4)$의 값은?

① 12 ② 16 ③ 24
④ 30 ⑤ 36

101

다항식 $f(x)$가 모든 실수 x에 대하여 다음 **| 조건 |**을 만족시킬 때, $f(x)$를 $x-2$로 나눈 나머지는?

| 조건 |

(가) $f(x)$를 $(x-1)(x-4)^2$으로 나누었을 때의 몫은 $Q(x)$이고, 나머지는 $(x-1)(x+1)$이다.

(나) $f(x^2)$을 $(x-1)^2$으로 나누었을 때의 나머지는 $Q(x)$이다.

① 16 ② 17 ③ 18
④ 19 ⑤ 20

102 교육청 기출

최고차항의 계수가 양수인 두 다항식 $f(x)$, $g(x)$가 다음 **| 조건 |**을 만족시킨다.

| 조건 |

(가) $f(x)$를 $x^2+g(x)$로 나눈 몫은 $x+2$이고, 나머지는 $\{g(x)\}^2-x^2$이다.

(나) $f(x)$는 $g(x)$로 나누어떨어진다.

$f(0)\neq0$일 때, $f(2)$의 값을 구하시오.

I 다항식

03 인수분해

핵심 개념

03-1 인수분해 공식 [유형 1, 6~8]

1 인수분해: 하나의 다항식을 두 개 이상의 다항식의 곱으로 나타내는 것[1]

$$x^3+3x^2+3x+1 \underset{\text{전개}}{\overset{\text{인수분해}}{\rightleftarrows}} (x+1)^3$$

2 인수분해 공식

(1) $a^2+2ab+b^2=(a+b)^2$, $a^2-2ab+b^2=(a-b)^2$

(2) $a^2-b^2=(a+b)(a-b)$

(3) $x^2+(a+b)x+ab=(x+a)(x+b)$

(4) $acx^2+(ad+bc)x+bd=(ax+b)(cx+d)$

(5) $a^3+3a^2b+3ab^2+b^3=(a+b)^3$, $a^3-3a^2b+3ab^2-b^3=(a-b)^3$

(6) $a^3+b^3=(a+b)(a^2-ab+b^2)$, $a^3-b^3=(a-b)(a^2+ab+b^2)$

(7) $a^2+b^2+c^2+2ab+2bc+2ca=(a+b+c)^2$

(8) $a^3+b^3+c^3-3abc=(a+b+c)(a^2+b^2+c^2-ab-bc-ca)$

03-2 복잡한 식의 인수분해 [유형 2~8]

1 공통부분이 있는 식의 인수분해

(1) 공통부분이 있는 다항식

공통부분을 X로 치환하여 인수분해 한 후, X에 원래의 식을 대입하여 정리한다.

이때 각각의 인수가 다시 인수분해 될 수 있는지 반드시 확인한다.

참고 공통부분이 없는 식은 공통부분이 생기도록 적당히 변형한다.

(2) x^4+ax^2+b 꼴의 다항식

방법 1 $x^2=X$로 치환하여 인수분해 한다.

방법 2 $x^2=X$로 치환해도 인수분해 되지 않으면 적당한 식을 더하거나 빼어서 A^2-B^2 꼴로 변형한 후, 인수분해 한다.

2 여러 개의 문자를 포함한 식의 인수분해[2]

차수가 가장 낮은 문자에 대하여 내림차순으로 정리한 후, 인수분해 한다.

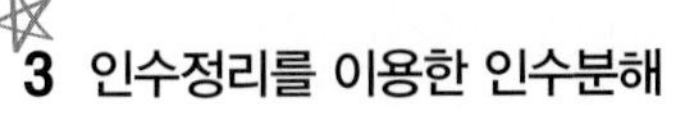

3 인수정리를 이용한 인수분해

삼차 이상의 다항식 $f(x)$는 다음과 같은 순서로 인수분해 한다.

(i) 인수정리를 이용하여 $f(\alpha)=0$을 만족시키는 α의 값을 구한다.[3]

(ii) 조립제법을 이용하여 $f(x)$를 $x-\alpha$로 나누었을 때의 몫 $Q(x)$를 구한다.

(iii) $f(x)=(x-\alpha)Q(x)$ 꼴로 나타낸 후 $Q(x)$가 더 이상 인수분해 되지 않을 때까지 인수분해 한다.

1등급 비법

❶ 인수분해는 모든 항의 공통인수를 먼저 묶어 정리한다.

❷ 식에 포함된 문자의 차수가 모두 같을 때는 어느 한 문자에 대하여 내림차순으로 정리한다. 이때 상수항이 인수분해 되면 상수항만 따로 인수분해 한 후 전체를 인수분해 한다.

❸ 계수가 정수인 삼차 이상의 다항식 $f(x)$에 대하여 $f(\alpha)=0$을 만족시키는 α의 값은

$$\pm\frac{(f(x)\text{의 상수항의 양의 약수})}{(f(x)\text{의 최고차항의 계수의 양의 약수})}$$

중에서 찾는다.

유형 분석 기출

시험에서 출제율이 70% 이상인 문제를 엄선하여 수록하였습니다.

● 바른답·알찬풀이 22쪽

I

유형 1 공식을 이용한 인수분해 [개념 03-1]

103 중요

다음 중 옳은 것은?

① $a^3+9a^2+27a+27=(a-3)^3$
② $x^3+8y^3=(x-2y)(x^2+2xy-4y^2)$
③ $a^2+b^2+c^2-2ab+2bc-2ca=(a+b-c)^2$
④ $ab^2-ac^2-b^2c+c^3=(a+c)(b+c)(b-c)$
⑤ $a^6-b^6=(a+b)(a-b)(a^2-ab+b^2)(a^2+ab+b^2)$

104

다항식 $x^2+y^2+4z^2-2xy-4yz+4zx$를 인수분해 하면 $(ax+by+cz)^2$일 때, 상수 a, b, c에 대하여 abc의 값을 구하시오. (단, $a>0$)

105

다음 중 $x^5y-64x^2y^4$의 인수가 아닌 것은?

① xy
② x^2y
③ $x-4y$
④ $x^2-4xy+16y^2$
⑤ $x^2+4xy+16y^2$

106

다항식 $x^6-x^4+2x^3-2x^2$을 인수분해 하시오.

107

다항식 $x^4+9x^2y^2+81y^4$이 $(x^2+axy+by^2)(x^2-axy+by^2)$으로 인수분해 될 때, a^2+b^2의 값은? (단, a, b는 상수이다.)

① 88 ② 89 ③ 90 ④ 91 ⑤ 92

108 실력 UP

다항식 $(x-3)^3-(2x-5)^3+(x-2)^3$을 인수분해 하면?

① $-(x-2)(x-3)(2x-5)$
② $-2(x-2)(x-3)(2x-5)$
③ $-3(x-2)(x-3)(2x-5)$
④ $(x-2)(x-3)(2x+5)$
⑤ $3(x-2)(x-3)(2x-5)$

유형 2 공통부분이 있는 식의 인수분해 [개념 03-2]

109

다음은 다항식 $(x^2+3x+3)(x^2+3x+4)-2$를 인수분해 하는 과정이다.

> 다항식에서 공통부분을 찾아 (가) $=X$로 놓으면
> $(x^2+3x+3)(x^2+3x+4)-2$
> $=X^2+7X+10$
> $=(X+2)(X+5)$
> $=($ (나) $)(x+2)(x^2+3x+5)$

위의 (가), (나)에 알맞은 식을 각각 $f(x)$, $g(x)$라 할 때, $\frac{f(2)}{g(1)}$의 값은?

① 3 ② $\frac{7}{2}$ ③ 4 ④ $\frac{9}{2}$ ⑤ 5

110

다항식 $(x^2-3)^2+3(x^2-3)-4$가 $(x^2+a)(x+b)(x+c)$로 인수분해 될 때, 상수 a, b, c에 대하여 $a+b-c$의 값은? (단, $b<c$)

① -3 ② -1 ③ 0 ④ 1 ⑤ 2

111 ☆중요

다항식 $(ab-a-b+1)(ab+1)+ab$를 인수분해 하시오.

112

다항식 $(x+2y+1)^2+x+2y-1$이 $(x+ay)(x+by+c)$로 인수분해 될 때, 상수 a, b, c에 대하여 $a^2+b^2+c^2$의 값은?

① 15 ② 16 ③ 17 ④ 18 ⑤ 19

113 교육청 기출

x에 대한 다항식 $(x+2)(x+3)(x+4)(x+5)+k$가 $(x^2+ax+b)^2$으로 인수분해 되도록 하는 상수 a, b, k에 대하여 $a+b+k$의 값은?

① 11 ② 13 ③ 15 ④ 17 ⑤ 19

114 실력 UP

다항식 $(x^2-6x+5)(x^2-2x-3)+12$가 x^2의 계수가 1이고 계수가 모두 정수인 두 이차식 $f(x)$, $g(x)$의 곱으로 인수분해 될 때, $f(x)+g(x)$를 구하시오.

유형 3 x^4+ax^2+b 꼴의 인수분해 [개념 03-2]

115 교육청 기출

다항식 x^4-x^2-12가 $(x-a)(x+a)(x^2+b)$로 인수분해 될 때, 양수 a, b에 대하여 $a+b$의 값은?

① 4　② 5　③ 6
④ 7　⑤ 8

116

다항식 $x^4-13x^2y^2+36y^4$의 인수인 것만을 **| 보기 |**에서 있는 대로 고른 것은?

| 보기 |

ㄱ. $x+2y$　ㄴ. $x+3y$
ㄷ. $x-4y$　ㄹ. x^2-9y^2

① ㄱ, ㄷ　② ㄴ, ㄹ　③ ㄱ, ㄴ, ㄷ
④ ㄱ, ㄴ, ㄹ　⑤ ㄱ, ㄴ, ㄷ, ㄹ

117

$x^4+2x^2+9=(x^2+ax+b)(x^2+cx+d)$일 때, 정수 a, b, c, d에 대하여 $|ab-cd|$의 값을 구하시오.

유형 4 여러 개의 문자를 포함한 식의 인수분해 [개념 03-2]

118 중요

다음 중 다항식 $x^4-3y^2-2x^2y-4x^2+4y+4$의 인수인 것은?

① $x+y-2$　② $x-3y-2$　③ x^2+y-2
④ x^2-3y-4　⑤ x^2-3y+2

119

다항식 $x^2-3xy+2y^2-ax+7y-15$가 x, y에 대한 두 일차식의 곱으로 인수분해 될 때, 정수 a의 값을 구하시오.

120 실력 UP

다항식 $ab(a+b)+bc(b+c)+ca(c+a)+2abc$를 인수분해 하면?

① $(a+b)(b+c)(c+a)$　② $(a+b)(b+c)(c-a)$
③ $(a+b)(b-c)(c-a)$　④ $(a-b)(b-c)(c+a)$
⑤ $(a-b)(b-c)(c-a)$

유형 5 인수정리를 이용한 인수분해 [개념 03-2]

121

다항식 x^3+3x^2-6x-8이 $(x+a)(x+b)(x+c)$로 인수분해 될 때, 상수 a, b, c에 대하여 $a^2+b^2+c^2$의 값은?

① 17　② 19　③ 21
④ 23　⑤ 25

122

다항식 $f(x)=4x^3-ax^2-2x+1$에 대하여 $f\left(\frac{1}{2}\right)=0$일 때, $f(x)$를 인수분해 하면? (단, a는 상수이다.)

① $\left(x-\frac{1}{2}\right)(2x^2-1)$　② $(x-1)(4x^2+1)$
③ $(2x-1)(2x^2-1)$　④ $(2x+1)(2x^2+1)$
⑤ $(4x+1)(x^2+1)$

123

다항식 x^3-2x^2-x+a가 $(x-1)(x+b)(x+c)$로 인수분해 될 때, 상수 a, b, c에 대하여 $a-b+c$의 값은? (단, $b<c$)

① 1　② 2　③ 3
④ 4　⑤ 5

124

다항식 $x^3-(k^2+k+1)x+k^2+k$가 $(x+a)(x+b)(x+c)$로 인수분해 될 때, $a+b+c$의 값은? (단, a, b, c, k는 상수이다.)

① -1　② 0　③ 1
④ 2　⑤ 3

125

다항식 $x^4+5x^3+11x^2+13x+6$이 x^2+ax+b로 나누어떨어질 때, 정수 a, b에 대하여 $a+b$의 값은?

① 1　② 2　③ 3
④ 4　⑤ 5

126 중요

다항식 $x^4-x^3+ax^2+bx+12$는 $x+1$로 나누어떨어지고, $x-2$로 나누었을 때의 나머지가 -6이다. 이 다항식을 인수분해 하시오. (단, a, b는 상수이다.)

127 교육청 기출

일차식 $f(x)$에 대하여 다항식 $x^3+1-f(x)$가 $(x+1)(x+a)^2$으로 인수분해 될 때, $f(7)$의 값은? (단, a는 상수이다.)

① 2　② 4　③ 6　④ 8　⑤ 10

128

다항식 x^4+ax^2+b가 $(x+1)^2$을 인수로 가질 때, 이 다항식을 인수분해 하시오. (단, a, b는 상수이다.)

● 바른답·알찬풀이 24쪽

I

유형 6 인수분해의 활용: 식의 값 [개념 03-1, 2]

129

$x-y=3$, $xy=2$일 때, $x^3-x^2y+xy^2-y^3$의 값은?

① 36　② 39　③ 42　④ 45　⑤ 48

130

$a+b+c=0$, $abc=-2$일 때, $a^3+3a^2(b+c)+2a(b^2+c^2)+5abc$의 값은?

① -2　② -1　③ 0　④ 1　⑤ 2

131

$x^2-y^2=2$일 때, 다항식

$$\{(x+y)^3+(x-y)^3\}^2-\{(x+y)^3-(x-y)^3\}^2$$

의 값은?

① 30　② 32　③ 34　④ 36　⑤ 38

● 바른답·알찬풀이 26쪽

유형 7 인수분해의 활용; 수의 계산 [개념 03-1, 2]

132

$27\times29\times31\times33+16=N^2$을 만족시키는 자연수 N의 값을 구하시오.

133 중요

$\frac{2025^3-1}{2025^2-1}-\frac{1}{2026}-1$의 값은?

① 2024 ② 2025 ③ 2026
④ 2027 ⑤ 2028

134

1이 아닌 두 자연수 a, b에 대하여

$$21^3+21^2-21+2=a\times b$$

로 나타낼 때, $|a-b|$의 값을 구하시오.

유형 8 인수분해의 활용; 도형 [개념 03-1, 2]

135 중요

삼각형의 세 변의 길이 a, b, c에 대하여

$$b^2-ab-c^2+ac=0$$

이 성립할 때, 이 삼각형은 어떤 삼각형인가?

① $a=b$인 이등변삼각형
② $b=c$인 이등변삼각형
③ 빗변의 길이가 a인 직각삼각형
④ 빗변의 길이가 b인 직각삼각형
⑤ 빗변의 길이가 c인 직각삼각형

136 실력 UP

부피가 $(x^3+7x^2+16x+12)\pi$이고 겉넓이가 $2(x+a)(bx+5)\pi$인 원기둥이 있다. 이 원기둥의 높이와 밑면의 반지름의 길이가 각각 x의 계수가 1인 일차식일 때, 상수 a, b에 대하여 ab의 값은? (단, $x>0$)

① -4 ② -2 ③ 1
④ 2 ⑤ 4

내신 적중 서술형

시험에서 출제율이 높은 서술형 문제를 엄선하여 수록하였습니다.

● 바른답·알찬풀이 27쪽

137

다항식 $(x^2+2x)^2-2x^2-4x-3$이 $(x+a)^2(x+b)(x+c)$로 인수분해 될 때, 상수 a, b, c에 대하여 $a+b+c$의 값을 구하시오.

[풀이]

138

다항식 $x^4-290x^2-n^2+290n$을 계수와 상수항이 모두 정수인 네 개의 일차식의 곱으로 인수분해 하려고 한다. 다음 물음에 답하시오.

(1) 다항식 $x^4-290x^2-n^2+290n$을 x에 대한 두 이차식의 곱으로 인수분해 하시오.

[풀이]

(2) 다항식 $x^4-290x^2-n^2+290n$이 계수와 상수항이 모두 정수인 네 개의 일차식의 곱으로 인수분해 되도록 할 때, 자연수 n의 조건을 구하시오.

[풀이]

(3) 조건을 만족시키는 모든 n의 값의 합을 구하시오.

[풀이]

139

다항식 $x^2+4xy+4y^2+2x+4y-3$을 인수분해 하시오.

[풀이]

140

세 변의 길이가 a, b, c인 삼각형 ABC가 다음 **| 조건 |**을 만족시킬 때, 삼각형 ABC의 넓이를 구하시오.

| 조건 |

(가) $a+b=5$

(나) $c=3$

(다) $b^3+a^2b+a^2c+b^2c=c^3+bc^2$

[풀이]

출제율이 높은 문제 중 1등급을 결정하는 고난도 문제를 수록하였습니다.

141

100개의 다항식 x^2+x-1, x^2+x-2, x^2+x-3, $\cdots$, $x^2+x-100$이 있다. 이 중에서 자연수 a, b에 대하여 $(x+a)(x-b)$ 꼴로 인수분해 되는 것의 개수는?

① 6　② 7　③ 8
④ 9　⑤ 10

142 교육청 기출

세 다항식 $f(x)=x^2+x$, $g(x)=x^2-2x-1$, $h(x)$에 대하여

$$\{f(x)\}^3+\{g(x)\}^3=(2x^2-x-1)h(x)$$

가 x에 대한 항등식일 때, $h(x)$를 $x-1$로 나누었을 때의 나머지는?

① 8　② 9　③ 10
④ 11　⑤ 12

143

다항식 $(x^2+kx+7)(x^2+kx+10)+2$가 계수와 상수항이 모두 자연수인 네 개의 일차식의 곱으로 인수분해 되도록 하는 상수 k의 값을 구하시오.

144

$x^4-4x^3+5x^2-4x+1$을 인수분해 하면 $(x^2+ax+b)(x^2+cx+d)$일 때, 상수 a, b, c, d에 대하여 $a+b+c+d$의 값은?

① -3　② -2　③ -1
④ 0　⑤ 1

145

임의의 다항식 A, B에 대하여

$$A*B=(A+B)^2-AB$$

일 때, $(x+2)^2*(x-1)^2$을 인수분해 한 것은?

① $(x^2-x+1)(x^2-x+7)$
② $(x^2+x+1)(x^2+x+7)$
③ $3(x^2-x-1)(x^2-x-7)$
④ $3(x^2-x+1)(x^2-x+7)$
⑤ $3(x^2+x+1)(x^2+x+7)$

● 바른답·알찬풀이 28쪽

146

자연수 a, b에 대하여 $a^2b+6ab+a^2+6a+9b+9$의 값이 147일 때, a^2+b^2의 값을 구하시오.

147

모든 실수 x에 대하여 최고차항의 계수가 1인 두 이차식 $P(x)$, $Q(x)$가 다음 **| 조건 |**을 만족시킨다.

| 조건 |
(가) $P(x)-Q(x)=1$
(나) $\{P(x)\}^3-\{Q(x)\}^3=3x^4+6x^3-6x^2-9x+7$

$P(2)+Q(1)$의 값을 구하시오.

148

$103^3-9\times101^2-9\times102$의 값을 구하시오.

149

다음 그림과 같은 정육면체 모양의 상자 A, B, C와 직육면체 모양의 상자 D가 있다. 세 상자 A, B, C의 부피의 합이 상자 D의 부피의 6배일 때, 상자 A의 한 모서리의 길이를 구하시오.

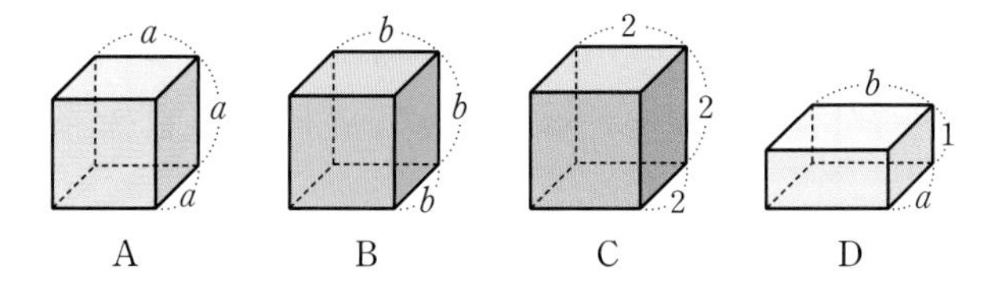

150

세 변의 길이가 각각 a, b, 3인 삼각형 ABC의 넓이가 $\frac{3}{2}$이고 $a^4+b^4+81+2a^2b^2-18a^2-18b^2=0$을 만족시킬 때, $a+b$의 값을 구하시오.

도전 1등급 최고난도

1등급을 결정하는 문제 중 최고난도 문제를 수록하였습니다.

● 바른답·알찬풀이 30쪽

151

세 실수 x, y, z가 등식

$$x^2y^2z^2-2xyz+x^2+y^2+z^2+2xy+2yz+2zx+1=0$$

을 만족시킬 때, $(x+y+z)^3-(x^3+y^3+z^3)$의 값을 구하시오.

152

다항식 $x^4+(k^2-13)x^2-12$가 $(x+a)(x+b)(x^2+c)$로 인수분해 되도록 하는 모든 실수 k의 값의 곱을 구하시오. (단, a, b, c는 정수이다.)

153 교육청 기출

한 모서리의 길이가 x인 정육면체 모양의 나무토막이 있다. [그림 1]과 같이 이 나무토막의 윗면의 중앙에서 한 변의 길이가 y인 정사각형 모양으로 아랫면의 중앙까지 구멍을 뚫었다. 구멍은 정사각기둥 모양이고, 각 모서리는 처음 정육면체의 모서리와 평행하다.
이와 같은 방법으로 각 면에서 구멍을 뚫어 [그림 2]와 같은 입체를 얻었다.

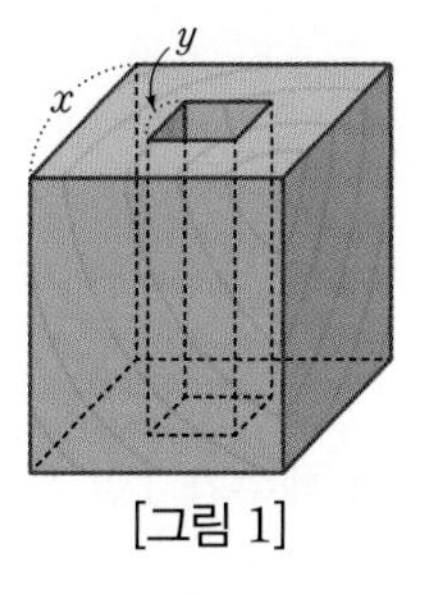

[그림 1]

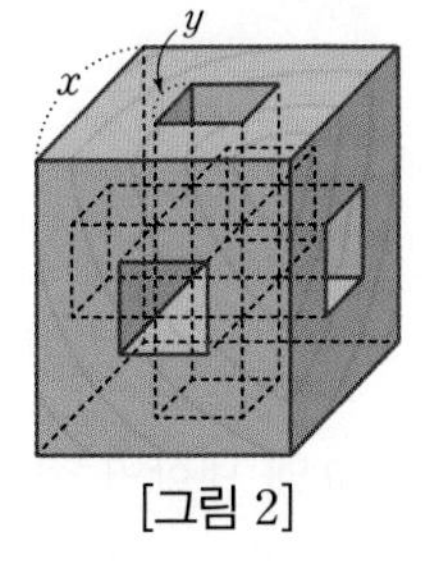

[그림 2]

이때 [그림 2]의 입체의 부피를 x, y로 나타낸 것은?

① $(x-y)^2(x+2y)$　　② $(x-y)(x+2y)^2$
③ $(x+y)^2(x-2y)$　　④ $(x+y)(x-2y)^2$
⑤ $(x+y)^2(x+2y)$

방정식과 부등식

학습 계획 Check

• 학습하기 전, 중단원이 무엇인지 먼저 확인하세요.

• 이해가 부족한 개념이 있는 단원은 ☐ 안에 표시하고 반복하여 학습하세요.

Ⅱ 방정식과 부등식

04 복소수

핵심 개념

04-1 복소수 [유형 1, 3~5]

1 허수단위: 제곱해서 -1이 되는 수를 기호 i로 나타내고, i를 **허수단위**라 한다.
즉, $i=\sqrt{-1}$, $i^2=-1$

2 복소수: 실수 a, b에 대하여 $a+bi$ 꼴의 수를 **복소수**라 하고, a를 **실수부분**, b를 **허수부분**이라 한다.❶

참고 복소수 $a+bi$ (a, b는 실수)에서 실수가 아닌 복소수 $a+bi$ ($b\neq0$)를 **허수**라 하고, 실수부분이 0인 허수 bi ($b\neq0$)를 순허수라 한다.

3 복소수가 서로 같을 조건: 두 복소수 $a+bi$, $c+di$ (a, b, c, d는 실수)에 대하여
(1) $a+bi=c+di$이면 $a=c$, $b=d$이고, $a=c$, $b=d$이면 $a+bi=c+di$이다.
(2) $a+bi=0$이면 $a=0$, $b=0$이고, $a=0$, $b=0$이면 $a+bi=0$이다.

4 켤레복소수: 복소수 $a+bi$ (a, b는 실수)의 허수부분의 부호를 바꾼 복소수 $a-bi$를 $a+bi$의 **켤레복소수**라 하고, 기호 $\overline{a+bi}$로 나타낸다.
즉, $\overline{a+bi}=a-bi$

04-2 복소수의 사칙연산❷ [유형 1~6]

a, b, c, d가 실수일 때
(1) 덧셈: $(a+bi)+(c+di)=(a+c)+(b+d)i$
(2) 뺄셈: $(a+bi)-(c+di)=(a-c)+(b-d)i$
(3) 곱셈: $(a+bi)(c+di)=(ac-bd)+(ad+bc)i$
(4) 나눗셈: $\dfrac{a+bi}{c+di}=\dfrac{ac+bd}{c^2+d^2}+\dfrac{bc-ad}{c^2+d^2}i$ (단, $c+di\neq0$)
→ 분모의 켤레복소수를 분자, 분모에 각각 곱하여 분모를 실수로 만든다.

참고 **켤레복소수의 성질**: 두 복소수 z_1, z_2와 그 켤레복소수 $\overline{z_1}$, $\overline{z_2}$에 대하여
① $\overline{(\overline{z_1})}=z_1$ ② $\overline{z_1\pm z_2}=\overline{z_1}\pm\overline{z_2}$ (복부호 동순) ③ $\overline{z_1z_2}=\overline{z_1}\times\overline{z_2}$ ④ $\overline{\left(\dfrac{z_1}{z_2}\right)}=\dfrac{\overline{z_1}}{\overline{z_2}}$ (단, $z_2\neq0$)

04-3 음수의 제곱근 [유형 7]

1 음수의 제곱근: $a>0$일 때
(1) $\sqrt{-a}=\sqrt{a}i$
(2) $-a$의 제곱근은 $\pm\sqrt{a}i$이다.

2 음수의 제곱근의 성질
(1) $a<0$, $b<0$이면 $\sqrt{a}\sqrt{b}=-\sqrt{ab}$
→ 이외의 경우는 $\sqrt{a}\sqrt{b}=\sqrt{ab}$
(2) $a>0$, $b<0$이면 $\dfrac{\sqrt{a}}{\sqrt{b}}=-\sqrt{\dfrac{a}{b}}$
→ 이외의 경우는 $\dfrac{\sqrt{a}}{\sqrt{b}}=\sqrt{\dfrac{a}{b}}$ (단, $b\neq0$)

1등급 비법

❶ 복소수 $z=a+bi$ (a, b는 실수)에 대하여
① z가 실수 ⇨ $b=0$
② z^2이 실수 ⇨ $a=0$ 또는 $b=0$
③ z^2이 음의 실수 ⇨ $a=0$, $b\neq0$
④ z^2이 양의 실수 ⇨ $a\neq0$, $b=0$

❷ n이 자연수일 때, i^n의 값은 i, -1, $-i$, 1이 반복되어 나타난다. 즉, $n=1, 2, 3, \cdots$에 대하여
$i^{4n-3}=i$,
$i^{4n-2}=-1$,
$i^{4n-1}=-i$,
$i^{4n}=1$

유형 분석 기출

시험에서 출제율이 70% 이상인 문제를 엄선하여 수록하였습니다.

● 바른답·알찬풀이 31쪽

유형 1 복소수의 뜻과 사칙연산 [개념 04-1, 2]

154

다음 중 옳은 것은?

① 실수는 복소수가 아니다.
② 2의 허수부분은 2이다.
③ $1+i$는 1보다 큰 수이다.
④ $0-i$는 $-i$로 나타낸다.
⑤ $a\neq0$, $b=0$이면 $a+bi$는 허수이다.

155

다음 복소수 중 허수인 모든 복소수의 실수부분의 합을 구하시오.

$1+i$, -2, $3-2i$, $1+\sqrt{2}$, $4+3\pi$, $\sqrt{5}i$

156 교육청 기출

$1+2i+i(1-i)$의 값은? (단, $i=\sqrt{-1}$이다.)

① $-2+3i$ ② $-1+3i$ ③ $-1+4i$
④ $2+3i$ ⑤ $2+4i$

157

$(1+2i)(3-4i)+\frac{1-3i}{1+i}=a+bi$일 때, 실수 a, b에 대하여 $a+b$의 값은?

① 9 ② 10 ③ 11
④ 12 ⑤ 13

158 중요

복소수 $z=a(a-1)+a(a+1)i$에 대하여 z^2이 음의 실수가 되도록 하는 실수 a의 값을 구하시오.

유형 2 복소수가 주어졌을 때의 식의 값 [개념 04-2]

159

$x=1+\sqrt{2}i$일 때, $3x^2-6x+4$의 값을 구하시오.

유형 분석 기출

160

$z_1=1+2i$, $z_2=-2+i$일 때, $z_1^2z_2+z_1z_2^2$의 값은?

① $11-9i$　② $13-9i$　③ $13-7i$
④ $15-7i$　⑤ $15-5i$

161

$\alpha=1+2i$, $\beta=1-2i$일 때, $\alpha^3+\beta^3-2\alpha^2\beta-2\alpha\beta^2$의 값은?

① -42　② -36　③ -30
④ -24　⑤ -18

162 실력 UP

$z=\frac{-1+\sqrt{3}i}{2}$일 때, $4(z+z^2+z^3)$의 값은?

① $-2i$　② -2　③ 0
④ $2i$　⑤ 2

유형 3 복소수가 서로 같을 조건 [개념 04-1, 2]

163

등식 $(2a+bi)-(3b+ai)=1-i$를 만족시키는 두 실수 a, b에 대하여 $a+b$의 값은?

① 1　② 2　③ 3
④ 4　⑤ 5

164 중요

실수 x, y에 대하여 등식

$$3(x+2yi)-2(xi+y)=2x+y-5+2(y-2x)i$$

가 성립할 때, xy의 값은?

① -10　② -2　③ 2
④ 10　⑤ 15

165 실력 UP

함수 $f(x)=ax^2+bx+c$에 대하여 $f(3+i)=1-i$일 때, $f(3-i)$의 값은? (단, a, b, c는 실수이다.)

① $-i$　② 0　③ $1-i$
④ $1+i$　⑤ $2i$

● 바른답·알찬풀이 31쪽

유형 4 켤레복소수와 그 계산 [개념 04-1, 2]

166 교육청 기출

복소수 $z=2+i$의 켤레복소수가 $\overline{z}$일 때, $z+i\overline{z}$의 값은?
(단, $i=\sqrt{-1}$)

① $1-3i$　② $1+i$　③ $1+3i$
④ $3-i$　⑤ $3+3i$

167

등식 $x(2-i)-2y(-1+3i)=\overline{2-4i}$를 만족시키는 실수 x, y에 대하여 x^2+y^2의 값은?
(단, $\overline{2-4i}$는 $2-4i$의 켤레복소수이다.)

① 2　② 5　③ 8
④ 9　⑤ 10

168

복소수 z와 그 켤레복소수 $\overline{z}$에 대하여
$(1+2i)z+5(1-i\overline{z})=0$일 때, 복소수 z를 구하시오.

169

복소수 z와 그 켤레복소수 $\overline{z}$에 대하여 $z+\overline{z}=6$, $z\overline{z}=13$일 때, 복소수 z를 모두 구하시오.

II

유형 5 켤레복소수의 성질 [개념 04-1, 2]

170 중요

두 복소수 $z_1=4+3i$, $z_2=-1+2i$에 대하여
$z_1\overline{z_1}+\overline{z_1}z_2+z_1\overline{z_2}+z_2\overline{z_2}$의 값은?
(단, $\overline{z_1}$, $\overline{z_2}$는 각각 z_1, z_2의 켤레복소수이다.)

① 30　② 32　③ 34
④ 36　⑤ 38

171

0이 아닌 복소수 $z=(2x^2-8)+(x^2-3x+2)i$에 대하여
$z+\overline{z}=0$이 성립할 때, 실수 x의 값을 구하시오.
(단, $\overline{z}$는 z의 켤레복소수이다.)

유형 분석 기출

172

복소수 $z=a+bi$ (a, b는 실수)에 대하여 옳은 것만을 | 보기 |에서 있는 대로 고른 것은?

(단, $\bar{z}$는 z의 켤레복소수이다.)

| 보기 |

ㄱ. $z+\bar{z}$는 실수이다.

ㄴ. $z-\bar{z}$는 순허수이다.

ㄷ. $z\bar{z}$는 양의 실수이다.

ㄹ. $b\neq0$일 때, $z=-\bar{z}$이면 z는 순허수이다.

① ㄱ, ㄷ ② ㄱ, ㄹ ③ ㄴ, ㄷ
④ ㄴ, ㄷ, ㄹ ⑤ ㄱ, ㄴ, ㄷ, ㄹ

173

두 복소수 z_1, z_2에 대하여 $z_1z_2=1-2i$, $z_1-z_2=4+3i$일 때, $(\overline{z_1}-1)(\overline{z_2}+1)$의 값은?

(단, $\overline{z_1}$, $\overline{z_2}$는 각각 z_1, z_2의 켤레복소수이다.)

① $2-i$ ② $3-i$ ③ $3+i$
④ $4-i$ ⑤ $4+i$

유형 6 허수단위 i와 복소수의 거듭제곱 [개념 04-2]

174

실수 a, b에 대하여

$$1-2i+3i^2-4i^3+\cdots+31i^{30}-32i^{31}=a+bi$$

일 때, $b-a$의 값은?

① -32 ② -16 ③ 0
④ 16 ⑤ 32

175 ☆중요

$1+\frac{1}{i}+\frac{1}{i^2}+\frac{1}{i^3}+\cdots+\frac{1}{i^{50}}$을 간단히 하면?

① -2 ② $-1-i$ ③ $-i$
④ i ⑤ $1+i$

176

$f(x)=x^{999}-1$이라 할 때, $f\left(\frac{1-i}{1+i}\right)+f\left(\frac{1+i}{1-i}\right)$의 값을 구하시오.

177 교육청 기출

100 이하의 자연수 n에 대하여

$$(1-i)^{2n}=2^n i$$

를 만족시키는 모든 n의 개수를 구하시오.

(단, $i=\sqrt{-1}$이다.)

178 실력 UP

복소수 $z=\frac{1}{2}-\frac{\sqrt{3}}{2}i$에 대하여

$$z+z^2+z^3+\cdots+z^{2020}=a+bi$$

일 때, a^2+b^2의 값을 구하시오. (단, a, b는 실수이다.)

유형 7 음수의 제곱근의 성질 [개념 04-3]

179

$\sqrt{-8}\sqrt{-8}+\sqrt{12}\sqrt{-12}+\frac{\sqrt{32}}{\sqrt{-2}}=a+bi$일 때, 실수 a, b에 대하여 $b-a$의 값은?

① -16 ② -8 ③ 0
④ 8 ⑤ 16

180

0이 아닌 두 실수 a, b에 대하여 $\sqrt{a}\sqrt{b}=-\sqrt{ab}$일 때, $\sqrt{(a+b)^2}+3|a|-\sqrt{a^2}+\sqrt{b^2}$을 간단히 하면?

① $-3a-2b$ ② $-a+2b$ ③ $a-2b$
④ $a+2b$ ⑤ $3a$

181

$0<x<1$일 때, $\sqrt{\frac{1-x}{x-1}}-\sqrt{x-1}\sqrt{x-1}-\sqrt{(1-x)^2}$을 간단히 하시오.

182

0이 아닌 두 실수 x, y에 대하여 $\frac{1}{\sqrt{xy}}=-\sqrt{\frac{1}{xy}}$이고 $(x^2+x)+(y-3)i=2+5i$이다. $x+y$의 값은?

① 6 ② 7 ③ 8
④ 9 ⑤ 10

II

시험에서 출제율이 높은 서술형 문제를 엄선하여 수록하였습니다.

● 바른답·알찬풀이 35쪽

183

$z=1-i$일 때, 다음 물음에 답하시오.

(1) $z^2+az+b=0$을 만족시키는 실수 a, b의 값을 구하시오.

[풀이]

(2) z^3-2z^2+3z+1의 값을 구하시오.

[풀이]

184

실수 x, y에 대하여 복소수 z가 $z=(1+2i)x+(2-i)y$이고 $z^2=-25$일 때, x^2+y^2의 값을 구하시오.

[풀이]

185

0이 아닌 복소수 $z=(3x^2+7x-6)+(x^2-9)i$에 대하여 $z=\overline{z}$가 성립할 때, 실수 x의 값을 구하시오.

(단, $\overline{z}$는 z의 켤레복소수이다.)

[풀이]

186

복소수 $z=\frac{-1+\sqrt{3}i}{2i}$에 대하여 $z^n=-1$이 되도록 하는 가장 작은 자연수 n의 값을 구하시오.

[풀이]

1등급 실력 완성

출제율이 높은 문제 중 1등급을 결정하는 고난도 문제를 수록하였습니다.

● 바른답·알찬풀이 36쪽

187

두 복소수 α, β에 대하여 $\alpha^2=4i$, $\beta^2=-4i$일 때, 옳은 것만을 **| 보기 |**에서 있는 대로 고른 것은?

| 보기 |

ㄱ. $\alpha\beta=16$

ㄴ. $(\alpha+\beta)^4=64$

ㄷ. $\dfrac{\alpha+\beta}{\alpha-\beta}$는 순허수이다.

① ㄱ ② ㄴ ③ ㄱ, ㄴ
④ ㄴ, ㄷ ⑤ ㄱ, ㄴ, ㄷ

188

5 이하의 자연수 m, n에 대하여 복소수 z를
$z=(m-n)+(m+n-4)i$라 하자. z^2이 실수가 되도록 하는 m, n의 모든 순서쌍 (m, n)의 개수는?

① 5 ② 7 ③ 9
④ 11 ⑤ 13

189

복소수 $z_1=-1+i$에 대하여

$z_2=\overline{z_1}+(1-2i)$, $z_3=\overline{z_2}+(1-2i)$, $z_4=\overline{z_3}+(1-2i)$

라 하자. 같은 방법으로 z_5, z_6, …을 차례로 정할 때, z_{2025}의 실수부분과 z_{2026}의 허수부분의 합은?

(단, $\overline{z_n}$는 z_n의 켤레복소수이다.)

① 2016 ② 2018 ③ 2020
④ 2022 ⑤ 2024

190

$z^2=3+4i$를 만족시키는 복소수 z에 대하여 $z\overline{z}$의 값은?

(단, $\overline{z}$는 z의 켤레복소수이다.)

① 5 ② 6 ③ 7
④ 8 ⑤ 9

191 교육청 기출

복소수 $z=a+bi$ (a, b는 0이 아닌 실수)에 대하여 $iz=\overline{z}$일 때, 옳은 것만을 **| 보기 |**에서 있는 대로 고른 것은?

(단, $\overline{z}$는 z의 켤레복소수이다.)

| 보기 |

ㄱ. $z+\overline{z}=-2b$

ㄴ. $i\overline{z}=-z$

ㄷ. $\dfrac{\overline{z}}{z}+\dfrac{z}{\overline{z}}=0$

① ㄱ ② ㄷ ③ ㄱ, ㄴ
④ ㄴ, ㄷ ⑤ ㄱ, ㄴ, ㄷ

● 바른답·알찬풀이 37쪽

192

$(2i)^n=m$을 만족시키는 자연수 m, n에 대하여 $m+n$의 최솟값은? (단, $m\geq100$)

① 136　② 152　③ 196
④ 228　⑤ 264

193

$f(k)=\left(\frac{1+i}{1-i}\right)^k$에 대하여

$$H(n)=f(1)+f(2)+f(3)+\cdots+f(n)$$

이라 할 때, $H(25)+H(26)+H(27)$의 값을 구하시오.
(단, n, k는 자연수이다.)

194

$z=\frac{1-i}{\sqrt{2}}$일 때, $z+z^2+z^3+z^4+\cdots+z^n$의 값이 실수가 되기 위한 자연수 n의 개수를 구하시오. (단, $10\leq n\leq50$)

195

0이 아닌 두 실수 a, b에 대하여 $\frac{\sqrt{a}}{\sqrt{b}}=-\sqrt{\frac{a}{b}}$일 때, 옳은 것만을 **| 보기 |**에서 있는 대로 고른 것은?

| 보기 |

ㄱ. $\sqrt{a}\sqrt{b}=-\sqrt{ab}$　ㄴ. $\sqrt{-a}\sqrt{-b}=\sqrt{ab}$
ㄷ. $\frac{\sqrt{-b}}{\sqrt{a}}=-\sqrt{\frac{b}{a}}$　ㄹ. $\sqrt{ab^2}=-b\sqrt{a}$

① ㄱ　② ㄹ　③ ㄱ, ㄷ
④ ㄴ, ㄹ　⑤ ㄴ, ㄷ, ㄹ

도전 1등급 최고난도

1등급을 결정하는 문제 중 최고난도 문제를 수록하였습니다.

● 바른답·알찬풀이 38쪽

196

0이 아닌 복소수 z가 $\frac{z}{\overline{z}}+\frac{\overline{z}}{z}=-2$를 만족시킬 때, 실수인 것만을 **| 보기 |**에서 있는 대로 고른 것은?

(단, $\overline{z}$는 z의 켤레복소수이다.)

| 보기 |

ㄱ. $z-\overline{z}$

ㄴ. $\frac{\overline{z}}{z}$

ㄷ. $(z+\overline{z})(z-\overline{z})$

① ㄱ　　② ㄴ　　③ ㄱ, ㄴ
④ ㄴ, ㄷ　　⑤ ㄱ, ㄴ, ㄷ

197 교육청 기출

50 이하의 두 자연수 m, n에 대하여 $\left\{i^n+\left(\frac{1}{i}\right)^{2n}\right\}^m$의 값이 음의 실수가 되도록 하는 순서쌍 (m, n)의 개수를 구하시오. (단, $i=\sqrt{-1}$이다.)

Ⅱ 방정식과 부등식

05 이차방정식

핵심 개념

05-1 이차방정식의 풀이[1] [유형 1~3]

1 인수분해를 이용한 풀이

x에 대한 이차방정식 $(ax-b)(cx-d)=0$의 근은

$$x=\frac{b}{a} \text{ 또는 } x=\frac{d}{c}$$

→ $AB=0$이면 $A=0$ 또는 $B=0$임을 이용한다.

2 근의 공식을 이용한 풀이

(1) 계수가 실수인 이차방정식 $ax^2+bx+c=0$의 근은

$$x=\frac{-b\pm\sqrt{b^2-4ac}}{2a}$$

참고 x의 계수가 짝수인 이차방정식 $ax^2+2b'x+c=0$의 근은

$$x=\frac{-b'\pm\sqrt{b'^2-ac}}{a}$$

(2) 계수가 실수인 이차방정식은 복소수의 범위에서 반드시 근을 갖는다. 이때 실수인 근을 **실근**, 허수인 근을 **허근**이라 한다.

05-2 이차방정식의 근의 판별 [유형 4, 5]

1 이차방정식의 판별식

계수가 실수인 이차방정식 $ax^2+bx+c=0$의 근

$$x=\frac{-b\pm\sqrt{b^2-4ac}}{2a}$$

가 실근인지 허근인지는 근호 안에 있는 b^2-4ac의 값의 부호에 따라 판별할 수 있으므로 b^2-4ac를 이차방정식의 **판별식**이라 하고, 기호 D로 나타낸다. 즉,

$$D=b^2-4ac$$

참고 x의 계수가 짝수인 이차방정식 $ax^2+2b'x+c=0$에서는 판별식 D 대신 $\frac{D}{4}=b'^2-ac$를 이용하는 것이 편리하다.

2 이차방정식의 근의 판별[2]

계수가 실수인 이차방정식 $ax^2+bx+c=0$에서 $D=b^2-4ac$라 할 때,

(1) $D>0$이면 서로 다른 두 실근을 갖는다.[3]

(2) $D=0$이면 중근(실근)을 갖는다.[4]

→ (1), (2): $D\ge0$이면 실근을 갖는다.

(3) $D<0$이면 서로 다른 두 허근을 갖는다.

1등급 비법

❶ 절댓값 기호를 포함한 방정식은 다음과 같은 순서로 푼다.

(i) $|A|=\begin{cases} A & (A\ge0) \\ -A & (A<0)\end{cases}$임을 이용하여 절댓값 기호 안의 식의 값이 0이 되는 x의 값을 기준으로 x의 값의 범위를 나눈다.

(ii) 각 범위에서 절댓값 기호를 없앤 후 식을 만족시키는 x의 값을 구한다.

(iii) (ii)에서 구한 x의 값 중 해당 범위에 속하는 것만 주어진 방정식의 해이다.

❷ 이차방정식이 서로 다른 두 실근, 중근, 서로 다른 두 허근을 가지면 각각 $D>0$, $D=0$, $D<0$이 성립한다.

❸ 이차방정식 $ax^2+bx+c=0$에서 x^2의 계수와 상수항의 부호가 다르면, 즉 $ac<0$이면

$D=b^2-4ac>0$

이므로 서로 다른 두 실근을 갖는다.

❹ 이차식 ax^2+bx+c가 완전제곱식이면 이차방정식 $ax^2+bx+c=0$이 중근을 가지므로 $b^2-4ac=0$이다.

05-3 이차방정식의 근과 계수의 관계[5] [유형 6~8]

1 이차방정식의 근과 계수의 관계

이차방정식 $ax^2+bx+c=0$의 두 근을 α, β라 하면

$$\alpha+\beta=-\frac{b}{a},\ \alpha\beta=\frac{c}{a}$$

예 이차방정식 $3x^2+2x-6=0$의 두 근을 α, β라 하면

$\alpha+\beta=-\frac{2}{3}$, $\alpha\beta=\frac{-6}{3}=-2$

2 두 수를 근으로 하는 이차방정식

두 수 α, β를 근으로 하고, x^2의 계수가 1인 이차방정식은

$(x-\alpha)(x-\beta)=0$, 즉

$$x^2-\underbrace{(\alpha+\beta)}_{\text{두 근의 합}}x+\underbrace{\alpha\beta}_{\text{두 근의 곱}}=0$$

예 두 수 $1+\sqrt{3}$, $1-\sqrt{3}$을 근으로 하고 x^2의 계수가 1인 이차방정식은

$x^2-\{(1+\sqrt{3})+(1-\sqrt{3})\}x+(1+\sqrt{3})(1-\sqrt{3})=0$

$\therefore x^2-2x-2=0$

참고 두 수 α, β를 근으로 하고, x^2의 계수가 a인 이차방정식은

$a(x-\alpha)(x-\beta)=0$, 즉 $a\{x^2-(\alpha+\beta)x+\alpha\beta\}=0$

❺ 이차방정식의 두 근 사이의 관계가 주어지면 두 근을 다음과 같이 놓고, 근과 계수의 관계를 이용한다.

① 두 근의 차가 k
⇨ α, $\alpha+k$

② 한 근이 다른 근의 k배
⇨ α, $k\alpha$ $(\alpha\neq0)$

③ 두 근의 비가 $m:n(m>0, n>0)$
⇨ $m\alpha$, $n\alpha$ $(\alpha\neq0)$

④ 두 근이 연속하는 정수
⇨ α, $\alpha+1$

05-4 이차식의 인수분해 [유형 9]

이차방정식 $ax^2+bx+c=0$의 두 근을 α, β라 하면

$$ax^2+bx+c=a(x-\alpha)(x-\beta)$$

참고 계수가 실수인 이차식은 복소수의 범위에서 항상 두 일차식의 곱으로 인수분해할 수 있다.

05-5 이차방정식의 켤레근 [유형 10]

이차방정식 $ax^2+bx+c=0$에서

(1) a, b, c가 유리수일 때,

$p+q\sqrt{m}$이 근이면 $p-q\sqrt{m}$도 근이다.

(단, p, q는 유리수이고 $q\neq0$, $\sqrt{m}$은 무리수이다.)

주의 이차방정식의 계수가 모두 유리수라는 조건이 없으면 $p+q\sqrt{m}$이 방정식의 한 근일 때, 다른 한 근이 반드시 $p-q\sqrt{m}$이 되는 것은 아니다.
예를 들어 이차방정식 $x^2-x-5+\sqrt{5}=0$의 두 근은 $1-\sqrt{5}$, $\sqrt{5}$이다.

(2) a, b, c가 실수일 때,

$p+qi$가 근이면 $p-qi$도 근이다. (단, p, q는 실수이고 $q\neq0$, $i=\sqrt{-1}$이다.)

참고 $p+q\sqrt{m}$과 $p-q\sqrt{m}$, $p+qi$와 $p-qi$를 각각 켤레근이라 한다. (단, $q\neq0$)

유형 분석 기출

시험에서 출제율이 70% 이상인 문제를 엄선하여 수록하였습니다.

유형 1 이차방정식의 풀이 [개념 05-1]

198

이차방정식 $2(x-2)^2=x^2-2x-2$의 근은?

① $2\pm i$ ② $2\pm 2i$ ③ $3\pm i$
④ $3\pm 2i$ ⑤ $3\pm 3i$

199

이차방정식 $x(x-2)=2(x-1)^2+3$의 근이 $x=a\pm bi$일 때, 자연수 a, b에 대하여 $b-a$의 값은?

① -1 ② 0 ③ 1
④ 2 ⑤ 3

200 중요

이차방정식 $x^2-mx+2m+1=0$의 한 근이 1일 때, 다른 한 근은? (단, m은 상수이다.)

① -6 ② -3 ③ -2
④ -1 ⑤ 3

201

이차방정식 $x^2+kx+7k-1=0$의 한 근이 -3일 때, 이차방정식 $x^2+3kx-k=0$의 근은? (단, k는 상수이다.)

① $x=-6\pm 2\sqrt{7}$ ② $x=\frac{-3\pm\sqrt{7}}{2}$
③ $x=\frac{3\pm\sqrt{7}}{2}$ ④ $x=3\pm\sqrt{7}$
⑤ $x=6\pm 2\sqrt{7}$

202

이차방정식 $x^2+6x+7=0$의 한 근을 α라 할 때, $\alpha^2+\frac{49}{\alpha^2}$의 값을 구하시오.

203 실력 UP

이차방정식 $(\sqrt{2}-1)x^2-\sqrt{2}x+1=0$의 두 근을 α, β라 할 때, $\alpha-\beta$의 값을 구하시오. (단, $\alpha>\beta$)

유형 2 절댓값 기호를 포함한 이차방정식 [개념 05-1]

204 중요

방정식 $x^2-2|x|-3=0$의 모든 근의 곱은?

① -9 ② -1 ③ 1
④ 3 ⑤ 9

205

x에 대한 방정식 $|x^2-x-4|=a$의 한 근이 3일 때, 모든 근의 합은?

① 1 ② 2 ③ 3
④ 4 ⑤ 5

206 실력 UP

방정식 $\sqrt{(x-1)^2}+|x|=x^2$의 모든 근의 곱을 구하시오.

유형 3 이차방정식의 활용 [개념 05-1]

207

넓이가 100 cm^2보다 큰 정사각형이 있다. 이 정사각형의 가로의 길이를 4 cm만큼 늘이고, 세로의 길이를 2 cm만큼 줄여서 만든 직사각형의 넓이가 처음 정사각형의 넓이의 $\frac{1}{9}$만큼 더 늘어났다. 이때 처음 정사각형의 한 변의 길이를 구하시오.

208

오른쪽 그림과 같이 한 변의 길이가 12 m인 정사각형 모양의 꽃밭에 폭이 x m로 일정한 십자 모양의 길을 만들었다. 길을 제외한 꽃밭의 넓이가 길의 넓이의 2배일 때, x의 값을 구하시오.

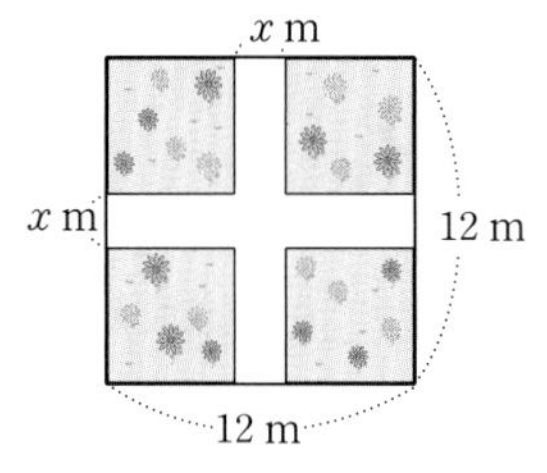

209 교육청 기출

어느 가족이 작년까지 한 변의 길이가 10 m인 정사각형 모양의 밭을 가꾸었다. 올해는 그림과 같이 가로의 길이를 x m만큼, 세로의 길이를 $(x-10)$ m만큼 늘여서 새로운 직사각형 모양의 밭을 가꾸었다. 올해 늘어난 ┏┛ 모양의 밭의 넓이가 500 m^2일 때, x의 값은? (단, $x>10$)

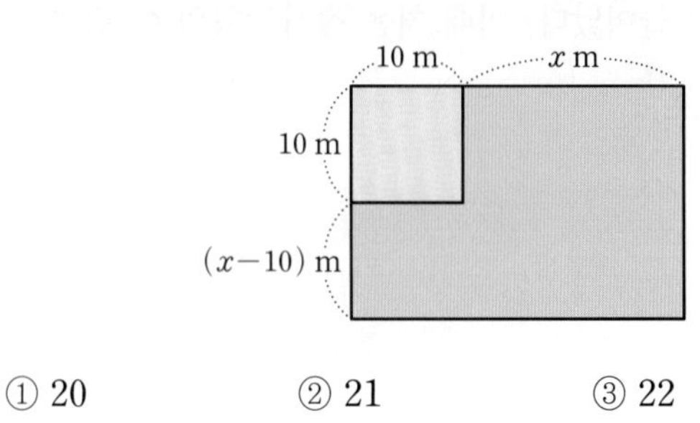

① 20　② 21　③ 22
④ 23　⑤ 24

유형 4 이차방정식의 근의 판별 [개념 05-2]

210

| 보기 |의 x에 대한 이차방정식 중 실근을 갖는 것만을 있는 대로 고른 것은? (단, k는 실수이다.)

| 보기 |
ㄱ. $3x^2-5x-1=0$
ㄴ. $x^2-2kx+k^2=0$
ㄷ. $x^2+3x-k^2=0$

① ㄱ　② ㄷ　③ ㄱ, ㄴ
④ ㄴ, ㄷ　⑤ ㄱ, ㄴ, ㄷ

211 교육청 기출

x에 대한 이차방정식 $x^2+2ax+a^2+4a-28=0$이 실근을 갖도록 하는 모든 자연수 a의 개수를 구하시오.

212

x에 대한 이차방정식 $x^2+2(k-1)x+k^2-20=0$은 서로 다른 두 허근을 가질 때, 자연수 k의 최솟값을 구하시오.

213 ☆중요

이차방정식 $kx^2-2kx+3=0$이 중근 α를 가질 때, $k+\alpha$의 값을 구하시오. (단, k는 실수이다.)

● 바른답·알찬풀이 40쪽

II

214

x에 대한 이차방정식 $x^2-2(k+a)x+k^2-2k+b=0$이 실수 k의 값에 관계없이 항상 중근을 가질 때, 실수 a, b에 대하여 a^2+b^2의 값은?

① 0　② $\frac{1}{2}$　③ 1　④ $\frac{3}{2}$　⑤ 2

유형 5 이차방정식의 판별식의 활용 [개념 05-2]

215 중요

x에 대한 이차식 $x^2-2(k-1)x+(2k^2-8k+9)$가 완전제곱식이 되도록 하는 모든 실수 k의 값의 곱을 구하시오.

216

이차방정식 $c(1+x^2)+2bx+a(1-x^2)=0$이 중근을 가질 때, a, b, c를 세 변의 길이로 하는 삼각형은 어떤 삼각형인가? (단, a, b, c는 실수이다.)

① 정삼각형
② $a=b$인 이등변삼각형
③ $b=c$인 직각이등변삼각형
④ 빗변의 길이가 b인 직각삼각형
⑤ 빗변의 길이가 c인 직각삼각형

217 실력 UP

x에 대한 이차식

$$x^2-2(k+a)x+bk^2+c+2$$

가 실수 k의 값에 관계없이 항상 완전제곱식이 될 때, 실수 a, b, c에 대하여 $a+b+c$의 값은?

① -2　② -1　③ 0　④ 1　⑤ 2

유형 6 이차방정식의 근과 계수의 관계 [개념 05-3]

218 중요

이차방정식 $3x^2-4x+1=0$의 두 근을 α, β라 할 때, $\frac{1}{\alpha}+\frac{1}{\beta}$의 값을 구하시오.

219

이차방정식 $x^2-kx+6=0$의 두 근 α, β에 대하여 $(\alpha-\beta)^2=12$일 때, 양수 k의 값은?

① 3　② 4　③ 5　④ 6　⑤ 7

유형 분석 기출

220

이차방정식 $x^2-2kx+k=0$의 두 근 α, β에 대하여 $\dfrac{\alpha^2}{\beta}+\dfrac{\beta^2}{\alpha}=20$일 때, 정수 k의 값은?

① 1　② 2　③ 3　④ 4　⑤ 5

221

이차방정식 $x^2-6x+7=0$의 두 근을 α, β라 할 때, $(\alpha^2-3\alpha+1)(\beta^2-3\beta+1)$의 값은?

① -13　② -11　③ -9　④ -7　⑤ -5

222 교육청 기출

x에 대한 이차방정식 $x^2-3x+k=0$의 두 근을 α, β라 할 때, $\dfrac{1}{\alpha^2-\alpha+k}+\dfrac{1}{\beta^2-\beta+k}=\dfrac{1}{4}$을 만족시키는 실수 k의 값을 구하시오.

유형 7 두 근의 조건이 주어진 이차방정식 [개념 05-3]

223

이차방정식 $x^2-9x+a=0$의 한 근이 다른 한 근의 2배일 때, 실수 a의 값을 구하시오.

224

이차방정식 $3x^2+6x+k=0$의 두 근의 차가 4일 때, 실수 k의 값을 구하시오.

225 중요

x에 대한 이차방정식 $x^2-5(k-2)x+3k^2+2k+1=0$의 두 근의 비가 2 : 3일 때, 정수 k의 값은?

① -2　② -1　③ 0　④ 1　⑤ 2

● 바른답·알찬풀이 42쪽

226 실력 UP

x에 대한 이차방정식 $x^2-(k+2)x+k^2-3k+4=0$의 두 근이 연속하는 짝수일 때, 실수 k의 값은?

① 1 ② 2 ③ 3
④ 4 ⑤ 5

유형 8 두 수를 근으로 하는 이차방정식 [개념 05-3]

227 중요

이차방정식 $x^2-3x+7=0$의 두 근을 α, β라 할 때, $\alpha-1$, $\beta-1$을 두 근으로 하고 x^2의 계수가 1인 이차방정식을 구하시오.

228

이차방정식 $x^2-4x+6=0$의 두 근을 α, β라 할 때, $\frac{1}{\alpha}$, $\frac{1}{\beta}$은 이차방정식 $6x^2-ax+b=0$의 두 근이다. 이때 실수 a, b에 대하여 $a+b$의 값은?

① 1 ② 2 ③ 3
④ 4 ⑤ 5

229

이차방정식 $x^2-ax+b=0$의 두 근이 α, β이고, 이차방정식 $x^2-3bx+2a-3=0$의 두 근이 $\alpha+1$, $\beta+1$일 때, 실수 a, b에 대하여 ab의 값을 구하시오.

230 실력 UP

이차방정식 $x^2-ax+b=0$의 두 근이 2, α이고, 이차방정식 $x^2-(a+4)x+7b=0$의 두 근이 -2, β이다. 이때 α, β를 두 근으로 하고 x^2의 계수가 1인 이차방정식은 $x^2-mx+n=0$일 때, 상수 m, n에 대하여 $m+n$의 값은? (단, a, b는 실수이다.)

① -2 ② -1 ③ 0
④ 1 ⑤ 2

231

이차방정식 $x^2-ax+b=0$의 두 근이 α, β이고, 이차방정식 $x^2-4x+5=0$의 두 근이 $\frac{1}{\alpha+1}$, $\frac{1}{\beta+1}$일 때, 실수 a, b에 대하여 $a-b$의 값은?

① $-\frac{2}{5}$ ② $-\frac{4}{5}$ ③ $-\frac{6}{5}$
④ $-\frac{8}{5}$ ⑤ -2

유형 분석 기출

● 바른답·알찬풀이 44쪽

유형 9 이차식의 인수분해 [개념 05-4]

232

이차식 x^2+4x+6을 복소수의 범위에서 인수분해 하면?

① $(x-1-i)(x-1+i)$
② $(x+1-i)(x+1+i)$
③ $(x+2-\sqrt{2})(x+2+\sqrt{2})$
④ $(x-2-\sqrt{2}i)(x-2+\sqrt{2}i)$
⑤ $(x+2-\sqrt{2}i)(x+2+\sqrt{2}i)$

233

다음 중 이차식 $x^2-2x+10$의 인수인 것은?

① $x-1-3i$　② $x-1-i$　③ $x+1-3i$
④ $x+1+i$　⑤ $x+1+3i$

유형 10 이차방정식의 켤레근 [개념 05-5]

234 중요

이차방정식 $2x^2+ax+b=0$의 한 근이 $2+\sqrt{3}$일 때, 유리수 a, b에 대하여 ab의 값을 구하시오.

235

이차방정식 $x^2+4x+a=0$의 한 근이 $b-i$일 때, 실수 a, b에 대하여 $a+b$의 값은?

① 1　② 2　③ 3
④ 4　⑤ 5

236 교육청 기출

x에 대한 이차방정식 $x^2-px+p+19=0$이 서로 다른 두 허근을 갖는다. 한 허근의 허수부분이 2일 때, 양의 실수 p의 값을 구하시오.

237 실력 UP

이차식 x^2-6x+n을 복소수의 범위에서 인수분해 하면 복소수 z에 대하여 $(x-z)(x-\overline{z})$ 꼴로 인수분해 된다. 이때 20 이하의 자연수 n의 개수는?

(단, $\overline{z}$는 z의 켤레복소수이다.)

① 8　② 9　③ 10
④ 11　⑤ 12

내신 적중 서술형

시험에서 출제율이 높은 서술형 문제를 엄선하여 수록하였습니다.

● 바른답·알찬풀이 45쪽

238

어느 가게에서 5000원짜리 샌드위치가 매일 50개씩 판매되고, 샌드위치 한 개의 가격을 100원씩 내릴 때마다 판매량이 5개씩 증가한다고 한다. 샌드위치를 하루 동안 판매한 전체 금액이 322000원이 되도록 하는 샌드위치 한 개의 가격을 구하시오.

(단, 샌드위치 한 개의 가격은 3000원 이상이다.)

[풀이]

239

이차방정식 $x^2+(a+1)x+a+b=0$이 중근을 가질 때, x에 대한 이차방정식 $x^2+(a-1)x+b^2+1=0$의 근을 판별하시오. (단, a, b는 실수이다.)

[풀이]

240

이차방정식 $x^2+7x+4=0$의 두 근을 α, β라 할 때, $(\sqrt{\alpha}+\sqrt{\beta})^2$의 값을 구하시오.

[풀이]

II

241

실수 a, b에 대하여 이차방정식 $x^2+ax+b=0$의 한 근이 $1+2i$일 때, 다음 물음에 답하시오.

(1) a, b의 값을 각각 구하시오.

[풀이]

(2) 이차방정식 $bx^2-5x-5a=0$의 두 근을 α, β라 할 때, $\alpha^3+\beta^3$의 값을 구하시오.

[풀이]

1등급 실력 완성

출제율이 높은 문제 중 1등급을 결정하는 고난도 문제를 수록하였습니다.

242

x에 대한 이차방정식 $x^2-a(k+3)x+(k+2)a^2+b=0$이 실수 k의 값에 관계없이 항상 1을 근으로 가질 때, ab의 값은? (단, a, b는 실수이다.)

① 0 ② 2 ③ 4 ④ 6 ⑤ 8

243 교육청 기출

세 유리수 a, b, c에 대하여 x에 대한 이차방정식

$$ax^2+\sqrt{3}bx+c=0$$

의 한 근이 $\alpha=2+\sqrt{3}$이다. 다른 한 근을 β라 할 때, $\alpha+\frac{1}{\beta}$의 값은?

① -4 ② $-2\sqrt{3}$ ③ 0 ④ $2\sqrt{3}$ ⑤ 4

244

그림과 같이 직사각형 ABCD의 두 꼭짓점 B, D에서 대각선 AC에 내린 수선의 발을 각각 H, I라 하자. $\overline{AD}=1$, $\overline{HI}=2$일 때, $\overline{CD}=k$이다. 자연수 m, n에 대하여 $k^2=m+n\sqrt{3}$일 때, $m+n$의 값은?

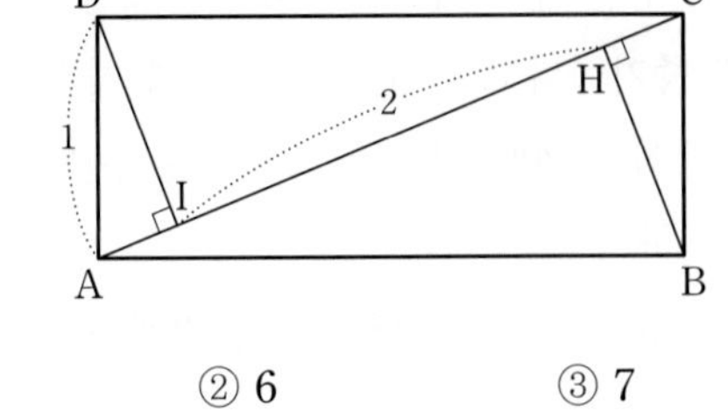
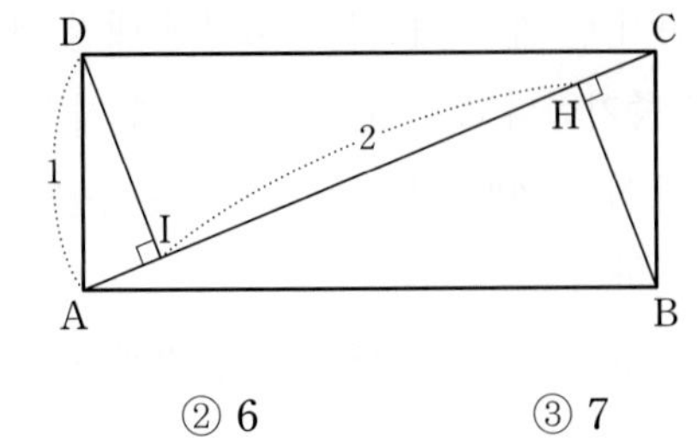

① 5 ② 6 ③ 7 ④ 8 ⑤ 9

245 교육청 기출

그림과 같이 한 변의 길이가 1인 정오각형 ABCDE가 있다. 두 대각선 AC와 BE가 만나는 점을 P라 하면 $\overline{BE}:\overline{PE}=\overline{PE}:\overline{BP}$가 성립한다.

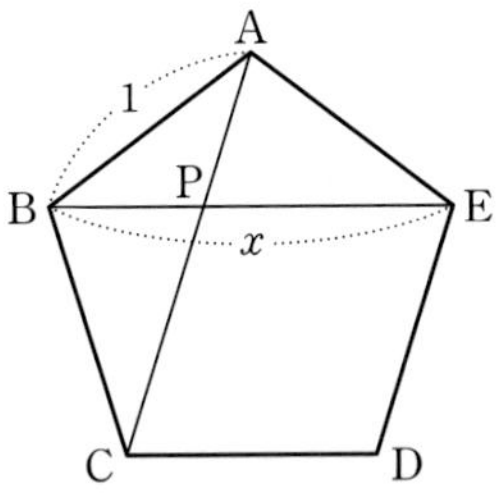

대각선 BE의 길이를 x라 할 때, $1-x+x^2-x^3+x^4-x^5+x^6-x^7+x^8=p+q\sqrt{5}$이다. $p+q$의 값은? (단, p, q는 유리수이다.)

① 22 ② 23 ③ 24 ④ 25 ⑤ 26

246

x, y에 대한 이차식 $x^2+xy+ay^2-x+7y-2$가 두 일차식의 곱으로 인수분해 될 때, 실수 a의 값은?

① -6　② -3　③ 1
④ 3　⑤ 6

247

상수 a, b, c에 대하여 x, y에 대한 이차식 $x^2+4xy+ay^2+bx-4y+c$가 x, y에 대한 일차식의 완전제곱식이 될 때, $a+b+c$의 값은?

① 1　② 2　③ 3
④ 4　⑤ 5

248

이차방정식 $x^2+x-1=0$의 서로 다른 두 근을 α, β라 하자. 다항식 $P(x)=2x^2-3x$에 대하여 $\beta P(\alpha)+\alpha P(\beta)$의 값은?

① 5　② 6　③ 7
④ 8　⑤ 9

249

이차방정식 $x^2-ax-1=0$의 서로 다른 두 실근을 α, β라 할 때, 옳은 것만을 **| 보기 |**에서 있는 대로 고른 것은? (단, $a>0$)

| 보기 |

ㄱ. $|\alpha+\beta|=|\alpha|+|\beta|$
ㄴ. $\alpha^2+\beta^2>2$
ㄷ. $\alpha>3$이면 $\beta\leq-3$이다.

① ㄱ　② ㄴ　③ ㄷ
④ ㄱ, ㄴ　⑤ ㄴ, ㄷ

250

이차방정식 $x^2-4x+k=0$의 두 실근 α, β가 $|\alpha|+|\beta|=6$을 만족시킬 때, 실수 k의 값은?

① -5　② -4　③ -3
④ -2　⑤ -1

● 바른답·알찬풀이 48쪽

251

자연수 a, b에 대하여 이차방정식 $x^2+ax-b=0$은 서로 다른 두 실근을 갖고, 두 근의 차가 6 이하이다. 이때 $a+b$의 최댓값은?

① 8 ② 9 ③ 10
④ 11 ⑤ 12

252

이차방정식 $f(x)=0$의 두 근의 합이 3일 때, 이차방정식 $f(4x-1)=0$의 두 근의 합은?

① $\frac{5}{4}$ ② 1 ③ $\frac{3}{4}$
④ $\frac{1}{2}$ ⑤ $\frac{1}{4}$

253 교육청 기출

두 실수 a, b에 대하여 이차방정식 $x^2+ax+b=0$의 서로 다른 두 근은 α, β이고, 이차방정식 $x^2+3ax+3b=0$의 서로 다른 두 근은 $\alpha+2$, $\beta+2$이다. 다음 **| 조건 |**을 만족시키는 자연수 n의 최솟값을 구하시오.

| 조건 |
(가) $\alpha^n+\beta^n>0$
(나) $\alpha^n+\beta^n=\alpha^{n+1}+\beta^{n+1}$

254

x에 대한 이차방정식 $x^2-2(n+2)x+n^2+4=0$의 두 근에 대한 설명 중 옳은 것만을 **| 보기 |**에서 있는 대로 고른 것은? (단, n은 자연수이다.)

| 보기 |
ㄱ. $n=1$이면 두 근은 모두 자연수이다.
ㄴ. 두 근은 서로 다른 실수이다.
ㄷ. 두 근은 모두 양수이다.

① ㄱ ② ㄷ ③ ㄱ, ㄴ
④ ㄴ, ㄷ ⑤ ㄱ, ㄴ, ㄷ

255

이차방정식 $x^2-2x+10=0$의 한 허근 α에 대하여 $z=\frac{\alpha+1}{\alpha-1}$이라 할 때, $z\bar{z}$의 값을 구하시오.

(단, $\bar{z}$는 z의 켤레복소수이다.)

도전 1등급 최고난도

1등급을 결정하는 문제 중 최고난도 문제를 수록하였습니다.

● 바른답·알찬풀이 49쪽

256 교육청 기출

$\frac{\sqrt{2}}{2}<k<\sqrt{2}$인 실수 k에 대하여 그림과 같이 한 변의 길이가 각각 2, $2k$인 두 정사각형 ABCD, EFGH가 있다. 두 정사각형의 대각선이 모두 한 점 O에서 만나고, 대각선 FH가 변 AB를 이등분한다. 변 AD와 EH의 교점을 I, 변 AD와 EF의 교점을 J, 변 AB와 EF의 교점을 K라 하자. 삼각형 AKJ의 넓이가 삼각형 EJI의 넓이의 $\frac{3}{2}$배가 되도록 하는 k의 값이 $p\sqrt{2}+q\sqrt{6}$일 때, $100(p+q)$의 값을 구하시오. (단, p, q는 유리수이다.)

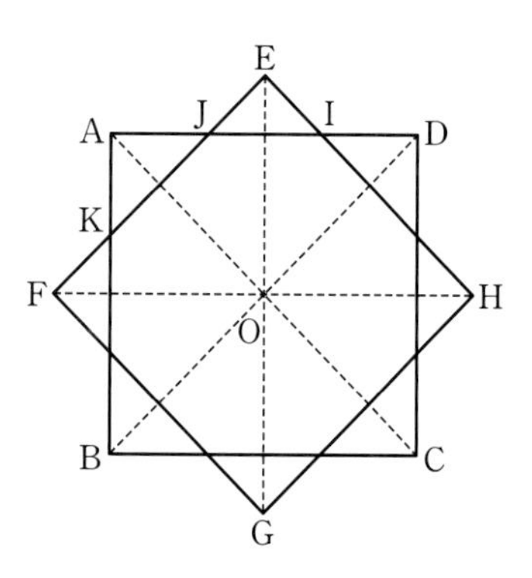

257

이차방정식 $x^2-2x+7=0$의 두 근을 α, β라 할 때, $f(\alpha)=f(\beta)=\alpha\beta$, $f(1)=1$을 만족시키는 이차식 $f(x)$에 대하여 $f(\alpha+\beta-\alpha\beta)$의 값을 구하시오.

258

실수 a, b에 대하여 이차방정식 $x^2-ax+b=0$의 서로 다른 두 실근을 α, β라 하자. 다음 그림과 같이 삼각형 ABC의 꼭짓점 A에서 선분 BC에 내린 수선의 발을 H라 할 때, $\overline{AH}=1$이고 $\overline{BH}=\alpha$, $\overline{CH}=\beta$이다. 변 AB 위의 점 P와 변 BC 위의 두 점 Q, R, 변 CA 위의 점 S에 대하여 사각형 PQRS가 정사각형일 때, $\overline{PQ}=\frac{5}{7}$, $\overline{AP}\times\overline{AS}=\frac{2\sqrt{26}}{49}$이다. 이때 $a+b$의 최댓값은?

(단, $\alpha>0$, $\beta>0$)

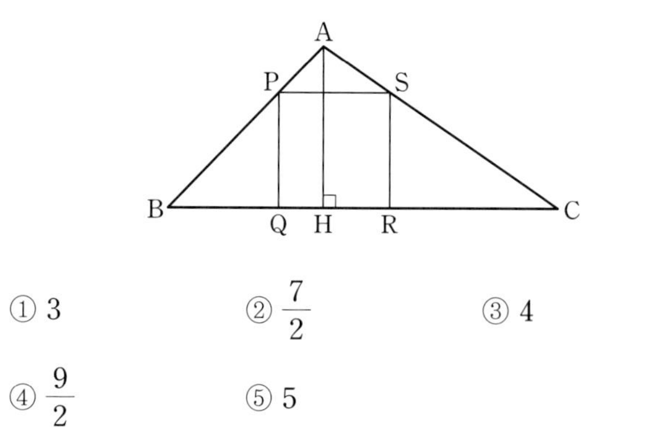

① 3 ② $\frac{7}{2}$ ③ 4 ④ $\frac{9}{2}$ ⑤ 5

II

Ⅱ 방정식과 부등식

06 이차방정식과 이차함수

핵심 개념

1등급 비법

06-1 이차방정식과 이차함수의 관계 [유형 1, 2, 5]

이차함수 $y=ax^2+bx+c$의 그래프와 x축이 만나는 점의 x좌표는 이차방정식 $ax^2+bx+c=0$의 실근과 같고, 이차방정식 $ax^2+bx+c=0$의 판별식 $D=b^2-4ac$의 값의 부호에 따라 이차함수 $y=ax^2+bx+c$의 그래프와 x축의 위치 관계는 다음과 같다.❶

$ax^2+bx+c=0$의 판별식 D		$D>0$	$D=0$	$D<0$
$ax^2+bx+c=0$의 근		서로 다른 두 실근	중근	서로 다른 두 허근
$y=ax^2+bx+c$의 그래프와 x축의 위치 관계		서로 다른 두 점에서 만난다.	한 점에서 만난다. (접한다.)	만나지 않는다.
$y=ax^2+bx+c$의 그래프	$a>0$			
	$a<0$			

❶ 이차함수 $y=ax^2+bx+c$의 그래프가 x축과 만나려면 이차방정식 $ax^2+bx+c=0$이 실근을 가져야 하므로 이차방정식 $ax^2+bx+c=0$의 판별식을 D라 할 때, $D\geq0$이어야 한다.

06-2 이차함수의 그래프와 직선의 위치 관계 [유형 3~5]

이차함수 $y=ax^2+bx+c$의 그래프와 직선 $y=mx+n$의 위치 관계는 이차방정식 $ax^2+(b-m)x+c-n=0$의 판별식 D의 값의 부호에 따라 다음과 같다.❷

(1) $D>0$이면 서로 다른 두 점에서 만난다.

(2) $D=0$이면 한 점에서 만난다.(접한다.)

(3) $D<0$이면 만나지 않는다.

❷ ① 이차함수 $y=ax^2+bx+c$의 그래프와 직선 $y=mx+n$의 교점의 x좌표는 이차방정식 $ax^2+bx+c=mx+n$, 즉 $ax^2+(b-m)x+c-n=0$의 실근과 같다.
② 일반적으로 두 함수 $y=f(x)$, $y=g(x)$의 그래프의 교점의 개수는 방정식 $f(x)=g(x)$의 서로 다른 실근의 개수와 같다.

06-3 제한된 범위에서 이차함수의 최대 · 최소❸ [유형 6~9]

x의 값의 범위가 $\alpha\leq x\leq\beta$일 때, 이차함수 $f(x)=a(x-p)^2+q$의 최댓값과 최솟값은 다음과 같다.

(1) $\alpha\leq p\leq\beta$이면

⇨ $f(\alpha), f(p), f(\beta)$ 중에서 가장 큰 값이 최댓값이고 가장 작은 값이 최솟값이다.

(2) $p<\alpha$ 또는 $p>\beta$이면

⇨ $f(\alpha), f(\beta)$ 중에서 큰 값이 최댓값이고 작은 값이 최솟값이다.

참고 함수식이 같아도 x의 값의 범위가 다르면 함수의 최댓값과 최솟값은 달라질 수 있다.

❸ 제한된 범위에서 이차함수의 최대·최소를 구할 때는 그래프를 그려서 생각하는 것이 편리하다.

유형 분석 기출

시험에서 출제율이 70% 이상인 문제를 엄선하여 수록하였습니다.

● 바른답·알찬풀이 51쪽

유형 1 이차함수의 그래프와 x축의 교점 [개념 06-1]

259

x^2의 계수가 1인 이차함수 $y=f(x)$의 그래프가 x축과 두 점 $(0, 0)$, $(2, 0)$에서 만날 때, $f(3)$의 값은?

① 1 ② 2 ③ 3
④ 4 ⑤ 5

260 ☆중요

이차함수 $y=x^2-ax+b$의 그래프와 x축의 두 교점의 x좌표가 -1, 6일 때, 이차함수 $y=x^2-bx+a$의 그래프와 x축이 만나는 두 점 사이의 거리는? (단, a, b는 상수이다.)

① 3 ② 4 ③ 5
④ 6 ⑤ 7

261

이차함수 $y=x^2+6x+k$의 그래프가 x축과 만나는 두 점을 A, B라 하자. $\overline{AB}=7$일 때, 상수 k의 값은?

① $-\frac{49}{4}$ ② -10 ③ $-\frac{31}{4}$
④ $-\frac{11}{2}$ ⑤ $-\frac{13}{4}$

유형 2 이차함수의 그래프와 x축의 위치 관계 [개념 06-1]

262 교육청 기출

이차함수 $y=x^2+ax+9$의 그래프가 x축에 접할 때, 양수 a의 값을 구하시오.

263 ☆중요

이차함수 $y=x^2+2kx+k^2+k-6$의 그래프가 x축과 서로 다른 두 점에서 만나도록 하는 정수 k의 최댓값은?

① 4 ② 5 ③ 6
④ 7 ⑤ 8

264

이차함수 $y=x^2+px+q$의 그래프가 점 $(1, 1)$을 지나고 x축에 접할 때, 상수 p, q에 대하여 $2p+q$의 값은?

(단, $pq\neq0$)

① -4 ② -2 ③ 0
④ 2 ⑤ 4

265

x^2의 계수가 1인 이차함수 $y=f(x)$의 그래프가 x축과 한 점에서 만나고 $f(-1)=f(3)$일 때, $f(2)$의 값은?

① 1 ② 2 ③ 3
④ 4 ⑤ 5

266 실력 UP

이차함수 $y=x^2-(2k+a)x+k^2+bk+4$의 그래프가 실수 k의 값에 관계없이 항상 x축에 접할 때, 상수 a, b에 대하여 a^2+b^2의 값을 구하시오.

유형 3 이차함수의 그래프와 직선의 위치 관계 [개념 06-2]

267 중요

이차함수 $y=x^2+3x-k$의 그래프와 직선 $y=x-2$가 만나지 않도록 하는 실수 k의 값의 범위는?

① $k>-2$ ② $k>-1$ ③ $k<1$
④ $k>1$ ⑤ $k<3$

268

이차함수 $y=x^2-5x+3k$의 그래프와 직선 $y=x+k$가 만나도록 하는 정수 k의 최댓값은?

① 1 ② 2 ③ 3
④ 4 ⑤ 5

269

이차함수 $y=x^2+5x-4$의 그래프에 접하고 직선 $y=-3x+1$과 평행한 직선의 방정식을 $y=ax+b$라 할 때, 상수 a, b에 대하여 $a+b$의 값을 구하시오.

270

점 (2, 2)를 지나고 이차함수 $y=x^2+6x+13$의 그래프에 접하는 두 직선의 기울기의 곱은?

① -20 ② -8 ③ -1
④ 8 ⑤ 20

● 바른답·알찬풀이 52쪽

271 교육청 기출

이차함수 $f(x)=x^2+ax-(b-7)^2$이 다음 **| 조건 |**을 만족시킨다.

| 조건 |
(가) $x=-1$에서 최솟값을 가진다.
(나) 이차함수 $y=f(x)$의 그래프와 직선 $y=cx$가 한 점에서만 만난다.

세 상수 a, b, c에 대하여 $a+b+c$의 값을 구하시오.

272 실력 UP

이차함수 $y=x^2+ax+b$의 그래프가 두 직선 $y=4x+4$와 $y=-6x-11$에 동시에 접할 때, 상수 a, b에 대하여 ab의 값은?

① 8　② 10　③ 12
④ 14　⑤ 16

유형 4 이차함수의 그래프와 직선의 교점 [개념 06-2]

273 중요

이차함수 $y=x^2+ax+3$의 그래프와 직선 $y=2x+b$가 x좌표가 각각 -1, 2인 두 점에서 만날 때, 상수 a, b에 대하여 $b-a$의 값은?

① 1　② 2　③ 3
④ 4　⑤ 5

274

이차함수 $y=x^2-4x+2$의 그래프와 직선 $y=ax+b$의 한 교점의 x좌표가 $2+\sqrt{3}$일 때, 유리수 a, b에 대하여 $a+b$의 값을 구하시오.

275

이차함수 $y=2x^2-3x+a$의 그래프와 직선 $y=3x+7$의 두 교점의 x좌표의 곱이 -4일 때, 상수 a의 값은?

① -2　② -1　③ 0
④ 1　⑤ 2

276

이차함수 $y=x^2-mx+n$의 그래프와 직선 $y=2x+2$의 두 교점의 x좌표를 a, b라 하고, 이차함수 $y=x^2-mx+n$의 그래프와 직선 $y=2x-1$의 두 교점의 x좌표를 c, d라 할 때, $a+b-c-d$의 값을 구하시오.

(단, m, n은 상수이다.)

유형 분석 기출

277 실력 UP

이차함수 $y=x^2$의 그래프와 직선 $y=mx+1$이 서로 다른 두 점 A, B에서 만난다. 두 점 A, B에서 x축에 내린 수선의 발을 C, D라 할 때, $\overline{CD}=4$이다. 양수 m의 값은?

① $\sqrt{2}$ ② $\sqrt{3}$ ③ $2\sqrt{2}$
④ $2\sqrt{3}$ ⑤ $3\sqrt{3}$

유형 5 이차함수의 그래프와 이차방정식의 실근 [개념 06-1, 2]

278 중요

이차함수 $y=f(x)$의 그래프가 오른쪽 그림과 같을 때, 이차방정식 $f(x+1)=0$의 두 실근의 곱을 구하시오.

279

이차함수 $y=f(x)$의 그래프와 직선 $y=g(x)$가 오른쪽 그림과 같을 때, 이차방정식 $f(x)-g(x)=0$의 모든 실근의 합은?

① -3 ② -2
③ -1 ④ 2
⑤ 3

280

두 이차함수 $y=f(x)$, $y=g(x)$의 그래프가 오른쪽 그림과 같을 때, 이차방정식 $f(x)-g(x)=0$의 두 실근을 α, β라 하자. $\alpha^2+\beta^2$의 값을 구하시오.

유형 6 제한된 범위에서 이차함수의 최대·최소 [개념 06-3]

281

$0\le x\le 3$에서 이차함수 $f(x)=-2x^2+4x+3$의 최댓값과 최솟값의 곱은?

① -15 ② -9 ③ -3
④ 9 ⑤ 15

282 중요

이차함수 $f(x)=-x^2+ax+b$의 그래프가 x축과 두 점 $(-2, 0)$, $(4, 0)$에서 만날 때, $-2\le x\le 1$에서 이차함수 $f(x)$의 최댓값과 최솟값의 합은? (단, a, b는 상수이다.)

① 9 ② 11 ③ 13
④ 15 ⑤ 17

283

$1 \le x \le 5$에서 이차함수 $f(x)=x^2-2x+3$의 최솟값과 이차함수 $g(x)=-x^2+4x+k$의 최댓값이 같을 때, 실수 k의 값은?

① -2　② -1　③ 0　④ 1　⑤ 2

284 교육청 기출

실수 p에 대하여 $0 \le x \le 2$에서 이차함수 $f(x)=x^2-4px$의 최솟값을 $g(p)$라 하자. $g(-1)+g\left(\frac{1}{2}\right)$의 값은?

① -3　② -2　③ -1　④ 0　⑤ 1

285 실력 UP

실수 a에 대하여 $a \le x \le a+2$에서 이차함수 $f(x)=x^2-2x+2$의 최댓값을 $M(a)$라 하자. $M(0)+M(1)+M(2)$의 값은?

① 9　② 11　③ 13　④ 15　⑤ 17

● 바른답·알찬풀이 54쪽

유형 7 최댓값 또는 최솟값이 주어질 때 미지수의 값 구하기 [개념 06-3]

II

286 중요

$1 \le x \le 4$에서 이차함수 $y=2x^2-12x+k$의 최솟값이 -11일 때, 이 함수의 최댓값을 구하시오.

(단, k는 상수이다.)

287

$1 \le x \le a$에서 이차함수 $y=x^2-6x+1$의 최댓값이 8, 최솟값이 b일 때, $a+b$의 값을 구하시오. (단, $a>1$)

288

이차함수 $f(x)$가 다음 **| 조건 |**을 만족시킨다.

| 조건 |

(가) x에 대한 방정식 $f(x)=0$의 두 근은 1과 5이다.

(나) $-4 \le x \le -1$에서 이차함수 $f(x)$의 최솟값은 36이다.

$f(8)$의 값을 구하시오.

유형 분석 기출

289 실력 UP

$0 \le x \le 4$에서 이차함수 $f(x)=x^2-2kx+3$의 최솟값이 -6일 때, 실수 k의 값은?

① 1　② 2　③ 3
④ 4　⑤ 5

유형 8 이차식의 최대·최소 [개념 06-3]

290

x, y가 실수일 때, $2x^2-8x+y^2-6y+5$의 최솟값은?

① -17　② -12　③ -5
④ 1　⑤ 7

291

두 실수 x, y에 대하여 $x^2+2ax+y^2+2by+k$는 $x=-2$, $y=1$에서 최솟값 10을 갖는다. $a+b+k$의 값은? (단, a, b, k는 상수이다.)

① 15　② 16　③ 17
④ 18　⑤ 19

292 실력 UP

$x \ge 0$, $y \ge 0$이고 $x+y=3$일 때, $2x^2+y^2$의 최댓값과 최솟값의 합을 구하시오.

유형 9 이차함수의 최대·최소의 활용 [개념 06-3]

293 중요

오른쪽 그림과 같이 x축 위의 두 점 A, B와 이차함수 $y=-x^2+6x$의 그래프 위의 두 점 C, D를 네 꼭짓점으로 하는 직사각형 ABCD의 둘레의 길이의 최댓값을 구하시오.

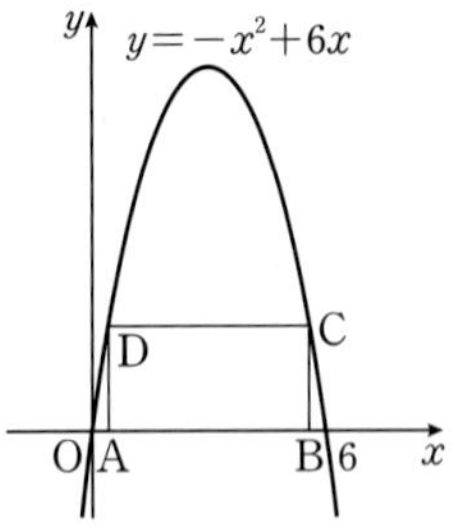

294

직각삼각형에서 직각을 낀 두 변의 길이의 합이 8일 때, 이 직각삼각형의 빗변의 길이의 최솟값을 구하시오.

295

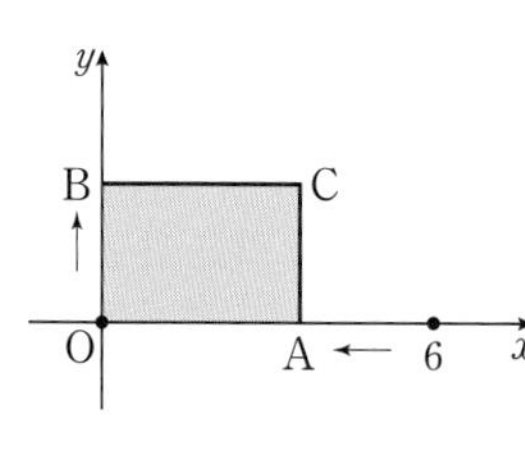

오른쪽 그림과 같이 좌표축 위를 움직이는 두 점 A, B가 있다. 점 A는 점 (6, 0)에서 출발하여 x축의 음의 방향으로 매초 2의 속력으로 움직이고, 점 B는 원점 O에서 출발하여 y축의 양의 방향으로 매초 2의 속력으로 움직인다. 이때 t초 후의 두 점 A, B에 대하여 $\overline{OA}$, $\overline{OB}$를 이웃하는 두 변으로 하는 직사각형 OACB의 넓이의 최댓값은? (단, $0<t<3$)

① 8　② 9　③ 12　④ 15　⑤ 17

296 실력 UP

어느 학교 매점에서는 구운 달걀을 낱개로 판매하기 위해 30개들이 구운 달걀 한 판을 6000원에 구입한다. 구운 달걀 한 개의 판매 가격을 450원으로 정하면 하루에 100개가 팔리고 판매 가격을 10원씩 내릴 때마다 판매량은 20개씩 증가한다. 구운 달걀 한 개의 판매 가격을 450원 이하로 정할 때, 달걀 판매의 하루 순이익을 최대로 하기 위한 구운 달걀 한 개의 판매 가격을 구하시오. (단, 순이익은 총판매 가격에서 총구입 금액을 뺀 금액이며 순이익은 항상 양수이다.)

297

밑면의 반지름의 길이가 1, 높이가 9인 원뿔이 있다. 이 원뿔의 밑면의 넓이는 매초 π씩 커지고 높이는 매초 1씩 작아질 때, 원뿔의 부피의 최댓값은?

① $\frac{22}{3}\pi$　② $\frac{23}{3}\pi$　③ 8π　④ $\frac{25}{3}\pi$　⑤ $\frac{26}{3}\pi$

298 교육청 기출

그림과 같이 직선 $x=t(0<t<3)$이 두 이차함수 $y=2x^2+1$, $y=-(x-3)^2+1$의 그래프와 만나는 점을 각각 P, Q라 하자. 두 점 A(0, 1), B(3, 1)에 대하여 사각형 PAQB의 넓이의 최솟값은?

① $\frac{15}{2}$　② 9　③ $\frac{21}{2}$　④ 12　⑤ $\frac{27}{2}$

II

내신 적중 서술형

시험에서 출제율이 높은 서술형 문제를 엄선하여 수록하였습니다.

● 바른답·알찬풀이 57쪽

299

이차함수 $y=x^2+2(k-3)x+k^2-1$의 그래프는 x축과 만나지 않고, 이차함수 $y=x^2-2kx+16k$의 그래프는 x축과 접하도록 하는 상수 k의 값을 구하시오.

[풀이]

300

두 이차함수 $y=x^2-4x+5$, $y=-x^2+4x+a$의 그래프가 직선 $y=-2x+b$에 동시에 접할 때, 상수 a, b의 값을 각각 구하시오.

[풀이]

301

오른쪽 그림과 같이 이차함수 $y=f(x)$의 그래프와 x축의 교점의 x좌표가 α, β이고 $\alpha+\beta=7$일 때, 이차방정식 $f\left(\frac{x+1}{2}\right)=0$의 두 근의 합을 구하시오.

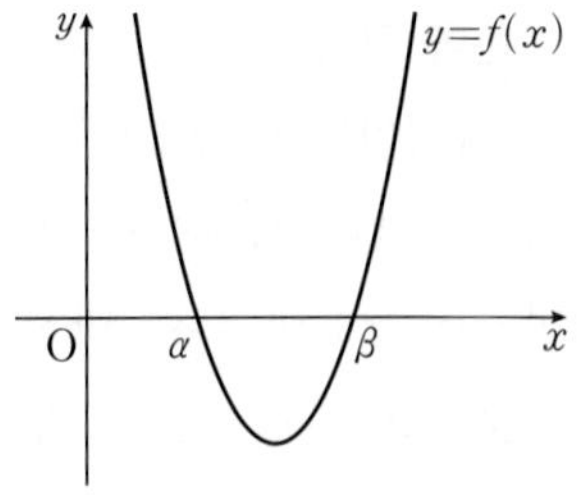

[풀이]

302

$0\le x\le 1$에서 함수 $y=(x^2+2x)^2-2(x^2+2x)+3$에 대하여 다음 물음에 답하시오.

(1) $x^2+2x=t$라 할 때, t의 값의 범위를 구하시오.

[풀이]

(2) $x^2+2x=t$라 할 때, 주어진 함수를 $y=a(t-p)^2+q$ 꼴로 나타내시오.

[풀이]

(3) 주어진 함수의 최댓값을 M, 최솟값을 m이라 할 때, Mm의 값을 구하시오.

[풀이]

1등급 실력 완성

출제율이 높은 문제 중 1등급을 결정하는 고난도 문제를 수록하였습니다.

● 바른답·알찬풀이 58쪽

303

이차함수 $f(x)=-x^2+x-2$에 대하여 옳은 것만을 **| 보기 |**에서 있는 대로 고른 것은?

| 보기 |

ㄱ. $y=f(x)+2x$의 그래프는 x축과 두 점 $(1, 0)$, $(2, 0)$에서 만난다.

ㄴ. $y=f(x)$의 그래프는 직선 $y=3x-1$과 한 점에서 만난다.

ㄷ. 모든 자연수 n에 대하여 $y=f(x)+n$의 그래프는 x축과 만나지 않는다.

① ㄱ ② ㄱ, ㄴ ③ ㄱ, ㄷ
④ ㄴ, ㄷ ⑤ ㄱ, ㄴ, ㄷ

304

이차함수 $y=x^2+(2k-1)x+k^2-a$의 그래프가 x축과 만나도록 하는 자연수 k의 개수를 $f(a)$라 할 때, $f(2)+f(4)+f(6)$의 값을 구하시오. (단, a는 실수이다.)

305

이차함수 $y=x^2-6x+3a$의 그래프가 직선 $y=2x+a-1$보다 항상 위쪽에 있도록 하는 정수 a의 최솟값은?

① 4 ② 6 ③ 8
④ 10 ⑤ 12

306

최고차항의 계수가 -2인 이차함수 $y=f(x)$의 그래프가 오른쪽 그림과 같이 x축과 두 점 $(\alpha, 0)$, $(\beta, 0)$에서 만나고, y절편이 4인 직선 $y=g(x)$와 두 점 $(\beta, 0)$, $(\gamma, f(\gamma))$에서 만난다. $\alpha-\gamma=1$일 때, $g(1)$의 값을 구하시오.

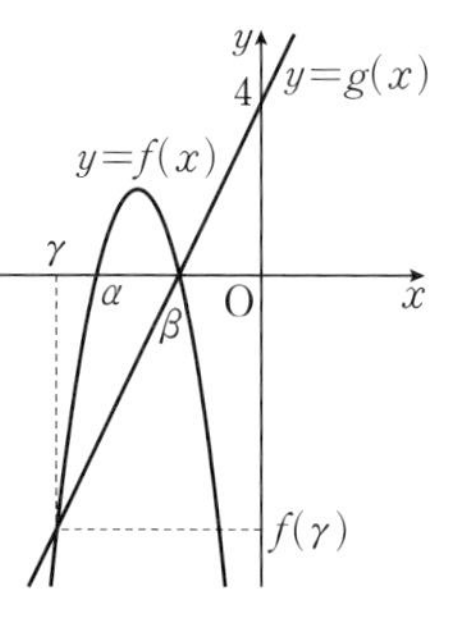

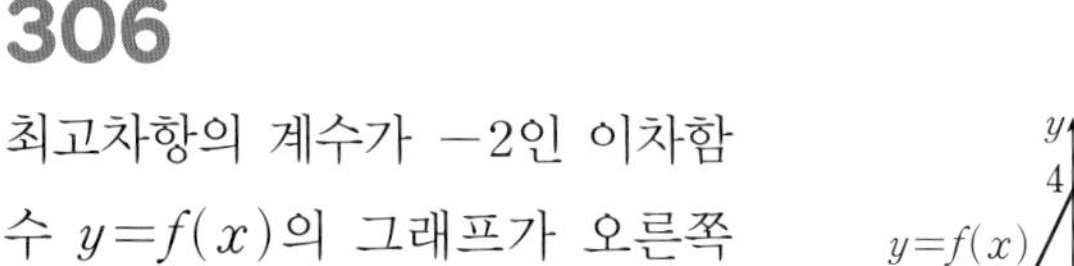

307

오른쪽 그림과 같이 이차함수 $y=(x-a)^2$의 그래프와 직선 $y=x$의 두 교점을 A, B라 하자. $\overline{AB}=\sqrt{26}$일 때, 실수 a의 값은?

① 1 ② 2
③ 3 ④ 4
⑤ 5

308

이차함수 $y=f(x)$의 그래프가 오른쪽 그림과 같을 때, 방정식

$$\{f(x)\}^2+2f(x)-3=0$$

의 서로 다른 실근의 개수를 구하시오. (단, 그래프의 꼭짓점의 y좌표는 -3이다.)

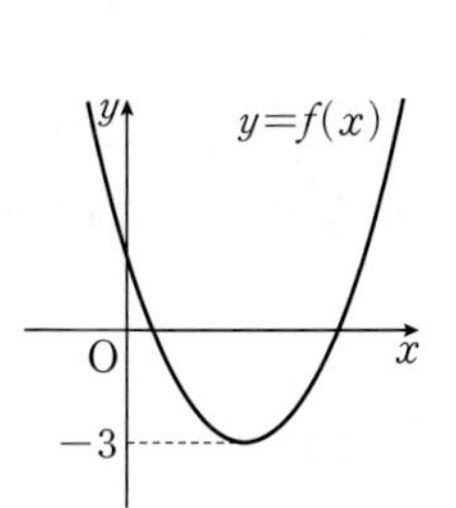

309

양수 a에 대하여 이차방정식 $x^2+x-a=0$의 서로 다른 두 실근을 α, β라 하자. 실수 b에 대하여 이차함수 $f(x)=2x^2+bx-6$ 의 그래프가 두 점 $(\alpha^2-1-a,\ \beta^2)$, $(\beta^2-1-a,\ \alpha^2)$을 지날 때, $a+b$의 값은?

① 3　② 4　③ 5　④ 6　⑤ 7

310 교육청 기출

자연수 n에 대하여 직선 $y=n$이 이차함수 $y=x^2-4x+4$의 그래프와 만나는 두 점의 x좌표를 각각 x_1, x_2라 하자. $\frac{|x_1|+|x_2|}{2}$의 값이 자연수가 되도록 하는 100 이하의 자연수 n의 개수를 구하시오.

311

$0\le x\le 1$에서 이차함수 $y=-x^2+2ax$의 최댓값이 3일 때, 상수 a의 값은?

① -1　② 0　③ 1　④ 2　⑤ 3

312

함수 $y=(x^2+2x+2)(x^2+2x+3)+3x^2+6x+1$은 $x=a$일 때, 최솟값 b를 갖는다. 이때 $a+b$의 값은?

① -2　② -1　③ 0　④ 1　⑤ 2

● 바른답·알찬풀이 59쪽

313

이차함수 $f(x)=x^2-2ax+a+2$와 직선 $y=bx$가 다음 **| 조건 |**을 만족시킬 때, 상수 a, b의 값을 각각 구하시오. (단, $b<0$)

| 조건 |
(가) 이차함수 $f(x)$는 $0\le x\le 3$에서 최솟값 0을 갖는다.
(나) 이차함수 $y=f(x)$의 그래프와 직선 $y=bx$는 한 점

314

최고차항의 계수가 1인 이차함수 $f(x)$의 최솟값은 -3이고 방정식 $f(x)-2=0$의 두 근을 α, β라 하자. $\frac{\beta}{\alpha}+\frac{\alpha}{\beta}=3$일 때, 방정식 $f(x)=0$의 두 근의 곱을 구하시오.

315

x에 대한 이차방정식 $x^2-(a+1)x-a^2-2a-1=0$의 두 실근 α, β에 대하여 $(\alpha+5)(\beta+5)$의 최댓값을 구하시오. (단, a는 실수이다.)

II

316

실수 x, y, z에 대하여 $-x^2-2y^2-4z^2+6x+4y-8z$는 $x=a$, $y=b$, $z=c$일 때, 최댓값 d를 갖는다. 이때 $a+b+c+d$의 값을 구하시오.

317

상진이는 불우 이웃 돕기 성금을 마련하기 위하여 친구들과 함께 샌드위치를 만들어 팔기로 하였다. 한 개당 1000원의 이익을 남기고 팔면 하루에 32개를 팔 수 있는데, 한 개당 이익금을 100원씩 줄일 때마다 하루에 4개씩 더 팔린다고 한다. 하루의 이익금이 최대일 때, 하루에 팔리는 샌드위치의 개수를 구하시오.

도전 1등급 최고난도

1등급을 결정하는 문제 중 최고난도 문제를 수록하였습니다.

● 바른답·알찬풀이 62쪽

318

두 함수 $f(x)=|x^2-4x|$, $g(x)=-x+k$에 대하여 방정식 $f(x)-g(x)=0$이 4개의 실근을 가질 때, 실수 k의 값의 범위는 $a<k<b$이다. 이때 ab의 값을 구하시오.

319

다음 그림과 같이 최고차항의 계수가 -1인 이차함수 $f(x)$와 최고차항의 계수가 음수인 이차함수 $g(x)$에 대하여 직선 $y=ax\ (a>0)$ 위의 두 점 P, Q는 각각 두 이차함수 $y=f(x)$, $y=g(x)$의 그래프와 직선 $y=ax$의 접점이다. 두 점 P, Q에서 x축에 내린 수선의 발을 각각 H, I라 할 때, 두 점 I, H는 각각 두 이차함수 $y=f(x)$, $y=g(x)$의 그래프 위의 점이다. 원점 O에 대하여 두 삼각형 OHP, OIQ의 넓이의 비는 $1:4$이고 $\overline{PQ}=4\sqrt{5}$일 때, $f(6)+g(6)$의 값은? (단, 두 점 P, Q는 제1사분면 위의 점이며 점 P의 x좌표보다 점 Q의 x좌표가 크다.)

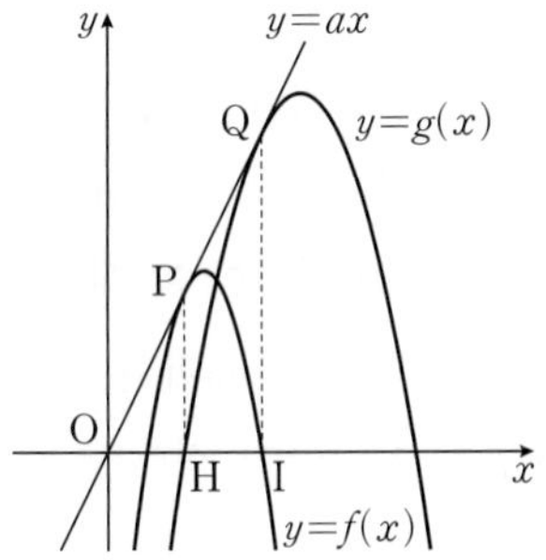

① 16 ② 17 ③ 18
④ 19 ⑤ 20

320 교육청 기출

이차함수 $f(x)$와 이차항의 계수가 1인 이차함수 $g(x)$에 대하여 x에 대한 이차방정식

$$\{x-f(k)\}\{x-g(k)\}=0$$

이 서로 다른 두 실근 0, 4를 갖도록 하는 모든 실수 k의 개수가 3이다. $f(2)=4$일 때, $g(8)-f(8)$의 값은?

① 62 ② 64 ③ 66
④ 68 ⑤ 70

07 여러 가지 방정식

핵심 개념

07-1 삼차방정식과 사차방정식의 풀이 [유형 1, 2]

(1) **인수분해 공식과 인수정리를 이용한 삼·사차방정식의 풀이**[1]

주어진 방정식을 $f(x)=0$ 꼴로 정리하여 $f(x)$를 인수분해 하거나 $f(\alpha)=0$을 만족시키는 α의 값을 찾은 후, 조립제법을 이용하여 $f(x)=(x-\alpha)Q(x)$ 꼴로 인수분해 한다.

(2) **치환을 이용한 삼·사차방정식의 풀이**[2]

방정식에 공통부분이 있으면 공통부분을 한 문자로 치환하여 그 문자에 대한 방정식으로 변형한 후, 인수분해 한다.

(3) **$x^4+ax^2+b=0$ (a, b는 상수) 꼴의 사차방정식의 풀이**

방법1 $x^2=X$로 치환하여 좌변을 인수분해 한다.

방법2 이차항 ax^2을 분리하여 $A^2-B^2=0$ 꼴로 변형한 후, 좌변을 인수분해 한다.

07-2 삼차방정식의 근과 계수의 관계 [유형 3, 4]

(1) 삼차방정식 $ax^3+bx^2+cx+d=0$의 세 근을 α, β, γ라 하면

$$\alpha+\beta+\gamma=-\frac{b}{a},\quad \alpha\beta+\beta\gamma+\gamma\alpha=\frac{c}{a},\quad \alpha\beta\gamma=-\frac{d}{a}$$

(2) 세 수 α, β, γ를 근으로 하고 x^3의 계수가 1인 삼차방정식은

$$(x-\alpha)(x-\beta)(x-\gamma)=0,\text{ 즉 } x^3-(\alpha+\beta+\gamma)x^2+(\alpha\beta+\beta\gamma+\gamma\alpha)x-\alpha\beta\gamma=0$$

↳ 세 근의 합 ↳ 두 근끼리의 곱의 합 ↳ 세 근의 곱

07-3 삼차방정식의 켤레근 [유형 5]

삼차방정식 $ax^3+bx^2+cx+d=0$에서

(1) a, b, c, d가 유리수일 때, 한 근이 $p+q\sqrt{m}$이면 $p-q\sqrt{m}$도 근이다.

(단, p, q는 유리수이고, $q\neq0$, $\sqrt{m}$은 무리수이다.)

(2) a, b, c, d가 실수일 때, 한 근이 $p+qi$이면 $p-qi$도 근이다.

(단, p, q는 실수이고, $q\neq0$, $i=\sqrt{-1}$이다.)

07-4 방정식 $x^3=1$의 허근의 성질[3] [유형 6]

방정식 $x^3=1$의 한 허근을 ω라 하면 다음 성질이 성립한다. (단, $\overline{\omega}$는 ω의 켤레복소수이다.)

(1) $\omega^3=1$, $\omega^2+\omega+1=0$ (2) $\omega+\overline{\omega}=-1$, $\omega\overline{\omega}=1$ (3) $\omega^2=\overline{\omega}=\frac{1}{\omega}$

07-5 연립이차방정식의 풀이[4] [유형 7~10]

(1) 일차방정식과 이차방정식으로 이루어진 연립이차방정식은 일차방정식을 한 문자에 대하여 정리한 것을 이차방정식에 대입하여 푼다.

(2) 두 개의 이차방정식으로 이루어진 연립이차방정식은 인수분해를 이용하여 일차방정식, 이차방정식으로 이루어진 연립방정식으로 고쳐서 푼다.

1등급 비법

❶ $ABC=0$이면
$A=0$ 또는 $B=0$ 또는 $C=0$

❷ 계수가 대칭인 사차방정식
$ax^4+bx^3+cx^2+bx+a=0$은 다음과 같은 순서로 푼다.
(i) 양변을 x^2으로 나눈다.
(ii) $x^2+\frac{1}{x^2}=\left(x+\frac{1}{x}\right)^2-2$임을 이용하여 좌변을 정리한 후, $x+\frac{1}{x}=X$로 치환하여 X에 대한 이차방정식을 푼다.
(iii) (ii)에서 구한 X의 값을 $x+\frac{1}{x}=X$에 대입하여 x의 값을 구한다.

❸ 방정식 $x^3=-1$의 한 허근을 ω라 하면 다음 성질이 성립한다. (단, $\overline{\omega}$는 ω의 켤레복소수이다.)
① $\omega^3=-1$, $\omega^2-\omega+1=0$
② $\omega+\overline{\omega}=1$, $\omega\overline{\omega}=1$
③ $\omega^2=-\overline{\omega}=-\frac{1}{\omega}$

❹ 연립방정식을 이루는 방정식이 모두 x, y에 대한 대칭식이면 다음과 같은 순서로 푼다.
(i) $x+y=u$, $xy=v$로 놓고, 주어진 연립방정식을 u, v에 대한 연립방정식으로 변형한다.
(ii) (i)의 연립방정식을 풀어 u, v의 값을 각각 구한다.
(iii) x, y는 t에 대한 이차방정식 $t^2-ut+v=0$의 두 근임을 이용하여 x, y의 값을 각각 구한다.
[참고] x^2+xy+y^2과 같이 두 문자를 서로 바꾸어도 원래의 식과 같아지는 식을 x, y에 대한 대칭식이라 한다.

유형 분석 기출

시험에서 출제율이 70% 이상인 문제를 엄선하여 수록하였습니다.

유형 1 삼·사차방정식의 풀이 [개념 07-1]

321

삼차방정식 $x^3+3x^2-x-3=0$의 세 근 중에서 가장 큰 근과 가장 작은 근의 합을 구하시오.

322 ☆중요

사차방정식 $x^4-5x-6=0$의 모든 실근의 합은?

① -2　② -1　③ 0
④ 1　⑤ 2

323 교육청 기출

삼차방정식

$$x^3+2x^2-3x-10=0$$

의 서로 다른 두 허근을 α, β라 할 때, $\alpha^3+\beta^3$의 값은?

① -2　② -3　③ -4
④ -5　⑤ -6

324 ☆중요

사차방정식 $(x^2+4x)^2+2(x^2+4x+3)=30$의 두 실근의 곱을 a, 두 허근의 합을 b라 할 때, $a+b$의 값은?

① -8　② -6　③ -4
④ -2　⑤ 0

325

사차방정식 $x(x+1)(x+2)(x+3)-3=0$의 모든 근의 곱은?

① -5　② -3　③ 0
④ 3　⑤ 5

326

사차방정식 $x^4-5x^2+4=0$의 두 양의 근을 α, β라 할 때, $\alpha^2+\beta^2$의 값은?

① 2　② 4　③ 5
④ 6　⑤ 8

● 바른답·알찬풀이 63쪽

327

사차방정식 $x^4-8x^2+4=0$의 네 근을 α, β, γ, δ라 할 때, $\frac{1}{\alpha}+\frac{1}{\beta}+\frac{1}{\gamma}+\frac{1}{\delta}$의 값을 구하시오.

328

사차방정식 $x^4+3x^2+4=0$의 네 근을 α, β, γ, δ라 할 때, $\alpha^3+\beta^3+\gamma^3+\delta^3$의 값은?

① -2　　② -1　　③ 0
④ 1　　⑤ 2

329 실력 UP

사차방정식 $x^4+4x^3-3x^2+4x+1=0$의 한 허근을 α라 할 때, $\alpha^2-\alpha$의 값을 구하시오.

유형 2 근이 주어진 삼·사차방정식 [개념 07-1]

330 중요

삼차방정식 $x^3+4ax^2+ax+4=0$의 한 근이 -1일 때, 상수 a의 값과 나머지 두 근을 구하시오.

331

삼차방정식 $x^3-ax^2+(b+2)x+a-2b=0$의 두 근이 -1, 3일 때, 나머지 한 근을 구하시오.
(단, a, b는 상수이다.)

332

사차방정식 $x^4-x^3-ax^2+bx-4=0$의 네 근이 1, -2, α, β일 때, $ab\alpha\beta$의 값은? (단, a, b는 상수이다.)

① 12　　② 18　　③ 24
④ 30　　⑤ 36

II

유형 분석 기출

333

삼차방정식 $x^3+x^2+(k-7)x-k+5=0$이 한 개의 실근과 두 개의 허근을 가질 때, 실수 k의 값의 범위는?

① $k<4$　② $k<6$　③ $4<k<6$
④ $k>6$　⑤ $k>4$

334 교육청 기출

x에 대한 삼차방정식 $(x-a)\{x^2+(1-3a)x+4\}=0$이 서로 다른 세 실근 1, α, β를 가질 때, $\alpha\beta$의 값은? (단, a는 상수이다.)

① 4　② 6　③ 8
④ 10　⑤ 12

335 실력 UP

삼차방정식 $x^3-(3k+1)x+3k=0$이 중근을 갖도록 하는 모든 실수 k의 값의 합이 $\frac{q}{p}$일 때, $p+q$의 값을 구하시오. (단, p와 q는 서로소인 자연수이다.)

유형 3 삼차방정식의 근과 계수의 관계 [개념 07-2]

336 중요

삼차방정식 $x^3+3x^2+4x-8=0$의 세 근을 α, β, γ라 할 때, $(\alpha+1)(\beta+1)(\gamma+1)$의 값은?

① 9　② 10　③ 11
④ 12　⑤ 13

337

삼차방정식 $x^3-2x^2+5x+1=0$의 세 근을 α, β, γ라 할 때, $\frac{\alpha}{\beta\gamma}+\frac{\beta}{\gamma\alpha}+\frac{\gamma}{\alpha\beta}$의 값을 구하시오.

338

삼차방정식 $x^3-7x^2-kx+10=0$의 세 근을 α, β, γ라 할 때, $\frac{1}{\alpha}+\frac{1}{\beta}+\frac{1}{\gamma}=\frac{3}{5}$이 성립한다. 이때 상수 k의 값은?

① 4　② 6　③ 8
④ 10　⑤ 12

339

삼차방정식 $x^3-ax^2+3x+7=0$의 세 근을 α, β, γ라 할 때, $\alpha^2+\beta^2+\gamma^2=3$이 성립한다. 이때 양수 a의 값은?

① 1 ② 2 ③ 3
④ 4 ⑤ 5

340

삼차방정식 $x^3+16x^2+ax+b=0$의 세 근의 비가 $1:3:4$일 때, 상수 a, b에 대하여 $|a-b|$의 값을 구하시오.

341 실력 UP

삼차방정식 $x^3-2x^2+kx+6=0$의 세 근이 모두 정수일 때, 상수 k의 값은?

① -5 ② -3 ③ 1
④ 3 ⑤ 5

● 바른답·알찬풀이 65쪽

유형 4 세 수를 근으로 하는 삼차방정식 [개념 07-2]

342 중요

삼차방정식 $x^3-4x^2-3x+2=0$의 세 근을 α, β, γ라 할 때, 3α, 3β, 3γ를 세 근으로 하고 x^3의 계수가 1인 삼차방정식을 구하시오.

343

삼차방정식 $x^3-9x+a=0$의 세 근을 α, β, γ라 할 때, $\alpha+\beta$, $\beta+\gamma$, $\gamma+\alpha$를 세 근으로 하고 x^3의 계수가 1인 삼차방정식은 $x^3+bx^2+cx-6=0$이다. 이때 상수 a, b, c에 대하여 $a-b-c$의 값을 구하시오.

344

삼차방정식 $x^3-x^2-x-1=0$의 세 근을 α, β, γ라 할 때, 삼차방정식 $x^3+ax^2+bx+c=0$의 세 근은 $\frac{1}{\alpha\beta}$, $\frac{1}{\beta\gamma}$, $\frac{1}{\gamma\alpha}$이다. 이때 $a+b+c$의 값은? (단, a, b, c는 상수이다.)

① -3 ② -1 ③ 0
④ 1 ⑤ 3

유형 분석 기출

345 실력 UP

x^3의 계수가 1인 삼차식 $P(x)$에 대하여

$$P(-1)=P(1)=P(2)=3$$

이 성립할 때, 방정식 $P(x)=0$의 모든 근의 곱은?

① -5　② -2　③ 0　④ 2　⑤ 5

유형 5 삼차방정식의 켤레근 [개념 07-3]

346

삼차방정식 $x^3-(a+1)x^2+4x-b+3=0$의 한 근이 $1+i$일 때, 나머지 두 근의 합을 구하시오.

(단, a, b는 실수이고, $i=\sqrt{-1}$이다.)

347 중요

삼차방정식 $x^3+ax+b=0$의 한 근이 $1+\sqrt{2}$일 때, 유리수 a, b에 대하여 $a+b$의 값은?

① -15　② -11　③ -7　④ -3　⑤ -1

348

삼차방정식 $ax^3-3x^2+bx+c=0$의 두 근이 -1, $2-\sqrt{3}i$일 때, 실수 a, b, c에 대하여 abc의 값을 구하시오.

(단, $i=\sqrt{-1}$)

349

계수가 유리수이고 x^3의 계수가 1인 삼차식 $f(x)$에 대하여 $f(x)$는 $x-1$로 나누어떨어지고, 방정식 $f(x)=0$의 한 근이 $5-2\sqrt{6}$일 때, $f(2)$의 값은?

① -16　② -15　③ -14　④ -13　⑤ -12

350 교육청 기출

삼차방정식 $x^3-x^2-kx+k=0$의 세 근을 α, β, γ라 하자. α, β 중 실수는 하나뿐이고 $\alpha^2=-2\beta$일 때, $\beta^2+\gamma^2$의 값은? (단, k는 0이 아닌 실수이다.)

① -5　② -4　③ -3　④ -2　⑤ -1

● 바른답·알찬풀이 68쪽

유형 6 방정식 $x^3=1$의 허근의 성질 [개념 07-4]

351 중요

방정식 $x^3=1$의 한 허근을 ω라 할 때,
$1+\omega+\omega^2+\cdots+\omega^{33}$의 값은?

① 0 ② 1 ③ ω
④ $1+\omega$ ⑤ ω^2

352

방정식 $x^2+x+1=0$의 한 허근을 ω라 할 때,
$\omega^{2022}+\omega^{2024}+\omega^{2026}$의 값은?

① $-\omega$ ② -1 ③ 0
④ 1 ⑤ ω

353

방정식 $x^3=-1$의 한 허근을 ω라 할 때,

$$1+\frac{1}{\omega}+\frac{1}{\omega^2}+\frac{1}{\omega^3}+\cdots+\frac{1}{\omega^{120}}$$

의 값을 구하시오.

354 중요

방정식 $x^3+1=0$의 한 허근을 ω라 할 때, 옳은 것만을 **| 보기 |**에서 있는 대로 고른 것은?
(단, $\overline{\omega}$는 ω의 켤레복소수이다.)

| 보기 |
ㄱ. $\omega^2-\omega+1=0$
ㄴ. $\omega+\overline{\omega}=\omega\overline{\omega}$
ㄷ. $\omega^3+\overline{\omega}^3=\omega^2+\overline{\omega}^2$

① ㄱ ② ㄴ ③ ㄱ, ㄴ
④ ㄴ, ㄷ ⑤ ㄱ, ㄴ, ㄷ

355

방정식 $x+\frac{1}{x}=-1$의 한 허근을 ω라 할 때,

$$\left(\omega+\frac{1}{\omega}\right)+\left(\omega^3+\frac{1}{\omega^3}\right)+\left(\omega^5+\frac{1}{\omega^5}\right)+\cdots+\left(\omega^{21}+\frac{1}{\omega^{21}}\right)$$

의 값을 구하시오.

356 실력 UP

방정식 $x^3+1=0$의 한 허근을 ω라 할 때,
$(\omega-1)+(\omega-1)^2+(\omega-1)^3+\cdots+(\omega-1)^{20}$의 값은?

① $-\omega$ ② -1 ③ 0
④ 1 ⑤ ω

II

유형 분석 기출

유형 7 연립이차방정식의 풀이 [개념 07-5]

357 ☆중요 교육청 기출

연립방정식 $\begin{cases} 2x-y=1 \\ 5x^2-y^2=-5 \end{cases}$의 해를 $x=\alpha$, $y=\beta$라 할 때, $\alpha-\beta$의 값은?

① 1 ② 2 ③ 3
④ 4 ⑤ 5

358

연립방정식 $\begin{cases} 2x+y=1 \\ x^2+4xy+y^2=-2 \end{cases}$의 해를 $x=\alpha$, $y=\beta$라 할 때, $\alpha+\beta$의 최댓값은?

① -4 ② -2 ③ 0
④ 2 ⑤ 4

359

연립방정식 $\begin{cases} x^2+2y^2=9 \\ 2x^2+xy-y^2=0 \end{cases}$을 만족시키는 정수 x, y에 대하여 x^2+y^2의 값을 구하시오.

360

다음 중 연립방정식 $\begin{cases} x^2+y^2=10 \\ x^2-2xy-3y^2=0 \end{cases}$의 해가 아닌 것은?

① $\begin{cases} x=-3 \\ y=-1 \end{cases}$ ② $\begin{cases} x=-\sqrt{5} \\ y=\sqrt{5} \end{cases}$ ③ $\begin{cases} x=\sqrt{5} \\ y=-\sqrt{5} \end{cases}$
④ $\begin{cases} x=\sqrt{5}i \\ y=-\sqrt{5}i \end{cases}$ ⑤ $\begin{cases} x=3 \\ y=1 \end{cases}$

361 ☆중요

연립방정식 $\begin{cases} 2x^2-xy-y^2=0 \\ 2x^2-5xy+y^2=16 \end{cases}$을 만족시키는 실수 x, y에 대하여 $|x+y|$의 값을 구하시오.

362

연립방정식 $\begin{cases} x+y=a \\ x^2+xy+y^2=b \end{cases}$의 한 쌍의 근이 $x=1$, $y=2$일 때, 나머지 한 쌍의 근을 $x=c$, $y=d$라 하자. $a+b+c+d$의 값은? (단, a, b는 상수이다.)

① 13 ② 14 ③ 15
④ 16 ⑤ 17

II

363 실력 UP

연립방정식 $\begin{cases} x+y=-1 \\ x^2+ay^2=6 \end{cases}$의 해가 연립방정식 $\begin{cases} bx+8y=4 \\ x^2-5y^2=-1 \end{cases}$을 만족시킬 때, 자연수 a, b에 대하여 $a-b$의 값을 구하시오.

유형 8 대칭식으로 이루어진 연립방정식 [개념 07-5]

364

연립방정식 $\begin{cases} x+xy+y=7 \\ x-xy+y=1 \end{cases}$을 만족시키는 x, y에 대하여 $x+3y$의 최솟값을 구하시오.

365 중요

연립방정식 $\begin{cases} x^2+y^2=16 \\ x+y-xy=4 \end{cases}$를 만족시키는 정수 x, y에 대하여 x^3+y^3의 값을 구하시오.

유형 9 연립이차방정식의 해의 조건 [개념 07-5]

366

연립방정식 $\begin{cases} x-y=2 \\ x^2+y^2=1-a \end{cases}$를 만족시키는 실수 x, y가 존재하도록 하는 실수 a의 최댓값을 구하시오.

367

연립방정식 $\begin{cases} x+y=k \\ x^2+y^2=8 \end{cases}$의 해가 오직 한 쌍만 존재하기 위한 양수 k의 값은?

① 1 ② 2 ③ 3 ④ 4 ⑤ 5

368 실력 UP

연립방정식 $\begin{cases} x+y=5 \\ xy-x-y=a+1 \end{cases}$의 실근이 존재하지 않도록 하는 실수 a의 값의 범위를 구하시오.

유형 분석 기출

● 바른답·알찬풀이 72쪽

유형 10 연립이차방정식의 활용 [개념 07-5]

369

길이가 160 cm인 철사를 잘라서 한 변의 길이가 각각 a cm, b cm인 두 정사각형을 만들었다. 이 두 정사각형의 넓이의 합이 850 cm^{2}일 때, a, b의 값을 각각 구하시오. (단, $a>b$이고, 철사는 모두 사용하며 철사의 굵기는 무시한다.)

370

두 원 O_1, O_2의 둘레의 길이의 합은 8π이고, 넓이의 합은 10π이다. 이때 두 원의 반지름의 길이의 차를 구하시오.

371

밑면의 반지름의 길이가 r이고 높이가 h인 원기둥의 겉넓이가 24π이다. $2r+h=7$일 때, 원기둥의 부피는?

① 9π ② 12π ③ 15π
④ 18π ⑤ 21π

372 중요

대각선의 길이가 $\sqrt{5}$ km인 직사각형 모양의 땅이 있다. 이 땅의 가로의 길이와 세로의 길이를 각각 1 km씩 늘였더니 처음 땅의 넓이보다 4 km^{2}만큼 넓어졌다고 한다. 처음 땅의 가로의 길이와 세로의 길이의 차를 구하시오.

373 교육청 기출

한 변의 길이가 a인 정사각형 ABCD와 한 변의 길이가 b인 정사각형 EFGH가 있다. 오른쪽 그림과 같이 네 점 A, E, B, F가 한 직선 위에 있고 $\overline{EB}=1$, $\overline{AF}=5$가 되도록 두 정사각형을 겹치게 놓았을 때, 선분 CD와 선분 HE의 교점을 I라 하자. 직사각형 EBCI의 넓이가 정사각형 EFGH의 넓이의 $\frac{1}{4}$일 때, b의 값은? (단, $1<a<b<5$)

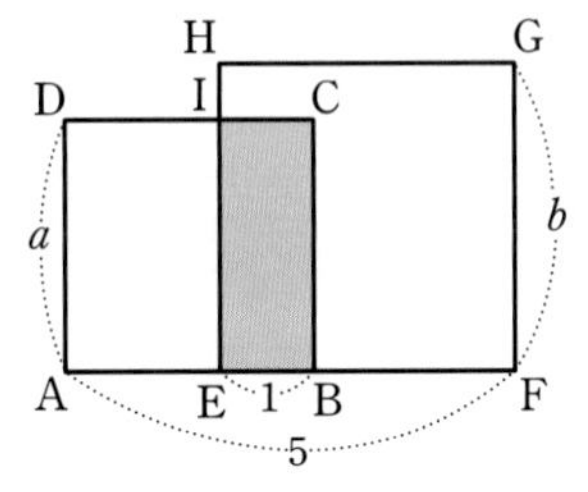

① $-2+\sqrt{26}$ ② $-2+3\sqrt{3}$ ③ $-2+2\sqrt{7}$
④ $-2+\sqrt{29}$ ⑤ $-2+\sqrt{30}$

내신 적중 서술형

시험에서 출제율이 높은 서술형 문제를 엄선하여 수록하였습니다.

● 바른답·알찬풀이 73쪽

II

374

사차방정식 $(x-1)(x-2)(x-3)(x-6)=3x^2$의 모든 허근의 합을 구하시오.

[풀이]

375

방정식 $x^3=1$의 한 허근을 ω라 할 때,

$$(1+\omega)(1+\omega^2)(1+\omega^3)(1+\omega^4)(1+\omega^5)(1+\omega^6)$$

의 값을 구하시오.

[풀이]

376

사차방정식 $x^4+x^2+1=0$의 한 근을 ω라 할 때, 다음 물음에 답하시오.

(1) $\omega^6=1$임을 보이시오.

[풀이]

(2) $\omega^{2023}+\omega^{2024}+\omega^{2025}+\omega^{2026}+\omega^{2027}$의 값을 구하시오.

[풀이]

377

두 자리의 자연수가 있다. 이 자연수의 각 자리 숫자의 제곱의 합은 106이고, 각 자리 숫자를 바꾼 수와 처음 수의 합은 154일 때, 처음 수를 구하시오.

(단, 십의 자리의 숫자는 일의 자리의 숫자보다 크다.)

[풀이]

1등급 실력 완성

출제율이 높은 문제 중 1등급을 결정하는 고난도 문제를 수록하였습니다.

378

삼차방정식 $x^3-3x^2+7x-5=0$의 한 근을 z라 하자.

$\frac{z-\bar{z}}{2i}>0$을 만족시킬 때, $z\bar{z}$의 값은?

(단, $\bar{z}$는 z의 켤레복소수이고 $i=\sqrt{-1}$이다.)

① 1　② 2　③ 3　④ 4　⑤ 5

379

사차방정식 $(x^2-6x+1)^2+a(x^2-6x)-1=0$의 한 허근이 $b+i$일 때, 두 실수 a, b에 대하여 $a+b$의 값은?

(단, $i=\sqrt{-1}$)

① 9　② 10　③ 11　④ 12　⑤ 13

380

오른쪽 그림과 같이 한 모서리의 길이가 x cm인 정육면체 네 개를 쌓아 만든 도형의 부피는 A cm^3, 겉넓이는 B cm^{2}이다. $5A=2B+16$일 때, x의 값을 구하시오.

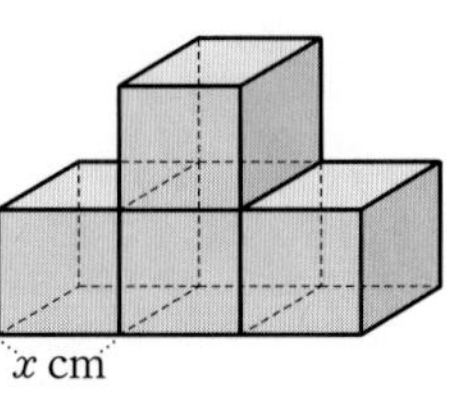

381 교육청 기출

x에 대한 사차방정식

$$x^4+(2a+1)x^3+(3a+2)x^2+(a+2)x=0$$

의 서로 다른 실근의 개수가 3이 되도록 하는 모든 실수 a의 값의 곱을 구하시오.

382

삼차방정식 $x^3-(a+6)x^2+7ax-a^2=0$이 서로 다른 세 실근을 갖기 위한 자연수 a의 개수를 구하시오.

383

삼차방정식 $x^3-2x^2+ax+10=0$의 세 근 중 두 근의 절댓값이 같고 부호가 서로 다를 때, 상수 a의 값을 구하시오.

384 교육청 기출

세 실수 a, b, c에 대하여 삼차다항식

$$P(x)=x^3+ax^2+bx+c$$

가 다음 **| 조건 |**을 만족시킨다.

| 조건 |

(가) x에 대한 삼차방정식 $P(x)=0$은 한 실근과 서로 다른 두 허근을 갖고, 서로 다른 두 허근의 곱은 5이다.

(나) x에 대한 삼차방정식 $P(3x-1)=0$은 한 근 0과 서로 다른 두 허근을 갖고, 서로 다른 두 허근의 합은 2이다.

$a+b+c$의 값은?

① 3 ② 4 ③ 5 ④ 6 ⑤ 7

385

x^3의 계수가 1인 삼차방정식의 세 근을 α, β, γ라 할 때,

$$\alpha+\beta+\gamma=2,\ \alpha^2+\beta^2+\gamma^2=6,\ \alpha\beta\gamma=-2$$

가 성립한다. 이때 $\alpha-\beta+\gamma$의 값을 구하시오.

(단, $\alpha\le\beta\le\gamma$)

386

삼차방정식 $x^3+2x+3=0$의 한 허근을 α라 할 때, $\alpha^3\overline{\alpha}+\alpha\overline{\alpha}^3$의 값을 구하시오.

(단, $\overline{\alpha}$는 α의 켤레복소수이다.)

387

세 실수 a, b, c에 대하여 다항식 $P(x)=x^3-ax^2+bx-c$가 다음 **| 조건 |**을 만족시킬 때, 삼차방정식 $P(2-3x)=0$의 세 근의 곱을 구하시오. (단, $i=\sqrt{-1}$)

| 조건 |

(가) $2+i$는 삼차방정식 $P(x)=0$의 근이다.

(나) $P(x)$를 일차식 $x-1$로 나누었을 때의 나머지는 1이다.

● 바른답·알찬풀이 77쪽

388

삼차방정식 $x^3-1=0$의 한 허근을 ω라 할 때, $\omega+2\omega^2+3\omega^3+\cdots+10\omega^{10}=a+b\omega$이다. 자연수 a, b에 대하여 $a+b$의 값은?

① 6 ② 8 ③ 10
④ 12 ⑤ 14

389

방정식 $x^3=1$의 한 허근을 ω라 할 때, 자연수 n에 대하여 $f(n)=\frac{\omega^{2n}+1}{\omega^n}$이라 하자. 이때

$$f(1)+f(2)+f(3)+\cdots+f(10)$$

의 값을 구하시오.

390

연립방정식 $\begin{cases} x-y=3 \\ bx^2-ay=5 \end{cases}$의 해가 연립방정식 $\begin{cases} bx+ay=1 \\ x^2+y^2=5 \end{cases}$를 만족시킬 때, 상수 a, b에 대하여 ab의 값을 모두 구하시오.

391

연립방정식 $\begin{cases} x+y+xy=9 \\ x^2y+xy^2=20 \end{cases}$을 만족시키는 실수 x, y에 대하여 $|x-y|$의 값은?

① 0 ② 1 ③ 2
④ 3 ⑤ 4

392 교육청 기출

$\angle C=90^\circ$인 직각삼각형 ABC가 있다. 오른쪽 그림과 같이 점 D는 꼭짓점 C에서 선분 AB에 내린 수선의 발이고 $\overline{CD}=1$이다. 삼각형 ABC의 둘레의 길이가 5일 때, 선분 AB의 길이는?

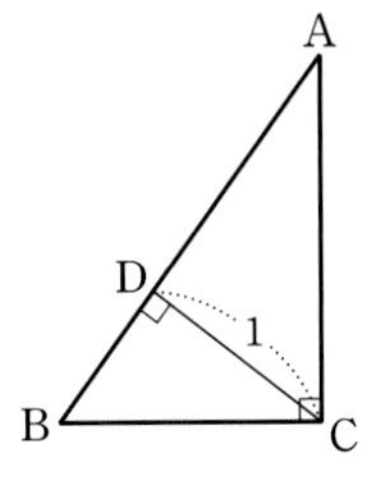

① $\frac{7}{4}$ ② $\frac{23}{12}$ ③ $\frac{25}{12}$
④ $\frac{9}{4}$ ⑤ $\frac{29}{12}$

도전 1등급 최고난도

1등급을 결정하는 문제 중 최고난도 문제를 수록하였습니다.

● 바른답·알찬풀이 78쪽

393 교육청 기출

그림과 같이 $\overline{AD}=4$인 등변사다리꼴 ABCD에 대하여 선분 AB를 지름으로 하는 원과 선분 CD를 지름으로 하는 원이 오직 한 점에서 만난다. 사각형 ABCD의 넓이와 둘레의 길이를 각각 S, l이라 하면 $S^2+8l=6720$이다. $\overline{BD}^2$의 값을 구하시오. (단, $\overline{AD}<\overline{BC}$, $\overline{AB}=\overline{CD}$)

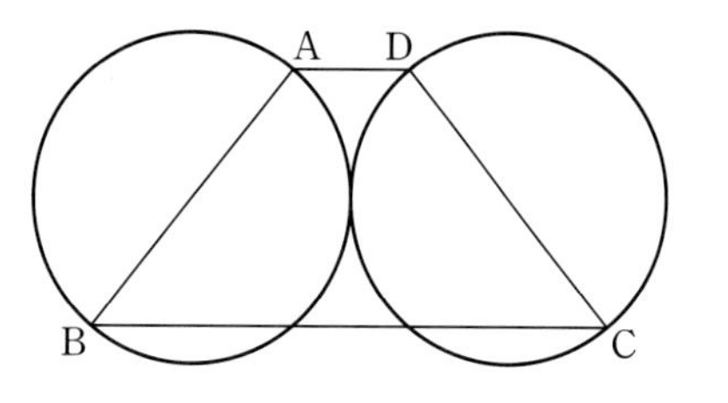

394

오른쪽 그림과 같이 둘레의 길이가 24인 직사각형 모양의 종이를 대각선을 접는 선으로 하여 접어 보니 겹쳐진 부분의 넓이가 10이 되었다. 직사각형의 가로와 세로의 길이가 모두 자연수라 할 때, 직사각형의 긴 변의 길이는?

① 6　② 7　③ 8　④ 9　⑤ 10

II

08 연립일차부등식

핵심 개념

08-1 부등식 $ax>b$의 풀이[1] [유형 1]

부등식 $ax>b$의 해는

(1) $a>0$일 때, $x>\frac{b}{a}$

(2) $a<0$일 때, $x<\frac{b}{a}$

(3) $a=0$일 때, $\begin{cases} b\geq 0\text{이면 해가 없다.} \\ b<0\text{이면 모든 실수이다.} \end{cases}$

08-2 연립일차부등식 [유형 2~4]

1 연립일차부등식: 두 개 이상의 부등식을 한 쌍으로 묶어 나타낸 것을 **연립부등식**이라 하고, 일차부등식으로 이루어진 연립부등식을 연립일차부등식이라 한다.

2 연립부등식의 풀이[2]

연립부등식을 이루고 있는 각 부등식의 해를 구하고, 이들을 하나의 수직선 위에 나타내어 그 공통부분을 찾는다.

참고 다음과 같이 연립부등식을 이루고 있는 각 부등식의 해의 공통부분이 없으면 연립부등식의 해가 없다고 한다.

① $\begin{cases} x\leq a \\ x\geq b \end{cases}$ (단, $a<b$) ② $\begin{cases} x\leq a \\ x>a \end{cases}$ ③ $\begin{cases} x<a \\ x>a \end{cases}$

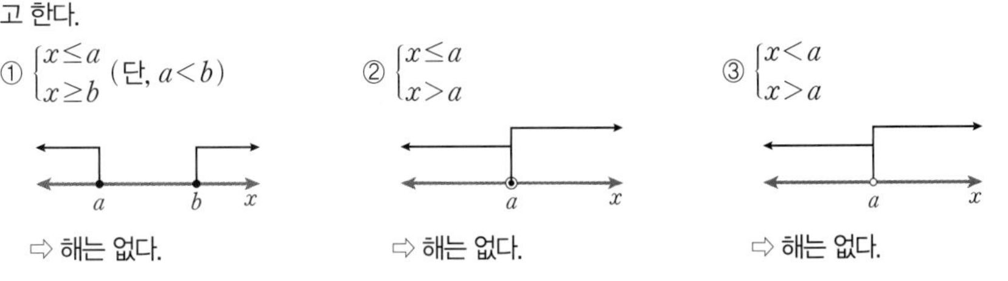

⇨ 해는 없다. ⇨ 해는 없다. ⇨ 해는 없다.

3 $A<B<C$ 꼴의 연립부등식의 풀이

연립부등식 $A<B<C$를 풀 때는 연립부등식 $\begin{cases} A<B \\ B<C \end{cases}$ 꼴로 변형하여 푼다.

주의 연립부등식 $A<B<C$를 $\begin{cases} A<B \\ A<C \end{cases}$ 또는 $\begin{cases} A<C \\ B<C \end{cases}$ 꼴로 변형하여 풀어서는 안 된다.

08-3 절댓값 기호를 포함한 일차부등식[3, 4] [유형 5]

절댓값 기호를 포함한 부등식은 다음과 같은 순서로 푼다.

(i) 절댓값 기호 안의 식의 값이 0이 되는 x의 값을 기준으로 x의 값의 범위를 나눈다.

(ii) 각 범위에서 절댓값 기호를 없앤 후, 식을 정리하여 푼다.

이때 $|x-a|=\begin{cases} x-a & (x\geq a) \\ -(x-a) & (x<a) \end{cases}$임을 이용한다.

(iii) (ii)에서 구한 해를 합한 x의 값의 범위를 구한다.

1등급 비법

❶ 실수 a, b, c에 대하여
① $a>b, b>c$이면 $a>c$
② $a>b$이면
$a+c>b+c, a-c>b-c$
③ $a>b, c>0$이면 $ac>bc, \frac{a}{c}>\frac{b}{c}$
④ $a>b, c<0$이면 $ac<bc, \frac{a}{c}<\frac{b}{c}$

❷ 연립일차부등식은 다음과 같은 순서로 푼다.
(i) 각각의 일차부등식을 푼다.
(ii) 각 부등식의 해를 수직선 위에 나타낸다.
(iii) 공통부분을 찾아 주어진 연립부등식의 해를 구한다.

❸ $a>0$일 때
① $|x|<a \Rightarrow -a<x<a$
② $|x|>a \Rightarrow x<-a$ 또는 $x>a$

❹ 부등식
$|x-a|+|x-b|<c$ ($a<b, c>0$)
와 같이 절댓값 기호를 2개 포함한 부등식은 절댓값 기호 안의 식의 값이 0이 되는 x의 값, 즉 $x=a$, $x=b$를 기준으로 다음과 같이 x의 값의 범위를 나누어 푼다.
(i) $x<a$ (ii) $a\leq x<b$ (iii) $x\geq b$

(i) (ii) (iii) a b x

유형 분석 기출

시험에서 출제율이 70% 이상인 문제를 엄선하여 수록하였습니다.

● 바른답·알찬풀이 80쪽

II

유형 1 부등식 $ax>b$의 풀이 [개념 08-1]

395

실수 a, b, c, d에 대하여 $a>b>0$, $c>d>0$일 때, 옳은 것만을 **| 보기 |**에서 있는 대로 고른 것은?

| 보기 |

ㄱ. $a+c>b+d$　　ㄴ. $a-c<b-d$

ㄷ. $ac>bd$　　ㄹ. $\frac{a}{c}>\frac{b}{d}$

① ㄱ, ㄴ　② ㄱ, ㄷ　③ ㄱ, ㄹ
④ ㄴ, ㄷ　⑤ ㄴ, ㄹ

396

$x-2y=4$이고 $-3\leq x+y\leq -1$일 때, y의 최댓값을 M, 최솟값을 m이라 하자. 이때 $M+m$의 값은?

① -5　② -4　③ -3
④ -2　⑤ -1

397

$1\leq x<3$, $-4<y\leq 2k$에서 $2x-\frac{1}{2}y$의 최솟값이 4일 때, 실수 k의 값은?

① -2　② -1　③ 0
④ 1　⑤ 2

398

부등식 $(2-a)x>a-b$의 해가 $x<-3$일 때, 부등식 $(2a+b)x\leq 12$의 해는? (단, a, b는 상수이다.)

① $x\geq -3$　② $x\leq -2$　③ $x\geq -2$
④ $x\leq 2$　⑤ $x\geq 2$

399 ☆중요

부등식 $ax\geq b$의 해가 $x\geq 2$일 때, 부등식 $ax\geq 2a+b$를 만족시키는 x의 최솟값은? (단, a, b는 상수이다.)

① 1　② 2　③ 3
④ 4　⑤ 5

400

부등식 $(a-2)x\geq b-a+1$의 해가 모든 실수일 때, $a+b$의 최댓값은? (단, a, b는 상수이다.)

① 0　② 1　③ 2
④ 3　⑤ 4

유형 분석 기출

유형 2 연립일차부등식의 풀이 [개념 08-2]

401

연립부등식 $\begin{cases} 4x-2\le 6 \\ 7-3x<12-2x \end{cases}$ 의 해를 수직선 위에 바르게 나타낸 것은?

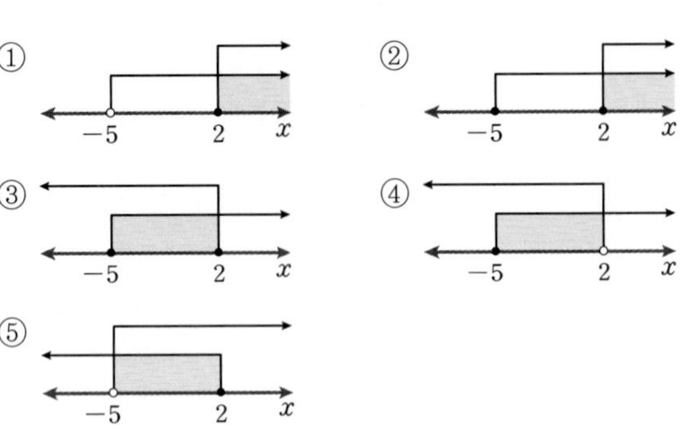

402

연립부등식 $\begin{cases} -x+16>2x-5 \\ x+5\le 5x-3 \end{cases}$ 을 만족시키는 정수 x의 개수는?

① 3　② 4　③ 5　④ 6　⑤ 7

403 중요

연립부등식 $\begin{cases} 5(x+2)\le 3(x+5) \\ \dfrac{x-2}{2}<\dfrac{x+1}{3} \end{cases}$ 을 만족시키는 자연수 x의 값의 합은?

① 1　② 3　③ 6　④ 10　⑤ 15

404 교육청 기출

x에 대한 연립부등식

$$\begin{cases} x-1>8 \\ 2x-16\le x+a \end{cases}$$

의 해가 $b<x\le 28$일 때, 상수 a, b에 대하여 $a+b$의 값을 구하시오.

405

연립부등식 $\begin{cases} \dfrac{x}{6}\le a-\dfrac{x}{3} \\ 0.5x+0.8>0.2x-1 \end{cases}$ 의 해가 $b<x\le -2$일 때, 다음 중 부등식 $ax-b\ge 0$의 해가 아닌 것은? (단, a, b는 상수이다.)

① $\frac{9}{2}$　② 5　③ $\frac{11}{2}$　④ 6　⑤ $\frac{13}{2}$

406

연립부등식 $\begin{cases} -2x>a-3 \\ -3x-4\le 2 \end{cases}$ 가 해를 갖지 않도록 하는 상수 a의 최솟값은?

① 1　② 3　③ 5　④ 7　⑤ 9

● 바른답·알찬풀이 80쪽

407 중요

연립부등식 $\begin{cases} -x+5\geq x+a \\ 3(x-2)\leq 4x+b \end{cases}$의 해가 $x=2$일 때, 상수 a, b에 대하여 ab의 값은?

① -8　② -4　③ -2
④ 4　⑤ 8

408

연립부등식 $\begin{cases} \frac{3x-1}{2}\leq x+a \\ 0.2(x-1)<0.3x-0.5 \end{cases}$를 만족시키는 정수 x가 2개일 때, 실수 a의 값의 범위는?

① $-2<a\leq\frac{5}{2}$　② $2\leq a<\frac{5}{2}$　③ $2<a\leq\frac{5}{2}$
④ $3\leq a<\frac{7}{2}$　⑤ $3<a\leq\frac{7}{2}$

409 실력 UP

연립부등식 $\begin{cases} 6x-1\leq 2x+k \\ 4x-3<5x+1 \end{cases}$에 대하여 옳은 것만을 **| 보기 |**에서 있는 대로 고른 것은? (단, k는 상수이다.)

| 보기 |
ㄱ. $k>0$이면 연립부등식은 반드시 해를 갖는다.
ㄴ. $k=11$이면 연립부등식의 자연수인 해는 3개이다.
ㄷ. 연립부등식이 해를 갖지 않도록 하는 k의 최댓값은 -15이다.

① ㄱ　② ㄴ　③ ㄱ, ㄴ
④ ㄱ, ㄷ　⑤ ㄱ, ㄴ, ㄷ

유형 3 $A<B<C$ 꼴의 부등식 [개념 08-2]

410 중요

부등식 $-3(x+2)+2\leq -x-5\leq 1-2x$를 만족시키는 모든 정수 x의 값의 합을 구하시오.

411

부등식 $\frac{4x-a}{5}\leq 2x+3\leq x+1$이 해를 갖도록 하는 실수 a의 최솟값을 구하시오.

412

부등식 $7x-a<2x-1<4x-5$의 해가 없을 때, 실수 a의 최댓값은?

① 7　② 8　③ 9
④ 10　⑤ 11

유형 4 연립일차부등식의 활용 [개념 08-2]

413

한 개에 300원인 사탕과 한 개에 500원인 초콜릿을 합하여 10개를 사려고 한다. 전체 가격이 3700원 이상 3900원 이하가 되도록 사려고 할 때, 사탕은 몇 개 살 수 있는가?

① 2개 ② 3개 ③ 4개
④ 5개 ⑤ 6개

414

연속하는 세 홀수의 합은 54보다 크고, 이 세 홀수 중 가장 작은 수의 3배에 7을 더한 값은 61보다 작거나 같다고 할 때, 세 홀수 중 가장 큰 수를 구하시오.

415

한 개에 1000원인 과자와 한 개에 800원인 음료수를 합하여 14개를 사려고 한다. 과자를 음료수보다 많이 사고 전체 금액이 13000원 이하가 되도록 할 때, 과자는 최대 몇 개를 살 수 있는가?

① 7개 ② 8개 ③ 9개
④ 10개 ⑤ 11개

416

바구니에 달걀을 담는데 한 바구니에 6개씩 담으면 달걀이 25개가 남고, 8개씩 담으면 2개 이상 4개 이하의 달걀이 남는다고 한다. 이때 달걀의 개수는?

① 79 ② 85 ③ 91
④ 97 ⑤ 103

417 중요

일의 자리의 숫자가 십의 자리의 숫자보다 2만큼 큰 두 자리 자연수가 있다. 이 자연수의 각 자리의 숫자의 합은 10 초과이고, 십의 자리의 숫자와 일의 자리의 숫자를 바꾼 수는 처음 수의 2배에서 45를 뺀 수보다 크다. 이때 처음 자연수는?

① 35 ② 46 ③ 57
④ 68 ⑤ 79

418 실력 UP

학생들이 야영을 하는데 한 텐트에 4명씩 들어가면 학생 2명이 남고, 7명씩 들어가면 텐트 1개가 남는다고 한다. 이때 최대 학생 수는?

① 10 ② 14 ③ 18
④ 22 ⑤ 26

● 바른답·알찬풀이 82쪽

II

유형 5 절댓값 기호를 포함한 부등식 [개념 08-3]

419 교육청 기출

부등식 $|2x-3|<5$의 해가 $a<x<b$일 때, $a+b$의 값은?

① 2　② $\frac{5}{2}$　③ 3　④ $\frac{7}{2}$　⑤ 4

420 중요

부등식 $|x-4|\geq 2x+1$을 만족시키는 양의 정수 x의 개수는?

① 1　② 2　③ 3　④ 4　⑤ 5

421

부등식 $|x-a|<6$을 만족시키는 정수 x의 최댓값이 7일 때, 실수 a의 값의 범위는?

① $1<a\leq 2$　② $1\leq a<2$　③ $2<a\leq 3$　④ $2\leq a<3$　⑤ $2\leq a\leq 3$

422

부등식 $\left|3x+\frac{2}{3}\right|+a\geq 2$의 해가 모든 실수가 되도록 하는 실수 a의 값의 범위는?

① $a\leq -2$　② $a<2$　③ $a\leq 2$　④ $a>2$　⑤ $a\geq 2$

423 실력 UP

부등식 $-\sqrt{9x^2+6x+1}+2|-3x-1|\leq 2x+4$를 만족시키는 모든 정수 x의 값의 합은?

① 1　② 2　③ 3　④ 4　⑤ 5

424

부등식 $2|x-1|+3|x+1|<9$의 해가 $a<x<b$일 때, $a+b$의 값은?

① $-\frac{4}{5}$　② $-\frac{2}{5}$　③ 0　④ $\frac{2}{5}$　⑤ $\frac{4}{5}$

내신 적중 서술형

시험에서 출제율이 높은 서술형 문제를 엄선하여 수록하였습니다.

● 바른답·알찬풀이 85쪽

425

연립부등식 $\begin{cases} 2(5x+a)-1\le x+5 \\ \dfrac{x-b}{3}\ge\dfrac{x}{2}-\dfrac{3x+1}{6} \end{cases}$ 의 해가 $x=-1$일 때,

상수 a, b에 대하여 $a+b$의 값을 구하시오.

[풀이]

426

부등식 $2x-2a<x+a<3x+b$를

연립부등식 $\begin{cases} 2x-2a<x+a \\ 2x-2a<3x+b \end{cases}$ 로 잘못 변형하여 풀었더니

해가 $-1<x<6$이었다. 다음 물음에 답하시오.

(단, a, b는 상수이다.)

(1) a, b의 값을 구하시오.

[풀이]

(2) 부등식 $2x-2a<x+a<3x+b$를 만족시키는 모든 정수 x의 값의 합을 구하시오.

[풀이]

427

부등식 $\left|10-\dfrac{x}{2}\right|\le n$을 만족시키는 정수 x가 13개일 때, 자연수 n의 값을 구하시오.

[풀이]

428

부등식 $|x+4|\ge|-x+2|$의 해를 구하시오.

[풀이]

1등급 실력 완성

출제율이 높은 문제 중 1등급을 결정하는 고난도 문제를 수록하였습니다.

429

실수 a, b, c에 대하여 다음이 성립한다.

(가) $a+b>c$	(나) $c+a<b$	(다) $b+c>a$

항상 옳은 것만을 **| 보기 |**에서 있는 대로 고른 것은?

| 보기 |

ㄱ. $a<b$　　ㄴ. $c<b$

ㄷ. $a<c<b$

① ㄱ　② ㄱ, ㄴ　③ ㄱ, ㄷ　④ ㄴ, ㄷ　⑤ ㄱ, ㄴ, ㄷ

430

연립부등식 $\begin{cases} ax-b\le 0 \\ cx+d>0 \end{cases}$의 해를 수직선 위에 나타내면 오른쪽 그림과 같다. 이때 연립부등식 $\begin{cases} ax+b\le 0 \\ -cx+d>0 \end{cases}$의 해를 구하시오. (단, a, b, c, d는 상수이다.)

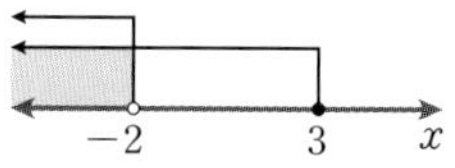

● 바른답·알찬풀이 86쪽

431

두 자연수 a, b에 대하여 $\frac{a}{b}$를 소수점 아래 첫째 자리에서 반올림하면 3이다. $a-b=13$일 때, 이를 만족시키는 순서쌍 (a, b)의 개수는?

① 2　② 3　③ 4　④ 5　⑤ 6

432

다음 **| 조건 |**을 모두 만족시키는 정수 x의 개수가 5일 때, 실수 a의 값의 범위를 구하시오. (단, $a>-6$)

| 조건 |

(가) $\sqrt{x-4}\sqrt{-4-x}=-\sqrt{(x-4)(-4-x)}$

(나) $\frac{\sqrt{x+6}}{\sqrt{x-a}}=-\sqrt{\frac{x+6}{x-a}}$

433

$x+y+1=0$일 때, 부등식 $x-1<1+\frac{-y-3}{2}\le\frac{2x+a}{3}$를 만족시키는 정수 x가 4개가 되도록 하는 실수 a의 값의 범위를 구하시오.

● 바른답·알찬풀이 87쪽

434

어느 학교의 학생들이 긴 의자에 앉으려고 한다. 한 의자에 4명씩 앉으면 학생이 8명 남고, 5명씩 앉으면 의자가 5개 남는다. 다음 중 학생 수가 될 수 있는 것은?

① 132　② 142　③ 145
④ 152　⑤ 154

435

부등식 $||x-1|-4|<2$를 만족시키는 모든 정수 x의 개수는?

① 6　② 7　③ 8
④ 9　⑤ 10

436

부등식 $|x-2k|<k^2$의 해가 $-3<x<15$일 때, 부등식 $|x-2|<k$를 만족시키는 모든 정수 x의 값의 합을 구하시오. (단, k는 0이 아닌 상수이다.)

437

부등식 $|x-1|+|x-2|<a$가 해를 갖지 않도록 하는 실수 a의 값의 범위를 구하시오.

438

부등식 $\sqrt{4x^2+4x+1}+|x|\le a$와 부등식 $0\le x-b\le 4$의 해가 서로 같을 때, 상수 a, b에 대하여 ab의 값을 구하시오. (단, $a>1$)

도전 1등급 최고난도

1등급을 결정하는 문제 중 최고난도 문제를 수록하였습니다.

● 바른답·알찬풀이 88쪽

II

439

연립부등식 $\begin{cases} ax+6\le -3x-2a \\ bx-7<ax-b \end{cases}$의 해가 $x<1$일 때, 상수 a, b에 대하여 $b-a$의 값을 구하시오.

440

실수 a, b, c에 대하여 $a<b<c$일 때, 부등식

$$|x-a|<|x-b|<|x-c|$$

를 항상 만족시키는 x의 값의 범위는?

① $a<x<b$　② $b<x<c$　③ $x<\frac{a+b}{2}$　④ $x<\frac{b+c}{2}$　⑤ $\frac{a+b}{2}<x<\frac{b+c}{2}$

441

실수 a, b에 대하여 $0<a<b$일 때, 부등식 $|x|+|x-a|<b$를 만족시키는 정수 x의 개수를 $A(a, b)$라 하자. 옳은 것만을 **| 보기 |**에서 있는 대로 고른 것은?

| 보기 |

ㄱ. $A(1, 2)=2$

ㄴ. $A(n, n+2)=n+1$ (단, n은 자연수이다.)

ㄷ. $A(n, 3n)>100$인 자연수 n의 최솟값은 33이다.

① ㄱ　② ㄷ　③ ㄱ, ㄴ　④ ㄱ, ㄷ　⑤ ㄱ, ㄴ, ㄷ

Ⅱ 방정식과 부등식

09 이차부등식

핵심 개념

1등급 비법

09-1 이차부등식 [유형 1~5]

1 이차부등식: 부등식에서 모든 항을 좌변으로 이항하여 정리했을 때,

$ax^2+bx+c<0$, $ax^2+bx+c>0$,

$ax^2+bx+c\le0$, $ax^2+bx+c\ge0$ $(a\neq0)$

과 같이 좌변이 x에 대한 이차식으로 나타내어지는 부등식을 x에 대한 이차부등식이라 한다.

2 이차부등식의 해[1]

이차방정식 $ax^2+bx+c=0$ $(a>0)$의 두 근을 α, β $(\alpha\le\beta)$라 하고 판별식을 $D=b^2-4ac$라 할 때, 이차부등식의 해는 다음과 같다.

$ax^2+bx+c=0$의 판별식 D	$D>0$	$D=0$	$D<0$
$y=ax^2+bx+c$의 그래프	α, β, x	$\alpha(=\beta)$, x	x
$ax^2+bx+c>0$의 해	$x<\alpha$ 또는 $x>\beta$	$x\neq\alpha$인 모든 실수	모든 실수
$ax^2+bx+c\ge0$의 해	$x\le\alpha$ 또는 $x\ge\beta$	모든 실수	모든 실수
$ax^2+bx+c<0$의 해	$\alpha<x<\beta$	없다.	없다.
$ax^2+bx+c\le0$의 해	$\alpha\le x\le\beta$	$x=\alpha$	없다.

참고 $a<0$인 경우에는 주어진 부등식의 양변에 -1을 곱하여 x^2의 계수를 양수로 바꾸어서 푼다. 이때 부등호의 방향이 바뀌는 것에 주의한다.

3 이차부등식의 작성

(1) 해가 $\alpha<x<\beta$이고, x^2의 계수가 1인 이차부등식은

$(x-\alpha)(x-\beta)<0$, 즉 $x^2-(\alpha+\beta)x+\alpha\beta<0$

(2) 해가 $x<\alpha$ 또는 $x>\beta$ $(\alpha<\beta)$이고, x^2의 계수가 1인 이차부등식은

$(x-\alpha)(x-\beta)>0$, 즉 $x^2-(\alpha+\beta)x+\alpha\beta>0$

참고 해가 $x=\alpha$이고, x^2의 계수가 1인 이차부등식은 $(x-\alpha)^2\le0$
해가 $x\neq\alpha$인 모든 실수이고, x^2의 계수가 1인 이차부등식은 $(x-\alpha)^2>0$

4 이차부등식이 항상 성립할 조건[2]

이차방정식 $ax^2+bx+c=0$의 판별식을 $D=b^2-4ac$라 할 때, 모든 실수 x에 대하여

(1) 이차부등식 $ax^2+bx+c>0$이 성립하려면 $a>0$, $D<0$

(2) 이차부등식 $ax^2+bx+c\ge0$이 성립하려면 $a>0$, $D\le0$

(3) 이차부등식 $ax^2+bx+c<0$이 성립하려면 $a<0$, $D<0$

(4) 이차부등식 $ax^2+bx+c\le0$이 성립하려면 $a<0$, $D\le0$

[1] 이차부등식 $ax^2+bx+c>0$에서 ax^2+bx+c가 인수분해 되지 않으면 근의 공식을 이용하여 이차방정식 $ax^2+bx+c=0$의 근을 구한 후, 이차부등식의 해를 구한다.

[2] 함수 $y=f(x)$의 그래프가 함수 $y=g(x)$의 그래프보다
① 위쪽에 있으면
⇨ 부등식 $f(x)>g(x)$가 성립한다.
② 아래쪽에 있으면
⇨ 부등식 $f(x)<g(x)$가 성립한다.

09-2 연립이차부등식 [유형 6, 7]

1 연립이차부등식[3]

연립부등식에서 차수가 가장 높은 부등식이 이차부등식일 때, 이것을 연립이차부등식이라 한다.

2 연립이차부등식의 풀이

연립이차부등식을 이루고 있는 각 부등식의 해를 구한 후, 이들의 공통부분을 구한다.

❸ $f(x)<g(x)<h(x)$ 꼴의 연립부등식은 $\begin{cases} f(x)<g(x) \\ g(x)<h(x) \end{cases}$ 꼴로 변형하여 푼다.

09-3 이차방정식의 실근의 조건 [유형 8, 9]

1 이차방정식의 실근의 부호

계수가 실수인 이차방정식 $ax^2+bx+c=0$의 두 실근을 α, β라 하고 판별식을 $D=b^2-4ac$라 할 때,

(1) 두 실근이 모두 양수이면 $D\geq 0$, $\alpha+\beta>0$, $\alpha\beta>0$

(2) 두 실근이 모두 음수이면 $D\geq 0$, $\alpha+\beta<0$, $\alpha\beta>0$

(3) 두 실근이 서로 다른 부호이면 $\alpha\beta<0$

2 이차방정식의 실근의 위치[4]

계수가 실수인 이차방정식 $ax^2+bx+c=0$ $(a>0)$의 판별식을 $D=b^2-4ac$라 하고 $f(x)=ax^2+bx+c$라 할 때,

(1) 두 근이 모두 상수 p보다 크면 $D\geq 0, f(p)>0, -\frac{b}{2a}>p$

(2) 두 근이 모두 상수 p보다 작으면 $D\geq 0, f(p)>0, -\frac{b}{2a}<p$

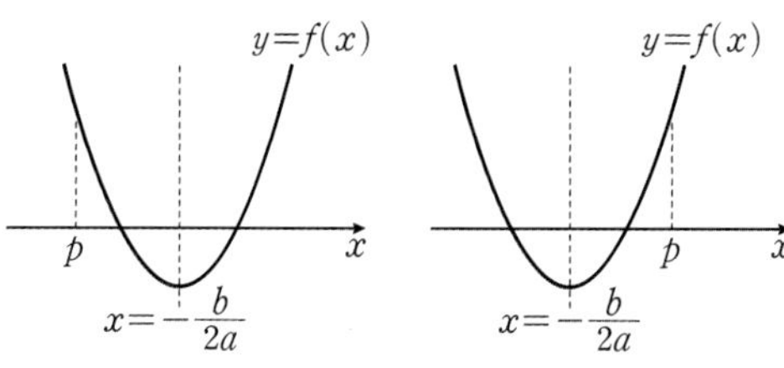

(3) 두 근 사이에 상수 p가 있으면 $f(p)<0$

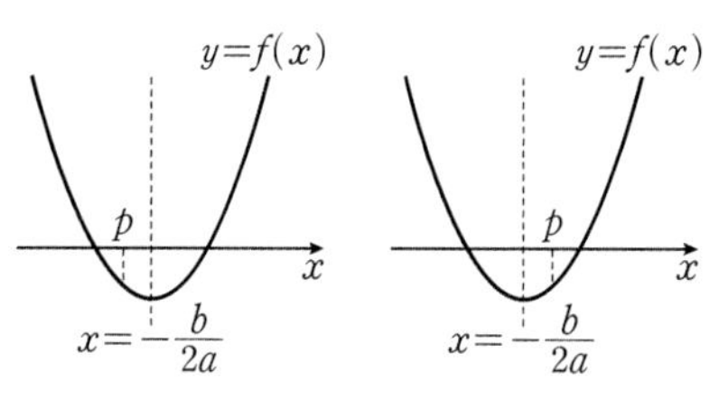

참고 $a>0$, $f(p)<0$이면 이차함수 $y=f(x)$의 그래프는 반드시 x축과 서로 다른 두 점에서 만나므로 $D>0$은 항상 성립한다. 또, 축의 위치는 알 수 없으므로 생각하지 않는다.

(4) 두 근이 모두 상수 p, q $(p<q)$ 사이에 있으면

$$D\geq 0, f(p)>0, f(q)>0, p<-\frac{b}{2a}<q$$

❹ 이차방정식의 근의 위치를 판별할 때는 그래프를 그린 후 다음 세 조건을 생각한다.
(ⅰ) 판별식의 부호
(ⅱ) 경계에서의 함숫값의 부호
(ⅲ) 그래프의 축의 위치

유형 분석 기출

시험에서 출제율이 70% 이상인 문제를 엄선하여 수록하였습니다.

유형 1 이차부등식의 풀이 [개념 09-1]

442

이차함수 $y=f(x)$의 그래프가 오른쪽 그림과 같을 때, 이차부등식 $f(x)>0$의 해는?

① $x\le -3$ 또는 $x\ge 1$
② $x<-3$ 또는 $x>1$
③ $x>1$
④ $-3<x<1$
⑤ $x<-3$

443

이차부등식 $x^2-4x+1\le 0$의 해가 $\alpha\le x\le\beta$일 때, $\alpha-\beta$의 값은?

① $-5\sqrt{3}$　② $-4\sqrt{3}$　③ $-3\sqrt{3}$
④ $-2\sqrt{3}$　⑤ $-\sqrt{3}$

444 중요

두 이차함수 $y=f(x)$, $y=g(x)$의 그래프가 오른쪽 그림과 같을 때, 부등식 $f(x)g(x)\ge 0$을 만족시키는 정수 x의 개수를 구하시오.

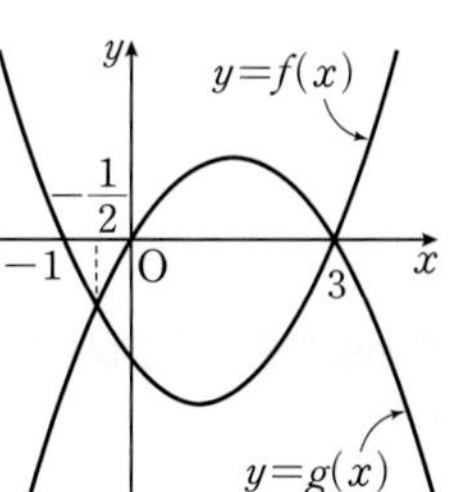

445

부등식 $x^2-3|x|+2\le 0$을 만족시키는 정수 x의 개수는?

① 1　② 2　③ 3
④ 4　⑤ 5

446

$x\le\alpha$는 이차부등식 $x^2-3x-18\le 0$의 해를 포함하고, $x>\beta$는 이차부등식 $-2x^2+7x-3<0$의 해에 포함될 때, $\alpha+\beta$의 최솟값은?

① 5　② 6　③ 7
④ 8　⑤ 9

447 실력 UP

부등식 $|x^2+x+1|\le|x+4|$의 해는?

① 해는 없다.　② $x\le -\sqrt{3}$　③ $x\ge\sqrt{3}$
④ $-\sqrt{3}\le x\le\sqrt{3}$　⑤ 모든 실수

유형 2 해가 주어진 이차부등식 [개념 09-1]

448 교육청 기출

x에 대한 이차부등식 $x^2+ax+b<0$의 해가 $-4<x<3$일 때, 두 상수 a, b에 대하여 $a-b$의 값은?

① 5　② 7　③ 9
④ 11　⑤ 13

449

이차부등식 $ax^2+3x-2\geq0$의 해가 $1\leq x\leq2$일 때, 이차부등식 $ax^2+5ax+6\leq0$의 해는? (단, a는 상수이다.)

① $-6\leq x\leq-1$　② $-6\leq x\leq1$
③ $x\leq-6$ 또는 $x\geq1$　④ $-1\leq x\leq6$
⑤ $x\leq-1$ 또는 $x\geq6$

450

이차부등식 $f(x)<0$의 해가 $x<-2$ 또는 $x>4$일 때, 부등식 $f(-x)>0$의 해는?

① $-4<x<0$　② $-4<x<2$
③ $x<-4$ 또는 $x>2$　④ $x<-2$ 또는 $x>4$
⑤ $-2<x<4$

II

451

이차부등식 $(a+2)x^2-4x+a-2\geq0$의 해가 오직 한 개 존재할 때, 실수 a의 값은?

① $-2\sqrt{3}$　② $-2\sqrt{2}$　③ -2
④ $2\sqrt{2}$　⑤ $2\sqrt{3}$

452 중요

이차함수 $y=f(x)$의 그래프는 오른쪽 그림과 같다. 부등식 $f\left(\frac{x+k}{2}\right)\leq0$의 해가 $-1\leq x\leq5$일 때, 실수 k의 값은?

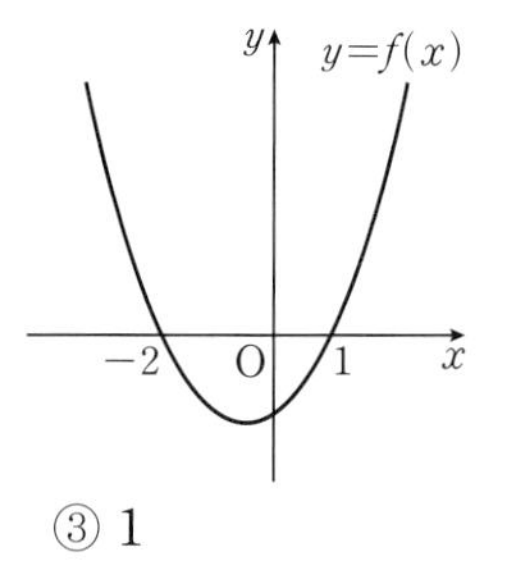

① -3　② -1　③ 1
④ 3　⑤ 5

453 실력 UP

이차부등식 $x^2-2ax<0$을 만족시키는 정수 x가 5개가 되도록 하는 정수 a의 개수는?

① 0　② 1　③ 2
④ 3　⑤ 4

유형 분석 기출

유형 3 이차부등식이 항상 성립할 조건 [개념 09-1]

454 중요

모든 실수 x에 대하여 이차부등식 $x^2-2ax+3a+10>0$이 성립하도록 하는 정수 a의 개수는?

① 2 ② 3 ③ 4
④ 5 ⑤ 6

455

모든 실수 x에 대하여 $\sqrt{x^2+2kx+4k+21}$이 실수가 되도록 하는 실수 k의 값의 범위는?

① $-3\le k\le 7$ ② $-2\le k\le 7$ ③ $-3\le k\le 6$
④ $-2\le k\le 6$ ⑤ $0\le k\le 7$

456 중요

$-2\le x\le 3$에서 이차부등식 $-x^2+2x+3-2k\ge 0$이 항상 성립할 때, 정수 k의 최댓값을 구하시오.

유형 4 이차부등식이 해를 갖거나 갖지 않을 조건 [개념 09-1]

457

이차부등식 $x^2+5x+2a<0$이 해를 갖도록 하는 정수 a의 최댓값은?

① -3 ② -2 ③ -1
④ 1 ⑤ 3

458 교육청 기출

x에 대한 이차부등식 $x^2+8x+(a-6)<0$이 해를 갖지 않도록 하는 실수 a의 최솟값을 구하시오.

459 실력 UP

다음 중 x에 대한 부등식 $kx^2+2kx-3\le 0$이 해를 갖도록 하는 실수 k의 값의 범위는?

① $-3<k<0$ ② $k>0$
③ 모든 실수 ④ $k\ne -3$인 모든 실수
⑤ $k\ne 0$인 모든 실수

● 바른답·알찬풀이 91쪽

유형 5 그래프의 위치와 이차부등식 [개념 09-1]

460

이차함수 $y=2x^2-3x-2$의 그래프가 이차함수 $y=x^2+2x+4$의 그래프보다 아래쪽에 있는 부분의 x의 값의 범위를 구하시오.

461

이차함수 $y=x^2-2x+a$의 그래프가 직선 $y=2x+1$보다 항상 위쪽에 있도록 하는 정수 a의 최솟값은?

① 2　② 3　③ 4　④ 5　⑤ 6

462 중요

이차함수 $y=x^2+ax+b$의 그래프가 직선 $y=x-3$보다 위쪽에 있는 부분의 x의 값의 범위가 $x<-1$ 또는 $x>4$일 때, 상수 a, b에 대하여 $a+b$의 값은?

① -9　② -3　③ 0　④ 3　⑤ 9

유형 6 연립이차부등식의 풀이 [개념 09-2]

463

연립부등식 $\begin{cases} x^2-3x<4 \\ x^2\geq 6x-5 \end{cases}$의 해가 $\alpha<x\leq\beta$일 때, $\beta-\alpha$의 값은?

① -2　② -1　③ 0　④ 1　⑤ 2

464 교육청 기출

연립부등식

$$\begin{cases} x^2-3x-18\leq 0 \\ x^2-8x+15\geq 0 \end{cases}$$

을 만족시키는 모든 정수 x의 값의 합은?

① 7　② 8　③ 9　④ 10　⑤ 11

465 중요

연립부등식 $\begin{cases} |x-2|\leq 1 \\ x^2-x-6\leq 0 \end{cases}$을 만족시키는 정수 x의 개수를 구하시오.

유형 분석 기출

466

부등식 $x^2-4<2x-1\le x+a$의 해가 $-1<x<3$이 되도록 하는 실수 a의 값의 범위를 구하시오.

467 중요

연립부등식 $\begin{cases} x^2+3x-4<0 \\ (x-a)(x+2)>0 \end{cases}$의 해가 $-2<x<1$일 때, 실수 a의 최댓값은?

① -8　② -6　③ -4　④ -2　⑤ 0

468 실력 UP 교육청 기출

x에 대한 연립이차부등식

$$\begin{cases} x^2-10x+21\le 0 \\ x^2-2(n-1)x+n^2-2n\ge 0 \end{cases}$$

을 만족시키는 정수 x의 개수가 4가 되도록 하는 모든 자연수 n의 값의 합을 구하시오.

유형 7 연립이차부등식의 활용 [개념 09-2]

469

둘레의 길이가 36인 직사각형의 넓이가 77보다 크도록 한 변의 길이를 정할 때, 한 변의 길이가 될 수 있는 모든 자연수의 합은?

① 17　② 19　③ 27　④ 34　⑤ 38

470 중요

세 변의 길이가 각각 $x-3$, x, $x+3$인 삼각형이 둔각삼각형이 되도록 하는 자연수 x의 개수는?

① 5　② 6　③ 7　④ 8　⑤ 9

471

다음 그림과 같이 가로, 세로의 길이가 각각 180 m, 120 m인 직사각형 모양의 공원 바깥으로 폭이 x m인 산책로를 만들려고 한다. 산책로의 넓이가 1836 m^2 이상 3100 m^2 이하가 되도록 하는 x의 값의 범위를 구하시오.

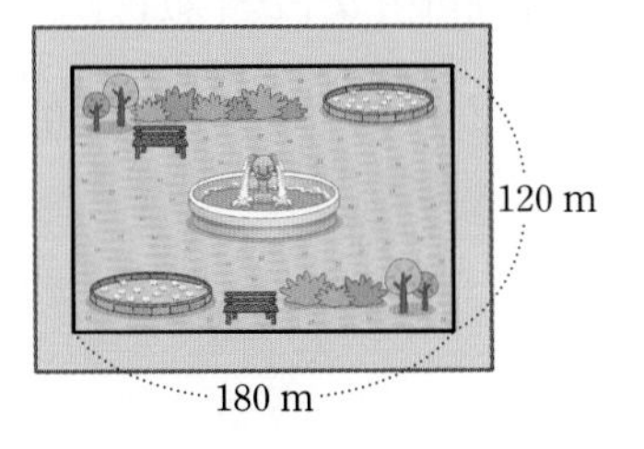

● 바른답·알찬풀이 93쪽

유형 8 이차방정식의 실근의 부호 [개념 09-3]

472 중요

x에 대한 이차방정식 $x^2-2(a+3)x+a^2+4=0$의 두 근이 모두 양수가 되도록 하는 정수 a의 최솟값은?

① -4　② -3　③ -2
④ -1　⑤ 0

473

x에 대한 이차방정식 $x^2+(2k+1)x+k^2+5=0$이 서로 다른 음수인 근을 가질 때, 실수 k의 값의 범위를 구하시오.

474

x에 대한 이차방정식 $x^2-(2m-3)x+m^2-4=0$의 두 근의 부호가 서로 다를 때, 정수 m의 개수는?

① 1　② 2　③ 3
④ 4　⑤ 5

475 중요

x에 대한 이차방정식
$x^2+(p^2-5p+4)x+p^2-7p+10=0$의 두 근의 부호가 서로 다르고 절댓값이 같도록 하는 실수 p의 값을 구하시오.

유형 9 이차방정식의 실근의 위치 [개념 09-3]

476

이차방정식 $x^2+2kx-k+6=0$의 두 근이 모두 2보다 크도록 하는 실수 k의 값의 범위가 $\alpha<k\le\beta$일 때, $\alpha\beta$의 값을 구하시오.

477 실력 UP

이차방정식 $x^2-ax+5=0$의 두 근 중에서 한 근만이 이차방정식 $x^2-3x+2=0$의 두 근 사이에 있도록 하는 정수 a의 값은?

① 3　② 4　③ 5
④ 6　⑤ 7

내신 적중 서술형

시험에서 출제율이 높은 서술형 문제를 엄선하여 수록하였습니다.

● 바른답·알찬풀이 95쪽

478

이차부등식 $ax^2+bx+c<0$의 해가 $-2<x<3$일 때, 다음 물음에 답하시오. (단, a, b, c는 상수이다.)

(1) b, c를 a에 대한 식으로 나타내시오.

[풀이]

(2) 이차부등식 $cx^2+bx+a<0$의 해를 구하시오.

[풀이]

479

함수 $y=(k+2)x^2-4x+5$의 그래프가 직선 $y=2kx+1$보다 항상 위쪽에 있도록 하는 정수 k의 최댓값과 최솟값의 합을 구하시오.

[풀이]

480

연립부등식 $\begin{cases} 2(x-1)>x+1 \\ x^2\le(2a+1)x-2a \end{cases}$를 만족시키는 정수 x가 2개만 존재하도록 하는 실수 a의 값의 범위를 구하시오.

[풀이]

481

이차방정식 $x^2+(3k+5)x+k-1=0$의 두 근의 부호가 서로 다르고 음수인 근의 절댓값이 양수인 근보다 클 때, 실수 k의 값의 범위를 구하시오.

[풀이]

1등급 실력 완성

출제율이 높은 문제 중 1등급을 결정하는 고난도 문제를 수록하였습니다.

● 바른답·알찬풀이 96쪽

482

이차함수 $f(x)=ax^2+bx+c$의 그래프가 오른쪽 그림과 같을 때, 이차부등식 $cx^2+bx+a<0$의 해는? (단, a, b, c는 실수이다.)

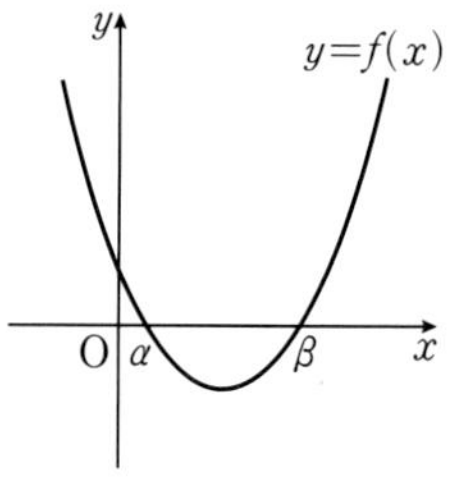

① $\alpha<x<\beta$

② $x<\alpha$ 또는 $x>\beta$

③ $\frac{1}{\beta}<x<\frac{1}{\alpha}$

④ $x<\frac{1}{\beta}$ 또는 $x>\frac{1}{\alpha}$

⑤ 해가 없다.

483

실수 x, y가 $x^2+xy+y^2=3$을 만족시킬 때, $x+y$의 최댓값을 M, 최솟값을 m이라 하자. 이때 $M-m$의 값을 구하시오.

484

이차부등식 $f(x)<0$의 해가 $x<-2$ 또는 $x>3$일 때, 부등식 $f(2x)-f(x)>0$의 해를 구하시오.

485

이차부등식 $(x+p)(x-p-1)<0$의 정수인 해의 합이 5가 되도록 하는 양의 실수 p의 값의 범위는?

① $1<p\le2$ ② $2<p\le3$ ③ $3<p\le4$
④ $4<p\le5$ ⑤ $5<p\le6$

486

이차부등식 $2x^2+kx\le0$을 만족시키는 정수 x가 7개가 되도록 하는 정수 k의 최댓값을 M, 최솟값을 m이라 할 때, $M-m$의 값을 구하시오.

487

$0 \leq x \leq 4$에서 이차부등식 $x^2-2mx+m^2+m>0$이 항상 성립할 때, 실수 m의 값의 범위를 구하시오.

488

x^2의 계수가 양수인 이차함수 $y=f(x)$의 그래프와 직선 $y=\frac{1}{2}x+3$이 두 점에서 만나고, 그 교점의 y좌표는 각각 2, 5이다. 이때 부등식 $f(x)-\frac{1}{2}x-3<0$을 만족시키는 모든 정수 x의 값의 합을 구하시오.

489

모든 실수 x에 대하여 연립부등식

$$-x^2-2x \leq mx-m \leq x^2-4x+5$$

가 성립할 때, 이를 만족시키는 모든 정수 m의 값의 합은?

① -10 ② -8 ③ -6
④ -4 ⑤ -2

490

연립부등식 $\begin{cases} |x-a| \leq b \\ x^2-x-6 \leq 0 \end{cases}$을 만족시키는 정수 x의 개수를 $f(a, b)$라 할 때, 옳은 것만을 **| 보기 |**에서 있는 대로 고른 것은? (단, a, b는 자연수이다.)

| 보기 |
ㄱ. $f(2, 2)=4$
ㄴ. $f(1, b)$가 최댓값을 가질 때, b의 최솟값은 3이다.
ㄷ. $f(a, 3)$이 최솟값을 가질 때, a의 최솟값은 7이다.

① ㄱ ② ㄱ, ㄴ ③ ㄱ, ㄷ
④ ㄴ, ㄷ ⑤ ㄱ, ㄴ, ㄷ

491 교육청 기출

x에 대한 연립부등식

$$\begin{cases} x^2-(a^2-3)x-3a^2<0 \\ x^2+(a-9)x-9a>0 \end{cases}$$

을 만족시키는 정수 x가 존재하지 않기 위한 실수 a의 최댓값을 M이라 하자. M^2의 값을 구하시오. (단, $a>2$)

● 바른답·알찬풀이 97쪽

492 교육청 기출

x에 대한 연립부등식

$$\begin{cases} x^2+3x-10<0 \\ ax \geq a^2 \end{cases}$$

을 만족시키는 정수 x의 개수가 4가 되도록 하는 정수 a의 값은?

① -2　② -1　③ 0　④ 1　⑤ 2

493

다음 그림과 같이 일직선 위의 세 지점 A, B, C에 같은 제품을 생산하는 공장이 있다. A와 B 사이의 거리는 10 km, A와 C 사이의 거리는 40 km이다. 이 일직선 위의 A와 C 사이에 보관 창고를 지으려고 한다. 공장과 보관 창고와의 거리가 x km일 때, 제품 한 개당 운송비는 x^2원이 든다고 하자. 세 지점 A, B, C의 공장에서 하루에 생산되는 제품이 각각 50개, 100개, 200개일 때, 하루에 드는 총 운송비가 198750원 이하가 되도록 하는 보관 창고와 A 지점까지 거리의 최댓값과 최솟값의 차는?

(단, 공장과 보관 창고의 크기는 무시한다.)

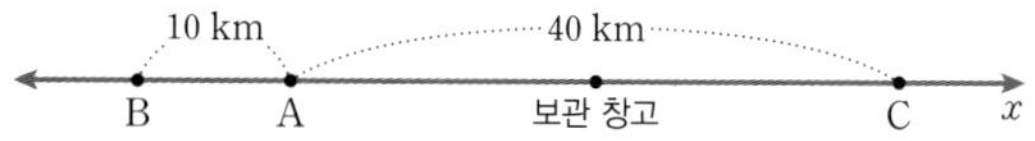

10 km　40 km
B　A　보관 창고　C　x

① 5 km　② 10 km　③ 15 km　④ 20 km　⑤ 25 km

494

이차방정식 $x^2-2kx+1=0$은 실근을 갖고, 이차방정식 $x^2-2kx+2k=0$은 허근을 갖도록 하는 실수 k의 값의 범위를 구하시오.

495

이차방정식 $x^2-2mx+m+2=0$의 두 근이 모두 3보다 작은 양수일 때, 실수 m의 값의 범위를 구하시오.

496

삼차방정식 $x^3+(2-2m)x^2+(3-4m)x+6=0$이 -1보다 작은 한 근과 1과 3 사이에 서로 다른 두 실근을 갖도록 하는 실수 m의 값의 범위를 구하시오.

1등급을 결정하는 문제 중 최고난도 문제를 수록하였습니다.

● 바른답·알찬풀이 100쪽

497

어느 수입 화장품은 환율 상승으로 인하여 작년보다 가격이 x % 올랐고, 이로 인하여 판매량이 $\frac{2}{3}x$ % 감소했지만 매출이 작년 대비 4 % 이상 증가했다고 한다. x의 값의 범위를 $p \le x \le q$라 할 때, $p+q$의 값은?

① 50　　② 60　　③ 70
④ 80　　⑤ 90

498 교육청 기출

자연수 n에 대하여 x에 대한 연립부등식

$$\begin{cases} |x-n|>2 \\ x^2-14x+40\le 0 \end{cases}$$

을 만족시키는 자연수 x의 개수가 2가 되도록 하는 모든 n의 값의 합을 구하시오.

499

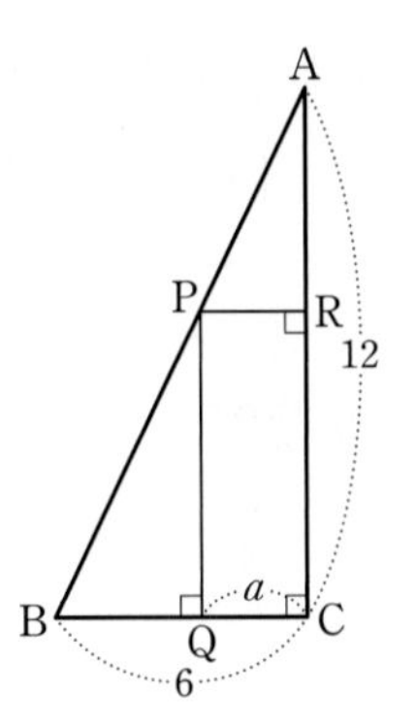

오른쪽 그림과 같이 $\overline{AC}=12$, $\overline{BC}=6$인 직각삼각형 ABC가 있다. 빗변 AB 위의 점 P에서 변 BC와 변 AC에 내린 수선의 발을 각각 Q, R이라 할 때, 직사각형 PQCR의 넓이는 두 삼각형 APR과 PBQ의 각각의 넓이보다 크다. $\overline{QC}=a$일 때, 이를 만족시키는 자연수 a의 값을 구하시오.

경우의 수

☑ 학습 계획 Check

- 학습하기 전, 중단원이 무엇인지 먼저 확인하세요.
- 이해가 부족한 개념이 있는 단원은 ☐ 안에 표시하고 반복하여 학습하세요.

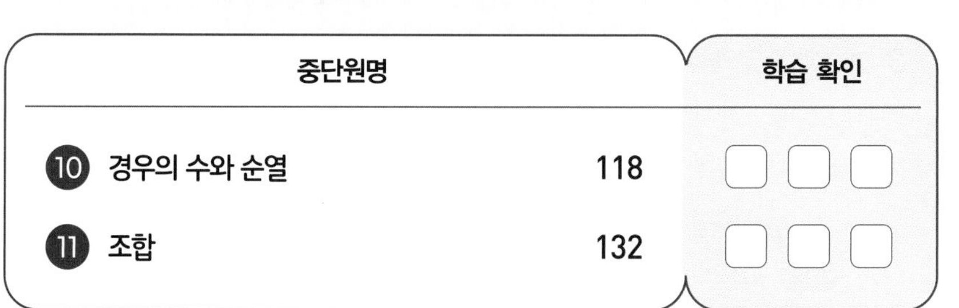

중단원명		학습 확인
⑩ 경우의 수와 순열	118	☐ ☐ ☐
⑪ 조합	132	☐ ☐ ☐

Ⅲ 경우의 수

10 경우의 수와 순열

핵심 개념

10-1 경우의 수[1] [유형 1~7]

1 합의 법칙: 두 사건 A, B가 동시에 일어나지 않을 때, 사건 A와 사건 B가 일어나는 경우의 수가 각각 m, n이면 사건 A 또는 사건 B가 일어나는 경우의 수는

$m+n$

참고 ① 합의 법칙은 어느 두 사건도 동시에 일어나지 않는 셋 이상의 사건에 대해서도 성립한다.
② 두 사건 A, B가 일어나는 경우의 수가 각각 m, n이고, 두 사건 A, B가 동시에 일어나는 경우의 수가 l이면 사건 A 또는 사건 B가 일어나는 경우의 수는 $m+n-l$이다.

2 곱의 법칙: 두 사건 A, B에 대하여 사건 A가 일어나는 경우의 수가 m이고 그 각각에 대하여 사건 B가 일어나는 경우의 수가 n일 때, 두 사건 A, B가 동시에 일어나는 경우의 수는

$m\times n$ → 곱의 법칙은 두 사건이 잇달아 일어나는 경우에도 성립한다.

참고 곱의 법칙은 동시에 일어나는 셋 이상의 사건에 대해서도 성립한다.

10-2 순열 [유형 8~15]

1 순열

서로 다른 n개에서 $r\,(0<r\le n)$개를 택하여 일렬로 나열하는 것을 n개에서 r개를 택하는 **순열**이라 하며, 이 순열의 수를 기호 ${}_n\mathrm{P}_r$로 나타낸다.

${}_n\mathrm{P}_r$
서로 다른 것의 개수 (n) / 택하는 것의 개수 (r)

참고 ${}_n\mathrm{P}_r$의 P는 순열을 뜻하는 Permutation의 첫 글자이다.

2 순열의 수

서로 다른 n개에서 $r\,(0<r\le n)$개를 택하는 순열의 수는

$${}_n\mathrm{P}_r=n(n-1)(n-2)\times\cdots\times(n-r+1)$$

참고 ${}_n\mathrm{P}_r$은 n부터 1씩 작아지는 r개의 자연수를 차례대로 곱한 것이다.

3 계승과 순열의 수

(1) 1부터 n까지의 자연수를 차례대로 곱한 것을 n의 **계승**이라 하며, 이것을 기호 $n!$로 나타낸다. 즉,

$$n!=n(n-1)(n-2)\times\cdots\times3\times2\times1$$

참고 $n!$은 'n의 계승(階乘)' 또는 'n 팩토리얼(factorial)'이라 읽는다.

(2) $n!$을 이용한 순열의 수[2,3]

① ${}_n\mathrm{P}_r=\dfrac{n!}{(n-r)!}$ (단, $0\le r\le n$)

② ${}_n\mathrm{P}_n=n!$, $0!=1$, ${}_n\mathrm{P}_0=1$

1등급 비법

❶ 수형도 또는 순서쌍을 이용하면 모든 경우의 수를 빠짐없이, 중복되지 않게 구할 수 있다.

❷ 이웃하는 순열의 수
⇨ 이웃하는 것을 한 묶음으로 생각하여 배열한 후 묶음 안에서 이웃한 것끼리의 위치를 바꾸는 것을 생각한다.

❸ 이웃하지 않는 순열의 수
⇨ 이웃해도 되는 것을 먼저 배열한 후 그 사이사이와 양 끝에 이웃하지 않는 것을 배열한다.

유형 분석 기출

시험에서 출제율이 70% 이상인 문제를 엄선하여 수록하였습니다.

● 바른답·알찬풀이 101쪽

유형 1 합의 법칙 [개념 10-1]

500 중요

주사위 1개를 2번 던질 때, 나오는 눈의 수의 합이 3의 배수인 경우의 수는?

① 8　　② 9　　③ 10
④ 11　　⑤ 12

501

1부터 100까지의 자연수 중에서 2와 3으로 모두 나누어 떨어지지 않는 자연수의 개수를 구하시오.

502 실력 UP

비가 오는 날 5명의 학생이 우산을 1개씩 가지고 등교하였다. 하교할 때 한 명의 학생만 자신의 우산을 가져가는 경우의 수는?

(단, 모든 학생이 하교할 때, 우산을 1개씩 가져간다.)

① 30　　② 35　　③ 40
④ 45　　⑤ 50

유형 2 방정식과 부등식의 해의 개수 [개념 10-1]

503

부등식 $4\le 2x+y\le 6$을 만족시키는 양의 정수 x, y의 순서쌍 (x, y)의 개수는?

① 5　　② 6　　③ 7
④ 8　　⑤ 9

504

방정식 $x+3y+5z=24$를 만족시키는 세 자연수 x, y, z의 순서쌍 (x, y, z)의 개수를 구하시오.

505

서로 다른 두 개의 주사위 A, B를 동시에 던져서 나오는 눈의 수를 각각 a, b라 할 때, 부등식 $a>b$ 또는 $ab>16$을 만족시키는 순서쌍 (a, b)의 개수는?

① 21　　② 22　　③ 23
④ 24　　⑤ 25

유형 분석 기출

유형 3 곱의 법칙 [개념 10-1]

506

다항식 $(a+b+c)(x+y)^2$을 전개했을 때, 항의 개수는?

① 6　② 9　③ 12
④ 15　⑤ 18

507 중요

서로 다른 3개의 주사위를 동시에 던질 때, 나오는 세 눈의 수의 곱이 짝수인 경우의 수는?

① 108　② 135　③ 162
④ 189　⑤ 216

508 실력 UP

200부터 600까지의 짝수 중 각 자리의 숫자가 모두 다른 수의 개수는?

① 72　② 90　③ 108
④ 126　⑤ 144

유형 4 약수의 개수 [개념 10-1]

509

360의 양의 약수의 개수를 a, 양의 약수의 총합을 b라 할 때, $a+b$의 값을 구하시오.

510

504의 양의 약수 중 3의 배수의 개수를 구하시오.

511

18^n의 양의 약수의 개수가 91일 때, 자연수 n의 값은?

① 3　② 4　③ 5
④ 6　⑤ 7

● 바른답·알찬풀이 102쪽

유형 5 도로망에서의 방법의 수 [개념 10-1]

512

다음 그림과 같이 세 도시 A, B, C를 연결하는 도로가 있을 때, A 도시에서 출발하여 C 도시로 가는 방법의 수를 구하시오.

(단, 한 번 지나간 도시는 다시 지나지 않는다.)

513

다음 그림과 같이 네 지점 A, B, C, D를 연결하는 도로가 있다. A 지점에서 출발하여 B, C, D 세 지점을 한 번씩 거쳐 다시 A 지점으로 돌아오는 방법의 수를 구하시오.

514 중요

다음 그림과 같이 집, 서점, 편의점, 학교를 연결하는 길이 있을 때, 집에서 출발하여 학교까지 가는 방법의 수를 구하시오. (단, 한 번 지나간 곳은 다시 지나지 않는다.)

서점
집
학교
편의점

유형 6 색칠하는 방법의 수 [개념 10-1]

515 중요

오른쪽 그림과 같이 5개의 영역 A, B, C, D, E를 서로 다른 5가지 색으로 칠하려고 한다. 한 가지 색을 여러 번 사용해도 좋으나 인접한 영역은 서로 다른 색으로 칠할 때, 칠하는 방법의 수를 구하시오. (단, 각 영역에는 한 가지 색을 칠한다.)

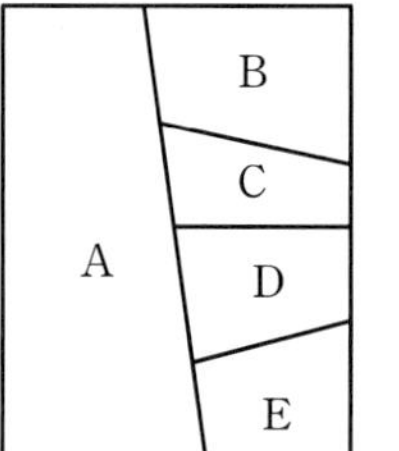

516

오른쪽 그림과 같이 4개의 영역 A, B, C, D를 서로 다른 4가지 색으로 칠하려고 한다. 한 가지 색을 여러 번 사용해도 좋으나 인접한 영역은 서로 다른 색으로 칠할 때, 칠하는 방법의 수를 구하시오. (단, 각 영역에는 한 가지 색을 칠한다.)

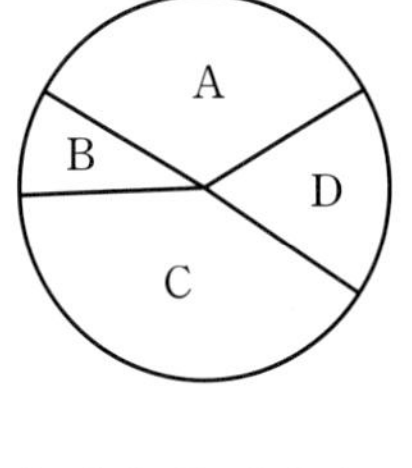

517 실력 UP

오른쪽 그림과 같이 5개의 영역 A, B, C, D, E를 빨간색, 파란색, 연두색, 노란색으로 칠하려고 한다. 한 가지 색을 여러 번 사용해도 좋으나 인접하는 영역은 서로 다른 색을 칠하고 A에 노란색을 칠할 때, 칠하는 방법의 수를 구하시오.

(단, 각 영역에는 한 가지 색을 칠한다.)

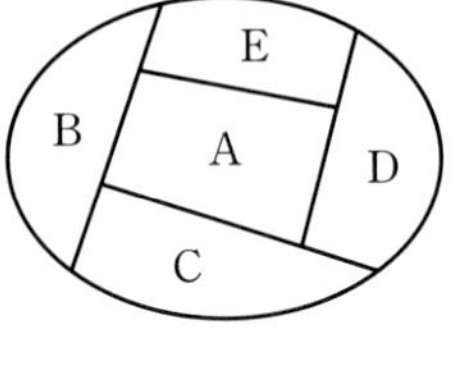

유형 7 지불 방법의 수와 지불 금액의 수 [개념 10-1]

518

500원짜리 동전 1개, 100원짜리 동전 5개, 50원짜리 동전 10개가 있다. 이 동전의 일부 또는 전부를 사용하여 거스름돈 없이 지불할 수 있는 방법의 수를 구하시오.

(단, 0원을 지불하는 경우는 제외한다.)

519 중요

100원짜리 동전 4개, 500원짜리 동전 3개, 1000원짜리 지폐 2장이 있을 때, 이들의 일부 또는 전부를 사용하여 거스름돈 없이 지불할 수 있는 금액의 수는?

(단, 0원을 지불하는 경우는 제외한다.)

① 39 ② 40 ③ 49
④ 50 ⑤ 59

520 실력 UP

1000원짜리 지폐 3장, 5000원짜리 지폐 3장, 10000원짜리 지폐 3장을 일부 또는 전부를 사용하여 거스름돈 없이 지불할 수 있는 방법의 수를 a, 지불할 수 있는 금액의 수를 b라 할 때, $a-b$의 값을 구하시오.

(단, 0원을 지불하는 경우는 제외한다.)

유형 8 ${}_nP_r$의 계산 [개념 10-2]

521

등식 ${}_nP_2+4\times{}_nP_1=28$을 만족시키는 자연수 n의 값은?

① 2 ② 3 ③ 4
④ 5 ⑤ 6

522

비례식 ${}_nP_4 : 2\times{}_nP_2=3 : 1$을 만족시키는 자연수 n에 대하여 ${}_nP_{n-3}$의 값은?

① 6 ② 12 ③ 20
④ 24 ⑤ 60

523

등식 ${}_nP_4+35\times{}_{n-1}P_2-9\times{}_nP_3=0$을 만족시키는 모든 자연수 n의 값의 곱을 구하시오.

● 바른답·알찬풀이 104쪽

유형 9 순열의 수 [개념 10-2]

524

지혜를 포함한 5명의 학생이 달리기 시합을 할 때, 지혜가 3등을 하는 경우의 수는?

(단, 순위가 같은 경우는 발생하지 않는다.)

① 6 ② 18 ③ 24
④ 96 ⑤ 120

525

빨간색 꽃 3송이와 노란색 꽃 3송이를 일렬로 심을 때, 빨간색 꽃과 노란색 꽃을 번갈아 심는 방법의 수를 구하시오. (단, 꽃의 종류는 모두 다르다.)

526 실력 UP

이틀 동안 진행되는 어느 축제에 네 팀이 참가하여 공연하려고 한다. 매일 한 팀 이상이 공연하도록 네 팀의 공연 날짜와 공연 순서를 정하는 경우의 수를 구하시오. (단, 공연은 한 팀씩 하고, 축제 기간 중 각 팀은 1회만 공연한다.)

유형 10 이웃하는 순열의 수 [개념 10-2]

527 중요

5개의 문자 a, b, c, d, e를 일렬로 나열할 때, a와 e를 이웃하게 나열하는 경우의 수는?

① 36 ② 48 ③ 72
④ 100 ⑤ 120

528 교육청 기출

7개의 문자 c, h, e, e, r, u, p를 일렬로 나열할 때, 2개의 문자 e가 서로 이웃하게 되는 경우의 수를 구하시오.

529

티셔츠 n벌과 바지 4벌을 옷장에 일렬로 걸 때, 바지끼리 이웃하여 거는 경우의 수는 576이다. 이때 n의 값을 구하시오.

III

유형 분석 기출

530

5개의 문자 a, b, c, d, e를 일렬로 나열할 때, a와 b 또는 a와 c가 이웃하게 나열하는 경우의 수를 구하시오.

유형 11 이웃하지 않는 순열의 수 [개념 10-2]

531 교육청 기출

숫자 1, 2, 3, 4, 5가 하나씩 적혀 있는 5장의 카드가 있다. 이 5장의 카드를 모두 일렬로 나열할 때, 짝수가 적혀 있는 카드끼리 서로 이웃하지 않도록 나열하는 경우의 수는?

① 24　② 36　③ 48　④ 60　⑤ 72

532

다음 그림과 같이 의자 6개가 나란히 설치되어 있다. 여학생 2명과 남학생 3명이 의자에 앉을 때, 여학생끼리 이웃하지 않게 앉는 경우의 수를 구하시오. (단, 두 학생 사이에 빈 의자가 있는 경우는 이웃하지 않는 것으로 한다.)

533 교육청 기출

1학년 학생 2명과 2학년 학생 4명이 있다. 이 6명의 학생이 일렬로 나열된 6개의 의자에 다음 **| 조건 |**을 만족시키도록 모두 앉는 경우의 수는?

| 조건 |

(가) 1학년 학생끼리는 이웃하지 않는다.

(나) 양 끝에 있는 의자에는 모두 2학년 학생이 앉는다.

① 96　② 120　③ 144　④ 168　⑤ 192

534 실력 UP

오른쪽 그림과 같이 번호가 적혀 있는 사물함이 있다. 네 학생 A, B, C, D가 사물함을 각각 하나씩 사용할 때, 네 학생이 사용하는 사물함이 서로 이웃하지 않는 경우의 수를 구하시오. (단, 정육면체 모양의 두 사물함이 어느 한 면을 공유하면 두 사물함은 서로 이웃하다고 생각한다.)

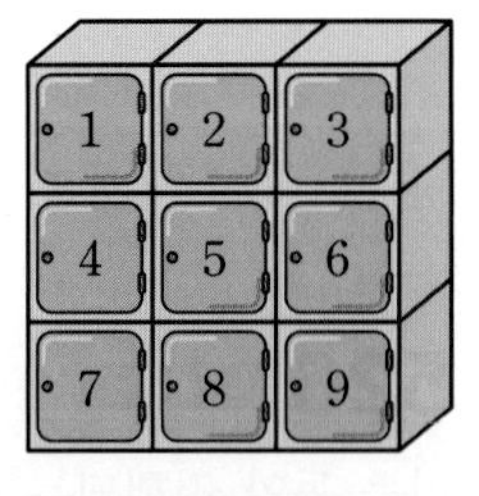

유형 12 제한 조건이 있을 때의 순열의 수 [개념 10-2]

535 중요

7개의 문자 m, a, i, l, b, o, x를 일렬로 나열할 때, a와 i 사이에 2개의 문자가 들어가도록 나열하는 경우의 수를 구하시오.

536

두 학생 A, B를 포함한 5명의 학생이 있다. 오른쪽 그림과 같이 한 줄에 3개씩 두 줄로 배열된 6개의 의자에 5명이 모두 앉을 때, A, B는 같은 줄의 의자에 앉고 나머지 3명은 맞은편 줄의 의자에 앉는 방법의 수를 구하시오.

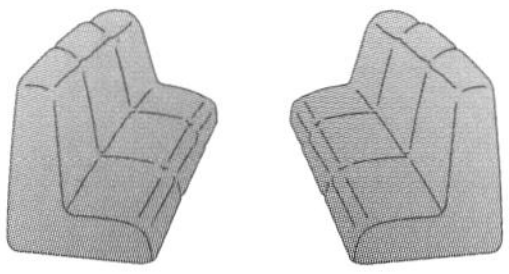

537 실력 UP

할아버지, 할머니, 아버지, 어머니, 서윤, 연후, 지윤 모두 7명의 가족이 자동차를 타고 여행을 가려고 한다. 이 자동차는 7인승으로 다음 그림과 같이 앞줄에 2개, 가운데 줄에 3개, 뒷줄에 2개의 좌석이 있다. 운전석에는 아버지나 어머니만 앉을 수 있고, 할아버지와 할머니는 가운데 줄에만 앉을 수 있다고 할 때, 가족 7명이 모두 자동차에 탑승하는 방법의 수를 구하시오.

운전석
앞줄 가운데 줄 뒷줄

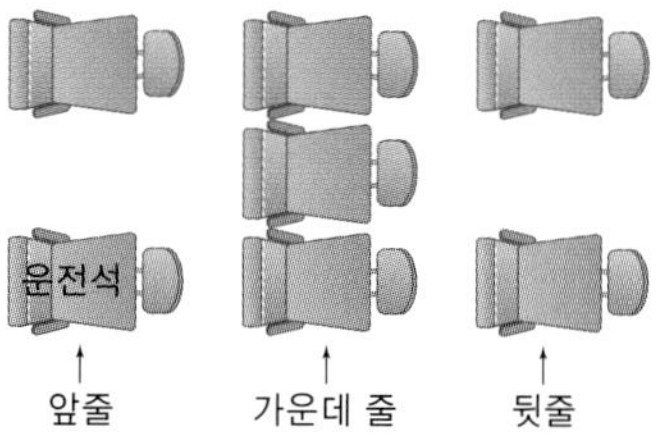

유형 13 '적어도'의 조건이 있는 순열의 수 [개념 10-2]

538 중요

6개의 문자 k, o, r, e, a, n을 일렬로 나열할 때, 적어도 한쪽 끝에 모음이 오는 경우의 수를 구하시오.

539

서로 다른 한 자리의 자연수 6개를 일렬로 나열할 때, 적어도 한쪽 끝에 홀수가 오도록 나열하는 방법의 수는 432이다. 이때 홀수의 개수를 구하시오.

540

1000부터 4999까지의 자연수 중 1134, 2244와 같이 적어도 두 자리의 숫자가 같은 수의 개수는?

① 1960 ② 1972 ③ 1984 ④ 1996 ⑤ 2008

유형 분석 기출

● 바른답·알찬풀이 107쪽

유형 14 자연수의 개수 [개념 10-2]

541 중요

6개의 숫자 0, 1, 2, 3, 4, 5에서 서로 다른 세 개를 사용하여 만들 수 있는 세 자리 자연수 중 짝수의 개수를 구하시오.

542

1, 2, 3, 4, 5의 숫자가 각각 하나씩 적힌 5장의 카드에서 3장을 택하여 만든 세 자리 자연수 중 3의 배수의 개수를 구하시오.

543 실력 UP

8개의 숫자 1, 1, 1, 1, 2, 2, 3, 4를 모두 사용하여 만들 수 있는 여덟 자리 자연수 중 이웃하는 자리의 두 숫자가 항상 다른 자연수의 개수는?

① 30 ② 36 ③ 42
④ 48 ⑤ 54

유형 15 사전식 배열에서의 순열의 수 [개념 10-2]

544

A, B, C, D, E의 5개의 문자를 알파벳순에 의한 사전식으로 배열하였을 때, 89번째 문자열의 마지막 문자는?

① A ② B ③ C
④ D ⑤ E

545 중요

6개의 숫자 1, 2, 3, 4, 5, 6에서 서로 다른 다섯 개의 숫자를 택하여 다섯 자리 자연수를 만들 때, 24000보다 큰 수의 개수는?

① 442 ② 484 ③ 528
④ 552 ⑤ 576

546

5개의 자음 ㄱ, ㄴ, ㄷ, ㄹ, ㅁ을 한 번씩만 사용하여 만든 문자열을 사전식으로 배열할 때, ㄷㄱㅁㄹㄴ은 몇 번째로 나타나는 문자열인가?

① 52번째 ② 53번째 ③ 54번째
④ 55번째 ⑤ 56번째

내신 적중 서술형

시험에서 출제율이 높은 서술형 문제를 엄선하여 수록하였습니다.

● 바른답·알찬풀이 109쪽

547

다음 표는 어느 고등학교 1반, 2반의 시간표인데 1반의 1교시는 국어, 2교시는 영어이다. 각 반은 4교시까지 국어, 영어, 수학, 과학 과목만을 1시간씩 듣도록 하고, 네 과목을 같은 교시에 두 반이 겹치지 않도록 1시간씩 배정하려고 할 때, 시간표를 만들 수 있는 방법의 수를 구하시오.

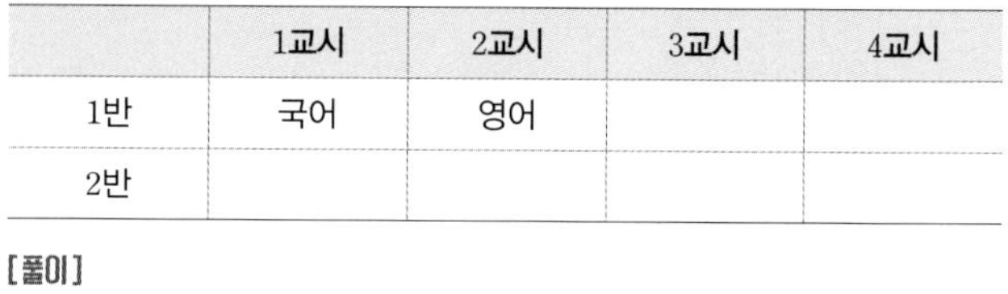

	1교시	2교시	3교시	4교시
1반	국어	영어		
2반				

[풀이]

548

한 개의 주사위를 두 번 던져 처음에 나온 눈의 수를 a, 나중에 나온 눈의 수를 b라 할 때, $7 \leq a+b \leq 8$을 만족시키는 순서쌍 (a, b)의 개수를 구하시오.

[풀이]

549

남자 3명과 여자 4명이 오른쪽 그림과 같이 앞줄에 3명, 뒷줄에 4명이 서서 사진을 찍을 때, 남자 3명이 앞줄 또는 뒷줄에 옆으로 나란히 서로 이웃하여 서는 방법의 수를 구하려고 한다. 다음 물음에 답하시오.

(1) 남자 3명이 앞줄에 옆으로 나란히 이웃하여 서는 방법의 수를 구하시오.

[풀이]

(2) 남자 3명이 뒷줄에 옆으로 나란히 이웃하여 서는 방법의 수를 구하시오.

[풀이]

(3) 남자 3명이 앞줄 또는 뒷줄에 옆으로 나란히 이웃하여 서는 방법의 수를 구하시오.

[풀이]

550

A, B, C, D, E, F 6명이 4인용 소파에 4명, 2인용 소파에 2명으로 나누어 앉으려고 한다. 이때 A, B가 같은 소파에 이웃하여 앉는 방법의 수를 구하시오.

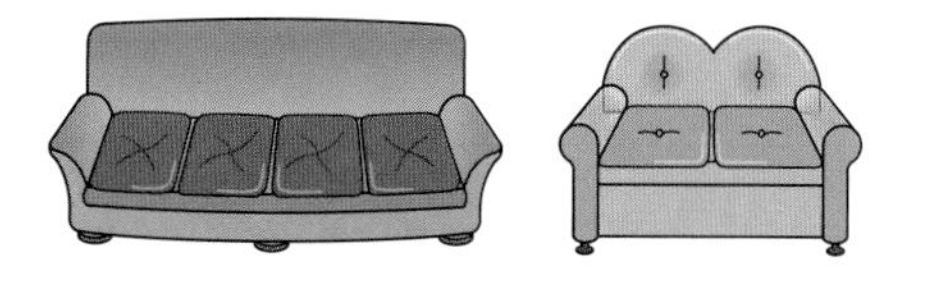

[풀이]

1등급 실력 완성

출제율이 높은 문제 중 1등급을 결정하는 고난도 문제를 수록하였습니다.

551

다음 그림과 같은 정팔면체의 꼭짓점 A에서 출발하여 모서리를 따라 꼭짓점 F로 가는 방법의 수를 구하시오.

(단, 한 번 지나간 꼭짓점은 다시 지나지 않는다.)

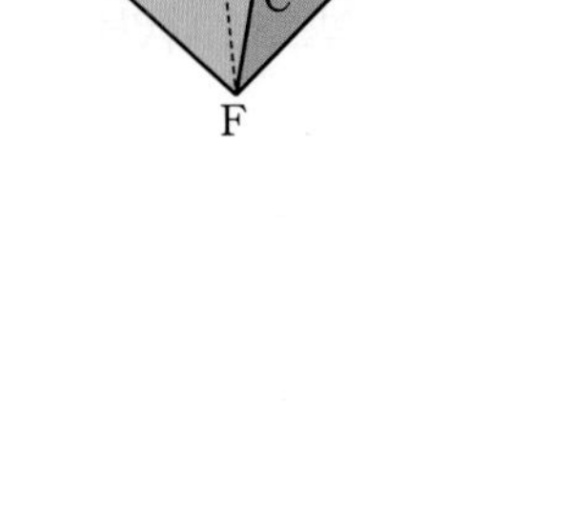

552

음이 아닌 세 정수 x, y, z가 다음 등식을 만족시킬 때, 순서쌍 (x, y, z)의 개수는?

$$(x+y)(x+y+z)=8$$

① 3　　② 5　　③ 7
④ 9　　⑤ 11

553

다음 그림과 같이 거리가 1인 두 평행선이 있다. 평행선 위에 거리가 1인 간격으로 점이 각각 7개씩 있을 때, 네 점을 꼭짓점으로 하는 사각형 중 넓이가 4인 것의 개수를 구하시오.

554

서로 다른 두 개의 주사위 A, B를 동시에 던져서 나오는 눈의 수의 곱을 P라 할 때, P의 양의 약수의 개수가 4인 경우의 수를 구하시오.

555

오른쪽 그림과 같은 어느 지역의 도로망에서 B 지점과 C 지점 사이에 도로를 추가하기로 하였다. A 지점에서 출발하여 D 지점으로 가는 방법의 수가 116이 되도록 하려고 할 때, 추가해야 하는 도로의 개수를 구하시오. (단, 같은 지점은 두 번 이상 지나지 않고, 추가하는 도로끼리는 서로 만나지 않는다.)

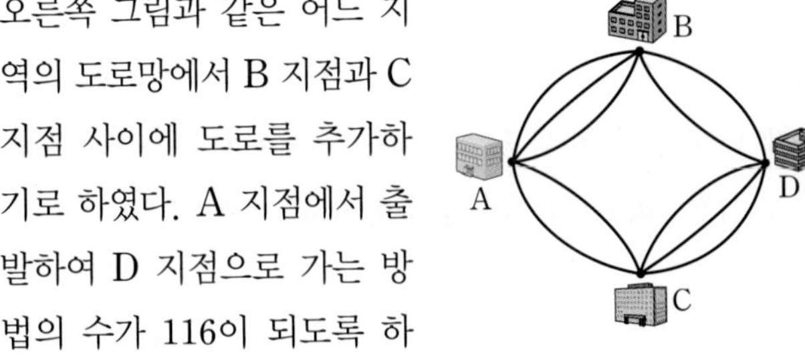
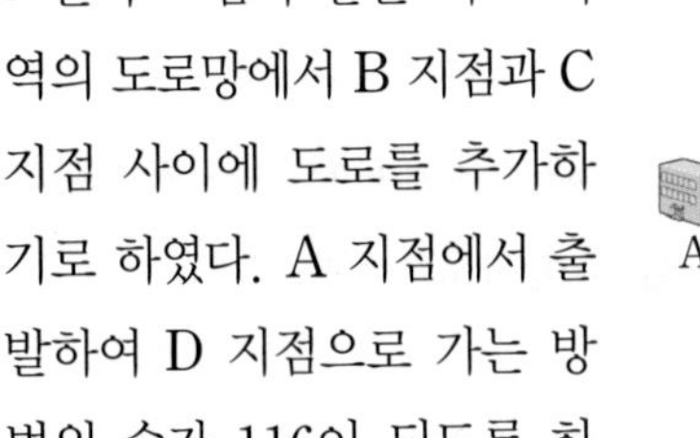

556 교육청 기출

그림과 같이 크기가 같은 6개의 정사각형에 1부터 6까지의 자연수가 하나씩 적혀 있다.

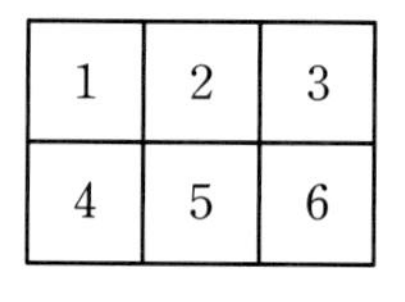

서로 다른 4가지 색의 일부 또는 전부를 사용하여 다음 **| 조건 |**을 만족시키도록 6개의 정사각형에 색을 칠하는 경우의 수는? (단, 한 정사각형에 한 가지 색만을 칠한다.)

| 조건 |

(가) 1이 적힌 정사각형과 6이 적힌 정사각형에는 같은 색을 칠한다.

(나) 변을 공유하는 두 정사각형에는 서로 다른 색을 칠한다.

① 72 ② 84 ③ 96 ④ 108 ⑤ 120

557

다음은 $1\le r<n$인 두 정수 n, r에 대하여 ${}_{n-1}\mathrm{P}_r+r\times{}_{n-1}\mathrm{P}_{r-1}={}_n\mathrm{P}_r$임을 보이는 과정이다.

$$\begin{aligned}{}_{n-1}\mathrm{P}_r+r\times{}_{n-1}\mathrm{P}_{r-1}&=\frac{(n-1)!}{\boxed{(가)}}+r\times\frac{(n-1)!}{\boxed{(나)}}\\&=\frac{(n-1)!}{(n-r)!}\times\boxed{(다)}\\&=\frac{\boxed{(라)}}{(n-r)!}={}_n\mathrm{P}_r\end{aligned}$$

위의 과정에서 (가), (나), (다), (라)에 알맞은 것을 차례대로 나열한 것은?

	(가)	(나)	(다)	(라)
①	$(n-r-1)!$	$(n-r)!$	n	$n!$
②	$(n-r-1)!$	$(n-r)!$	$n+1$	$(n+1)!$
③	$(n-r)!$	$(n-r-1)!$	n	$n!$
④	$(n-r)!$	$(n-r)!$	$n+1$	$(n+1)!$
⑤	$(n-r+1)!$	$(n-r-1)!$	n	$n!$

558

등식 ${}_n\mathrm{P}_3+5\times{}_n\mathrm{P}_2=5({}_{n+1}\mathrm{P}_2+n-3)$을 만족시키는 자연수 n의 값을 구하시오.

559

아버지와 어머니를 포함한 5명의 가족이 영화관에 갔다. 영화관 좌석은 다음 그림과 같이 A열 1, 2, 3번과 B열 1, 2번으로 나누어져 있었다. 이때 아버지와 어머니가 같은 열에 이웃하여 앉는 방법의 수를 구하시오.

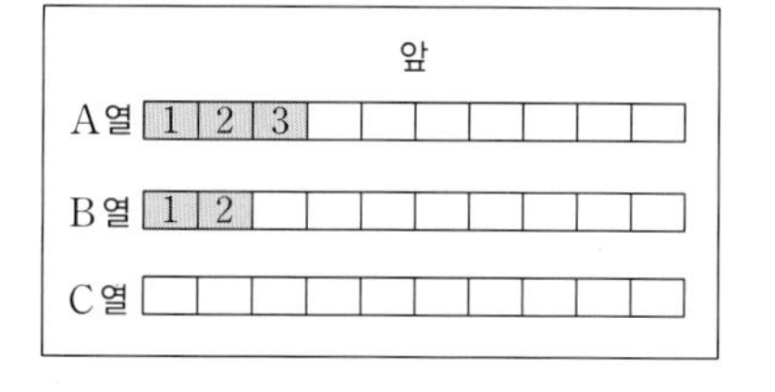

560

서로 다른 탁구공 2개와 서로 다른 골프공 4개가 한 상자에 들어 있을 때, 다음 **| 조건 |**을 만족시키면서 공을 1개씩 꺼내기로 하였다.

| 조건 |

(가) 탁구공은 연속하여 꺼낼 수 없다.

(나) 골프공은 2개까지 연속하여 꺼낼 수 있다.

6개의 공을 상자에서 모두 꺼내는 방법의 수는?

① 120 ② 144 ③ 240 ④ 270 ⑤ 316

561

참가자들이 돌아가며 자연수를 1부터 차례대로 말하되, 3 또는 6 또는 9가 들어가는 수는 숫자를 말하지 않고, 그 수에 들어 있는 3, 6, 9의 개수만큼 박수를 치는 게임을 하고 있다. 예를 들어 3, 16, 92 등은 박수를 1번, 33, 69 등은 박수를 2번 쳐야 한다. 이 게임을 하여 1부터 199까지 틀리지 않고 말했다면 박수를 친 횟수는 모두 몇 번인지 구하시오.

562

부모와 자녀 4명으로 구성된 6명의 가족이 일렬로 서서 사진을 찍을 때, 부모 사이에 자녀 4명 중 적어도 2명이 서게 되는 경우의 수를 구하시오.

563

주머니 속에 1, 2, 3, 4, 5가 하나씩 적혀 있는 공이 각각 1개, 1개, 2개, 1개, 2개가 들어 있다. 7개의 공 중에서 임의로 4개의 공을 동시에 꺼내어 네 자리의 정수를 만들 때, 같은 숫자끼리는 이웃하지 않도록 하는 방법의 수를 구하시오.

564

0, 1, 2, 3, 4, 5의 숫자가 각각 하나씩 적힌 6장의 카드에서 서로 다른 3장을 택하여 만들 수 있는 세 자리 자연수 중 254보다 큰 짝수의 개수는?

① 26 ② 28 ③ 30
④ 32 ⑤ 34

565

6개의 숫자 0, 1, 2, 3, 4, 5에서 서로 다른 4개의 숫자를 택하여 만들 수 있는 네 자리의 자연수 중 15의 배수의 개수를 구하시오.

도전 1등급 최고난도

1등급을 결정하는 문제 중 최고난도 문제를 수록하였습니다.

● 바른답·알찬풀이 113쪽

566

어느 관광지에서 7명의 관광객 A, B, C, D, E, F, G 가 놀이기구를 타려고 한다. 그림과 같이 이 놀이기구에는 4개의 2인용 의자가 있고, 운전자는 가장 앞에 있는 2인용 의자의 오른쪽 좌석에 앉는다. 7명의 관광객이 다음 **| 조건 |**을 만족시키도록 놀이기구의 좌석에 앉는 경우의 수를 구하시오. (단, 운전석에 관광객은 앉을 수 없다.)

| 조건 |

(가) A와 B는 같은 2인용 의자에 앉는다.

(나) C와 D는 같은 2인용 의자에 앉지 않는다.

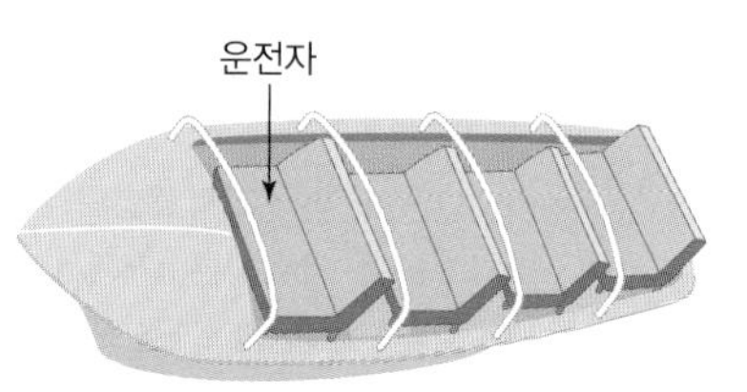

567 교육청 기출

그림과 같이 둥근 의자 3개와 사각 의자 3개가 교대로 나열되어 있다.

1학년 학생 2명, 2학년 학생 2명, 3학년 학생 2명이 다음 **| 조건 |**을 만족시키도록 이 6개의 의자에 모두 앉는 경우의 수는?

| 조건 |

(가) 2학년 학생은 사각 의자에만 앉는다.

(나) 같은 학년 학생은 서로 이웃하여 앉지 않는다.

① 64 ② 72 ③ 80 ④ 88 ⑤ 96

III

Ⅲ 경우의 수

11 조합

핵심 개념

1등급 비법

11-1 조합 [유형 1~6]

1 조합

서로 다른 n개에서 순서를 생각하지 않고 $r\,(0<r\le n)$개를 택하는 것을 n개에서 r개를 택하는 **조합**이라 하며, 이 조합의 수를 기호 ${}_n\mathrm{C}_r$로 나타낸다.

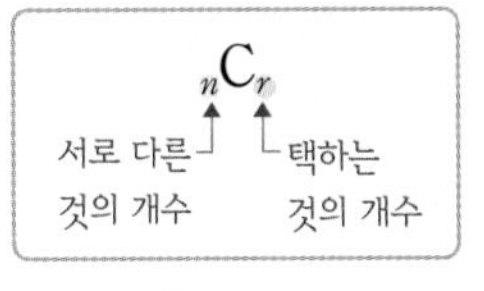

참고 ${}_n\mathrm{C}_r$의 C는 조합을 뜻하는 Combination의 첫 글자이다.

주의 순열은 순서를 생각하여 택하는 것이고, 조합은 순서를 생각하지 않고 택하는 것이다.
예를 들어 어떤 학급의 회장과 부회장을 각각 1명씩 뽑는 경우의 수는 순열을 이용하여 구하고, 임원 2명을 뽑는 경우의 수는 조합을 이용하여 구한다.

2 조합의 수[1]

(1) 서로 다른 n개에서 $r\,(0\le r\le n)$개를 택하는 조합의 수는

$${}_n\mathrm{C}_r=\frac{{}_n\mathrm{P}_r}{r!}=\frac{n!}{r!(n-r)!}$$

(2) ${}_n\mathrm{C}_0=1,\ {}_n\mathrm{C}_n=1$

참고 서로 다른 n개에서 r개를 택하는 조합의 수는 ${}_n\mathrm{C}_r$이고 그 각각에 대하여 r개를 일렬로 나열하는 경우의 수는 $r!$이다. 그런데 서로 다른 n개에서 r개를 택하는 순열의 수는 ${}_n\mathrm{P}_r$이므로

$${}_n\mathrm{C}_r\times r!={}_n\mathrm{P}_r \qquad \therefore\ {}_n\mathrm{C}_r=\frac{{}_n\mathrm{P}_r}{r!}$$

예 서로 다른 5개의 문자 a, b, c, d, e 중에서 3개를 택하는 조합의 수는

$${}_5\mathrm{C}_3=\frac{{}_5\mathrm{P}_3}{3!}=\frac{5\times4\times3}{3\times2\times1}=10$$

3 조합의 수의 성질

(1) ${}_n\mathrm{C}_r={}_n\mathrm{C}_{n-r}$ (단, $0\le r\le n$)

(2) ${}_n\mathrm{C}_r={}_{n-1}\mathrm{C}_r+{}_{n-1}\mathrm{C}_{r-1}$ (단, $1\le r<n$)

참고 ① 서로 다른 n개에서 r개를 택하는 조합의 수는 남아 있을 $(n-r)$개를 택하는 조합의 수와 같으므로 ${}_n\mathrm{C}_r={}_n\mathrm{C}_{n-r}$이 성립한다.
즉, ${}_n\mathrm{C}_r$의 값을 구할 때, $r>n-r$인 경우 ${}_n\mathrm{C}_r={}_n\mathrm{C}_{n-r}$임을 이용하면 간단히 계산할 수 있다.

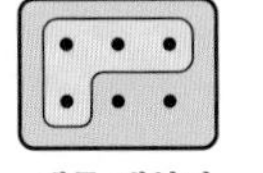
r개를 택한다.

$(n-r)$개를 택한다.

② 서로 다른 n개를 p개, q개, r개$(p+q+r=n)$로 분할하는 경우의 수는

(i) p, q, r이 모두 다른 수일 때 ⇨ ${}_n\mathrm{C}_p\times{}_{n-p}\mathrm{C}_q\times{}_r\mathrm{C}_r$

(ii) p, q, r 중에서 어느 두 수가 같을 때 ⇨ ${}_n\mathrm{C}_p\times{}_{n-p}\mathrm{C}_q\times{}_r\mathrm{C}_r\times\frac{1}{2!}$

(iii) p, q, r이 모두 같은 수일 때 ⇨ ${}_n\mathrm{C}_p\times{}_{n-p}\mathrm{C}_q\times{}_r\mathrm{C}_r\times\frac{1}{3!}$

[1] 여러 가지 조합의 수

① 서로 다른 n개에서 r개를 택할 때,
특정한 k개를 포함하여 택하는 경우의 수 ⇨ ${}_{n-k}\mathrm{C}_{r-k}$
특정한 k개를 제외하고 택하는 경우의 수 ⇨ ${}_{n-k}\mathrm{C}_r$

② 어느 세 점도 한 직선 위에 있지 않은 서로 다른 n개의 점 중에서 두 점을 연결하여 만들 수 있는 직선의 개수 ⇨ ${}_n\mathrm{C}_2$

③ 어느 세 점도 한 직선 위에 있지 않은 서로 다른 n개의 점 중에서 세 점을 꼭짓점으로 하는 삼각형의 개수 ⇨ ${}_n\mathrm{C}_3$

④ m개의 평행선과 n개의 평행선이 만날 때 생기는 평행사변형의 개수 ⇨ ${}_m\mathrm{C}_2\times{}_n\mathrm{C}_2$

유형 분석 기출

시험에서 출제율이 70% 이상인 문제를 엄선하여 수록하였습니다.

● 바른답·알찬풀이 114쪽

유형 1 ${}_{n}C_{r}$의 계산 [개념 11-1]

568

등식 ${}_{n+2}C_2={}_{n-1}C_2+{}_{n}C_2$를 만족시키는 자연수 n의 값을 구하시오.

569 중요

등식 ${}_{12}C_{2r+1}={}_{12}C_{7-r}$을 만족시키는 모든 자연수 r의 값의 곱은?

① 8 ② 7 ③ 6
④ 5 ⑤ 4

570 실력 UP

x에 대한 이차방정식 ${}_{n}C_1x^2-{}_{n}C_2x+{}_{n}C_3=0$의 두 근의 합이 2일 때, 두 근의 곱을 구하시오. (단, n은 자연수이다.)

571

등식 $\frac{{}_{n}C_r}{6}=\frac{{}_{n}C_{r+1}}{3}={}_{n}C_{r+2}$를 만족시키는 자연수 n, r에 대하여 $n-r$의 값을 구하시오.

572

다음은 $0<r\leq n$일 때, 서로 다른 n개에서 r개를 택하는 조합의 수 ${}_{n}C_{r}$에 대한 어떤 성질을 설명하는 과정이다.

> 서로 다른 n개를 1, 2, 3, ⋯, n이라 하자.
> (i) 1을 포함하여 r개를 택하는 조합의 수는 (가) 이다.
> 2를 포함하여 r개를 택하는 조합의 수는 (가) 이다.
> 3을 포함하여 r개를 택하는 조합의 수는 (가) 이다.
> ⋮
> n을 포함하여 r개를 택하는 조합의 수는 (가) 이다.
> 이상을 모두 합하면 $n\times$ (가) 이다. ⋯⋯ ㉠
> (ii) 그런데 위의 ㉠에 있는 조합의 수 중 1, 2, 3, ⋯, r의 r개로 구성된 조합이 (나) 번 반복된다.
> (중략)
> (i), (ii)에서 서로 다른 n개에서 r개를 택하는 조합의 수 ${}_{n}C_{r}$은
> ${}_{n}C_{r}=$ (다) $\times{}_{n-1}C_{r-1}$

위의 과정에서 (가), (나), (다)에 알맞은 것을 차례대로 나열한 것은?

	(가)	(나)	(다)
①	${}_{n-1}C_{r-1}$	r	$\frac{r}{n}$
②	${}_{n-1}C_{r-1}$	r	$\frac{n}{r}$
③	${}_{n-1}C_{r-1}$	n	$\frac{r}{n}$
④	${}_{n}C_{r-1}$	r	$\frac{n}{r}$
⑤	${}_{n}C_{r-1}$	n	$\frac{r}{n}$

III

유형 2 조합의 수 [개념 11-1]

573

플로리스트 9명과 호텔리어 n명 중에서 2명을 뽑을 때, 2명의 직업이 같은 경우의 수가 64이다. 이때 n의 값을 구하시오.

574 중요

서로 다른 9개의 독서 토론 주제 중에서 2개의 주제를 택하는 경우의 수를 a, 서로 다른 2개의 주제를 택하여 각각 A조, B조에 주제를 배정하는 경우의 수를 b라 할 때, $a+b$의 값은?

① 72　② 96　③ 108
④ 124　⑤ 144

575

자연수 12는 $1+1+10$, $1+2+9$, $\cdots$와 같이 세 자연수의 합으로 나타낼 수 있다. 예를 들어 $1+1+10$, $1+10+1$, $10+1+1$과 같이 순서가 바뀐 경우는 서로 다른 경우로 볼 때, 자연수 12를 세 자연수의 합으로 나타내는 경우의 수를 구하시오.

576

어느 모임에 참석한 남자 5명과 여자 5명이 있다. 남자들은 모든 사람과 악수를 하였고, 여자는 남자하고만 악수를 하였을 때, 참석한 모든 사람이 나눈 악수의 총횟수는?

① 30　② 35　③ 40
④ 45　⑤ 50

577 실력 UP

1부터 10까지의 자연수 중 서로 다른 세 수를 뽑았을 때, 세 수의 곱이 4의 배수가 되는 경우의 수를 구하시오.

578 교육청 기출

서로 다른 네 종류의 인형이 각각 2개씩 있다. 이 8개의 인형 중에서 5개를 선택하는 경우의 수를 구하시오.
(단, 같은 종류의 인형끼리는 서로 구별하지 않는다.)

유형 3 제한 조건이 있을 때의 조합의 수 [개념 11-1]

579

A, B를 포함하여 모델 11명이 속한 기획사에서 패션쇼에 참가할 5명을 뽑을 때, A와 B가 모두 포함되도록 뽑는 경우의 수는?

① 21 ② 42 ③ 63
④ 84 ⑤ 105

580 중요

9개의 숫자 0, 0, 0, 1, 1, 1, 1, 1, 1을 사용하여 아홉 자리 자연수를 만들 때, 0끼리는 이웃하지 않는 아홉 자리 자연수의 개수는?

① 12 ② 14 ③ 16
④ 18 ⑤ 20

581

$c<b<a<10$인 자연수 a, b, c에 대하여 백의 자리의 숫자, 십의 자리의 숫자, 일의 자리의 숫자가 각각 a, b, c인 세 자리의 자연수 중 500보다 크고 700보다 작은 자연수의 개수는?

① 12 ② 14 ③ 16
④ 18 ⑤ 20

582

서로 다른 3개의 주사위를 동시에 던져서 나오는 세 눈의 수의 곱이 5의 배수가 되는 경우의 수를 구하시오.

583 실력 UP

6개의 숫자 1, 2, 3, 5, 7, 9를 사용하여 다섯 자리 자연수를 만들 때, 7만 중복하여 사용할 수 있다. 7을 2개 이상 포함하고, 7끼리는 이웃하지 않는 자연수의 개수를 구하시오.

584

A 주머니에는 서로 다른 과자 8개가 들어 있고, B 주머니에는 서로 다른 사탕 4개가 들어 있다. 과자와 사탕을 합하여 3개를 뽑을 때, 과자는 최대 2개까지만 뽑는 경우의 수는?

① 161 ② 162 ③ 163
④ 164 ⑤ 165

유형 분석 기출

585

서로 다른 5개 학교의 학생이 각각 2명씩 있다. 이 10명의 학생 중 임의로 3명을 선택할 때, 같은 학교의 학생이 선택되지 않는 경우의 수를 구하시오.

586

1부터 9까지의 자연수가 각각 하나씩 적힌 9개의 공이 들어 있는 상자에서 3개의 공을 동시에 꺼낼 때, 3개의 공에 적힌 수가 2개만 연속하는 경우의 수는?

① 40 ② 42 ③ 44 ④ 46 ⑤ 48

587 실력 UP

A, B, C, D, E, F, G, H, I의 9명 중에서 5명의 대표를 선출할 때, 다음 **| 조건 |**을 모두 만족시키도록 선출하는 경우의 수를 구하시오.

| 조건 |

(가) A를 선출하면 B 또는 C를 선출해야 한다.

(나) B를 선출하면 D, E, F는 선출하지 않아야 한다.

유형 4 '적어도'의 조건이 있는 조합의 수 [개념 11-1]

588 중요

남학생 9명과 여학생 4명 중에서 3명의 대표를 뽑으려고 할 때, 남학생과 여학생이 적어도 1명씩 포함되도록 뽑는 경우의 수는?

① 144 ② 198 ③ 240 ④ 270 ⑤ 286

589

서로 다른 3개의 김밥, 서로 다른 3개의 우동, 서로 다른 4개의 라면이 있다. 김밥, 우동, 라면을 적어도 하나씩 선택하여 모두 4개의 음식을 시켜 먹는 경우의 수를 구하시오.

590

12 미만의 자연수 중에서 서로 다른 5개의 수를 뽑을 때, 홀수와 짝수가 각각 적어도 2개씩 포함되도록 뽑는 경우의 수를 구하시오.

유형 5 뽑아서 나열하는 경우의 수 [개념 11-1]

591

서로 다른 5권의 교과서와 서로 다른 3권의 문제집 중에서 2권의 교과서와 2권의 문제집을 뽑아 일렬로 책꽂이에 꽂는 경우의 수는?

① 180 ② 360 ③ 480
④ 600 ⑤ 720

592 중요

어느 동아리의 회원 중 특정한 2명을 포함하여 4명을 뽑아 일렬로 세우는 방법의 수가 144일 때, 이 동아리의 전체 회원 수를 구하시오.

593 실력 UP

2부터 7까지의 자연수가 각각 하나씩 적혀 있는 6장의 카드가 있다. 이 카드를 모두 한 번씩 사용하여 일렬로 나열할 때, 3이 적혀 있는 카드는 5가 적혀 있는 카드보다 왼쪽에 나열하고 짝수가 적혀 있는 카드는 작은 수부터 크기 순으로 왼쪽부터 나열하는 경우의 수는?

① 56 ② 60 ③ 64
④ 68 ⑤ 72

유형 6 도형의 개수 [개념 11-1]

594 중요

오른쪽 그림과 같이 가로 방향의 4개의 평행선과 세로 방향의 6개의 평행선이 서로 만나고 있다. 이 평행선으로 만들 수 있는 평행사변형의 개수는?

① 70 ② 80 ③ 90
④ 100 ⑤ 120

595

오른쪽 그림과 같이 정사면체의 모서리 위에 7개의 점이 있다. 이 중 3개의 점을 꼭짓점으로 하는 삼각형의 개수를 구하시오.

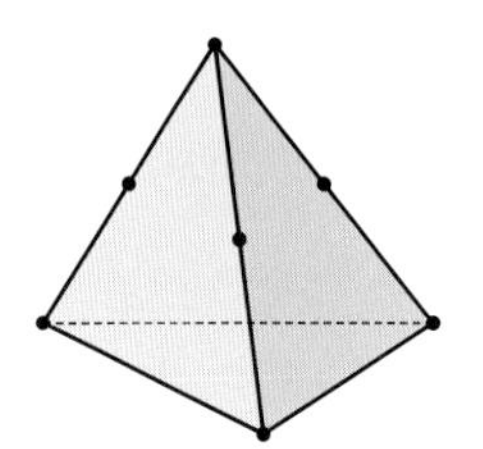

596

팔각형의 서로 다른 대각선의 교점의 최대 개수를 구하시오. (단, 꼭짓점은 제외한다.)

유형 분석 기출

● 바른답·알찬풀이 118쪽

597 중요

오른쪽 그림과 같이 원 위에 같은 간격으로 놓인 12개의 점 중에서 4개의 점을 꼭짓점으로 하는 직사각형의 개수는 m이고, 3개의 점을 꼭짓점으로 하는 직각삼각형의 개수는 n일 때, $m+n$의 값은?

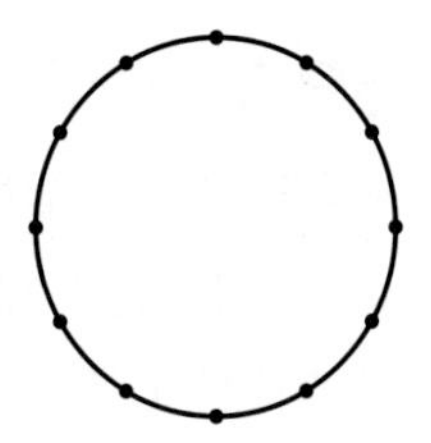

① 75 ② 90 ③ 108
④ 150 ⑤ 180

598

오른쪽 그림과 같이 삼각형 ABC의 꼭짓점 A와 선분 BC 위의 네 점을 연결하는 4개의 선분을 그리고, 선분 AB 위의 네 점과 선분 AC 위의 네 점을 연결하는 4개의 선분을 그렸다. 이 도형의 선들로 만들 수 있는 삼각형의 개수는?

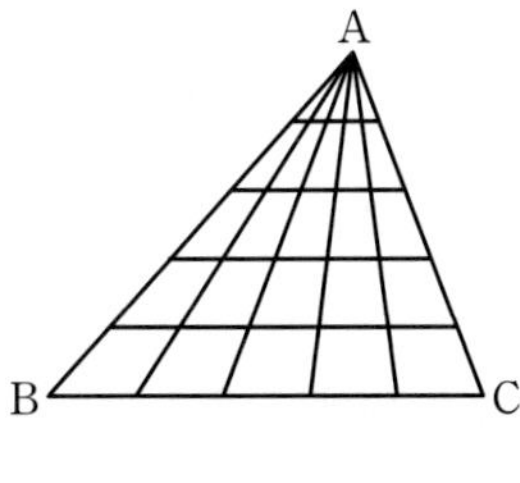

① 45 ② 60 ③ 75
④ 90 ⑤ 105

599

오른쪽 그림과 같이 오각형의 각 변을 연장하여 만든 별 모양의 도형이 있다. 이 도형 위의 10개의 점을 이어서 만들 수 있는 서로 다른 직선의 개수를 구하시오.

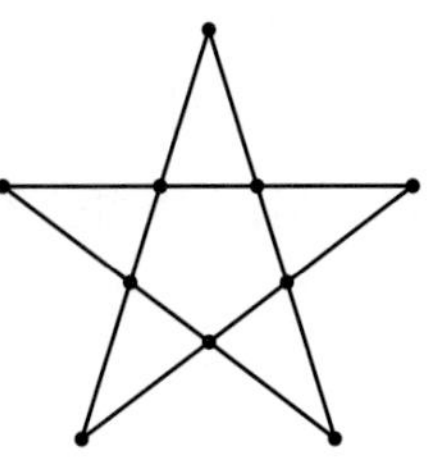

600

오른쪽 그림과 같이 같은 간격으로 놓인 9개의 점 중에서 3개의 점을 꼭짓점으로 하는 삼각형의 개수를 구하시오.

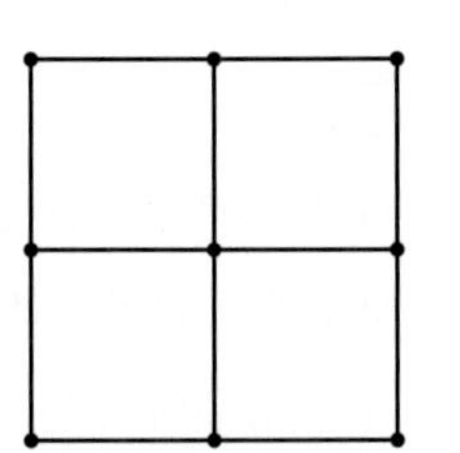

601

오른쪽 그림과 같이 3개, 4개, 3개의 평행선이 각각 만나고 있다. 이들 평행선으로 만들어지는 평행사변형이 아닌 사다리꼴의 개수를 구하시오.

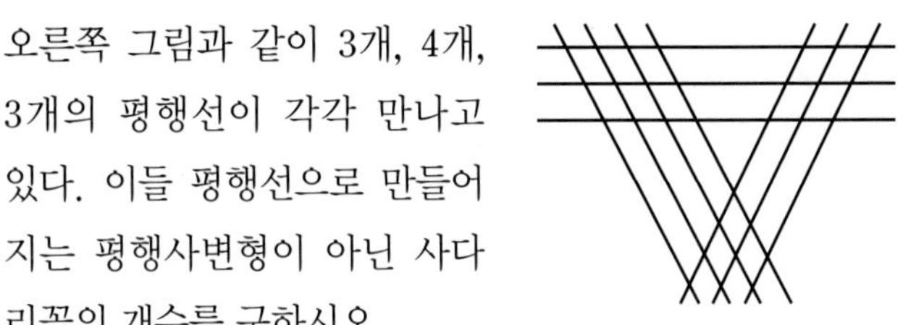

602 실력 UP

다음 그림과 같이 같은 간격으로 놓인 15개의 점이 있을 때, 두 점 이상을 지나는 서로 다른 직선의 개수를 구하시오.

내신 적중 서술형

시험에서 출제율이 높은 서술형 문제를 엄선하여 수록하였습니다.

● 바른답·알찬풀이 119쪽

603

축구 선수 6명과 야구 선수 4명 중에서 4명을 뽑을 때, 다음 물음에 답하시오.

(1) 4명의 선수를 뽑는 경우의 수를 구하시오.

[풀이]

(2) 축구 선수 2명과 야구 선수 2명을 뽑는 경우의 수를 구하시오.

[풀이]

(3) 4명의 선수를 모두 같은 종목에서 뽑는 경우의 수를 구하시오.

[풀이]

604

어느 동아리에서 회원을 모집하는데 철수를 포함하여 10명이 지원하였다. 이 지원자들 중에서 철수를 포함하여 4명을 뽑는 경우의 수를 a, 철수를 포함하지 않고 4명을 뽑는 경우의 수를 b라 하자. $a+b={}_{10}\mathrm{C}_r$일 때, 자연수 r의 값을 구하시오. (단, $r\le5$)

[풀이]

605

A, B 두 학생이 서로 다른 4개의 학원 중에서 2개씩 등록하려고 한다. A와 B가 공통으로 등록하는 학원이 1개 이하가 되도록 하는 경우의 수를 구하시오.

(단, 등록 순서는 고려하지 않는다.)

[풀이]

606

오른쪽 그림과 같이 반원 위에 놓인 7개의 점 중에서 3개의 점을 꼭짓점으로 하는 삼각형의 개수를 구하시오.

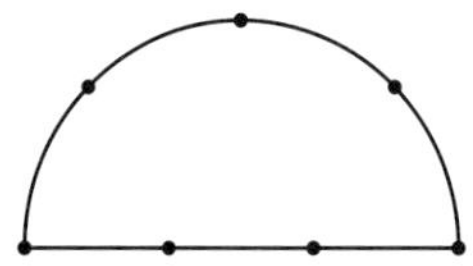

[풀이]

1등급 실력 완성

출제율이 높은 문제 중 1등급을 결정하는 고난도 문제를 수록하였습니다.

607

A, B, C, D 4명은 50원짜리 동전을 각각 6개, 4개, 2개, 2개씩 가지고 있다. 이 4명이 가진 돈을 합하여 250원을 모으는 모든 경우의 수는?

① 31　　② 32　　③ 33
④ 34　　⑤ 35

608

어른 3명, 어린이 6명으로 구성된 진주네 가족이 놀이공원에 가서 오리 보트를 타려고 한다. 보트 1대에는 최대 6명까지 탈 수 있고 반드시 어른이 1명 이상 탑승해야 한다. 진주네 가족이 서로 다른 2대의 오리 보트에 나누어 타는 경우의 수는?

(단, 2대의 보트에는 진주네 가족만 탑승한다.)

① 304　　② 320　　③ 336
④ 356　　⑤ 372

609

운전석을 포함한 4인용 승용차 3대에 각 차의 운전자를 포함하여 8명이 나누어 타고 여행을 떠나려고 한다. 8명이 차에 나누어 타는 경우의 수를 구하시오.

(단, 운전은 각 차의 운전자만 할 수 있다.)

610 교육청 기출

그림과 같이 한 개의 정삼각형과 세 개의 정사각형으로 이루어진 도형이 있다. 숫자 1, 2, 3, 4, 5, 6 중에서 중복을 허락하여 네 개를 택해 네 개의 정다각형 내부에 하나씩 적을 때, 다음 **| 조건 |**을 만족시키는 경우의 수를 구하시오.

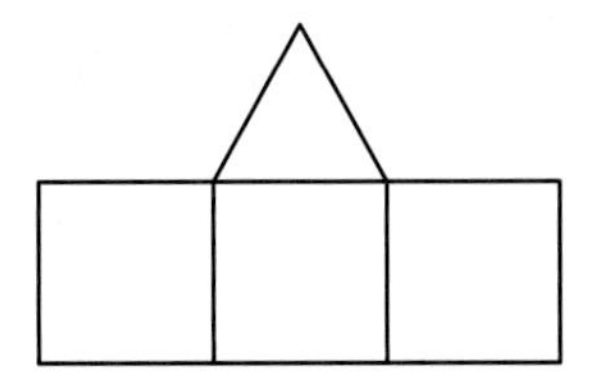

| 조건 |

(가) 세 개의 정사각형에 적혀 있는 수는 모두 정삼각형에 적혀 있는 수보다 작다.

(나) 변을 공유하는 두 정사각형에 적혀 있는 수는 서로 다르다.

611

어느 고등학교 체육대회에서 1학년 11개의 반이 1반부터 6반까지는 A 그룹, 7반부터 11반까지는 B 그룹으로 나누어 응원전을 하려고 한다. 다음과 같은 방법으로 5개의 응원용 카드를 각 반에 배정하는 경우의 수를 구하시오.

(단, 응원용 카드는 모두 같다.)

(가) 1반에는 반드시 카드를 배정한다.

(나) 한 반에는 2개 이상의 카드를 배정할 수 없다.

(다) A, B 두 그룹에는 적어도 1개의 카드를 배정한다.

III

612

같은 종류의 사과 주스 3개와 서로 다른 빵 3개를 5명에게 나누어 주려고 한다. 사과 주스는 한 사람이 한 개 이하로 받도록 남김없이 나누어 주고, 빵은 사과 주스를 받지 않은 사람에게만 한 개씩 나누어 주는 경우의 수는?

(단, 나누어 주고 남는 빵이 1개 있다.)

① 55　② 60　③ 65　④ 70　⑤ 75

613

어른 7명과 어린이 3명 중 4명을 뽑아 일렬로 놓인 4개의 의자에 앉히려고 한다. 어린이가 2명 이상 포함되도록 뽑을 때, 어린이가 모두 이웃하는 경우의 수를 구하시오.

614

이틀 동안 진행하는 어느 학교 축제에 9팀이 참가하여 공연한다. 매일 4팀 이상이 공연하도록 9팀의 공연 날짜와 공연 순서를 정하는 경우의 수가 $a\times{}_{n}C_{4}\times4!\times5!$일 때, 자연수 a, n에 대하여 $a+n$의 값을 구하시오. (단, 공연은 한 팀씩 하고, 축제 기간 중 각 팀은 1회만 공연한다.)

615

평면 위에 n개의 평행선과 이것과 만나는 $(n-1)$개의 평행선이 있다. 이들 평행선으로 만들어지는 평행사변형의 개수가 60일 때, n의 값을 구하시오.

616

정n각형의 꼭짓점 중 3개의 점을 꼭짓점으로 하는 삼각형을 만들었다. 이 삼각형 중 정n각형과 변을 공유하지 않는 삼각형의 개수가 $7n$일 때, n의 값은? (단, $n\geq6$)

① 10　② 11　③ 12　④ 13　⑤ 14

1등급을 결정하는 문제 중 최고난도 문제를 수록하였습니다.

● 바른답·알찬풀이 123쪽

617

1부터 9까지의 서로 다른 자연수 a, b, c, d, e, f에 대하여 $a\times10^5+b\times10^4+c\times10^3+d\times10^2+e\times10+f$로 나타내어지는 여섯 자리 자연수 $abcdef$ 중에서 5의 배수이면서

$$a>b>c,\ c<d<e<f$$

를 만족시키는 모든 자연수의 개수를 구하시오.

618

주머니 안에 1부터 9까지의 자연수가 각각 하나씩 적힌 9개의 공이 들어 있다. 이 주머니에서 4개의 공을 동시에 꺼낼 때, 꺼낸 공에 적힌 수를 각각 $a, b, c, d\,(a<b<c<d)$라 하자. 다음 **| 조건 |**을 모두 만족시키는 순서쌍 (a, b, c, d)의 개수를 구하시오.

| 조건 |

(가) $a\times b\times c\times d$는 10의 배수이다.

(나) $\dfrac{b\times c\times d}{a}$는 자연수이다.

619 교육청 기출

그림과 같이 좌석 번호가 적힌 10개의 의자가 배열되어 있다.

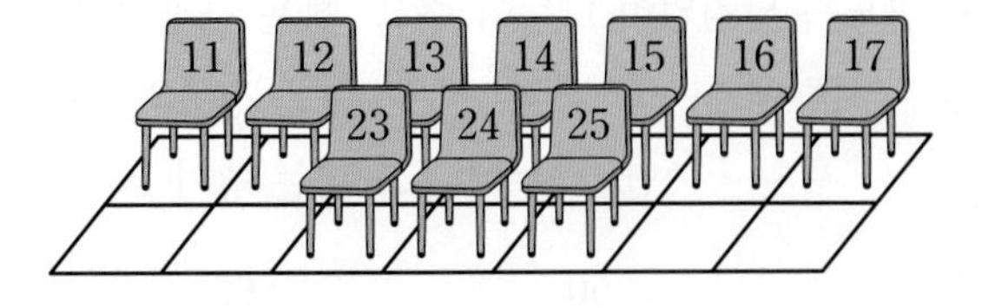

두 학생 A, B를 포함한 5명의 학생이 다음 규칙에 따라 10개의 의자 중에서 서로 다른 5개의 의자에 앉는 경우의 수는?

(가) A의 좌석 번호는 24 이상이고, B의 좌석 번호는 14 이하이다.

(나) 5명의 학생 중에서 어느 두 학생도 좌석 번호의 차가 1이 되도록 앉지 않는다.

(다) 5명의 학생 중에서 어느 두 학생도 좌석 번호의 차가 10이 되도록 앉지 않는다.

① 54 ② 60 ③ 66 ④ 72 ⑤ 78

IV

행렬

☑ 학습 계획 Check

- 학습하기 전, 중단원이 무엇인지 먼저 확인하세요.
- 이해가 부족한 개념이 있는 단원은 ▢ 안에 표시하고 반복하여 학습하세요.

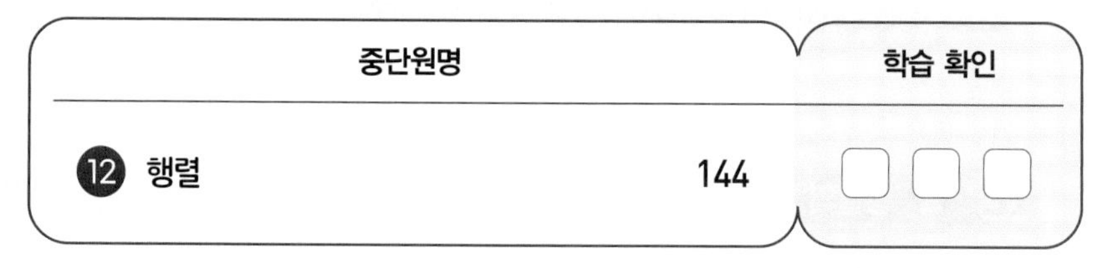

중단원명		학습 확인
⑫ 행렬	144	▢ ▢ ▢

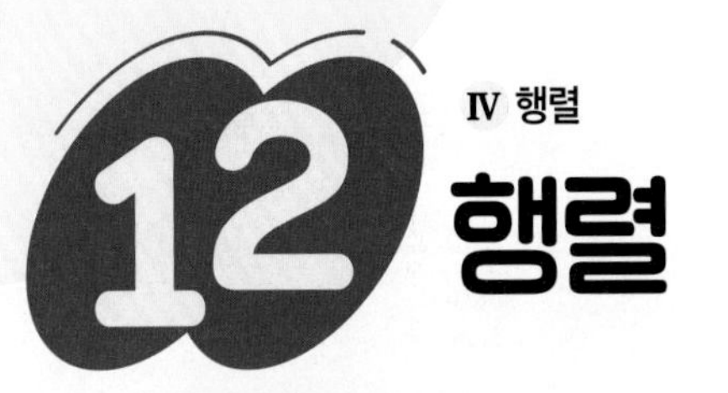

IV 행렬

12 행렬

핵심 개념

1등급 비법

12-1 행렬 [유형 1~3]

1 행렬

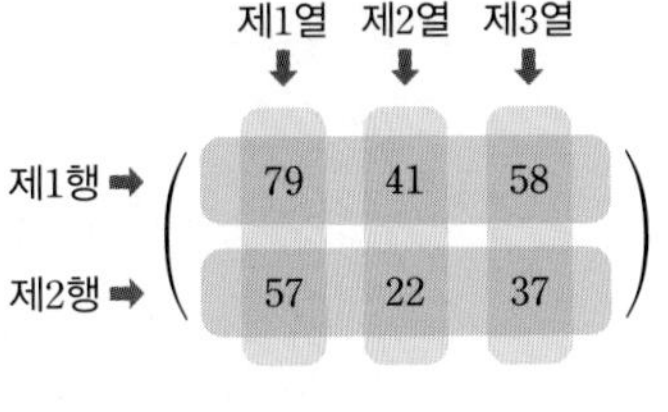

(1) 여러 개의 수 또는 문자를 직사각형 모양으로 배열하여 괄호로 묶어 나타낸 것을 **행렬**이라 하고, 행렬을 구성하고 있는 각각의 수 또는 문자를 그 행렬의 **성분**이라 한다. 행렬에서 성분을 가로로 배열한 줄을 **행**이라 하고, 위에서부터 차례대로 제1행, 제2행, 제3행, …이라 한다. 또, 성분을 세로로 배열한 줄을 **열**이라 하고, 왼쪽에서부터 차례대로 제1열, 제2열, 제3열, …이라 한다.

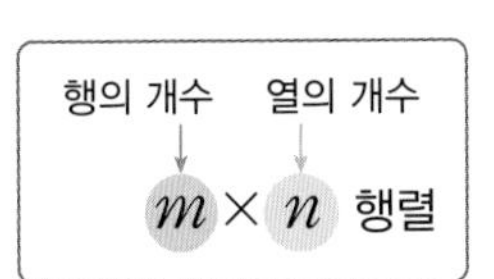

(2) 일반적으로 m개의 행과 n개의 열로 이루어진 행렬을 **$m \times n$ 행렬**이라 한다. 특히 행과 열의 개수가 서로 같은 행렬을 정사각행렬이라 하고, $n \times n$ 행렬을 n차 정사각행렬이라 한다.

참고 ① 영어로 행렬은 matix, 성분은 entry, 행은 row, 열은 column이라 한다.
② $m \times n$ 행렬을 'm by n 행렬'이라 읽는다.

(3) 일반적으로 행렬은 알파벳 대문자 A, B, C, …로 나타낸다. 또, 행렬 A에서 제i행과 제j열이 만나는 위치에 있는 성분을 행렬 A의 (i, j) 성분이라 하며, 이것을 기호로 a_{ij}와 같이 나타낸다.

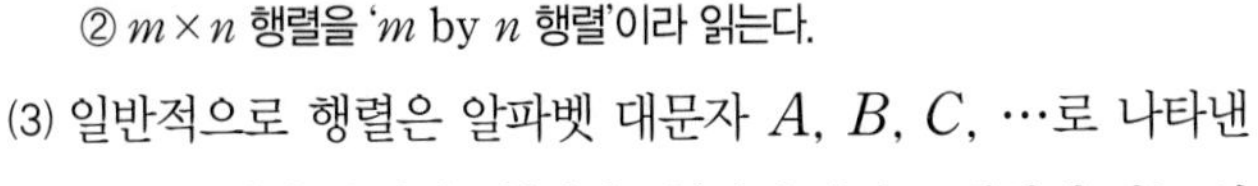

예 2×3 행렬 A를 기호 a_{ij}를 사용하여 나타내면 $A=\begin{pmatrix} a_{11} & a_{12} & a_{13} \\ a_{21} & a_{22} & a_{23} \end{pmatrix}$

2 두 행렬이 서로 같을 조건

두 행렬 $A=\begin{pmatrix} a_{11} & a_{12} \\ a_{21} & a_{22} \end{pmatrix}$, $B=\begin{pmatrix} b_{11} & b_{12} \\ b_{21} & b_{22} \end{pmatrix}$에 대하여

$$\begin{cases} a_{11}=b_{11},\ a_{12}=b_{12} \\ a_{21}=b_{21},\ a_{22}=b_{22} \end{cases} \text{이면} \quad A=B$$

참고 두 행렬 A와 B가 서로 같지 않을 때, $A \neq B$로 나타낸다.

12-2 행렬의 덧셈, 뺄셈, 실수배 [유형 4, 5]

1 행렬의 덧셈과 뺄셈

두 행렬 $A=\begin{pmatrix} a_{11} & a_{12} \\ a_{21} & a_{22} \end{pmatrix}$, $B=\begin{pmatrix} b_{11} & b_{12} \\ b_{21} & b_{22} \end{pmatrix}$에 대하여

$$A+B=\begin{pmatrix} a_{11}+b_{11} & a_{12}+b_{12} \\ a_{21}+b_{21} & a_{22}+b_{22} \end{pmatrix},\quad A-B=\begin{pmatrix} a_{11}-b_{11} & a_{12}-b_{12} \\ a_{21}-b_{21} & a_{22}-b_{22} \end{pmatrix}$$

참고 행렬의 덧셈과 뺄셈은 두 행렬이 같은 꼴일 때에만 정의한다.

2 행렬의 실수배

실수 k와 행렬 $A=\begin{pmatrix} a_{11} & a_{12} \\ a_{21} & a_{22} \end{pmatrix}$에 대하여 $kA=\begin{pmatrix} ka_{11} & ka_{12} \\ ka_{21} & ka_{22} \end{pmatrix}$

3 행렬의 덧셈과 실수배에 대한 성질[1]

같은 꼴의 세 행렬 A, B, C와 실수 k, l에 대하여

(1) 교환법칙: $A+B=B+A$

(2) 결합법칙: $(A+B)+C=A+(B+C)$, $k(lA)=l(kA)$

(3) 분배법칙: $(k+l)A=kA+lA$, $k(A+B)=kA+kB$

[1] 모든 성분이 0인 행렬을 영행렬이라 하며, 이것을 O로 나타낸다. 또, 행렬 A의 모든 성분의 부호를 바꾼 행렬을 $-A$로 나타낸다. 행렬 A와 같은 꼴의 영행렬 O에 대하여 다음이 성립함을 알 수 있다.
① $A+O=O+A=A$
② $A+(-A)=(-A)+A=O$

IV

12-3 행렬의 곱셈 [유형 6~12]

1 행렬의 곱셈

(1) 일반적으로 $m\times k$ 행렬 A와 $k\times n$ 행렬 B에 대하여 행렬 A의 제i행의 성분과 행렬 B의 제j열의 성분을 각각 차례대로 곱하여 더한 값을 (i, j) 성분으로 하는 행렬을 두 행렬 A와 B의 곱이라 하며, 이것을 기호로 AB와 같이 나타낸다.

(2) 두 행렬 A와 B의 곱 AB는 행렬 A의 열의 개수와 행렬 B의 행의 개수가 같을 때에만 정의된다.

⇨ $(m\times k$ 행렬$)\times(k\times n$ 행렬$)=(m\times n$ 행렬$)$

(3) 2×2 행렬의 곱셈은 다음과 같다.

두 행렬 $A=\begin{pmatrix} a_{11} & a_{12} \\ a_{21} & a_{22} \end{pmatrix}$, $B=\begin{pmatrix} b_{11} & b_{12} \\ b_{21} & b_{22} \end{pmatrix}$에 대하여

$$AB=\begin{pmatrix} a_{11}b_{11}+a_{12}b_{21} & a_{11}b_{12}+a_{12}b_{22} \\ a_{21}b_{11}+a_{22}b_{21} & a_{21}b_{12}+a_{22}b_{22} \end{pmatrix}$$

(4) 정사각행렬 A의 거듭제곱

m, n이 자연수일 때,

① $A^2=AA$, $A^3=A^2A$, $\cdots$, $A^n=A^{n-1}A$

② $A^{m+n}=A^mA^n$

③ $(A^m)^n=A^{mn}$

2 행렬의 곱셈에 대한 성질

합과 곱이 가능한 세 행렬 A, B, C에 대하여

(1) 교환법칙은 성립하지 않는다. ⇨ $AB\neq BA$

(2) 결합법칙: $(AB)C=A(BC)$

(3) 분배법칙: $A(B+C)=AB+AC$, $(A+B)C=AC+BC$

3 단위행렬[2], [3]

정사각행렬 중에서 $\begin{pmatrix} 1 & 0 \\ 0 & 1 \end{pmatrix}$과 $\begin{pmatrix} 1 & 0 & 0 \\ 0 & 1 & 0 \\ 0 & 0 & 1 \end{pmatrix}$처럼, 왼쪽 위에서 오른쪽 아래로 내려가는 대각선 위의 성분은 모두 1이고, 그 외의 성분은 모두 0인 정사각행렬을 단위행렬이라 하며, 보통 기호 E로 나타낸다.

[2] $AE=\begin{pmatrix} a & b \\ c & d \end{pmatrix}\begin{pmatrix} 1 & 0 \\ 0 & 1 \end{pmatrix}=\begin{pmatrix} a & b \\ c & d \end{pmatrix}$,
$EA=\begin{pmatrix} 1 & 0 \\ 0 & 1 \end{pmatrix}\begin{pmatrix} a & b \\ c & d \end{pmatrix}=\begin{pmatrix} a & b \\ c & d \end{pmatrix}$
이므로 일반적으로 n차 단위행렬 E와 n차 정사각행렬 A에 대하여 $AE=EA=A$가 성립한다.

[3] 자연수 n에 대하여
$E^n=E$

유형 분석 기출

시험에서 출제율이 70% 이상인 문제를 엄선하여 수록하였습니다.

유형 1 행렬의 (i, j) 성분 [개념 12-1]

620

행렬 $\begin{pmatrix} -1 & 2 & 1 \\ 2 & 2 & 3 \\ -1 & 0 & 2 \end{pmatrix}$의 $(2, 1)$ 성분과 $(3, 2)$ 성분의 곱은?

① -1 ② 0 ③ 1
④ 2 ⑤ 3

621

행렬 $\begin{pmatrix} 2 & 3 & 0 \\ x-1 & 4 & x \\ y & 0 & y+1 \end{pmatrix}$의 각 행의 성분의 합이 모두 같을 때, 두 실수 x, y에 대하여 $x+y$의 값은?

① -1 ② 0 ③ 1
④ 2 ⑤ 3

622

행렬 A의 (i, j) 성분 a_{ij}가

$$a_{ij}=\begin{cases} i+2j & (i \geq j) \\ 3 & (i<j) \end{cases}$$

으로 정의될 때, 행렬 A의 모든 성분의 합을 구하시오.
(단, $i=1, 2$, $j=1, 2$)

623 ☆중요

행렬 A의 (i, j) 성분 a_{ij}가

$$a_{ij}=\begin{cases} i-j & (i \geq j) \\ ij & (i<j) \end{cases}$$

일 때, 다음 중 옳은 것은? (단, $i=1, 2$, $j=1, 2, 3$)

① 3×2 행렬이다.
② $(1, 1)$ 성분은 1이다.
③ 2행의 모든 성분의 합은 7이다.
④ 1열의 모든 성분의 합은 2이다.
⑤ 성분의 최솟값은 -1이다.

624

두 이차정사각행렬 A, B의 (i, j) 성분 a_{ij}, b_{ij}가 각각

$$a_{ij}=\begin{cases} i^2 & (i=j) \\ 2i+j & (i \neq j) \end{cases}, \quad b_{ij}=a_{ji}-1$$

을 만족시킬 때, 행렬 B를 구하시오.

625

삼차정사각행렬 A의 (i, j) 성분 a_{ij}가

$$a_{ij}=\begin{cases} k^i & (i=j) \\ ik+j & (i \neq j) \end{cases}$$

이다. 행렬 A의 $(3, 1)$ 성분이 4일 때, 행렬 A의 모든 성분의 합은? (단, k는 실수이다.)

① 25 ② 27 ③ 29
④ 31 ⑤ 33

● 바른답·알찬풀이 125쪽

유형 2 행렬의 활용; 실생활 [개념 12-1]

626

그림과 같이 세 개의 섬 A_1, A_2, A_3에 다리가 놓여 있다. 행렬 A의 (i, j) 성분 a_{ij}가

$$a_{ij}=\begin{cases} 0 & (i=j) \\ \text{섬 } A_i\text{에서 섬 } A_j\text{로 건널 수 있는 다리의 수} & (i\neq j) \end{cases}$$

이다. 행렬 A의 2행의 성분의 합을 k, 3열의 성분의 합을 l이라 할 때, $k+l$의 값은?

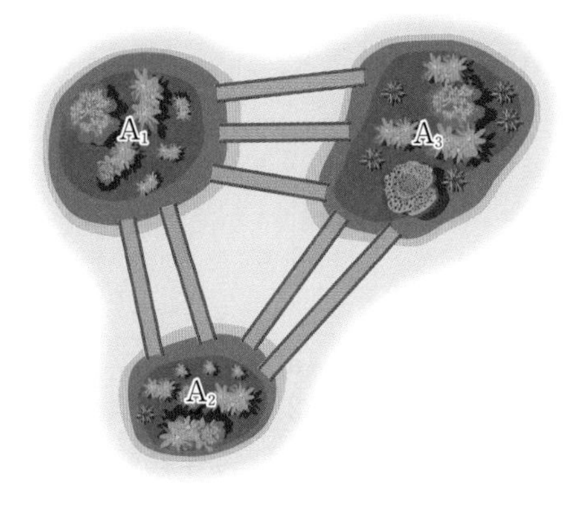

① 9 ② 11 ③ 13
④ 15 ⑤ 17

627 실력 UP

세 공원 P_1, P_2, P_3에 대하여 삼차정사각행렬 A의 (i, j) 성분 a_{ij}를 두 공원 P_i, P_j를 연결하는 서로 다른 산책로의 수라 하자. 이때 $i=j$이면 $a_{ij}=0$이라 한다. 행렬 A가 $\begin{pmatrix} 0 & 4 & 2 \\ 4 & 0 & 3 \\ 2 & 3 & 0 \end{pmatrix}$일 때, 공원 P_1에서 P_2를 거쳐 P_3까지 가는 서로 다른 경로의 개수는?

① 8 ② 10 ③ 12
④ 14 ⑤ 16

유형 3 두 행렬이 서로 같을 조건 [개념 12-1]

628 중요

두 행렬 $A=\begin{pmatrix} a & x+2y \\ 3x-2y & 4 \end{pmatrix}$, $B=\begin{pmatrix} xy & 4-2x \\ 4x & 4 \end{pmatrix}$에 대하여 $A=B$일 때, $a+x+y$의 값은?

① -1 ② 0 ③ 1
④ 2 ⑤ 3

629

이차정사각행렬 A의 (i, j) 성분 a_{ij}가

$$a_{ij}=\begin{cases} k+i & (i=j) \\ ik-j & (i\neq j) \end{cases}$$

이다. $A=B$인 행렬 B의 $(2, 1)$ 성분이 5일 때, 행렬 A의 모든 성분의 합은? (단, k는 실수이다.)

① 9 ② 11 ③ 13
④ 15 ⑤ 17

630 실력 UP

두 실수 x, y에 대하여 두 행렬

$$A=\begin{pmatrix} x^3+y^3 \\ 1 \end{pmatrix},\quad B=\begin{pmatrix} 2 \\ xy \end{pmatrix}$$

가 서로 같을 때, $\dfrac{y}{x}+\dfrac{x}{y}$의 값은?

① 2 ② 4 ③ 6
④ 8 ⑤ 10

IV

유형 분석 기출

유형 4 행렬의 덧셈, 뺄셈, 실수배 [개념 12-2]

631

행렬 $A=\begin{pmatrix} 2 & 1 \\ -2 & 4 \\ 5 & -1 \end{pmatrix}$에 대하여 행렬 kA의 모든 성분의 합이 3일 때, 상수 k의 값은?

① $-\frac{1}{3}$　② 0　③ $\frac{1}{3}$
④ $\frac{2}{3}$　⑤ 1

632

두 행렬 $A=\begin{pmatrix} 1 & 3 \\ -2 & -1 \end{pmatrix}$, $B=\begin{pmatrix} -2 & 4 \\ 3 & 2 \end{pmatrix}$에 대하여 행렬 $2(A+B)-3B$를 구하시오.

633 중요

두 행렬 $A=\begin{pmatrix} 1 & 0 \\ -1 & 2 \end{pmatrix}$, $B=\begin{pmatrix} 3 & -1 \\ 1 & 0 \end{pmatrix}$에 대하여

$$3(2A-X)=2(X-B)$$

를 만족시키는 행렬 X의 모든 성분의 합은?

① 3　② $\frac{18}{5}$　③ $\frac{21}{5}$
④ $\frac{24}{5}$　⑤ $\frac{27}{5}$

634

이차정사각행렬 A의 (i, j) 성분 a_{ij}가

$$a_{ij}=\begin{cases} i+j & (i \ge j) \\ 2^i+j & (i<j) \end{cases}$$

이다. $2B+A=\begin{pmatrix} 0 & 0 \\ 1 & 1 \end{pmatrix}$일 때, 행렬 B를 구하시오.

635

세 행렬

$$A=\begin{pmatrix} 0 & 2 \\ 3 & 4 \end{pmatrix},\quad B=\begin{pmatrix} 3 & -1 \\ -2 & 0 \end{pmatrix},\quad C=\begin{pmatrix} x & 1 \\ 0 & y \end{pmatrix}$$

에 대하여 $mA+nB=C$일 때, $xy+mn$의 값은?

(단, m, n은 상수이다.)

① 76　② 78　③ 80
④ 82　⑤ 84

636 실력 UP

두 행렬 $A=\begin{pmatrix} a & 3 \\ c & ab \end{pmatrix}$, $B=\begin{pmatrix} -b & ca \\ 2b & bc \end{pmatrix}$에 대하여 $A+B=\begin{pmatrix} 3 & 5 \\ 7 & 8 \end{pmatrix}$일 때, $a^2+b^2+c^2$의 값은?

① 76　② 78　③ 80
④ 82　⑤ 84

● 바른답·알찬풀이 126쪽

유형 5 행렬의 덧셈, 뺄셈, 실수배; 조건을 만족시키는 행렬 [개념 12-2]

637

네 행렬 A, B, X, Y에 대하여

$$X-Y=A, \quad 2A+3B=2Y$$

이다. 행렬 $A+B$의 모든 성분의 합이 5일 때, 행렬 $X+Y$의 모든 성분의 합은?

① 12 ② 13 ③ 14
④ 15 ⑤ 16

638

$3A+B=\begin{pmatrix} 2 & 1 \\ -2 & 5 \end{pmatrix}$, $2A-B=\begin{pmatrix} 3 & -1 \\ 2 & 5 \end{pmatrix}$를 만족시키는 두 행렬 A, B에 대하여 행렬 $A+B$의 모든 성분의 합은?

① -1 ② 0 ③ 1
④ 2 ⑤ 3

639

두 행렬 A, B에 대하여

$$\frac{1}{2}A+\frac{1}{3}B=\begin{pmatrix} 0 & 0 \\ 1 & 1 \end{pmatrix}, \quad 5A-2B=\begin{pmatrix} 16 & -8 \\ 2 & -6 \end{pmatrix}$$

일 때, 두 행렬 A, B를 각각 구하시오.

640

두 행렬 $A=\begin{pmatrix} 2 & -1 \\ 3 & 0 \end{pmatrix}$, $B=\begin{pmatrix} 0 & 1 \\ -1 & 2 \end{pmatrix}$에 대하여 두 행렬 X, Y가 $X+2Y=A$, $2X-Y=3B$를 만족시킨다. 행렬 $X+Y=k\begin{pmatrix} 1 & 0 \\ 1 & 1 \end{pmatrix}$일 때, 상수 k의 값을 구하시오.

641

두 이차정사각행렬 A, B의 (i, j) 성분을 각각 a_{ij}, b_{ij}라 할 때,

$$2a_{ij}+3b_{ij}=ij, \quad a_{ij}-b_{ij}=2$$

이다. $a_{21}-b_{12}$의 값은?

① -1 ② 0 ③ 1
④ 2 ⑤ 3

642 실력 UP

두 행렬 A, B에 대하여

$$2A+3B=\begin{pmatrix} 8 & 1 \\ 14 & -6 \end{pmatrix}, \quad -3A+2B=\begin{pmatrix} 1 & -8 \\ 5 & 9 \end{pmatrix}$$

이다. 행렬 $x^2A+(x-1)B$의 모든 성분의 합이 1이 되도록 하는 모든 실수 x의 값의 합은?

① -5 ② -3 ③ -1
④ 1 ⑤ 3

IV

유형 6 행렬의 곱셈 [개념 12-3]

643

두 행렬 $A=\begin{pmatrix} 1 & -1 \\ -1 & -1 \end{pmatrix}$, $B=\begin{pmatrix} 1 & 1 \\ -1 & 0 \end{pmatrix}$에 대하여 행렬 $AB+A$는?

① $\begin{pmatrix} 1 & 2 \\ 1 & 0 \end{pmatrix}$ ② $\begin{pmatrix} 1 & 0 \\ 0 & 2 \end{pmatrix}$ ③ $\begin{pmatrix} 1 & 1 \\ 1 & 0 \end{pmatrix}$
④ $\begin{pmatrix} 2 & 0 \\ 0 & 2 \end{pmatrix}$ ⑤ $\begin{pmatrix} 3 & 0 \\ -1 & -2 \end{pmatrix}$

644 중요

다음 중 세 행렬

$$A=\begin{pmatrix} 1 & 2 \\ 0 & 3 \\ -1 & 0 \end{pmatrix},\quad B=(1\ \ -1),\quad C=\begin{pmatrix} 1 & 2 & 3 \\ 4 & 5 & 6 \end{pmatrix}$$

에 대하여 그 곱이 정의되는 것의 개수를 구하시오.

AB	AC	BA	BC	CA

645

두 행렬 A, B에 대하여

$$A+2B=\begin{pmatrix} 5 & 2 \\ -4 & 5 \end{pmatrix},\quad 3A-B=\begin{pmatrix} 1 & 6 \\ -5 & 8 \end{pmatrix}$$

일 때, 행렬 AB의 모든 성분의 합은?

① -4 ② -2 ③ 0
④ 2 ⑤ 4

646

등식

$$\begin{pmatrix} 2 & 3 \\ a & 1 \end{pmatrix}\begin{pmatrix} a \\ b \end{pmatrix}=\begin{pmatrix} 3 & 2 \\ -1 & 2 \end{pmatrix}\begin{pmatrix} 2 \\ b \end{pmatrix}$$

가 성립할 때, 두 양수 a, b에 대하여 $a+b$의 값은?

① $7-2\sqrt{5}$ ② $7-\sqrt{5}$ ③ 7
④ $7+\sqrt{5}$ ⑤ $7+2\sqrt{5}$

647 실력 UP

등식

$$\begin{pmatrix} 1 & 2 \\ 3 & x \end{pmatrix}\begin{pmatrix} y \\ 4 \end{pmatrix}=\begin{pmatrix} a \\ a-2 \end{pmatrix}$$

를 만족시키는 두 실수 x, y에 대하여 x^2+y^2의 최솟값은? (단, a는 상수이다.)

① $\frac{1}{5}$ ② $\frac{3}{5}$ ③ 1
④ $\frac{7}{5}$ ⑤ $\frac{9}{5}$

648 중요

이차방정식 $x^2-5x-3=0$의 두 근을 α, β라 할 때, 두 행렬 $A=\begin{pmatrix} \alpha & \beta \\ 0 & 2 \end{pmatrix}$, $B=\begin{pmatrix} \alpha & 0 \\ \beta & \alpha \end{pmatrix}$에 대하여 행렬 AB의 모든 성분의 합은?

① 0 ② 32 ③ 34
④ 36 ⑤ 38

유형 7 행렬의 거듭제곱 [개념 12-3]

649

행렬 $A=\begin{pmatrix} 1 & 2 \\ -1 & -1 \end{pmatrix}$에 대하여 행렬 A^3의 (2, 1) 성분은?

① -2　② -1　③ 0　④ 1　⑤ 2

650

행렬 $A=\begin{pmatrix} a+2 & 0 \\ 2a & -1 \end{pmatrix}$에 대하여 행렬 A^2의 (1, 1) 성분과 (2, 1) 성분의 합이 13이 되도록 하는 모든 실수 a의 값의 합은?

① -1　② -2　③ -3　④ -4　⑤ -5

651

두 이차정사각행렬 A, B에 대하여

$$2A+B=\begin{pmatrix} 4 & -3 \\ -1 & 2 \end{pmatrix},\quad 2A-B=\begin{pmatrix} 0 & -5 \\ 1 & 2 \end{pmatrix}$$

이다. 행렬 $4A^2-B^2=\begin{pmatrix} 1 & k \\ 2 & 5 \end{pmatrix}$일 때, 상수 k의 값을 구하시오.

● 바른답·알찬풀이 128쪽

652

행렬 $A=\begin{pmatrix} 1 & 0 \\ 2 & 1 \end{pmatrix}$에 대하여 행렬 A^{10}을 구하시오.

IV

653 중요

행렬 $A=\begin{pmatrix} 0 & 2 \\ 0 & 2 \end{pmatrix}$에 대하여 행렬 A^n의 제2열의 모든 성분의 합이 100 이상이 되도록 하는 자연수 n의 최솟값은?

① 4　② 5　③ 6　④ 7　⑤ 8

654 실력 UP

이차정사각행렬 $A=\begin{pmatrix} 1 & -1 \\ 0 & 1 \end{pmatrix}$에 대하여

$$A-A^2+A^3-A^4+\cdots+A^{1003}-A^{1004}=\begin{pmatrix} a & b \\ c & d \end{pmatrix}$$

일 때, $a+b+c+d$의 값을 구하시오. (단, $A^n=A^{n-1}A$)

유형 8 행렬의 곱셈의 활용: 실생활 [개념 12-3]

655

다음 표는 어느 제과점에서 제품 A와 제품 B를 각각 1개씩 만들 때 필요한 버터와 밀가루의 양이다.

(단위: g)

	버터	밀가루
제품 A	18	20
제품 B	30	40

이 제과점에서 하루에 생산한 두 제품 A, B의 개수는 각각 150, 200이다. 두 행렬 $P=\begin{pmatrix} 18 & 20 \\ 30 & 40 \end{pmatrix}$, $Q=(150 \quad 200)$에 대하여 이 제과점에서 하루 동안 사용하는 버터의 양과 같은 것은?

① 행렬 QP의 (1, 1) 성분
② 행렬 QP의 (1, 2) 성분
③ 행렬 PQ의 (1, 2) 성분
④ 행렬 PQ의 (2, 1) 성분
⑤ 행렬 PQ의 1열의 모든 성분의 합

656

수족관의 두 수조 A, B에 각각 a t, b t의 물이 들어 있다. 수조 A에 들어 있는 물의 양의 $\frac{1}{3}$을 퍼내어 수조 B에 넣은 다음 다시 수조 B에 들어 있는 물의 양의 $\frac{2}{3}$를 퍼내어 수조 A에 넣었을 때, 두 수조 A, B에 들어 있는 물의 양을 x t, y t라 하자.

$$\begin{pmatrix} p & q \\ r & s \end{pmatrix}\begin{pmatrix} a \\ b \end{pmatrix}=\begin{pmatrix} x \\ y \end{pmatrix}$$

일 때, 상수 p, q, r, s에 대하여 $\frac{pq}{rs}$의 값을 구하시오. (단, $r\neq0$, $s\neq0$)

657 수능 기출

다음은 지난해에 어느 회사에서 생산한 두 제품 ㉮와 ㉯의 제품 한 개당 제조원가와 판매 가격 및 그 해 판매량을 나타낸 표이다.

가격 \ 제품명	㉮	㉯
제조원가	a_{11}	a_{12}
판매 가격	a_{21}	a_{22}

제품명 \ 판매량	상반기	하반기
㉮	b_{11}	b_{12}
㉯	b_{21}	b_{22}

위의 표를 각각 행렬 $A=\begin{pmatrix} a_{11} & a_{12} \\ a_{21} & a_{22} \end{pmatrix}$와 $B=\begin{pmatrix} b_{11} & b_{12} \\ b_{21} & b_{22} \end{pmatrix}$로 나타내고, 이 두 행렬의 곱 AB를 $AB=\begin{pmatrix} a & b \\ c & d \end{pmatrix}$라 하자. 제품 한 개당 판매 이익금을 판매 가격에서 제조원가를 뺀 값으로 정의할 때, **| 보기 |**에서 옳은 것을 모두 고른 것은?

| 보기 |
ㄱ. $a+b$는 지난해 상반기에 판매된 제품의 제조원가 총액이다.
ㄴ. $c+d$는 지난해 1년 동안에 판매된 제품의 판매 총액이다.
ㄷ. $d-b$는 지난해 하반기에 판매된 제품의 판매 이익금 총액이다.

① ㄱ ② ㄴ ③ ㄱ, ㄷ
④ ㄴ, ㄷ ⑤ ㄱ, ㄴ, ㄷ

유형 9 행렬의 곱셈에 대한 성질 [개념 12-3]

658

세 행렬 A, B, C에 대하여

$$AB=\begin{pmatrix} 1 & 2 \\ 0 & 1 \end{pmatrix},\quad B+C=\begin{pmatrix} 0 & 1 \\ 2 & 1 \end{pmatrix}$$

일 때, 행렬 $ABC+AB^2$은?

① $\begin{pmatrix} 1 & 3 \\ 2 & 1 \end{pmatrix}$ ② $\begin{pmatrix} 1 & -3 \\ 2 & 1 \end{pmatrix}$ ③ $\begin{pmatrix} 1 & 3 \\ 1 & 2 \end{pmatrix}$

④ $\begin{pmatrix} 4 & 3 \\ 2 & 1 \end{pmatrix}$ ⑤ $\begin{pmatrix} 4 & 1 \\ 2 & 2 \end{pmatrix}$

659

두 행렬 $A=\begin{pmatrix} 1 & 2 \\ -1 & 3 \end{pmatrix}$, $B=\begin{pmatrix} 0 & 1 \\ 3 & -1 \end{pmatrix}$에 대하여 행렬 $A^2+4B^2-2(AB+BA)$의 모든 성분의 합은?

① -18 ② -16 ③ -14

④ -12 ⑤ -10

660 중요

두 행렬 $A=\begin{pmatrix} 1 & 2 \\ 4 & -1 \end{pmatrix}$, $B=\begin{pmatrix} x & 1 \\ 2 & y \end{pmatrix}$에 대하여

$$(A+B)(A-B)=A^2-B^2$$

일 때, $x-y$의 값을 구하시오.

유형 10 $A\begin{pmatrix} a \\ b \end{pmatrix}$ 꼴을 포함한 식의 변형 [개념 12-3]

661

이차정사각행렬 A에 대하여

$$A\begin{pmatrix} 2a \\ 3b \end{pmatrix}=\begin{pmatrix} 3 \\ 4 \end{pmatrix},\quad A\begin{pmatrix} 4a \\ 3b \end{pmatrix}=\begin{pmatrix} 2 \\ -1 \end{pmatrix}$$

일 때, 행렬 $A\begin{pmatrix} a \\ b \end{pmatrix}$의 (2, 1) 성분을 구하시오.

662

이차정사각행렬 A에 대하여

$$A\begin{pmatrix} 1 \\ 0 \end{pmatrix}=\begin{pmatrix} 2 \\ x \end{pmatrix},\quad A\begin{pmatrix} 0 \\ 1 \end{pmatrix}=\begin{pmatrix} 2x-4 \\ -2 \end{pmatrix}$$

이다. 행렬 A의 모든 성분의 합이 8일 때, 행렬 A^2을 구하시오.

663 실력 UP

이차정사각행렬 A에 대하여

$$A\begin{pmatrix} 13 \\ -5 \end{pmatrix}=\begin{pmatrix} -2 \\ 3 \end{pmatrix},\quad A\begin{pmatrix} 6 \\ -2 \end{pmatrix}=\begin{pmatrix} 0 \\ 2 \end{pmatrix}$$

이다. $A^2=\begin{pmatrix} 4 & 9 \\ 3 & 7 \end{pmatrix}$일 때, 행렬 $A\begin{pmatrix} 2 \\ 1 \end{pmatrix}$은?

① $\begin{pmatrix} 5 \\ 4 \end{pmatrix}$ ② $\begin{pmatrix} 7 \\ 6 \end{pmatrix}$ ③ $\begin{pmatrix} 9 \\ 8 \end{pmatrix}$

④ $\begin{pmatrix} 11 \\ 10 \end{pmatrix}$ ⑤ $\begin{pmatrix} 13 \\ 12 \end{pmatrix}$

IV

유형 분석 기출

● 바른답·알찬풀이 131쪽

유형 11 단위행렬 [개념 12-3]

664

행렬 $A=\begin{pmatrix} 1 & 0 \\ 0 & 3 \end{pmatrix}$과 단위행렬 E에 대하여 행렬 $(A-E)(A^2+A+E)$의 2열의 성분의 합은?

① 23 ② 24 ③ 25
④ 26 ⑤ 27

665

행렬 A와 단위행렬 E가

$$(A-E)(A+E)=2E$$

를 만족시킬 때, $A^4\begin{pmatrix} 1 & 3 \\ 2 & 5 \end{pmatrix}$의 모든 성분의 합은?

① 98 ② 99 ③ 100
④ 101 ⑤ 102

666

두 이차정사각행렬 A, B에 대하여

$$A+2B=O, \quad AB=E$$

일 때, $A^4+B^4=\begin{pmatrix} a & b \\ c & d \end{pmatrix}$이다. 네 상수 a, b, c, d에 대하여 $a+b+c+d$의 값은?

(단, O는 영행렬이고, E는 단위행렬이다.)

① $\frac{17}{2}$ ② 9 ③ $\frac{19}{2}$
④ 10 ⑤ $\frac{21}{2}$

유형 12 단위행렬을 이용한 행렬의 거듭제곱; A^n의 추정 [개념 12-3]

667

행렬 $A=\begin{pmatrix} -1 & 2 \\ -1 & 1 \end{pmatrix}$에 대하여 행렬 A^{100}의 모든 성분의 합은?

① -2 ② -1 ③ 0
④ 1 ⑤ 2

668

행렬 $A=\begin{pmatrix} -2 & -1 \\ 3 & 1 \end{pmatrix}$에 대하여 $A^n=E$를 만족시키는 두 자리 자연수 n의 개수를 구하시오.

(단, E는 단위행렬이다.)

669

모든 성분의 합이 4인 행렬 A가

$$(A^2+A+E)(A^2-A+E)=O$$

를 만족시킬 때, 행렬 $2A^{97}+3A^{96}$의 모든 성분의 합은?

(단, O는 영행렬이고, E는 단위행렬이다.)

① 10 ② 12 ③ 14
④ 16 ⑤ 18

내신 적중 서술형

시험에서 출제율이 높은 서술형 문제를 엄선하여 수록하였습니다.

● 바른답·알찬풀이 132쪽

IV

670

삼차정사각행렬 A의 (i, j) 성분 a_{ij}가 각각

$$a_{ij}=\begin{cases} i-j & (i<j) \\ ij & (i=j) \\ k-j & (i>j) \end{cases}$$

이다. 행렬 A의 모든 성분의 합이 0일 때, 상수 k의 값을 구하시오.

[풀이]

671

이차방정식 $x^2-3x+4=0$의 두 근을 α, β라 할 때, 행렬 A를 $A=\begin{pmatrix} \alpha+\beta & 0 \\ \alpha\beta & \alpha^2+\beta^2 \end{pmatrix}$이라 하자.

$A+\frac{1}{2}X=\begin{pmatrix} 0 & 1 \\ -2 & 4 \end{pmatrix}$를 만족시키는 행렬 X를 구하시오.

[풀이]

672

이차정사각행렬 A에 대하여

$$A\begin{pmatrix} 2a+c \\ 2b+d \end{pmatrix}=\begin{pmatrix} -1 \\ 3 \end{pmatrix},\quad A\begin{pmatrix} a+2c \\ b+2d \end{pmatrix}=\begin{pmatrix} 7 \\ -6 \end{pmatrix}$$

일 때, 다음 물음에 답하시오.

(1) 행렬 $A\begin{pmatrix} a \\ b \end{pmatrix}$를 구하시오.

[풀이]

(2) 행렬 $A\begin{pmatrix} c \\ d \end{pmatrix}$를 구하시오.

[풀이]

(3) 행렬 $A\begin{pmatrix} a-2c \\ b-2d \end{pmatrix}$의 모든 성분의 합을 구하시오.

[풀이]

673

이차정사각행렬 A에 대하여

$$4A^2-4E^2=2A-5E$$

일 때, 행렬 A^6+E의 제2열의 성분의 합은 $\frac{q}{p}$이다. $p+q$의 값을 구하시오. (단, p와 q는 서로소인 자연수이고, E는 단위행렬이다.)

[풀이]

출제율이 높은 문제 중 1등급을 결정하는 고난도 문제를 수록하였습니다.

674

두 이차정사각행렬 A, B의 (i, j) 성분 a_{ij}, b_{ij}가 각각

$$a_{ij}=\begin{cases} k-3^j & (i=j) \\ 2i-3k & (i\neq j) \end{cases},\quad b_{ij}=\sqrt{(a_{ij})^2}$$

을 만족시킨다. 행렬 $A+B$의 모든 성분의 합이 0 이하가 되도록 하는 모든 정수 k의 값의 합을 구하시오.

675

임의의 실수 x에 대하여 일차식 $f(x)$가

$$\begin{pmatrix} 1 & -2 \\ -2 & 4 \end{pmatrix}\begin{pmatrix} f(x) \\ f(2x) \end{pmatrix}=\begin{pmatrix} 3x+4 \\ -6x-8 \end{pmatrix}$$

을 만족시킬 때, $f(3)$의 값을 구하시오.

676

두 자연수 m, n에 대하여 행렬 $A=\begin{pmatrix} m & n \\ 0 & 0 \end{pmatrix}$이다. 행렬 $A^5=\begin{pmatrix} a & b \\ c & d \end{pmatrix}$에 대하여 $a-b=cd$, $a+b<1000$일 때, 모든 행렬 A의 개수를 구하시오.

677

행렬 A의 (p, q) 성분 a_{pq}가

$$a_{pq}=i^{p+q}\ (p=1, 2,\ q=1, 2)$$

일 때, 행렬

$$A+A^2+A^3+\cdots+A^{20}$$

의 $(1, 2)$ 성분은? (단, $i=\sqrt{-1}$)

① $-i$ ② -1 ③ 0
④ 1 ⑤ i

678

정수 a와 행렬 $A=\begin{pmatrix} 0 & 1 \\ a & 0 \end{pmatrix}$에 대하여 $A^{10}=\begin{pmatrix} x_{11} & x_{12} \\ x_{21} & x_{22} \end{pmatrix}$, $A^9=\begin{pmatrix} y_{11} & y_{12} \\ y_{21} & y_{22} \end{pmatrix}$라 할 때, 다음 **| 조건 |**을 만족시킨다.

| 조건 |
(가) $-y_{12}\le x_{11}\le y_{11}+y_{22}$
(나) $(A^{10}+E)^2\neq E$

행렬 $(A+2E)(A-3E)$를 구하시오.

(단, E는 단위행렬이다.)

● 바른답·알찬풀이 133쪽

679 교육청 기출

어느 공장에서 제품 A를 1개 만드는 데 강철 3톤과 알루미늄 2톤이 사용되고, 제품 B를 1개 만드는 데 강철 4톤과 알루미늄 3톤이 사용된다. 강철과 알루미늄의 톤당 구입 가격이 각각 x원, y원일 때, A를 25개, B를 15개 만드는 데 사용된 강철과 알루미늄의 총 구입 가격을 행렬의 곱으로 나타낸 것은?

① $\begin{pmatrix}15 & 25\end{pmatrix}\begin{pmatrix}3 & 2\\4 & 3\end{pmatrix}\begin{pmatrix}x\\y\end{pmatrix}$　② $\begin{pmatrix}15 & 25\end{pmatrix}\begin{pmatrix}3 & 4\\2 & 3\end{pmatrix}\begin{pmatrix}x\\y\end{pmatrix}$

③ $\begin{pmatrix}25 & 15\end{pmatrix}\begin{pmatrix}3 & 2\\4 & 3\end{pmatrix}\begin{pmatrix}x\\y\end{pmatrix}$　④ $\begin{pmatrix}25 & 15\end{pmatrix}\begin{pmatrix}3 & 4\\2 & 3\end{pmatrix}\begin{pmatrix}x\\y\end{pmatrix}$

⑤ $\begin{pmatrix}3 & 2\\4 & 3\end{pmatrix}\begin{pmatrix}25\\15\end{pmatrix}\begin{pmatrix}x & y\end{pmatrix}$

680

두 이차정사각행렬 A, B에 대하여

$$A+B=3E,\quad AB=4E$$

일 때, 행렬 $A(A^2+E)+B(B^2+E)$의 모든 성분의 합은? (단, E는 단위행렬이다.)

① -12　② -10　③ -8　④ -6　⑤ -4

681

두 이차정사각행렬 A, B에 대하여

$$A=B+E,\quad A^2+B^2=\begin{pmatrix}1 & 0\\2 & -1\end{pmatrix}$$

일 때, 행렬 A^3B^3의 $(2, 1)$ 성분을 구하시오.

(단, E는 단위행렬이다.)

682

이차정사각행렬 A에 대하여

$$A\begin{pmatrix}-1\\2\end{pmatrix}=\begin{pmatrix}1\\2\end{pmatrix},\quad A\begin{pmatrix}2\\-1\end{pmatrix}=\begin{pmatrix}-2\\0\end{pmatrix}$$

이다. 행렬 $A^3\begin{pmatrix}1\\1\end{pmatrix}$의 모든 성분의 합을 구하시오.

683

이차정사각행렬 A에 대하여

$$A(A^2-E)=O$$

이다. 행렬 A^2의 모든 성분의 합이 1일 때, 행렬 $(A^{10}-E)^2+(A^4+E)^2$의 모든 성분의 합을 구하시오.

(단, O는 영행렬이고, E는 단위행렬이다.)

IV

1등급을 결정하는 문제 중 최고난도 문제를 수록하였습니다.

● 바른답·알찬풀이 135쪽

684

두 이차정사각행렬 A, B의 $(i,\ j)$ 성분을 각각 a_{ij}, b_{ij}라 할 때, $a_{ij}+a_{ji}=0$, $b_{ij}-b_{ji}=0$이 성립한다. 두 행렬 A, B가 $2A-B=\begin{pmatrix} 1 & 2 \\ -2 & 4 \end{pmatrix}$를 만족시킬 때, 행렬 A^2-B의 $(2,\ 2)$ 성분을 구하시오.

685

두 이차정사각행렬 A, B의 $(i,\ j)$ 성분을 각각 a_{ij}, b_{ij}라 하자. $-i\le x\le j+1$에서 함수 $f(x)=(3i-2^j)x$의 최댓값을 a_{ij}, 최솟값을 b_{ij}라 할 때, 행렬 AB를 구하시오.

686

두 이차정사각행렬 A, B에 대하여 옳은 것만을 **| 보기 |**에서 있는 대로 고르시오.

(단, O는 영행렬이고, E는 단위행렬이다.)

| 보기 |

ㄱ. $A^2=O$이면 $A=O$이다.

ㄴ. $A+B=\begin{pmatrix} 1 & 0 \\ 0 & 1 \end{pmatrix}$이면 $(A+B)(A-B)=A^2-B^2$

ㄷ. $AB=E$이면 $(ABA)^3=A^3B^3$이다.

View Point

내가 걷는 길

내가 걷는 길은 험하고 미끄러웠다.
나는 자꾸만 미끄러져 길바닥 위에 넘어지고는 했다.
그러나 나는 곧 기운을 차리고 내 자신에게 말했다.

"괜찮아. 길이 약간 미끄럽기는 하지만 낭떠러지는 아니야."

나는 천천히 걸어가는 사람이다.
그러나 뒤로는 가지 않는다.

– 에이브러햄 링컨(미국의 대통령)

MEMO

Speed Check

공통수학1 686제

빠른답 체크 후 틀린 문제는
바른답 · 알찬풀이에서 꼭 확인하세요.

당신이 어떤 일을 해낼 수 있는지
누군가가 물어보면 대답해라.
'물론이죠!'
그 다음 어떻게 그 일을 해낼 수
있는지 부지런히 고민하라.

-시어도어 루스벨트-

01 다항식의 연산

001 ③ 002 3 003 $3x^2-2xy+y^2$

004 $7x^2-14x+12$ 005 ③ 006 ②

007 3 008 ② 009 ⑤ 010 ③

011 -15 012 ① 013 ① 014 9

015 ⑤ 016 ① 017 243 018 ①

019 ④ 020 240 021 ② 022 ③

023 ⑤ 024 ② 025 ① 026 -2

027 ② 028 ④ 029 2

030 (1) 7 (2) 3 (3) 0 031 6 032 $2x+4$

033 $-5x^2+26x-9$ 034 ⑤ 035 ①

036 ② 037 ④ 038 27 039 10

040 ③ 041 ④ 042 ③ 043 126

044 ②

02 나머지정리

045 ② 046 ⑤ 047 ① 048 ⑤

049 54 050 ⑤ 051 -5 052 ①

053 ⑤ 054 -4 055 ① 056 ④

057 10 058 2 059 ① 060 ②

061 ③ 062 $4x-5$ 063 ① 064 ①

065 ⑤ 066 ① 067 ③ 068 41

069 -2 070 ② 071 ⑤ 072 ③

073 ② 074 ① 075 ①

076 $-4x+5$ 077 ⑤ 078 1

079 ③ 080 -4 081 $\frac{3}{4}$ 082 ④

083 ① 084 ② 085 40

086 (1) 1 (2) $2^{10}-1$ 087 2 088 13

089 7 090 ③ 091 9 092 -1

093 x^2+2 094 26 095 ③ 096 ③

097 ⑤ 098 ② 099 3,541 100 ④

101 ④ 102 33

03 인수분해

103 ⑤ 104 -2 105 ④

106 $x^2(x-1)(x^2+x+2)$ 107 ③

108 ③ 109 ⑤ 110 ①

111 $(ab-a+1)(ab-b+1)$ 112 ③

113 ⑤ 114 $2x^2-8x-2$ 115 ②

116 ④ 117 12 118 ③ 119 2

120 ① 121 ③ 122 ③ 123 ⑤

124 ② 125 ⑤

126 $(x+1)(x-3)(x^2+x-4)$ 127 ③

128 $(x+1)^2(x-1)^2$ 129 ② 130 ①

131 ② 132 895 133 ① 134 398

135 ② 136 ⑤ 137 3

138 (1) $(x^2-n)\{x^2-(290-n)\}$ (2) 풀이 참조 (3) 580

139 $(x+2y-1)(x+2y+3)$

140 4 141 ④ 142 ⑤ 143 6

144 ② 145 ⑤ 146 20 147 5

148 1000000 149 2 150 $\sqrt{15}$

151 -3 152 288 153 ①

04 복소수

154 ④ 155 4 156 ④ 157 ②

158 1 159 -5 160 ② 161 ①

162 ③ 163 ③ 164 ② 165 ④

166 ⑤ 167 ② 168 $\frac{1}{4}+\frac{3}{4}i$

169 $3-2i$ 또는 $3+2i$ 170 ③ 171 -2

172 ② 173 ④ 174 ⑤ 175 ③

176 -2 177 25 178 3 179 ⑤

180 ① 181 i 182 ①

183 (1) $a=-2,\ b=2$ (2) $2-i$ 184 5

185 3 186 6 187 ④ 188 ②

189 ③ 190 ① 191 ⑤ 192 ⑤

193 $-2+2i$ 194 10 195 ④

196 ④ 197 150

05 이차방정식

198 ③ 199 ③ 200 ② 201 ④

202 22 203 $\sqrt{2}$ 204 ① 205 ②

206 $-1-\sqrt{2}$ 207 12 cm

208 $12-4\sqrt{6}$ 209 ① 210 ⑤

211 7 212 11 213 4 214 ⑤

215 8 216 ⑤ 217 ② 218 4

219 ④ 220 ② 221 ③ 222 6

223 18 224 -9 225 ④ 226 ④

227 $x^2-x+5=0$ 228 ⑤ 229 21

230 ② 231 ④ 232 ⑤ 233 ①

234 -16 235 ③ 236 10 237 ⑤

238 4600원 239 서로 다른 두 허근

240 -11 241 (1) $a=-2,\ b=5$ (2) -5

242 ① 243 ③ 244 ① 245 ①

246 ① 247 ③ 248 ④ 249 ②

250 ① 251 ③ 252 ① 253 6

254 ⑤ 255 $\frac{13}{9}$ 256 50 257 -35

258 ③

06 이차방정식과 이차함수

259 ③ 260 ② 261 ⑤ 262 6

263 ② 264 ① 265 ① 266 16

267 ③ 268 ④ 269 -23 270 ②

271 11 272 ② 273 ④ 274 1

275 ② 276 0 277 ④ 278 -4

279 ① 280 4 281 ① 282 ①

283 ① 284 ③ 285 ⑤ 286 -3

287 -1 288 63 289 ③ 290 ②

291 ② 292 24 293 20 294 $4\sqrt{2}$

295 ② 296 350원 297 ④ 298 ②

299 16 300 $a=-5,\ b=4$ 301 12

302 (1) $0\le t\le 3$ (2) $y=(t-1)^2+2\ (0\le t\le 3)$ (3) 12 303 ② 304 12 305 ③

306 6 307 ③ 308 3 309 ⑤

310 12 311 ④ 312 ②

313 $a=2,\ b=-8$ 314 22 315 $\frac{125}{4}$

316 18 317 36 318 25 319 ③

320 ④

07 여러 가지 방정식

321 -2 322 ④ 323 ③ 324 ①

325 ② 326 ③ 327 0 328 ③

329 -1 330 $a=-1$, 나머지 두 근: 1, 4

331 2 332 ③ 333 ④ 334 ③

335 19 336 ② 337 6 338 ②

339 ③ 340 20 341 ①

342 $x^3-12x^2-27x+54=0$ 343 15

344 ① 345 ① 346 $2-i$ 347 ③

348 21 349 ② 350 ⑤ 351 ②

352 ③ 353 1 354 ③ 355 1

356 ② 357 ③ 358 ④ 359 5

360 ④ 361 1 362 ① 363 0

364 6 365 64 366 -1 367 ④

368 $a>\frac{1}{4}$ 369 $a=25,\ b=15$ 370 2

371 ① 372 1 km 373 ③ 374 4

375 4 376 (1) 풀이 참조 (2) -1

377 95 378 ⑤ 379 ③ 380 2

381 12 382 7 383 -5 384 ①

385 0 386 -15 387 $\frac{1}{18}$ 388 ③

389 -1 390 1, 3 391 ④ 392 ③

393 164 394 ③

08 연립일차부등식

395 ② 396 ② 397 ① 398 ④

399 ④ 400 ④ 401 ⑤ 402 ③

403 ② 404 21 405 ⑤ 406 ④

407 ① 408 ② 409 ③ 410 21

411 -3 412 ⑤ 413 ⑤ 414 21

415 ③ 416 ③ 417 ③ 418 ④

419 ③ 420 ① 421 ① 422 ⑤

423 ⑤ 424 ② 425 7

426 (1) $a=2,\ b=-3$ (2) 12 427 3

428 $x\ge -1$ 429 ② 430 해는 없다.

431 ② 432 $0<a\le 1$

433 $1\le a<\frac{3}{2}$ 434 ④ 435 ①

436 10 437 $a\le 1$ 438 -14 439 5

440 ③ 441 ③

09 이차부등식

442 ④ 443 ④ 444 3 445 ④

446 ⑤ 447 ④ 448 ⑤ 449 ③

450 ② 451 ② 452 ① 453 ③

454 ⑤ 455 ① 456 -3 457 ⑤

458 22 459 ③ 460 $-1<x<6$

461 ⑤ 462 ① 463 ⑤ 464 ⑤

465 3 466 $a\ge 2$ 467 ③ 468 30

469 ③ 470 ① 471 $3\le x\le 5$

472 ⑤ 473 $k>\frac{19}{4}$ 474 ③ 475 4

476 10 477 ③ 478 (1) $b=-a,\ c=-6a$ (2) $x<-\frac{1}{2}$ 또는 $x>\frac{1}{3}$ 479 -1

480 $\frac{5}{2}\le a<3$ 481 $-\frac{5}{3}<k<1$

482 ③ 483 4 484 $0<x<\frac{1}{3}$

485 ④ 486 26 487 $m<-1$ 또는 $m>0$

488 5 489 ① 490 ⑤ 491 10

492 ② 493 ② 494 $1\le k<2$

495 $2\le m<\frac{11}{5}$ 496 $\sqrt{3}<m<2$

497 ① 498 21 499 3

10 경우의 수와 순열

500 ⑤ 501 33 502 ④ 503 ①

504 13 505 ① 506 ② 507 ④

508 ⑤ 509 1194 510 16 511 ④

512 8 513 36 514 30 515 540

516 84 517 18 518 131 519 ①

520 24 521 ③ 522 ③ 523 35

524 ③ 525 72 526 72 527 ②

528 720 529 3 530 84 531 ⑤

532 480 533 ③ 534 144 535 960

536 72 537 288 538 576 539 2

540 ③ 541 52 542 24 543 ⑤

544 ② 545 ④ 546 ③ 547 18

548 11 549 (1) 144 (2) 288 (3) 432

550 192 551 28 552 ② 553 35

554 10 555 8 556 ③ 557 ①

558 5 559 36 560 ③ 561 120번

562 288 563 194 564 ④ 565 38

566 576 567 ①

11 조합

568 7 569 ① 570 2 571 4

572 ② 573 8 574 ③ 575 55

576 ② 577 80 578 16 579 ④

580 ⑤ 581 ③ 582 91 583 380

584 ④ 585 80 586 ② 587 46

588 ② 589 126 590 350 591 ⑤

592 6 593 ② 594 ③ 595 32

596 70 597 ① 598 ③ 599 20

600 76 601 126 602 52

603 (1) 210 (2) 90 (3) 16 604 4

605 30 606 31 607 ⑤ 608 ③

609 210 610 130 611 205 612 ②

613 840 614 11 615 5 616 ②

617 36 618 39 619 ②

12 행렬

620 ② 621 ⑤ 622 16 623 ③

624 $\begin{pmatrix} 0 & 4 \\ 3 & 3 \end{pmatrix}$ 625 ② 626 ① 627 ③

628 ① 629 ④ 630 ① 631 ③

632 $\begin{pmatrix} 4 & 2 \\ -7 & -4 \end{pmatrix}$ 633 ②

634 $\begin{pmatrix} -1 & -2 \\ -1 & -\frac{3}{2} \end{pmatrix}$ 635 ② 636 ③

637 ④ 638 ②

639 $A=\begin{pmatrix} 2 & -1 \\ 1 & 0 \end{pmatrix},\ B=\begin{pmatrix} -3 & \frac{3}{2} \\ \frac{3}{2} & 3 \end{pmatrix}$ 640 $\frac{6}{5}$

641 ④ 642 ① 643 ⑤ 644 3

645 ② 646 ② 647 ⑤ 648 ⑤

649 ④ 650 ② 651 -18 652 $\begin{pmatrix} 1 & 0 \\ 20 & 1 \end{pmatrix}$

653 ③ 654 502 655 ① 656 16

657 ④ 658 ④ 659 ② 660 1

661 $\frac{1}{2}$ 662 $\begin{pmatrix} 20 & 0 \\ 0 & 20 \end{pmatrix}$ 663 ①

664 ④ 665 ② 666 ① 667 ⑤

668 30 669 ③ 670 -2

671 $\begin{pmatrix} -6 & 2 \\ -12 & 6 \end{pmatrix}$ 672 (1) $\begin{pmatrix} -3 \\ 4 \end{pmatrix}$ (2) $\begin{pmatrix} 5 \\ -5 \end{pmatrix}$ (3) 1

673 129 674 5 675 -7

676 3 677 ① 678 $\begin{pmatrix} -7 & -1 \\ 1 & -7 \end{pmatrix}$

679 ③ 680 ① 681 1 682 $\frac{7}{3}$

683 6 684 3 685 $\begin{pmatrix} -10 & -10 \\ -56 & -48 \end{pmatrix}$

686 ㄴ

빠른답 체크 후 틀린 문제는
바른답 · 알찬풀이에서 꼭 확인하세요.

빠른답 체크

Speed Check

공통수학1 686제

◀ 이곳을 열면 정답을 바로 확인할 수 있습니다.

고등 도서 안내

문학 입문서

손쉬운

작품 이해에서 문제 해결까지
손쉬운 비법을 담은 문학 입문서

현대 문학, 고전 문학

비주얼 개념서

LOOK 룩

이미지 연상으로 필수 개념을 쉽게 익히는
비주얼 개념서

국어 문법
영어 분석독해

수학 개념 기본서

수학중심

개념과 유형을 한 번에 잡는 강력한
개념 기본서

수학 I, 수학 II, 확률과 통계, 미적분, 기하

수학 문제 기본서

유형중심

체계적인 유형별 학습으로 실전에서 강력한
문제 기본서

수학 I, 수학 II, 확률과 통계, 미적분

사회·과학 필수 기본서

개념 학습과 유형 학습으로 내신과 수능을 잡는
필수 기본서

엔픽

[2022 개정]
사회 통합사회1, 통합사회2*, 한국사1, 한국사2*
과학 통합과학1, 통합과학2, 물리학*, 화학*, 생명과학*, 지구과학*

*2025년 상반기 출간 예정

NEW 올리드

[2015 개정]
사회 한국지리, 사회·문화, 생활과 윤리, 윤리와 사상
과학 물리학 I, 화학 I, 생명과학 I, 지구과학 I

기출 분석 문제집

완벽한 기출 문제 분석으로 시험에 대비하는 1등급 문제집

1등급 만들기

[2022 개정]
수학 공통수학1, 공통수학2, 대수, 확률과 통계*, 미적분 I*
사회 통합사회1, 통합사회2*, 한국사1, 한국사2*, 세계시민과 지리, 사회와 문화, 세계사, 현대사회와 윤
과학 통합과학1, 통합과학2

*2025년 상반기 출간 예정

[2015 개정]
국어 문학, 독서
수학 수학 I, 수학 II, 확률과 통계, 미적분, 기하
사회 한국지리, 세계지리, 생활과 윤리, 윤리와 사
사회·문화, 정치와 법, 경제, 세계사, 동아시아사
과학 물리학 I, 화학 I, 생명과학 I, 지구과학 I, 물리학 II, 화학 II, 생명과학 II, 지구과학 II

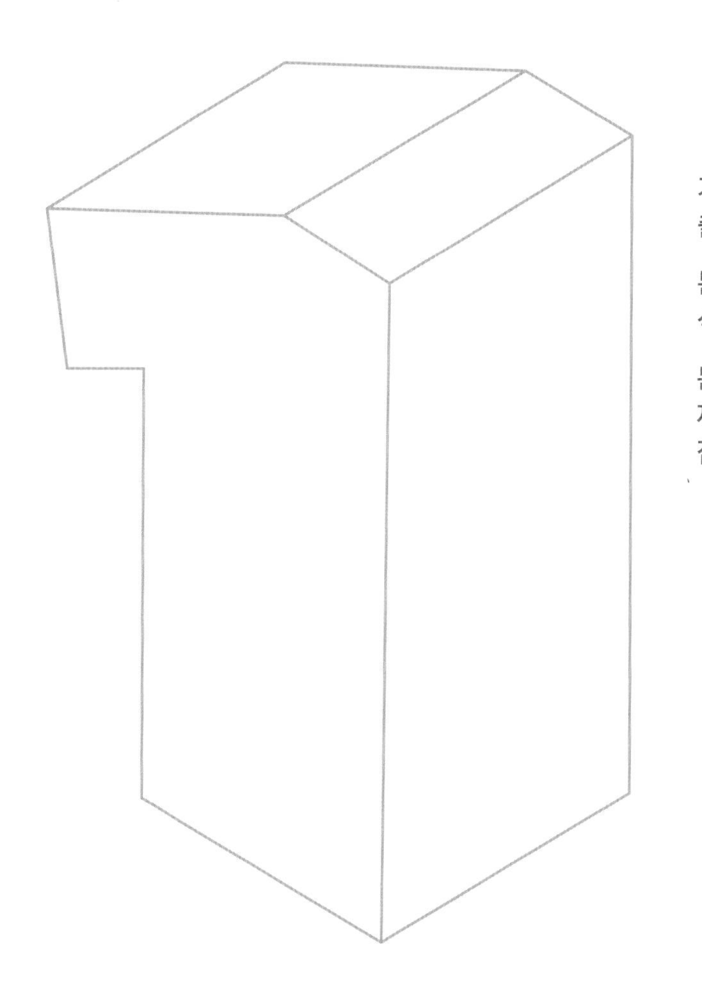

기출 분석 문제집

1등급 만들기

공통수학1 686제

바른답 · 알찬풀이

MiraeN 에듀

바른답 •
알찬풀이

Study Point

1. 알찬 해설
정확하고 자세한 해설을 통해 문제의 핵심을 찾을 수 있습니다.

2. 1등급 비법
1등급을 달성할 수 있는 노하우를 수록하였습니다.

3. 개념 보충
놓치기 쉬운 개념을 다시 한번 정리하였습니다.

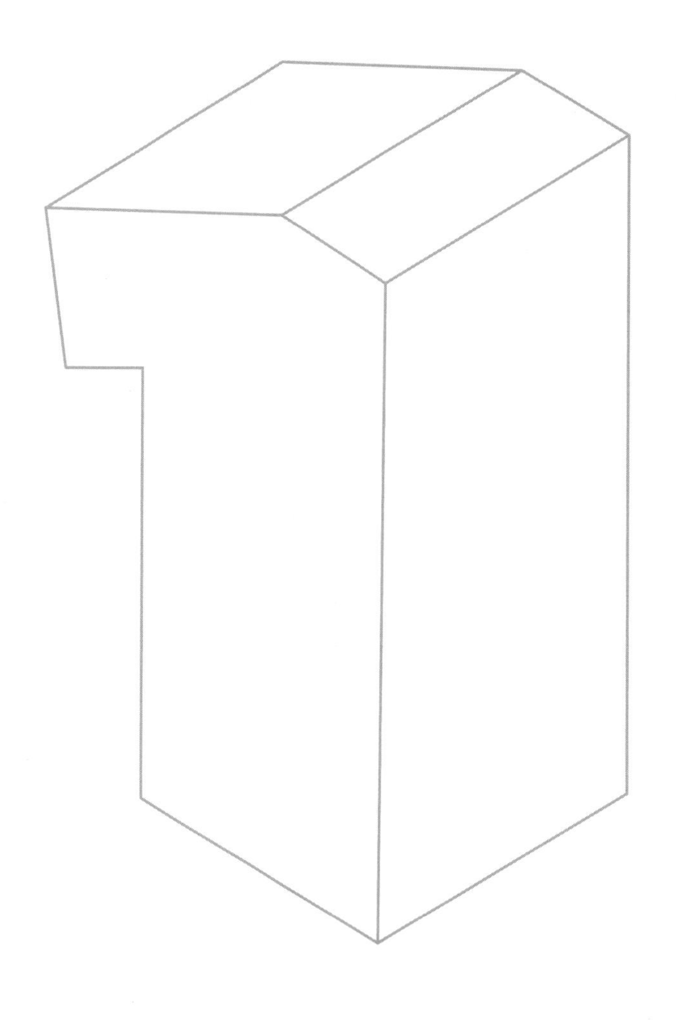

기출 분석 문제집

1등급 만들기

공통수학1
686제

바른답·알찬풀이

Mirae N 에듀

I 다항식

01 다항식의 연산

유형 분석 기출 ● 9쪽 ~ 13쪽

001 ③ **002** 3 **003** $3x^2-2xy+y^2$
004 $7x^2-14x+12$ **005** ③ **006** ② **007** 3
008 ② **009** ⑤ **010** ③ **011** -15 **012** ①
013 ① **014** 9 **015** ⑤ **016** ① **017** 243
018 ① **019** ④ **020** 240 **021** ② **022** ③
023 ⑤ **024** ② **025** ① **026** -2 **027** ②
028 ④

001

$2(2A-B)+(B-A)$
$=3A-B$
$=3(x^2-2xy+2y^2)-(2x^2-xy+3y^2)$
$=3x^2-6xy+6y^2-2x^2+xy-3y^2$
$=x^2-5xy+3y^2$

002

$A-\{B-(A-C)\}$
$=A-(B-A+C)$
$=A-B+A-C$
$=2A-B-C$
$=2(x^3+ax^2+bx+1)-(2x^3-3x^2-4x)-(x^3+2x^2-3)$
$=2x^3+2ax^2+2bx+2-2x^3+3x^2+4x-x^3-2x^2+3$
$=-x^3+(2a+1)x^2+(2b+4)x+5$
이때 x^2의 계수는 5, x의 계수는 6이므로
$2a+1=5$, $2b+4=6$
$\therefore a=2, b=1$
$\therefore a+b=2+1=3$

003

$2X+A=2B-X$에서 $3X=-A+2B$
$\therefore X=\frac{1}{3}(-A+2B)$
$=\frac{1}{3}\{-(-x^2+6xy-y^2)+2(4x^2+y^2)\}$
$=\frac{1}{3}(x^2-6xy+y^2+8x^2+2y^2)$
$=\frac{1}{3}(9x^2-6xy+3y^2)$
$=3x^2-2xy+y^2$

004

$A+B=4x^2-9x+7$ ······ ㉠
$A-2B=x^2+3x+1$ ······ ㉡
㉠−㉡을 하면 $3B=3x^2-12x+6$
$\therefore B=x^2-4x+2$ ······ ㉢
㉢을 ㉠에 대입하면
$A+(x^2-4x+2)=4x^2-9x+7$
$\therefore A=4x^2-9x+7-(x^2-4x+2)$
$=4x^2-9x+7-x^2+4x-2$
$=3x^2-5x+5$
$\therefore 2A+B=2(3x^2-5x+5)+(x^2-4x+2)$
$=6x^2-10x+10+x^2-4x+2$
$=7x^2-14x+12$

005

$X+A=B$에서
$X=B-A$
$=(10x^{10}+9x^9+8x^8+\cdots+2x^2+x)$
$\quad-(x^{10}+2x^9+3x^8+\cdots+9x^2+10x)$
$=9x^{10}+7x^9+5x^8+3x^7+x^6-x^5-3x^4-5x^3-7x^2-9x$
따라서 다항식 X의 모든 계수의 합은
$9+7+5+3+1-1-3-5-7-9=0$

1등급 비법
각 항의 계수에 규칙성이 있는 경우 그 규칙성을 이용하여 구할 수 있다.

006

$(x^2+1)(2x^3-4x^2+3)$의 전개식에서 x^2항은
$x^2\times 3+1\times(-4x^2)=3x^2-4x^2=-x^2$
따라서 x^2의 계수는 -1이다.
다른 풀이 주어진 식을 전개하면
$(x^2+1)(2x^3-4x^2+3)=2x^5-4x^4+2x^3-x^2+3$
따라서 x^2의 계수는 -1이다.

1등급 비법
다항식의 전개식에서 특정한 항의 계수를 구할 때는 구하는 항이 나오는 경우만 전개하면 편리하다.

007

$(x+a)^3+x(x-4)$의 전개식에서 x^2항은
$3ax^2+x^2=(3a+1)x^2$
이때 x^2의 계수가 10이므로
$3a+1=10 \quad \therefore a=3$
다른 풀이 주어진 식을 전개하면
$(x+a)^3+x(x-4)=x^3+3ax^2+3a^2x+a^3+x^2-4x$
$=x^3+(3a+1)x^2+(3a^2-4)x+a^3$
이때 x^2의 계수가 10이므로
$3a+1=10 \quad \therefore a=3$

008

$x^2-3x=X$로 놓으면

$(x^2-3x+2)(x^2-3x-5)+8$
$=(X+2)(X-5)+8$
$=X^2-3X-2$
$=(x^2-3x)^2-3(x^2-3x)-2$
$=x^4-6x^3+9x^2-3x^2+9x-2$
$=x^4-6x^3+6x^2+9x-2$

개념 보충

다항식의 곱셈에서 공통부분이 있는 식은 다음과 같은 순서로 전개한다.
(i) 공통부분을 한 문자로 치환하여 전개한다.
(ii) (i)의 식의 문자에 원래의 식을 대입하여 전개한다.

009

$(2x-y+1)^2=4x^2+y^2+1-4xy-2y+4x$
$=4x^2+y^2+1-2(2xy-2x+y)$
$=6-2\times(-5)=16$

010

$(a+2)(a-2)(a^2+2a+4)(a^2-2a+4)$
$=\{(a+2)(a^2-2a+4)\}\{(a-2)(a^2+2a+4)\}$
$=(a^3+2^3)(a^3-2^3)$
$=(9+8)\times(9-8)$
$=17\times1=17$

011

$(a+2)^2=6$에서
$a^2+4a+4=6$
$\therefore a^2+4a=2$
$\therefore (a+1)(a-1)(a+3)(a+5)$
$=\{(a+1)(a+3)\}\{(a-1)(a+5)\}$
$=(a^2+4a+3)(a^2+4a-5)$
$=(2+3)\times(2-5)$
$=5\times(-3)=-15$

1등급 비법

주어진 조건을 이용할 수 있도록 곱셈의 순서를 바꿔서 두 일차식끼리 짝 지어 전개한 후 식의 값을 대입하여 구한다.

012

$a-b=(2-\sqrt{3})-(2+\sqrt{3})=-2\sqrt{3}$
$ab=(2-\sqrt{3})\times(2+\sqrt{3})=4-3=1$
$a^3-b^3=(a-b)^3+3ab(a-b)$에
$a-b=-2\sqrt{3}$, $ab=1$을 대입하면
$a^3-b^3=(-2\sqrt{3})^3+3\times1\times(-2\sqrt{3})$
$=-24\sqrt{3}-6\sqrt{3}$
$=-30\sqrt{3}$

013

$x-y=2$, $xy=2$이므로
$x^2+y^2=(x-y)^2+2xy$
$=2^2+2\times2=8$
$\therefore x^4+y^4=(x^2+y^2)^2-2x^2y^2$
$=8^2-2\times2^2$
$=64-8=56$

014

$(a+b+c)^2=a^2+b^2+c^2+2(ab+bc+ca)$에
$a+b+c=0$, $a^2+b^2+c^2=6$을 대입하면
$0=6+2(ab+bc+ca)$
$\therefore ab+bc+ca=-3$
$(ab+bc+ca)^2=a^2b^2+b^2c^2+c^2a^2+2abc(a+b+c)$에
$a+b+c=0$, $ab+bc+ca=-3$을 대입하면
$(-3)^2=a^2b^2+b^2c^2+c^2a^2+2abc\times0$
$\therefore a^2b^2+b^2c^2+c^2a^2=9$

015

$x^3-x^2-\frac{1}{x^2}-\frac{1}{x^3}$
$=\left(x^3-\frac{1}{x^3}\right)-\left(x^2+\frac{1}{x^2}\right)$
$=\left\{\left(x-\frac{1}{x}\right)^3+3\left(x-\frac{1}{x}\right)\right\}-\left\{\left(x-\frac{1}{x}\right)^2+2\right\}$
$=(2^3+3\times2)-(2^2+2)=8$

016

$a+b+c=3$이므로
$(a+b)(b+c)(c+a)$
$=(3-c)(3-a)(3-b)$
$=3^3-(a+b+c)\times3^2+(ab+bc+ca)\times3-abc$
$=27-3\times3^2-6\times3+8=-10$

017

$\frac{1}{x}+\frac{1}{y}+\frac{1}{z}=0$의 양변에 xyz를 곱하여 정리하면
$xy+yz+zx=0$
$(x+y+z)^2=x^2+y^2+z^2+2(xy+yz+zx)$에
$x^2+y^2+z^2=3$, $xy+yz+zx=0$을 대입하면
$(x+y+z)^2=3+2\times0=3$
$\therefore (x+y+z)^{10}=\{(x+y+z)^2\}^5$
$=3^5=243$

018

$a=100$이라 하면
$A=101^3-99^3$
$=(a+1)^3-(a-1)^3$
$=6a^2+2=60002$
따라서 자연수 A의 모든 자리의 숫자의 합은
$6+0+0+0+2=8$

019

$(7+1)(7^2+1)(7^4+1)(7^8+1)$

$=\frac{1}{6}\times(7-1)(7+1)(7^2+1)(7^4+1)(7^8+1)$

$=\frac{1}{6}\times(7^2-1)(7^2+1)(7^4+1)(7^8+1)$

$=\frac{1}{6}\times(7^4-1)(7^4+1)(7^8+1)$

$=\frac{1}{6}\times(7^8-1)(7^8+1)$

$=\frac{7^{16}-1}{6}$

따라서 $m=6$, $n=16$이므로

$m+n=6+16=22$

020

$\overline{AC}=a$, $\overline{CB}=b$라 하면

$a+b=8$, $a^3+b^3=224$

$a^3+b^3=(a+b)^3-3ab(a+b)$에

$a+b=8$, $a^3+b^3=224$를 대입하면

$224=8^3-3ab\times8$, $3ab=36$

$\therefore ab=12$

이때 $a^2+b^2=(a+b)^2-2ab=8^2-2\times12=40$이므로

두 정육면체의 겉넓이의 합은

$6(a^2+b^2)=6\times40=240$

021

상자의 가로의 길이, 세로의 길이, 높이를 각각 a, b, c라 하면 겉넓이가 24이므로

$2(ab+bc+ca)=24 \qquad \therefore ab+bc+ca=12$

또, 모든 모서리의 길이의 합이 28이므로

$4(a+b+c)=28 \qquad \therefore a+b+c=7$

$a^2+b^2+c^2=(a+b+c)^2-2(ab+bc+ca)$에

$a+b+c=7$, $ab+bc+ca=12$를 대입하면

$a^2+b^2+c^2=7^2-2\times12=25$

따라서 이 상자의 대각선의 길이는

$\sqrt{a^2+b^2+c^2}=\sqrt{25}=5$

1등급 비법

직육면체의 겉넓이와 부피가 주어지고 대각선의 길이를 구하는 문제는 곱셈 공식의 활용 문제로 자주 출제되므로 곱셈 공식의 변형과 피타고라스 정리를 잘 알아두도록 한다.

개념 보충

대각선의 길이

① 가로의 길이가 a, 세로의 길이가 b인 직사각형의 대각선의 길이 ⇨ $\sqrt{a^2+b^2}$

② 가로의 길이가 a, 세로의 길이가 b, 높이가 c인 직육면체의 대각선의 길이 ⇨ $\sqrt{a^2+b^2+c^2}$

022

삼각형 ABC가 $\angle A=90°$인 직각삼각형이므로

$x^2+y^2=10$ …… ㉠

사각형 PQRS는 정사각형이므로 $\overline{PQ}=\overline{PS}$

삼각형 ABC와 삼각형 APS가 서로 닮음이므로

두 삼각형의 닮음비는

$\overline{BC}:\overline{PS}=\sqrt{10}:\frac{2\sqrt{10}}{7}=7:2$

즉, $\overline{AP}=\frac{2}{7}x$이고,

$\overline{AS}=\frac{2}{7}y$이므로 $\overline{SC}=\frac{5}{7}y$

또, 삼각형 APS와 삼각형 RSC가 서로 닮음이므로

$\overline{PS}:\overline{AP}=\overline{SC}:\overline{RS}$에서

$\frac{2\sqrt{10}}{7}:\frac{2}{7}x=\frac{5}{7}y:\frac{2\sqrt{10}}{7}$

$10xy=40 \qquad \therefore xy=4$ …… ㉡

㉠, ㉡에서

$(x-y)^2=x^2+y^2-2xy=10-2\times4=2$

이때 $x>y$이므로 $x-y=\sqrt{2}$

$\therefore x^3-y^3=(x-y)^3+3xy(x-y)$

$=(\sqrt{2})^3+3\times4\times\sqrt{2}=14\sqrt{2}$

다른 풀이 $\overline{BC}=\sqrt{10}$이고, $\overline{PQ}=\frac{2\sqrt{10}}{7}$이므로

$\overline{BQ}=\frac{\sqrt{10}}{7}a\ (0<a<5)$라 하면

$\overline{CR}=\overline{BC}-\overline{BQ}-\overline{QR}$

$=\sqrt{10}-\frac{\sqrt{10}}{7}a-\frac{2\sqrt{10}}{7}=\frac{\sqrt{10}}{7}(5-a)$

삼각형 QBP와 삼각형 RSC는 서로 닮음이므로

$\overline{PQ}:\overline{BQ}=\overline{CR}:\overline{SR}$에서

$\frac{2\sqrt{10}}{7}:\frac{\sqrt{10}}{7}a=\frac{\sqrt{10}}{7}(5-a):\frac{2\sqrt{10}}{7}$

$\frac{10}{49}a(5-a)=\frac{40}{49}$, $a^2-5a+4=0$

$(a-1)(a-4)=0 \qquad \therefore a=1$ 또는 $a=4$

$\therefore \overline{BQ}=\frac{\sqrt{10}}{7}$ 또는 $\overline{BQ}=\frac{4\sqrt{10}}{7}$

삼각형 ABC가 $\angle A=90°$인 직각삼각형이므로

$x^2+y^2=10$ …… ㉠

(i) $a=1$일 때,

삼각형 ABC와 삼각형 QBP는 서로 닮음이므로

$\overline{CA}:\overline{BA}=\overline{PQ}:\overline{BQ}$에서 $y:x=\frac{2\sqrt{10}}{7}:\frac{\sqrt{10}}{7}$

$\frac{2\sqrt{10}}{7}x=\frac{\sqrt{10}}{7}y \qquad \therefore y=2x$

그런데 $x>0$, $y>0$이므로 $x<y$가 되어 조건을 만족시키지 않는다.

(ii) $a=4$일 때,

삼각형 ABC와 삼각형 QBP는 서로 닮음이므로

$\overline{CA}:\overline{BA}=\overline{PQ}:\overline{BQ}$에서 $y:x=\frac{2\sqrt{10}}{7}:\frac{4\sqrt{10}}{7}$

$\frac{2\sqrt{10}}{7}x=\frac{4\sqrt{10}}{7}y \qquad \therefore x=2y$ …… ㉡

㉠에 대입하면

$(2y)^2+y^2=10,\ y^2=2 \qquad \therefore y=-\sqrt{2}$ 또는 $y=\sqrt{2}$

$y>0$이므로 $y=\sqrt{2}$

㉡에 대입하면 $x=2\sqrt{2}$

$\therefore x^3-y^3=(2\sqrt{2})^3-(\sqrt{2})^3=16\sqrt{2}-2\sqrt{2}=14\sqrt{2}$

(i), (ii)에서 $x^3-y^3=14\sqrt{2}$

023

$$\begin{array}{r|l} & 2x-2 \\ x^2+x+1 & 2x^3 \qquad +6x+4 \\ & 2x^3+2x^2+2x \\ \hline & -2x^2+4x+4 \\ & -2x^2-2x-2 \\ \hline & 6x+6 \end{array}$$

이때 나머지가 $6x+k$이므로 $k=6$

024

$$\begin{array}{r|l} & x-6 \\ x^2+2x-1 & x^3-4x^2+2x+1 \\ & x^3+2x^2-x \\ \hline & -6x^2+3x+1 \\ & -6x^2-12x+6 \\ \hline & 15x-5 \end{array}$$

즉, 다항식 x^3-4x^2+2x+1을 x^2+2x-1로 나누었을 때의 몫은 $x-6$, 나머지는 $15x-5$이다.

따라서 $Q(x)=x-6,\ R(x)=15x-5$이므로

$Q(3)+R(1)=3-6+(15\times1-5)$

$=-3+10=7$

025

$6x^2-5x+1=A(6x+1)+2$

$A(6x+1)=6x^2-5x-1$

$=(x-1)(6x+1)$

$\therefore A=x-1$

026

다항식 $P(x)$를 x^2-1로 나누었을 때의 몫이 $x+1$, 나머지가 $2x$이므로

$P(x)=(x^2-1)(x+1)+2x=x^3+x^2+x-1$

x^3+x^2+x-1을 x^2+1로 나누면

$$\begin{array}{r|l} & x+1 \\ x^2+1 & x^3+x^2+x-1 \\ & x^3 \qquad +x \\ \hline & x^2 \qquad -1 \\ & x^2 \qquad +1 \\ \hline & -2 \end{array}$$

따라서 다항식 $P(x)$를 x^2+1로 나누었을 때의 나머지는 -2이다.

027

x^4+x^3+7x-2를 x^2+2x-1로 나누면

$$\begin{array}{r|l} & x^2-x+3 \\ x^2+2x-1 & x^4+x^3 \qquad +7x-2 \\ & x^4+2x^3-x^2 \\ \hline & -x^3+x^2+7x \\ & -x^3-2x^2+x \\ \hline & 3x^2+6x-2 \\ & 3x^2+6x-3 \\ \hline & 1 \end{array}$$

$\therefore x^4+x^3+7x-2=(x^2+2x-1)(x^2-x+3)+1$

이때 $x^2+2x-1=0$이므로 구하는 식의 값은 1이다.

028

다항식 $f(x)$를 $2x-1$로 나누었을 때의 몫이 $Q(x)$, 나머지가 -2이므로

$f(x)=(2x-1)Q(x)-2$

위의 식의 양변에 x를 곱하면

$xf(x)=x(2x-1)Q(x)-2x$

$=2x\left(x-\frac{1}{2}\right)Q(x)-2\left(x-\frac{1}{2}\right)-1$

$=\left(x-\frac{1}{2}\right)\{2xQ(x)-2\}-1$

따라서 $xf(x)$를 $x-\frac{1}{2}$로 나누었을 때의 몫은 $2xQ(x)-2$이고, 나머지는 -1이다.

내신 적중 서술형 ● 14쪽

029 2 **030** (1) 7 (2) 3 (3) 0 **031** 6
032 $2x+4$

029

$(2x^3+x-1)(x+k)^3$

$=(2x^3+x-1)(x^3+3kx^2+3k^2x+k^3)$ …… ㉮

위의 전개식에서 x^2항은

$x\times3k^2x-1\times3kx^2=3k^2x^2-3kx^2$

$=(3k^2-3k)x^2$ …… ㉯

이때 x^2의 계수가 6이므로

$3k^2-3k=6,\ k^2-k=2$

$k^2-k-2=0,\ (k-2)(k+1)=0$

$k>0$이므로 $k=2$ …… ㉰

채점 기준	배점 비율
㉮ $(x+k)^3$ 전개하기	30 %
㉯ x^2의 계수 구하기	40 %
㉰ k의 값 구하기	30 %

030

(1) $\left(x+\frac{2}{x}\right)^2+\left(2x-\frac{1}{x}\right)^2=35$에서

$x^2+\frac{4}{x^2}+4+4x^2+\frac{1}{x^2}-4=35$

$5\left(x^2+\frac{1}{x^2}\right)=35$

$\therefore x^2+\frac{1}{x^2}=7$ …… ㉠ …… ㉮

(2) $\left(x+\frac{1}{x}\right)^2=x^2+\frac{1}{x^2}+2$에 ㉠을 대입하면

$\left(x+\frac{1}{x}\right)^2=7+2=9$

이때 $x>0$에서 $x+\frac{1}{x}>0$이므로

$x+\frac{1}{x}=3$ …… ㉡ …… ㉯

(3) ㉠의 양변에 x^2을 곱하면

$x^4+1=7x^2$

또, ㉡의 양변에 x를 곱하면

$x^2+1=3x$

$\therefore x^4+2x^3-13x^2+2x+1$

$=(x^4+1)+2x(x^2+1)-13x^2$

$=7x^2+2x\times 3x-13x^2=0$ …… ㉰

채점 기준	배점 비율
㉮ $x^2+\frac{1}{x^2}$의 값 구하기	40 %
㉯ $x+\frac{1}{x}$의 값 구하기	30 %
㉰ $x^4+2x^3-13x^2+2x+1$의 값 구하기	30 %

다른 풀이 (3) ㉡에서 $x+\frac{1}{x}=3$이므로 양변에 x를 곱하면

$x^2-3x+1=0$

$x^4+2x^3-13x^2+2x+1$을 x^2-3x+1로 나누면

$$\begin{array}{r} x^2+5x+1 \\ x^2-3x+1 \overline{\smash{)}\, x^4+2x^3-13x^2+2x+1} \\ \underline{x^4-3x^3+x^2} \\ 5x^3-14x^2+2x \\ \underline{5x^3-15x^2+5x} \\ x^2-3x+1 \\ \underline{x^2-3x+1} \\ 0 \end{array}$$

$\therefore x^4+2x^3-13x^2+2x+1=(x^2-3x+1)(x^2+5x+1)$

따라서 $x^4+2x^3-13x^2+2x+1$의 값은 0이다.

031

삼각형 PIH에서 $\overline{PI}=x$, $\overline{PH}=y$라 하면 $\overline{IH}=\overline{OP}=5$이므로

$x^2+y^2=25$ …… ㉮

사각형 PIOH는 직사각형이므로

$\overline{IO}=\overline{PH}=y$, $\overline{OH}=\overline{IP}=x$

$\therefore \overline{BI}=\overline{BO}-\overline{IO}=5-y$, $\overline{HA}=\overline{AO}-\overline{HO}=5-x$

조건에서 $\overline{BI}+\overline{IH}+\overline{HA}=8$이므로

$(5-y)+5+(5-x)=8$

$\therefore x+y=7$ …… ㉯

따라서 삼각형 PIH의 넓이는

$\frac{1}{2}\times\overline{PI}\times\overline{PH}=\frac{1}{2}xy=\frac{1}{2}\times\frac{1}{2}\{(x+y)^2-(x^2+y^2)\}$

$=\frac{1}{2}\times\frac{1}{2}\times(7^2-25)$

$=\frac{1}{2}\times 12=6$ …… ㉰

채점 기준	배점 비율
㉮ x^2+y^2의 값 구하기	20 %
㉯ $x+y$의 값 구하기	40 %
㉰ 삼각형 PIH의 넓이 구하기	40 %

032

$f(x)$를 x^2+2로 나누었을 때의 몫을 $Q_1(x)$라 하면

$f(x)=(x^2+2)Q_1(x)+2x+4$ …… ㉠ …… ㉮

$2f(x)-g(x)$를 x^2+2로 나누었을 때의 몫을 $Q_2(x)$라 하면

$2f(x)-g(x)=(x^2+2)Q_2(x)+2x+4$ …… ㉡ …… ㉯

㉠$\times 2-$㉡을 하면

$g(x)=2(x^2+2)Q_1(x)-(x^2+2)Q_2(x)+4x+8-(2x+4)$

$=(x^2+2)\{2Q_1(x)-Q_2(x)\}+2x+4$

따라서 $g(x)$를 x^2+2로 나누었을 때의 나머지는 $2x+4$이다. …… ㉰

채점 기준	배점 비율
㉮ $f(x)$의 나눗셈에 대한 식 세우기	30 %
㉯ $2f(x)-g(x)$의 나눗셈에 대한 식 세우기	30 %
㉰ $g(x)$를 x^2+2로 나누었을 때의 나머지 구하기	40 %

1등급 실력 완성

● 15쪽 ~ 16쪽

033 $-5x^2+26x-9$ **034** ⑤ **035** ① **036** ②
037 ④ **038** 27 **039** 10 **040** ③ **041** ④

033

다항식의 덧셈과 뺄셈

전략 연산 ∘, ∗의 정의를 이용하여 주어진 식을 간단히 한 후 P, Q를 각각 대입하여 정리한다.

풀이 $(P*Q)\circ(Q*P)=(P+2Q)\circ(Q+2P)$

$=3(P+2Q)-(Q+2P)$

$=P+5Q$

$P=5x^2+x+11$, $Q=-2x^2+5x-4$를 대입하면

(주어진 식)$=P+5Q$

$=(5x^2+x+11)+5(-2x^2+5x-4)$

$=5x^2+x+11-10x^2+25x-20$

$=-5x^2+26x-9$

034

다항식의 덧셈과 뺄셈

(전략) $\overline{MC}=P$, $\overline{CD}=Q$라 하고, 조건 (가), (나)를 이용하여 P, Q를 구한 후 문제를 해결한다.

(풀이) $\overline{MC}=P$, $\overline{CD}=Q$라 하면

$\overline{DA}=2P$, $\overline{AB}=Q$, $\overline{BM}=P$

조건 (가)에서

$\overline{MC}-\overline{CD}=x-y+5$

이므로

$P-Q=x-y+5$ …… ㉠

조건 (나)에서

$\overline{DA}+\overline{AB}+\overline{BM}=3x+y+7$

이므로

$3P+Q=3x+y+7$ …… ㉡

㉠+㉡을 하면 $4P=4x+12$

$\therefore P=x+3$ …… ㉢

㉢을 ㉠에 대입하여 정리하면

$Q=P-(x-y+5)=y-2$

따라서 직사각형 ABCD의 둘레의 길이는

$\overline{AB}+\overline{BC}+\overline{CD}+\overline{DA}=Q+2P+Q+2P=4P+2Q$

$=4(x+3)+2(y-2)$

$=4x+2y+8$

035

다항식의 곱셈과 곱셈 공식

(전략) x^4항이 나오는 경우만 전개한다.

(풀이) $(x+2x^2+3x^3+\cdots+100x^{100})^2$

$=(x+2x^2+3x^3+\cdots+100x^{100})$

$\times(x+2x^2+3x^3+\cdots+100x^{100})$ …… ㉠

㉠의 전개식에서 x^4항은

$x\times3x^3+2x^2\times2x^2+3x^3\times x=10x^4$

따라서 x^4의 계수는 10이다.

036

다항식의 곱셈과 곱셈 공식 ⊕ 곱셈 공식의 변형

(전략) 식을 전개한 후 주어진 값을 이용할 수 있도록 변형한다.

(풀이) $a^2+b^2=(a+b)^2-2ab$

$=(-2)^2-2\times(-2)=8$

$x^2+y^2=(x+y)^2-2xy=5^2-2\times5=15$

$\therefore (ax+by)(bx+ay)=abx^2+a^2xy+b^2xy+aby^2$

$=ab(x^2+y^2)+xy(a^2+b^2)$

$=-2\times15+5\times8=10$

037

곱셈 공식의 변형

(전략) 주어진 조건을 이용하여 $x^2+\frac{1}{x^2}$의 값을 구한다.

(풀이) $x-\frac{1}{x}=3$의 양변을 제곱하면

$x^2+\frac{1}{x^2}-2=9 \qquad \therefore x^2+\frac{1}{x^2}=11$

이때 $\left(x+\frac{1}{x}\right)^2=x^2+\frac{1}{x^2}+2=11+2=13$이므로

$\left|x+\frac{1}{x}\right|=\sqrt{13}$

$\therefore \left|x^4-\frac{1}{x^4}\right|=\left|x^2-\frac{1}{x^2}\right|\times\left|x^2+\frac{1}{x^2}\right|$

$=\left|x-\frac{1}{x}\right|\times\left|x+\frac{1}{x}\right|\times\left|x^2+\frac{1}{x^2}\right|$

$=3\times\sqrt{13}\times11=33\sqrt{13}$

(참고) 실수 a, b에 대하여 $|ab|=|a||b|$임을 확인해 보자.

(i) $a\geq0$, $b\geq0$일 때, $ab\geq0$이므로

$|ab|=ab=|a||b|$

(ii) $a\geq0$, $b<0$일 때, $ab\leq0$이므로

$|ab|=-ab=a\times(-b)=|a||b|$

(iii) $a<0$, $b\geq0$일 때, $ab\leq0$이므로

$|ab|=-ab=(-a)\times b=|a||b|$

(iv) $a<0$, $b<0$일 때, $ab>0$이므로

$|ab|=ab=(-a)\times(-b)=|a||b|$

이상에서 $|ab|=|a||b|$

038

곱셈 공식의 변형

(전략) x, y, z 중 적어도 하나는 3이므로 $(x-3)(y-3)(z-3)=0$이 성립함을 이용한다.

(풀이) 조건 (가)에서 x, y, z 중 적어도 하나는 3이므로

$(x-3)(y-3)(z-3)=0$ → $x-3$, $y-3$, $z-3$ 중 적어도 하나는 0이다.

$xyz-3xy-3yz-3zx+9x+9y+9z-27=0$

$xyz-3(xy+yz+zx)+9(x+y+z)-27=0$

조건 (나)에서 $3(x+y+z)=xy+yz+zx$이므로

$xyz-3(xy+yz+zx)+3(xy+yz+zx)-27=0$

$xyz-27=0 \qquad \therefore xyz=27$

039

곱셈 공식의 활용

(전략) 주어진 조건을 a, b, c에 대한 식으로 나타내고 곱셈 공식을 이용하여 문제를 해결한다.

(풀이) 직육면체의 옆면의 넓이는

$2ac+2bc=44 \qquad \therefore c(a+b)=22$ …… ㉠

직육면체의 모든 모서리의 길이의 합은

$4(a+b+c)=48 \qquad \therefore a+b+c=12$ …… ㉡

점 A에서 직육면체의 겉면을 따라 점 G에 도달하는 최단 거리는 다음과 같이 생각해 볼 수 있다.

(i) [그림 1]과 같이 $\overline{BF}$를 지날 때,

$\overline{AG}=\sqrt{(a+b)^2+c^2}$

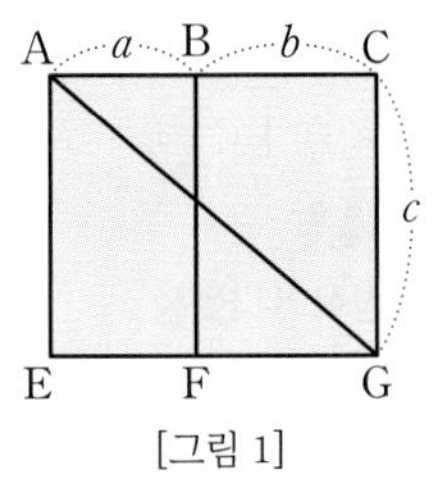

[그림 1]

(ii) [그림 2]와 같이 $\overline{EF}$를 지날 때,

$\overline{AG}=\sqrt{a^2+(b+c)^2}$

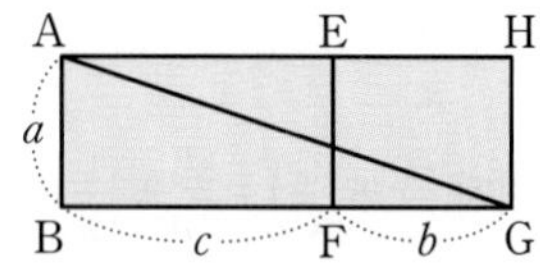

[그림 2]

(iii) [그림 3]과 같이 $\overline{EH}$를 지날 때,

$\overline{AG}=\sqrt{(a+c)^2+b^2}$

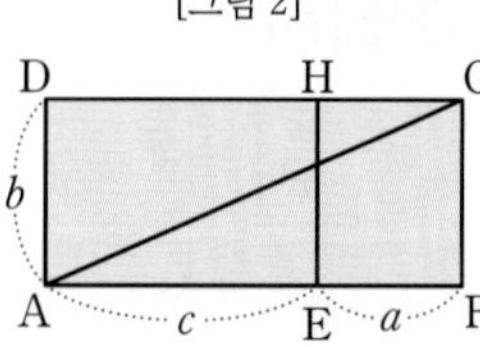

[그림 3]

$A=\sqrt{(a+b)^2+c^2}$, $B=\sqrt{a^2+(b+c)^2}$, $C=\sqrt{(a+c)^2+b^2}$이라 하고, 그 크기를 비교하면

(i) $A^2-B^2=(a+b)^2+c^2-\{a^2+(b+c)^2\}$

$=2ab-2bc=2b(a-c)<0$

$\therefore A^2<B^2$

이때 $A>0$, $B>0$이므로 $A<B$

(ii) $B^2-C^2=a^2+(b+c)^2-\{(a+c)^2+b^2\}$

$=2bc-2ac=2c(b-a)<0$

$\therefore B^2<C^2$

이때 $B>0$, $C>0$이므로 $B<C$

(i), (ii)에서 $A<B<C$

따라서 점 A에서 직육면체의 겉면을 따라 점 G에 도달하는 최단 거리는 $\sqrt{(a+b)^2+c^2}$의 값과 같으므로

$\sqrt{(a+b)^2+c^2}=\sqrt{(a+b+c)^2-2c(a+b)}$

$=\sqrt{12^2-2\times22}=\sqrt{100}=10$ ($\because$ ㉠, ㉡)

> **개념 보충**
>
> **제곱근의 대소 관계**
>
> $A>0$, $B>0$일 때,
>
> ① $A<B$이면 $\sqrt{A}<\sqrt{B}$
>
> ② $\sqrt{A}<\sqrt{B}$이면 $A<B$

040

다항식의 나눗셈

전략 주어진 조건을 이용하여 $f(x)$의 나눗셈에 대한 식을 세운 후 $\{f(x)\}^2$의 나눗셈에 대한 식으로 변형한다.

풀이 $f(x)$를 $(x-1)^2$으로 나누었을 때의 몫을 $Q(x)$라 하면

$f(x)=(x-1)^2Q(x)+x$

양변을 제곱하면

$\{f(x)\}^2=(x-1)^4\{Q(x)\}^2+2x(x-1)^2Q(x)+x^2$

$=(x-1)^4\{Q(x)\}^2+2x(x-1)^2Q(x)+(x-1)^2+2x-1$

$=(x-1)^2[(x-1)^2\{Q(x)\}^2+2xQ(x)+1]+2x-1$

따라서 다항식 $\{f(x)\}^2$을 $(x-1)^2$으로 나눈 나머지는

$R(x)=2x-1$ $\quad\therefore R(2)=2\times2-1=3$

041

다항식의 나눗셈

전략 삼각형의 닮음을 이용하여 x에 대한 이차방정식을 세우고, 다항식의 나눗셈을 이용하여 문제를 해결한다.

풀이 삼각형 ABC의 넓이가 $\frac{4}{3}$이므로

$\frac{1}{2}\times\overline{AB}\times1=\frac{4}{3}$ $\quad\therefore \overline{AB}=\frac{8}{3}$

또, 직각삼각형 AHC와 직각삼각형 CHB는 닮음이므로

$\overline{AH}:\overline{CH}=\overline{CH}:\overline{BH}$에서

$\left(\frac{8}{3}-x\right):1=1:x$, $x\left(\frac{8}{3}-x\right)=1$

$3x^2-8x+3=0$ $\quad\therefore x=\frac{4\pm\sqrt{7}}{3}$

$0<x<1$이므로 $x=\frac{4-\sqrt{7}}{3}$

한편, $3x^3-5x^2+4x+7$을 $3x^2-8x+3$으로 나누면

$$\begin{array}{r} x+1 \\ 3x^2-8x+3\overline{)3x^3-5x^2+4x+7} \\ \underline{3x^3-8x^2+3x\quad} \\ 3x^2+\ x+7 \\ \underline{3x^2-8x+3} \\ 9x+4 \end{array}$$

$\therefore 3x^3-5x^2+4x+7=(3x^2-8x+3)(x+1)+9x+4$

이때 $3x^2-8x+3=0$이므로

(구하는 식의 값)$=9x+4$

$=9\times\frac{4-\sqrt{7}}{3}+4=16-3\sqrt{7}$

도전 1등급 최고난도

● 17쪽

042 3 **043** 126 **044** ②

042

곱셈 공식의 변형

(1단계) $\frac{1}{x}+\frac{1}{y}+\frac{1}{z}$, $xy+yz+zx$의 값을 이용하여 xyz의 값을 구한다.

$\frac{1}{x}+\frac{1}{y}+\frac{1}{z}=\frac{xy+yz+zx}{xyz}=3$

$xy+yz+zx=3$이므로

$\frac{3}{xyz}=3$ $\quad\therefore xyz=1$

(2단계) $(x+y)(y+z)(z+x)$의 값을 이용하여 $x+y+z$의 값을 구한다.

$x+y+z=k$ (k는 상수)라 하면

$(x+y)(y+z)(z+x)$

$=(k-x)(k-y)(k-z)$

$=k^3-(x+y+z)k^2+(xy+yz+zx)k-xyz$

$=k^3-k\times k^2+3\times k-1=3k-1$

이때 $(x+y)(y+z)(z+x)=8$이므로

$3k-1=8$ $\quad\therefore k=3$

$\therefore x+y+z=3$

(3단계) $xy+yz+zx$, xyz, $x+y+z$의 값과 곱셈 공식의 변형을 이용하여 $x^2y^2+y^2z^2+z^2x^2$의 값을 구한다.

$\therefore x^2y^2+y^2z^2+z^2x^2=(xy+yz+zx)^2-2xyz(x+y+z)$
$=3^2-2\times1\times3=3$

043

곱셈 공식의 활용 - 수, 도형

(1단계) 두 정사각뿔의 부피의 합을 이용하여 a^3+b^3의 값을 구한다.

정사각뿔 O$-$ABCD의 부피는

$$\frac{1}{3}\times a^2\times\sqrt{a^2-\left(\frac{\sqrt{2}}{2}a\right)^2}=\frac{\sqrt{2}}{6}a^3$$

정사각뿔 O$-$EFGH의 부피는

$$\frac{1}{3}\times b^2\times\sqrt{b^2-\left(\frac{\sqrt{2}}{2}b\right)^2}=\frac{\sqrt{2}}{6}b^3$$

두 정사각뿔 O$-$ABCD, O$-$EFGH의 부피의 합이 $2\sqrt{2}$이므로

$\frac{\sqrt{2}}{6}(a^3+b^3)=2\sqrt{2}$ $\quad\therefore a^3+b^3=12$ …… ㉠

(2단계) 선분 AF의 길이를 이용하여 a^2-ab+b^2의 값을 구한다.

오른쪽 그림과 같이 점 F에서 $\overline{AB}$에 내린 수선의 발을 I라 하면 삼각형 BFI는 $\angle FBI=60°$인 직각삼각형이므로

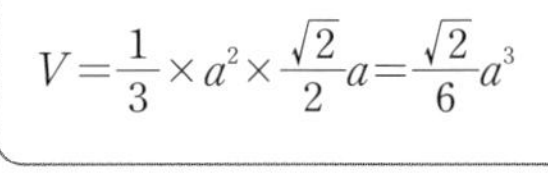

$\overline{FI}=\frac{\sqrt{3}}{2}\overline{FB}=\frac{\sqrt{3}}{2}(a-b)$,

$\overline{BI}=\frac{1}{2}\overline{FB}=\frac{1}{2}(a-b)$

$\therefore \overline{AI}=a-\frac{1}{2}(a-b)=\frac{1}{2}(a+b)$

삼각형 FAI는 직각삼각형이므로

$\overline{AF}^2=\overline{FI}^2+\overline{AI}^2$

$=\left\{\frac{\sqrt{3}}{2}(a-b)\right\}^2+\left\{\frac{1}{2}(a+b)\right\}^2$

$=\frac{3}{4}(a^2-2ab+b^2)+\frac{1}{4}(a^2+2ab+b^2)$

$=a^2-ab+b^2=4$ …… ㉡

(3단계) a^3+b^3, a^2-ab+b^2의 값을 이용하여 사각형 ABFE의 넓이 S의 값을 구한다.

㉠, ㉡에서

$a^3+b^3=(a+b)(a^2-ab+b^2)=(a+b)\times4=12$

$\therefore a+b=3$

㉡에서

$a^2-ab+b^2=(a+b)^2-3ab=3^2-3ab=4$

$\therefore ab=\frac{5}{3}$

따라서 $(a-b)^2=(a+b)^2-4ab=3^2-4\times\frac{5}{3}=\frac{7}{3}$이므로

$a-b=\frac{\sqrt{21}}{3}$

사각형 ABFE의 넓이는 정삼각형 OAB의 넓이에서 정삼각형 OEF의 넓이를 뺀 것과 같으므로

$S=\frac{\sqrt{3}}{4}a^2-\frac{\sqrt{3}}{4}b^2=\frac{\sqrt{3}}{4}(a^2-b^2)$

$=\frac{\sqrt{3}}{4}(a+b)(a-b)$

$=\frac{\sqrt{3}}{4}\times3\times\frac{\sqrt{21}}{3}=\frac{3\sqrt{7}}{4}$

$\therefore 32S^2=32\times\left(\frac{3\sqrt{7}}{4}\right)^2=126$

개념 보충

모든 모서리의 길이가 a인 정사각뿔 O$-$ABCD의 부피 V

밑면 ABCD는 한 변의 길이가 a인 정사각형이므로 밑면의 넓이는 a^2이고, 밑면 ABCD의 두 대각선의 교점을 M이라 하면 삼각형 OAM은 $\overline{OA}$가 빗변인 직각삼각형이므로

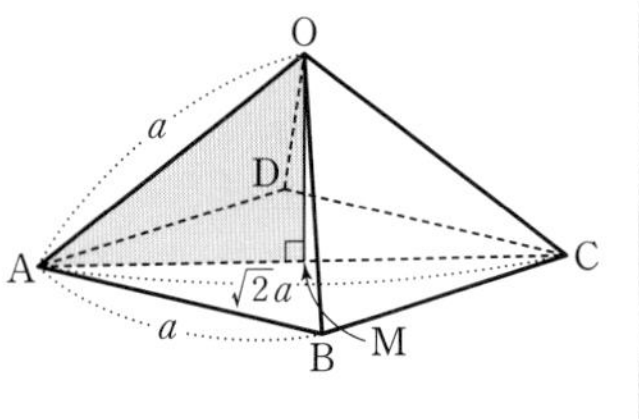

$\overline{OM}=\sqrt{\overline{OA}^2-\overline{AM}^2}$

$=\sqrt{a^2-\left(\frac{\sqrt{2}}{2}a\right)^2}=\frac{\sqrt{2}}{2}a$

즉, 정사각뿔 O$-$ABCD의 밑면의 넓이는 a^2, 높이는 $\frac{\sqrt{2}}{2}a$이므로 부피 V는

$V=\frac{1}{3}\times a^2\times\frac{\sqrt{2}}{2}a=\frac{\sqrt{2}}{6}a^3$

044

다항식의 나눗셈

(1단계) $(x+2)^{10}=(x^2+4x+4)^5$임을 이용하여 x^2+4를 인수로 갖지 않는 항을 구한다.

$(x+2)^{10}=\{(x+2)^2\}^5$

$=(x^2+4x+4)^5=\{(x^2+4)+4x\}^5$

$=\{(x^2+4)+4x\}\{(x^2+4)+4x\}\{(x^2+4)+4x\}$
$\times\{(x^2+4)+4x\}\{(x^2+4)+4x\}$

이므로 $(x+2)^{10}$의 전개식에서 x^2+4를 인수로 갖지 않는 항은

$(4x)^5=4^5x^5=2^{10}x^5$

(2단계) 다항식의 나눗셈을 이용하여 $2^{10}x^5$을 x^2+4로 나누었을 때의 나머지를 구한다.

$$\begin{array}{r} 2^{10}x^3-2^{12}x \\ x^2+4\overline{)\,2^{10}x^5\qquad\qquad} \\ \underline{2^{10}x^5+2^{12}x^3} \\ -2^{12}x^3 \\ \underline{-2^{12}x^3-2^{14}x} \\ 2^{14}x \end{array}$$

(3단계) $(x+2)^{10}$과 $2^{10}x^5$을 x^2+4로 나누었을 때의 나머지가 같음을 이용하여 $(x+2)^{10}$을 x^2+4로 나누었을 때의 나머지를 구한다.

$(x+2)^{10}=\{(x^2+4)+4x\}^5$

$=(x^2+4)Q(x)+(4x)^5$

$=(x^2+4)Q(x)+(x^2+4)(2^{10}x^3-2^{12}x)+2^{14}x$

$=(x^2+4)\{Q(x)+2^{10}x^3-2^{12}x\}+2^{14}x$

즉, $(x+2)^{10}$을 x^2+4로 나누었을 때의 몫은 $Q(x)+2^{10}x^3-2^{12}x$이고, 나머지는 $2^{14}x$이다.

따라서 $R(x)=2^{14}x$이므로

$R(2)=2^{14}\times2=2^{15}$

02 나머지정리

유형 분석 기출 (19쪽~25쪽)

045 ②	**046** ⑤	**047** ①	**048** ⑤	**049** 54
050 ⑤	**051** -5	**052** ①	**053** ⑤	**054** -4
055 ①	**056** ④	**057** 10	**058** 2	**059** ①
060 ②	**061** ③	**062** $4x-5$	**063** ①	**064** ①
065 ⑤	**066** ①	**067** ③	**068** 41	**069** -2
070 ②	**071** ⑤	**072** ③	**073** ②	**074** ①
075 ①	**076** $-4x+5$		**077** ⑤	**078** 1
079 ③	**080** -4	**081** $\frac{3}{4}$	**082** ④	**083** ①
084 ②	**085** 40			

045

$(x+1)^2+2(x+1)-1=a(x-1)^2+b(x-1)+c$에서

$x^2+4x+2=ax^2+(b-2a)x+a-b+c$

이 등식이 x에 대한 항등식이므로

$a=1$

$4=b-2a$에서 $b=6$

$2=a-b+c$에서 $c=7$

$\therefore abc=1\times6\times7=42$

다른 풀이 $(x+1)^2+2(x+1)-1=a(x-1)^2+b(x-1)+c$ …… ㉠

㉠의 양변에 $x=1$을 대입하면

$4+4-1=c \qquad \therefore c=7$

㉠의 양변에 $x=-1$을 대입하면

$-1=4a-2b+7 \qquad \therefore 2a-b=-4$ …… ㉡

㉠의 양변에 $x=0$을 대입하면

$1+2-1=a-b+7 \qquad \therefore a-b=-5$ …… ㉢

㉡, ㉢을 연립하여 풀면 $a=1,\ b=6$

$\therefore abc=1\times6\times7=42$

1등급 비법

항등식에서 미정계수를 구할 때, 문제의 형태에 따라 계수비교법과 수치대입법 중에서 편리한 방법을 선택하여 풀도록 한다.
보통 문자에 적당한 값을 대입했을 때 식이 간단해지면 수치대입법을 이용하고, 그렇지 않으면 계수비교법을 이용한다.

046

$x^2+3x-4=(x-1)^2+a(x-1)+b$ …… ㉠

㉠의 양변에 $x=1$을 대입하면

$1+3-4=b \qquad \therefore b=0$

㉠의 양변에 $x=0$을 대입하면

$-4=1-a+b \qquad \therefore a=5$

$\therefore a^2+b^2=5^2+0^2=25$

다른 풀이 주어진 식의 우변을 전개하여 x에 대한 내림차순으로 정리하면

$x^2+3x-4=x^2+(a-2)x+1-a+b$

이 등식이 x에 대한 항등식이므로

$a-2=3 \qquad \therefore a=5$

$1-a+b=-4 \qquad \therefore b=0$

$\therefore a^2+b^2=5^2+0^2=25$

047

$x^3-ax^2+(a-1)x-12=(x-2)(x^2+bx+6)$ …… ㉠

㉠의 양변에 $x=2$를 대입하면

$8-4a+2(a-1)-12=0$

$-2a=6 \qquad \therefore a=-3$

㉠의 양변에 $x=1$을 대입하면

$1-a+a-1-12=-(1+b+6)$

$12=b+7 \qquad \therefore b=5$

$\therefore a-b=-3-5=-8$

다른 풀이 주어진 식의 우변을 전개하여 x에 대한 내림차순으로 정리하면

$x^3-ax^2+(a-1)x-12=x^3+(b-2)x^2+(6-2b)x-12$

이 등식이 x에 대한 항등식이므로

$-a=b-2,\ a-1=6-2b$

$\therefore a+b=2,\ a+2b=7$

두 식을 연립하여 풀면

$a=-3,\ b=5$

$\therefore a-b=-3-5=-8$

048

$2x^2-2x+2=ax(x+1)+bx(x-2)+c(x+1)(x-2)$ …… ㉠

㉠의 양변에 $x=0$을 대입하면

$2=-2c \qquad \therefore c=-1$

㉠의 양변에 $x=-1$을 대입하면

$2+2+2=3b \qquad \therefore b=2$

㉠의 양변에 $x=2$를 대입하면

$8-4+2=6a \qquad \therefore a=1$

$\therefore a^2+b^2+c^2=1+4+1=6$

다른 풀이 주어진 식의 우변을 전개하여 x에 대한 내림차순으로 정리하면

$2x^2-2x+2=(a+b+c)x^2+(a-2b-c)x-2c$

이 등식이 x에 대한 항등식이므로

$a+b+c=2,\ a-2b-c=-2,\ -2c=2$

$-2c=2$에서 $c=-1$

$c=-1$을 나머지 두 식에 대입하면

$a+b=3,\ a-2b=-3$

두 식을 연립하여 풀면

$a=1,\ b=2$

$\therefore a^2+b^2+c^2=1+4+1=6$

049

$\frac{6x^2+2ax+b}{3x^2+2bx+9}=k$ ($k\neq0$인 상수)라 하면

$6x^2+2ax+b=k(3x^2+2bx+9)$

$\therefore 6x^2+2ax+b=3kx^2+2bkx+9k$

이 등식이 x에 대한 항등식이므로

$6=3k$, $a=bk$, $b=9k$

따라서 $k=2$, $a=36$, $b=18$이므로

$a+b=36+18=54$

050

주어진 이차방정식의 근이 $x=1$이므로

$x^2+(k-2)x+(k+3)p-q+2=0$에 $x=1$을 대입하면

$1+k-2+kp+3p-q+2=0$ ...... ㉠

㉠을 k에 대하여 정리하면

$(p+1)k+3p-q+1=0$

이 등식이 k에 대한 항등식이므로

$p+1=0$, $3p-q+1=0$

두 식을 연립하여 풀면 $p=-1$, $q=-2$

$\therefore pq=(-1)\times(-2)=2$

051

$x+y=1$에서 $y=1-x$ ...... ㉠

㉠을 $(2a-b)x+(b-a)y+1=0$에 대입하면

$(2a-b)x+(b-a)(1-x)+1=0$

$\therefore (3a-2b)x-a+b+1=0$

이 등식이 x에 대한 항등식이므로

$3a-2b=0$, $-a+b+1=0$

두 식을 연립하여 풀면 $a=-2$, $b=-3$

$\therefore a+b=-2+(-3)=-5$

052

$(x-1)^{10}=a_0+a_1x+a_2x^2+\cdots+a_{10}x^{10}$ ...... ㉠

㉠의 양변에 $x=0$을 대입하면 $1=a_0$

㉠의 양변에 $x=1$을 대입하면

$0=a_0+a_1+a_2+\cdots+a_{10}$

$\therefore a_1+a_2+a_3+\cdots+a_{10}=-1$

㉠의 최고차항의 계수를 비교하면 $a_{10}=1$

$\therefore a_1+a_2+a_3+\cdots+a_9=-1-1=-2$

053

다항식 x^3+ax^2-2x+b를 x^2+x-2로 나누었을 때의 몫을 $x+k$ (k는 상수)라 하면

$x^3+ax^2-2x+b=(x^2+x-2)(x+k)-3x+4$

우변을 전개하여 정리하면

$x^3+ax^2-2x+b=x^3+(k+1)x^2+(k-5)x-2k+4$

이 등식이 x에 대한 항등식이므로

$a=k+1$, $-2=k-5$, $b=-2k+4$

$k=3$이므로 $a=4$, $b=-2$

$\therefore a-b=4-(-2)=6$

참고 x^3+ax^2-2x+b와 x^2+x-2의 최고차항의 계수가 모두 1이므로 몫은 $x+k$ (k는 상수) 꼴이다.

다른 풀이 다항식 x^3+ax^2-2x+b를 x^2+x-2로 나누었을 때의 몫을 $Q(x)$라 하면

$x^3+ax^2-2x+b=(x^2+x-2)Q(x)-3x+4$

$=(x-1)(x+2)Q(x)-3x+4$ ...... ㉠

㉠의 양변에 $x=1$을 대입하면

$1+a-2+b=1$ $\therefore a+b=2$ ...... ㉡

㉠의 양변에 $x=-2$를 대입하면

$-8+4a+4+b=10$ $\therefore 4a+b=14$ ...... ㉢

㉡, ㉢을 연립하여 풀면 $a=4$, $b=-2$

$\therefore a-b=4-(-2)=6$

054

$2x^3-5x^2+4=(x\ \ 1)f(x)+a$ ...... ㉠

㉠의 양변에 $x=1$을 대입하면

$2-5+4=a$ $\therefore a=1$

$a=1$을 ㉠에 대입하면

$2x^3-5x^2+4=(x-1)f(x)+1$

$\therefore 2x^3-5x^2+3=(x-1)f(x)$

$2x^3-5x^2+3$을 $x-1$로 나누면 다음과 같다.

$$\begin{array}{r|l} & 2x^2-3x-3 \\ \hline x-1 & 2x^3-5x^2\quad\quad+3 \\ & 2x^3-2x^2 \\ \hline & \quad -3x^2 \\ & \quad -3x^2+3x \\ \hline & \quad\quad -3x+3 \\ & \quad\quad -3x+3 \\ \hline & \quad\quad\quad 0 \end{array}$$

즉, $2x^3-5x^2+3=(x-1)(2x^2-3x-3)$이므로

$f(x)=2x^2-3x-3$

$\therefore f(a)=f(1)=2-3-3=-4$

055

$x^3+ax^2-2x+1=(x-2)Q(x)+9$ ...... ㉠

㉠의 양변에 $x=2$를 대입하면

$8+4a-4+1=9$ $\therefore a=1$

즉, $x^3+x^2-2x+1=(x-2)Q(x)+9$ ...... ㉡

㉡의 양변에 $x=1$을 대입하면

$1+1-2+1=-Q(1)+9$

$\therefore Q(1)=8$

056

$P(x^2+1)$를 x^2-x로 나누었을 때의 몫을 $Q(x)$라 하면

$P(x^2+1)=(x^2-x)Q(x)+7$

$=x(x-1)Q(x)+7$ ...... ㉠

㉠의 양변에 $x=0$을 대입하면 $P(1)=7$
㉠의 양변에 $x=1$을 대입하면 $P(2)=7$
이때 $P(x)=(x^2+1)(ax+b)+2$이므로 …… ㉡
㉡의 양변에 $x=1$을 대입하면
$P(1)=2(a+b)+2=7$
$\therefore 2a+2b=5$ …… ㉢
㉡의 양변에 $x=2$를 대입하면
$P(2)=5(2a+b)+2=7$
$\therefore 2a+b=1$ …… ㉣
㉢, ㉣을 연립하여 풀면
$a=-\frac{3}{2}, b=4$
따라서 $P(x)=(x^2+1)\left(-\frac{3}{2}x+4\right)+2$이므로
$P(-2)=5\times7+2=37$

057

$P(x)$를 $x-5$로 나누었을 때의 나머지가 -2이므로 나머지정리에 의하여 $P(5)=-2$
$Q(x)$를 $x-5$로 나누었을 때의 나머지가 4이므로 나머지정리에 의하여 $Q(5)=4$
따라서 다항식 $3P(x)+4Q(x)$를 $x-5$로 나누었을 때의 나머지는
$3P(5)+4Q(5)=3\times(-2)+4\times4=10$

058

$f(x)=x^3+3x^2-ax+2$라 하면 나머지정리에 의하여
$f(-1)=2$이므로
$-1+3+a+2=2 \qquad \therefore a=-2$
따라서 $f(x)=x^3+3x^2+2x+2$이므로 $f(x)$를 $x+2$로 나누었을 때의 나머지는
$f(-2)=-8+12-4+2=2$

059

$f(x)=x^3-6x^2+ax+b$라 하면 나머지정리에 의하여
$f(1)=5, f(2)=7$
$f(1)=5$에서 $1-6+a+b=5$
$\therefore a+b=10$ …… ㉠
$f(2)=7$에서 $8-24+2a+b=7$
$\therefore 2a+b=23$ …… ㉡
㉠, ㉡을 연립하여 풀면 $a=13, b=-3$
$\therefore ab=13\times(-3)=-39$

060

$P(x)=x^2+ax+b$ (a, b는 상수)라 하면
조건 (가)에서 나머지정리에 의하여
$P(1)=1$
즉, $1+a+b=1$
$\therefore a+b=0$ …… ㉠
조건 (나)에서 나머지정리에 의하여
$2P(2)=2$에서 $P(2)=1$
즉, $4+2a+b=1 \qquad \therefore 2a+b=-3$ …… ㉡
㉠, ㉡을 연립하여 풀면
$a=-3, b=3$
따라서 $P(x)=x^2-3x+3$이므로
$P(4)=4^2-3\times4+3=7$

061

$f(x)+g(x)$를 $x-3$으로 나누었을 때의 나머지가 2이므로 나머지정리에 의하여
$f(3)+g(3)=2$ …… ㉠
또, $f(x)-g(x)$를 $x-3$으로 나누었을 때의 나머지가 -1이므로 나머지정리에 의하여
$f(3)-g(3)=-1$ …… ㉡
㉠, ㉡을 연립하여 풀면
$f(3)=\frac{1}{2}, g(3)=\frac{3}{2}$
다항식 $2f(x)-(x+1)g(x)$를 $x-3$으로 나누었을 때의 나머지는
$2f(3)-4g(3)=2\times\frac{1}{2}-4\times\frac{3}{2}=-5$

062

$f(x)$를 x^2-5x+6으로 나누었을 때의 몫을 $Q(x)$, 나머지를 $ax+b$ (a, b는 상수)라 하면
$f(x)=(x^2-5x+6)Q(x)+ax+b$
$\quad=(x-2)(x-3)Q(x)+ax+b$
이때 나머지정리에 의하여 $f(2)=3, f(3)=7$이므로
$2a+b=3, 3a+b=7$
두 식을 연립하여 풀면
$a=4, b=-5$
따라서 $f(x)$를 x^2-5x+6으로 나누었을 때의 나머지는 $4x-5$이다.

1등급 비법
다항식을 이차식으로 나누었을 때의 나머지는 일차 이하의 다항식이므로 나머지를 $ax+b$ (a, b는 상수)라 하고, 나눗셈에 대한 항등식을 세운 후 나머지정리를 이용한다.

063

$f(x)$를 x^2+2x-3으로 나누었을 때의 몫을 $Q(x)$라 하면
$f(x)=(x^2+2x-3)Q(x)+3x+1$
$\quad=(x+3)(x-1)Q(x)+3x+1$ …… ㉠
이때 $f(2x-5)$를 $x-1$로 나누었을 때의 나머지는
$f(2\times1-5)=f(-3)$
㉠의 양변에 $x=-3$을 대입하면
$f(-3)=3\times(-3)+1=-8$

다른 풀이 $f(x)=(x+3)(x-1)Q(x)+3x+1$에서 x 대신 $2x-5$를 대입하면
$f(2x-5)=(2x-5+3)(2x-5-1)Q(2x-5)+3(2x-5)+1$
$\quad=4(x-1)(x-3)Q(2x-5)+6x-14$

$f(2x-5)=g(x)$라 하면 $g(x)$를 $x-1$로 나누었을 때의 나머지는
$g(1)=6\times1-14=-8$

064

$f(x)+2$를 $x+1$로 나누었을 때의 나머지가 5이므로 나머지정리에 의하여
$f(-1)+2=5 \quad \therefore f(-1)=3$
$3f(x)-2$를 $2x-1$로 나누었을 때의 나머지가 1이므로 나머지정리에 의하여
$3f\left(\frac{1}{2}\right)-2=1 \quad \therefore f\left(\frac{1}{2}\right)=1$
$f(x)$를 $(x+1)(2x-1)$로 나누었을 때의 몫을 $Q(x)$라 하면 나머지가 $ax+b$이므로
$f(x)=(x+1)(2x-1)Q(x)+ax+b$
$f(-1)=3$에서 $-a+b=3$ ...... ㉠
$f\left(\frac{1}{2}\right)=1$에서 $\frac{1}{2}a+b=1 \quad \therefore a+2b=2$ ...... ㉡
㉠, ㉡을 연립하여 풀면 $a=-\frac{4}{3}$, $b=\frac{5}{3}$
$\therefore a+b=-\frac{4}{3}+\frac{5}{3}=\frac{1}{3}$

065

$2x^4-x$를 $x(x-1)(x+2)$로 나누었을 때의 몫을 $Q(x)$라 하면
$2x^4-x=x(x-1)(x+2)Q(x)+ax^2+bx$
이때 $f(x)=2x^4-x$라 하면 나머지정리에 의하여
$f(1)=1$, $f(-2)=32+2=34$
$f(1)=1$에서 $a+b=1$
$f(-2)=34$에서 $4a-2b=34$, 즉 $2a-b=17$
두 식을 연립하여 풀면
$a=6$, $b=-5$
$\therefore a-b=6-(-5)=11$

066

$f(x)$를 $(x-1)(x+1)$로 나누었을 때의 몫을 $Q_1(x)$라 하면
$f(x)=(x-1)(x+1)Q_1(x)+3x+1$ ...... ㉠
$f(x)$를 $x(x-1)$로 나누었을 때의 몫을 $Q_2(x)$라 하면
$f(x)=x(x-1)Q_2(x)+4$ ...... ㉡
또, $f(x)$를 $x(x-1)(x+1)$로 나누었을 때의 몫을 $Q(x)$, 나머지를 ax^2+bx+c (a, b, c는 상수)라 하면
$f(x)=x(x-1)(x+1)Q(x)+ax^2+bx+c$ ...... ㉢
㉠의 양변에 $x=1$, $x=-1$을 각각 대입하면
$f(1)=4$, $f(-1)=-2$
㉡의 양변에 $x=0$을 대입하면
$f(0)=4$
㉢의 양변에 $x=0$, $x=-1$, $x=1$을 각각 대입하면
$f(0)=c$, $f(1)=a+b+c$, $f(-1)=a-b+c$이므로
$4=c$, $4=a+b+c$, $-2=a-b+c$
에서 $a+b=0$, $a-b=-6$

위의 두 식을 연립하여 풀면
$a=-3$, $b=3$
따라서 $R(x)=-3x^2+3x+4$이므로
$R(2)=-3\times4+3\times2+4=-2$

다른 풀이 $f(x)$를 $x(x-1)(x+1)$로 나누었을 때의 몫을 $Q(x)$, 나머지를 ax^2+bx+c (a, b, c는 상수)라 하면
$f(x)=x(x-1)(x+1)Q(x)+ax^2+bx+c$ ...... ㉠
$f(x)$를 $(x-1)(x+1)$로 나누었을 때의 나머지가 $3x+1$이므로 ㉠에서 ax^2+bx+c를 $(x-1)(x+1)$로 나누었을 때의 나머지가 $3x+1$이다.
즉, $ax^2+bx+c=a(x-1)(x+1)+3x+1$이므로
$f(x)=x(x-1)(x+1)Q(x)+a(x-1)(x+1)+3x+1$
또, $f(x)$를 $x(x-1)$로 나누었을 때의 나머지가 4이므로 나머지정리에 의하여
$f(0)=-a+1=4 \quad \therefore a=-3$
따라서 $R(x)=-3(x-1)(x+1)+3x+1$이므로
$R(2)=-3\times3+3\times2+1=-2$

067

$f(x)$를 $(x-2)(x+1)^2$으로 나누었을 때의 몫을 $Q(x)$, 나머지를 ax^2+bx+c (a, b, c는 상수)라 하면
$f(x)=(x-2)(x+1)^2Q(x)+ax^2+bx+c$ ...... ㉠
이때 $f(x)$를 $(x+1)^2$으로 나누었을 때의 나머지가 $2x+5$이므로 ㉠에서 ax^2+bx+c를 $(x+1)^2$으로 나누었을 때의 나머지가 $2x+5$이다.
즉, $ax^2+bx+c=a(x+1)^2+2x+5$이므로
$f(x)=(x-2)(x+1)^2Q(x)+a(x+1)^2+2x+5$
또, $f(x)$를 $x-2$로 나누었을 때의 나머지가 -9이므로
$f(2)=9a+4+5=-9 \quad \therefore a=-2$
따라서 $R(x)=-2(x+1)^2+2x+5$이므로
$R(0)=-2+5=3$

068

$f(x)=x^3+ax^2-2bx-4$라 하면 $x-1$, $x-2$가 모두 $f(x)$의 인수이므로 인수정리에 의하여
$f(1)=0$, $f(2)=0$
$f(1)=0$에서 $1+a-2b-4=0$
$\therefore a-2b=3$ ...... ㉠
$f(2)=0$에서 $8+4a-4b-4=0$
$\therefore a-b=-1$ ...... ㉡
㉠, ㉡을 연립하여 풀면 $a=-5$, $b=-4$
$\therefore a^2+b^2=25+16=41$

069

$f(x)=x^3+2(k-1)x^2+k^2$이라 하면 $x+1$이 $f(x)$의 인수이므로 인수정리에 의하여
$f(-1)=0$

$-1+2(k-1)+k^2=0$, $k^2+2k-3=0$

$(k+3)(k-1)=0$ $\quad\therefore k=-3$ 또는 $k=1$

따라서 모든 상수 k의 값의 합은

$-3+1=-2$

070

$f(x)+2$가 $x-a$로 나누어떨어지므로 인수정리에 의하여

$f(a)+2=0$ $\quad\therefore f(a)=-2$ …… ㉠

$xf(x)+2$가 $x-a$로 나누어떨어지므로 인수정리에 의하여

$af(a)+2=0$ $\quad\therefore af(a)=-2$ …… ㉡

㉠을 ㉡에 대입하면

$a\times(-2)=-2$ $\quad\therefore a=1$

$a=1$을 ㉠에 대입하면

$f(1)=-2$

071

$f(x)$가 $x-1$로 나누어떨어지므로 인수정리에 의하여

$f(1)=0$

$f(x+3)$이 $x-2$로 나누어떨어지므로 인수정리에 의하여

$f(5)=0$

따라서 $f(x)$는 최고차항의 계수가 1인 이차식이므로

$f(x)=(x-1)(x-5)$

$\therefore f(0)=-1\times(-5)=5$

072

$f(x)=x^3+ax^2-bx+2$라 하면 $f(x)$는 x^2-4, 즉 $(x+2)(x-2)$로 나누어떨어지므로 인수정리에 의하여

$f(-2)=0$, $f(2)=0$

$f(-2)$에서

$-8+4a+2b+2=0$ $\quad\therefore 2a+b=3$ …… ㉠

$f(2)=0$에서

$8+4a-2b+2=0$ $\quad\therefore 2a-b=-5$ …… ㉡

㉠, ㉡을 연립하여 풀면

$a=-\frac{1}{2}$, $b=4$

$\therefore ab=\left(-\frac{1}{2}\right)\times4=-2$

073

$f(x)+x$가 $x+1$, $x-2$로 각각 나누어떨어지므로 인수정리에 의하여

$f(-1)-1=0$, $f(2)+2=0$

$\therefore f(-1)=1$, $f(2)=-2$

$f(x)$를 $(x+1)(x-2)$로 나누었을 때의 몫을 $Q(x)$, 나머지를 $ax+b$ (a, b는 상수)라 하면

$f(x)=(x+1)(x-2)Q(x)+ax+b$

$f(-1)=1$에서

$-a+b=1$ …… ㉠

$f(2)=-2$에서

$2a+b=-2$ …… ㉡

㉠, ㉡을 연립하여 풀면 $a=-1$, $b=0$

따라서 $f(x)$를 $(x+1)(x-2)$로 나누었을 때의 나머지는 $-x$이다.

074

$f(x)=k(kx^2+1)(x-1)+6k^2-2$라 하면 $f(x)$가 $x(x+1)$로 나누어떨어지므로 인수정리에 의하여

$f(0)=0$, $f(-1)=0$

$f(0)=0$에서

$6k^2-k-2=0$, $(2k+1)(3k-2)=0$

$\therefore k=-\frac{1}{2}$ 또는 $k=\frac{2}{3}$ …… ㉠

$f(-1)=0$에서

$-2k(k+1)+6k^2-2=0$

$4k^2-2k-2=0$, $2k^2-k-1=0$

$(2k+1)(k-1)=0$

$\therefore k=-\frac{1}{2}$ 또는 $k=1$ …… ㉡

㉠, ㉡을 모두 만족시켜야 하므로 $k=-\frac{1}{2}$

075

$f(x)$는 x^2-2x-3, 즉 $(x+1)(x-3)$으로 나누어떨어지므로 인수정리에 의하여

$f(-1)=0$, $f(3)=0$

$f(x)-2$는 $x-1$로 나누어떨어지므로 인수정리에 의하여

$f(1)-2=0$ $\quad\therefore f(1)=2$

$f(x)+1$을 x^2-1로 나누었을 때의 몫을 $Q(x)$, 나머지를 $ax+b$ (a, b는 상수)라 하면

$f(x)+1=(x^2-1)Q(x)+ax+b$

$\quad\quad=(x+1)(x-1)Q(x)+ax+b$ …… ㉠

㉠의 양변에 $x=-1$을 대입하면

$f(-1)+1=-a+b$

$f(-1)=0$이므로 $1=-a+b$

$\therefore a-b=-1$ …… ㉡

㉠의 양변에 $x=1$을 대입하면

$f(1)+1=a+b$

$f(1)=2$이므로 $2+1=a+b$

$\therefore a+b=3$ …… ㉢

㉡, ㉢을 연립하여 풀면

$a=1$, $b=2$

따라서 $f(x)+1$을 x^2-1로 나누었을 때의 나머지는 $x+2$이다.

076

조건 (나)에서 두 다항식 $f(x)$와 $g(x)$를 $x-2$로 나누었을 때의 나머지가 같으므로

$f(2)=g(2)$

즉, $f(2)-g(2)=0$이므로 이차다항식 $f(x)-g(x)$는 $x-2$를 인수로 갖는다.

조건 (가)에서 방정식 $f(x)=g(x)$, 즉 $f(x)-g(x)=0$이 중근을 갖고, 이차식 $f(x)$의 최고차항의 계수가 1이므로

$f(x)-g(x)=(x-2)^2$

$f(x)-g(x)$를 x^2-1로 나누었을 때의 몫을 $Q(x)$, 나머지를 $ax+b$ (a, b는 상수)라 하면

$f(x)-g(x)=(x^2-1)Q(x)+ax+b$

$\therefore (x-2)^2=(x-1)(x+1)Q(x)+ax+b$ …… ㉠

㉠의 양변에 $x=1$을 대입하면

$1=a+b$

㉠의 양변에 $x=-1$을 대입하면

$9=-a+b$

두 식을 연립하여 풀면

$a=-4$, $b=5$

따라서 다항식 $f(x)-g(x)$를 x^2-1로 나누었을 때의 나머지는 $-4x+5$이다.

1등급 비법

최고차항의 계수가 1인 이차식 $P(x)$에 대하여 이차방정식 $P(x)=0$이 중근 α를 가질 경우 $P(x)=(x-\alpha)^2$임을 이용한다.

077

조립제법을 완성하면 다음과 같다.

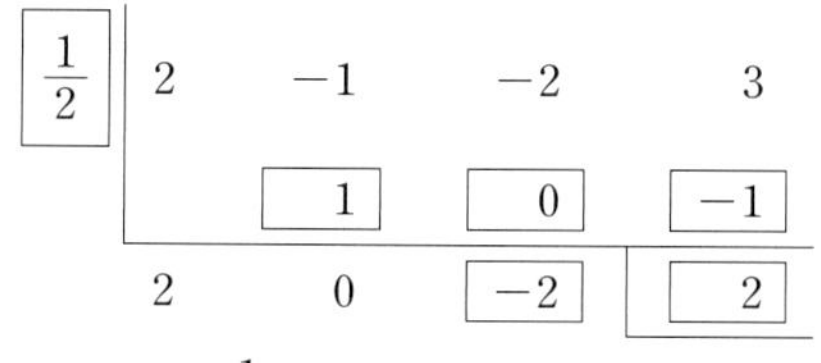

따라서 $a=\frac{1}{2}$, $b=-2$, $c=2$이므로

$a-b+c=\frac{1}{2}-(-2)+2=\frac{9}{2}$

078

$2x+1=2\left(x+\frac{1}{2}\right)$이므로 조립제법을 이용하여 $2x^3-3x^2-2x+1$을 $x+\frac{1}{2}$로 나누었을 때의 몫과 나머지를 구하면 오른쪽과 같다.

$-\frac{1}{2}$	2	-3	-2	1
		-1	2	0
	2	-4	0	1

즉, 몫은 $2x^2-4x$, 나머지는 1이므로

$2x^3-3x^2-2x+1=\left(x+\frac{1}{2}\right)(2x^2-4x)+1$

$=(2x+1)(x^2-2x)+1$

따라서 $2x^3-3x^2-2x+1$을 $2x+1$로 나누었을 때의 몫은 $Q(x)=x^2-2x$, 나머지는 $R=1$이므로

$Q(2)+R=(2^2-2\times2)+1=1$

1등급 비법

다항식 $f(x)$를 $x+\frac{b}{a}$로 나누었을 때의 몫을 $Q(x)$, 나머지를 R이라 하면

$f(x)=\left(x+\frac{b}{a}\right)Q(x)+R$

$=\frac{1}{a}(ax+b)Q(x)+R$

$=(ax+b)\times\frac{1}{a}Q(x)+R$

따라서 $f(x)$를 $ax+b$로 나누었을 때의 몫은 $\frac{1}{a}Q(x)$, 나머지는 R이다.

← 몫은 $\frac{1}{a}$배, 나머지는 같다.

079

조립제법을 이용하여 x^3+ax+2를 $x+1$로 나누었을 때의 몫과 나머지를 구하면 다음과 같다.

-1	1	0	a	2
		-1	1	$-a-1$
	1	-1	$a+1$	$-a+1$

$\therefore Q(x)=x^2-x+a+1$

이때 $Q(x)$를 $x-2$로 나누었을 때의 나머지가 1이므로 나머지정리에 의하여 $Q(2)=1$에서

$4-2+a+1=1$, $a+3=1$

$\therefore a=-2$

080

조립제법을 이용하여 x^3-2x^2+3x-4를 $x-1$로 나누는 과정을 반복하면 다음과 같다.

1	1	-2	3	-4
		1	-1	2
1	1	-1	2	-2
		1	0	
1	1	0	2	
		1		
	1	1		

이때 x^3-2x^2+3x-4를 $x-1$에 대하여 내림차순으로 정리하면

$x^3-2x^2+3x-4=(x-1)(x^2-x+2)-2$

$=(x-1)\{(x-1)x+2\}-2$

$=(x-1)[(x-1)\{(x-1)+1\}+2]-2$

$=(x-1)^3+(x-1)^2+2(x-1)-2$

따라서 $a=1$, $b=1$, $c=2$, $d=-2$이므로

$abcd=1\times1\times2\times(-2)=-4$

081

$f(x)=x^3+2ax^2-5x+2b$라 하면 $f(x)$가 $(x+1)^2$으로 나누어떨어지므로 인수정리에 의하여

$f(-1)=0$

즉, $-1+2a+5+2b=0$이므로 $2b=-2a-4$

$\therefore b=-a-2$ …… ㉠

$\therefore f(x)=x^3+2ax^2-5x+2b$
$=x^3+2ax^2-5x+2(-a-2)$
$=x^3+2ax^2-5x-2a-4$

조립제법을 이용하여 $f(x)$를 $(x+1)^2$으로 나누었을 때의 몫과 나머지를 구하면 다음과 같다.

$$\begin{array}{r|rrrr} -1 & 1 & 2a & -5 & -2a-4 \\ & & -1 & -2a+1 & 2a+4 \\ \hline -1 & 1 & 2a-1 & -2a-4 & 0 \\ & & -1 & -2a+2 & \\ \hline & 1 & 2a-2 & -4a-2 & \end{array}$$

이때 나머지가 0이므로

$-4a-2=0,\ 4a=-2 \qquad \therefore a=-\frac{1}{2}$

$a=-\frac{1}{2}$을 ㉠에 대입하면 $b=\frac{1}{2}-2=-\frac{3}{2}$

$\therefore ab=\left(-\frac{1}{2}\right)\times\left(-\frac{3}{2}\right)=\frac{3}{4}$

다른 풀이 조립제법을 이용하여 $x^3+2ax^2-5x+2b$를 $(x+1)^2$으로 나누었을 때의 몫과 나머지를 구하면 다음과 같다.

$$\begin{array}{r|rrrr} -1 & 1 & 2a & -5 & 2b \\ & & -1 & -2a+1 & 2a+4 \\ \hline -1 & 1 & 2a-1 & -2a-4 & 2a+2b+4 \\ & & -1 & -2a+2 & \\ \hline & 1 & 2a-2 & -4a-2 & \end{array}$$

이때 나머지가 0이므로

$2a+2b+4=0,\ -4a-2=0$

$a+b=-2,\ a=-\frac{1}{2}$

$\therefore b=-2-a=-\frac{3}{2}$

$\therefore ab=\left(-\frac{1}{2}\right)\times\left(-\frac{3}{2}\right)=\frac{3}{4}$

082

$f(x)=x^3+x^2+ax+b$라 하면 $f(x)$가 $(x-1)^2$으로 나누어떨어지므로 인수정리에 의하여

$f(1)=0$

즉, $1+1+a+b=0$이므로

$b=-a-2$ ...... ㉠

$\therefore f(x)=x^3+x^2+ax+b$
$=x^3+x^2+ax-a-2$

조립제법을 이용하여 $f(x)$를 $(x-1)^2$으로 나누었을 때의 몫과 나머지를 구하면 다음과 같다.

$$\begin{array}{r|rrrr} 1 & 1 & 1 & a & -a-2 \\ & & 1 & 2 & a+2 \\ \hline 1 & 1 & 2 & a+2 & 0 \\ & & 1 & 3 & \\ \hline & 1 & 3 & a+5 & \end{array}$$

이때 나머지가 0이므로

$a+5=0 \qquad \therefore a=-5$

$a=-5$를 ㉠에 대입하면 $b=3$

따라서 $Q(x)=x+3$이므로

$Q(ab)=Q(-15)=-15+3=-12$

083

$2025=x$로 놓으면 $2024=x-1$

x^4-x^2+1을 $x-1$로 나누었을 때의 몫을 $Q(x)$, 나머지를 R이라 하면

$x^4-x^2+1=(x-1)Q(x)+R$ ...... ㉠

㉠의 양변에 $x=1$을 대입하면 $R=1$

$\therefore x^4-x^2+1=(x-1)Q(x)+1$

이때 $x=2025$이므로

$2025^4-2025^2+1=2024\times Q(2025)+1$

따라서 구하는 나머지는 1이다.

개념 보충

자연수의 나눗셈

두 자연수 A, B에 대하여 A를 B $(B\neq0)$로 나누었을 때의 몫을 Q, 나머지를 R이라 하면

$A=BQ+R$

이 성립한다. 이때 R은 $0\le R<B$를 만족시킨다.

084

$1000=x$로 놓으면 $998=x-2$

x^{10}을 $x-2$로 나누었을 때의 몫을 $Q(x)$, 나머지를 R이라 하면

$x^{10}=(x-2)Q(x)+R$ ...... ㉠

㉠의 양변에 $x=2$를 대입하면 $R=2^{10}$

이때 $x=1000$이므로

$1000^{10}=998\times Q(1000)+2^{10}$
$=998\times\{Q(1000)+1\}+2^{10}-998$
$=998\times\{Q(1000)+1\}+26$

따라서 구하는 나머지는 26이다.

085

$123=x$로 놓으면

$1234=123\times10+4=10x+4$

$(10x+4)^5$을 x로 나누었을 때의 몫을 $Q(x)$, 나머지를 R이라 하면

$(10x+4)^5=xQ(x)+R$ ...... ㉠

㉠의 양변에 $x=0$을 대입하면 $R=4^5=2^{10}$

$\therefore (10x+4)^5=xQ(x)+2^{10}$

이때 $x=123$이므로

$1234^5=123\times Q(123)+2^{10}$
$=123\times\{Q(123)+8\}+2^{10}-123\times8$
$=123\times\{Q(123)+8\}+40$

따라서 구하는 나머지는 40이다.

1등급 비법

나머지정리를 이용한 수의 나눗셈

1234를 x로 놓고 123을 $\frac{x-4}{10}$로 표현하는 것보다 $123=x$로 놓고 1234를 x에 대한 일차식 $10x+4$로 표현하는 것이 계산하기에 더 편리하다.

내신 적중 서술형

● 26쪽

086 (1) 1 (2) $2^{30}-1$ **087** 2 **088** 13 **089** 7

086

(1) $(x+1)^{30}$을 x로 나누었을 때의 몫이 $Q(x)$, 나머지가 R이므로

$(x+1)^{30}=xQ(x)+R$ …… ㉠

㉠의 양변에 $x=0$을 대입하면

$R=1$ …… ㉮

(2) $(x+1)^{30}=xQ(x)+1$ …… ㉡

㉡은 x에 대한 항등식이므로

$Q(x)=a_{29}x^{29}+a_{28}x^{28}+\cdots+a_1x+a_0$

(단, $a_0, a_1, \cdots, a_{28}, a_{29}$는 상수이다.)

위의 등식의 양변에 $x=1$을 대입하면

$Q(1)=a_{29}+a_{28}+\cdots+a_1+a_0$

이므로 $Q(x)$의 상수항을 포함한 모든 계수의 합은 $Q(x)$에 $x=1$을 대입한 $Q(1)$의 값과 같다. …… ㉯

따라서 ㉡의 양변에 $x=1$을 대입하면

$2^{30}=Q(1)+1$

$\therefore Q(1)=2^{30}-1$ …… ㉰

	채점 기준	배점 비율
(1)	㉮ $(x+1)^{30}$을 x로 나누었을 때의 나머지 구하기	40 %
(2)	㉯ $Q(x)$의 상수항을 포함한 모든 계수의 합과 $Q(1)$ 사이의 관계 이해하기	40 %
	㉰ $Q(x)$의 모든 계수의 합 구하기	20 %

개념 보충

다항식 $P(x)$의 상수항을 포함한 모든 계수의 합

다항식 $P(x)=a_0+a_1x+a_2x^2+\cdots+a_nx^n$($n$은 자연수, $a_0, a_1, a_2, \cdots, a_n$은 상수)에 대하여 양변에 $x=1$을 대입하면 $P(1)=a_0+a_1+a_2+\cdots+a_n$이므로 $P(x)$의 상수항을 포함한 모든 계수의 합은 $P(1)$의 값과 같다.

087

$f(x)$를 x^4+1로 나누었을 때의 몫을 $Q(x)$라 하면 나머지가 x^3+1이므로

$f(x)=(x^4+1)Q(x)+x^3+1$ …… ㉮

양변을 제곱하면

$\{f(x)\}^2$

$=\{(x^4+1)Q(x)\}^2+2(x^4+1)Q(x)(x^3+1)+(x^3+1)^2$

$=(x^4+1)[(x^4+1)\{Q(x)\}^2+2Q(x)(x^3+1)]+x^6+2x^3+1$

이때 $f(x)$를 x^4+1로 나누었을 때의 나머지 $R(x)$는 x^6+2x^3+1을 x^4+1로 나누었을 때의 나머지와 같으므로

$x^6+2x^3+1=x^2(x^4+1)+2x^3-x^2+1$

따라서 $R(x)=2x^3-x^2+1$이므로 …… ㉯

$R(1)=2-1+1=2$ …… ㉰

채점 기준	배점 비율
㉮ $f(x)$를 x^4+1로 나누었을 때의 식 세우기	40 %
㉯ 나머지 $R(x)$ 구하기	40 %
㉰ $R(1)$의 값 구하기	20 %

088

$f(x)+g(x)$를 $x-2$로 나누었을 때의 나머지가 5이므로 나머지정리에 의하여

$f(2)+g(2)=5$ …… ㉮

$f(x)g(x)$를 $x-2$로 나누었을 때의 나머지가 6이므로 나머지정리에 의하여

$f(2)g(2)=6$ …… ㉯

$\{f(x)\}^2+\{g(x)\}^2=\{f(x)+g(x)\}^2-2f(x)g(x)$이므로

$\{f(x)\}^2+\{g(x)\}^2$을 $x-2$로 나누었을 때의 나머지는

$\{f(2)\}^2+\{g(2)\}^2=\{f(2)+g(2)\}^2-2f(2)g(2)$

$=5^2-2\times6=13$ …… ㉰

채점 기준	배점 비율
㉮ $f(2)+g(2)$의 값 구하기	30 %
㉯ $f(2)g(2)$의 값 구하기	30 %
㉰ $\{f(x)^2\}+\{g(2)\}^2$을 $x-2$로 나누었을 때의 나머지 구하기	40 %

089

$f(x)=x^3-2x^2+3x+a$, $g(x)=x^2-x-2$라 하면

$g(x)$가 $x+b$로 나누어떨어지므로 인수정리에 의하여

$g(-b)=0$

즉, $b^2+b-2=0$에서 $(b-1)(b+2)=0$

$\therefore b=-2$ 또는 $b=1$ …… ㉮

(i) $b=-2$일 때,

$f(x)$가 $x-2$로 나누어떨어지므로 인수정리에 의하여

$f(2)=0$

즉, $8-8+6+a=0$이므로 $a=-6$

$\therefore a+b=-6-2=-8$ …… ㉯

(ii) $b=1$일 때,

$f(x)$가 $x+1$로 나누어떨어지므로 인수정리에 의하여

$f(-1)=0$

즉, $-1-2-3+a=0$이므로 $a=6$

$\therefore a+b=6+1=7$ …… ㉰

따라서 $a+b$의 최댓값은 7이다. …… ㉱

채점 기준	배점 비율
㉮ b의 값 구하기	30 %
㉯ $b=-2$일 때, a의 값과 $a+b$의 값 구하기	30 %
㉰ $b=1$일 때, a의 값과 $a+b$의 값 구하기	30 %
㉱ $a+b$의 최댓값 구하기	10 %

1등급 실력 완성

● 27쪽 ~ 28쪽

090 ③ **091** 9 **092** -1 **093** x^2+2 **094** 26
095 ③ **096** ③ **097** ⑤ **098** ②
099 3.541

090

미정계수법

(전략) 주어진 등식의 양변에 $x=1$, $x=-1$을 각각 대입한다.

(풀이) 주어진 등식이 x에 대한 항등식이므로
등식의 양변에 $x=1$을 대입하면
$(1+3-2)^6=a_0+a_1+a_2+\cdots+a_{18}$
$\therefore a_0+a_1+a_2+\cdots+a_{18}=2^6$ …… ㉠
또, 등식의 양변에 $x=-1$을 대입하면
$(1-3+2)^6=a_0-a_1+a_2-\cdots+a_{18}$
$\therefore a_0-a_1+a_2-\cdots+a_{18}=0$ …… ㉡
㉠+㉡을 하면
$2(a_0+a_2+a_4+\cdots+a_{18})=2^6$
$\therefore a_0+a_2+a_4+\cdots+a_{18}=2^5=32$

1등급 비법

항등식 $P(x)=a_nx^n+a_{n-1}x^{n-1}+\cdots+a_1x+a_0$에서
$a_n+a_{n-1}+\cdots+a_1+a_0$ 또는 $a_n-a_{n-1}+\cdots-a_1+a_0$의 값을 구할 때는 구하는 식의 모양이 생기도록 등식의 양변에 $x=1$ 또는 $x=-1$을 대입해 본다.

091

미정계수법 ⊕ 조건을 만족시키는 항등식

(전략) $P_n(x)$에 $n=1, 2, 3$을 각각 대입하여 $P_1(x)$, $P_2(x)$, $P_3(x)$를 구한 후 주어진 등식에 대입한다.

(풀이) $P_1(x)=x-1$,
$P_2(x)=(x-1)(x-2)$,
$P_3(x)=(x-1)(x-2)(x-3)$
이므로
x^3-2x^2+3x-2
$=a+b(x-1)+c(x-1)(x-2)+d(x-1)(x-2)(x-3)$ …… ㉠
이 등식이 x에 대한 항등식이므로
㉠의 양변에 $x=1$을 대입하면
$1-2+3-2=a \quad \therefore a=0$
㉠의 양변에 $x=2$를 대입하면
$8-8+6-2=a+b \quad \therefore b=4$
㉠의 양변에 $x=3$을 대입하면
$27-18+9-2=a+2b+2c \quad \therefore c=4$
㉠의 양변에 $x=0$을 대입하면
$-2=a-b+2c-6d \quad \therefore d=1$
$\therefore a+b+c+d=0+4+4+1=9$

092

나머지정리; 이차식으로 나누는 경우

(전략) 주어진 조건을 이용하여 $f(x)$의 나눗셈에 대한 식을 세운 후 항등식의 성질과 몫 $Q(x)$에 대한 나머지정리를 이용한다.

(풀이) $f(x)$를 x^2-2x-3으로 나누었을 때의 몫이 $Q(x)$, 나머지가 $3x+2$이므로
$f(x)=(x^2-2x-3)Q(x)+3x+2$
$=(x+1)(x-3)Q(x)+3x+2$ …… ㉠
㉠의 양변에 $x=-1$을 대입하면
$f(-1)=-1$
$Q(x)$를 $x-2$로 나누었을 때의 나머지가 3이므로 나머지정리에 의하여
$Q(2)=3$
㉠의 양변에 $x=2$를 대입하면
$f(2)=-3Q(2)+8$
$=(-3)\times3+8=-1$
$f(x)$를 x^2-x-2로 나누었을 때의 몫을 $Q'(x)$, 나머지를 $ax+b$ (a, b는 상수)라 하면
$f(x)=(x^2-x-2)Q'(x)+ax+b$
$=(x+1)(x-2)Q'(x)+ax+b$
$f(-1)=-1$이므로 $-a+b=-1$
$f(2)=-1$이므로 $2a+b=-1$
두 식을 연립하여 풀면
$a=0$, $b=-1$
따라서 $f(x)$를 x^2-x-2로 나누었을 때의 나머지는 -1이다.

093

나머지정리; 삼차식으로 나누는 경우

(전략) 다항식 $f(x)$를 $(x-1)^2(x-2)$로 나누었을 때의 나머지는 이차 이하의 다항식임을 이용한다.

(풀이) $f(x)$를 $(x-1)^2(x-2)$로 나누었을 때의 몫을 $Q(x)$, 나머지를 ax^2+bx+c (a, b, c는 상수)라 하면
$f(x)=(x-1)^2(x-2)Q(x)+ax^2+bx+c$
이때 $f(x)$를 $(x-1)^2$으로 나누었을 때의 나머지가 $2x+1$이므로 ax^2+bx+c를 $(x-1)^2$으로 나누었을 때의 나머지도 $2x+1$이다.
즉, $ax^2+bx+c=a(x-1)^2+2x+1$이므로
$f(x)=(x-1)^2(x-2)Q(x)+a(x-1)^2+2x+1$ …… ㉠
또, $f(x)$를 $x-2$로 나누었을 때의 나머지가 6이므로 나머지정리에 의하여
$f(2)=a+5=6 \quad \therefore a=1$
따라서 구하는 나머지는 ㉠에서
$(x-1)^2+2x+1=x^2+2$

094

나머지정리; 삼차식으로 나누는 경우

(전략) 삼차다항식 $f(x)$를 $(x-1)^2$으로 나누었을 때의 몫과 나머지는 모두 일차식이므로 몫을 $ax+b$라 하면 나머지도 $ax+b$임을 이용한다.

(풀이) $f(x)$는 삼차다항식이므로 조건 (나)에서 $f(x)$를 $(x-1)^2$으로 나누었을 때의 몫을 $ax+b$ (a, b는 상수)라 하면 나머지도 $ax+b$이다.

$\therefore f(x)=(x-1)^2(ax+b)+ax+b$ …… ㉠

조건 (가)에서 $f(1)=2$이므로

㉠에서 $a+b=2$

$\therefore b=2-a$ …… ㉡

㉡을 ㉠에 대입하여 정리하면

$f(x)=(x-1)^2\{ax+(2-a)\}+ax+(2-a)$

$=(x-1)^2\{a(x-1)+2\}+a(x-1)+2$

$=a(x-1)^3+2(x-1)^2+a(x-1)+2$

따라서 $f(x)$를 $(x-1)^3$으로 나누었을 때의 나머지는

$R(x)=2(x-1)^2+a(x-1)+2$

이때 $R(0)=R(3)$이므로

$2-a+2=8+2a+2$, $-3a=6$

$\therefore a=-2$

즉, $R(x)=2(x-1)^2-2(x-1)+2$이므로

$R(5)=2\times4^2-2\times4+2=26$

095

나머지정리 ⊕ 인수정리; 일차식으로 나누는 경우

(전략) 주어진 조건을 이용하여 $f(1)$, $g(1)$의 값을 구한다.

(풀이) $2f(x)-g(x)$가 $x-1$로 나누어떨어지므로 인수정리에 의하여

$2f(1)-g(1)=0$ …… ㉠

$f(x)+2g(x)$를 $x-1$로 나누었을 때의 나머지가 5이므로 나머지정리에 의하여

$f(1)+2g(1)=5$ …… ㉡

㉠, ㉡을 연립하여 풀면

$f(1)=1$, $g(1)=2$

ㄱ. $f(x)-2x^2+2x-1$에 $x=1$을 대입하면

$f(1)-2+2-1=1-1=0$

따라서 $f(x)-2x^2+2x-1$은 $x-1$로 나누어떨어진다.

ㄴ. $g(x)-4x^2$에 $x=1$을 대입하면

$g(1)-4=2-4=-2$

따라서 $g(x)-4x^2$은 $x-1$로 나누어떨어지지 않는다.

ㄷ. $4x^2-2f(x)g(x)$에 $x=1$을 대입하면

$4-2f(1)g(1)=4-2\times1\times2=0$

따라서 $4x^2-2f(x)g(x)$는 $x-1$로 나누어떨어진다.

이상에서 $x-1$로 나누어떨어지는 것은 ㄱ, ㄷ이다.

096

나머지정리 ⊕ 인수정리; 일차식으로 나누는 경우

(전략) x^3+ax^2+bx-4를 $x+1$로 나누었을 때의 식을 표현하고, 인수정리를 이용하여 $Q(1)$의 값을 구한다.

(풀이) x^3+ax^2+bx-4를 $x+1$로 나누었을 때의 몫은 $Q(x)$이고 나머지는 3이므로

$x^3+ax^2+bx-4=(x+1)Q(x)+3$ …… ㉠

㉠의 양변에 $x=-1$을 대입하면

$-1+a-b-4=3$ $\therefore a-b=8$ …… ㉡

또, $(x^2+a)Q(x-2)$가 $x-2$로 나누어떨어지므로 인수정리에 의하여

$(4+a)Q(0)=0$ …… ㉢

㉠의 양변에 $x=0$을 대입하면

$-4=Q(0)+3$ $\therefore Q(0)=-7$

즉, ㉢에서 $4+a=0$ $\therefore a=-4$

이때 $a=-4$를 ㉡에 대입하면 $b=-12$

$\therefore x^3-4x^2-12x-4=(x+1)Q(x)+3$

위의 식의 양변에 $x=1$을 대입하면

$1-4-12-4=2Q(1)+3$

$\therefore Q(1)=-11$

097

나머지정리 ⊕ 인수정리; 이차식으로 나누는 경우

(전략) 두 조건 (가), (나)를 이용하여 두 다항식 $f(x)$, $g(x)$의 인수를 찾은 후, $f(x)$, $g(x)$를 구한다.

(풀이) 조건 (나)에서 $f(x)g(x)$는 x^2-9, 즉 $(x-3)(x+3)$으로 나누어떨어지므로 인수정리에 의하여

$f(3)g(3)=0$, $f(-3)g(-3)=0$ …… ㉠

조건 (가)에서 $f(x)-2g(x)=0$, 즉 $f(x)=2g(x)$이므로

$f(3)=2g(3)$, $f(-3)=2g(-3)$ …… ㉡

㉠, ㉡에서 $f(3)=0$이면 $g(3)=0$이고,

$g(3)=0$이면 $f(3)=0$이므로

$f(x)$와 $g(x)$는 모두 $x-3$을 인수로 갖는다.

같은 방법으로 $f(x)$와 $g(x)$는 모두 $x+3$을 인수로 갖는다.

$f(x)$, $g(x)$는 이차다항식이므로

$g(x)=a(x-3)(x+3)$ (a는 상수)라 하면 ㉡에서

$f(x)=2a(x-3)(x+3)$

이때 $f(0)=18$이므로

$2a\times(-3)\times3=18$, $-18a=18$

$\therefore a=-1$

$\therefore f(x)=-2(x-3)(x+3)$, $g(x)=-(x-3)(x+3)$

따라서 $g(x)$를 $x-2$로 나눈 나머지는 나머지정리에 의하여

$g(2)=-(-1)\times5=5$

098

나머지정리 ⊕ 조립제법

(전략) 조립제법의 원리를 이용하여 ⓐ, ⓑ의 순서로 값을 구한 후 나머지정리를 이용한다.

(풀이)

1	□	□	-2	□
		□	6	□
	1	ⓐ	ⓑ	8

$1\times ⓐ=6$에서 $ⓐ=6$

$-2+6=ⓑ$에서 $ⓑ=4$

$\therefore g(x)=x^2+6x+4$

따라서 $g(x)$를 $x+2$로 나누었을 때의 나머지는 나머지정리에 의하여

$g(-2)=4-12+4=-4$

099

조립제법의 활용

(전략) $x=2+0.1$에서 $x-2=0.1$ 즉, $f(x)$를 $x-2$로 나눈 식을 구하여 2.1을 대입하여 구한다.

(풀이) $f(x)=x^3-2x^2+x+1$이므로 조립제법을 이용하여 $f(x)$를 $x-2$로 나누는 과정을 반복하면 다음과 같다.

2	1	-2	1	1
		2	0	2
2	1	0	1	3
		2	4	
2	1	2	5	
		2		
	1	4		

이때 $f(x)$를 $x-2$에 대한 내림차순으로 정리하면

$$\begin{aligned}f(x)&=(x-2)(x^2+1)+3\\&=(x-2)\{(x-2)(x+2)+5\}+3\\&=(x-2)[(x-2)\{(x-2)+4\}+5]+3\\&=(x-2)^3+4(x-2)^2+5(x-2)+3\end{aligned}$$

$$\begin{aligned}\therefore f(2.1)&=(2.1-2)^3+4\times(2.1-2)^2+5\times(2.1-2)+3\\&=0.1^3+4\times0.1^2+5\times0.1+3\\&=3.541\end{aligned}$$

도전 1등급 최고난도

29쪽

100 ④ **101** ④ **102** 33

100

조건을 만족시키는 항등식

(1단계) $P(x)$의 차수를 구한다.

$P(x)$의 차수를 n이라 하면 등식의 좌변인 $P(x^2-1)$의 차수는 $2n$이고 우변인 $x^2\{P(x)-3x-1\}$의 차수는 $n+2$이므로

$2n=n+2 \quad \therefore n=2$

(2단계) $P(x)$를 구한다.

$P(x)=x^2+ax+b$ (a, b는 상수)라 하면

$P(x^2-1)=x^2\{P(x)-3x-1\}$에서

$(x^2-1)^2+a(x^2-1)+b=x^2\{(x^2+ax+b)-3x-1\}$

$x^4+(-2+a)x^2+(-a+b+1)=x^4+(a-3)x^3+(b-1)x^2$

이 등식은 x에 대한 항등식이므로

$a-3=0,\ -2+a=b-1,\ -a+b+1=0$

$\therefore a=3,\ b=2$

$\therefore P(x)=x^2+3x+2$

(3단계) $P(4)$의 값을 구한다.

$\therefore P(4)=4^2+3\times4+2=30$

1등급 비법

항등식이 되도록 하는 다항식 구하기

주어진 항등식을 만족시키는 다항식 $P(x)$의 차수가 주어지지 않았을 경우 차수를 먼저 구한 후 항등식의 성질을 이용하여 다항식 $P(x)$를 구한다.

101

다항식의 나눗셈 + 나머지정리

(1단계) $Q(x)$를 구한다.

조건 (가)에서

$f(x)=(x-1)(x-4)^2Q(x)+(x-1)(x+1)$ …… ㉠

㉠의 양변에 $x=1$을 대입하면

$f(1)=0$

조건 (나)에서

$f(x^2)$을 $(x-1)^2$으로 나누었을 때의 몫을 $Q'(x)$라 하면

$f(x^2)=(x-1)^2Q'(x)+Q(x)$ …… ㉡

㉡의 양변에 $x=1$을 대입하면

$f(1)=Q(1)=0$

한편, $Q(x)$의 차수는 $(x-1)^2$의 차수보다 낮으므로 $Q(x)$는 일차식 또는 상수이다.

$\therefore Q(x)=a(x-1)$ (a는 상수) 또는 $Q(x)=0$

그런데 $Q(x)=0$인 경우 ㉠에서

$f(x)=(x-1)(x+1)$

$f(x^2)=(x^2-1)(x^2+1)$

이때 $f(x^2)$은 $(x-1)^2$으로 나누어떨어지지 않으므로 주어진 조건을 만족시키지 않는다.

$\therefore Q(x)=a(x-1)$

(2단계) $Q(x)$의 최고차항의 계수를 구한다.

㉠, ㉡에 $Q(x)=a(x-1)$을 각각 대입하면

$f(x)=(x-1)(x-4)^2\times a(x-1)+(x-1)(x+1)$,

$$\begin{aligned}f(x^2)&=(x^2-1)(x^2-4)^2\times a(x^2-1)+(x^2-1)(x^2+1)\\&=(x-1)^2\{a(x+1)^2(x^2-4)^2\}+x^4-1\end{aligned}$$

이때 $f(x^2)$을 $(x-1)^2$으로 나누었을 때의 나머지 $Q(x)$는 x^4-1을 $(x-1)^2$, 즉 x^2-2x+1로 나누었을 때의 나머지와 같으므로

$$\begin{array}{r|l} & x^2+2x+3 \\ x^2-2x+1 & x^4\qquad\qquad\quad -1 \\ & x^4-2x^3+x^2 \\ \hline & 2x^3-x^2 \\ & 2x^3-4x^2+2x \\ \hline & 3x^2-2x-1 \\ & 3x^2-6x+3 \\ \hline & 4x-4 \end{array}$$

$x^4-1=(x^2-2x+1)(x^2+2x+3)+4x-4$

$\quad=(x-1)^2(x^2+2x+3)+4x-4$

$\therefore Q(x)=4(x-1)$

㉠에 대입하면

$f(x)=(x-1)(x-4)^2\times\{4(x-1)\}+(x-1)(x+1)$

(3단계) $f(x)$를 $x-2$로 나누었을 때의 나머지를 구한다.

따라서 $f(x)$를 $x-2$로 나눈 나머지는 나머지정리에 의하여

$f(2)=1\times4\times4+3=19$

1등급 비법

다항식의 나눗셈

다항식 A를 다항식 $B(B\neq0)$로 나누었을 때의 몫을 Q, 나머지를 R이라 하면

$A=BQ+R$

이 성립한다. 이때 R의 차수는 B의 차수보다 낮음을 이용하여 나머지의 차수를 구한다.

102

다항식의 나눗셈 ⊕ 인수정리

(1단계) $f(x)$를 $x^2+g(x)$로 나누었을 때의 나머지 $\{g(x)\}^2-x^2$의 차수가 $x^2+g(x)$의 차수보다 낮음을 이용하여 $g(x)$의 차수와 최고차항의 계수를 구한다.

조건 (가)에서 $f(x)$를 $x^2+g(x)$로 나누었을 때의 몫은 $x+2$이고 나머지는 $\{g(x)\}^2-x^2$이므로

$f(x)=\{x^2+g(x)\}(x+2)+\{g(x)\}^2-x^2$ …… ㉠

이때 나머지 $\{g(x)\}^2-x^2$의 차수는 $x^2+g(x)$의 차수보다 낮다.

(i) $g(x)$의 차수가 n $(n\geq2)$일 때,
$\{g(x)\}^2-x^2$의 차수가 $2n$으로 $x^2+g(x)$의 차수인 n보다 높게 되어 조건을 만족시키지 않는다.

(ii) $g(x)$가 상수일 때,
$\{g(x)\}^2-x^2$의 차수와 $x^2+g(x)$의 차수가 2로 같게 되어 조건을 만족시키지 않는다.

(i), (ii)에서 $g(x)$의 차수는 1이다.

따라서 $x^2+g(x)$는 이차식이므로 $\{g(x)\}^2-x^2$은 일차식 또는 상수이어야 하고, $g(x)$의 최고차항의 계수가 양수이므로

$g(x)=x+a$ (a는 상수) …… ㉡

로 놓을 수 있다.

(2단계) $f(x)$가 $g(x)$로 나누어떨어짐을 이용하여 $g(x)$를 구한다.

㉡을 ㉠에 대입하면

$f(x)=(x^2+x+a)(x+2)+(x+a)^2-x^2$

$\quad=(x^2+x+a)(x+2)+2ax+a^2$

조건 (나)에서 $f(x)$가 $g(x)=x+a$로 나누어떨어지므로

$f(-a)=0$

즉, $(a^2-a+a)(-a+2)-2a^2+a^2=0$에서 $-a^3+a^2=0$

이므로

$a^2(a-1)=0$

$\therefore a=0$ 또는 $a=1$

이때 $a=0$이면 $f(x)=(x^2+x)(x+2)$에서 $f(0)=0$이 되어 조건을 만족시키지 않고,

$a=1$이면 $f(x)=(x^2+x+1)(x+2)+2x+1$

에서 $f(0)\neq0$이므로 조건을 만족시킨다.

(3단계) $f(2)$의 값을 구한다.

따라서 $f(x)=(x^2+x+1)(x+2)+2x+1$이므로

$f(2)=7\times4+4+1=33$

다른 풀이 (1단계) $f(x)$가 $g(x)$로 나누어떨어짐을 이용하여 $g(x)$의 차수를 구한다.

조건 (가)에서 $f(x)$를 $x^2+g(x)$로 나눈 몫이 $x+2$이고 나머지가 $\{g(x)\}^2-x^2$이므로

$f(x)=\{x^2+g(x)\}(x+2)+\{g(x)\}^2-x^2$

$\quad=x^2(x+2)+(x+2)g(x)+\{g(x)\}^2-x^2$

$\quad=g(x)\{x+2+g(x)\}+x^3+x^2$

$\quad=g(x)\{x+2+g(x)\}+x^2(x+1)$ …… ㉠

조건 (나)에서 $f(x)$는 $g(x)$로 나누어떨어지므로 $x^2(x+1)$도 $g(x)$로 나누어떨어져야 한다. …… ㉡

㉠의 양변에 $x=0$을 대입하면

$f(0)=g(0)\{2+g(0)\}\neq0$이므로

$g(0)\neq0$이고 $g(0)\neq-2$ …… ㉢

$g(x)$의 최고차항의 계수가 양수이고 ㉡, ㉢에 의하여

$g(x)=k(x+1)$(단, $k>0$)

(2단계) $f(x)$를 $x^2+g(x)$로 나누었을 때의 나머지 $\{g(x)\}^2-x^2$의 차수가 $x^2+g(x)$의 차수보다 낮음을 이용하여 $g(x)$의 최고차항의 계수를 구한다.

$f(x)$를 $x^2+g(x)$로 나눈 나머지가 $\{g(x)\}^2-x^2$이므로 $\{g(x)\}^2-x^2$의 차수가 $x^2+g(x)$의 차수보다 낮아야 한다.

이때

$x^2+g(x)=x^2+k(x+1)$

$\quad=x^2+kx+k$

$\{g(x)\}^2-x^2=\{k(x+1)\}^2-x^2$

$\quad=(k^2-1)x^2+2k^2x+k^2$

즉, $\{g(x)\}^2-x^2$의 차수가 $x^2+g(x)$의 차수보다 낮아야 하므로

$k^2-1=0$, $(k-1)(k+1)=0$

$\therefore k=-1$ 또는 $k=1$

$k>0$이므로 $k=1$

$\therefore g(x)=x+1$

(3단계) $f(2)$의 값을 구한다.

㉠에 $g(x)=x+1$을 대입하면

$f(x)=(x+1)\{x+2+(x+1)\}+x^2(x+1)$

$\quad=(x+1)(2x+3)+x^2(x+1)$

이므로

$f(2)=(2+1)\times(2\times2+3)+2^2\times(2+1)$

$\quad=3\times7+4\times3$

$\quad=33$

03 인수분해

유형 분석 기출 ● 31쪽~36쪽

103 ⑤ **104** -2 **105** ④
106 $x^2(x-1)(x^3+x^2+2)$ **107** ③ **108** ③
109 ⑤ **110** ① **111** $(ab-a+1)(ab-b+1)$
112 ③ **113** ⑤ **114** $2x^2-8x-2$ **115** ②
116 ④ **117** 12 **118** ③ **119** 2 **120** ①
121 ③ **122** ③ **123** ⑤ **124** ② **125** ⑤
126 $(x+1)(x-3)(x^2+x-4)$ **127** ③
128 $(x+1)^2(x-1)^2$ **129** ② **130** ① **131** ②
132 895 **133** ① **134** 398 **135** ② **136** ⑤

103
① $a^3+9a^2+27a+27=(a+3)^3$
② $x^3+8y^3=(x+2y)(x^2-2xy+4y^2)$
③ $a^2+b^2+c^2-2ab+2bc-2ca$
$=a^2+(-b)^2+(-c)^2+2\times a\times(-b)+2\times(-b)\times(-c)+2\times(-c)\times a$
$=(a-b-c)^2$
④ $ab^2-ac^2-b^2c+c^3=a(b^2-c^2)-c(b^2-c^2)$
$=(a-c)(b^2-c^2)$
$=(a-c)(b+c)(b-c)$
⑤ $a^6-b^6=(a^3+b^3)(a^3-b^3)$
$=(a+b)(a^2-ab+b^2)(a-b)(a^2+ab+b^2)$
$=(a+b)(a-b)(a^2-ab+b^2)(a^2+ab+b^2)$
따라서 옳은 것은 ⑤이다.

104
$x^2+y^2+4z^2-2xy-4yz+4zx$
$=x^2+(-y)^2+(2z)^2+2\times x\times(-y)+2\times(-y)\times 2z+2\times 2z\times x$
$=(x-y+2z)^2$
따라서 $a=1$, $b=-1$, $c=2$이므로
$abc=1\times(-1)\times 2=-2$

105
$x^5y-64x^2y^4=x^2y(x^3-64y^3)$
$=x^2y(x-4y)(x^2+4xy+16y^2)$
따라서 인수가 아닌 것은 ④ $x^2-4xy+16y^2$이다.

106
$x^6-x^4+2x^3-2x^2=x^4(x^2-1)+2x^2(x-1)$
$=x^4(x+1)(x-1)+2x^2(x-1)$
$=x^2(x-1)\{x^2(x+1)+2\}$
$=x^2(x-1)(x^3+x^2+2)$

다른 풀이 $x^6+2x^3-x^4-2x^2$
$=(x^6+2x^3+1)-(x^4+2x^2+1)$
$=(x^3+1)^2-(x^2+1)^2$
$=(x^3+1+x^2+1)(x^3+1-x^2-1)$
$=(x^3+x^2+2)(x^3-x^2)$
$=x^2(x-1)(x^3+x^2+2)$

1등급 비법
항이 네 개일 때, 인수분해 하는 방법은 다음과 같다.
[방법 1] 두 개씩 짝 지어 공통인수를 찾는다.
[방법 2] 적당한 항을 더하거나 빼서 A^2-B^2 꼴로 변형한 후 인수분해 한다.

107
$x^4+9x^2y^2+81y^4=x^4+18x^2y^2+81y^4-9x^2y^2$
$=(x^2+9y^2)^2-(3xy)^2$
$=(x^2+3xy+9y^2)(x^2-3xy+9y^2)$
따라서 $a=\pm 3$, $b=9$이므로
$a^2+b^2=9+81=90$

108
$a^3-b^3+c^3+3abc=(a-b+c)(a^2+b^2+c^2+ab+bc-ca)$ …… ㉠
$a=x-3$, $b=2x-5$, $c=x-2$로 놓으면
$a-b+c=(x-3)-(2x-5)+(x-2)=0$
이므로 ㉠에서
$(x-3)^3-(2x-5)^3+(x-2)^3+3(x-3)(2x-5)(x-2)=0$
$\therefore (x-3)^3-(2x-5)^3+(x-2)^3=-3(x-2)(x-3)(2x-5)$

다른 풀이 인수분해 공식을 이용하면
$(x-3)^3-(2x-5)^3+(x-2)^3$
$=\{(x-3)-(2x-5)\}\{(x-3)^2+(x-3)(2x-5)+(2x-5)^2\}+(x-2)^3$
$=(-x+2)(x^2-6x+9+2x^2-11x+15+4x^2-20x+25)+(x-2)^3$
$=-(x-2)(7x^2-37x+49)+(x-2)^3$
$=(x-2)\{-(7x^2-37x+49)+(x-2)^2\}$
$=(x-2)(-6x^2+33x-45)$
$=-3(x-2)(2x^2-11x+15)$
$=-3(x-2)(x-3)(2x-5)$

참고 인수분해 공식
$a^3+b^3+c^3-3abc=(a+b+c)(a^2+b^2+c^2-ab-bc-ca)$
에서 b 대신 $-b$를 대입하면 다음이 성립한다.
$a^3-b^3+c^3+3abc=(a-b+c)(a^2+b^2+c^2+ab+bc-ca)$

109
다항식에서 공통부분을 찾아 $\boxed{x^2+3x}=X$로 놓으면
$(x^2+3x+3)(x^2+3x+4)-2$
$=(X+3)(X+4)-2=X^2+7X+10$
$=(X+2)(X+5)$
$=(x^2+3x+2)(x^2+3x+5)$

$=(\boxed{x+1})(x+2)(x^2+3x+5)$

따라서 $f(x)=x^2+3x$, $g(x)=x+1$이므로

$\frac{f(2)}{g(1)}=\frac{2^2+3\times2}{1+1}=\frac{10}{2}=5$

110

$x^2-3=X$로 놓으면

$(x^2-3)^2+3(x^2-3)-4=X^2+3X-4$
$=(X-1)(X+4)$
$=(x^2-4)(x^2+1)$
$=(x-2)(x+2)(x^2+1)$

이때 $b<c$이므로 $a=1$, $b=-2$, $c=2$

$a+b-c=1-2-2=-3$

111

$ab+1=X$로 놓으면

$(ab-a-b+1)(ab+1)+ab=(X-a-b)X+ab$
$=X^2-(a+b)X+ab$
$=(X-a)(X-b)$
$=(ab-a+1)(ab-b+1)$

112

$x+2y+1=X$로 놓으면

$(x+2y+1)^2+x+2y-1=X^2+X-2=(X-1)(X+2)$
$=(x+2y)(x+2y+3)$

따라서 $a=2$, $b=2$, $c=3$이므로

$a^2+b^2+c^2=2^2+2^2+3^2=17$

다른 풀이 $x+2y=X$로 놓으면

$(x+2y+1)^2+x+2y-1=(X+1)^2+X-1$
$=X^2+3X=X(X+3)$
$=(x+2y)(x+2y+3)$

따라서 $a=2$, $b=2$, $c=3$이므로

$a^2+b^2+c^2=2^2+2^2+3^2=17$

113

$(x+2)(x+3)(x+4)(x+5)+k$
$=\{(x+2)(x+5)\}\{(x+3)(x+4)\}+k$
$=(x^2+7x+10)(x^2+7x+12)+k$

$x^2+7x=X$로 놓으면

(주어진 식)$=(X+10)(X+12)+k$
$=X^2+22X+120+k$

이 식이 완전제곱식이 되어야 하므로

$120+k=11^2$ $\quad\therefore k=1$

$\therefore$ (주어진 식)$=X^2+22X+121=(X+11)^2$
$=(x^2+7x+11)^2$

따라서 $a=7$, $b=11$이므로

$a+b+k=7+11+1=19$

다른 풀이 $x^2+7x+10=X$로 놓으면

(주어진 식)$=X(X+2)+k$
$=X^2+2X+k$

$\therefore k=1$

$\therefore$ (주어진 식)$=X^2+2X+1=(X+1)^2$
$=(x^2+7x+11)^2$

따라서 $a=7$, $b=11$이므로

$a+b+k=7+11+1=19$

114

$(x^2-6x+5)(x^2-2x-3)+12$
$=(x-1)(x-5)(x+1)(x-3)+12$
$=\{(x-1)(x-3)\}\{(x-5)(x+1)\}+12$
$=(x^2-4x+3)(x^2-4x-5)+12$

$x^2-4x=X$로 놓으면

(주어진 식)$=(X+3)(X-5)+12$
$=X^2-2X-3$
$=(X+1)(X-3)$
$=(x^2-4x+1)(x^2-4x-3)$

따라서 $f(x)=x^2-4x+1$, $g(x)=x^2-4x-3$ 또는

$f(x)=x^2-4x-3$, $g(x)=x^2-4x+1$이므로

$f(x)+g(x)=2x^2-8x-2$

115

$x^2=X$로 놓으면

$x^4-x^2-12=X^2-X-12$
$=(X-4)(X+3)$
$=(x^2-4)(x^2+3)$
$=(x-2)(x+2)(x^2+3)$

이때 a가 양수이므로 $a=2$, $b=3$

$\therefore a+b=2+3=5$

116

$x^2=X$, $y^2=Y$로 놓으면

$x^4-13x^2y^2+36y^4=X^2-13XY+36Y^2$
$=(X-4Y)(X-9Y)$
$=(x^2-4y^2)(x^2-9y^2)$
$=(x+2y)(x-2y)(x+3y)(x-3y)$

따라서 $x^4-13x^2y^2+36y^4$의 인수인 것은 ㄱ, ㄴ, ㄹ이다.

117

$x^4+2x^2+9=x^4+6x^2+9-4x^2$
$=(x^2+3)^2-(2x)^2$
$=(x^2+2x+3)(x^2-2x+3)$

따라서 $a=2$, $b=3$, $c=-2$, $d=3$ 또는 $a=-2$, $b=3$, $c=2$, $d=3$이므로

$|ab-cd|=12$

118

주어진 식을 x에 대하여 내림차순으로 정리하면

$x^4-3y^2-2x^2y-4x^2+4y+4$
$=x^4-2x^2y-4x^2-3y^2+4y+4$
$=x^4-(2y+4)x^2-(3y^2-4y-4)$
$=x^4-(2y+4)x^2-(y-2)(3y+2)$
$=(x^2+y-2)(x^2-3y-2)$

따라서 인수인 것은 ③ x^2+y-2이다.

다른 풀이 주어진 식을 y에 대하여 내림차순으로 정리하면

$-3y^2-2x^2y+4y+x^4-4x^2+4$
$=-3y^2-(2x^2-4)y+(x^2-2)^2$
$=\{y+(x^2-2)\}\{-3y+(x^2-2)\}$
$=(x^2+y-2)(x^2-3y-2)$

오답 피하기 특정한 문자에 대하여 내림차순이나 오름차순으로 정리할 때, 다른 문자는 상수로 생각한다.

> 개념 보충
>
> **다항식의 정리**
>
> ① 내림차순: 한 문자에 대하여 차수가 높은 항부터 낮은 항의 순서대로 나타내는 것
>
> ② 오름차순: 한 문자에 대하여 차수가 낮은 항부터 높은 항의 순서대로 나타내는 것

119

주어진 식을 x에 대하여 내림차순으로 정리하면

$x^2-3xy+2y^2-ax+7y-15$
$=x^2-(3y+a)x+(2y^2+7y-15)$
$=x^2-(3y+a)x+(y+5)(2y-3)$

주어진 식이 x, y에 대한 두 일차식의 곱으로 인수분해 되므로

$-(y+5)+\{-(2y-3)\}=-(3y+a)$

$3y+2=3y+a \qquad \therefore a=2$

> 1등급 비법
>
> 여러 개의 문자를 포함한 식을 인수분해 할 때는 먼저 차수가 가장 낮은 한 문자에 대하여 내림차순으로 정리한다.
> 식에 포함된 문자의 차수가 모두 같을 때는 어느 한 문자에 대하여 내림차순으로 정리한다. 이때 상수항이 인수분해 되면 상수항만 따로 인수분해 한 후, 전체를 인수분해 한다.

120

주어진 식을 전개한 후, a에 대하여 내림차순으로 정리하면

$ab(a+b)+bc(b+c)+ca(c+a)+2abc$
$=a^2b+ab^2+b^2c+bc^2+c^2a+ca^2+2abc$
$=(b+c)a^2+(b^2+2bc+c^2)a+bc(b+c)$
$=(b+c)a^2+(b+c)^2a+bc(b+c)$
$=(b+c)\{a^2+(b+c)a+bc\}$
$=(b+c)(a+b)(a+c)$
$=(a+b)(b+c)(c+a)$

참고 전개한 식을 b 또는 c에 대하여 내림차순으로 정리한 후 인수분해 해도 그 결과는 같다.

121

$f(x)=x^3+3x^2-6x-8$이라 하면

$f(-1)=-1+3+6-8=0$

이므로 조립제법을 이용하여 $f(x)$를 인수분해 하면

-1	1	3	-6	-8
		-1	-2	8
	1	2	-8	0

$f(x)=(x+1)(x^2+2x-8)$
$=(x+1)(x+4)(x-2)$

$\therefore a^2+b^2+c^2=1^2+4^2+(-2)^2=21$

122

$f\left(\frac{1}{2}\right)=0$에서 $4\times\frac{1}{8}-a\times\frac{1}{4}-2\times\frac{1}{2}+1=0$

$\frac{1}{2}-\frac{a}{4}=0 \qquad \therefore a=2$

따라서 $f(x)=4x^3-2x^2-2x+1$이고 $f\left(\frac{1}{2}\right)=0$이므로

조립제법을 이용하여 $f(x)$를 인수분해 하면

$\frac{1}{2}$	4	-2	-2	1
		2	0	-1
	4	0	-2	0

$f(x)=\left(x-\frac{1}{2}\right)(4x^2-2)$
$=(2x-1)(2x^2-1)$

123

$f(x)=x^3-2x^2-x+a$라 하면

$f(1)=1-2-1+a=0$이므로 $a=2$

따라서 $f(x)=x^3-2x^2-x+2$이고, $f(1)=0$이므로 조립제법을 이용하여 $f(x)$를 인수분해 하면

1	1	-2	-1	2
		1	-1	-2
-1	1	-1	-2	0
		-1	2	
	1	-2	0	

$f(x)=(x-1)(x+1)(x-2)$

이때 $b<c$이므로 $a=2$, $b=-2$, $c=1$

$\therefore a-b+c=2-(-2)+1=5$

다른 풀이 $f(x)=x^3-2x^2-x+a$라 하면

$f(1)=1-2-1+a=0$이므로 $a=2$

$\therefore f(x)=x^3-2x^2-x+2$
$=x(x^2-1)-2(x^2-1)$
$=(x^2-1)(x-2)$
$=(x-1)(x+1)(x-2)$

이때 $b<c$이므로 $a=2$, $b=-2$, $c=1$

$\therefore a-b+c=2-(-2)+1=5$

124

$f(x)=x^3-(k^2+k+1)x+k^2+k$라 하면

$f(1)=1-(k^2+k+1)+k^2+k=0$

이므로 조립제법을 이용하여 $f(x)$를 인수분해 하면

$$\begin{array}{r|rrrr} 1 & 1 & 0 & -k^2-k-1 & k^2+k \\ & & 1 & 1 & -k^2-k \\ \hline & 1 & 1 & -k^2-k & 0 \end{array}$$

$f(x)=(x-1)\{x^2+x-k(k+1)\}$

$\quad=(x-1)(x-k)(x+k+1)$

$\therefore a+b+c=-1-k+k+1=0$

125

$f(x)=x^4+5x^3+11x^2+13x+6$이라 하면

$f(-1)=1-5+11-13+6=0,$

$f(-2)=16-40+44-26+6=0$

이므로 조립제법을 이용하여 $f(x)$를 인수분해 하면

$$\begin{array}{r|rrrrr} -1 & 1 & 5 & 11 & 13 & 6 \\ & & -1 & -4 & -7 & -6 \\ \hline -2 & 1 & 4 & 7 & 6 & 0 \\ & & -2 & -4 & -6 & \\ \hline & 1 & 2 & 3 & 0 & \end{array}$$

$f(x)=(x+1)(x+2)(x^2+2x+3)$

$\quad=(x^2+3x+2)(x^2+2x+3)$

이때 a, b는 정수이므로

$a=3$, $b=2$ 또는 $a=2$, $b=3$

$\therefore a+b=5$

126

$f(x)=x^4-x^3+ax^2+bx+12$라 하면

$f(-1)=0, f(2)=-6$

$f(-1)=0$에서

$1-(-1)+a-b+12=0$

$\therefore a-b=-14$ …… ㉠

$f(2)=-6$에서

$16-8+4a+2b+12=-6$

$\therefore 2a+b=-13$ …… ㉡

㉠, ㉡을 연립하여 풀면 $a=-9$, $b=5$

$\therefore f(x)=x^4-x^3-9x^2+5x+12$

$f(-1)=0$, $f(3)=0$이므로 조립제법을 이용하여 $f(x)$를 인수분해 하면

$$\begin{array}{r|rrrrr} -1 & 1 & -1 & -9 & 5 & 12 \\ & & -1 & 2 & 7 & -12 \\ \hline 3 & 1 & -2 & -7 & 12 & 0 \\ & & 3 & 3 & -12 & \\ \hline & 1 & 1 & -4 & 0 & \end{array}$$

$f(x)=(x+1)(x-3)(x^2+x-4)$

$\therefore x^4-x^3-9x^2+5x+12=(x+1)(x-3)(x^2+x-4)$

127

$x^3+1-f(x)=(x+1)(x+a)^2$ …… ㉠

에서 $x^3+1-f(x)$가 $x+1$로 나누어떨어지므로 인수정리에 의하여

$(-1)^3+1-f(-1)=0 \qquad \therefore f(-1)=0$

따라서 $f(x)=k(x+1)$(k는 0이 아닌 상수)이므로

$x^3+1-f(x)=x^3+1-k(x+1)$

$\quad=(x+1)(x^2-x+1-k)$

이것을 ㉠의 우변과 비교하면

$x^2-x+1-k=(x+a)^2$, $x^2-x+1-k=x^2+2ax+a^2$

양변의 계수를 비교하면

$-1=2a, 1-k=a^2 \qquad \therefore a=-\frac{1}{2}, k=\frac{3}{4}$

따라서 $f(x)=\frac{3}{4}(x+1)$이므로

$f(7)=\frac{3}{4}\times 8=6$

128

x^4+ax^2+b가 $(x+1)^2$을 인수로 가지므로 조립제법을 이용하면

$$\begin{array}{r|rrrrr} -1 & 1 & 0 & a & 0 & b \\ & & -1 & 1 & -a-1 & a+1 \\ \hline -1 & 1 & -1 & a+1 & -a-1 & a+b+1 \\ & & -1 & 2 & -a-3 & \\ \hline & 1 & -2 & a+3 & -2a-4 & \end{array}$$

이때 나머지가 0이므로 $a+b+1=0$, $-2a-4=0$

두 식을 연립하여 풀면 $a=-2$, $b=1$

$\therefore x^4-2x^2+1=(x+1)^2(x^2-2x+1)$

$\quad=(x+1)^2(x-1)^2$

129

$x^3-x^2y+xy^2-y^3=x^2(x-y)+y^2(x-y)$

$\quad=(x-y)(x^2+y^2)$

$\quad=(x-y)\{(x-y)^2+2xy\}$

$\quad=3\times(3^2+2\times2)=39$

130

$a^3+3a^2(b+c)+2a(b^2+c^2)+5abc$

$=a^3+3a^2b+3a^2c+2ab^2+2ac^2+5abc$

$=a(a^2+3ab+3ac+2b^2+2c^2+5bc)$

$=a\{a^2+3(b+c)a+(2b^2+5bc+2c^2)\}$

$=a\{a^2+3(b+c)a+(2b+c)(b+2c)\}$

$=a(a+2b+c)(a+b+2c)$

$=a\{(a+b+c)+b\}\{(a+b+c)+c\}$

$=abc=-2$

다른 풀이 $a^3+3a^2(b+c)+2a(b^2+c^2)+5abc$

$=a^3+3a^2(b+c)+2a(b^2+2bc+c^2)-4abc+5abc$

$=a^3+3a^2(b+c)+2a(b+c)^2+abc$ …… ㉠

이때 $a+b+c=0$에서 $b+c=-a$이고, $abc=-2$
이므로 이를 ㉠에 대입하면

$(\text{주어진 식})=a^3+3a^2\times(-a)+2a\times(-a)^2-2$
$=a^3-3a^3+2a^3-2=-2$

1등급 비법

여러 문자를 포함한 식의 인수분해는 모든 항의 공통인수로 묶거나 차수가 가장 낮은 문자에 대하여 내림차순으로 정리하여 인수분해 한다.

131

$(x+y)^3=X$, $(x-y)^3=Y$로 놓으면

$\{(x+y)^3+(x-y)^3\}^2-\{(x+y)^3-(x-y)^3\}^2$
$=(X+Y)^2-(X-Y)^2$
$=\{(X+Y)+(X-Y)\}\{(X+Y)-(X-Y)\}$
$=2X\times 2Y=4XY$
$=4(x+y)^3(x-y)^3=4\{(x+y)(x-y)\}^3$
$=4(x^2-y^2)^3=4\times 2^3=32$

132

$30=x$로 놓으면

$27\times 29\times 31\times 33+16$
$=(x-3)(x-1)(x+1)(x+3)+16$
$=(x+1)(x-1)(x+3)(x-3)+16$
$=(x^2-1)(x^2-9)+16$
$=x^4-10x^2+25=(x^2-5)^2$
$=(30^2-5)^2=(900-5)^2=895^2$
$\therefore N=895$

1등급 비법

수의 계산이 복잡한 경우에는 수를 한 문자로 치환하고 인수분해 한 후 수를 다시 대입하여 계산한다.

133

$2025=X$로 놓으면

$$\frac{2025^3-1}{2025^2-1}-\frac{1}{2026}-1=\frac{X^3-1}{X^2-1}-\frac{1}{X+1}-1$$
$$=\frac{(X-1)(X^2+X+1)}{(X+1)(X-1)}-\frac{1}{X+1}-1$$
$$=\frac{(X^2+X+1)-1-(X+1)}{X+1}$$
$$=\frac{X^2-1}{X+1}=\frac{(X-1)(X+1)}{X+1}$$
$$=X-1=2024$$

134

$21=x$로 놓으면

$21^3+21^2-21+2=x^3+x^2-x+2$

이고, 이 다항식은 $x+2$를 인수로 가지므로 조립제법을 이용하여 인수분해 하면

-2	1	1	-1	2
		-2	2	-2
	1	-1	1	0

$\therefore x^3+x^2-x+2=(x+2)(x^2-x+1)$
$=(21+2)(21^2-21+1)$
$=23\times 421$

따라서 $a=23$, $b=421$ 또는 $a=421$, $b=23$이므로
$|a-b|=398$

135

$b^2-ab-c^2+ac=(c-b)a+b^2-c^2$
$=(c-b)a+(b+c)(b-c)$
$=(c-b)a-(c-b)(b+c)$
$=(c-b)\{a-(b+c)\}$
$=(c-b)(a-b-c)=0$

이때 a, b, c는 삼각형의 세 변의 길이이므로 $a<b+c$
즉, $a-b-c\neq 0$이므로
$c-b=0$ $\therefore b=c$
따라서 이 삼각형은 $b=c$인 이등변삼각형이다.

개념 보충

삼각형의 세 변의 길이가 a, b, c일 때
① $a=b$ 또는 $b=c$ 또는 $c=a$이면 이등변삼각형
② $a=b=c$이면 정삼각형
③ $c^2=a^2+b^2$이면 빗변의 길이가 c인 직각삼각형

136

$f(x)=x^3+7x^2+16x+12$라 하면 $f(-2)=0$이므로 조립제법을 이용하여 $f(x)$를 인수분해 하면

-2	1	7	16	12
		-2	-10	-12
	1	5	6	0

$f(x)=(x+2)(x^2+5x+6)$
$=(x+2)(x+2)(x+3)$
$=(x+2)^2(x+3)$

(원기둥의 부피)$=\pi\times$(밑면의 반지름의 길이)$^2\times$(높이)
이므로
$(x^3+7x^2+16x+12)\pi=(x+2)^2(x+3)\pi$
에서 원기둥의 밑면의 반지름의 길이는 $x+2$, 높이는 $x+3$이다.

$\therefore$ (겉넓이)=(밑넓이)$\times 2+$(옆넓이)
$=\pi(x+2)^2\times 2+2\pi(x+2)(x+3)$
$=2(x+2)\{(x+2)+(x+3)\}\pi$
$=2(x+2)(2x+5)\pi$

따라서 $a=2$, $b=2$이므로
$ab=2\times 2=4$

개념 보충

밑면의 반지름의 길이가 r, 높이가 h인 원기둥에 대하여
① (겉넓이)=(밑넓이)$\times 2+$(옆넓이)$=2\pi r^2+2\pi rh$
② (부피)=(밑넓이)$\times$(높이)$=\pi r^2h$

내신 적중 서술형 • 37쪽

137 3
138 (1) $(x^2-n)\{x^2-(290-n)\}$ (2) 풀이 참조 (3) 580
139 $(x+2y-1)(x+2y+3)$ **140** 4

137

$x^2+2x=X$로 놓으면

$(x^2+2x)^2-2x^2-4x-3=(x^2+2x)^2-2(x^2+2x)-3$
$=X^2-2X-3$
$=(X+1)(X-3)$ …… ㉮
$=(x^2+2x+1)(x^2+2x-3)$
$=(x+1)^2(x-1)(x+3)$ …… ㉯

따라서 $a=1$, $b=-1$, $c=3$ 또는 $a=1$, $b=3$, $c=-1$이므로
$a+b+c=3$ …… ㉰

채점 기준	배점 비율
㉮ 공통인수를 X로 치환하여 인수분해 하기	40 %
㉯ 주어진 식을 인수분해 하기	40 %
㉰ $a+b+c$의 값 구하기	20 %

다른 풀이

$P(x)=(x^2+2x)^2-2x^2-4x-3$
$=x^4+4x^3+2x^2-4x-3$
이라 하면
$P(-1)=1-4+2+4-3=0$,
$P(1)=1+4+2-4-3=0$ …… ㉮
이므로 조립제법을 이용하여 $P(x)$를 인수분해 하면

-1	1	4	2	-4	-3
		-1	-3	1	3
1	1	3	-1	-3	0
		1	4	3	
	1	4	3	0	

$P(x)=(x+1)(x-1)(x^2+4x+3)$
$=(x+1)^2(x-1)(x+3)$ …… ㉯

따라서 $a=1$, $b=-1$, $c=3$ 또는 $a=1$, $b=3$, $c=-1$이므로
$a+b+c=3$ …… ㉰

채점 기준	배점 비율
㉮ 주어진 식의 인수 찾기	30 %
㉯ 조립제법과 인수정리를 이용하여 주어진 식을 인수분해 하기	50 %
㉰ $a+b+c$의 값 구하기	20 %

138

(1) $x^2=X$로 놓으면

$x^4-290x^2-n^2+290n=X^2-290X-n^2+290n$
$=X^2-290X-n(n-290)$
$=(X-n)\{X-(290-n)\}$
$=(x^2-n)\{x^2-(290-n)\}$ …… ㉮

(2) 주어진 다항식이 계수와 상수항이 모두 정수인 네 개의 일차식의 곱으로 인수분해 되려면 두 수 n, $290-n$이 제곱수이고 $290-n>0$이어야 하므로 자연수 n은 $0<n<290$인 제곱수이어야 한다. …… ㉯

(3) 조건을 만족시키는 자연수 n의 값은 1, 121, 169, 289이므로 모든 자연수 n의 값의 합은
$1+121+169+289=580$ …… ㉰

	채점 기준	배점 비율
(1)	㉮ 주어진 식을 두 이차식의 곱으로 인수분해 하기	40 %
(2)	㉯ 자연수 n의 조건 구하기	40 %
(3)	㉰ 조건을 만족시키는 모든 자연수 n의 값의 합 구하기	20 %

139

$x^2+4xy+4y^2+2x+4y-3$
$=x^2+(4y+2)x+(4y^2+4y-3)$ …… ㉮
$=x^2+(4y+2)x+(2y-1)(2y+3)$
$=(x+2y-1)(x+2y+3)$ …… ㉯

채점 기준	배점 비율
㉮ 한 문자에 대하여 내림차순으로 정리하기	40 %
㉯ 주어진 식을 인수분해 하기	60 %

참고 y에 대하여 내림차순으로 정리한 후 인수분해 해도 그 결과는 같다.

다른 풀이

$x+2y=X$라 하면
$x^2+4xy+4y^2+2x+4y-3$
$=(x+2y)^2+2(x+2y)-3$
$=X^2+2X-3$ …… ㉮
$=(X-1)(X+3)$
$=(x+2y-1)(x+2y+3)$ …… ㉯

채점 기준	배점 비율
㉮ $x+2y=X$로 놓고 주어진 식을 치환하기	50 %
㉯ 주어진 식을 인수분해 하기	50 %

140

조건 (다)의 $b^3+a^2b+a^2c+b^2c=c^3+bc^2$에서
$b^3-c^3+a^2b+a^2c-bc^2+b^2c=0$
a에 대하여 내림차순으로 정리하면
$(b+c)a^2+b^3-c^3-bc^2+b^2c=0$
$(b+c)a^2+b^2(b+c)-c^2(b+c)=0$
$(b+c)(a^2+b^2-c^2)=0$ …… ㉮
$b+c>0$이므로 $a^2+b^2-c^2=0$ $\therefore a^2+b^2=c^2$
따라서 삼각형 ABC는 빗변의 길이가 c인 직각삼각형이다. …… ㉯

조건 (나)에서 $c=3$이므로
$a^2+b^2=c^2=9$
따라서 삼각형 ABC의 넓이는
$\frac{1}{2}ab=\frac{1}{2}\times\frac{1}{2}\{(a+b)^2-(a^2+b^2)\}$
$=\frac{1}{4}\times(5^2-9)=4$ ($\because$ 조건 (가)) …… ㉰

채점 기준	배점 비율
㉮ 조건 (다)의 $b^3-c^3+a^2b+a^2c-bc^2+b^2c=0$의 좌변을 인수분해 하기	50 %
㉯ 삼각형 ABC의 모양 파악하기	20 %
㉰ 삼각형 ABC의 넓이 구하기	30 %

1등급 실력 완성

● 38쪽 ~ 39쪽

141 ④ **142** ⑤ **143** 6 **144** ② **145** ⑤
146 20 **147** 5 **148** 1000000 **149** 2
150 $\sqrt{15}$

141

공식을 이용한 인수분해

(전략) $(x+a)(x-b)$를 전개하여 a, b 사이의 관계식을 구하고, 상수항 꼴을 찾는다.

(풀이) $(x+a)(x-b)=x^2+(a-b)x-ab$이고, 주어진 100개의 다항식은 x의 계수가 모두 1이므로

$a-b=1 \qquad \therefore a=b+1$

$\therefore ab=b(b+1)$

이때 주어진 100개의 다항식 중에서 상수항이 $-b(b+1)$ 꼴인 경우는

$-1\times2,\ -2\times3,\ -3\times4,\ \cdots,\ -9\times10$

의 9가지이다.

따라서 $(x+a)(x-b)$ 꼴로 인수분해 되는 다항식은

$x^2+x-2,\ x^2+x-6,\ x^2+x-12,\ \cdots,\ x^2+x-90$

의 9개이다.

1등급 비법

$(x+a)(x-b)=x^2+(a-b)x-ab$와 x^2+x-k
($k=1, 2, 3, \cdots, 100$)의 계수를 비교하여 상수항이 $-b(b+1)$, 즉 $-$(연속한 두 자연수의 곱) 꼴로 나타내어지는 것을 찾는다.

142

공식을 이용한 인수분해

(전략) $\{f(x)\}^3+\{g(x)\}^3$을 인수분해 하여 $h(x)$의 식을 세운 후 나머지정리를 이용한다.

(풀이) 좌변을 인수분해 하면

$\{f(x)\}^3+\{g(x)\}^3$

$=\{f(x)+g(x)\}[\{f(x)\}^2-f(x)g(x)+\{g(x)\}^2]$

이때

$f(x)+g(x)=(x^2+x)+(x^2-2x-1)=2x^2-x-1$

이므로

$(\text{좌변})=(2x^2-x-1)[\{f(x)\}^2-f(x)g(x)+\{g(x)\}^2]$

$\therefore h(x)=\{f(x)\}^2-f(x)g(x)+\{g(x)\}^2$

$h(x)$를 $x-1$로 나누었을 때의 나머지는 $h(1)$이고, $f(1)=2$, $g(1)=-2$이므로

$h(1)=\{f(1)\}^2-f(1)g(1)+\{g(1)\}^2$

$=2^2-2\times(-2)+(-2)^2=12$

143

공통부분이 있는 식의 인수분해

(전략) $x^2+kx=X$로 놓고 인수분해 하여 주어진 조건을 만족시키는 k의 값을 구한다.

(풀이) $x^2+kx=X$로 놓으면

$(x^2+kx+7)(x^2+kx+10)+2$

$=(X+7)(X+10)+2$

$=X^2+17X+72$

$=(X+8)(X+9)$

$=(x^2+kx+8)(x^2+kx+9)$

이 식이 계수와 상수항이 모두 자연수인 네 개의 일차식의 곱으로 인수분해 되려면

(i) $x^2+kx+8=(x+1)(x+8)$에서 $k=9$ 또는
$x^2+kx+8=(x+2)(x+4)$에서 $k=6$

(ii) $x^2+kx+9=(x+1)(x+9)$에서 $k=10$ 또는
$x^2+kx+9=(x+3)^2$에서 $k=6$

(i), (ii)에서 $k=6$이다.

(참고) $x^2+kx+7=X$로 치환하여 인수분해 해도 그 결과는 같다.

144

공통부분이 있는 식의 인수분해

(전략) 각 항을 x^2으로 묶고, $x+\frac{1}{x}$을 치환하여 문제를 해결한다.

(풀이) $x^4-4x^3+5x^2-4x+1$

$=x^2\left(x^2-4x+5-\frac{4}{x}+\frac{1}{x^2}\right)$

$=x^2\left\{\left(x^2+\frac{1}{x^2}\right)-4\left(x+\frac{1}{x}\right)+5\right\}$

$=x^2\left\{\left(x+\frac{1}{x}\right)^2-4\left(x+\frac{1}{x}\right)+3\right\}$

$=x^2\left(x+\frac{1}{x}-1\right)\left(x+\frac{1}{x}-3\right)$

$=(x^2-x+1)(x^2-3x+1)$

따라서 $a=-1$, $b=1$, $c=-3$, $d=1$ 또는 $a=-3$, $b=1$, $c=-1$, $d=1$이므로

$a+b+c+d=-2$

1등급 비법

계수가 대칭인 사차식 $Ax^4+Bx^3+Cx^2+Bx+A$(A, B, C는 상수)의 인수분해

(i) 각 항을 x^2으로 묶는다.

(ii) $x^2+\frac{1}{x^2}=\left(x+\frac{1}{x}\right)^2-2=\left(x-\frac{1}{x}\right)^2+2$임을 이용하여 $x+\frac{1}{x}$ 또는 $x-\frac{1}{x}$에 대한 내림차순으로 식을 정리한다.

(iii) $x+\frac{1}{x}$ 또는 $x-\frac{1}{x}$을 치환하여 인수분해 한다.

(iv) 다시 x^2을 곱하여 식을 정리한다.

145

x^4+ax^2+b 꼴의 인수분해

(전략) 연산 $*$의 정의를 이용하여 주어진 식을 나타낸 후 인수분해 한다.

(풀이) $A*B=(A+B)^2-AB$이므로

$(x+2)^2*(x-1)^2=\{(x+2)^2+(x-1)^2\}^2-(x+2)^2(x-1)^2$

에서

$x+2=X$, $x-1=Y$로 놓으면

$\{(x+2)^2+(x-1)^2\}^2-(x+2)^2(x-1)^2$

$=(X^2+Y^2)^2-X^2Y^2$

$=(X^2+Y^2)^2-(XY)^2$

$=(X^2+XY+Y^2)(X^2-XY+Y^2)$

$=\{(x+2)^2+(x+2)(x-1)+(x-1)^2\}$
$\times\{(x+2)^2-(x+2)(x-1)+(x-1)^2\}$

$=(x^2+4x+4+x^2+x-2+x^2-2x+1)$
$\times(x^2+4x+4-x^2-x+2+x^2-2x+1)$

$=(3x^2+3x+3)(x^2+x+7)$

$=3(x^2+x+1)(x^2+x+7)$

146

여러 개의 문자를 포함한 식의 인수분해 ⊕ 인수분해의 활용; 식의 값

(전략) 주어진 식을 b에 대하여 내림차순으로 정리하여 인수분해 한 후 147을 소인수분해 한 식과 비교한다.

(풀이) 주어진 식을 b에 대하여 내림차순으로 정리하면

$a^2b+6ab+a^2+6a+9b+9=(a^2+6a+9)b+a^2+6a+9$
$=(a+3)^2b+(a+3)^2$
$=(a+3)^2(b+1)$

이때 $147=3\times7^2$이므로

$(a+3)^2(b+1)=3\times7^2$

a, b는 자연수이므로

$a+3=7$, $b+1=3$

따라서 $a=4$, $b=2$이므로

$a^2+b^2=4^2+2^2=20$

147

인수정리를 이용한 인수분해

(전략) $A^3-B^3=(A-B)^3+3AB(A-B)$임을 이용한다.

(풀이) $\{P(x)\}^3-\{Q(x)\}^3$
$=\{P(x)-Q(x)\}^3+3P(x)Q(x)\{P(x)-Q(x)\}$
$=1+3P(x)Q(x)$ ($\because$ 조건 (가))

조건 (나)에서

$1+3P(x)Q(x)=3x^4+6x^3-6x^2-9x+7$이므로

$3P(x)Q(x)=3x^4+6x^3-6x^2-9x+6$

$\therefore P(x)Q(x)=x^4+2x^3-2x^2-3x+2$

이때 $P(1)Q(1)=1+2-2-3+2=0$,

$P(-2)Q(-2)=16-16-8+6+2=0$

이므로 조립제법을 이용하여 $P(x)Q(x)$를 인수분해 하면

1	1	2	−2	−3	2
		1	3	1	−2
−2	1	3	1	−2	0
		−2	−2	2	
	1	1	−1	0	

$P(x)Q(x)=(x-1)(x+2)(x^2+x-1)$
$=(x^2+x-2)(x^2+x-1)$

조건 (가)에서 $P(x)-Q(x)=1$이므로

$P(x)=x^2+x-1$, $Q(x)=x^2+x-2$

$\therefore P(2)+Q(1)=5+0=5$

148

인수분해의 활용; 수의 계산

(전략) $103=X$로 놓고 인수분해를 이용하여 문제를 해결한다.

(풀이) $103=X$라 하면

$103^3-9\times101^2-9\times102$

$=X^3-9(X-2)^2-9(X-1)$

$=X^3-9(X^2-4X+4)-9X+9$

$=X^3-9X^2+27X-27$

$=(X-3)^3=100^3=1000000$

(다른 풀이) $100=X$라 하면

$103^3-9\times101^2-9\times102$

$=(X+3)^3-9(X+1)^2-9(X+2)$

$=X^3+9X^2+27X+27-9(X^2+2X+1)-9(X+2)$

$=X^3=100^3=1000000$

149

인수분해의 활용; 도형

(전략) 네 상자의 부피를 각각 구한 후 주어진 조건을 이용하여 식을 세운다.

(풀이) 상자 A의 부피는 a^3, 상자 B의 부피는 b^3, 상자 C의 부피는 2^3, 상자 D의 부피는 ab이므로

$a^3+b^3+2^3=6ab$

$\therefore a^3+b^3+2^3-6ab=0$

위의 식의 좌변을 인수분해 하면

$a^3+b^3+2^3-3\times a\times b\times2$

$=(a+b+2)(a^2+b^2+2^2-ab-2b-2a)$

$=\frac{1}{2}(a+b+2)\{(a-b)^2+(b-2)^2+(a-2)^2\}=0$

이때 $a>0$, $b>0$이므로 $a+b+2>0$

$\therefore (a-b)^2+(b-2)^2+(a-2)^2=0$

따라서 $a=2$, $b=2$이므로 상자 A의 한 모서리의 길이는 2이다.

1등급 비법

인수분해 공식

$a^3+b^3+c^3-3abc$

$=(a+b+c)(a^2+b^2+c^2-ab-bc-ca)$

$=\frac{1}{2}(a+b+c)\{(a^2-2ab+b^2)+(b^2-2bc+c^2)+(c^2-2ca+a^2)\}$

$=\frac{1}{2}(a+b+c)\{(a-b)^2+(b-c)^2+(c-a)^2\}$

150

인수분해의 활용; 도형

(전략) $a^2=X, b^2=Y, 9=Z$로 놓고 인수분해한 후 삼각형 ABC의 세 변의 길이 사이의 관계를 알아낸다.

(풀이) $a^2=X, b^2=Y, 9=Z$로 놓으면

$$(\text{주어진 식})=X^2+Y^2+Z^2+2XY-2ZX-2YZ$$
$$=(X+Y-Z)^2$$
$$=(a^2+b^2-9)^2=0$$

이므로 $a^2+b^2-9=0$

$\therefore a^2+b^2=9$ …… ㉠

즉, 삼각형 ABC는 빗변의 길이가 3인 직각삼각형이다.

이때 삼각형 ABC의 넓이가 $\frac{3}{2}$이므로

$\frac{1}{2}ab=\frac{3}{2}$ $\quad\therefore ab=3$ …… ㉡

㉠, ㉡에서

$(a+b)^2=a^2+b^2+2ab=9+2\times3=15$

$\therefore a+b=\sqrt{15}$ ($\because a>0, b>0$)

도전 1등급 최고난도 • 40쪽

151 -3 **152** 288 **153** ①

151

인수분해 공식

(1단계) 주어진 등식의 좌변을 정리한다.

$x^2y^2z^2-2xyz+x^2+y^2+z^2+2xy+2yz+2zx+1$

$=(x^2y^2z^2-2xyz+1)+(x^2+y^2+z^2+2xy+2yz+2zx)$

$=(xyz-1)^2+(x+y+z)^2=0$

(2단계) 실수의 성질을 이용하여 xyz, $x+y+z$의 값을 구한다.

이때 $xyz-1$, $x+y+z$는 실수이므로

$xyz=1$, $x+y+z=0$ …… ㉠

(3단계) $(x+y+z)^3-(x^3+y^3+z^3)$의 값을 구한다.

㉠에서 $x+y+z=0$이므로

$x^3+y^3+z^3-3xyz$

$=(x+y+z)(x^2+y^2+z^2-xy-yz-zx)=0$

$\therefore x^3+y^3+z^3=3xyz=3$ ($\because$ ㉠)

$\therefore (x+y+z)^3-(x^3+y^3+z^3)=0-(x^3+y^3+z^3)$
$=-3$

> **개념 보충**
>
> **실수의 성질**
>
> 실수 a, b에 대하여
> ① $a^2\ge0$
> ② $a^2=0$이면 $a=0$
> ③ $a^2+b^2=0$이면 $a=0$, $b=0$

152

x^4+ax^2+b 꼴의 인수분해

(1단계) a와 b 사이의 관계식을 구한다.

$x^4+(k^2-13)x^2-12$의 x^3의 계수는 0이므로

$(x+a)(x+b)(x^2+c)$

$=\{x^2+(a+b)x+ab\}(x^2+c)$

에서 $a+b=0$

$\therefore b=-a$

(2단계) a^2, c의 값을 구한다.

$$x^4+(k^2-13)x^2-12=(x+a)(x+b)(x^2+c)$$
$$=(x+a)(x-a)(x^2+c)$$
$$=(x^2-a^2)(x^2+c)$$
$$=x^4+(-a^2+c)x^2-a^2c$$

$k^2-13=-a^2+c$ …… ㉠

$a^2c=12$ …… ㉡

㉡에서 a, c는 정수이므로

$a^2=1$, $c=12$ 또는 $a^2=4$, $c=3$

(3단계) k의 값을 구하고, 모든 실수 k의 값의 곱을 구한다.

(i) $a^2=1$, $c=12$일 때,

$k^2=-a^2+c+13=-1+12+13=24$

$\therefore k=\pm2\sqrt{6}$

(ii) $a^2=4$, $c=3$일 때,

$k^2=-a^2+c+13=-4+3+13=12$

$\therefore k=\pm2\sqrt{3}$

(i), (ii)에서 모든 실수 k의 값의 곱은

$2\sqrt{6}\times(-2\sqrt{6})\times2\sqrt{3}\times(-2\sqrt{3})=288$

153

인수분해의 활용; 도형

(1단계) 중복으로 계산되는 입체의 부피에 주의하여 구하는 입체의 부피를 다항식으로 나타낸다.

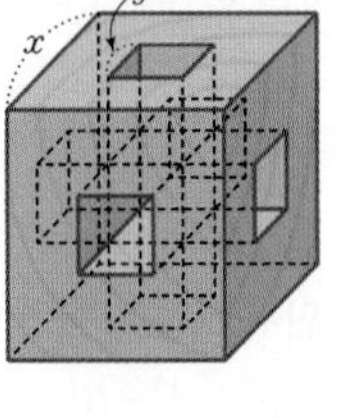

입체의 부피를 구하려면 한 모서리의 길이가 x인 정육면체의 부피에서 밑면이 한 변의 길이가 y인 정사각형이고 높이가 x인 세 정사각기둥의 부피를 뺀 다음 세 정사각기둥이 겹치는 부분의 부피가 세 번 계산되었으므로 중복하여 뺀 부피는 더해야 한다.

세 직육면체가 겹치는 부분의 부피는 한 모서리의 길이가 y인 정육면체의 부피와 같으므로 구하는 입체의 부피는

$x^3-3xy^2+2y^3$

(2단계) 구한 입체의 부피를 인수분해 하여 답을 구한다.

$x^3-3xy^2+2y^3$을 x에 대한 내림차순으로 정리하면 $x^3-3y^2x+2y^3$이고 조립제법을 이용하여 인수분해 하면 오른쪽과 같다.

y	1	0	$-3y^2$	$2y^3$
		y	y^2	$-2y^3$
y	1	y	$-2y^2$	0
		y	$2y^2$	
	1	$2y$	0	

$\therefore x^3-3xy^2+2y^3=(x-y)^2(x+2y)$

Ⅱ 방정식과 부등식

04 복소수

유형 분석 기출 · 43쪽~47쪽

154	④	**155**	4	**156**	④	**157**	②	**158**	1
159	-5	**160**	②	**161**	①	**162**	③	**163**	③
164	②	**165**	④	**166**	⑤	**167**	②		
168	$\frac{1}{4}+\frac{3}{4}i$			**169**	$3-2i$ 또는 $3+2i$			**170**	③
171	-2	**172**	②	**173**	④	**174**	⑤	**175**	③
176	-2	**177**	25	**178**	3	**179**	⑤	**180**	①
181	i	**182**	①						

154
① 실수는 복소수이다.
② 2의 허수부분은 0이다.
③ 허수에서는 대소 관계가 존재하지 않는다.
⑤ $a\neq0$, $b=0$이면 $a+bi$는 실수이다.

155
허수인 복소수는 $1+i$, $3-2i$, $\sqrt{5}i$이고, $1+i$의 실수부분은 1, $3-2i$의 실수부분은 3, $\sqrt{5}i$의 실수부분은 0이다.
따라서 실수부분의 합은
$1+3+0=4$

156
$$\begin{aligned}1+2i+i(1-i)&=1+2i+i-i^2\\&=1+2i+i+1\\&=2+3i\end{aligned}$$

157
$$\begin{aligned}(1+2i)(3-4i)&=3-4i+6i-8i^2\\&=3-4i+6i+8\\&=11+2i\end{aligned}$$
$$\begin{aligned}\frac{1-3i}{1+i}&=\frac{(1-3i)(1-i)}{(1+i)(1-i)}\\&=\frac{1-i-3i+3i^2}{1-i^2}\\&=\frac{1-4i-3}{1-(-1)}\\&=\frac{-2-4i}{2}\\&=-1-2i\end{aligned}$$
$$\begin{aligned}\therefore\ (1+2i)(3-4i)+\frac{1-3i}{1+i}&=(11+2i)+(-1-2i)\\&=10\end{aligned}$$
따라서 $a=10$, $b=0$이므로
$a+b=10+0=10$

158
z^2이 음의 실수가 되려면 z는 순허수이어야 한다.
즉, $z=a(a-1)+a(a+1)i$에 대하여
$a(a-1)=0$, $a(a+1)\neq0$
(i) $a(a-1)=0$에서 $a=0$ 또는 $a=1$
(ii) $a(a+1)\neq0$에서 $a\neq0$이고 $a\neq-1$
(i), (ii)에서 $a=1$

개념 보충
복소수 z에 대하여
① z^2이 양의 실수 ⇨ z는 0이 아닌 실수
② z^2이 음의 실수 ⇨ z는 순허수

오답 피하기 복소수의 허수부분을 말할 때
① 부호를 포함한다.
② 허수단위 i를 포함하지 않는다.
즉, 여기서 허수부분은 $a(a+1)i$가 아니라 $a(a+1)$이다.

159
$x=1+\sqrt{2}i$에서 $x-1=\sqrt{2}i$
이 식의 양변을 제곱하면
$x^2-2x+1=-2$ $\quad\therefore x^2-2x+3=0$
$$\begin{aligned}\therefore\ 3x^2-6x+4&=3(x^2-2x+3)-5\\&=3\times0-5\\&=-5\end{aligned}$$

1등급 비법
$x=a+bi$ (a, b는 실수)를 $x-a=bi$로 변형한 후 양변을 제곱하면 식의 값이 0이 되는 x에 대한 이차식을 얻을 수 있다.

160
$$\begin{aligned}z_1+z_2&=(1+2i)+(-2+i)\\&=-1+3i\end{aligned}$$
$$\begin{aligned}z_1z_2&=(1+2i)(-2+i)\\&=-2+i-4i+2i^2\\&=-2+i-4i-2\\&=-4-3i\end{aligned}$$
$$\begin{aligned}\therefore\ z_1^2z_2+z_1z_2^2&=z_1z_2(z_1+z_2)\\&=(-4-3i)(-1+3i)\\&=4-12i+3i-9i^2\\&=4-12i+3i+9\\&=13-9i\end{aligned}$$

1등급 비법
z_1+z_2, z_1z_2의 값을 구하여 주어진 식을 z_1+z_2, z_1z_2를 포함한 식으로 변형한 후 대입한다.

161

$\alpha+\beta=(1+2i)+(1-2i)=2$

$\alpha\beta=(1+2i)(1-2i)=1-4i^2=1+4=5$

$\therefore \alpha^3+\beta^3-2\alpha^2\beta-2\alpha\beta^2=(\alpha+\beta)^3-5\alpha\beta(\alpha+\beta)$

$=2^3-5\times5\times2$

$=-42$

162

$z=\frac{-1+\sqrt{3}i}{2}$ 이므로

$z^2=\left(\frac{-1+\sqrt{3}i}{2}\right)^2$

$=\frac{-2-2\sqrt{3}i}{4}$

$=\frac{-1-\sqrt{3}i}{2}$

$z^3=z^2\times z$

$=\frac{-1-\sqrt{3}i}{2}\times\frac{-1+\sqrt{3}i}{2}$

$=\frac{1-(-3)}{4}=1$

$\therefore 4(z+z^2+z^3)=4\left(\frac{-1+\sqrt{3}i}{2}+\frac{-1-\sqrt{3}i}{2}+1\right)$

$=4\times0=0$

다른 풀이 $z=\frac{-1+\sqrt{3}i}{2}$ 에서

$2z=-1+\sqrt{3}i$, $2z+1=\sqrt{3}i$

이 식의 양변을 제곱하면

$4z^2+4z+1=-3$ $\quad\therefore z^2+z+1=0$

$\therefore 4(z+z^2+z^3)=4z(1+z+z^2)=4z\times0=0$

163

$(2a+bi)-(3b+ai)=1-i$ 에서

$(2a-3b)+(-a+b)i=1-i$

a, b는 실수이므로 복소수가 서로 같을 조건에 의하여

$2a-3b=1$ ······ ㉠

$-a+b=-1$ ······ ㉡

㉠, ㉡을 연립하여 풀면

$a=2$, $b=1$

$\therefore a+b=2+1=3$

164

$3(x+2yi)-2(xi+y)=2x+y-5+2(y-2x)i$에서

$(3x-2y)+(6y-2x)i=2x+y-5+2(y-2x)i$

x, y는 실수이므로 복소수가 서로 같을 조건에 의하여

$3x-2y=2x+y-5$에서 $x-3y=-5$ ······ ㉠

$6y-2x=2(y-2x)$에서 $6y-2x=2y-4x$

$2x+4y=0$, 즉 $x+2y=0$ ······ ㉡

㉠, ㉡을 연립하여 풀면

$x=-2$, $y=1$

$\therefore xy=-2\times1=-2$

165

$f(3+i)=a(3+i)^2+b(3+i)+c$

$=a(8+6i)+b(3+i)+c$

$=8a+6ai+3b+bi+c$

$=(8a+3b+c)+(6a+b)i$

$=1-i$

a, b, c는 실수이므로 복소수가 서로 같을 조건에 의하여

$8a+3b+c=1$, $6a+b=-1$ ······ ㉠

$\therefore f(3-i)=a(3-i)^2+b(3-i)+c$

$=a(8-6i)+b(3-i)+c$

$=8a-6ai+3b-bi+c$

$=(8a+3b+c)-(6a+b)i$

$=1-(-i)$ ($\because$ ㉠)

$=1+i$

166

$z=2+i$에서 $\overline{z}=2-i$

$\therefore z+i\overline{z}=(2+i)+i(2-i)$

$=(2+i)+(2i+1)$

$=3+3i$

167

$x(2-i)-2y(-1+3i)=\overline{2-4i}$에서

$(2x+2y)-(x+6y)i=2+4i$

x, y는 실수이므로 복소수가 서로 같을 조건에 의하여

$2x+2y=2$에서 $x+y=1$ ······ ㉠

$x+6y=-4$ ······ ㉡

㉠, ㉡을 연립하여 풀면 $x=2$, $y=-1$

$\therefore x^2+y^2=4+1=5$

168

$z=a+bi$ (a, b는 실수)라 하면 $\overline{z}=a-bi$

$(1+2i)z+5(1-i\overline{z})=(1+2i)(a+bi)+5\{1-i(a-bi)\}$

$=a+bi+2ai-2b+5(1-ai-b)$

$=a+bi+2ai-2b+5-5ai-5b$

$=(a-7b+5)+(-3a+b)i=0$

a, b는 실수이므로 복소수가 서로 같을 조건에 의하여

$a-7b+5=0$에서

$a-7b=-5$ ······ ㉠

$-3a+b=0$ ······ ㉡

㉠, ㉡을 연립하여 풀면 $a=\frac{1}{4}$, $b=\frac{3}{4}$

따라서 구하는 복소수 z는

$z=\frac{1}{4}+\frac{3}{4}i$

1등급 비법

복소수 z에 대한 등식이 주어지면 $z=a+bi$ (a, b는 실수)로 놓고, $\overline{z}=a-bi$임을 이용하여 주어진 등식에 대입한 후 a, b의 값을 구한다.

169

$z=a+bi$ (a, b는 실수)라 하면 $\overline{z}=a-bi$

$z+\overline{z}=(a+bi)+(a-bi)=2a=6$

$\therefore a=3$

$z\overline{z}=(a+bi)(a-bi)=a^2+b^2=13$

$a=3$을 $a^2+b^2=13$에 대입하면

$9+b^2=13$, $b^2=4$

$\therefore b=-2$ 또는 $b=2$

따라서 구하는 복소수 z는

$z=3-2i$ 또는 $z=3+2i$

170

$z_1+z_2=(4+3i)+(-1+2i)=3+5i$이므로

$\overline{z_1+z_2}=3-5i$

$$\begin{aligned}\therefore z_1\overline{z_1}+\overline{z_1}z_2+z_1\overline{z_2}+z_2\overline{z_2}&=(z_1+z_2)\overline{z_1}+(z_1+z_2)\overline{z_2}\\&=(z_1+z_2)(\overline{z_1}+\overline{z_2})\\&=(z_1+z_2)(\overline{z_1+z_2})\\&=(3+5i)(3-5i)\\&=9-(-25)=34\end{aligned}$$

개념 보충

켤레복소수의 성질

두 복소수 α, β의 켤레복소수를 각각 $\overline{\alpha}$, $\overline{\beta}$라 할 때,

① $\overline{(\overline{\alpha})}=\alpha$ ② $\overline{\alpha\pm\beta}=\overline{\alpha}\pm\overline{\beta}$ (복부호 동순)

③ $\overline{\alpha\beta}=\overline{\alpha}\times\overline{\beta}$ ④ $\overline{\left(\dfrac{\alpha}{\beta}\right)}=\dfrac{\overline{\alpha}}{\overline{\beta}}$ (단, $\beta\neq0$)

171

$z+\overline{z}=0$이므로 z의 실수부분은 0이고

$z\neq0$이므로 순허수이어야 한다.

즉, $z=(2x^2-8)+(x^2-3x+2)i$에 대하여

$2x^2-8=0$, $x^2-3x+2\neq0$

(i) $2x^2-8=0$에서 $2(x+2)(x-2)=0$

$\therefore x=-2$ 또는 $x=2$

(ii) $x^2-3x+2\neq0$에서 $(x-1)(x-2)\neq0$

$\therefore x\neq1$이고 $x\neq2$

(i), (ii)에서 $x=-2$

개념 보충

복소수 z의 켤레복소수를 $\overline{z}$라 할 때,

① $z=\overline{z}$이면 z의 허수부분은 0이다.
⇨ z는 실수이다.

② $z+\overline{z}=0$이면 z의 실수부분은 0이다.
⇨ z는 0 또는 순허수이다.

172

$\overline{z}=a-bi$

ㄱ. $z+\overline{z}=(a+bi)+(a-bi)=2a$

이때 a는 실수이므로 $2a$도 실수이다.

따라서 $z+\overline{z}$는 실수이다. (참)

ㄴ. $b=0$이면 $z=a$, $\overline{z}=a$

$\therefore z-\overline{z}=a-a=0$

따라서 $b=0$이면 $z-\overline{z}$는 실수이다. (거짓)

ㄷ. $z=0$이면 $z\overline{z}=0$이므로 양의 실수가 아니다. (거짓)

ㄹ. $z=-\overline{z}$이면

$a+bi=-(a-bi)$에서 $a+bi=-a+bi$

a, b는 실수이므로 복소수가 서로 같을 조건에 의하여

$a=-a$ $\therefore a=0$

따라서 $z=bi$이고 $b\neq0$이므로 z는 순허수이다. (참)

이상에서 옳은 것은 ㄱ, ㄹ이다.

개념 보충

복소수 z의 켤레복소수를 $\overline{z}$라 할 때,

① $z+\overline{z}=$(실수) ② $z\overline{z}=$(실수)

③ $z=\overline{z}$ ⇨ z는 실수 ④ $z=-\overline{z}$ ⇨ z는 0 또는 순허수

173

$\overline{z_1}\,\overline{z_2}=\overline{z_1z_2}=\overline{1-2i}=1+2i$

$\overline{z_1}-\overline{z_2}=\overline{z_1-z_2}=\overline{4+3i}=4-3i$

$$\begin{aligned}\therefore (\overline{z_1}-1)(\overline{z_2}+1)&=\overline{z_1}\,\overline{z_2}+(\overline{z_1}-\overline{z_2})-1\\&=(1+2i)+(4-3i)-1\\&=4-i\end{aligned}$$

174

$$\begin{aligned}&1-2i+3i^2-4i^3+\cdots+31i^{30}-32i^{31}\\&=(1-2i+3i^2-4i^3)+(5i^4-6i^5+7i^6-8i^7)+\cdots+(29i^{28}-30i^{29}+31i^{30}-32i^{31})\\&=(1-2i-3+4i)+(5-6i-7+8i)+\cdots+(29-30i-31+32i)\\&=(-2+2i)+(-2+2i)+\cdots+(-2+2i)\\&=8(-2+2i)\\&=-16+16i\end{aligned}$$

따라서 $a=-16$, $b=16$이므로

$b-a=16-(-16)=32$

1등급 비법

순허수 $ai(a\neq0)$의 거듭제곱의 합을 구하는 문제는 $(ai)^n=a^n$이 되는 자연수 n에 대하여 n개씩 묶어서 계산하는 것이 일반적이다. 예를 들어 $i^4=1$이므로 i의 거듭제곱을 더하는 문제는 4개씩 묶어서 계산한다.

175

자연수 k에 대하여

$i^{4k-3}=i$, $i^{4k-2}=-1$, $i^{4k-1}=-i$, $i^{4k}=1$

$$\begin{aligned}\therefore 1+\frac{1}{i}+\frac{1}{i^2}+\frac{1}{i^3}+\cdots+\frac{1}{i^{50}}&=\left(1+\frac{1}{i}-1-\frac{1}{i}\right)+\left(1+\frac{1}{i}-1-\frac{1}{i}\right)\\&\quad+\cdots+\left(1+\frac{1}{i}-1-\frac{1}{i}\right)+1+\frac{1}{i}-1\\&=\frac{1}{i}=-i\end{aligned}$$

176

$\frac{1-i}{1+i}=\frac{(1-i)^2}{(1+i)(1-i)}=\frac{-2i}{2}=-i$

$\frac{1+i}{1-i}=\frac{(1+i)^2}{(1-i)(1+i)}=\frac{2i}{2}=i$

$\therefore f\left(\frac{1-i}{1+i}\right)+f\left(\frac{1+i}{1-i}\right)$

$=f(-i)+f(i)$

$=\{(-i)^{999}-1\}+(i^{999}-1)$

$=[\{(-i)^4\}^{249}\times(-i)^3-1]+\{(i^4)^{249}\times i^3-1\}$

$=\{(-i)^3-1\}+(i^3-1)$

$=(i-1)+(-i-1)$

$=-2$

1등급 비법

다음은 복소수의 거듭제곱을 포함한 식의 값을 구하는 문제에서 자주 등장하는 꼴이다.

① $(1+i)^2=2i$, $(1-i)^2=-2i$ ② $(1+i)(1-i)=2$

③ $\frac{1+i}{1-i}=i$, $\frac{1-i}{1+i}=-i$ ④ $\left(\frac{1+i}{\sqrt{2}}\right)^2=i$, $\left(\frac{1-i}{\sqrt{2}}\right)^2=-i$

177

$(1-i)^{2n}=\{(1-i)^2\}^n=(-2i)^n=2^n(-i)^n$

이때 $2^n(-i)^n=2^n i$이므로 $(-i)^n=i$

즉, 조건을 만족시키는 자연수 n은 $n=4k+3$(k는 음이 아닌 정수)이어야 한다.

n은 100 이하의 자연수이므로

$1\le 4k+3\le 100$

$\therefore k=0, 1, 2, \cdots, 24$

즉, $n=3, 7, 11, \cdots, 99$

따라서 조건을 만족시키는 자연수 n의 개수는 25이다.

178

$z=\frac{1}{2}-\frac{\sqrt{3}}{2}i$에서

$z^2=\left(\frac{1}{2}-\frac{\sqrt{3}}{2}i\right)^2=-\frac{1}{2}-\frac{\sqrt{3}}{2}i$

$z^3=z^2\times z=\left(-\frac{1}{2}-\frac{\sqrt{3}}{2}i\right)\left(\frac{1}{2}-\frac{\sqrt{3}}{2}i\right)=-1$

$z^6=(z^3)^2=(-1)^2=1$

이므로

$z+z^2+z^3+z^4+z^5+z^6=z+z^2+z^3+z^3\times z+z^3\times z^2+z^6$

$=z+z^2+(-1)+(-z)+(-z^2)+1$

$=0$

$\therefore z+z^2+z^3+\cdots+z^{2020}$

$=(z+z^2+z^3+z^4+z^5+z^6)+z^6(z+z^2+z^3+z^4+z^5+z^6)$

$+\cdots+z^{2010}(z+z^2+z^3+z^4+z^5+z^6)$

$+z^{2017}+z^{2018}+z^{2019}+z^{2020}$

$=z^{2017}+z^{2018}+z^{2019}+z^{2020}$

$=(z^6)^{336}\times z+(z^6)^{336}\times z^2+(z^6)^{336}\times z^3+(z^6)^{336}\times z^4$

$=z+z^2+z^3+z^4=z+z^2+(-1)+(-z)$

$=z^2-1=\left(-\frac{1}{2}-\frac{\sqrt{3}}{2}i\right)-1$

$=-\frac{3}{2}-\frac{\sqrt{3}}{2}i$

따라서 $a=-\frac{3}{2}$, $b=-\frac{\sqrt{3}}{2}$이므로

$a^2+b^2=\frac{9}{4}+\frac{3}{4}=3$

179

$\sqrt{-8}\sqrt{-8}+\sqrt{12}\sqrt{-12}+\frac{\sqrt{32}}{\sqrt{-2}}$

$=2\sqrt{2}i\times 2\sqrt{2}i+2\sqrt{3}\times 2\sqrt{3}i+\frac{4\sqrt{2}}{\sqrt{2}i}$

$=-8+12i-4i$

$=-8+8i$

따라서 $a=-8$, $b=8$이므로

$b-a=8-(-8)=16$

180

0이 아닌 두 실수 a, b에 대하여 $\sqrt{a}\sqrt{b}=-\sqrt{ab}$ 이므로

$a<0$, $b<0$

$\therefore \sqrt{(a+b)^2}+3|a|-\sqrt{a^2}+\sqrt{b^2}$

$=|a+b|+3|a|-|a|+|b|$

$=|a+b|+2|a|+|b|$

$=-(a+b)-2a-b$

$=-3a-2b$

개념 보충

두 실수 a, b에 대하여

① $\sqrt{a}\sqrt{b}=-\sqrt{ab}$ ⇨ $a<0$, $b<0$ 또는 $a=0$ 또는 $b=0$

② $\frac{\sqrt{a}}{\sqrt{b}}=-\sqrt{\frac{a}{b}}$ ⇨ $a>0$, $b<0$ 또는 $a=0$, $b\neq 0$

181

$0<x<1$에서 $x-1<0$, $1-x>0$

$\therefore \sqrt{\frac{1-x}{x-1}}-\sqrt{x-1}\sqrt{x-1}-\sqrt{(1-x)^2}$

$=\sqrt{-1}+\sqrt{(x-1)^2}-|1-x|$

$=i+|x-1|-(1-x)$

$=i-(x-1)+x-1$

$=i$

182

0이 아닌 두 실수 x, y에 대하여

$\frac{1}{\sqrt{xy}}=-\sqrt{\frac{1}{xy}}$이므로

$xy<0$

$(x^2+x)+(y-3)i=2+5i$에서 x, y는 실수이므로 복소수가 서로 같을 조건에 의하여

$x^2+x=2$, $y-3=5$

$x^2+x=2$에서 $x^2+x-2=0$

$(x+2)(x-1)=0$

$\therefore x=-2$ 또는 $x=1$

$y-3=5$에서 $y=8$

이때 $xy<0$이므로 $x=-2$, $y=8$

$\therefore x+y=-2+8=6$

내신 적중 서술형

● 48쪽

183 (1) $a=-2$, $b=2$ (2) $2-i$ **184** 5 **185** 3 **186** 6

183

(1) $z=1-i$에서 $z-1=-i$이므로

$(z-1)^2=(-i)^2$, $z^2-2z+2=0$

$\therefore a=-2$, $b=2$ …… ㉮

(2) 다항식 z^3-2z^2+3z+1을 z^2-2z+2로 나누면 몫은 z, 나머지는 $z+1$이므로

z^3-2z^2+3z+1

$=(z^2-2z+2)z+z+1$ …… ㉯

$=0\times z+z+1$

$=z+1$

$=(1-i)+1$

$=2-i$ …… ㉰

	채점 기준	배점 비율
(1)	㉮ a, b의 값 구하기	40 %
(2)	㉯ 다항식의 나눗셈을 이용하여 식 정리하기	40 %
	㉰ z^3-2z^2+3z+1의 값 구하기	20 %

1등급 비법

복소수 z의 실수부분을 이항하여 허수부분만 남기고 양변을 제곱하면 z를 근으로 갖는 계수가 실수인 이차방정식을 구할 수 있다.

184

$z=(1+2i)x+(2-i)y$

$=(x+2y)+(2x-y)i$

$z^2=-25$에서 $z=5i$ 또는 $z=-5i$ …… ㉮

(i) $z=5i$일 때,

x, y는 실수이므로 복소수가 서로 같을 조건에 의하여

$x+2y=0$, $2x-y=5$

두 식을 연립하여 풀면

$x=2$, $y=-1$

$\therefore x^2+y^2=4+1=5$ …… ㉯

(ii) $z=-5i$일 때,

x, y는 실수이므로 복소수가 서로 같을 조건에 의하여

$x+2y=0$, $2x-y=-5$

두 식을 연립하여 풀면

$x=-2$, $y=1$

$\therefore x^2+y^2=4+1=5$ …… ㉰

(i), (ii)에서 $x^2+y^2=5$ …… ㉱

채점 기준	배점 비율
㉮ z의 실수부분과 허수부분을 구하고 z의 값 구하기	30 %
㉯ $z=5i$일 때, x^2+y^2의 값 구하기	30 %
㉰ $z=-5i$일 때, x^2+y^2의 값 구하기	30 %
㉱ x^2+y^2의 값 구하기	10 %

185

$z=\bar{z}$이고 $z\neq0$이므로 z는 0이 아닌 실수이어야 한다.

즉, $3x^2+7x-6\neq0$, $x^2-9=0$ …… ㉮

(i) $3x^2+7x-6\neq0$에서

$(x+3)(3x-2)\neq0$

$\therefore x\neq-3$이고 $x\neq\frac{2}{3}$ …… ㉯

(ii) $x^2-9=0$에서

$(x+3)(x-3)=0$

$\therefore x=-3$ 또는 $x=3$ …… ㉰

(i), (ii)에서 $x=3$ …… ㉱

채점 기준	배점 비율
㉮ z의 실수부분과 허수부분의 조건 구하기	30 %
㉯ 실수부분의 조건을 이용하여 x의 조건 구하기	30 %
㉰ 허수부분의 값을 이용하여 x의 값 구하기	30 %
㉱ x의 값 구하기	10 %

186

$z=\frac{-1+\sqrt{3}i}{2i}$에서

$z^2=\left(\frac{-1+\sqrt{3}i}{2i}\right)^2=\frac{-2-2\sqrt{3}i}{-4}=\frac{1+\sqrt{3}i}{2}$

$z^3=z^2\times z$

$=\left(\frac{1+\sqrt{3}i}{2}\right)\times\left(\frac{-1+\sqrt{3}i}{2i}\right)$

$=\frac{-4}{4i}$

$=\frac{-4i}{-4}=i$ …… ㉮

$z^4=(z^2)^2=\left(\frac{1+\sqrt{3}i}{2}\right)^2=\frac{-2+2\sqrt{3}i}{4}=\frac{-1+\sqrt{3}i}{2}$

$z^5=z^3\times z^2=i\times\frac{1+\sqrt{3}i}{2}=\frac{-\sqrt{3}+i}{2}$

$z^6=(z^3)^2=i^2=-1$ …… ㉯

따라서 $z^n=-1$이 되도록 하는 가장 작은 자연수 n의 값은 6이다. …… ㉰

채점 기준	배점 비율
㉮ z^2, z^3의 값 구하기	40 %
㉯ z^4, z^5, z^6의 값 구하기	40 %
㉰ $z^n=-1$이 되도록 하는 가장 작은 자연수 n의 값 구하기	20 %

1등급 실력 완성

● 49쪽 ~ 50쪽

187 ④ **188** ② **189** ③ **190** ① **191** ⑤
192 ⑤ **193** $-2+2i$ **194** 10 **195** ④

187

복소수의 뜻과 사칙연산

(전략) 곱셈 공식 $(\alpha+\beta)^2=\alpha^2+2\alpha\beta+\beta^2$, $(\alpha-\beta)^2=\alpha^2-2\alpha\beta+\beta^2$을 이용한다.

(풀이) ㄱ. $\alpha^2\beta^2=4i\times(-4i)=16$이므로

$(\alpha\beta)^2=\alpha^2\beta^2=16$

$\therefore \alpha\beta=-4$ 또는 $\alpha\beta=4$ (거짓)

ㄴ. $\alpha^2+\beta^2=4i+(-4i)=0$이므로

$(\alpha+\beta)^2=\alpha^2+2\alpha\beta+\beta^2=2\alpha\beta$

이때 ㄱ에서 $\alpha^2\beta^2=16$이므로

$(\alpha+\beta)^4=\{(\alpha+\beta)^2\}^2=(2\alpha\beta)^2=4\alpha^2\beta^2$

$=4\times16=64$ (참)

ㄷ. ㄴ에서 $(\alpha+\beta)^2=2\alpha\beta$이고

$(\alpha-\beta)^2=\alpha^2-2\alpha\beta+\beta^2=-2\alpha\beta$이므로

$\left(\frac{\alpha+\beta}{\alpha-\beta}\right)^2=\frac{(\alpha+\beta)^2}{(\alpha-\beta)^2}=\frac{2\alpha\beta}{-2\alpha\beta}=-1$

제곱한 수가 음수이므로 $\frac{\alpha+\beta}{\alpha-\beta}$는 순허수이다. (참)

이상에서 옳은 것은 ㄴ, ㄷ이다.

(다른 풀이) $\alpha=a+bi$ (a, b는 실수)라 하면 $\alpha^2=4i$이므로

$(a+bi)^2=(a^2-b^2)+2abi=4i$

a, b는 실수이므로 복소수가 서로 같을 조건에 의하여

$a^2-b^2=0$, $2ab=4$ $\quad\therefore a=\pm b$, $ab=2$

(i) $a=-b$일 때,

$-b^2=2$ $\quad\therefore b^2=-2$

이를 만족시키는 실수 b는 존재하지 않는다.

(ii) $a=b$일 때,

$b^2=2$ $\quad\therefore b=\pm\sqrt{2}$

(i), (ii)에서 $a=\sqrt{2}$, $b=\sqrt{2}$ 또는 $a=-\sqrt{2}$, $b=-\sqrt{2}$이므로

$\alpha=\sqrt{2}+\sqrt{2}i$ 또는 $\alpha=-\sqrt{2}-\sqrt{2}i$

같은 방법으로 $\beta=c+di$ (c, d는 실수)라 하면 $\beta^2=-4i$이므로

$\beta=\sqrt{2}-\sqrt{2}i$ 또는 $\beta=-\sqrt{2}+\sqrt{2}i$

ㄱ. $\alpha=\sqrt{2}+\sqrt{2}i$, $\beta=\sqrt{2}-\sqrt{2}i$이면

$\alpha\beta=(\sqrt{2}+\sqrt{2}i)(\sqrt{2}-\sqrt{2}i)=2-(-2)=4$ (거짓)

ㄴ. $\alpha+\beta$의 값은 $2\sqrt{2}$, $-2\sqrt{2}$, $2\sqrt{2}i$, $-2\sqrt{2}i$가 될 수 있으므로

$(\alpha+\beta)^4=64$ (참)

ㄷ. $\alpha+\beta=2\sqrt{2}$일 때, $\alpha-\beta=2\sqrt{2}i$

$\alpha+\beta=-2\sqrt{2}$일 때, $\alpha-\beta=-2\sqrt{2}i$

$\alpha+\beta=2\sqrt{2}i$일 때, $\alpha-\beta=2\sqrt{2}$

$\alpha+\beta=-2\sqrt{2}i$일 때, $\alpha-\beta=-2\sqrt{2}$

$\therefore \frac{\alpha+\beta}{\alpha-\beta}=\pm i$

따라서 $\frac{\alpha+\beta}{\alpha-\beta}$는 순허수이다. (참)

이상에서 옳은 것은 ㄴ, ㄷ이다.

188

복소수의 뜻과 사칙연산

(전략) z^2이 실수가 되기 위한 조건을 구한다.

(풀이) $z=(m-n)+(m+n-4)i$이므로

$z^2=\{(m-n)+(m+n-4)i\}^2$

$=(m-n)^2-(m+n-4)^2+2(m-n)(m+n-4)i$

z^2이 실수가 되려면 $2(m-n)(m+n-4)=0$이어야 하므로

$m=n$ 또는 $m+n=4$

(i) $m=n$일 때,

5 이하의 자연수 m, n에 대하여 순서쌍 (m, n)은

$(1, 1)$, $(2, 2)$, $(3, 3)$, $(4, 4)$, $(5, 5)$

(ii) $m+n=4$일 때,

5 이하의 자연수 m, n에 대하여 순서쌍 (m, n)은

$(1, 3)$, $(2, 2)$, $(3, 1)$

(i), (ii)에서 구하는 모든 순서쌍 (m, n)은 7개이다.

(다른 풀이) z^2이 실수이므로 z는 실수 또는 순허수이다.

$z=(m-n)+(m+n-4)i$에 대하여

$m-n=0$ 또는 $m+n-4=0$

$\therefore m=n$ 또는 $m+n=4$

189

복소수가 주어졌을 때의 식의 값 ⊕ 켤레복소수와 그 계산

(전략) $z=a+bi$ (a, b는 실수)에 대하여 $\overline{z}=a-bi$임을 이용하여 z_n의 규칙을 찾는다.

(풀이) $\overline{z_1}=\overline{-1+i}=-1-i$이므로

$z_2=\overline{z_1}+(1-2i)=-1-i+(1-2i)=-3i$

$z_3=\overline{z_2}+(1-2i)=\overline{-3i}+(1-2i)$

$=3i+(1-2i)=1+i$

$z_4=\overline{z_3}+(1-2i)=\overline{1+i}+(1-2i)$

$=1-i+(1-2i)=2-3i$

$z_5=\overline{z_4}+(1-2i)=\overline{2-3i}+(1-2i)$

$=2+3i+(1-2i)=3+i$

⋮

실수부분은 z_1부터 -1, 0, 1, 2, 3, …으로 나타나고, 허수부분은 z_1부터 1, -3이 이 순서대로 반복하여 나타난다.

따라서 z_{2025}의 실수부분은 2023이고, z_{2026}의 허수부분은 -3이므로 그 합은

$2023+(-3)=2020$

190

복소수가 서로 같을 조건 + 켤레복소수와 그 계산

전략 $z=a+bi$ (a, b는 실수)로 놓고 z^2, $z\bar{z}$를 a, b에 대한 식으로 나타낸다.

풀이 $z=a+bi$ (a, b는 실수)라 하면

$z^2=(a+bi)^2=(a^2-b^2)+2abi=3+4i$

a, b는 실수이므로 복소수가 서로 같을 조건에 의하여

$a^2-b^2=3$, $2ab=4$ $\quad\therefore a^2-b^2=3$, $ab=2$

$\therefore z\bar{z}=(a+bi)(a-bi)=a^2+b^2$

$=\sqrt{(a^2+b^2)^2}$

$=\sqrt{(a^2-b^2)^2+4a^2b^2}$

$=\sqrt{3^2+4\times 2^2}=5$

다른 풀이 $(z\bar{z})^2=z^2(\bar{z})^2=z^2\overline{z^2}=(3+4i)(3-4i)$

$=9-(-16)=25$

$z\bar{z}\geq 0$이므로 $z\bar{z}=5$

1등급 비법

$z=a+bi$ (a, b는 실수)라 하면
$z\bar{z}=(a+bi)(a-bi)=a^2+b^2$이므로 $z\bar{z}\geq 0$

191

복소수가 서로 같을 조건 + 켤레복소수와 그 계산

전략 $z=a+bi$이면 $\bar{z}=a-bi$임을 이용하여 $iz=\bar{z}$에 대입한 후 a, b 사이의 관계식을 구한다.

풀이 $z=a+bi$에 대하여 $iz=\bar{z}$이므로

$i(a+bi)=a-bi$에서

$-b+ai=a-bi$

a, b는 실수이므로 복소수가 서로 같을 조건에 의하여

$-b=a$

즉, $b=-a$이므로 $z=a-ai$, $\bar{z}=\overline{a-ai}=a+ai$

ㄱ. $z+\bar{z}=(a-ai)+(a+ai)$

$=2a=-2b$ (참)

ㄴ. $i\bar{z}=i(a+ai)=-a+ai$

$=-(a-ai)=-z$ (참)

ㄷ. $\dfrac{\bar{z}}{z}+\dfrac{z}{\bar{z}}=\dfrac{a+ai}{a-ai}+\dfrac{a-ai}{a+ai}$

$=\dfrac{(a+ai)^2+(a-ai)^2}{(a-ai)(a+ai)}$

$=\dfrac{0}{a^2+a^2}=0$ (참)

이상에서 ㄱ, ㄴ, ㄷ 모두 옳다.

192

허수단위 i와 복소수의 거듭제곱

전략 $2i$를 거듭제곱하여 자연수가 되는 n의 값의 규칙을 찾는다.

풀이 $(2i)^2=-4$, $(2i)^3=-8i$, $(2i)^4=16$, $\cdots$이므로

$n=4k$(k는 자연수)일 때, $(2i)^n=(2i)^{4k}=16^k$이므로 $(2i)^n$은 자연수가 된다.

$n=4$일 때, $m=16$

$n=8$일 때, $m=16^2=256$

⋮

따라서 $m\geq 100$을 만족시키는 $m+n$의 최솟값은

$256+8=264$

193

허수단위 i와 복소수의 거듭제곱

전략 $f(k)$를 간단히 한 후, $f(k)=i^k$임을 이용하여 $H(n)$을 구한다.

풀이 $\dfrac{1+i}{1-i}=\dfrac{(1+i)^2}{(1-i)(1+i)}=\dfrac{2i}{2}=i$이므로

$f(k)=i^k$

$H(n)=f(1)+f(2)+f(3)+\cdots+f(n)$

$=i+i^2+i^3+\cdots+i^n$

$H(25)=i+i^2+i^3+\cdots+i^{25}$

$=(i+i^2+i^3+i^4)+i^4(i+i^2+i^3+i^4)$

$+\cdots+i^{20}(i+i^2+i^3+i^4)+i^{24}\times i$

$=(i-1-i+1)+(i-1-i+1)+\cdots+(i-1-i+1)+i$

$=0+0+\cdots+0+i$

$=i$

$H(26)=H(25)+i^{26}=i+i^{24}\times i^2$

$=i-1$

$H(27)=H(26)+i^{27}=(i-1)+i^{24}\times i^3$

$=(i-1)-i=-1$

$\therefore H(25)+H(26)+H(27)=i+(i-1)-1$

$=-2+2i$

194

허수단위 i와 복소수의 거듭제곱

전략 $\dfrac{1-i}{\sqrt{2}}$를 거듭제곱하여 그 합의 허수부분이 0이 되는 규칙성을 찾는다.

풀이 $\left(\dfrac{1-i}{\sqrt{2}}\right)^2=\dfrac{-2i}{2}=-i$

$\left(\dfrac{1-i}{\sqrt{2}}\right)^3=(-i)\times\dfrac{1-i}{\sqrt{2}}=\dfrac{-1-i}{\sqrt{2}}$

$\left(\dfrac{1-i}{\sqrt{2}}\right)^4=(-i)^2=-1$

$\left(\dfrac{1-i}{\sqrt{2}}\right)^5=(-1)\times\dfrac{1-i}{\sqrt{2}}=\dfrac{-1+i}{\sqrt{2}}$

$\left(\dfrac{1-i}{\sqrt{2}}\right)^6=(-i)^3=i$

$\left(\dfrac{1-i}{\sqrt{2}}\right)^7=i\times\dfrac{1-i}{\sqrt{2}}=\dfrac{1+i}{\sqrt{2}}$

$\left(\dfrac{1-i}{\sqrt{2}}\right)^8=(-1)^2=1$

이므로

$z+z^2+z^3+z^4+z^5+z^6+z^7$

$=\dfrac{1-i}{\sqrt{2}}+(-i)+\dfrac{-1-i}{\sqrt{2}}+(-1)+\dfrac{-1+i}{\sqrt{2}}+i+\dfrac{1+i}{\sqrt{2}}$

$=-1$

$\therefore z+z^2+z^3+z^4+z^5+z^6+z^7+z^8=-1+1=0$

즉, $n=8k-1$, $n=8k$(k는 자연수)일 때

$z+z^2+z^3+z^4+\cdots+z^n$은 실수이다.

따라서 $10\leq n\leq 50$인 자연수 n은

15, 16, 23, 24, 31, 32, 39, 40, 47, 48의 10개이다.

195

음수의 제곱근의 성질

(전략) $p<0, q<0$ 이외의 경우에는 $\sqrt{p}\sqrt{q}=\sqrt{pq}$, $p>0, q<0$ 이외의 경우에는 $\frac{\sqrt{p}}{\sqrt{q}}=\sqrt{\frac{p}{q}}\ (q\neq0)$임을 이용한다.

(풀이) 0이 아닌 두 실수 a, b에 대하여

$\frac{\sqrt{a}}{\sqrt{b}}=-\sqrt{\frac{a}{b}}$이므로 $a>0, b<0$

ㄱ. $a>0, b<0$이므로 $\sqrt{a}\sqrt{b}=\sqrt{ab}$ (거짓)

ㄴ. $-a<0, -b>0$이므로

$\sqrt{-a}\sqrt{-b}=\sqrt{(-a)\times(-b)}=\sqrt{ab}$ (참)

ㄷ. $a>0, -b>0$이므로

$\frac{\sqrt{-b}}{\sqrt{a}}=\sqrt{-\frac{b}{a}}$ (거짓)

ㄹ. $b^2>0$이므로 $\sqrt{ab^2}=|b|\sqrt{a}=-b\sqrt{a}$ (참)

이상에서 옳은 것은 ㄴ, ㄹ이다.

(다른 풀이) ㄱ. $\sqrt{a}\sqrt{b}=\sqrt{a}\sqrt{-b}i=\sqrt{-ab}i=\sqrt{ab}$ (거짓)

ㄴ. $\sqrt{-a}\sqrt{-b}=\sqrt{a}i\times\sqrt{-b}=\sqrt{-ab}i=\sqrt{ab}$ (참)

ㄷ. $-b>0$이므로 $\frac{\sqrt{-b}}{\sqrt{a}}=\sqrt{-\frac{b}{a}}$ (거짓)

도전 1등급 최고난도

● 51쪽

196 ④ **197** 150

196

켤레복소수의 성질

(1단계) $z=a+bi$ (a, b는 실수)로 놓고, 주어진 식에 대입하여 복소수 z를 구한다.

$z=a+bi$ (a, b는 실수)라 하면 $\bar{z}=\overline{a+bi}=a-bi$

$z+\bar{z}=(a+bi)+(a-bi)=2a$

$z\bar{z}=(a+bi)(a-bi)=a^2+b^2$

$\therefore \frac{z}{\bar{z}}+\frac{\bar{z}}{z}=\frac{z^2+(\bar{z})^2}{z\bar{z}}=\frac{(z+\bar{z})^2-2z\bar{z}}{z\bar{z}}$

$=\frac{4a^2-2(a^2+b^2)}{a^2+b^2}=\frac{2(a^2-b^2)}{a^2+b^2}$

$\frac{2(a^2-b^2)}{a^2+b^2}=-2$이므로

$a^2-b^2=-a^2-b^2$

$2a^2=0 \qquad \therefore a=0$

이때 $z\neq0$이므로 $z=bi$ (단, $b\neq0$)

(2단계) 보기의 주어진 식에 $z=bi$, $\bar{z}=-bi$를 대입하여 실수인 것을 찾는다.

$z=bi$이므로 $\bar{z}=-bi$

ㄱ. $z-\bar{z}=bi-(-bi)=2bi$

ㄴ. $\frac{\bar{z}}{z}=\frac{-bi}{bi}=-1$

ㄷ. $(z+\bar{z})(z-\bar{z})=(bi-bi)(bi+bi)=0$

이상에서 실수인 것은 ㄴ, ㄷ이다.

197

허수단위 i와 복소수의 거듭제곱

(1단계) $\left\{i^n+\left(\frac{1}{i}\right)^{2n}\right\}^m$을 정리하고 $f(n)=i^n+(-1)^n$으로 놓는다.

$\left\{i^n+\left(\frac{1}{i}\right)^{2n}\right\}^m=\{i^n+(-i)^{2n}\}^m=\{i^n+(-1)^n\}^m$

이때 $f(n)=i^n+(-1)^n$이라 하자.

(2단계) n을 4로 나눈 나머지에 따라 경우를 나누어 $\{f(n)\}^m$의 값을 구한다.

자연수 k에 대하여

(i) $n=4k-3$일 때,

$f(n)=i-1$이고,

$(i-1)^2=-2i$, $(i-1)^4=-2^2$이므로

$\{f(n)\}^4=-2^2$

$\{f(n)\}^{12}=-2^6$

$\{f(n)\}^{20}=-2^{10}$

⋮

즉, m이 50 이하의 자연수이므로 순서쌍 (m, n)은

$(4, n), (12, n), (20, n), (28, n), (36, n), (44, n)$의 6개이다.

이때 50 이하의 자연수 n은 1, 5, 9, ⋯, 49의 13개이므로 조건을 만족시키는 순서쌍 (m, n)의 개수는 $6\times13=78$

(ii) $n=4k-1$일 때,

$f(n)=-i-1$이고,

$(-i-1)^2=2i$, $(-i-1)^4=-2^2$이므로

$\{f(n)\}^4=-2^2$

$\{f(n)\}^{12}=-2^6$

$\{f(n)\}^{20}=-2^{10}$

⋮

즉, m이 50 이하의 자연수이므로 순서쌍 (m, n)은

$(4, n), (12, n), (20, n), (28, n), (36, n), (44, n)$의 6개이다.

이때 50 이하의 자연수 n은 3, 7, 11, ⋯, 47의 12개이므로 조건을 만족시키는 순서쌍 (m, n)의 개수는 $6\times12=72$

(iii) $n=4k-2$, $n=4k$일 때,

$f(n)$은 0 또는 2이므로 $\{f(n)\}^m\geq0$

즉, 주어진 조건을 만족시키는 순서쌍 (m, n)은 존재하지 않는다.

(3단계) (i)~(iii)의 경우를 모두 합하여 순서쌍의 개수를 구한다.

이상에서 50 이하의 자연수 m, n에 대하여 $\left\{i^n+\left(\frac{1}{i}\right)^{2n}\right\}^m$의 값이 음의 실수가 되도록 하는 순서쌍 (m, n)의 개수는

$78+72=150$

05 이차방정식

유형 분석 기출 ● 54쪽 ~ 60쪽

198	③	**199**	③	**200**	②	**201**	④	**202**	22
203	$\sqrt{2}$	**204**	①	**205**	②	**206**	$-1-\sqrt{2}$		
207	12 cm	**208**	$12-4\sqrt{6}$			**209**	①	**210**	⑤
211	7	**212**	11	**213**	4	**214**	⑤	**215**	8
216	⑤	**217**	②	**218**	4	**219**	④	**220**	②
221	③	**222**	6	**223**	18	**224**	-9	**225**	④
226	④	**227**	$x^2-x+5=0$			**228**	⑤	**229**	21
230	②	**231**	④	**232**	⑤	**233**	①	**234**	-16
235	③	**236**	10	**237**	⑤				

198

$2(x-2)^2=x^2-2x-2$에서

$2(x^2-4x+4)=x^2-2x-2$

$\therefore x^2-6x+10=0$

근의 공식에 의하여

$x=\dfrac{-(-6)\pm\sqrt{(-6)^2-4\times1\times10}}{2}$

$=\dfrac{6\pm\sqrt{-4}}{2}=3\pm i$

199

$x(x-2)=2(x-1)^2+3$에서

$x^2-2x=2(x^2-2x+1)+3$

$\therefore x^2-2x+5=0$

근의 공식에 의하여

$x=\dfrac{-(-2)\pm\sqrt{(-2)^2-4\times1\times5}}{2}$

$=\dfrac{2\pm\sqrt{-16}}{2}=1\pm2i$

따라서 $a=1$, $b=2$이므로

$b-a=2-1=1$

200

$x^2-mx+2m+1=0$에 $x=1$을 대입하면

$1-m+2m+1=0$

$\therefore m=-2$

$m=-2$를 $x^2-mx+2m+1=0$에 대입하면

$x^2+2x-3=0$, $(x+3)(x-1)=0$

$\therefore x=-3$ 또는 $x=1$

따라서 다른 한 근은 -3이다.

1등급 비법

이차방정식에서 한 근이 주어질 경우 그 근을 방정식에 대입하여 미지수의 값을 구하여 이차방정식을 풀면 다른 한 근을 구할 수 있다.

201

$x^2+kx+7k-1=0$에 $x=-3$을 대입하면

$(-3)^2+k\times(-3)+7k-1=0$, $4k+8=0$

$\therefore k=-2$

이차방정식 $x^2+3kx-k=0$에 $k=-2$를 대입하면

$x^2-6x+2=0$

$\therefore x=\dfrac{-(-6)\pm\sqrt{(-6)^2-4\times1\times2}}{2}$

$=\dfrac{6\pm\sqrt{28}}{2}=3\pm\sqrt{7}$

202

$x^2+6x+7=0$에 $x=\alpha$를 대입하면

$\alpha^2+6\alpha+7=0$

이때 $\alpha\neq0$이므로 양변을 α로 나누면

$\alpha+6+\dfrac{7}{\alpha}=0 \quad \therefore \alpha+\dfrac{7}{\alpha}=-6$

$\therefore \alpha^2+\dfrac{49}{\alpha^2}=\left(\alpha+\dfrac{7}{\alpha}\right)^2-2\times\alpha\times\dfrac{7}{\alpha}$

$=(-6)^2-14$

$=36-14=22$

203

주어진 방정식의 양변에 $\sqrt{2}+1$을 곱하면

$(\sqrt{2}-1)(\sqrt{2}+1)x^2-\sqrt{2}(\sqrt{2}+1)x+(\sqrt{2}+1)=0$

$x^2-(2+\sqrt{2})x+\sqrt{2}+1=0$

$(x-1)(x-1-\sqrt{2})=0$

$\therefore x=1$ 또는 $x=1+\sqrt{2}$

이때 $\alpha>\beta$이므로 $\alpha=1+\sqrt{2}$, $\beta=1$

$\therefore \alpha-\beta=(1+\sqrt{2})-1=\sqrt{2}$

1등급 비법

이차항의 계수가 무리수인 이차방정식은 곱셈 공식 $(a+b)(a-b)=a^2-b^2$을 이용하여 먼저 이차항의 계수를 유리화한 후 근을 구한다.

204

(i) $x\geq0$일 때,

$x^2-2x-3=0$에서 $(x+1)(x-3)=0$

$\therefore x=-1$ 또는 $x=3$

그런데 $x\geq0$이므로 $x=3$

(ii) $x<0$일 때,

$x^2+2x-3=0$에서 $(x+3)(x-1)=0$

$\therefore x=-3$ 또는 $x=1$

그런데 $x<0$이므로 $x=-3$

(i), (ii)에서 모든 근의 곱은

$3\times(-3)=-9$

다른 풀이 $x^2-2|x|-3=0$에서 $x^2=|x|^2$이므로 $|x|=t$로 치환하면

$t^2-2t-3=0$, $(t+1)(t-3)=0$

$t=-1$ 또는 $t=3$

$\therefore |x|=-1$ 또는 $|x|=3$

이때 $|x|\ge 0$이므로 $|x|=3$

따라서 $x=-3$ 또는 $x=3$이므로 구하는 곱은

$(-3)\times 3=-9$

1등급 비법

절댓값 기호를 포함한 방정식은 절댓값 기호 안의 식의 값이 0이 되는 x의 값을 기준으로 범위를 나누어 계산한다.

205

$|x^2-x-4|=a$에 $x=3$을 대입하면

$|3^2-3-4|=a \qquad \therefore a=2$

$|x^2-x-4|=2$에서

$x^2-x-4=\pm 2$

(i) $x^2-x-4=2$일 때,

$x^2-x-6=0$에서 $(x+2)(x-3)=0$

$\therefore x=-2$ 또는 $x=3$

(ii) $x^2-x-4=-2$일 때,

$x^2-x-2=0$에서 $(x+1)(x-2)=0$

$\therefore x=-1$ 또는 $x=2$

(i), (ii)에서 모든 근의 합은

$(-2)+3+(-1)+2=2$

개념 보충

① $|a|=\begin{cases} a & (a\ge 0) \\ -a & (a<0) \end{cases}$

② $|x-a|=\begin{cases} x-a & (x\ge a) \\ -(x-a) & (x<a) \end{cases}$

③ $|f(x)|=a$이면 $f(x)=a$ 또는 $f(x)=-a$

206

$\sqrt{(x-1)^2}+|x|=x^2$에서 $|x-1|+|x|=x^2$

(i) $x<0$일 때,

$-x+1-x=x^2$에서 $x^2+2x-1=0$

$\therefore x=\dfrac{-2\pm\sqrt{2^2-4\times 1\times(-1)}}{2}$

$=\dfrac{-2\pm\sqrt{8}}{2}=-1\pm\sqrt{2}$

그런데 $x<0$이므로 $x=-1-\sqrt{2}$

(ii) $0\le x<1$일 때,

$-x+1+x=x^2$에서 $x^2=1$

$\therefore x=\pm 1$

그런데 $0\le x<1$이므로 해가 없다.

(iii) $x\ge 1$일 때,

$x-1+x=x^2$에서

$x^2-2x+1=0$, $(x-1)^2=0$

$\therefore x=1$

이상에서 주어진 방정식의 근은

$x=-1-\sqrt{2}$ 또는 $x=1$

따라서 모든 근의 곱은 $-1-\sqrt{2}$

207

처음 정사각형의 한 변의 길이를 x cm라 하면 넓이가 100 cm^{2}보다 크므로

$x>10$ ⋯⋯ ㉠

가로의 길이를 4 cm만큼 늘이고, 세로의 길이를 2 cm만큼 줄여서 만든 직사각형의 넓이는

$(x+4)(x-2)$ cm^2

이 직사각형의 넓이가 처음 정사각형의 넓이의 $\frac{1}{9}$만큼 더 늘어났으므로

$(x+4)(x-2)=x^2+\frac{1}{9}x^2$

$9(x^2+2x-8)=10x^2$

$x^2-18x+72=0$, $(x-6)(x-12)=0$

$\therefore x=12$ ($\because$ ㉠)

따라서 처음 정사각형의 한 변의 길이는 12 cm이다.

1등급 비법

이차방정식의 활용 문제는 다음과 같은 순서로 해결한다.

(i) 구하려는 것을 미지수 x로 놓는다.

(ii) 주어진 조건을 만족시키는 이차방정식을 세운다.

(iii) (ii)의 이차방정식을 푼 다음 문제의 조건에 맞는 x의 값을 구한다.

(iv) 구한 x의 값이 문제의 뜻에 맞는지 확인한다.

208

길을 제외한 꽃밭의 넓이는 $(12-x)^2$ (m^2)

길의 넓이는 $12x\times 2-x^2=24x-x^2$ (m^2)

길을 제외한 꽃밭의 넓이가 길의 넓이의 2배이므로

$(12-x)^2=2(24x-x^2)$

$x^2-24x+144=-2x^2+48x$

$3x^2-72x+144=0$, $x^2-24x+48=0$

$\therefore x=\dfrac{-(-24)\pm\sqrt{(-24)^2-4\times 1\times 48}}{2}$

$=\dfrac{24\pm\sqrt{384}}{2}=12\pm 4\sqrt{6}$

이때 $0<x<12$이므로 $x=12-4\sqrt{6}$

209

작년까지의 밭의 넓이는 $10\times 10=100$(m^2)

가로의 길이를 x m만큼 늘이고, 세로의 길이를 $(x-10)$ m만큼 늘여서 만든 직사각형 모양의 밭의 넓이는 $100+500=600$(m^2)이므로

$(10+x)\{10+(x-10)\}=600$

$x^2+10x-600=0$, $(x+30)(x-20)=0$

이때 $x>10$이므로 $x=20$

210

주어진 이차방정식의 판별식을 D라 할 때,

ㄱ. $D=(-5)^2-4\times3\times(-1)=37>0$

따라서 서로 다른 두 실근을 갖는다.

ㄴ. $\frac{D}{4}=(-k)^2-1\times k^2=0$

따라서 중근(실근)을 갖는다.

ㄷ. $D=3^2-4\times1\times(-k^2)=9+4k^2>0$

따라서 서로 다른 두 실근을 갖는다.

이상에서 ㄱ, ㄴ, ㄷ 모두 실근을 갖는다.

1등급 비법

이차방정식 $ax^2+bx+c=0$ (a, b, c는 실수)의 판별식을 D라 할 때, 이 이차방정식이 실근을 갖는 경우는

(i) 오직 하나의 실근(중근)을 가질 때 ⇨ $D=0$

(ii) 서로 다른 두 실근을 가질 때 ⇨ $D>0$

(i), (ii)에서 이차방정식이 실근을 가지려면 $D\geq0$이어야 한다.

211

이차방정식 $x^2+2ax+a^2+4a-28=0$의 판별식을 D라 할 때,

$\frac{D}{4}=a^2-(a^2+4a-28)\geq0$

$-4a+28\geq0 \quad \therefore a\leq7$

따라서 모든 자연수 a는 1, 2, 3, ⋯, 7의 7개이다.

212

이차방정식 $x^2+2(k-1)x+k^2-20=0$의 판별식을 D라 할 때,

$\frac{D}{4}=(k-1)^2-(k^2-20)<0$

$k^2-2k+1-k^2+20<0, -2k+21<0$

$\therefore k>\frac{21}{2}$

따라서 자연수 k의 최솟값은 11이다.

213

$kx^2-2kx+3=0$이 이차방정식이므로 $k\neq0$

이차방정식 $kx^2-2kx+3=0$의 판별식을 D라 할 때, 이 이차방정식이 중근을 가지므로

$\frac{D}{4}=(-k)^2-3k=0$

$k^2-3k=0, k(k-3)=0 \quad \therefore k=3 \ (\because k\neq0)$

주어진 이차방정식에 $k=3$을 대입하면

$3x^2-6x+3=0, x^2-2x+1=0$

$(x-1)^2=0 \quad \therefore x=1$

즉, $a=1$이므로

$k+a=3+1=4$

214

이차방정식 $x^2-2(k+a)x+k^2-2k+b=0$의 판별식을 D라 할 때, 이 이차방정식이 중근을 가지므로

$\frac{D}{4}=\{-(k+a)\}^2-(k^2-2k+b)=0$

$k^2+2ak+a^2-k^2+2k-b=0$

$\therefore (2a+2)k+a^2-b=0$

이 등식이 k에 대한 항등식이므로

$2a+2=0, a^2-b=0$

$\therefore a=-1, b=a^2=(-1)^2=1$

$\therefore a^2+b^2=1+1=2$

개념 보충

항등식의 성질

① $ax^2+bx+c=0$이 x에 대한 항등식
⇨ $a=b=c=0$

② $ax^2+bx+c=a'x^2+b'x+c'$이 x에 대한 항등식
⇨ $a=a', b=b', c=c'$

③ $ax+by+c=0$이 x, y에 대한 항등식
⇨ $a=b=c=0$

215

주어진 이차식이 완전제곱식이 되려면 이차방정식 $x^2-2(k-1)x+(2k^2-8k+9)=0$이 중근을 가져야 한다.

이 이차방정식의 판별식을 D라 할 때,

$\frac{D}{4}=\{-(k-1)\}^2-(2k^2-8k+9)=0$

$k^2-2k+1-2k^2+8k-9=0$

$k^2-6k+8=0, (k-2)(k-4)=0$

$\therefore k=2$ 또는 $k=4$

따라서 모든 실수 k의 값의 곱은

$2\times4=8$

다른 풀이 k에 대한 이차방정식 $k^2-6k+8=0$에서 근과 계수의 관계에 의하여 모든 실수 k의 값의 곱은 8이다.

216

$c(1+x^2)+2bx+a(1-x^2)=0$에서

$(-a+c)x^2+2bx+a+c=0$

이 이차방정식이 중근을 가지므로 판별식을 D라 할 때,

$\frac{D}{4}=b^2-(-a+c)(a+c)=0$

$b^2-(-a^2+c^2)=0, a^2+b^2-c^2=0$

$\therefore c^2=a^2+b^2$

따라서 a, b, c를 세 변의 길이로 하는 삼각형은 빗변의 길이가 c인 직각삼각형이다.

1등급 비법

삼각형의 세 변의 길이가 a, b, c ($a\leq b\leq c$)일 때,

① $a=b$ 또는 $b=c$ 또는 $c=a$ ⇨ 이등변삼각형

② $a=b=c$ ⇨ 정삼각형

③ $a^2+b^2>c^2$ ⇨ 예각삼각형

④ $a^2+b^2=c^2$ ⇨ 빗변의 길이가 c인 직각삼각형

⑤ $a^2+b^2<c^2$ ⇨ 둔각삼각형

217

주어진 이차식이 완전제곱식이 되려면 이차방정식
$x^2-2(k+a)x+bk^2+c+2=0$이 중근을 가져야 한다.
이 이차방정식의 판별식을 D라 할 때,

$\frac{D}{4}=\{-(k+a)\}^2-(bk^2+c+2)=0$

$k^2+2ak+a^2-bk^2-c-2=0$

$\therefore (1-b)k^2+2ak+a^2-c-2=0$

이 등식이 k의 값에 관계없이 항상 성립하므로

$1-b=0,\ 2a=0,\ a^2-c-2=0$

$\therefore a=0,\ b=1,\ c=-2$

$\therefore a+b+c=0+1+(-2)=-1$

218

이차방정식 $3x^2-4x+1=0$의 두 근이 α, β이므로 근과 계수의 관계에 의하여

$\alpha+\beta=\frac{4}{3},\ \alpha\beta=\frac{1}{3}$

$\therefore \frac{1}{\alpha}+\frac{1}{\beta}=\frac{\alpha+\beta}{\alpha\beta}=\frac{4}{3}\div\frac{1}{3}=\frac{4}{3}\times 3=4$

다른 풀이 $3x^2-4x+1=0$에서 $(3x-1)(x-1)=0$

$\therefore x=\frac{1}{3}$ 또는 $x=1$

$\therefore \frac{1}{\alpha}+\frac{1}{\beta}=3+1=4$

219

이차방정식 $x^2-kx+6=0$의 두 근이 α, β이므로 근과 계수의 관계에 의하여

$\alpha+\beta=k,\ \alpha\beta=6$

$(\alpha-\beta)^2=(\alpha+\beta)^2-4\alpha\beta=k^2-24$

이때 $k^2-24=12$이므로

$k^2=36 \qquad \therefore k=\pm 6$

이때 k는 양수이므로 $k=6$

개념 보충

곱셈 공식의 변형

① $a^2+b^2=(a+b)^2-2ab=(a-b)^2+2ab$
② $(a+b)^2=(a-b)^2+4ab,\ (a-b)^2=(a+b)^2-4ab$
③ $a^3+b^3=(a+b)^3-3ab(a+b)$
④ $a^3-b^3=(a-b)^3+3ab(a-b)$

220

이차방정식 $x^2-2kx+k=0$의 두 근이 α, β이므로 근과 계수의 관계에 의하여

$\alpha+\beta=2k,\ \alpha\beta=k$

$\frac{\alpha^2}{\beta}+\frac{\beta^2}{\alpha}=\frac{\alpha^3+\beta^3}{\alpha\beta}=\frac{(\alpha+\beta)^3-3\alpha\beta(\alpha+\beta)}{\alpha\beta}$

$=\frac{(2k)^3-3\times k\times 2k}{k}=8k^2-6k$

이때 $8k^2-6k=20$이므로

$8k^2-6k-20=0,\ 4k^2-3k-10=0$

$(4k+5)(k-2)=0 \qquad \therefore k=-\frac{5}{4}$ 또는 $k=2$

이때 k는 정수이므로 $k=2$

221

이차방정식 $x^2-6x+7=0$의 두 근이 α, β이므로

$\alpha^2-6\alpha+7=0,\ \beta^2-6\beta+7=0$

$\therefore \alpha^2=6\alpha-7,\ \beta^2=6\beta-7$

또, 근과 계수의 관계에 의하여

$\alpha+\beta=6,\ \alpha\beta=7$

$\therefore (\alpha^2-3\alpha+1)(\beta^2-3\beta+1)$
$=\{(6\alpha-7)-3\alpha+1\}\{(6\beta-7)-3\beta+1\}$
$=(3\alpha-6)(3\beta-6)$
$=9(\alpha-2)(\beta-2)$
$=9\{\alpha\beta-2(\alpha+\beta)+4\}$
$=9(7-2\times 6+4)=-9$

222

이차방정식 $x^2-3x+k=0$의 두 근이 α, β이므로

$\alpha^2-3\alpha+k=0,\ \beta^2-3\beta+k=0$

$\therefore \alpha^2-\alpha+k=2\alpha,\ \beta^2-\beta+k=2\beta$

또, 근과 계수의 관계에 의하여

$\alpha+\beta=3,\ \alpha\beta=k$

$\therefore \frac{1}{\alpha^2-\alpha+k}+\frac{1}{\beta^2-\beta+k}=\frac{1}{2\alpha}+\frac{1}{2\beta}$

$=\frac{\alpha+\beta}{2\alpha\beta}=\frac{3}{2k}$

이때 $\frac{3}{2k}=\frac{1}{4}$이므로

$2k=12 \qquad \therefore k=6$

223

이차방정식 $x^2-9x+a=0$의 한 근이 다른 한 근의 2배이므로 두 근을 α, $2\alpha\ (\alpha\neq 0)$라 하면 근과 계수의 관계에 의하여

$\alpha+2\alpha=9,\ 3\alpha=9 \qquad \therefore \alpha=3$

$\alpha\times 2\alpha=a$에서 $2\alpha^2=a$

위의 식에 $\alpha=3$을 대입하면 $a=2\times 3^2=18$

224

이차방정식 $3x^2+6x+k=0$의 두 근의 차가 4이므로 두 근을 α, $\alpha+4$라 하면 근과 계수의 관계에 의하여

$\alpha+(\alpha+4)=-\frac{6}{3}=-2$

$2\alpha+4=-2,\ 2\alpha=-6 \qquad \therefore \alpha=-3$

따라서 두 근은 -3, 1이므로

(두 근의 곱)$=(-3)\times 1=\frac{k}{3}$

$\therefore k=-9$

225

이차방정식 $x^2-5(k-2)x+3k^2+2k+1=0$의 두 근의 비가 2 : 3이므로 두 근을 2α, 3α $(\alpha\neq0)$라 하면 근과 계수의 관계에 의하여

$2\alpha+3\alpha=5(k-2)$에서 $\alpha=k-2$ …… ㉠

$2\alpha\times3\alpha=3k^2+2k+1$에서 $6\alpha^2=3k^2+2k+1$ …… ㉡

㉠을 ㉡에 대입하면

$6(k-2)^2=3k^2+2k+1$

$3k^2-26k+23=0$, $(k-1)(3k-23)=0$

$\therefore k=1$ 또는 $k=\frac{23}{3}$

이때 k는 정수이므로 $k=1$

226

이차방정식 $x^2-(k+2)x+k^2-3k+4=0$의 두 근이 연속하는 짝수이므로 두 근을 $2n$, $2n+2$ (n은 자연수)라 하면 근과 계수의 관계에 의하여

$2n+(2n+2)=k+2$에서 $k=4n$ …… ㉠

$2n\times(2n+2)=k^2-3k+4$에서

$4n^2+4n=k^2-3k+4$ …… ㉡

㉠을 ㉡에 대입하면

$4n^2+4n=16n^2-12n+4$

$12n^2-16n+4=0$, $3n^2-4n+1=0$

$(3n-1)(n-1)=0$

$\therefore n=\frac{1}{3}$ 또는 $n=1$

이때 n은 자연수이므로 $n=1$

$\therefore k=4\times1=4$

227

이차방정식 $x^2-3x+7=0$의 두 근이 α, β이므로 근과 계수의 관계에 의하여

$\alpha+\beta=3$, $\alpha\beta=7$

$\therefore (\alpha-1)+(\beta-1)=(\alpha+\beta)-2$

$=3-2=1$

$(\alpha-1)(\beta-1)=\alpha\beta-(\alpha+\beta)+1$

$=7-3+1=5$

따라서 $\alpha-1$, $\beta-1$을 두 근으로 하고 x^2의 계수가 1인 이차방정식은

$x^2-x+5=0$

228

이차방정식 $x^2-4x+6=0$의 두 근이 α, β이므로 근과 계수의 관계에 의하여

$\alpha+\beta=4$, $\alpha\beta=6$ …… ㉠

이차방정식 $6x^2-ax+b=0$의 두 근이 $\frac{1}{\alpha}$, $\frac{1}{\beta}$이므로 근과 계수의 관계에 의하여

$\frac{1}{\alpha}+\frac{1}{\beta}=\frac{a}{6}$, $\frac{1}{\alpha}\times\frac{1}{\beta}=\frac{b}{6}$

$\therefore \frac{\alpha+\beta}{\alpha\beta}=\frac{a}{6}$, $\frac{1}{\alpha\beta}=\frac{b}{6}$ …… ㉡

㉠을 ㉡에 대입하면

$\frac{4}{6}=\frac{a}{6}$, $\frac{1}{6}=\frac{b}{6}$ $\quad\therefore a=4$, $b=1$

$\therefore a+b=4+1=5$

229

이차방정식 $x^2-ax+b=0$의 두 근이 α, β이므로 근과 계수의 관계에 의하여

$\alpha+\beta=a$, $\alpha\beta=b$ …… ㉠

이차방정식 $x^2-3bx+2a-3=0$의 두 근이 $\alpha+1$, $\beta+1$이므로 근과 계수의 관계에 의하여

$(\alpha+1)+(\beta+1)=3b$,

$(\alpha+1)(\beta+1)=2a-3$

$\therefore \alpha+\beta=3b-2$, $\alpha\beta+\alpha+\beta+1=2a-3$ …… ㉡

㉠을 ㉡에 대입하면

$a=3b-2$, $b+a+1=2a-3$

$\therefore a-3b=-2$, $a-b=4$

두 식을 연립하여 풀면 $a=7$, $b=3$

$\therefore ab=7\times3=21$

230

이차방정식 $x^2-ax+b=0$의 두 근이 2, α이므로 근과 계수의 관계에 의하여

$2+\alpha=a$, $2\alpha=b$ …… ㉠

이차방정식 $x^2-(a+4)x+7b=0$의 두 근이 -2, β이므로 근과 계수의 관계에 의하여

$-2+\beta=a+4$, $-2\beta=7b$ …… ㉡

㉠을 ㉡에 대입하면

$-2+\beta=2+\alpha+4$, $-2\beta=7\times2\alpha$

$\therefore \alpha-\beta=-8$, $\beta=-7\alpha$

두 식을 연립하여 풀면 $\alpha=-1$, $\beta=7$

$\therefore \alpha+\beta=-1+7=6$, $\alpha\beta=-1\times7=-7$

즉, α, β를 두 근으로 하고 x^2의 계수가 1인 이차방정식은

$x^2-6x-7=0$

이 방정식은 $x^2-mx+n=0$과 같으므로

$m=6$, $n=-7$

$\therefore m+n=6+(-7)=-1$

231

이차방정식 $x^2-ax+b=0$의 두 근이 α, β이므로 근과 계수의 관계에 의하여

$\alpha+\beta=a$, $\alpha\beta=b$ …… ㉠

이차방정식 $x^2-4x+5=0$의 두 근이 $\frac{1}{\alpha+1}$, $\frac{1}{\beta+1}$이므로 근과 계수의 관계에 의하여

$$\frac{1}{\alpha+1}+\frac{1}{\beta+1}=\frac{\beta+1+\alpha+1}{(\alpha+1)(\beta+1)}$$

$$=\frac{\alpha+\beta+2}{\alpha\beta+\alpha+\beta+1}=4 \quad \cdots\cdots ㉡$$

$$\frac{1}{\alpha+1}\times\frac{1}{\beta+1}=\frac{1}{(\alpha+1)(\beta+1)}$$

$$=\frac{1}{\alpha\beta+\alpha+\beta+1}=5 \quad \cdots\cdots ㉢$$

㉠을 ㉢에 대입하면

$\frac{1}{a+b+1}=5 \qquad \therefore a+b+1=\frac{1}{5}$ ······ ㉣

㉠을 ㉡에 대입하면 $\frac{a+2}{a+b+1}=4$

$a+2=4(a+b+1)$

위의 식에 ㉣을 대입하면

$a+2=\frac{4}{5} \qquad \therefore a=-\frac{6}{5}$

$a=-\frac{6}{5}$을 ㉣에 대입하면

$-\frac{6}{5}+b+1=\frac{1}{5} \qquad \therefore b=\frac{2}{5}$

$\therefore a-b=-\frac{6}{5}-\frac{2}{5}=-\frac{8}{5}$

232

이차방정식 $x^2+4x+6=0$에서 근의 공식에 의하여

$$x=\frac{-4\pm\sqrt{4^2-4\times1\times6}}{2}=\frac{-4\pm\sqrt{-8}}{2}=-2\pm\sqrt{2}i$$

$$\therefore x^2+4x+6=\{x-(-2+\sqrt{2}i)\}\{x-(-2-\sqrt{2}i)\}=(x+2-\sqrt{2}i)(x+2+\sqrt{2}i)$$

233

이차방정식 $x^2-2x+10=0$에서 근의 공식에 의하여

$$x=\frac{-(-2)\pm\sqrt{(-2)^2-4\times1\times10}}{2}=\frac{2\pm\sqrt{-36}}{2}=1\pm3i$$

$$\therefore x^2-2x+10=\{x-(1+3i)\}\{x-(1-3i)\}=(x-1-3i)(x-1+3i)$$

따라서 인수인 것은 ①이다.

234

a, b가 유리수이므로 이차방정식 $2x^2+ax+b=0$의 한 근이 $2+\sqrt{3}$이면 다른 한 근은 $2-\sqrt{3}$이다.

이때 근과 계수의 관계에 의하여

$(2+\sqrt{3})+(2-\sqrt{3})=-\frac{a}{2}$에서

$4=-\frac{a}{2} \qquad \therefore a=-8$

$(2+\sqrt{3})(2-\sqrt{3})=\frac{b}{2}$에서

$1=\frac{b}{2} \qquad \therefore b=2$

$\therefore ab=(-8)\times2=-16$

235

a, b가 실수이므로 이차방정식 $x^2+4x+a=0$의 한 근이 $b-i$이면 다른 한 근은 $b+i$이다.

이때 근과 계수의 관계에 의하여

$(b-i)+(b+i)=-4$

$2b=-4 \qquad \therefore b=-2$

즉, 두 근은 $-2-i$, $-2+i$이므로

$(-2-i)(-2+i)=a \qquad \therefore a=5$

$\therefore a+b=5+(-2)=3$

236

이차방정식 $x^2-px+p+19=0$의 한 허근을 $a+2i$ (a는 실수)라 하면 다른 한 근은 $a-2i$이다.

이때 근과 계수의 관계에 의하여

$(a+2i)+(a-2i)=p$에서 $2a=p$ ······ ㉠

$(a+2i)(a-2i)=p+19$에서 $a^2+4=p+19$ ······ ㉡

㉠을 ㉡에 대입하면

$a^2+4=2a+19$

$a^2-2a-15=0$, $(a+3)(a-5)=0$

$\therefore a=-3$ 또는 $a=5$ ······ ㉢

㉢을 ㉠에 대입하면

$p=-6$ 또는 $p=10$

이때 p는 양의 실수이므로 $p=10$

237

이차방정식 $x^2-6x+n=0$의 판별식을 D라 하자.

(i) z가 실수일 때,

$\bar{z}=z$이므로 x^2-6x+n이 $(x-z)^2$ 꼴로 인수분해 되므로 이차방정식 $x^2-6x+n=0$은 중근을 갖는다.

즉, $\frac{D}{4}=(-3)^2-n=0$이므로 $n=9$

(ii) z가 허수일 때,

z가 $x^2-6x+n=0$의 해이면 $\bar{z}$는 켤레근이므로 이차방정식 $x^2-6x+n=0$은 서로 다른 두 허근을 갖는다.

즉, $\frac{D}{4}=(-3)^2-n<0$이므로 $n>9$

(i), (ii)에서 조건을 만족시키는 20 이하의 자연수 n은 9, 10, 11, ···, 20의 12개이다.

내신 적중 서술형

● 61쪽

238 4600원　**239** 서로 다른 두 허근
240 -11　**241** (1) $a=-2$, $b=5$ (2) -5

238

샌드위치 한 개의 가격을 100원씩 x번 내린다고 하면 샌드위치 한 개의 가격은 $(5000-100x)$원
샌드위치 한 개의 가격은 3000원 이상이므로
$5000-100x\geq 3000$ $\quad\therefore x\leq 20$
이때 샌드위치의 판매량은 $(50+5x)$개이므로 샌드위치를 하루 동안 판매한 전체 금액은
$(5000-100x)\times(50+5x)$(원) ······ ㉮
판매한 전체 금액이 322000원이므로
$(5000-100x)(50+5x)=322000$ ······ ㉯
$(50-x)(10+x)=644$, $500+40x-x^2=644$
$x^2-40x+144=0$, $(x-36)(x-4)=0$
$\therefore x=4$ $(\because 0\leq x\leq 20)$
따라서 샌드위치 한 개의 가격은
$5000-100\times 4=4600$(원) ······ ㉰

채점 기준	배점 비율
㉮ 샌드위치의 가격과 판매량을 이용하여 하루 동안 판매한 전체 금액에 대한 식 세우기	50 %
㉯ x에 대한 이차방정식 세우기	20 %
㉰ x에 대한 이차방정식을 풀고, 샌드위치 한 개의 가격 구하기	30 %

1등급 비법

실생활과 관련된 문제의 경우 구하고자 하는 값을 미지수로 어떻게 표현할지를 정하는 것이 중요하다. 단순히 구하고자 하는 값을 미지수로 정할 경우 계산이 복잡할 수 있다.

239

이차방정식 $x^2+(a+1)x+a+b=0$의 판별식을 D_1이라 할 때,
$D_1=(a+1)^2-4(a+b)=0$
$a^2-2a+1-4b=0$
$\therefore (a-1)^2=4b$ ······ ㉠ ······ ㉮
이차방정식 $x^2+(a-1)x+b^2+1=0$의 판별식을 D_2라 할 때,
$D_2=(a-1)^2-4(b^2+1)=4b-4(b^2+1)$ $(\because$ ㉠$)$
$=-4b^2+4b-4=-4\left(b-\frac{1}{2}\right)^2-3<0$ ······ ㉯
따라서 이차방정식 $x^2+(a-1)x+b^2+1=0$은 서로 다른 두 허근을 갖는다. ······ ㉰

채점 기준	배점 비율
㉮ 이차방정식 $x^2+(a+1)x+a+b=0$의 판별식을 이용하여 a, b 사이의 관계식 구하기	40 %
㉯ 이차방정식 $x^2+(a-1)x+b^2+1=0$의 판별식의 부호 조사하기	40 %
㉰ 이차방정식 $x^2+(a-1)x+b^2+1=0$의 근 판별하기	20 %

240

이차방정식 $x^2+7x+4=0$의 두 근이 α, β이므로 근과 계수의 관계에 의하여
$\alpha+\beta=-7$, $\alpha\beta=4$ ······ ㉮
이때 $\alpha<0$, $\beta<0$이므로
$(\sqrt{\alpha}+\sqrt{\beta})^2=(\sqrt{\alpha})^2+2\sqrt{\alpha}\sqrt{\beta}+(\sqrt{\beta})^2$
$=\alpha-2\sqrt{\alpha\beta}+\beta$ ······ ㉯
$=-7-2\sqrt{4}=-11$ ······ ㉰

채점 기준	배점 비율
㉮ 근과 계수의 관계를 이용하여 $\alpha+\beta$, $\alpha\beta$의 값 구하기	30 %
㉯ 주어진 식 변형하기	50 %
㉰ 식의 값 구하기	20 %

개념 보충

음수의 제곱근의 성질
① $a<0$, $b<0$이면 $\sqrt{a}\sqrt{b}=-\sqrt{ab}$
② $a>0$, $b<0$이면 $\frac{\sqrt{a}}{\sqrt{b}}=-\sqrt{\frac{a}{b}}$

241

(1) a, b가 실수이므로 이차방정식 $x^2+ax+b=0$의 한 근이 $1+2i$이면 다른 한 근은 $1-2i$이다. ······ ㉮
이때 근과 계수의 관계에 의하여
$(1+2i)+(1-2i)=-a$에서 $2=-a$
$(1+2i)(1-2i)=b$에서 $5=b$
$\therefore a=-2$, $b=5$ ······ ㉯
(2) 이차방정식 $5x^2-5x+10=0$, 즉 $x^2-x+2=0$의 두 근이 α, β이므로 근과 계수의 관계에 의하여
$\alpha+\beta=1$, $\alpha\beta=2$ ······ ㉰
$\therefore \alpha^3+\beta^3=(\alpha+\beta)^3-3\alpha\beta(\alpha+\beta)$
$=1^3-3\times 2\times 1=-5$ ······ ㉱

	채점 기준	배점 비율
(1)	㉮ 이차방정식의 켤레근 구하기	20 %
	㉯ a, b의 값 구하기	30 %
(2)	㉰ 근과 계수의 관계를 이용하여 $\alpha+\beta$, $\alpha\beta$의 값 구하기	20 %
	㉱ 곱셈 공식을 이용하여 $\alpha^3+\beta^3$의 값 구하기	30 %

1등급 실력 완성

● 62쪽 ~ 64쪽

242 ①　**243** ③　**244** ①　**245** ①　**246** ①
247 ③　**248** ④　**249** ②　**250** ①　**251** ③
252 ①　**253** 6　**254** ⑤　**255** $\frac{13}{9}$

242

이차방정식의 풀이

(전략) $x=1$을 대입한 식이 k의 값에 관계없이 항상 성립함을 이용하여 a, b의 값을 구한다.

(풀이) $x^2-a(k+3)x+(k+2)a^2+b=0$에 $x=1$을 대입하면

$1-a(k+3)+(k+2)a^2+b=0$

$(a^2-a)k+2a^2-3a+b+1=0$

이 등식이 k의 값에 관계없이 항상 성립하므로

$a^2-a=0$, $2a^2-3a+b+1=0$

$a^2-a=0$에서 $a(a-1)=0$

$\therefore a=0$ 또는 $a=1$

(i) $a=0$을 $2a^2-3a+b+1=0$에 대입하면

$b+1=0 \qquad \therefore b=-1$

(ii) $a=1$을 $2a^2-3a+b+1=0$에 대입하면

$2-3+b+1=0 \qquad \therefore b=0$

(i), (ii)에서 $a=0$, $b=-1$ 또는 $a=1$, $b=0$이므로

$ab=0$

개념 보충

다음은 모두 x에 대한 항등식을 나타낸다.

① 모든 x에 대하여 성립하는 등식
② 임의의 x에 대하여 성립하는 등식
③ x의 값에 관계없이 항상 성립하는 등식
④ x가 어떤 값을 갖더라도 항상 성립하는 등식

243

이차방정식의 풀이

(전략) $a=2+\sqrt{3}$을 주어진 이차방정식에 대입하여 b, c를 a에 대한 식으로 나타낸다.

(풀이) $\alpha=2+\sqrt{3}$은 이차방정식 $ax^2+\sqrt{3}bx+c=0$의 한 근이므로 이차방정식에 대입하면

$a(2+\sqrt{3})^2+\sqrt{3}b(2+\sqrt{3})+c=0$

$(7a+3b+c)+(4a+2b)\sqrt{3}=0$

이때 a, b, c는 유리수이므로

$7a+3b+c=0$, $4a+2b=0$

$\therefore b=-2a$, $c=-a$

$b=-2a$, $c=-a$를 주어진 이차방정식에 대입하면

$ax^2-2\sqrt{3}ax-a=0$

$a(x^2-2\sqrt{3}x-1)=0$

따라서 이차방정식 $a(x^2-2\sqrt{3}x-1)=0$의 근은

$$x=\frac{-(-2\sqrt{3})\pm\sqrt{(-2\sqrt{3})^2-4\times1\times(-1)}}{2}$$

$$=\frac{2\sqrt{3}\pm\sqrt{16}}{2}=\sqrt{3}\pm2\ (\because a\neq0)$$

($ax^2+\sqrt{3}bx+c=0$이 x에 대한 이차방정식이므로 $a\neq0$)

이므로 $\beta=-2+\sqrt{3}$

$$\therefore \alpha+\frac{1}{\beta}=(2+\sqrt{3})+\frac{1}{-2+\sqrt{3}}$$
$$=2+\sqrt{3}-(2+\sqrt{3})=0$$

(다른 풀이 ①) $\alpha=2+\sqrt{3}$에서 $\alpha-\sqrt{3}=2$이고 양변을 제곱하면

$(\alpha-\sqrt{3})^2=2^2$, $\alpha^2-2\sqrt{3}\alpha+3=4$

$\therefore \alpha^2-2\sqrt{3}\alpha-1=0$

따라서 α, β는 이차방정식 $a(x^2-2\sqrt{3}x-1)=0$의 근이므로 근과 계수의 관계에 의하여

$\alpha+\beta=2\sqrt{3}$에서 $(2+\sqrt{3})+\beta=2\sqrt{3}$

$\therefore \beta=-2+\sqrt{3}$

$$\therefore \alpha+\frac{1}{\beta}=(2+\sqrt{3})+\frac{1}{-2+\sqrt{3}}$$
$$=2+\sqrt{3}-(2+\sqrt{3})=0$$

(다른 풀이 ②) $t=\sqrt{3}x$로 놓으면 $x=\frac{t}{\sqrt{3}}$이므로 주어진 이차방정식은

$\frac{a}{3}t^2+bt+c=0$, 즉 $at^2+3bt+3c=0$ ...... ㉠

이고, 이차방정식의 두 근은 $\sqrt{3}\alpha$, $\sqrt{3}\beta$이다.

이때 $\sqrt{3}\alpha=\sqrt{3}\times(2+\sqrt{3})=3+2\sqrt{3}$이고, 이차방정식 ㉠의 계수가 모두 유리수이므로 다른 한 근 $\sqrt{3}\beta$는 $3-2\sqrt{3}$이다.

즉, $\sqrt{3}\beta=3-2\sqrt{3}$에서

$$\beta=\frac{3-2\sqrt{3}}{\sqrt{3}}=-2+\sqrt{3}$$

$$\therefore \alpha+\frac{1}{\beta}=(2+\sqrt{3})+\frac{1}{-2+\sqrt{3}}$$
$$=2+\sqrt{3}-(2+\sqrt{3})=0$$

(오답 피하기) a, b, c는 유리수이지만 이차방정식 $ax^2+\sqrt{3}bx+c=0$의 계수 중 $\sqrt{3}b$는 유리수가 아니므로 $\alpha=2+\sqrt{3}$의 켤레근 $2-\sqrt{3}$을 다른 한 근 β로 생각하지 않도록 주의한다.

244

이차방정식의 활용

(전략) $\overline{AI}=x$로 놓고 삼각형의 합동과 닮음을 이용하여 이차방정식을 세워 x의 값을 구한다.

(풀이) $\overline{AI}=x$라 하면

$\triangle ADI\equiv\triangle CBH$ (RHA 합동)이므로

$\overline{CH}=\overline{AI}=x$

$\therefore \overline{AC}=2+2x$

직각삼각형 ACD에서 피타고라스 정리에 의하여

$(2+2x)^2=1+k^2$

$\therefore k^2=4x^2+8x+3$ ...... ㉠

또, $\triangle ACD\backsim\triangle ADI$ (AA 닮음)이므로

$\overline{AC}:\overline{AD}=\overline{AD}:\overline{AI}$에서

$(2+2x):1=1:x$, $x(2+2x)=1$

$\therefore 2x^2+2x-1=0$

근의 공식에 의하여

$$x=\frac{-2\pm\sqrt{2^2-4\times2\times(-1)}}{2\times2}$$
$$=\frac{-2\pm\sqrt{12}}{4}$$
$$=\frac{-1\pm\sqrt{3}}{2}$$

이때 $x>0$이므로 $x=\frac{-1+\sqrt{3}}{2}$

이때 ㉠에서

$k^2=4x^2+8x+3$

$=2(2x^2+2x-1)+4x+5=4x+5$ ($\because 2x^2+2x-1=0$)

$=4\times\left(\frac{-1+\sqrt{3}}{2}\right)+5=3+2\sqrt{3}$

따라서 $m=3$, $n=2$이므로

$m+n=3+2=5$

245

이차방정식의 활용

전략 주어진 비례식을 이용하여 이차방정식을 세우고, 주어진 식을 간단히 정리한다.

풀이 정오각형의 한 내각의 크기는

$\frac{180°\times(5-2)}{5}=108°$

$\triangle ABE$는 이등변삼각형이고 $\angle BAE=108°$이므로

$\angle ABE=\frac{1}{2}\times(180°-108°)=36°$

마찬가지로 $\angle BAC=36°$

따라서 $\triangle APE$에서 $\angle APE=36°+36°=72°$

이때 $\angle EAP=108°-36°=72°$이므로 $\triangle APE$는 이등변삼각형이다.

$\therefore \overline{PE}=\overline{AE}=1$

$\overline{BE}:\overline{PE}=\overline{PE}:\overline{BP}$에서

$x:1=1:(x-1)$, $x(x-1)=1$

$x^2-x-1=0$

$\therefore x=\frac{-(-1)\pm\sqrt{(-1)^2-4\times1\times(-1)}}{2}=\frac{1\pm\sqrt{5}}{2}$

그런데 $x>0$이므로 $x=\frac{1+\sqrt{5}}{2}$

$x^2-x-1=0$에서 $x^2-x=1$, $x^2=x+1$이므로

$x^3=x^2\times x=(x+1)x=x^2+x=(x+1)+x=2x+1$

$x^4=x^3\times x=(2x+1)x=2x^2+x=2(x+1)+x=3x+2$

$x^5=x^4\times x=(3x+2)x=3x^2+2x=3(x+1)+2x=5x+3$

$x^6=x^5\times x=(5x+3)x=5x^2+3x=5(x+1)+3x=8x+5$

$1-x+x^2-x^3+x^4-x^5+x^6-x^7+x^8$

$=1+(-x+x^2)+x^2(-x+x^2)+x^4(-x+x^2)+x^6(-x+x^2)$

$=1+1+x^2+x^4+x^6$

$=2+x^2+x^4+x^6$

$=2+(x+1)+(3x+2)+(8x+5)$

$=12x+10$

$=12\times\frac{1+\sqrt{5}}{2}+10$

$=16+6\sqrt{5}$

따라서 $p=16$, $q=6$이므로

$p+q=16+6=22$

246

이차방정식의 판별식의 활용

전략 주어진 식을 x에 대한 이차식으로 생각하여 (이차식)$=0$의 근을 구한 후 근호 안의 식이 완전제곱식이어야 함을 이용한다.

풀이 $x^2+xy+ay^2-x+7y-2$를 x에 대하여 내림차순으로 정리하면

$x^2+(y-1)x+ay^2+7y-2$

$x^2+(y-1)x+ay^2+7y-2=0$을 x에 대한 이차방정식으로 생각하고 판별식을 D라 할 때, 근의 공식에 의하여

$x=\frac{-(y-1)\pm\sqrt{D}}{2}$

이때 주어진 식이 두 일차식의 곱으로 인수분해 되려면 D가 y에 대한 완전제곱식이어야 한다. 즉,

$D=(y-1)^2-4(ay^2+7y-2)$

$=y^2-2y+1-4ay^2-28y+8$

$=(1-4a)y^2-30y+9$

에서 이차방정식 $(1-4a)y^2-30y+9=0$의 판별식을 D'이라 할 때,

$\frac{D'}{4}=(-15)^2-9(1-4a)=0$

$225-9+36a=0$, $36a=-216$

$\therefore a=-6$

1등급 비법

x, y에 대한 이차식 A가 두 일차식의 곱으로 인수분해 될 조건은 다음과 같은 순서로 구한다.

(i) 이차식 A를 x(또는 y)에 대하여 내림차순으로 정리한다.

(ii) 이차방정식 $A=0$의 판별식 D가 완전제곱식이어야 하므로 이차방정식 $D=0$의 판별식이 0이다.

247

이차방정식의 판별식의 활용

전략 x, y에 대한 이차식이 x, y에 대한 일차식의 완전제곱식이 될 조건을 이용한다.

풀이 $x^2+4xy+ay^2+bx-4y+c$를 x에 대하여 내림차순으로 정리하면

$x^2+(4y+b)x+ay^2-4y+c$

이 식이 x, y에 대한 일차식의 완전제곱식이 되므로 x에 대한 이차방정식 $x^2+(4y+b)x+ay^2-4y+c=0$은 y의 값에 관계없이 항상 중근을 갖는다. 이 이차방정식의 판별식을 D라 할 때,

$D=(4y+b)^2-4(ay^2-4y+c)=0$

즉, $(16-4a)y^2+(8b+16)y+b^2-4c=0$

이때 이 등식이 y의 값에 관계없이 항상 성립하므로

$16-4a=0$, $8b+16=0$, $b^2-4c=0$

따라서 $a=4$, $b=-2$, $c=1$이므로

$a+b+c=4+(-2)+1=3$

248

이차방정식의 근과 계수의 관계

전략 주어진 식을 변형하여 이차방정식의 근과 계수의 관계를 이용한다.

풀이 이차방정식 $x^2+x-1=0$의 서로 다른 두 근이 α, β이므로 근과 계수의 관계에 의하여

$\alpha+\beta=-1$, $\alpha\beta=-1$

$\therefore \beta P(\alpha)+\alpha P(\beta)=\beta(2\alpha^2-3\alpha)+\alpha(2\beta^2-3\beta)$

$=\alpha\beta(2\alpha-3)+\alpha\beta(2\beta-3)$

$=\alpha\beta(2\alpha+2\beta-6)$
$=2\alpha\beta(\alpha+\beta-3)$
$=2\times(-1)\times(-1-3)$
$=8$

249

이차방정식의 근과 계수의 관계

전략 이차방정식의 근과 계수의 관계를 이용하여 α, β에 대한 조건을 구한 후, 이를 이용하여 ㄱ, ㄴ, ㄷ의 참, 거짓을 판단한다.

풀이 이차방정식 $x^2-ax-1=0$의 서로 다른 두 실근이 α, β이므로 근과 계수의 관계에 의하여
$\alpha+\beta=a$, $\alpha\beta=-1$

ㄱ. $\alpha+\beta=a>0$이므로 $|\alpha+\beta|=\alpha+\beta$
이때 두 근의 곱이 음수이므로 두 근의 부호는 서로 다르다.
$\alpha>0$, $\beta<0$일 때, $|\alpha|+|\beta|=\alpha-\beta$
$\alpha<0$, $\beta>0$일 때, $|\alpha|+|\beta|=\beta-\alpha$
$\therefore |\alpha+\beta|\neq|\alpha|+|\beta|$ (거짓)

ㄴ. $\alpha^2+\beta^2=(\alpha+\beta)^2-2\alpha\beta$
$=a^2+2>2$ (참) ← $a>0$에서 $a^2>0$ $\therefore a^2+2>2$

ㄷ. $\alpha\beta=-1$이므로 $\beta=-\frac{1}{\alpha}$
$\alpha>3$이면 $-\frac{1}{3}<\beta<0$ (거짓) ← 두 근의 부호는 서로 다르므로 $\alpha>3$이면 $\beta<0$

이상에서 옳은 것은 ㄴ뿐이다.

250

이차방정식의 근과 계수의 관계

전략 $|\alpha|+|\beta|=6$의 양변을 제곱한 후, 이차방정식의 근과 계수의 관계를 이용한다.

풀이 이차방정식 $x^2-4x+k=0$의 두 실근이 α, β이므로 근과 계수의 관계에 의하여
$\alpha+\beta=4$, $\alpha\beta=k$ ...... ㉠
$|\alpha|+|\beta|=6$의 양변을 제곱하면
$\alpha^2+2|\alpha\beta|+\beta^2=36$
$(\alpha+\beta)^2-2\alpha\beta+2|\alpha\beta|=36$
이 식에 ㉠을 대입하면
$4^2-2k+2|k|=36$
$\therefore k-|k|=-10$

(i) $k\geq0$일 때,
$k-k=-10$
그런데 위의 식을 만족시키는 실수 k는 존재하지 않는다.

(ii) $k<0$일 때,
$k-(-k)=-10$
즉, $2k=-10$에서 $k=-5$

(i), (ii)에서 $k=-5$

251

이차방정식의 근의 판별 ⊕ 이차방정식의 근과 계수의 관계

전략 이차방정식의 판별식과 근과 계수의 관계를 이용하여 a, b의 조건을 구하고 자연수 a에 값에 따른 경우를 나누어 $a+b$의 최댓값을 구한다.

풀이 이차방정식 $x^2+ax-b=0$의 판별식을 D라 할 때, 이 이차방정식이 서로 다른 두 실근을 가지므로
$D=a^2+4b>0$ ...... ㉠
이차방정식 $x^2+ax-b=0$의 두 근을 α, β라 할 때, 근과 계수의 관계에 의하여
$\alpha+\beta=-a$, $\alpha\beta=-b$
이때 두 근의 차가 6 이하이므로
$|\alpha-\beta|=\sqrt{(\alpha+\beta)^2-4\alpha\beta}=\sqrt{a^2+4b}\leq6$
$\therefore a^2+4b\leq36$ ...... ㉡
㉠, ㉡에서 $0<a^2+4b\leq36$이고 a, b가 자연수이므로 a의 값이 될 수 있는 수는 1, 2, 3, 4, 5이다.

(i) $a=1$일 때,
$-1<4b\leq35$에서 b의 최댓값은 8이므로
$a+b$의 최댓값은 $1+8=9$

(ii) $a=2$일 때,
$-4<4b\leq32$에서 b의 최댓값은 8이므로
$a+b$의 최댓값은 $2+8=10$

(iii) $a=3$일 때,
$-9<4b\leq27$에서 b의 최댓값은 6이므로
$a+b$의 최댓값은 $3+6=9$

(iv) $a=4$일 때,
$-16<4b\leq20$에서 b의 최댓값은 5이므로
$a+b$의 최댓값은 $4+5=9$

(v) $a=5$일 때,
$-25<4b\leq11$에서 b의 최댓값은 2이므로
$a+b$의 최댓값은 $5+2=7$

이상에서 조건을 만족시키는 $a+b$의 최댓값은 10이다.

252

이차방정식의 근과 계수의 관계

전략 먼저 $f(4x-1)=0$의 두 근을 α, β로 나타낸다.

풀이 이차방정식 $f(x)=0$의 두 근을 α, β라 하면
$\alpha+\beta=3$
또, $f(\alpha)=0$, $f(\beta)=0$이므로 $f(4x-1)=0$이려면
$4x-1=\alpha$ 또는 $4x-1=\beta$
$\therefore x=\frac{\alpha+1}{4}$ 또는 $x=\frac{\beta+1}{4}$
따라서 이차방정식 $f(4x-1)=0$의 두 근의 합은
$\frac{\alpha+1}{4}+\frac{\beta+1}{4}=\frac{\alpha+\beta+2}{4}$
$=\frac{3+2}{4}=\frac{5}{4}$

다른 풀이 이차방정식 $f(x)=0$의 두 근의 합이 3이므로
$f(x)=x^2-3x+k$ (k는 상수)
로 놓을 수 있다. 이때
$f(4x-1)=(4x-1)^2-3(4x-1)+k$
$=16x^2-8x+1-12x+3+k$
$=16x^2-20x+4+k$

이므로 이차방정식 $16x^2-20x+4+k=0$의 두 근의 합은
근과 계수의 관계에 의하여

$$-\frac{-20}{16}=\frac{5}{4}$$

1등급 비법

이차방정식 $f(x)=0$의 두 근이 α, β일 때, 이차방정식
$f(ax+b)=0\ (a\neq0)$의 근은
$ax+b=\alpha$ 또는 $ax+b=\beta$ $\quad\therefore x=\frac{\alpha-b}{a}$ 또는 $x=\frac{\beta-b}{a}$

253

이차방정식의 근과 계수의 관계

(전략) 두 이차방정식의 근과 계수의 관계를 이용하여 $\alpha+\beta$, $\alpha\beta$의 값을 구하고 $\alpha^n+\beta^n$의 값을 구한다.

(풀이) 이차방정식 $x^2+ax+b=0$의 서로 다른 두 근이 α, β이므로 근과 계수의 관계에 의하여
$\alpha+\beta=-a$, $\alpha\beta=b$
이차방정식 $x^2+3ax+3b=0$의 서로 다른 두 근이 $\alpha+2$, $\beta+2$이므로 근과 계수의 관계에 의하여
$(\alpha+2)+(\beta+2)=-3a$에서
$\alpha+\beta+4=-3a$, $-a+4=-3a$
$\therefore a=-2$, 즉 $\alpha+\beta=2$
$(\alpha+2)(\beta+2)=3b$에서
$\alpha\beta+2(\alpha+\beta)+4=3b$, $b+8=3b$
$\therefore b=4$, 즉 $\alpha\beta=4$
$\alpha^2+\beta^2=(\alpha+\beta)^2-2\alpha\beta=2^2-2\times4=-4$
$\alpha^3+\beta^3=(\alpha+\beta)^3-3\alpha\beta(\alpha+\beta)=2^3-3\times4\times2=-16$
$\alpha^4+\beta^4=(\alpha^2+\beta^2)^2-2\alpha^2\beta^2=(-4)^2-2\times4^2=-16$
$\alpha^5+\beta^5=(\alpha^3+\beta^3)(\alpha^2+\beta^2)-\alpha^2\beta^2(\alpha+\beta)$
$\qquad=(-16)\times(-4)-4^2\times2=32$
$\alpha^6+\beta^6=(\alpha^3+\beta^3)^2-2\alpha^3\beta^3=(-16)^2-2\times4^3=128$
$\alpha^7+\beta^7=(\alpha^4+\beta^4)(\alpha^3+\beta^3)-\alpha^3\beta^3(\alpha+\beta)$
$\qquad=(-16)\times(-16)-4^3\times2=128$
따라서 조건 (가), (나)를 만족시키는 자연수 n의 최솟값은 6이다.

254

이차방정식의 풀이 ⊕ 이차방정식의 근의 판별 ⊕ 이차방정식의 근과 계수의 관계

(전략) 주어진 이차방정식의 두 근을 구하고, 이차방정식의 판별식과 근과 계수의 관계를 이용하여 두 근을 판별한다.

(풀이) ㄱ. $n=1$이면 $x^2-6x+5=0$이므로
$(x-1)(x-5)=0$
$\therefore x=1$ 또는 $x=5$
따라서 두 근은 모두 자연수이다. (참)

ㄴ. 이차방정식 $x^2-2(n+2)x+n^2+4=0$의 판별식을 D라 할 때,
$\frac{D}{4}=\{-(n+2)\}^2-(n^2+4)$
$\quad=4n>0$ ($\because n$은 자연수)
따라서 주어진 이차방정식의 두 근은 서로 다른 실수이다. (참)

ㄷ. ㄴ에서 주어진 이차방정식이 서로 다른 두 실근을 가지므로 두 근을 α, β라 하면 근과 계수의 관계에 의하여
$\alpha+\beta=2(n+2)>0$
$\alpha\beta=n^2+4>0$
따라서 주어진 이차방정식의 두 근의 합과 곱이 모두 양수이므로 두 근은 모두 양수이다. (참)

이상에서 ㄱ, ㄴ, ㄷ 모두 옳다.

255

이차방정식의 근과 계수의 관계 ⊕ 이차방정식의 켤레근

(전략) 이차방정식의 켤레근을 이용하여 다른 한 근을 구하고, 근과 계수의 관계와 켤레복소수의 성질을 이용한다.

(풀이) 이차방정식 $x^2-2x+10=0$의 계수가 모두 실수이고, α가 한 허근이므로 다른 한 근은 $\overline{\alpha}$이다.
이때 근과 계수의 관계에 의하여
$\alpha+\overline{\alpha}=2$, $\alpha\overline{\alpha}=10$

$$\begin{aligned}\therefore z\overline{z}&=\frac{\alpha+1}{\alpha-1}\times\overline{\left(\frac{\alpha+1}{\alpha-1}\right)}\\&=\frac{\alpha+1}{\alpha-1}\times\frac{\overline{\alpha}+1}{\overline{\alpha}-1}\\&=\frac{(\alpha+1)(\overline{\alpha}+1)}{(\alpha-1)(\overline{\alpha}-1)}\\&=\frac{\alpha\overline{\alpha}+(\alpha+\overline{\alpha})+1}{\alpha\overline{\alpha}-(\alpha+\overline{\alpha})+1}\\&=\frac{10+2+1}{10-2+1}\\&=\frac{13}{9}\end{aligned}$$

도전 1등급 최고난도 ● 65쪽

256 50 **257** -35 **258** ③

256

이차방정식의 활용

(1단계) 꼭짓점 E에서 변 AD에 내린 수선의 발을 L이라 할 때, $\overline{\mathrm{JL}}=x$로 놓고 △EJI의 넓이를 x에 대한 식으로 나타낸다.

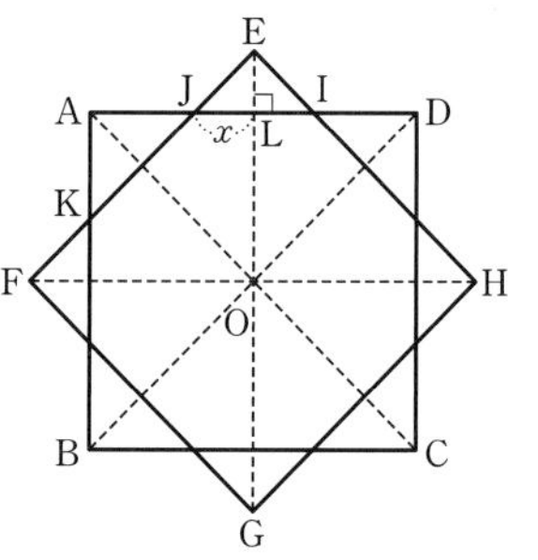

위 그림과 같이 꼭짓점 E에서 변 AD에 내린 수선의 발을 L이라 하고 $\overline{\mathrm{JL}}=x\ (x>0)$라 하자.

$\triangle$EJI는 직각이등변삼각형이므로 $\triangle$EJL도 직각이등변삼각형이다.

$\therefore \overline{EL}=x$

이때 $\triangle$EJI의 넓이는 $\frac{1}{2}\times 2x\times x=x^2$

(2단계) 주어진 넓이의 비를 이용하여 x에 대한 이차방정식을 세우고 x의 값을 구한다.

$\overline{AL}=2\times\frac{1}{2}=1$이므로 $\overline{AJ}=1-x$

$\triangle$AKJ는 직각이등변삼각형이므로

$\overline{AK}=1-x$

이때 $\triangle$AKJ의 넓이는 $\frac{1}{2}\times(1-x)\times(1-x)=\frac{(1-x)^2}{2}$

$\triangle$AKJ의 넓이가 $\triangle$EJI의 넓이의 $\frac{3}{2}$배이므로

$\frac{(1-x)^2}{2}=\frac{3}{2}x^2$, $2x^2+2x-1=0$

$\therefore x=\frac{-2\pm\sqrt{2^2-4\times2\times(-1)}}{2\times2}$

$=\frac{-2\pm\sqrt{12}}{4}$

$=\frac{-1\pm\sqrt{3}}{2}$

이때 $x>0$이므로 $x=\frac{-1+\sqrt{3}}{2}$

(3단계) x의 값을 이용하여 k의 값을 구한 후 p, q의 값을 구한다.

정사각형 EFGH의 한 변의 길이가 $2k$이므로 $\overline{EG}=2\sqrt{2}k$

$\therefore \overline{OE}=\frac{1}{2}\times2\sqrt{2}k=\sqrt{2}k$

$\overline{OE}=\overline{OL}+\overline{EL}$

$=1+x=1+\frac{-1+\sqrt{3}}{2}=\frac{1+\sqrt{3}}{2}$

이므로 $\sqrt{2}k=\frac{1+\sqrt{3}}{2}$

$\therefore k=\frac{\sqrt{2}+\sqrt{6}}{4}$

따라서 $p=\frac{1}{4}$, $q=\frac{1}{4}$이므로

$100(p+q)=100\times\left(\frac{1}{4}+\frac{1}{4}\right)=50$

257

이차방정식의 근과 계수의 관계의 활용

(1단계) 이차방정식의 근과 계수의 관계를 이용하여 α, β 사이의 관계식을 구한다.

이차방정식 $x^2-2x+7=0$의 두 근이 α, β이므로 근과 계수의 관계에 의하여

$\alpha+\beta=2$, $\alpha\beta=7$

(2단계) $f(x)=ax^2+bx+c$로 놓고, 주어진 조건을 이용하여 α, β, a, b, c 사이의 관계식을 구한다.

$f(x)=ax^2+bx+c$ (a, b, c는 실수, $a\neq0$)라 하면

$f(\alpha)=f(\beta)=\alpha\beta=7$에서

$f(\alpha)=a\alpha^2+b\alpha+c=7$ …… ㉠

$f(\beta)=a\beta^2+b\beta+c=7$ …… ㉡

$f(1)=1$에서 $f(1)=a+b+c=1$ …… ㉢

(3단계) a, b, c의 값을 구한다.

㉠+㉡을 하면

$a(\alpha^2+\beta^2)+b(\alpha+\beta)+2c=14$

$a\{(\alpha+\beta)^2-2\alpha\beta\}+b(\alpha+\beta)+2c=14$

$a(2^2-2\times7)+2b+2c=14$

$-10a+2b+2c=14$

$\therefore 5a-b-c=-7$ …… ㉣

㉠−㉡을 하면

$a(\alpha^2-\beta^2)+b(\alpha-\beta)=0$

$a(\alpha+\beta)(\alpha-\beta)+b(\alpha-\beta)=0$

$(\alpha-\beta)\{a(\alpha+\beta)+b\}=0$

이때 $\alpha\neq\beta$이므로 $a(\alpha+\beta)+b=0$

$2a+b=0$ $\therefore b=-2a$

$b=-2a$를 ㉢, ㉣에 각각 대입하면

$a+(-2a)+c=1$, $5a-(-2a)-c=-7$

$\therefore a-c=-1$, $7a-c=-7$

두 식을 연립하여 풀면

$a=-1$, $c=0$

$a=-1$을 $b=-2a$에 대입하면

$b=2$

(4단계) $f(\alpha+\beta-\alpha\beta)$의 값을 구한다.

따라서 $f(x)=-x^2+2x$이므로

$f(\alpha+\beta-\alpha\beta)=f(-5)$

$=-(-5)^2+2\times(-5)$

$=-25-10=-35$

참고 이차방정식 $x^2-2x+7=0$의 판별식을 D라 할 때,

$\frac{D}{4}=(-1)^2-7=-6<0$

이므로 서로 다른 두 허근을 갖는다.

$\therefore \alpha\neq\beta$

다른 풀이 이차방정식 $x^2-2x+7=0$의 두 근이 α, β이므로 근과 계수의 관계에 의하여

$\alpha+\beta=2$, $\alpha\beta=7$

$f(\alpha)=f(\beta)=\alpha\beta=7$에서

$f(\alpha)-7=0$, $f(\beta)-7=0$

즉, α, β는 이차방정식 $f(x)-7=0$의 두 근이므로

$f(x)-7=a(x-\alpha)(x-\beta)$ $(a\neq0)$

로 놓을 수 있다.

$\therefore f(x)=a(x-\alpha)(x-\beta)+7$

$=a\{x^2-(\alpha+\beta)x+\alpha\beta\}+7$

$=a(x^2-2x+7)+7$

$=ax^2-2ax+7a+7$

이때 $f(1)=1$이므로

$a-2a+7a+7=1$, $6a+7=1$

$\therefore a=-1$

따라서 $f(x)=-x^2+2x$이므로

$f(\alpha+\beta-\alpha\beta)=f(-5)$

$=-(-5)^2+2\times(-5)$

$=-25-10=-35$

258

이차방정식의 근과 계수의 관계의 활용

(1단계) 도형의 닮음을 이용하여 $\alpha+\beta$의 값을 구한다.

$\triangle PBQ \backsim \triangle ABH$ (AA 닮음)이므로

$\overline{BQ}:\overline{BH}=\overline{PQ}:\overline{AH}$, $\overline{BQ}:\alpha=\frac{5}{7}:1$

$\therefore \overline{BQ}=\frac{5}{7}\alpha$

$\triangle SCR \backsim \triangle ACH$ (AA 닮음)이므로

$\overline{CR}:\overline{CH}=\overline{SR}:\overline{AH}$, $\overline{CR}:\beta=\frac{5}{7}:1$

$\therefore \overline{CR}=\frac{5}{7}\beta$

이때 □PQRS는 정사각형이므로 $\overline{QR}=\overline{PQ}=\frac{5}{7}$

$\overline{BC}=\overline{BQ}+\overline{QR}+\overline{RC}=\frac{5}{7}\alpha+\frac{5}{7}+\frac{5}{7}\beta$이고

$\overline{BC}=\overline{BH}+\overline{CH}=\alpha+\beta$이므로

$\frac{5}{7}(\alpha+\beta)+\frac{5}{7}=\alpha+\beta \qquad \therefore \alpha+\beta=\frac{5}{2}$

(2단계) 도형의 닮음과 $\overline{AP}\times\overline{AS}=\frac{2\sqrt{26}}{49}$임을 이용하여 $\alpha\beta$의 값을 구한다.

두 직각삼각형 ABH와 ACH에서 피타고라스 정리에 의하여

$\overline{AB}=\sqrt{\alpha^2+1}$, $\overline{AC}=\sqrt{\beta^2+1}$이므로

$\overline{AP}=\frac{2}{7}\overline{AB}=\frac{2}{7}\sqrt{\alpha^2+1}$

$\overline{AS}=\frac{2}{7}\overline{AC}=\frac{2}{7}\sqrt{\beta^2+1}$

이때 $\overline{AP}\times\overline{AS}=\frac{2\sqrt{26}}{49}$에서

$\frac{2}{7}\sqrt{\alpha^2+1}\times\frac{2}{7}\sqrt{\beta^2+1}=\frac{2\sqrt{26}}{49}$

$\therefore \sqrt{(\alpha^2+1)(\beta^2+1)}=\frac{\sqrt{26}}{2}$

위의 식의 양변을 제곱하면

$$\begin{aligned}(\alpha^2+1)(\beta^2+1)&=\alpha^2\beta^2+\alpha^2+\beta^2+1\\&=(\alpha+\beta)^2+(\alpha\beta-1)^2\\&=\left(\frac{5}{2}\right)^2+(\alpha\beta-1)^2=\frac{13}{2}\end{aligned}$$

즉, $(\alpha\beta-1)^2=\frac{1}{4}$에서 $\alpha\beta-1=\frac{1}{2}$ 또는 $\alpha\beta-1=-\frac{1}{2}$

이므로 $\alpha\beta=\frac{3}{2}$ 또는 $\alpha\beta=\frac{1}{2}$

(3단계) 이차방정식의 근과 계수의 관계를 이용하여 a, b의 값을 구한다.

이차방정식 $x^2-ax+b=0$에서 근과 계수의 관계에 의하여

$a=\alpha+\beta=\frac{5}{2}$이고

$b=\alpha\beta$에서 $b=\frac{3}{2}$ 또는 $b=\frac{1}{2}$이므로

$a+b=\frac{5}{2}+\frac{3}{2}=4$ 또는 $a+b=\frac{5}{2}+\frac{1}{2}=3$

따라서 $a+b$의 최댓값은 4이다.

06 이차방정식과 이차함수

유형 분석 기출 ● 67쪽 ~ 73쪽

259 ③	260 ②	261 ⑤	262 6	263 ②
264 ①	265 ①	266 16	267 ③	268 ④
269 −23	270 ②	271 11	272 ②	273 ④
274 1	275 ②	276 0	277 ④	278 −4
279 ①	280 4	281 ①	282 ①	283 ①
284 ③	285 ⑤	286 −3	287 −1	288 63
289 ③	290 ②	291 ②	292 24	293 20
294 $4\sqrt{2}$	295 ②	296 350원	297 ④	298 ②

259

이차함수 $y=f(x)$의 그래프와 x축의 두 교점의 x좌표가 0, 2이므로 이차방정식 $f(x)=0$의 두 근이 0, 2이다.

이때 x^2의 계수는 1이므로

$f(x)=x(x-2)$

$\therefore f(3)=3\times(3-2)=3$

260

이차함수 $y=x^2-ax+b$의 그래프와 x축의 두 교점의 x좌표가 −1, 6이므로 이차방정식 $x^2-ax+b=0$의 두 근이 −1, 6이다.

근과 계수의 관계에 의하여

$-1+6=a \qquad \therefore a=5$

$(-1)\times 6=b \qquad \therefore b=-6$

이차함수 $y=x^2-bx+a$, 즉 $y=x^2+6x+5$의 그래프와 x축이 만나는 점의 x좌표는 이차방정식 $x^2+6x+5=0$의 두 근이므로

$(x+5)(x+1)=0 \qquad \therefore x=-5$ 또는 $x=-1$

따라서 이차함수 $y=x^2+6x+5$의 그래프와 x축은 두 점 $(-5, 0)$, $(-1, 0)$에서 만나므로 두 점 사이의 거리는

$-1-(-5)=4$

261

두 점 A, B의 x좌표를 각각 α, β라 하면 α, β는 이차방정식 $x^2+6x+k=0$의 두 근이므로 근과 계수의 관계에 의하여

$\alpha+\beta=-6$, $\alpha\beta=k$

이때 $\overline{AB}=7$이므로 $|\alpha-\beta|=7$

양변을 제곱하면 $(\alpha-\beta)^2=49$

$(\alpha-\beta)^2=(\alpha+\beta)^2-4\alpha\beta$이므로

$49=(-6)^2-4k$, $4k=-13$

$\therefore k=-\frac{13}{4}$

다른 풀이 $\overline{AB}=7$이므로 $A(a, 0)$, $B(a+7, 0)$이라 하자.

이때 이차방정식 $x^2+6x+k=0$의 두 근이 a, $a+7$이므로 근과 계수의 관계에 의하여

$a+(a+7)=-6$ ...... ㉠

$a(a+7)=k$ ...... ㉡

㉠에서 $2a+7=-6$ $\therefore a=-\frac{13}{2}$

$a=-\frac{13}{2}$을 ㉡에 대입하면

$k=\left(-\frac{13}{2}\right)\times\left(-\frac{13}{2}+7\right)$

$=\left(-\frac{13}{2}\right)\times\frac{1}{2}=-\frac{13}{4}$

262

이차함수 $y=x^2+ax+9$의 그래프가 x축과 접하려면 이차방정식 $x^2+ax+9=0$이 중근을 가져야 하므로 판별식을 D라 할 때,

$D=a^2-4\times9=0$

$a^2=36$ $\therefore a=6$ $(\because a>0)$

263

이차함수 $y=x^2+2kx+k^2+k-6$의 그래프가 x축과 서로 다른 두 점에서 만나려면 이차방정식 $x^2+2kx+k^2+k-6=0$이 서로 다른 두 실근을 가져야 하므로 판별식을 D라 할 때,

$\frac{D}{4}=k^2-(k^2+k-6)>0$

$-k+6>0$ $\therefore k<6$

따라서 정수 k의 최댓값은 5이다.

264

이차함수 $y=x^2+px+q$의 그래프가 점 $(1, 1)$을 지나므로

$1=1+p+q$ $\therefore q=-p$ ...... ㉠

또, 이 이차함수의 그래프가 x축에 접하려면 이차방정식 $x^2+px+q=0$이 중근을 가져야 하므로 판별식을 D라 할 때,

$D=p^2-4q=0$ ...... ㉡

㉠을 ㉡에 대입하면 $p^2+4p=0$

$p(p+4)=0$ $\therefore p=-4$ $(\because p\neq0)$

└ $pq\neq0$에서 $p\neq0$, $q\neq0$

$p=-4$를 ㉠에 대입하면 $q=4$

$\therefore 2p+q=2\times(-4)+4=-4$

265

x^2의 계수가 1이므로 $f(x)=x^2+ax+b$라 하자.

$f(-1)=f(3)$이므로 $1-a+b=9+3a+b$

$4a=-8$ $\therefore a=-2$

이차함수 $y=x^2-2x+b$의 그래프가 x축과 한 점에서 만나므로 이차함수 $y=f(x)$의 그래프는 x축과 접한다.

이차방정식 $x^2-2x+b=0$의 판별식을 D라 할 때,

$\frac{D}{4}=(-1)^2-b=0$

$1-b=0$ $\therefore b=1$

따라서 $f(x)=x^2-2x+1$이므로

$f(2)=2^2-2\times2+1=1$

266

이차함수 $y=x^2-(2k+a)x+k^2+bk+4$의 그래프가 x축에 접하려면 이차방정식 $x^2-(2k+a)x+k^2+bk+4=0$이 중근을 가져야 하므로 판별식을 D라 할 때,

$D=\{-(2k+a)\}^2-4(k^2+bk+4)=0$

$4(a-b)k+a^2-16=0$

이 등식이 k에 대한 항등식이므로

$a-b=0$, $a^2-16=0$

$a^2-16=0$에서 $(a+4)(a-4)=0$

$\therefore a=-4$ 또는 $a=4$

$a=-4$를 $a-b=0$에 대입하면

$-4-b=0$ $\therefore b=-4$

$a=4$를 $a-b=0$에 대입하면

$4-b=0$ $\therefore b=4$

$\therefore a=-4, b=-4$ 또는 $a=4, b=4$

$\therefore ab=16$

1등급 비법

'등식이 k의 값에 관계없이 항상 성립한다.'는 조건이 주어지면 다음과 같은 순서로 문제를 해결한다.

(i) 등식의 모든 항을 좌변으로 이항한다.
(ii) k를 포함하는 항끼리 묶어 ▒$\times k+$▲$=0$ 꼴로 만든다.
(iii) ▒$=0$, ▲$=0$이 되도록 하는 미지수의 값을 구한다.

267

이차함수 $y=x^2+3x-k$의 그래프와 직선 $y=x-2$가 만나지 않으려면 이차방정식 $x^2+3x-k=x-2$, 즉 $x^2+2x-k+2=0$이 서로 다른 두 허근을 가져야 한다.

이차방정식 $x^2+2x-k+2=0$의 판별식을 D라 할 때,

$\frac{D}{4}=1^2-(-k+2)<0$

$-1+k<0$ $\therefore k<1$

개념 보충

이차함수 $y=f(x)$의 그래프와 직선 $y=g(x)$가 만나지 않는다.
⇨ 이차방정식 $f(x)=g(x)$, 즉 $f(x)-g(x)=0$이 서로 다른 두 허근을 갖는다.
⇨ 이차방정식 $f(x)-g(x)=0$의 판별식을 D라 하면 $D<0$이다.

268

이차함수 $y=x^2-5x+3k$의 그래프와 직선 $y=x+k$가 만나려면 이차방정식 $x^2-5x+3k=x+k$, 즉 $x^2-6x+2k=0$이 실근을 가져야 한다.

이차방정식 $x^2-6x+2k=0$의 판별식을 D라 할 때,

$\frac{D}{4}=(-3)^2-2k\geq0$

$9-2k\geq0$ $\therefore k\leq\frac{9}{2}$

따라서 정수 k의 최댓값은 4이다.

269

직선 $y=ax+b$가 직선 $y=-3x+1$과 평행하므로

$a=-3$

직선 $y=-3x+b$가 이차함수 $y=x^2+5x-4$의 그래프와 접하므로 이차방정식 $x^2+5x-4=-3x+b$, 즉 $x^2+8x-4-b=0$의 판별식을 D라 할 때,

$\frac{D}{4}=4^2-(-4-b)=0$

$20+b=0 \qquad \therefore b=-20$

$\therefore a+b=-3+(-20)=-23$

270

점 (2, 2)를 지나는 직선의 방정식을 $y=a(x-2)+2$라 하자.

이 직선이 이차함수 $y=x^2+6x+13$의 그래프에 접하므로 이차방정식 $x^2+6x+13=a(x-2)+2$, 즉 $x^2+(6-a)x+2a+11=0$의 판별식을 D라 할 때,

$D=(6-a)^2-4(2a+11)=0$

$\therefore a^2-20a-8=0$

이 이차방정식의 두 실근을 α, β라 하면 α, β는 두 직선의 기울기이므로 구하는 기울기의 곱은 근과 계수의 관계에 의하여

$\alpha\beta=-8$

참고 이차방정식 $a^2-20a-8=0$의 판별식을 D'이라 할 때,

$\frac{D'}{4}=(-10)^2-(-8)=108>0$

이므로 서로 다른 두 실근을 갖는다.

271

$f(x)=x^2+ax-(b-7)^2$

$=\left(x+\frac{a}{2}\right)^2-\frac{a^2}{4}-(b-7)^2$

조건 (가)에서 이차함수 $f(x)$는 $x=-1$에서 최솟값을 가지므로

$-\frac{a}{2}=-1 \qquad \therefore a=2$

조건 (나)에서 이차함수 $y=f(x)$의 그래프와 직선 $y=cx$가 한 점에서 만나므로 이차방정식 $x^2+ax-(b-7)^2=cx$, 즉

$x^2+(a-c)x-(b-7)^2=0$의 판별식을 D라 할 때,

$D=(a-c)^2+4(b-7)^2=0$

이때 $(a-c)^2\ge 0$, $4(b-7)^2\ge 0$이므로

$(a-c)^2=0$, $4(b-7)^2=0$

따라서 $a=c=2$, $b=7$이므로

$a+b+c=2+7+2=11$

272

이차함수 $y=x^2+ax+b$의 그래프와 직선 $y=4x+4$가 접하므로 이차방정식 $x^2+ax+b=4x+4$, 즉 $x^2+(a-4)x+b-4=0$의 판별식을 D_1이라 할 때,

$D_1=(a-4)^2-4(b-4)=0$

$\therefore a^2-8a-4b+32=0 \qquad \cdots\cdots$ ㉠

또, 이차함수 $y=x^2+ax+b$의 그래프와 직선 $y=-6x-11$이 접하므로 이차방정식 $x^2+ax+b=-6x-11$, 즉

$x^2+(a+6)x+b+11=0$의 판별식을 D_2라 할 때,

$D_2=(a+6)^2-4(b+11)=0$

$\therefore a^2+12a-4b-8=0 \qquad \cdots\cdots$ ㉡

㉠−㉡을 하면

$-20a+40=0 \qquad \therefore a=2$

$a=2$를 ㉠에 대입하면 $2^2-8\times2-4b+32=0$

$-4b=-20 \qquad \therefore b=5$

$\therefore ab=2\times5=10$

273

이차함수 $y=x^2+ax+3$의 그래프와 직선 $y=2x+b$의 교점의 x좌표는 이차방정식 $x^2+ax+3=2x+b$, 즉

$x^2+(a-2)x+3-b=0$의 실근과 같다.

따라서 이차방정식의 두 근이 -1, 2이므로 근과 계수의 관계에 의하여

$-1+2=-(a-2) \qquad \therefore a=1$

$(-1)\times2=3-b \qquad \therefore b=5$

$\therefore b-a=5-1=4$

다른 풀이 이차함수의 그래프와 직선의 교점은 이차함수 $y=x^2+ax+3$의 그래프 위의 점이고, 교점의 x좌표가 각각 -1, 2이므로

$x=-1$일 때, $y=(-1)^2+a\times(-1)+3=-a+4$

$x=2$일 때, $y=2^2+a\times2+3=2a+7$

즉, 교점의 좌표는

$(-1, -a+4)$, $(2, 2a+7)$

이때 직선 $y=2x+b$가 두 점 $(-1, -a+4)$, $(2, 2a+7)$을 지나므로

$-a+4=-2+b \qquad \therefore a+b=6 \qquad \cdots\cdots$ ㉠

$2a+7=4+b \qquad \therefore 2a-b=-3 \qquad \cdots\cdots$ ㉡

㉠, ㉡을 연립하여 풀면 $a=1$, $b=5$

$\therefore b-a=5-1=4$

274

이차함수 $y=x^2-4x+2$의 그래프와 직선 $y=ax+b$의 교점의 x좌표는 이차방정식 $x^2-4x+2=ax+b$, 즉

$x^2-(a+4)x+2-b=0$의 실근과 같다.

이때 a, b가 유리수이므로 이 이차방정식의 한 근이 $2+\sqrt{3}$이면 다른 한 근은 $2-\sqrt{3}$이다.

계수가 모두 유리수인 이차방정식의 한 근이 $p+q\sqrt{m}$이면 다른 한 근은 $p-q\sqrt{m}$이다.

따라서 근과 계수의 관계에 의하여

$(2+\sqrt{3})+(2-\sqrt{3})=a+4$

$\therefore a=0$

$(2+\sqrt{3})(2-\sqrt{3})=2-b$

$1=2-b \qquad \therefore b=1$

$\therefore a+b=0+1=1$

오답 피하기 '계수가 유리수'라는 조건이 없으면 이차방정식의 한 근이 $2+\sqrt{3}$일 때, 다른 한 근을 $2-\sqrt{3}$이라 할 수 없다.

275

이차함수 $y=2x^2-3x+a$의 그래프와 직선 $y=3x+7$의 두 교점의 x좌표는 이차방정식 $2x^2-3x+a=3x+7$, 즉
$2x^2-6x+a-7=0$의 실근과 같다.
이차방정식의 두 근을 α, β라 하면 근과 계수의 관계에 의하여
$\alpha\beta=\frac{a-7}{2}$
이때 두 교점의 x좌표의 곱이 -4, 즉 $\alpha\beta=-4$이므로
$-4=\frac{a-7}{2}$, $-8=a-7$
$\therefore a=-1$

276

이차함수 $y=x^2-mx+n$의 그래프와 직선 $y=2x+2$의 교점의 x좌표는 이차방정식 $x^2-mx+n=2x+2$, 즉
$x^2-(m+2)x+n-2=0$의 실근과 같다.
이때 이차방정식의 두 근이 a, b이므로 근과 계수의 관계에 의하여
$a+b=m+2$
또, 이차함수 $y=x^2-mx+n$의 그래프와 직선 $y=2x-1$의 교점의 x좌표는 이차방정식 $x^2-mx+n=2x-1$, 즉
$x^2-(m+2)x+n+1=0$의 실근과 같다.
이때 이차방정식의 두 근이 c, d이므로 근과 계수의 관계에 의하여
$c+d=m+2$
$\therefore a+b-c-d=(a+b)-(c+d)$
$=(m+2)-(m+2)=0$

277

이차함수 $y=x^2$의 그래프와 직선 $y=mx+1$의 두 교점 A, B의 x좌표는 이차방정식 $x^2=mx+1$, 즉 $x^2-mx-1=0$의 실근과 같다.
이 이차방정식의 두 근을 α, β라 하면
$C(\alpha, 0)$, $D(\beta, 0)$
이때 $\overline{CD}=4$이므로
$|\alpha-\beta|=4$
또, 이차방정식 $x^2-mx-1=0$의 두 근이 α, β이므로 근과 계수의 관계에 의하여
$\alpha+\beta=m$, $\alpha\beta=-1$
$(\alpha+\beta)^2=(\alpha-\beta)^2+4\alpha\beta$이므로
$m^2=4^2+4\times(-1)=12$ $\therefore m=\pm2\sqrt{3}$
이때 $m>0$이므로 $m=2\sqrt{3}$

278

이차함수 $y=f(x)$의 그래프가 아래로 볼록하고 x축과 두 점 $(-1, 0)$, $(3, 0)$에서 만나므로 $f(x)=a(x+1)(x-3)$ $(a>0)$이라 하면
$f(x+1)=a(x+1+1)(x+1-3)$
$=a(x+2)(x-2)$
따라서 이차방정식 $f(x+1)=0$의 두 실근은
$x=-2$ 또는 $x=2$이므로 두 실근의 곱은
$(-2)\times2=-4$

다른 풀이 이차방정식 $f(x)=0$의 두 근이 -1, 3이므로
$f(-1)=0$, $f(3)=0$
이때 $f(x+1)=0$이려면
$x+1=-1$ 또는 $x+1=3$
$\therefore x=-2$ 또는 $x=2$
따라서 이차방정식 $f(x+1)=0$의 두 실근은 -2, 2이므로 두 실근의 곱은
$(-2)\times2=-4$

279

이차방정식 $f(x)-g(x)=0$, 즉 $f(x)=g(x)$의 실근은 이차함수 $y=f(x)$의 그래프와 직선 $y=g(x)$의 교점의 x좌표와 같다.
주어진 그래프에서 이차함수의 그래프와 직선의 교점의 x좌표가 -5, 2이므로 이차방정식 $f(x)-g(x)=0$의 실근은
$x=-5$ 또는 $x=2$
따라서 모든 실근의 합은
$-5+2=-3$

280

이차방정식 $f(x)-g(x)=0$, 즉 $f(x)=g(x)$의 두 실근은 두 이차함수 $y=f(x)$, $y=g(x)$의 그래프의 교점의 x좌표와 같다.
두 그래프의 두 교점의 x좌표는 0, 2이므로
$\alpha=0$, $\beta=2$ 또는 $\alpha=2$, $\beta=0$
$\therefore \alpha^2+\beta^2=4$

281

$f(x)=-2x^2+4x+3$
$=-2(x-1)^2+5$
$0\le x\le3$에서 이차함수 $y=f(x)$의 그래프는 오른쪽 그림과 같으므로
$x=1$일 때 최댓값 5,
$x=3$일 때 최솟값 -3
을 갖는다.
따라서 최댓값과 최솟값의 곱은
$5\times(-3)=-15$

1등급 비법
제한된 범위에서 이차함수의 최대·최소를 구할 때는 먼저 그래프를 그린 후, 꼭짓점의 위치를 파악하도록 한다.

282

이차함수 $f(x)=-x^2+ax+b$의 그래프와 x축의 두 교점의 x좌표는 -2, 4이므로 이차방정식 $f(x)=0$의 두 근이 -2, 4이다.
이때 x^2의 계수는 -1이므로
$f(x)=-(x+2)(x-4)$
$=-x^2+2x+8$
$=-(x-1)^2+9$

$-2\le x\le 1$에서 이차함수 $y=f(x)$의 그래프는 오른쪽 그림과 같으므로
$x=1$일 때 최댓값 9,
$x=-2$일 때 최솟값 0
을 갖는다.
따라서 최댓값과 최솟값의 합은
$9+0=9$

283

$f(x)=x^2-2x+3=(x-1)^2+2$
$1\le x\le 5$에서 이차함수 $f(x)$는 $x=1$일 때 최솟값 2를 갖는다.
$g(x)=-x^2+4x+k=-(x-2)^2+k+4$
$1\le x\le 5$에서 이차함수 $g(x)$는 $x=2$일 때 최댓값 $k+4$를 갖는다.
따라서 $2=k+4$이므로
$k=-2$

284

$p=-1$일 때, $f(x)=x^2+4x=(x+2)^2-4$
$0\le x\le 2$에서 이차함수 $f(x)$는 $x=0$일 때 최솟값 0을 갖는다.
$\therefore g(-1)=0$
$p=\frac{1}{2}$일 때, $f(x)=x^2-2x=(x-1)^2-1$
$0\le x\le 2$에서 이차함수 $f(x)$는 $x=1$일 때 최솟값 -1을 갖는다.
$\therefore g\left(\frac{1}{2}\right)=-1$
$\therefore g(-1)+g\left(\frac{1}{2}\right)=0+(-1)=-1$

285

$f(x)=x^2-2x+2=(x-1)^2+1$
$a=0$일 때, $0\le x\le 2$에서 이차함수 $f(x)$의 그래프는 오른쪽 그림과 같으므로 $x=0$ 또는 $x=2$일 때, 최댓값 2를 갖는다.
$\therefore M(0)=2$

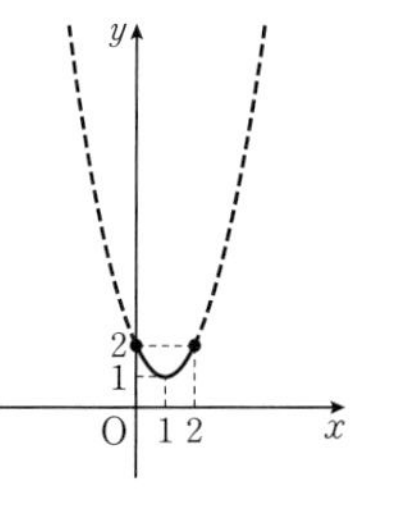

$a=1$일 때, $1\le x\le 3$에서 이차함수 $f(x)$의 그래프는 오른쪽 그림과 같으므로 $x=3$일 때, 최댓값 5를 갖는다.
$\therefore M(1)=5$

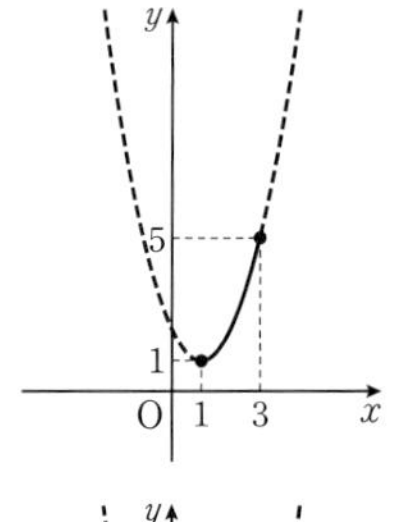

$a=2$일 때, $2\le x\le 4$에서 이차함수 $f(x)$의 그래프는 오른쪽 그림과 같으므로 $x=4$일 때, 최댓값 10을 갖는다.
$\therefore M(2)=10$

$\therefore M(0)+M(1)+M(2)=2+5+10=17$

1등급 비법

제한된 범위에서 이차함수의 최대·최소를 구할 때는
① 꼭짓점의 x좌표가 제한된 범위에 포함되어 있는 경우 제한된 범위의 양 끝, 꼭짓점의 x좌표를 대입한 함숫값에 최댓값과 최솟값이 존재한다.
② 꼭짓점의 x좌표가 제한된 범위에 포함되어 있지 않는 경우 제한된 범위의 양 끝의 x좌표를 대입한 함숫값에 최댓값과 최솟값이 존재한다.

286

$y=2x^2-12x+k$
$=2(x-3)^2+k-18$
$1\le x\le 4$에서 주어진 이차함수의 그래프는 오른쪽 그림과 같으므로
$x=1$일 때 최댓값 $k-10$,
$x=3$일 때 최솟값 $k-18$
을 갖는다.
이때 최솟값이 -11이므로
$k-18=-11 \qquad \therefore k=7$
따라서 구하는 최댓값은
$k-10=7-10=-3$

287

$y=x^2-6x+1$
$=(x-3)^2-8$
$1\le x\le a$에서 이차함수 $y=x^2-6x+1$의 그래프는 오른쪽 그림과 같고, $x=a$일 때 최댓값 8을 갖는다.
즉, $a^2-6a+1=8$에서
$a^2-6a-7=0,\ (a+1)(a-7)=0$
$\therefore a=7\ (\because a>1)$
또, $x=3$일 때 최솟값 -8을 가지므로
$b=-8$
$\therefore a+b=7+(-8)=-1$

288

조건 (가)에서 방정식 $f(x)=0$의 두 근이 1, 5이므로
$f(x)=a(x-1)(x-5)\ (a\ne 0)$라 하면
$f(x)=a(x-1)(x-5)$
$=a(x^2-6x+5)$
$=a(x-3)^2-4a$
$-4\le x\le -1$에서 이차함수 $f(x)$의 최솟값이 양수이므로
$a>0$
즉, $-4\le x\le -1$에서 이차함수 $f(x)$는 $x=-1$일 때 최솟값 $12a$를 가지므로
$12a=36 \qquad \therefore a=3$
따라서 $f(x)=3(x-3)^2-12$이므로
$f(8)=3\times 5^2-12=63$

289

$f(x)=x^2-2kx+3=(x-k)^2+3-k^2$

(i) $k<0$일 때,

$0\le x\le 4$에서 이차함수 $f(x)$는 $x=0$일 때 최솟값 3을 가지므로 조건을 만족시키지 않는다.

(ii) $0\le k\le 4$일 때,

$0\le x\le 4$에서 이차함수 $f(x)$는 $x=k$일 때 최솟값 $3-k^2$을 가지므로

$3-k^2=-6,\ k^2=9 \qquad \therefore k=\pm 3$

그런데 $0\le k\le 4$이므로 $k=3$

(iii) $k>4$일 때,

$0\le x\le 4$에서 이차함수 $f(x)$는 $x=4$일 때 최솟값 $19-8k$를 가지므로

$19-8k=-6,\ 8k=25 \qquad \therefore k=\frac{25}{8}$

그런데 $k>4$이므로 조건을 만족시키지 않는다.

이상에서 $k=3$

290

$2x^2-8x+y^2-6y+5$

$=2(x^2-4x+4)+(y^2-6y+9)-8-9+5$

$=2(x-2)^2+(y-3)^2-12$

이때 x, y가 실수이므로

$(x-2)^2\ge 0,\ (y-3)^2\ge 0$

$\therefore 2x^2-8x+y^2-6y+5\ge -12$

따라서 주어진 식은 $x=2, y=3$일 때 최솟값 -12를 갖는다.

1등급 비법

실수 x, y에 대하여 $ax^2+by^2+cx+dy+e$의 최대 · 최소를 구할 때는

$a(x-m)^2+b(y-n)^2+k$ 꼴로 변형한 후,

(실수)$^2\ge 0$임을 이용한다.

⇨ $x=m, y=n$일 때, 최댓값 또는 최솟값은 k이다.

291

$x^2+2ax+y^2+2by+k$

$=(x+a)^2+(y+b)^2+k-a^2-b^2$

이때 x, y가 실수이므로

$(x+a)^2\ge 0,\ (y+b)^2\ge 0$

$\therefore x^2+2ax+y^2+2by+k\ge k-a^2-b^2$

즉, 주어진 식은 $x=-a,\ y=-b$일 때 최솟값 $k-a^2-b^2$을 가지므로

$a=2,\ b=-1$

또, $k-a^2-b^2=10$에서 $k-4-1=10$

$\therefore k=15$

$\therefore a+b+k=2+(-1)+15=16$

292

$x+y=3$에서 $y=3-x$ …… ㉠

이때 $x\ge 0, y\ge 0$이므로 $x\ge 0,\ 3-x\ge 0$

$\therefore 0\le x\le 3$

㉠을 $2x^2+y^2$에 대입하면

$2x^2+y^2=2x^2+(3-x)^2$

$=3x^2-6x+9$

$=3(x-1)^2+6$

$0\le x\le 3$에서 주어진 식은 $x=3$일 때 최댓값 18, $x=1$일 때 최솟값 6을 갖는다.

따라서 최댓값과 최솟값의 합은

$18+6=24$

1등급 비법

조건식이 주어진 이차식의 최대 · 최소는 다음과 같은 순서로 구한다.

(i) 주어진 조건식을 한 문자에 대하여 풀고, 문자의 값의 범위를 구한다.

(ii) (i)의 식을 이차식에 대입하여 한 문자에 대한 이차식으로 나타낸다.

(iii) (ii)의 식을 완전제곱식의 꼴로 변형하여 최댓값 또는 최솟값을 구한다.

293

$y=-x^2+6x$

$=-(x-3)^2+9$

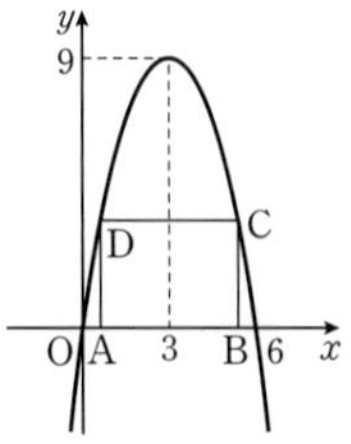

오른쪽 그림에서 $A(t, 0)\ (0<t<3)$

이라 하면

$B(6-t, 0)$

$D(t, -t^2+6t)$

$C(6-t, -t^2+6t)$

이때 직사각형 ABCD의 둘레의 길이를

$l(t)$라 하면

$l(t)=2[\{(6-t)-t\}+(-t^2+6t)]$

$=2(-t^2+4t+6)$

$=-2(t-2)^2+20\ (0<t<3)$

$0<t<3$에서 $l(t)$는 $t=2$일 때 최댓값 20을 갖는다.

따라서 직사각형 ABCD의 둘레의 길이의 최댓값은 20이다.

294

직각삼각형에서 직각을 낀 두 변의 길이를 각각 a, b라 하면

$a+b=8 \qquad \therefore b=8-a$

이때 빗변의 길이는 $\sqrt{a^2+b^2}$이므로

$a^2+b^2=a^2+(8-a)^2$

$=2a^2-16a+64$

$=2(a-4)^2+32$

이때 a^2+b^2은 $a=4$일 때 최솟값 32를 갖는다.

따라서 빗변의 길이의 최솟값은

$\sqrt{32}=4\sqrt{2}$

295

t초 후의 두 점 A, B의 좌표는

$A(6-2t, 0),\ B(0, 2t)$

이때 직사각형 OACB의 넓이를 $S(t)$라 하면

$S(t)=(6-2t)\times 2t$
$=-4t^2+12t$
$=-4\left(t-\frac{3}{2}\right)^2+9\ (0<t<3)$

$0<t<3$에서 $S(t)$는 $t=\frac{3}{2}$일 때 최댓값 9를 갖는다.

따라서 직사각형 OACB의 넓이의 최댓값은 9이다.

296

구운 달걀 한 개의 판매 가격을 $10x$원 내려서 판다고 하면 판매 가격은
$(450-10x)$원
이때 구운 달걀 한 개의 원가는 $6000\div 30=200$(원)이므로 구운 달걀 한 개의 순이익은
$(450-10x)-200=250-10x$(원) $(x<25)$
판매량은 $(100+20x)$개이므로 달걀 판매의 하루 순이익을 $f(x)$원이라 하면
$f(x)=(250-10x)(100+20x)$
$=-200x^2+4000x+25000$
$=-200(x-10)^2+45000\ (0\le x<25)$
따라서 $0\le x<25$에서 $f(x)$는 $x=10$일 때 최댓값 45000을 갖는다. 따라서 순이익을 최대로 하기 위한 구운 달걀 한 개의 판매 가격은 350원이다.

1등급 비법

이차함수의 최대·최소의 활용 문제의 경우 미지수를 어떤 값으로 할지 정하고 그 정한 미지수의 범위를 반드시 구해야 한다.

297

반지름의 길이가 1일 때 밑면의 넓이는 $\pi\times 1^2=\pi$이므로 t초 후의 원뿔의 밑면의 넓이는
$\pi+\pi t=(t+1)\pi\ (0\le t<9)$
t초 후의 높이는 $9-t$이므로 원뿔의 부피를 $V(t)$라 하면
$V(t)=\frac{1}{3}\times(t+1)\pi\times(9-t)$
$=\frac{\pi}{3}(-t^2+8t+9)$
$=\frac{\pi}{3}\{-(t-4)^2+25\}$

$0\le t<9$에서 $V(t)$는 $t=4$일 때 최댓값 $\frac{25}{3}\pi$를 갖는다.

따라서 원뿔의 부피의 최댓값은 $\frac{25}{3}\pi$이다.

298

직선 $x=t$가 두 이차함수 $y=2x^2+1$, $y=-(x-3)^2+1$의 그래프와 만나는 두 점 P, Q의 좌표는
$P(t,\ 2t^2+1)$, $Q(t,\ -(t-3)^2+1)$
$\overline{PQ}=2t^2+(t-3)^2=3t^2-6t+9$
$A(0,\ 1)$, $B(3,\ 1)$이므로 $\overline{AB}=3$
$\overline{AB}\perp\overline{PQ}$이므로 사각형 PAQB의 넓이를 $S(t)$라 하면
$S(t)=\frac{1}{2}\times\overline{AB}\times\overline{PQ}$
$=\frac{1}{2}\times 3\times(3t^2-6t+9)$
$=\frac{9}{2}(t^2-2t+3)$
$=\frac{9}{2}\{(t-1)^2+2\}$

$0<t<3$에서 $S(t)$는 $t=1$일 때 최솟값 9를 갖는다.
따라서 사각형 PAQB의 넓이의 최솟값은 9이다.

내신 적중 서술형

● 74쪽

299 16 **300** $a=-5$, $b=4$ **301** 12
302 (1) $0\le t\le 3$ (2) $y=(t-1)^2+2\ (0\le t\le 3)$ (3) 12

299

이차함수 $y=x^2+2(k-3)x+k^2-1$의 그래프가 x축과 만나지 않으려면 이차방정식 $x^2+2(k-3)x+k^2-1=0$이 서로 다른 두 허근을 가져야 하므로 판별식을 D_1이라 할 때,
$\frac{D_1}{4}=(k-3)^2-(k^2-1)<0$

$-6k+10<0\quad \therefore k>\frac{5}{3}$ …… ㉠ …… ㉮

이차함수 $y=x^2-2kx+16k$의 그래프가 x축과 접하려면 이차방정식 $x^2-2kx+16k=0$이 중근을 가져야 하므로 판별식을 D_2라 할 때,
$\frac{D_2}{4}=(-k)^2-16k=0$
$k(k-16)=0$
$\therefore k=0$ 또는 $k=16$ …… ㉡ …… ㉯
㉠, ㉡에서 $k=16$ …… ㉰

채점 기준	배점 비율
㉮ $y=x^2+2(k-3)x+k^2-1$의 그래프가 x축과 만나지 않을 조건을 이용하여 k의 값의 범위 구하기	40 %
㉯ $y=x^2-2kx+16k$의 그래프가 x축과 접할 조건을 이용하여 k의 값 구하기	40 %
㉰ k의 값 구하기	20 %

300

이차함수 $y=x^2-4x+5$의 그래프가 직선 $y=-2x+b$에 접하므로 이차방정식 $x^2-4x+5=-2x+b$, 즉 $x^2-2x+5-b=0$의 판별식을 D_1이라 할 때,
$\frac{D_1}{4}=(-1)^2-(5-b)=0$

$b-4=0 \quad \therefore b=4$ …… ㉮

이차함수 $y=-x^2+4x+a$의 그래프가 직선 $y=-2x+4$에 접하므로 이차방정식 $-x^2+4x+a=-2x+4$, 즉 $x^2-6x+4-a=0$의 판별식을 D_2라 할 때,

$\frac{D_2}{4}=(-3)^2-(4-a)=0$

$a+5=0 \quad \therefore a=-5$ …… ㉯

채점 기준	배점 비율
㉮ $y=x^2-4x+5$의 그래프가 직선 $y=-2x+b$에 접하는 조건을 이용하여 b의 값 구하기	50 %
㉯ $y=-x^2+4x+a$의 그래프가 직선 $y=-2x+4$에 접하는 조건을 이용하여 a의 값 구하기	50 %

301

이차함수 $y=f(x)$의 그래프와 x축의 교점의 x좌표가 α, β이므로 $f(x)=a(x-\alpha)(x-\beta)$ (a는 실수)라 하면

$f\left(\frac{x+1}{2}\right)=a\left(\frac{x+1}{2}-\alpha\right)\left(\frac{x+1}{2}-\beta\right)$

$=\frac{a}{4}\{x-(2\alpha-1)\}\{x-(2\beta-1)\}$ …… ㉮

즉, 이차방정식 $f\left(\frac{x+1}{2}\right)=0$의 두 근은

$x=2\alpha-1$ 또는 $x=2\beta-1$ …… ㉯

이때 $\alpha+\beta=7$이므로 두 근의 합은

$(2\alpha-1)+(2\beta-1)=2(\alpha+\beta)-2$

$=2\times7-2=12$ …… ㉰

채점 기준	배점 비율
㉮ $f(x)=a(x-\alpha)(x-\beta)$로 놓고 $f\left(\frac{x+1}{2}\right)$ 구하기	60 %
㉯ 이차방정식 $f\left(\frac{x+1}{2}\right)=0$의 두 근 구하기	20 %
㉰ 이차방정식 $f\left(\frac{x+1}{2}\right)=0$의 두 근의 합 구하기	20 %

302

(1) $t=x^2+2x$

$=(x+1)^2-1$

$0\le x\le1$에서 함수 $t=x^2+2x$는 $x=0$일 때 최솟값 0, $x=1$일 때 최댓값 3을 가지므로

$0\le t\le3$ …… ㉮

(2) 주어진 함수는

$y=t^2-2t+3$

$=(t-1)^2+2$ $(0\le t\le3)$ …… ㉯

(3) $0\le t\le3$에서 함수 $y=t^2-2t+3$의 그래프는 오른쪽 그림과 같으므로

$t=3$일 때 최댓값 6,

$t=1$일 때 최솟값 2

를 갖는다. …… ㉰

따라서 $M=6$, $m=2$이므로

$Mm=6\times2=12$ …… ㉱

	채점 기준	배점 비율
(1)	㉮ t의 값의 범위 구하기	30 %
(2)	㉯ 주어진 함수를 $y=a(t-p)^2+q$ 꼴로 나타내기	20 %
(3)	㉰ 주어진 함수의 최댓값, 최솟값 구하기	30 %
	㉱ Mm의 값 구하기	20 %

오답 피하기 치환하는 경우에는 변수가 바뀌므로 바뀐 변수의 값의 범위를 구해야 함에 주의한다.

1등급 실력 완성 ● 75쪽 ~ 77쪽

303 ② **304** 12 **305** ③ **306** 6 **307** ③
308 3 **309** ⑤ **310** 12 **311** ④ **312** ②
313 $a=2$, $b=-8$ **314** 22 **315** $\frac{125}{4}$ **316** 18
317 36

303

이차함수의 그래프와 x축의 위치 관계 ⊕ 이차함수의 그래프와 직선의 위치 관계

(전략) 이차방정식의 판별식을 이용하여 이차함수의 그래프와 x축 또는 직선의 위치 관계를 파악한다.

(풀이) ㄱ. $f(x)+2x=-x^2+3x-2$이므로

$-x^2+3x-2=0$에서 $x^2-3x+2=0$

$(x-1)(x-2)=0 \quad \therefore x=1$ 또는 $x=2$

따라서 $y=f(x)+2x$의 그래프는 x축과 두 점 (1, 0), (2, 0)에서 만난다. (참)

ㄴ. 이차방정식 $-x^2+x-2=3x-1$, 즉 $x^2+2x+1=0$의 판별식을 D_1이라 할 때,

$\frac{D_1}{4}=1^2-1=0$

따라서 $y=f(x)$의 그래프는 직선 $y=3x-1$과 한 점에서 만난다. (참)

ㄷ. 이차방정식 $-x^2+x-2+n=0$의 판별식을 D_2라 할 때,

$D_2=1^2-4\times(-1)\times(-2+n)$

$=4n-7$

$n=1$일 때 $D_2<0$이고 $n\ge2$일 때 $D_2>0$이므로

$y=f(x)+n$의 그래프는 $n=1$일 때만 x축과 만나지 않는다. (거짓)

이상에서 옳은 것은 ㄱ, ㄴ이다.

304

이차함수의 그래프와 x축의 위치 관계

(전략) 이차함수 $y=f(x)$의 그래프가 x축과 만나려면 이차방정식 $f(x)=0$의 판별식이 0보다 크거나 같아야 한다.

(풀이) 이차함수 $y=x^2+(2k-1)x+k^2-a$의 그래프가 x축과 만나려면 이차방정식 $x^2+(2k-1)x+k^2-a=0$이 실근을 가져야 하므로 이 이차방정식의 판별식을 D라 할 때,

$D=(2k-1)^2-4(k^2-a)\ge0$

$-4k+1+4a \ge 0 \quad \therefore k \le a+\frac{1}{4}$

(i) $a=2$일 때,

$k \le 2+\frac{1}{4}$이므로 자연수 k의 개수는 2이다. (→ 1, 2)

$\therefore f(2)=2$

(ii) $a=4$일 때,

$k \le 4+\frac{1}{4}$이므로 자연수 k의 개수는 4이다. (→ 1, 2, 3, 4)

$\therefore f(4)=4$

(iii) $a=6$일 때,

$k \le 6+\frac{1}{4}$이므로 자연수 k의 개수는 6이다. (→ 1, 2, 3, 4, 5, 6)

$\therefore f(6)=6$

이상에서 $f(2)+f(4)+f(6)=2+4+6=12$

305

이차함수의 그래프와 직선의 위치 관계

(전략) 이차함수의 그래프가 직선보다 항상 위쪽에 있으려면 두 식을 연립하여 얻은 이차방정식의 판별식이 0보다 작아야 한다.

(풀이) 이차함수 $y=x^2-6x+3a$의 그래프가 직선 $y=2x+a-1$보다 항상 위쪽에 있으려면 이차함수의 그래프와 직선이 만나지 않아야 하므로 이차방정식 $x^2-6x+3a=2x+a-1$, 즉 $x^2-8x+2a+1=0$의 판별식을 D라 할 때,

$\frac{D}{4}=(-4)^2-(2a+1)<0$

$-2a<-15 \quad \therefore a>\frac{15}{2}$

따라서 정수 a의 최솟값은 8이다.

306

이차함수의 그래프와 직선의 교점

(전략) 이차함수 $y=f(x)$의 그래프와 직선 $y=g(x)$의 교점의 x좌표는 이차방정식 $f(x)=g(x)$의 실근과 같음을 이용한다.

(풀이) 이차함수 $y=f(x)$의 그래프와 직선 $y=g(x)$의 교점의 x좌표는 이차방정식 $f(x)=g(x)$, 즉 $f(x)-g(x)=0$의 실근과 같다.

주어진 그래프에서 이차함수 $y=f(x)$의 그래프와 직선 $y=g(x)$의 교점의 x좌표가 β, γ이므로 이차방정식 $f(x)-g(x)=0$의 두 실근은 β, γ이다.

(→ $f(x)$는 최고차항의 계수가 -2인 이차함수이다.)

$\therefore f(x)-g(x)=-2(x-\beta)(x-\gamma) \quad \cdots\cdots$ ㉠

한편, 이차함수 $y=f(x)$의 그래프는 x축과 두 점 $(\alpha, 0)$, $(\beta, 0)$에서 만나고 최고차항의 계수가 -2이므로

$f(x)=-2(x-\alpha)(x-\beta)$

이것을 ㉠에 대입하면

$-2(x-\alpha)(x-\beta)-g(x)=-2(x-\beta)(x-\gamma)$

$g(x)=-2(x-\beta)\{(x-\alpha)-(x-\gamma)\}$

$=-2(x-\beta)(\gamma-\alpha)$

$=2(\alpha-\gamma)(x-\beta)$

이때 $\alpha-\gamma=1$이므로

$g(x)=2(x-\beta)=2x-2\beta$

직선 $y=g(x)$의 y절편이 4이므로

$g(x)=2x+4$

$\therefore g(1)=2+4=6$

307

이차함수의 그래프와 직선의 교점

(전략) 이차함수의 그래프와 직선의 두 교점의 x좌표를 α, β로 놓고 이차방정식의 근과 계수의 관계를 이용한다.

(풀이) 이차함수 $y=(x-a)^2$의 그래프와 직선 $y=x$의 두 교점 A, B의 x좌표를 각각 α, β라 할 때 α, β는 이차방정식 $(x-a)^2=x$, 즉 $x^2-(2a+1)x+a^2=0$의 두 근이다.

근과 계수의 관계에 의하여

$\alpha+\beta=2a+1$, $\alpha\beta=a^2$

이때 두 점 $\mathrm{A}(\alpha, \alpha)$, $\mathrm{B}(\beta, \beta)$ 사이의 거리는 $\sqrt{26}$이므로

$\sqrt{(\beta-\alpha)^2+(\beta-\alpha)^2}=\sqrt{26}$, $\sqrt{2}|\beta-\alpha|=\sqrt{26}$

$|\beta-\alpha|=\sqrt{13}$

$(\beta-\alpha)^2=(\alpha+\beta)^2-4\alpha\beta$이므로

$(\sqrt{13})^2=(2a+1)^2-4a^2$

$13=4a+1$, $4a=12$

$\therefore a=3$

308

이차함수의 그래프와 직선의 교점의 개수

(전략) 주어진 방정식의 좌변을 인수분해 하고 그래프를 이용하여 서로 다른 실근의 개수를 구한다.

(풀이) $\{f(x)\}^2+2f(x)-3=0$에서 $\{f(x)+3\}\{f(x)-1\}=0$

$\therefore f(x)=-3$ 또는 $f(x)=1$

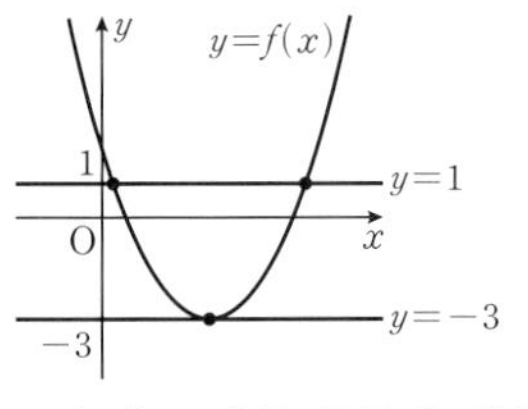

(i) 방정식 $f(x)=-3$의 서로 다른 실근의 개수는 위의 그림에서 이차함수 $y=f(x)$의 그래프와 직선 $y=-3$의 교점의 개수와 같으므로 1이다.

(ii) 방정식 $f(x)=1$의 서로 다른 실근의 개수는 위의 그림에서 이차함수 $y=f(x)$의 그래프와 직선 $y=1$의 교점의 개수와 같으므로 2이다.

(i), (ii)에서 주어진 방정식의 서로 다른 실근의 개수는

$1+2=3$

309

이차함수의 그래프와 이차방정식의 실근

(전략) 두 함수 $y=f(x)$, $y=g(x)$의 그래프를 지나는 점의 x좌표는 방정식 $f(x)=g(x)$의 근임을 이용한다.

(풀이) 이차방정식 $x^2+x-a=0$의 서로 다른 두 실근이 α, β이므로

$\alpha^2+\alpha-a=0$, $\beta^2+\beta-a=0$

근과 계수의 관계에 의하여

$\alpha+\beta=-1,\ \alpha\beta=-a$

$\therefore\ \alpha^2-1-a=-\alpha-1=\beta,\ \beta^2-1-a=-\beta-1=\alpha$

즉, 이차함수 $f(x)=2x^2+bx-6$의 그래프가 두 점 (α, α^2), (β, β^2)을 지나고 이 두 점은 이차함수 $y=x^2$의 그래프 위의 점이므로 α, β는 x에 대한 이차방정식 $f(x)=x^2$의 두 근이다.

따라서 $2x^2+bx-6=x^2$, 즉 $x^2+bx-6=0$에서 근과 계수의 관계에 의하여

$\alpha+\beta=-b=-1,\ \alpha\beta=-6=-a$ ← $\alpha+\beta=-1,\ \alpha\beta=-a$

$\therefore\ a=6,\ b=1$

$\therefore\ a+b=6+1=7$

310

이차함수의 그래프와 이차방정식의 실근

(전략) 직선 $y=n$과 이차함수 $y=x^2-4x+4$의 그래프의 교점의 x좌표를 n에 대한 식으로 나타내어 경우를 나누어 해결한다.

(풀이) 직선 $y=n$이 이차함수 $y=x^2-4x+4$와 만나는 점의 x좌표는 이차방정식 $x^2-4x+4=n$의 실근과 같다.

$x^2-4x+4=n$에서 $(x-2)^2=n$

$\therefore\ x=2-\sqrt{n}$ 또는 $x=2+\sqrt{n}$

$x_1=2-\sqrt{n},\ x_2=2+\sqrt{n}$이라 하자.

(i) $1\le n\le 4$일 때,

$x_1\ge 0,\ x_2>0$이므로

$$\frac{|x_1|+|x_2|}{2}=\frac{(2-\sqrt{n})+(2+\sqrt{n})}{2}=2$$

따라서 $\dfrac{|x_1|+|x_2|}{2}$의 값이 자연수가 되는 n의 개수는 1, 2, 3, 4의 4개이다.

(ii) $n>4$일 때,

$x_1<0<x_2$이므로

$$\frac{|x_1|+|x_2|}{2}=\frac{-x_1+x_2}{2}=\frac{(\sqrt{n}-2)+(2+\sqrt{n})}{2}=\sqrt{n}$$

따라서 $\dfrac{|x_1|+|x_2|}{2}$의 값이 자연수가 되는 100 이하의 자연수 n의 개수는 $3^2, 4^2, 5^2, \cdots, 10^2$의 8개이다.

(i), (ii)에서 조건을 만족시키는 자연수 n의 개수는 $4+8=12$

311

제한된 범위에서 이차함수의 최대 · 최소

(전략) 주어진 함수를 완전제곱식의 꼴로 나타낸 후, $a\le 0$, $0<a<1$, $a\ge 1$일 때의 이차함수의 최댓값을 각각 구한다.

(풀이) $y=-x^2+2ax$

$=-(x-a)^2+a^2$

(i) $a\le 0$일 때,

이차함수의 그래프는 오른쪽 그림과 같으므로 $x=0$일 때 최댓값 0을 갖는다.

따라서 조건을 만족시키지 않는다.

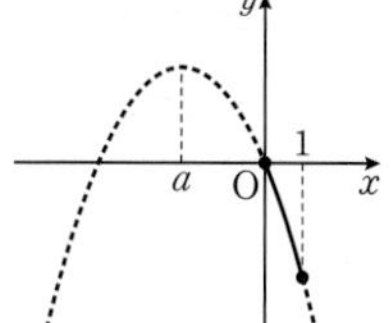

(ii) $0<a<1$일 때,

이차함수의 그래프는 오른쪽 그림과 같으므로 $x=a$일 때 최댓값 a^2을 갖는다.

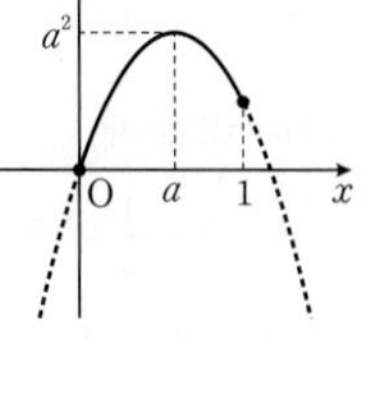

즉, $a^2=3$에서 $a=\pm\sqrt{3}$

이때 $0<a<1$이므로 조건을 만족시키지 않는다.

(iii) $a\ge 1$일 때,

이차함수의 그래프는 오른쪽 그림과 같으므로 $x=1$일 때 최댓값 $2a-1$을 갖는다.

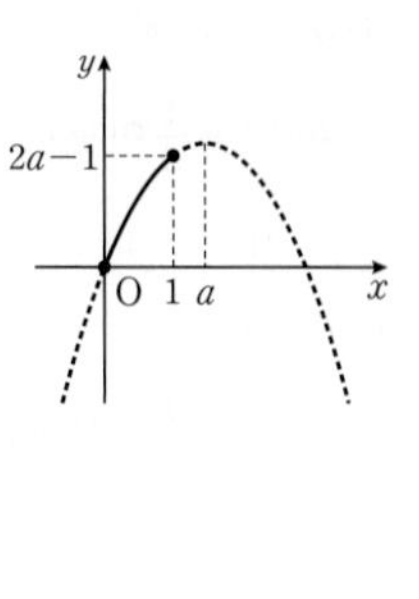

즉, $2a-1=3$에서 $2a=4$

$\therefore\ a=2$

이상에서 $a=2$

312

제한된 범위에서 이차함수의 최대 · 최소

(전략) $x^2+2x=t$로 놓고, t에 대한 함수의 최솟값을 구한다. 이때 t의 값의 범위에 주의한다.

(풀이) $x^2+2x=t$라 하면

$t=x^2+2x$

$=(x+1)^2-1\ge -1$

이때 주어진 함수는

$y=(x^2+2x+2)(x^2+2x+3)+3(x^2+2x)+1$

$=(t+2)(t+3)+3t+1$

$=t^2+8t+7$

$=(t+4)^2-9$

$t\ge -1$에서 함수 $y=t^2+8t+7$의 그래프는 오른쪽 그림과 같으므로 $t=-1$일 때 최솟값 0을 갖는다.

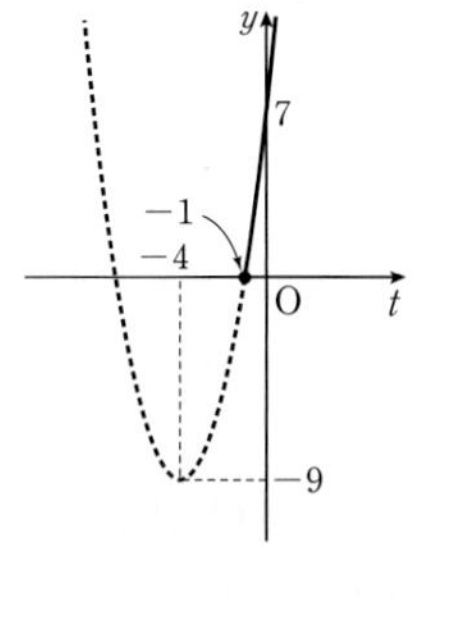

$x^2+2x=-1$에서

$x^2+2x+1=0,\ (x+1)^2=0$

$\therefore\ x=-1$

따라서 주어진 함수는 $x=-1$일 때 최솟값 0을 가지므로

$a=-1,\ b=0$

$\therefore\ a+b=-1+0=-1$

313

최댓값 또는 최솟값이 주어질 때 미지수의 값 구하기

(전략) a의 값의 범위를 나누어 조건 (가)를 만족시키는 a의 값을 구한 후, a의 값에 따른 음수 b의 값을 구한다.

(풀이) $f(x)=x^2-2ax+a+2$

$=(x-a)^2-a^2+a+2$

(i) $a<0$일 때,

이차함수 $f(x)$는 $x=0$일 때 최솟값 $a+2$를 갖는다.

즉, $a+2=0$에서 $a=-2$

(ii) $0\le a\le 3$일 때,

이차함수 $f(x)$는 $x=a$일 때 최솟값 $-a^2+a+2$를 갖는다.

즉, $-a^2+a+2=0$에서 $a^2-a-2=0$

$(a+1)(a-2)=0$ $\therefore a=-1$ 또는 $a=2$

그런데 $0\le a\le 3$이므로 $a=2$

(iii) $a>3$일 때,

이차함수 $f(x)$는 $x=3$일 때 최솟값 $11-5a$를 갖는다.

즉, $11-5a=0$에서 $a=\frac{11}{5}$

그런데 $a>3$이므로 조건을 만족시키지 않는다.

이상에서 $a=-2$ 또는 $a=2$

$a=-2$인 경우

$f(x)=x^2+4x$이고 조건 (나)에 의하여 직선 $y=bx$와 한 점에서 만나려면 이차방정식 $x^2+4x=bx$, 즉 $x^2+(4-b)x=0$의 판별식을 D_1이라 할 때,

$D_1=(4-b)^2=0$ $\therefore b=4$

그런데 $b<0$이므로 조건을 만족시키지 않는다.

$a=2$인 경우

$f(x)=x^2-4x+4$이므로 조건 (나)에 의하여 직선 $y=bx$와 한 점에서 만나려면 이차방정식 $x^2-4x+4=bx$, 즉 $x^2-(4+b)x+4=0$의 판별식을 D_2라 할 때,

$D_2=\{-(4+b)\}^2-4\times 4=0$

$(4+b)^2=16$ $\therefore b=-8$ 또는 $b=0$

그런데 $b<0$이므로 $b=-8$

따라서 조건을 모두 만족시키는 상수 a, b의 값은

$a=2$, $b=-8$

314

최댓값 또는 최솟값이 주어질 때 미지수의 값 구하기

전략 $f(x)=(x-a)^2-3$으로 놓고, 방정식 $f(x)-2=0$에서 근과 계수의 관계를 이용한다.

풀이 최고차항의 계수가 1인 이차함수 $f(x)$의 최솟값이 -3이므로 $f(x)=(x-a)^2-3$ (a는 상수)이라 하면

$f(x)-2=x^2-2ax+a^2-5$

방정식 $f(x)-2=0$은 두 근이 α, β인 이차방정식이므로 근과 계수의 관계에 의하여

$\alpha+\beta=2a$, $\alpha\beta=a^2-5$

이때

$\frac{\beta}{\alpha}+\frac{\alpha}{\beta}=\frac{\alpha^2+\beta^2}{\alpha\beta}=\frac{(\alpha+\beta)^2-2\alpha\beta}{\alpha\beta}$이므로

$\frac{(2a)^2-2(a^2-5)}{a^2-5}=3$

$2a^2+10=3a^2-15$

$\therefore a^2=25$

따라서 방정식 $f(x)=(x-a)^2-3=0$, 즉 $x^2-2ax+a^2-3=0$의 두 근의 곱은 근과 계수의 관계에 의하여

$a^2-3=25-3=22$

315

이차식의 최대 · 최소

전략 이차방정식의 근과 계수의 관계를 이용하여 $(\alpha+5)(\beta+5)$를 a에 대한 식으로 나타낸다.

풀이 α, β가 이차방정식 $x^2-(a+1)x-a^2-2a-1=0$의 두 실근이므로 근과 계수의 관계에 의하여

$\alpha+\beta=a+1$, $\alpha\beta=-a^2-2a-1$

$\therefore (\alpha+5)(\beta+5)=\alpha\beta+5(\alpha+\beta)+25$

$=-a^2-2a-1+5(a+1)+25$

$=-a^2+3a+29$

$=-\left(a-\frac{3}{2}\right)^2+\frac{125}{4}$

따라서 $(\alpha+5)(\beta+5)$는 $a=\frac{3}{2}$일 때 최댓값 $\frac{125}{4}$를 갖는다.

316

이차식의 최대 · 최소

전략 주어진 식을 $\alpha(x-a)^2+\beta(y-b)^2+\gamma(z-c)^2+d$ 꼴로 변형한 후, $(실수)^2\ge 0$임을 이용한다.

풀이 $-x^2-2y^2-4z^2+6x+4y-8z$

$=-(x^2-6x+9)-2(y^2-2y+1)-4(z^2+2z+1)+9+2+4$

$=-(x-3)^2-2(y-1)^2-4(z+1)^2+15$

이때 x, y, z가 실수이므로

$(x-3)^2\ge 0$, $(y-1)^2\ge 0$, $(z+1)^2\ge 0$

$\therefore -x^2-2y^2-4z^2+6x+4y-8z\le 15$

따라서 주어진 식은 $x=3$, $y=1$, $z=-1$일 때 최댓값 15를 가지므로

$a=3$, $b=1$, $c=-1$, $d=15$

$\therefore a+b+c+d=3+1+(-1)+15=18$

317

이차함수의 최대 · 최소의 활용

전략 이익금을 $100x$원 줄였을 때, 이익과 샌드위치의 개수를 구한 후 하루의 이익금을 x에 대한 식으로 나타낸다.

풀이 샌드위치 한 개당 이익금을 $100x$원 줄인다고 하면 한 개당 이익은

$(1000-100x)$원

하루에 팔리는 샌드위치의 개수는

$32+4x$

하루의 이익금을 y원이라 하면

$y=(1000-100x)(32+4x)$

$=400(-x^2+2x+80)$

$=-400(x-1)^2+32400$ $(x>0)$

따라서 $x=1$일 때 y는 최댓값을 가지므로 하루의 이익금이 최대일 때, 하루에 팔리는 샌드위치의 개수는

$32+4\times 1=36$

도전 1등급 최고난도 • 78쪽

318 25 **319** ③ **320** ④

318

이차함수의 그래프와 직선의 위치 관계 ⊕ 이차함수의 그래프와 이차방정식의 실근

(1단계) 방정식 $f(x)-g(x)=0$의 실근의 개수는 두 함수 $y=f(x)$, $y=g(x)$의 교점의 개수이므로 두 함수 $y=f(x)$, $y=g(x)$의 그래프를 그려 방정식 $f(x)-g(x)=0$이 4개의 실근을 갖는 경우를 찾는다.

두 함수 $y=f(x)$, $y=g(x)$의 그래프를 그리면 다음 그림과 같다.

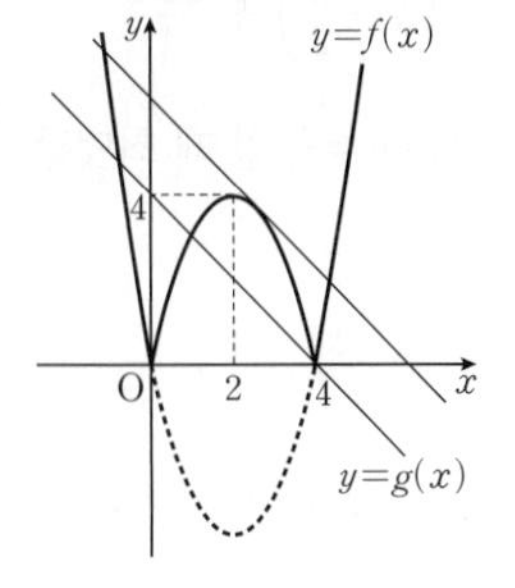

이때 방정식 $f(x)-g(x)=0$이 4개의 실근을 가지려면 k의 값은 직선 $y=g(x)$가 점 $(4, 0)$을 지날 때의 k의 값보다 크고, 이차함수 $y=-x^2+4x$의 그래프와 직선 $y=g(x)$가 접할 때의 k의 값보다 작아야 한다.

(2단계) k의 값의 범위를 구한다.

(i) 직선 $y=g(x)$가 점 $(4, 0)$을 지날 때,

$0=-4+k \qquad \therefore k=4$

(ii) 이차함수 $y=-x^2+4x$의 그래프와 직선 $y=g(x)$가 접할 때, 이차방정식 $-x^2+4x=-x+k$, 즉 $x^2-5x+k=0$의 판별식을 D라 하면

$D=(-5)^2-4\times1\times k=0$

$\therefore k=\frac{25}{4}$

(i), (ii)에서 k의 값의 범위는

$4<k<\frac{25}{4}$

(3단계) ab의 값을 구한다.

따라서 $a=4$, $b=\frac{25}{4}$이므로

$ab=4\times\frac{25}{4}=25$

319

이차함수의 그래프와 직선의 위치 관계

(1단계) 점 H의 좌표를 $(k, 0)$ $(k>0)$으로 놓고 도형의 닮음을 이용하여 $\overline{PQ}$의 길이를 a, k를 사용한 식으로 나타낸다.

점 H의 좌표를 $(k, 0)(k>0)$이라 하자.

두 삼각형 OHP, OIQ는 서로 닮음이고, 넓이의 비가 $1:4$이므로 닮음비는 $1:2$이다.

$\therefore \mathrm{I}(2k, 0)$

두 점 P, Q가 직선 $y=ax$ 위의 점이므로

$\mathrm{P}(k, ak)$, $\mathrm{Q}(2k, 2ak)$

이때 $\overline{PQ}=4\sqrt{5}$이므로

$\sqrt{(2k-k)^2+(2ak-ak)^2}=k\sqrt{1+a^2}=4\sqrt{5}$ …… ㉠

(2단계) 점 I가 이차함수 $y=f(x)$의 그래프 위의 점임을 이용하여 a, k 사이의 관계식을 구하고 이를 이용하여 a, k의 값을 구한다.

최고차항의 계수가 -1인 이차함수 $y=f(x)$의 그래프는 점 $\mathrm{P}(k, ak)$에서 직선 $y=ax$에 접하므로

$f(x)-ax=-(x-k)^2$

$\therefore f(x)=-(x-k)^2+ax$

점 $\mathrm{I}(2k, 0)$은 이차함수 $y=f(x)$의 그래프 위의 점이므로

$f(2k)=-(2k-k)^2+2ak=0$

$k(k-2a)=0$

그런데 $k>0$이므로 $k=2a$ …… ㉡

㉡을 ㉠에 대입하면

$2a\sqrt{1+a^2}=4\sqrt{5}$, $a^2(1+a^2)=20$

$\therefore a=2$ $(\because a>0)$, $k=4$

(3단계) 이차함수 $g(x)$를 구하여 $f(6)+g(6)$의 값을 구한다.

이차함수 $g(x)$의 최고차항의 계수를 m $(m<0)$이라 하면 이차함수 $y=g(x)$의 그래프는 점 Q에서 직선 $y=2x$에 접하며 점 Q의 x좌표는 8이므로

$g(x)-2x=m(x-8)^2$

$\therefore g(x)=m(x-8)^2+2x$

점 $\mathrm{H}(4, 0)$은 이차함수 $y=g(x)$의 그래프 위의 점이므로

$g(4)=16m+8=0 \qquad \therefore m=-\frac{1}{2}$

따라서 $f(x)=-(x-4)^2+2x$, $g(x)=-\frac{1}{2}(x-8)^2+2x$이므로

$f(6)=-(6-4)^2+2\times6=8$, $g(6)=-\frac{1}{2}\times(6-8)^2+2\times6=10$

$\therefore f(6)+g(6)=8+10=18$

320

이차함수의 그래프와 직선의 교점

(1단계) 조건을 만족시키는 모든 실수 k의 개수를 이용하여 이차함수 $y=g(x)$의 그래프와 두 직선 $y=0$, $y=4$의 교점의 개수를 구한다.

x에 대한 이차방정식 $\{x-f(k)\}\{x-g(k)\}=0$이 서로 다른 두 실근 0, 4를 가져야 하므로

$f(k)=0$, $g(k)=4$ 또는 $f(k)=4$, $g(k)=0$

조건을 만족시키는 모든 실수 k의 개수가 3이므로 이차함수 $y=g(x)$의 그래프와 두 직선 $y=0$, $y=4$의 서로 다른 교점의 개수는 3 또는 4이다.

(2단계) 교점의 개수에 따른 이차함수 $g(x)$와 $f(x)$를 구한다.

(i) 교점의 개수가 3일 때,

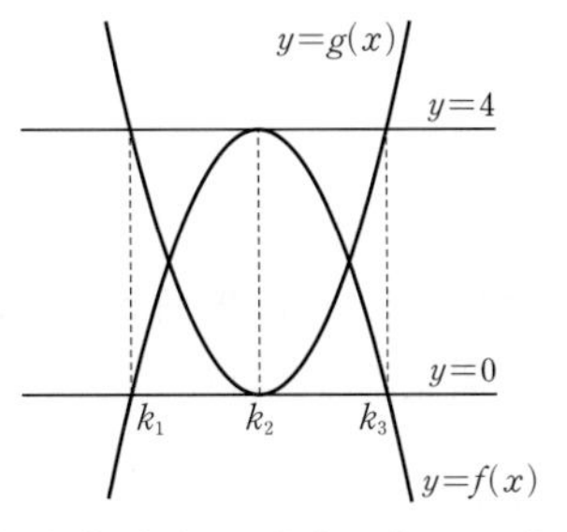

위의 그림과 같이 만나는 점의 x좌표를 작은 수부터 크기순으로 k_1, k_2, k_3이라 하자.

$g(k_1)=4$, $g(k_2)=0$, $g(k_3)=4$이고 조건을 만족시키는 모든 실수 k의 개수가 3이므로 이차함수 $y=f(x)$의 그래프는 세 점

$(k_1, 0)$, $(k_2, 4)$, $(k_3, 0)$을 모두 지나야 한다.

$f(2)=4$이므로 $k_2=2$이고 이차함수 $y=g(x)$의 그래프가 점 $(2, 0)$에서 직선 $y=0$에 접하므로

$g(x)=(x-2)^2$

이차함수 $y=g(x)$의 그래프가 두 점 $(k_1, 4)$, $(k_3, 4)$를 지나므로 $(x-2)^2=4$에서 $x=0$ 또는 $x=4$

$\therefore k_1=0, k_3=4$

또, 이차함수 $y=f(x)$의 그래프가 점 $(2, 4)$에서 직선 $y=4$에 접하므로 $f(x)=a(x-2)^2+4(a<0)$이고

두 점 $(0, 0)$, $(4, 0)$을 지나므로

$f(0)=f(4)=4a+4=0$, $a=-1$

$\therefore f(x)=-(x-2)^2+4$

(ii) 교점의 개수가 4일 때,

위의 그림과 같이 만나는 점의 x좌표를 작은 수부터 크기순으로 k_1, k_2, k_3, k_4라 하자.

$g(k_1)=4$, $g(k_2)=0$, $g(k_3)=0$, $g(k_4)=4$이고 이차함수 $y=g(x)$의 그래프의 꼭짓점의 x좌표를 a라 하면

$\frac{k_1+k_4}{2}=\frac{k_2+k_3}{2}=a$ …… ㉠

이고 $k_1<k_2<a<k_3<k_4$이다.

조건을 만족시키는 모든 실수 k의 개수가 3이므로 이차함수 $y=f(x)$의 그래프는 네 점 $(k_1, 0)$, $(k_2, 4)$, $(k_3, 4)$, $(k_4, 0)$ 중 세 점만을 지나야 한다.

이차함수 $y=f(x)$의 그래프가 두 점 $(k_1, 0)$, $(k_4, 0)$을 지날 때, ㉠에 의하여 이차함수 $y=f(x)$의 그래프의 대칭축은 $x=a$이므로 두 점 $(k_2, 4)$, $(k_3, 4)$ 중 한 점만을 지날 수 없고 모든 실수 k의 값이 4개가 되므로 조건을 만족시키지 않는다.

같은 방법으로 이차함수 $y=f(x)$의 그래프가 두 점 $(k_2, 4)$, $(k_3, 4)$를 지나는 경우도 모든 실수 k의 값이 4개가 되므로 조건을 만족시키지 않는다.

(3단계) 조건을 모두 만족시키는 두 이차함수 $f(x)$, $g(x)$를 구하여 $g(8)-f(8)$의 값을 구한다.

(i), (ii)에서

$g(x)=(x-2)^2$, $f(x)=-(x-2)^2+4$이므로

$g(8)=(8-2)^2=36$

$f(8)=-(8-2)^2+4=-32$

$\therefore g(8)-f(8)=36-(-32)=68$

07 여러 가지 방정식

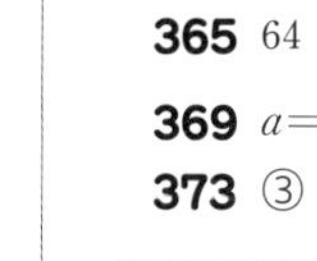

유형 분석 기출 ● 80쪽 ~ 88쪽

321 -2	**322** ④	**323** ③	**324** ①	**325** ②
326 ③	**327** 0	**328** ③	**329** -1	
330 $a=-1$, 나머지 두 근: 1, 4			**331** 2	**332** ③
333 ④	**334** ③	**335** 19	**336** ②	**337** 6
338 ②	**339** ③	**340** 20	**341** ①	
342 $x^3-12x^2-27x+54=0$			**343** 15	**344** ①
345 ①	**346** $2-i$	**347** ③	**348** 21	**349** ②
350 ⑤	**351** ②	**352** ③	**353** 1	**354** ③
355 1	**356** ②	**357** ③	**358** ④	**359** 5
360 ④	**361** 1	**362** ①	**363** 0	**364** 6
365 64	**366** -1	**367** ④	**368** $a>\frac{1}{4}$	
369 $a=25, b=15$		**370** 2	**371** ①	**372** 1 km
373 ③				

321

$x^3+3x^2-x-3=0$에서

$x^2(x+3)-(x+3)=0$

$(x+3)(x^2-1)=0$

$(x+3)(x+1)(x-1)=0$

$\therefore x=-3$ 또는 $x=-1$ 또는 $x=1$

따라서 가장 큰 근은 1, 가장 작은 근은 -3이므로 구하는 합은

$1+(-3)=-2$

322

$f(x)=x^4-5x-6$이라 하면 $f(-1)=0$, $f(2)=0$이므로 조립제법을 이용하여 $f(x)$를 인수분해 하면

-1	1	0	0	-5	-6
		-1	1	-1	6
2	1	-1	1	-6	0
		2	2	6	
	1	1	3	0	

$f(x)=(x+1)(x-2)(x^2+x+3)$

즉, 주어진 방정식은

$(x+1)(x-2)(x^2+x+3)=0$

따라서 주어진 방정식의 근은

$x=-1$ 또는 $x=2$ 또는 $x=\frac{-1\pm\sqrt{11}i}{2}$

이므로 모든 실근의 합은

$-1+2=1$

1등급 비법

다항식 $f(x)$에서 $f(a)=0$이면 $f(x)$는 $x-a$를 인수로 가지므로 $f(a)=0$인 a의 값을 찾아 조립제법을 이용하여 인수분해 한다.

323

$f(x)=x^3+2x^2-3x-10$이라 하면 $f(2)=0$이므로 조립제법을 이용하여 $f(x)$를 인수분해 하면

2	1	2	-3	-10
		2	8	10
	1	4	5	0

$f(x)=(x-2)(x^2+4x+5)$

즉, 주어진 방정식은 $(x-2)(x^2+4x+5)=0$

이차방정식 $x^2+4x+5=0$의 판별식을 D라 할 때,

$\frac{D}{4}=2^2-1\times5=-1<0$이므로 이 이차방정식은 서로 다른 두 허근을 갖는다.

따라서 이차방정식 $x^2+4x+5=0$의 두 근이 α, β이므로 이차방정식의 근과 계수의 관계에 의하여

$\alpha+\beta=-4$, $\alpha\beta=5$

$\therefore \alpha^3+\beta^3=(\alpha+\beta)^3-3\alpha\beta(\alpha+\beta)$
$=(-4)^3-3\times5\times(-4)=-4$

324

$x^2+4x=X$로 놓으면 주어진 방정식은

$X^2+2(X+3)=30$, $X^2+2X-24=0$

$(X+6)(X-4)=0$ $\quad\therefore X=-6$ 또는 $X=4$

(i) $X=-6$일 때,

$x^2+4x=-6$에서 $x^2+4x+6=0$

이 이차방정식의 판별식을 D_1이라 할 때,

$\frac{D_1}{4}=2^2-1\times6=-2<0$

즉, 이 이차방정식은 서로 다른 두 허근을 갖는다.

(ii) $X=4$일 때,

$x^2+4x=4$에서 $x^2+4x-4=0$

이 이차방정식의 판별식을 D_2라 할 때,

$\frac{D_2}{4}=2^2-1\times(-4)=8>0$

즉, 이 이차방정식은 서로 다른 두 실근을 갖는다.

(i), (ii)에서 주어진 사차방정식의 두 실근은 이차방정식 $x^2+4x-4=0$의 근이고, 두 허근은 이차방정식 $x^2+4x+6=0$의 근이므로 이차방정식의 근과 계수의 관계에 의하여

$a=-4$, $b=-4$

$\therefore a+b=-4+(-4)=-8$

개념 보충

공통부분이 있는 사차방정식은 다음과 같은 순서로 푼다.
(i) 공통부분을 한 문자로 치환한다.
(ii) (i)의 문자에 대한 이차방정식을 푼다.
(iii) 주어진 사차방정식의 근을 구한다.

325

$x(x+1)(x+2)(x+3)-3=0$에서

$\{x(x+3)\}\{(x+1)(x+2)\}-3=0$

$(x^2+3x)(x^2+3x+2)-3=0$

$x^2+3x=X$로 놓으면 $X(X+2)-3=0$

$X^2+2X-3=0$, $(X+3)(X-1)=0$

$\therefore X=-3$ 또는 $X=1$

(i) $X=-3$일 때,

$x^2+3x=-3$에서 $x^2+3x+3=0$

이차방정식의 근과 계수의 관계에 의하여 이 이차방정식의 모든 근의 곱은 3이다.

(ii) $X=1$일 때,

$x^2+3x=1$에서 $x^2+3x-1=0$

이차방정식의 근과 계수의 관계에 의하여 이 이차방정식의 모든 근의 곱은 -1이다.

(i), (ii)에서 주어진 방정식의 모든 근의 곱은

$3\times(-1)=-3$

1등급 비법

( )( )( )( )$=k$ (k는 상수) 꼴
⇨ 두 일차식의 상수항의 합이 서로 같아지도록 두 개씩 짝을 지어 전개한 후, 공통부분을 치환한다.

326

$x^2=X$로 놓으면 주어진 방정식은

$X^2-5X+4=0$, $(X-1)(X-4)=0$

$\therefore X=1$ 또는 $X=4$

(i) $X=1$일 때,

$x^2=1$ $\quad\therefore x=\pm1$

(ii) $X=4$일 때,

$x^2=4$ $\quad\therefore x=\pm2$

(i), (ii)에서 두 양의 근은 $x=1$, $x=2$이므로

$\alpha^2+\beta^2=1^2+2^2=5$

327

$x^4-8x^2+4=0$에서 → $x^2=X$로 치환하여도 좌변이 인수분해되지 않으므로 $A^2-B^2=0$ 꼴로 변형한다.

$(x^4-4x^2+4)-4x^2=0$

$(x^2-2)^2-(2x)^2=0$

$(x^2+2x-2)(x^2-2x-2)=0$

방정식 $x^2+2x-2=0$의 두 근을 α, β, 방정식 $x^2-2x-2=0$의 두 근을 γ, δ라 하면 이차방정식의 근과 계수의 관계에 의하여

$\alpha+\beta=-2$, $\alpha\beta=-2$, $\gamma+\delta=2$, $\gamma\delta=-2$

$\therefore \frac{1}{\alpha}+\frac{1}{\beta}+\frac{1}{\gamma}+\frac{1}{\delta}=\frac{\alpha+\beta}{\alpha\beta}+\frac{\gamma+\delta}{\gamma\delta}$
$=\frac{-2}{-2}+\frac{2}{-2}=0$

1등급 비법

$x^4+ax^2+b=0$ 꼴의 사차방정식이 $x^2=X$로 치환해도 인수분해가 안되는 경우 $(x^2+p)^2-(qx)^2=0$ 꼴로 인수분해가 될 수 있도록 이차항 ax^2을 적당히 분리하여 정리한다.

328

$x^4+3x^2+4=0$에서

$(x^4+4x^2+4)-x^2=0$

$(x^2+2)^2-x^2=0$

$(x^2+x+2)(x^2-x+2)=0$

방정식 $x^2+x+2=0$의 두 근을 α, β, 방정식 $x^2-x+2=0$의 두 근을 γ, δ라 하면 이차방정식의 근과 계수의 관계에 의하여

$\alpha+\beta=-1$, $\alpha\beta=2$, $\gamma+\delta=1$, $\gamma\delta=2$

$\therefore \alpha^3+\beta^3+\gamma^3+\delta^3$

$=(\alpha+\beta)^3-3\alpha\beta(\alpha+\beta)+(\gamma+\delta)^3-3\gamma\delta(\gamma+\delta)$

$=(-1)^3-3\times2\times(-1)+1^3-3\times2\times1$

$=0$

329

방정식 $x^4+4x^3-3x^2+4x+1=0$의 양변을 x^2으로 나누면

$x\neq0$이므로 x^2으로 나눌 수 있다.

$x^2+4x-3+\frac{4}{x}+\frac{1}{x^2}=0$

$x^2+\frac{1}{x^2}+4\left(x+\frac{1}{x}\right)-3=0$

$\left(x+\frac{1}{x}\right)^2+4\left(x+\frac{1}{x}\right)-5=0$

이때 $x+\frac{1}{x}=X$로 놓으면

$X^2+4X-5=0$, $(X+5)(X-1)=0$

$\therefore X=-5$ 또는 $X=1$

(i) $X=-5$일 때,

$x+\frac{1}{x}=-5$에서

$x^2+5x+1=0$

이 이차방정식의 판별식을 D_1이라 할 때,

$D_1=5^2-4\times1\times1=21>0$

즉, 이 이차방정식은 서로 다른 두 실근을 갖는다.

(ii) $X=1$일 때,

$x+\frac{1}{x}=1$에서

$x^2-x+1=0$

이 이차방정식의 판별식을 D_2라 할 때,

$D_2=(-1)^2-4\times1\times1=-3<0$

즉, 이 이차방정식은 서로 다른 두 허근을 갖는다.

(i), (ii)에서 α는 방정식 $x^2-x+1=0$의 한 허근이므로

$\alpha^2-\alpha+1=0$

$\therefore \alpha^2-\alpha=-1$

330

주어진 방정식에 $x=-1$을 대입하면

$-1+4a-a+4=0$

$3a=-3$ $\quad\therefore a=-1$

즉, 주어진 방정식은 $x^3-4x^2-x+4=0$이므로

$x^2(x-4)-(x-4)=0$

$(x^2-1)(x-4)=0$

$(x+1)(x-1)(x-4)=0$

$\therefore x=-1$ 또는 $x=1$ 또는 $x=4$

따라서 나머지 두 근은 1, 4이다.

331

주어진 방정식에 $x=-1$을 대입하면

$-1-a-b-2+a-2b=0$

$-3b=3$ $\quad\therefore b=-1$

주어진 방정식에 $x=3$을 대입하면

$27-9a+3b+6+a-2b=0$ $\quad\therefore 8a-b=33$ …… ㉠

$b=-1$을 ㉠에 대입하면 $8a+1=33$

$8a=32$ $\quad\therefore a=4$

즉, 주어진 방정식은 $x^3-4x^2+x+6=0$이고, 이 방정식의 두 근이 -1, 3이므로 조립제법을 이용하여 좌변을 인수분해 하면

-1	1	-4	1	6
		-1	5	-6
3	1	-5	6	0
		3	-6	
	1	-2	0	

$(x+1)(x-3)(x-2)=0$

$\therefore x=-1$ 또는 $x=3$ 또는 $x=2$

따라서 나머지 한 근은 2이다.

332

주어진 방정식에 $x=1$을 대입하면

$1-1-a+b-4=0$

$\therefore a-b=-4$ …… ㉠

주어진 방정식에 $x=-2$를 대입하면

$16+8-4a-2b-4=0$

$\therefore 2a+b=10$ …… ㉡

㉠, ㉡을 연립하여 풀면

$a=2$, $b=6$

즉, 주어진 방정식은 $x^4-x^3-2x^2+6x-4=0$이고, 이 방정식의 두 근이 1, -2이므로 조립제법을 이용하여 좌변을 인수분해 하면

1	1	-1	-2	6	-4
		1	0	-2	4
-2	1	0	-2	4	0
		-2	4	-4	
	1	-2	2	0	

$(x-1)(x+2)(x^2-2x+2)=0$

이때 두 근 α, β는 이차방정식 $x^2-2x+2=0$의 근이므로 이차방정식의 근과 계수의 관계에 의하여

$\alpha\beta=2$

$\therefore ab\alpha\beta=2\times6\times2=24$

333

$f(x)=x^3+x^2+(k-7)x-k+5$라 하면 $f(1)=0$이므로 조립제법을 이용하여 $f(x)$를 인수분해 하면

1	1	1	$k-7$	$-k+5$
		1	2	$k-5$
	1	2	$k-5$	0

$f(x)=(x-1)(x^2+2x+k-5)$

즉, 주어진 방정식은

$(x-1)(x^2+2x+k-5)=0$

이때 주어진 방정식이 한 개의 실근과 두 개의 허근을 가지므로 이차방정식 $x^2+2x+k-5=0$이 두 개의 허근을 갖는다.

따라서 이차방정식 $x^2+2x+k-5=0$의 판별식을 D라 할 때,

$\frac{D}{4}=1^2-(k-5)<0$

$-k+6<0 \qquad \therefore k>6$

334

$x=1$이 삼차방정식 $(x-a)\{x^2+(1-3a)x+4\}=0$의 근이므로 $x=1$은 방정식 $x-a=0$의 근 또는 방정식 $x^2+(1-3a)x+4=0$의 근이다.

$x=1$이 $x-a=0$의 근일 때,

$1-a=0 \qquad \therefore a=1$

이차방정식 $x^2+(1-3a)x+4=0$, 즉 $x^2-2x+4=0$의 판별식을 D라 할 때,

$\frac{D}{4}=(-1)^2-4=-3<0$

즉, 방정식 $x^2-2x+4=0$은 서로 다른 두 허근을 가지므로 주어진 삼차방정식이 서로 다른 세 실근을 갖는다는 조건이 성립하지 않는다.

따라서 $x=1$은 방정식 $x^2+(1-3a)x+4=0$의 근이고 이 방정식에 $x=1$을 대입하면

$1+1-3a+4=0$

$3a=6 \qquad \therefore a=2$

즉, 주어진 방정식은

$(x-2)(x^2-5x+4)=0$

$(x-2)(x-1)(x-4)=0$

$\therefore x=2$ 또는 $x=1$ 또는 $x=4$

따라서 $\alpha=2$, $\beta=4$ 또는 $\alpha=4$, $\beta=2$이므로

$\alpha\beta=8$

335

$f(x)=x^3-(3k+1)x+3k$라 하면 $f(1)=0$이므로 조립제법을 이용하여 $f(x)$를 인수분해 하면

1	1	0	$-3k-1$	$3k$
		1	1	$-3k$
	1	1	$-3k$	0

$f(x)=(x-1)(x^2+x-3k)$

즉, 주어진 방정식은

$(x-1)(x^2+x-3k)=0$

(i) 방정식 $x^2+x-3k=0$이 $x=1$을 한 근으로 가질 때,

$1+1-3k=0$, $-3k=-2$

$\therefore k=\frac{2}{3}$

(ii) 방정식 $x^2+x-3k=0$이 $x\neq1$인 중근을 가질 때,

이차방정식 $x^2+x-3k=0$의 판별식을 D라 하면

$D=1^2-4\times(-3k)=0$, $12k=-1$

$\therefore k=-\frac{1}{12}$

(i), (ii)에서

$k=\frac{2}{3}$ 또는 $k=-\frac{1}{12}$

따라서 모든 실수 k의 값의 합은

$\frac{2}{3}+\left(-\frac{1}{12}\right)=\frac{7}{12}$

이므로 $p=12$, $q=7$

$\therefore p+q=12+7=19$

1등급 비법

삼차방정식 $ax^3+bx^2+cx+d=0$이 중근을 갖는 경우는 다음 두 가지가 있다.

(i) 세 근이 모두 같은 경우

⇨ $a(x-\alpha)^3=0$

(ii) 한 근을 제외한 나머지 두 근이 서로 같은 경우

⇨ $a(x-\alpha)(x-\beta)^2=0$ (단, $\alpha\neq\beta$)

오답 피하기 삼차방정식이 중근을 갖는다고 해서 근의 개수가 반드시 1인 것은 아님을 주의한다.

336

$x^3+3x^2+4x-8=0$에서 삼차방정식의 근과 계수의 관계에 의하여

$\alpha+\beta+\gamma=-3$, $\alpha\beta+\beta\gamma+\gamma\alpha=4$, $\alpha\beta\gamma=8$

$\therefore (\alpha+1)(\beta+1)(\gamma+1)$

$=(\alpha\beta+\alpha+\beta+1)(\gamma+1)$

$=\alpha\beta\gamma+\alpha\beta+\alpha\gamma+\alpha+\beta\gamma+\beta+\gamma+1$

$=\alpha\beta\gamma+(\alpha\beta+\beta\gamma+\gamma\alpha)+(\alpha+\beta+\gamma)+1$

$=8+4+(-3)+1$

$=10$

다른 풀이 $f(x)=x^3+3x^2+4x-8$이라 하면 $f(1)=0$이므로 조립제법을 이용하여 $f(x)$를 인수분해 하면

1	1	3	4	-8
		1	4	8
	1	4	8	0

$f(x)=(x-1)(x^2+4x+8)$

따라서 주어진 방정식은

$(x-1)(x^2+4x+8)=0$

$\therefore x=1$ 또는 $x=-2\pm2i$

$\therefore (\alpha+1)(\beta+1)(\gamma+1)=2(-2+2i+1)(-2-2i+1)$

$=2(-1+2i)(-1-2i)$

$=2\times(1+4)$

$=10$

337

$x^3-2x^2+5x+1=0$에서 삼차방정식의 근과 계수의 관계에 의하여

$\alpha+\beta+\gamma=2$, $\alpha\beta+\beta\gamma+\gamma\alpha=5$, $\alpha\beta\gamma=-1$

$\therefore \frac{\alpha}{\beta\gamma}+\frac{\beta}{\gamma\alpha}+\frac{\gamma}{\alpha\beta}=\frac{\alpha^2+\beta^2+\gamma^2}{\alpha\beta\gamma}$

$=\frac{(\alpha+\beta+\gamma)^2-2(\alpha\beta+\beta\gamma+\gamma\alpha)}{\alpha\beta\gamma}$

$=\frac{2^2-2\times5}{-1}=6$

338

$x^3-7x^2-kx+10=0$에서 삼차방정식의 근과 계수의 관계에 의하여

$\alpha+\beta+\gamma=7$, $\alpha\beta+\beta\gamma+\gamma\alpha=-k$, $\alpha\beta\gamma=-10$

이때 $\frac{1}{\alpha}+\frac{1}{\beta}+\frac{1}{\gamma}=\frac{3}{5}$이므로

$\frac{\beta\gamma+\gamma\alpha+\alpha\beta}{\alpha\beta\gamma}=\frac{3}{5}$, $\frac{-k}{-10}=\frac{3}{5}$

$\therefore k=6$

339

$x^3-ax^2+3x+7=0$에서 삼차방정식의 근과 계수의 관계에 의하여

$\alpha+\beta+\gamma=a$, $\alpha\beta+\beta\gamma+\gamma\alpha=3$, $\alpha\beta\gamma=-7$

$\therefore \alpha^2+\beta^2+\gamma^2=(\alpha+\beta+\gamma)^2-2(\alpha\beta+\beta\gamma+\gamma\alpha)$

$=a^2-2\times3$

$=a^2-6$

이때 $\alpha^2+\beta^2+\gamma^2=3$이므로

$a^2-6=3$, $a^2=9$

따라서 $a>0$이므로 $a=3$

340

주어진 삼차방정식의 세 근을 α, 3α, 4α $(\alpha\neq0)$라 하면

$x^3+16x^2+ax+b=0$에서 삼차방정식의 근과 계수의 관계에 의하여

$\alpha+3\alpha+4\alpha=-16$, $8\alpha=-16$

$\therefore \alpha=-2$

즉, 세 근이 -2, -6, -8이므로

$(-2)\times(-6)+(-6)\times(-8)+(-8)\times(-2)=a$

$(-2)\times(-6)\times(-8)=-b$

따라서 $a=76$, $b=96$이므로

$|a-b|=|76-96|=|-20|=20$

341

주어진 삼차방정식의 세 근을 α, β, γ (α, β, γ는 정수이고 $\alpha\geq\beta\geq\gamma$)라 하면 $x^3-2x^2+kx+6=0$에서 삼차방정식의 근과 계수의 관계에 의하여

$\alpha+\beta+\gamma=2$ …… ㉠

$\alpha\beta+\beta\gamma+\gamma\alpha=k$ …… ㉡

$\alpha\beta\gamma=-6$ …… ㉢

이때 α, β, γ는 $\alpha\geq\beta\geq\gamma$인 정수이고 ㉠, ㉢을 만족시켜야 하므로

$\alpha=3$, $\beta=1$, $\gamma=-2$

따라서 $\alpha=3$, $\beta=1$, $\gamma=-2$를 ㉡에 대입하면

$3\times1+1\times(-2)+(-2)\times3=k$

$\therefore k=3-2-6=-5$

342

$x^3-4x^2-3x+2=0$에서 삼차방정식의 근과 계수의 관계에 의하여

$\alpha+\beta+\gamma=4$, $\alpha\beta+\beta\gamma+\gamma\alpha=-3$, $\alpha\beta\gamma=-2$

구하는 삼차방정식의 세 근이 3α, 3β, 3γ이므로

(세 근의 합)$=3\alpha+3\beta+3\gamma$

$=3(\alpha+\beta+\gamma)$

$=3\times4=12$

(두 근끼리의 곱의 합)$=3\alpha\times3\beta+3\beta\times3\gamma+3\gamma\times3\alpha$

$=9(\alpha\beta+\beta\gamma+\gamma\alpha)$

$=9\times(-3)=-27$

(세 근의 곱)$=3\alpha\times3\beta\times3\gamma$

$-27\alpha\beta\gamma$

$=27\times(-2)=-54$

따라서 구하는 삼차방정식은

$x^3-12x^2-27x+54=0$

343

$x^3-9x+a=0$에서 삼차방정식의 근과 계수의 관계에 의하여

$\alpha+\beta+\gamma=0$, $\alpha\beta+\beta\gamma+\gamma\alpha=-9$, $\alpha\beta\gamma=-a$

이때 삼차방정식 $x^3+bx^2+cx-6=0$의 세 근이 $\alpha+\beta$, $\beta+\gamma$, $\gamma+\alpha$이므로

(세 근의 합)$=(\alpha+\beta)+(\beta+\gamma)+(\gamma+\alpha)$

$=2(\alpha+\beta+\gamma)=-b$

$2\times0=-b$ $\quad\therefore b=0$

(두 근끼리의 곱의 합)

$=(\alpha+\beta)(\beta+\gamma)+(\beta+\gamma)(\gamma+\alpha)+(\gamma+\alpha)(\alpha+\beta)$

$=(-\gamma)(-\alpha)+(-\alpha)(-\beta)+(-\beta)(-\gamma)$

$\alpha+\beta+\gamma=0$에서 $\alpha+\beta=-\gamma$, $\beta+\gamma=-\alpha$, $\gamma+\alpha=-\beta$

$=\alpha\beta+\beta\gamma+\gamma\alpha$

$=c$

$\therefore c=-9$

(세 근의 곱)$=(\alpha+\beta)(\beta+\gamma)(\gamma+\alpha)$

$=(-\gamma)(-\alpha)(-\beta)$

$=-\alpha\beta\gamma=6$

$-(-a)=6$ $\quad\therefore a=6$

$\therefore a-b-c=6-0-(-9)=15$

344

$x^3-x^2-x-1=0$에서 삼차방정식의 근과 계수의 관계에 의하여

$\alpha+\beta+\gamma=1$, $\alpha\beta+\beta\gamma+\gamma\alpha=-1$, $\alpha\beta\gamma=1$

이때 삼차방정식 $x^3+ax^2+bx+c=0$의 세 근이 $\frac{1}{\alpha\beta}$, $\frac{1}{\beta\gamma}$, $\frac{1}{\gamma\alpha}$이므로

(세 근의 합)$=\frac{1}{\alpha\beta}+\frac{1}{\beta\gamma}+\frac{1}{\gamma\alpha}$

$=\frac{\alpha+\beta+\gamma}{\alpha\beta\gamma}=-a$

$\frac{1}{1}=-a \quad \therefore a=-1$

(두 근끼리의 곱의 합)$=\frac{1}{\alpha\beta}\times\frac{1}{\beta\gamma}+\frac{1}{\beta\gamma}\times\frac{1}{\gamma\alpha}+\frac{1}{\gamma\alpha}\times\frac{1}{\alpha\beta}$

$=\frac{1}{\alpha\beta^2\gamma}+\frac{1}{\alpha\beta\gamma^2}+\frac{1}{\alpha^2\beta\gamma}$

$=\frac{\alpha\beta+\beta\gamma+\gamma\alpha}{(\alpha\beta\gamma)^2}=b$

$\frac{-1}{1^2}=b \quad \therefore b=-1$

(세 근의 곱)$=\frac{1}{\alpha\beta}\times\frac{1}{\beta\gamma}\times\frac{1}{\gamma\alpha}$

$=\frac{1}{(\alpha\beta\gamma)^2}=-c$

$\frac{1}{1^2}=-c \quad \therefore c=-1$

$\therefore a+b+c=-1+(-1)+(-1)=-3$

345

$P(-1)=P(1)=P(2)=3$에서

$P(-1)-3=P(1)-3=P(2)-3=0$

이므로 삼차방정식 $P(x)-3=0$의 세 근이 $-1, 1, 2$이다. 이때

(세 근의 합)$=-1+1+2=2$

(두 근끼리의 곱의 합)$=(-1)\times1+1\times2+2\times(-1)=-1$

(세 근의 곱)$=(-1)\times1\times2=-2$

이므로 $-1, 1, 2$를 세 근으로 하고 x^3의 계수가 1인 삼차방정식은

$x^3-2x^2-x+2=0$

즉, $P(x)-3=x^3-2x^2-x+2$이므로

$P(x)=x^3-2x^2-x+5$

따라서 삼차방정식의 근과 계수의 관계에 의하여 방정식

$P(x)=0$의 모든 근의 곱은 -5이다.

346

주어진 삼차방정식의 계수가 실수이므로 한 근이 $1+i$이면 $1-i$도 근이다.

나머지 한 근을 α라 하면 $x^3-(a+1)x^2+4x-b+3=0$에서 삼차방정식의 근과 계수의 관계에 의하여

$\alpha(1+i)+(1+i)(1-i)+(1-i)\alpha=4$

$2\alpha+2=4 \quad \therefore \alpha=1$

따라서 나머지 두 근의 합은

$(1-i)+1=2-i$

347

주어진 삼차방정식의 계수가 유리수이므로 한 근이 $1+\sqrt{2}$이면 $1-\sqrt{2}$도 근이다.

나머지 한 근을 α라 하면 $x^3+ax+b=0$에서 삼차방정식의 근과 계수의 관계에 의하여

$\alpha+(1+\sqrt{2})+(1-\sqrt{2})=0$ …… ㉠

$\alpha(1+\sqrt{2})+(1+\sqrt{2})(1-\sqrt{2})+(1-\sqrt{2})\alpha=a$ …… ㉡

$\alpha(1+\sqrt{2})(1-\sqrt{2})=-b$ …… ㉢

㉠에서 $\alpha+2=0 \quad \therefore \alpha=-2$

$\alpha=-2$를 ㉡에 대입하여 풀면

$a=-5$

$\alpha=-2$를 ㉢에 대입하여 풀면

$b=-2$

$\therefore a+b=-5+(-2)=-7$

다른 풀이 삼차방정식 $x^3+ax+b=0$의 한 근이 $1+\sqrt{2}$이므로

$(1+\sqrt{2})^3+a(1+\sqrt{2})+b=0$

$1+3\sqrt{2}+6+2\sqrt{2}+a+a\sqrt{2}+b=0$

$(5+a)\sqrt{2}+(7+a+b)=0$

a, b가 유리수이므로 $5+a=0, 7+a+b=0$

따라서 $a=-5, b=-2$이므로 $a+b=-7$

348

주어진 삼차방정식의 계수가 실수이므로 한 근이 $2-\sqrt{3}i$이면 $2+\sqrt{3}i$도 근이다.

즉, 주어진 방정식의 세 근이 $-1, 2-\sqrt{3}i, 2+\sqrt{3}i$이므로

$ax^3-3x^2+bx+c=0$에서 삼차방정식의 근과 계수의 관계에 의하여

$-1+(2-\sqrt{3}i)+(2+\sqrt{3}i)=\frac{3}{a}$ …… ㉠

$(-1)\times(2-\sqrt{3}i)+(2-\sqrt{3}i)\times(2+\sqrt{3}i)+(2+\sqrt{3}i)\times(-1)=\frac{b}{a}$ …… ㉡

$(-1)\times(2-\sqrt{3}i)\times(2+\sqrt{3}i)=-\frac{c}{a}$ …… ㉢

㉠에서 $3=\frac{3}{a} \quad \therefore a=1$

$a=1$을 ㉡에 대입하여 풀면

$b=3$

$a=1$을 ㉢에 대입하여 풀면

$c=7$

$\therefore abc=1\times3\times7=21$

349

$f(x)=x^3+ax^2+bx+c$ (a, b, c는 유리수)라 하면 $f(x)$가 $x-1$로 나누어떨어지므로

$f(1)=0$

한편, 방정식 $f(x)=0$의 계수가 유리수이므로 한 근이 $5-2\sqrt{6}$이면 $5+2\sqrt{6}$도 근이다.

즉, 방정식 $f(x)=0$의 세 근이 $1, 5-2\sqrt{6}, 5+2\sqrt{6}$이므로

$x^3+ax^2+bx+c=0$에서 삼차방정식의 근과 계수의 관계에 의하여

$1+(5-2\sqrt{6})+(5+2\sqrt{6})=-a$

$1\times(5-2\sqrt{6})+(5-2\sqrt{6})\times(5+2\sqrt{6})+(5+2\sqrt{6})\times1=b$

$1\times(5-2\sqrt{6})\times(5+2\sqrt{6})=-c$

$\therefore a=-11, b=11, c=-1$
따라서 $f(x)=x^3-11x^2+11x-1$이므로
$f(2)=8-44+22-1=-15$

350
$f(x)=x^3-x^2-kx+k$라 하면 $f(1)=0$이므로 조립제법을 이용하여 $f(x)$를 인수분해 하면

$$\begin{array}{c|cccc} 1 & 1 & -1 & -k & k \\ & & 1 & 0 & -k \\ \hline & 1 & 0 & -k & 0 \end{array}$$

$f(x)=(x-1)(x^2-k)$
즉, 주어진 방정식은 $(x-1)(x^2-k)=0$
이때 α, β 중 실수는 하나뿐이고 α가 실수이면 $\alpha^2=-2\beta$에서 β는 실수이므로 α는 실수가 아니다. 즉, α는 허수이고 β는 실수이다.
따라서 $\beta=1$이고 $\alpha^2=-2$이므로
$\alpha=\sqrt{2}i$ 또는 $\alpha=-\sqrt{2}i$
이때 γ는 α의 켤레근이므로
$\gamma=-\sqrt{2}i$ 또는 $\gamma=\sqrt{2}i$
$\therefore \beta^2+\gamma^2=1+(-2)=-1$

351
$x^3=1$에서 $x^3-1=0$
$(x-1)(x^2+x+1)=0$
따라서 방정식 $x^3=1$의 한 허근 ω는 이차방정식 $x^2+x+1=0$의 근이므로
$\omega^2+\omega+1=0$
$\omega+\omega^2+\omega^3=\omega(1+\omega+\omega^2)=0$
$\omega^4+\omega^5+\omega^6=\omega^4(1+\omega+\omega^2)=0$
$\vdots$
$\omega^{31}+\omega^{32}+\omega^{33}=\omega^{31}(1+\omega+\omega^2)=0$
$\therefore 1+\omega+\omega^2+\cdots+\omega^{33}$
$=1+\omega(1+\omega+\omega^2)+\cdots+\omega^{31}(1+\omega+\omega^2)$
$=1$

352
방정식 $x^2+x+1=0$의 양변에 $x-1$을 곱하면
$(x-1)(x^2+x+1)=0,\ x^3-1=0$
$\therefore x^3=1$
따라서 방정식 $x^2+x+1=0$의 한 허근 ω는 방정식 $x^3=1$의 근이므로
$\omega^2+\omega+1=0,\ \omega^3=1$
$\therefore \omega^{2022}+\omega^{2024}+\omega^{2026}$
$=(\omega^3)^{674}+(\omega^3)^{674}\times\omega^2+(\omega^3)^{675}\times\omega$
$=1+\omega^2+\omega=0$

353
$x^3=-1$에서 $x^3+1=0$
$(x+1)(x^2-x+1)=0$
따라서 방정식 $x^3=-1$의 한 허근 ω는 이차방정식 $x^2-x+1=0$의 근이므로
$\omega^3=-1,\ \omega^2-\omega+1=0$
$\therefore 1+\frac{1}{\omega}+\frac{1}{\omega^2}+\frac{1}{\omega^3}+\cdots+\frac{1}{\omega^{120}}$
$=1+\underbrace{\left(\frac{1}{\omega}+\frac{1}{\omega^2}-1+\frac{1}{-\omega}+\frac{1}{-\omega^2}+1\right)}_{=0}$
$+\underbrace{\left(\frac{1}{\omega}+\frac{1}{\omega^2}-1+\frac{1}{-\omega}+\frac{1}{-\omega^2}+1\right)}_{=0}$
$+\cdots+\underbrace{\left(\frac{1}{\omega}+\frac{1}{\omega^2}-1+\frac{1}{-\omega}+\frac{1}{-\omega^2}+1\right)}_{=0}$
$=1$

354
ㄱ. $x^3+1=0$에서 $(x+1)(x^2-x+1)=0$
따라서 방정식 $x^3+1=0$의 한 허근 ω는 이차방정식 $x^2-x+1=0$의 근이므로 $\omega^2-\omega+1=0$ (참)
ㄴ. ω가 이차방정식 $x^2-x+1=0$의 한 근이면 켤레복소수인 $\overline{\omega}$도 근이므로 이차방정식의 근과 계수의 관계에 의하여
$\omega+\overline{\omega}=1,\ \omega\overline{\omega}=1$
$\therefore \omega+\overline{\omega}=\omega\overline{\omega}$ (참)
ㄷ. ㄴ에 의하여 $\omega, \overline{\omega}$는 방정식 $x^3+1=0$의 근이므로
$\omega^3+1=0,\ \overline{\omega}^3+1=0$에서
$\omega^3=-1,\ \overline{\omega}^3=-1$
$\therefore \omega^3+\overline{\omega}^3=-1+(-1)=-2$
또, $\omega^2+\overline{\omega}^2=(\omega+\overline{\omega})^2-2\omega\overline{\omega}$
$=1^2-2\times1=-1$ ($\because$ ㄴ)
이므로 $\omega^3+\overline{\omega}^3\neq\omega^2+\overline{\omega}^2$ (거짓)
이상에서 옳은 것은 ㄱ, ㄴ이다.

355
방정식 $x+\frac{1}{x}=-1$의 양변에 x를 곱하면
$x^2+1=-x \qquad \therefore x^2+x+1=0$
이 식의 양변에 $x-1$을 곱하면
$(x-1)(x^2+x+1)=0,\ x^3-1=0$
$\therefore x^3=1$
이때 방정식 $x+\frac{1}{x}=-1$의 한 허근이 ω이므로
$\omega+\frac{1}{\omega}=-1,\ \omega^2+\omega+1=0,\ \omega^3=1$
즉, $\omega^5=\omega^{11}=\omega^{17}=\omega^2,\ \omega^7=\omega^{13}=\omega^{19}=\omega,\ \omega^9=\omega^{15}=\omega^{21}=\omega^3$이므로
$\left(\omega+\frac{1}{\omega}\right)+\left(\omega^3+\frac{1}{\omega^3}\right)+\left(\omega^5+\frac{1}{\omega^5}\right)$
$+\cdots+\left(\omega^{19}+\frac{1}{\omega^{19}}\right)+\left(\omega^{21}+\frac{1}{\omega^{21}}\right)$

$=\left(\omega+\frac{1}{\omega}\right)+\left(\omega^3+\frac{1}{\omega^3}\right)+\left(\omega^2+\frac{1}{\omega^2}\right)$

$+\cdots+\left(\omega+\frac{1}{\omega}\right)+\left(\omega^3+\frac{1}{\omega^3}\right)$

$=3\left(\omega+\omega^2+\omega^3+\frac{1}{\omega}+\frac{1}{\omega^2}+\frac{1}{\omega^3}\right)+\left(\omega+\omega^3+\frac{1}{\omega}+\frac{1}{\omega^3}\right)$

$=3\left(\omega^2+\omega+1+\frac{\omega^2+\omega+1}{\omega^3}\right)+\left(\omega+\frac{1}{\omega}+2\right)$

$=3\times0+1=1$

356

$x^3+1=0$에서 $x^3=-1$

$(x+1)(x^2-x+1)=0$

이때 방정식 $x^3+1=0$의 한 허근 ω는 이차방정식 $x^2-x+1=0$의 근이므로

$\omega^3=-1$, $\omega^2-\omega+1=0$

$\omega-1=\omega^2$이므로

$(\omega-1)+(\omega-1)^2+(\omega-1)^3+\cdots+(\omega-1)^{20}$

$=\omega^2+\omega^4+\omega^6+\omega^8+\cdots+\omega^{40}$

$=(\omega^2+\omega^4+\omega^6)+\omega^6(\omega^2+\omega^4+\omega^6)+\cdots+\omega^{36}(\omega^2+\omega^4+\omega^6)-\omega^{42}$

$=(\omega^2-\omega+1)+(\omega^2-\omega+1)+\cdots+(\omega^2-\omega+1)-1$

→ $\omega^4+\omega^6=\omega^3\times\omega+(\omega^3)^2=-\omega+1$

$=-1$

357

$\begin{cases}2x-y=1 & \cdots\cdots ㉠\\ 5x^2-y^2=-5 & \cdots\cdots ㉡\end{cases}$

㉠에서 $y=2x-1$ ⋯⋯ ㉢

㉢을 ㉡에 대입하면

$5x^2-(2x-1)^2=-5$

$x^2+4x+4=0$, $(x+2)^2=0$

$\therefore x=-2$

$x=-2$를 ㉢에 대입하면

$y=-5$

즉, 연립방정식의 해는 $\begin{cases}x=-2\\ y=-5\end{cases}$

따라서 $\alpha=-2$, $\beta=-5$이므로

$\alpha-\beta=-2-(-5)=3$

개념 보충

$\begin{cases}(\text{일차식})=0\\ (\text{이차식})=0\end{cases}$ **꼴의 연립이차방정식의 풀이 순서**

(i) (일차식)$=0$을 한 문자에 대하여 정리한다.

(ii) (i)에서 얻은 식을 (이차식)$=0$에 대입하여 푼다.

358

$\begin{cases}2x+y=1 & \cdots\cdots ㉠\\ x^2+4xy+y^2=-2 & \cdots\cdots ㉡\end{cases}$

㉠에서 $y=1-2x$ ⋯⋯ ㉢

㉢을 ㉡에 대입하면

$x^2+4x(1-2x)+(1-2x)^2=-2$

$-3x^2+1=-2$, $x^2=1$

$\therefore x=-1$ 또는 $x=1$

$x=-1$을 ㉢에 대입하면 $y=3$

$x=1$을 ㉢에 대입하면 $y=-1$

즉, 연립방정식의 해는 $\begin{cases}x=-1\\ y=3\end{cases}$ 또는 $\begin{cases}x=1\\ y=-1\end{cases}$

따라서 $\alpha+\beta=2$ 또는 $\alpha+\beta=0$이므로 $\alpha+\beta$의 최댓값은 2이다.

359

$\begin{cases}x^2+2y^2=9 & \cdots\cdots ㉠\\ 2x^2+xy-y^2=0 & \cdots\cdots ㉡\end{cases}$

㉡에서 $(2x-y)(x+y)=0$

$\therefore y=2x$ 또는 $y=-x$

(i) $y=2x$를 ㉠에 대입하면

$x^2+8x^2=9$, $9x^2=9$

$x^2=1$ $\quad\therefore x=-1$ 또는 $x=1$

$x=-1$을 $y=2x$에 대입하면 $y=-2$

$x=1$을 $y=2x$에 대입하면 $y=2$

즉, 연립방정식의 해는 $\begin{cases}x=-1\\ y=-2\end{cases}$ 또는 $\begin{cases}x=1\\ y=2\end{cases}$

(ii) $y=-x$를 ㉠에 대입하면

$x^2+2x^2=9$, $3x^2=9$

$x^2=3$ $\quad\therefore x=-\sqrt{3}$ 또는 $x=\sqrt{3}$

$x=-\sqrt{3}$을 $y=-x$에 대입하면 $y=\sqrt{3}$

$x=\sqrt{3}$을 $y=-x$에 대입하면 $y=-\sqrt{3}$

즉, 연립방정식의 해는 $\begin{cases}x=-\sqrt{3}\\ y=\sqrt{3}\end{cases}$ 또는 $\begin{cases}x=\sqrt{3}\\ y=-\sqrt{3}\end{cases}$

(i), (ii)에서 x, y는 정수이므로 $\begin{cases}x=-1\\ y=-2\end{cases}$ 또는 $\begin{cases}x=1\\ y=2\end{cases}$

$\therefore x^2+y^2=5$

개념 보충

$\begin{cases}(\text{이차식})=0\\ (\text{이차식})=0\end{cases}$ **꼴의 연립이차방정식의 풀이 순서**

(i) 인수분해가 되는 (이차식)$=0$을

$AB=0$ (A, B는 일차식)

꼴로 인수분해 하여 두 일차방정식 $A=0$ 또는 $B=0$을 얻는다.

(ii) (i)에서 얻은 두 일차방정식을 다른 (이차식)$=0$과 각각 연립하여 푼다.

360

$\begin{cases}x^2+y^2=10 & \cdots\cdots ㉠\\ x^2-2xy-3y^2=0 & \cdots\cdots ㉡\end{cases}$

㉡에서 $(x+y)(x-3y)=0$

$\therefore x=-y$ 또는 $x=3y$

(i) $x=-y$를 ㉠에 대입하면

$(-y)^2+y^2=10$, $2y^2=10$

$y^2=5$ $\therefore y=-\sqrt{5}$ 또는 $y=\sqrt{5}$

$y=-\sqrt{5}$를 $x=-y$에 대입하면 $x=\sqrt{5}$

$y=\sqrt{5}$를 $x=-y$에 대입하면 $x=-\sqrt{5}$

즉, 연립방정식의 해는 $\begin{cases} x=\sqrt{5} \\ y=-\sqrt{5} \end{cases}$ 또는 $\begin{cases} x=-\sqrt{5} \\ y=\sqrt{5} \end{cases}$

(ii) $x=3y$를 ㉠에 대입하면

$(3y)^2+y^2=10$, $10y^2=10$

$y^2=1$ $\therefore y=-1$ 또는 $y=1$

$y=-1$을 $x=3y$에 대입하면 $x=-3$

$y=1$을 $x=3y$에 대입하면 $x=3$

즉, 연립방정식의 해는 $\begin{cases} x=-3 \\ y=-1 \end{cases}$ 또는 $\begin{cases} x=3 \\ y=1 \end{cases}$

(i), (ii)에서 주어진 연립방정식의 해가 아닌 것은 ④이다.

361

$\begin{cases} 2x^2-xy-y^2=0 & \cdots\cdots ㉠ \\ 2x^2-5xy+y^2=16 & \cdots\cdots ㉡ \end{cases}$

㉠에서 $(x-y)(2x+y)=0$

$\therefore y=x$ 또는 $y=-2x$

(i) $y=x$를 ㉡에 대입하면

$2x^2-5x^2+x^2=16$, $-2x^2=16$

$x^2=-8$

이것을 만족시키는 실수 x의 값은 존재하지 않는다.

(ii) $y=-2x$를 ㉡에 대입하면

$2x^2+10x^2+4x^2=16$, $16x^2=16$

$x^2=1$ $\therefore x=-1$ 또는 $x=1$

$x=-1$을 $y=-2x$에 대입하면 $y=2$

$x=1$을 $y=-2x$에 대입하면 $y=-2$

즉, 연립방정식의 해는 $\begin{cases} x=-1 \\ y=2 \end{cases}$ 또는 $\begin{cases} x=1 \\ y=-2 \end{cases}$

(i), (ii)에서 연립방정식의 해는 $\begin{cases} x=-1 \\ y=2 \end{cases}$ 또는 $\begin{cases} x=1 \\ y=-2 \end{cases}$

$\therefore |x+y|=1$

362

$\begin{cases} x+y=a & \cdots\cdots ㉠ \\ x^2+xy+y^2=b & \cdots\cdots ㉡ \end{cases}$

$x=1$, $y=2$를 ㉠에 대입하면

$1+2=a$ $\therefore a=3$

$x=1$, $y=2$를 ㉡에 대입하면

$1+2+4=b$ $\therefore b=7$

㉠에서 $x+y=3$, 즉 $y=3-x$ $\cdots\cdots$ ㉢

$b=7$이므로 ㉢을 ㉡에 대입하면

$x^2+x(3-x)+(3-x)^2=7$

$x^2-3x+2=0$, $(x-1)(x-2)=0$

$\therefore x=1$ 또는 $x=2$

$x=2$를 ㉢에 대입하면 $y=1$

$\therefore c=2$, $d=1$

$\therefore a+b+c+d=3+7+2+1=13$

363

두 연립방정식 $\begin{cases} x+y=-1 \\ x^2+ay^2=6 \end{cases}$과 $\begin{cases} bx+8y=4 \\ x^2-5y^2=-1 \end{cases}$의 공통인 해는

연립방정식

$\begin{cases} x+y=-1 & \cdots\cdots ㉠ \\ x^2-5y^2=-1 & \cdots\cdots ㉡ \end{cases}$

의 해와 같다.

㉠에서 $y=-x-1$ $\cdots\cdots$ ㉢

㉢을 ㉡에 대입하면

$x^2-5(-x-1)^2=-1$

$4x^2+10x+4=0$, $2x^2+5x+2=0$

$(2x+1)(x+2)=0$ $\therefore x=-\frac{1}{2}$ 또는 $x=-2$

$x=-\frac{1}{2}$을 ㉢에 대입하면 $y=-\frac{1}{2}$

$x=-2$를 ㉢에 대입하면 $y=1$

즉, 연립방정식의 해는 $\begin{cases} x=-\frac{1}{2} \\ y=-\frac{1}{2} \end{cases}$ 또는 $\begin{cases} x=-2 \\ y=1 \end{cases}$

(i) $x=-\frac{1}{2}$, $y=-\frac{1}{2}$을 $x^2+ay^2=6$, $bx+8y=4$에 각각 대입하면

$\frac{1}{4}+\frac{1}{4}a=6$, $-\frac{1}{2}b-4=4$

$\therefore a=23$, $b=-16$

(ii) $x=-2$, $y=1$을 $x^2+ay^2=6$, $bx+8y=4$에 각각 대입하면

$4+a=6$, $-2b+8=4$

$\therefore a=2$, $b=2$

(i), (ii)에서 a, b는 자연수이므로 $a=2$, $b=2$

$\therefore a-b=2-2=0$

364

주어진 연립방정식은 $\begin{cases} (x+y)+xy=7 \\ (x+y)-xy=1 \end{cases}$

$x+y=u$, $xy=v$로 놓고, 주어진 연립방정식을 u, v에 대한 식으로 나타내면

$\begin{cases} u+v=7 & \cdots\cdots ㉠ \\ u-v=1 & \cdots\cdots ㉡ \end{cases}$

㉠+㉡을 하면 $2u=8$ $\therefore u=4$

$u=4$를 ㉠에 대입하여 풀면 $v=3$

즉, $x+y=4$, $xy=3$이고 x, y는 t에 대한 이차방정식

$t^2-4t+3=0$의 두 근이므로

$(t-1)(t-3)=0$에서 $t=1$ 또는 $t=3$

$\therefore \begin{cases} x=1 \\ y=3 \end{cases}$ 또는 $\begin{cases} x=3 \\ y=1 \end{cases}$

따라서 $x+3y=10$ 또는 $x+3y=6$이므로 $x+3y$의 최솟값은 6이다.

개념 보충

이차방정식의 작성

두 수 α, β를 근으로 하고 x^2의 계수가 1인 이차방정식은

$$x^2-\underbrace{(\alpha+\beta)}_{\text{두 근의 합}}x+\underbrace{\alpha\beta}_{\text{두 근의 곱}}=0$$

365

$x^2+y^2=(x+y)^2-2xy$이므로 주어진 연립방정식은

$\begin{cases}(x+y)^2-2xy=16\\(x+y)-xy=4\end{cases}$

$x+y=u$, $xy=v$로 놓고, 주어진 연립방정식을 u, v에 대한 식으로 나타내면

$\begin{cases}u^2-2v=16 & \cdots\cdots ㉠\\u-v=4 & \cdots\cdots ㉡\end{cases}$

㉡에서 $v=u-4$ ⋯⋯ ㉢

㉢을 ㉠에 대입하면 $u^2-2(u-4)=16$

$u^2-2u-8=0$, $(u+2)(u-4)=0$

$\therefore u=-2$ 또는 $u=4$

$u=-2$를 ㉢에 대입하면 $v=-6$

$u=4$를 ㉢에 대입하면 $v=0$

$\therefore \begin{cases}x+y=-2\\xy=-6\end{cases}$ 또는 $\begin{cases}x+y=4\\xy=0\end{cases}$

(i) $x+y=-2$, $xy=-6$일 때,

x, y는 t에 대한 이차방정식 $t^2+2t-6=0$의 두 근이므로

$t=-1\pm\sqrt{7}$

$\therefore \begin{cases}x=-1+\sqrt{7}\\y=-1-\sqrt{7}\end{cases}$ 또는 $\begin{cases}x=-1-\sqrt{7}\\y=-1+\sqrt{7}\end{cases}$

(ii) $x+y=4$, $xy=0$일 때,

x, y는 t에 대한 이차방정식 $t^2-4t=0$의 두 근이므로

$t(t-4)=0$에서 $t=0$ 또는 $t=4$

$\therefore \begin{cases}x=0\\y=4\end{cases}$ 또는 $\begin{cases}x=4\\y=0\end{cases}$

(i), (ii)에서 x, y는 정수이므로 $\begin{cases}x=0\\y=4\end{cases}$ 또는 $\begin{cases}x=4\\y=0\end{cases}$

$\therefore x^3+y^3=64$

366

$\begin{cases}x-y=2 & \cdots\cdots ㉠\\x^2+y^2=1-a & \cdots\cdots ㉡\end{cases}$

㉠에서 $y=x-2$ ⋯⋯ ㉢

㉢을 ㉡에 대입하면

$x^2+(x-2)^2=1-a$

$\therefore 2x^2-4x+a+3=0$

이것을 만족시키는 실수 x의 값이 존재해야 하므로 이 이차방정식의 판별식을 D라 할 때,

$\frac{D}{4}=(-2)^2-2(a+3)\geq 0$

$-2a-2\geq 0$ $\therefore a\leq -1$

따라서 실수 a의 최댓값은 -1이다.

367

$\begin{cases}x+y=k & \cdots\cdots ㉠\\x^2+y^2=8 & \cdots\cdots ㉡\end{cases}$

㉠에서 $y=k-x$ ⋯⋯ ㉢

㉢을 ㉡에 대입하면

$x^2+(k-x)^2=8$

$\therefore 2x^2-2kx+k^2-8=0$

이것을 만족시키는 x의 값이 오직 하나 존재해야 하므로 이 이차방정식의 판별식을 D라 할 때,

$\frac{D}{4}=(-k)^2-2(k^2-8)=0$

$16-k^2=0$, $k^2=16$

$\therefore k=4$ 또는 $k=-4$

따라서 k는 양수이므로 $k=4$

368

$\begin{cases}x+y=5 & \cdots\cdots ㉠\\xy-x-y=a+1 & \cdots\cdots ㉡\end{cases}$

㉠에서 $y=-x+5$ ⋯⋯ ㉢

㉢을 ㉡에 대입하면

$x(-x+5)-x-(-x+5)=a+1$

$\therefore x^2-5x+a+6=0$

이것을 만족시키는 실수 x의 값이 존재하지 않아야 하므로 이 이차방정식의 판별식을 D라 할 때,

$D=(-5)^2-4(a+6)<0$

$-4a+1<0$ $\therefore a>\frac{1}{4}$

다른 풀이 $\begin{cases}x+y=5 & \cdots\cdots ㉠\\xy-x-y=a+1 & \cdots\cdots ㉡\end{cases}$

㉠을 ㉡에 대입하면

$xy-5=a+1$

$\therefore xy=a+6$ ⋯⋯ ㉢

㉠, ㉢을 동시에 만족시키는 x, y는 t에 대한 이차방정식

$t^2-5t+(a+6)=0$ ⋯⋯ ㉣

의 두 근이므로 주어진 연립방정식의 실근이 존재하지 않으려면 이차방정식 ㉣의 판별식을 D라 할 때,

$D=(-5)^2-4(a+6)<0$

$-4a+1<0$ $\therefore a>\frac{1}{4}$

369

두 정사각형의 둘레의 길이의 합이 160 cm이므로

$4a+4b=160$, $a+b=40$

$\therefore b=40-a$ ⋯⋯ ㉠

두 정사각형의 넓이의 합이 850 cm^2이므로

$a^2+b^2=850$ ⋯⋯ ㉡

㉠을 ㉡에 대입하면

$a^2+(40-a)^2=850$

$2a^2-80a+750=0$, $a^2-40a+375=0$

$(a-15)(a-25)=0$ $\quad\therefore a=15$ 또는 $a=25$

$a=15$를 ㉠에 대입하면 $b=25$

$a=25$를 ㉠에 대입하면 $b=15$

그런데 $a>b$이므로

$a=25, b=15$

370

두 원 O_1, O_2의 반지름의 길이를 각각 r_1, r_2라 하면 두 원의 둘레의 길이의 합이 8π이므로

$2\pi r_1+2\pi r_2=8\pi$

$r_1+r_2=4$ $\quad\therefore r_2=4-r_1$ …… ㉠

두 원의 넓이의 합이 10π이므로

$\pi r_1^2+\pi r_2^2=10\pi$ $\quad\therefore r_1^2+r_2^2=10$ …… ㉡

㉠을 ㉡에 대입하면

$r_1^2+(4-r_1)^2=10$

$2r_1^2-8r_1+6=0$, $r_1^2-4r_1+3=0$

$(r_1-1)(r_1-3)=0$ $\quad\therefore r_1=1$ 또는 $r_1=3$

$r_1=1$을 ㉠에 대입하면 $r_2=3$

$r_1=3$을 ㉠에 대입하면 $r_2=1$

따라서 두 원의 반지름의 길이의 차는

$|r_1-r_2|=2$

371

$2r+h=7$에서 $h=7-2r$ …… ㉠

이때 원기둥의 겉넓이가 24π이므로

$2\pi r^2+2\pi rh=24\pi$ …… ㉡

㉠을 ㉡에 대입하면

$2\pi r^2+2\pi r(7-2r)=24\pi$, $r^2+7r-2r^2=12$

$r^2-7r+12=0$

$(r-3)(r-4)=0$

$\therefore r=3$ 또는 $r=4$

$r=3$을 ㉠에 대입하면 $h=1$

$r=4$를 ㉠에 대입하면 $h=-1$

이때 $h>0$이므로 $r=3$, $h=1$

따라서 구하는 원기둥의 부피는

$\pi r^2h=\pi\times3^2\times1=9\pi$

372

처음 땅의 가로의 길이를 x km, 세로의 길이를 y km라 하면 대각선의 길이가 $\sqrt{5}$ km이므로

$x^2+y^2=5$ …… ㉠

가로의 길이와 세로의 길이를 각각 1 km씩 늘인 땅의 넓이가 처음 땅의 넓이보다 4 km^{2}만큼 넓어졌으므로

$(x+1)(y+1)=xy+4$

$x+y=3$

$\therefore y=3-x$ …… ㉡

㉡을 ㉠에 대입하면

$x^2+(3-x)^2=5$, $2x^2-6x+4=0$

$x^2-3x+2=0$, $(x-1)(x-2)=0$

$\therefore x=1$ 또는 $x=2$

$x=1$을 ㉡에 대입하면 $y=2$

$x=2$를 ㉡에 대입하면 $y=1$

따라서 처음 땅의 가로의 길이와 세로의 길이의 차는

$2-1=1$ (km)

다른 풀이 처음 땅의 가로의 길이를 x km, 세로의 길이를 y km라 하면 대각선의 길이가 $\sqrt{5}$ km이므로

$x^2+y^2=5$ …… ㉠

가로의 길이와 세로의 길이를 각각 1 km씩 늘인 땅의 넓이가 처음 땅의 넓이보다 4 km^{2}만큼 넓어졌으므로

$(x+1)(y+1)=xy+4$

$\therefore x+y=3$ …… ㉡

$(x+y)^2=x^2+y^2+2xy$이므로 ㉠, ㉡에서

$3^2=5+2xy$, $2xy=4$

$\therefore xy=2$

이때 $(x-y)^2=(x+y)^2-4xy$이므로

$(x-y)^2=3^2-4\times2=1$

$\therefore |x-y|=1$

따라서 처음 땅의 가로의 길이와 세로의 길이의 차는 1 km이다.

373

$\overline{AB}=a$, $\overline{EF}=b$이고 $\overline{AF}=5$, $\overline{EB}=1$이므로

$a+b=6$ $\quad\therefore a=6-b$ …… ㉠

직사각형 EBCI의 넓이는 a, 정사각형 EFGH의 넓이는 b^2이고,

$\square\text{EBCI}=\frac{1}{4}\square\text{EFGH}$이므로

$a=\frac{1}{4}b^2$ …… ㉡

㉠을 ㉡에 대입하면

$6-b=\frac{1}{4}b^2$, $b^2+4b-24=0$

$\therefore b=-2\pm2\sqrt{7}$

그런데 $1<a<b<5$이므로 $b=-2+2\sqrt{7}$

내신 적중 서술형

● 89쪽

374 4 **375** 4 **376** (1) 풀이 참조 (2) -1
377 95

374

$(x-1)(x-2)(x-3)(x-6)=3x^2$에서

$\{(x-1)(x-6)\}\{(x-2)(x-3)\}=3x^2$

$(x^2-7x+6)(x^2-5x+6)=3x^2$

$x^2+6=X$로 놓으면

$(X-7x)(X-5x)=3x^2$

$X^2-12xX+32x^2=0$

$(X-4x)(X-8x)=0$

$\therefore X=4x$ 또는 $X=8x$ …… ㉮

(i) $X=4x$일 때,

$x^2+6=4x$에서 $x^2-4x+6=0$

이 이차방정식의 판별식을 D_1이라 할 때,

$\frac{D_1}{4}=(-2)^2-1\times6=-2<0$

즉, 이 이차방정식은 서로 다른 두 허근을 갖는다. …… ㉯

(ii) $X=8x$일 때,

$x^2+6=8x$에서 $x^2-8x+6=0$

이 이차방정식의 판별식을 D_2라 할 때,

$\frac{D_2}{4}=(-4)^2-1\times6=10>0$

즉, 이 이차방정식은 서로 다른 두 실근을 갖는다. …… ㉰

(i), (ii)에서 주어진 사차방정식의 허근은 이차방정식 $x^2-4x+6=0$의 근이므로 이차방정식의 근과 계수의 관계에 의하여 주어진 방정식의 모든 허근의 합은 4이다. …… ㉱

채점 기준	배점 비율
㉮ $x^2+6=X$로 놓고 X에 대한 이차방정식의 해 구하기	30 %
㉯ $X=4x$일 때, 근 판별하기	30 %
㉰ $X=8x$일 때, 근 판별하기	30 %
㉱ 주어진 방정식의 모든 허근의 합 구하기	10 %

375

$x^3=1$에서 $x^3-1=0$

$(x-1)(x^2+x+1)=0$

따라서 방정식 $x^3=1$의 한 허근 ω는 이차방정식 $x^2+x+1=0$의 근이므로

$\omega^3=1,\ \omega^2+\omega+1=0$ …… ㉮

$\therefore (1+\omega)(1+\omega^2)(1+\omega^3)(1+\omega^4)(1+\omega^5)(1+\omega^6)$

$=(1+\omega)(1+\omega^2)\times(1+1)\times(1+\omega)(1+\omega^2)\times(1+1)$

$=4(1+\omega)^2(1+\omega^2)^2$

$=4(-\omega^2)^2(-\omega)^2$

$=4\omega^6$ …… ㉯

$=4\times1=4$ …… ㉰

채점 기준	배점 비율
㉮ $\omega^3=1,\ \omega^2+\omega+1=0$임을 알기	30 %
㉯ $\omega^3=1,\ \omega^2+\omega+1=0$임을 이용하여 주어진 식 간단히 하기	50 %
㉰ 주어진 식의 값 구하기	20 %

376

(1) $x^4+x^2+1=0$에서

$(x^4+2x^2+1)-x^2=0$

$(x^2+1)^2-x^2=0$

$(x^2+x+1)(x^2-x+1)=0$

사차방정식 $x^4+x^2+1=0$의 한 근이 ω이므로 ω는 $x^2+x+1=0$ 또는 $x^2-x+1=0$의 근이다.

$\therefore \omega^2+\omega+1=0$ 또는 $\omega^2-\omega+1=0$

(i) $\omega^2+\omega+1=0$일 때,

양변에 $\omega-1$을 곱하면

$(\omega-1)(\omega^2+\omega+1)=0,\ \omega^3=1$

$\therefore \omega^6=(\omega^3)^2=1$

(ii) $\omega^2-\omega+1=0$일 때,

양변에 $\omega+1$을 곱하면

$(\omega+1)(\omega^2-\omega+1)=0,\ \omega^3=-1$

$\therefore \omega^6=(\omega^3)^2=1$

(i), (ii)에서 $\omega^6=1$ …… ㉮

(2) (1)에서 $\omega^6=1$이므로

(i) $\omega^3=1$인 경우

$\omega^2+\omega+1=0$이므로

$\omega^{2023}+\omega^{2024}+\omega^{2025}+\omega^{2026}+\omega^{2027}$

$=\omega+\omega^2+\omega^3+\omega^4+\omega^5$

$=\omega+\omega^2+1+\omega+\omega^2$

$=(1+\omega+\omega^2)+(1+\omega+\omega^2)-1$

$=-1$

(ii) $\omega^3=-1$인 경우

$\omega^2-\omega+1=0$이므로

$\omega^{2023}+\omega^{2024}+\omega^{2025}+\omega^{2026}+\omega^{2027}=\omega+\omega^2+\omega^3+\omega^4+\omega^5$

$=\omega+\omega^2-1-\omega-\omega^2$

$=-1$

(i), (ii)에서

$\omega^{2023}+\omega^{2024}+\omega^{2025}+\omega^{2026}+\omega^{2027}=-1$ …… ㉯

	채점 기준	배점 비율
(1)	㉮ $\omega^6=1$임을 보이기	50 %
(2)	㉯ $\omega^{2023}+\omega^{2024}+\omega^{2025}+\omega^{2026}+\omega^{2027}$의 값 구하기	50 %

377

두 자리의 자연수의 십의 자리의 숫자를 x, 일의 자리의 숫자를 y $(x>y)$라 하면

$\begin{cases} x^2+y^2=106 & \cdots\cdots ㉠ \\ (10x+y)+(10y+x)=154 & \cdots\cdots ㉡ \end{cases}$ …… ㉮

㉡에서 $11x+11y=154$

$x+y=14 \quad \therefore y=14-x$ …… ㉢

㉢을 ㉠에 대입하면 $x^2+(14-x)^2=106$

$2x^2-28x+90=0,\ x^2-14x+45=0$

$(x-5)(x-9)=0 \quad \therefore x=5$ 또는 $x=9$

$x=5$를 ㉢에 대입하면 $y=9$

$x=9$를 ㉢에 대입하면 $y=5$

그런데 $x>y$이므로 $x=9,\ y=5$ …… ㉯

따라서 처음 수는 95이다. …… ㉰

채점 기준	배점 비율
㉮ 연립이차방정식 세우기	30 %
㉯ 연립이차방정식의 해 구하기	60 %
㉰ 처음 수 구하기	10 %

1등급 비법

연립이차방정식의 활용 문제를 풀 때는 미지수로 놓을 것을 정한 후, 주어진 조건을 식으로 나타낸다. 이때 미지수의 개수만큼 방정식을 세우면 답을 구할 수 있다.

1등급 실력 완성

90쪽~92쪽

378 ⑤	**379** ③	**380** 2	**381** 12	**382** 7
383 -5	**384** ①	**385** 0	**386** -15	**387** $\frac{1}{18}$
388 ③	**389** -1	**390** 1, 3	**391** ④	**392** ③

378

삼 · 사차방정식의 풀이

(전략) 조립제법을 이용하여 주어진 삼차방정식의 좌변을 인수분해 한 후 조건을 만족시키는 한 근 z를 파악한다.

(풀이) $f(x)=x^3-3x^2+7x-5$라 하면 $f(1)=0$이므로 조립제법을 이용하여 $f(x)$를 인수분해 하면

1	1	-3	7	-5
		1	-2	5
	1	-2	5	0

$f(x)=(x-1)(x^2-2x+5)$

즉, 주어진 방정식은

$(x-1)(x^2-2x+5)=0$

이 삼차방정식의 한 근을 $z=a+bi$ (a, b는 실수)라 하면

$\bar{z}=a-bi$이므로

$\frac{z-\bar{z}}{2i}=\frac{2bi}{2i}=b>0$

즉, z의 허수부분은 양수이어야 하므로

$z\neq1$

따라서 z, $\bar{z}$는 이차방정식 $x^2-2x+5=0$의 근이므로 이차방정식의 근과 계수의 관계에 의하여

$z\bar{z}=5$

379

삼 · 사차방정식의 풀이

(전략) $x^2-6x+1=X$로 치환하여 방정식을 풀고, 주어진 조건을 이용하여 a, b의 값을 구한다.

(풀이) $x^2-6x+1=X$로 놓으면

$X^2+a(X-1)-1=0$, $X^2+aX-(a+1)=0$

$(X-1)(X+a+1)=0$

$\therefore X=1$ 또는 $X=-a-1$

(i) $X=1$일 때,

$x^2-6x+1=1$, $x^2-6x=0$

$x(x-6)=0$ $\quad\therefore x=0$ 또는 $x=6$

즉, 이 이차방정식은 서로 다른 두 실근을 갖는다.

(ii) $X=-a-1$일 때,

$x^2-6x+1=-a-1$

$x^2-6x+a+2=0$

이때 주어진 사차방정식의 한 허근이 $b+i$이므로 (i), (ii)에서 $b+i$는 이차방정식 $x^2-6x+a+2=0$의 근이다.

이 이차방정식의 계수가 실수이고 한 근이 $b+i$이므로 다른 한 근은 $b-i$이다.

따라서 이차방정식의 근과 계수의 관계에 의하여

$(b+i)+(b-i)=6$

$2b=6$ $\quad\therefore b=3$

$(b+i)(b-i)=(3+i)(3-i)=a+2$이므로

$10=a+2$ $\quad\therefore a=8$

$\therefore a+b=8+3=11$

380

삼 · 사차방정식의 풀이

(전략) 정육면체의 부피와 겉넓이를 이용하여 삼차방정식을 세운다.

(풀이) 한 모서리의 길이가 x cm인 정육면체의 부피는 x^3 cm^{3}이므로 주어진 도형의 부피는 $4x^3$ cm^{3}이다.

주어진 그림에서 네 개의 정육면체의 면 24개 중에서 6개가 붙어 있으므로 주어진 도형의 겉넓이는 $18x^2$ cm^{2}이다.

$\therefore A=4x^3$, $B=18x^2$

$5A=2B+16$에서 $20x^3=36x^2+16$

$\therefore 5x^3-9x^2-4=0$

$f(x)=5x^3-9x^2-4$라 하면 $f(2)=0$이므로 조립제법을 이용하여 $f(x)$를 인수분해 하면

2	5	-9	0	-4
		10	2	4
	5	1	2	0

$f(x)=(x-2)(5x^2+x+2)$

$\therefore (x-2)(5x^2+x+2)=0$

$\therefore x=2$ 또는 $x=\frac{-1\pm\sqrt{39}i}{10}$

그런데 모서리의 길이 x는 양의 실수이므로

$x=2$

381

근이 주어진 삼 · 사차방정식

(전략) 주어진 방정식의 좌변을 인수분해 하여 중근을 가질 수 있는 경우로 나누어 해결한다.

(풀이) 주어진 사차방정식의 서로 다른 실근의 개수가 3이려면 주어진 사차방정식이 한 개의 중근을 가져야 한다.

$x^4+(2a+1)x^3+(3a+2)x^2+(a+2)x$

$=x\{x^3+(2a+1)x^2+(3a+2)x+(a+2)\}$

$f(x)=x^3+(2a+1)x^2+(3a+2)x+a+2$라 하면 $f(-1)=0$이므로 조립제법을 이용하여 $f(x)$를 인수분해 하면

-1	1	$2a+1$	$3a+2$	$a+2$
		-1	$-2a$	$-a-2$
	1	$2a$	$a+2$	0

$f(x)=(x+1)(x^2+2ax+a+2)$

즉, 주어진 방정식은

$x(x+1)(x^2+2ax+a+2)=0$

(i) $x=0$이 사차방정식의 중근일 때,

$x=0$은 이차방정식 $x^2+2ax+a+2=0$의 근이어야 하므로

$0^2+2a\times0+a+2=0$ $\quad\therefore a=-2$

즉, 주어진 방정식은 $x^2(x+1)(x-4)=0$

(ii) $x=-1$이 사차방정식의 중근일 때,

$x=-1$은 이차방정식 $x^2+2ax+a+2=0$의 근이어야 하므로

$(-1)^2+2a\times(-1)+a+2=0$ $\quad\therefore a=3$

즉, 주어진 방정식은 $x(x+1)^2(x+5)=0$

(iii) 이차방정식 $x^2+2ax+a+2=0$이 $x\neq0$, $x\neq-1$인 중근을 가질 때,

이차방정식 $x^2+2ax+a+2=0$의 판별식을 D라 하면

$\frac{D}{4}=a^2-(a+2)=0$, $a^2-a-2=0$

$(a+1)(a-2)=0$ $\quad\therefore a=-1$ 또는 $a=2$

$a=-1$일 때, 주어진 방정식은 $x(x+1)(x-1)^2=0$

$a=2$일 때, 주어진 방정식은 $x(x+1)(x+2)^2=0$

이상에서 구하는 실수 a는 -2, -1, 2, 3이므로 그 곱은

$(-2)\times(-1)\times2\times3=12$

382

근이 주어진 삼 · 사차방정식

(전략) 먼저 조립제법을 이용하여 주어진 방정식의 좌변을 인수분해 한다.

(풀이) $f(x)=x^3-(a+6)x^2+7ax-a^2$이라 하면 $f(a)=0$이므로 조립제법을 이용하여 $f(x)$를 인수분해 하면

a	1	$-a-6$	$7a$	$-a^2$
		a	$-6a$	a^2
	1	-6	a	0

$f(x)=(x-a)(x^2-6x+a)$

즉, 주어진 방정식은

$(x-a)(x^2-6x+a)=0$

이때 이 방정식이 서로 다른 세 실근을 가지려면 이차방정식 $x^2-6x+a=0$이 $x\neq a$인 서로 다른 두 실근을 가져야 한다.

(i) $x=a$는 이차방정식 $x^2-6x+a=0$의 근이 아니어야 하므로

$a^2-6a+a\neq0$, $a(a-5)\neq0$

$\therefore a\neq0$이고 $a\neq5$

(ii) 이차방정식 $x^2-6x+a=0$이 서로 다른 두 실근을 가져야 하므로 이 이차방정식의 판별식을 D라 할 때,

$\frac{D}{4}=(-3)^2-a>0$

$9-a>0$ $\quad\therefore a<9$

(i), (ii)에서 구하는 자연수 a는 1, 2, 3, 4, 6, 7, 8의 7개이다.

383

삼차방정식의 근과 계수의 관계

(전략) 삼차방정식의 세 근을 α, $-\alpha$, β $(\alpha>0)$로 놓고, 세 근의 합과 세 근의 곱을 이용하여 α, β의 값을 구한다.

(풀이) 주어진 삼차방정식의 세 근을 α, $-\alpha$, β $(\alpha>0)$라 하면

$x^3-2x^2+ax+10=0$에서 삼차방정식의 근과 계수의 관계에 의하여

$\alpha+(-\alpha)+\beta=2$ $\quad\therefore \beta=2$

또, $\alpha\times(-\alpha)\times\beta=-10$이므로 $\beta=2$를 대입하면

$-2\alpha^2=-10$, $\alpha^2=5$

$\therefore \alpha=\sqrt{5}$ ($\because \alpha>0$)

따라서 세 근이 $\sqrt{5}$, $-\sqrt{5}$, 2이므로

$a=\sqrt{5}\times(-\sqrt{5})+(-\sqrt{5})\times2+2\times\sqrt{5}=-5$

384

세 수를 근으로 하는 삼차방정식

(전략) $P(x)=0$의 세 근을 α, β, γ라 하면 방정식 $P(3x-1)=0$의 세 근은 $\frac{\alpha+1}{3}$, $\frac{\beta+1}{3}$, $\frac{\gamma+1}{3}$임을 이용한다.

(풀이) 방정식 $P(x)=0$의 한 실근을 α, 서로 다른 두 허근을 β, γ라 하면 방정식 $P(3x-1)=0$의 세 근은

$\frac{\alpha+1}{3}$, $\frac{\beta+1}{3}$, $\frac{\gamma+1}{3}$

조건 (가)에서 $\beta\gamma=5$ …… ㉠

조건 (나)에서

$\frac{\alpha+1}{3}=0$이고 $\frac{\beta+1}{3}+\frac{\gamma+1}{3}=2$이므로

$\alpha=-1$, $\beta+\gamma=4$ …… ㉡

따라서 α, β, γ를 세 근으로 하고 x^3의 계수가 1인 삼차방정식은 ㉠, ㉡에서

$(x+1)(x^2-4x+5)=0$

즉, $P(x)=(x+1)(x^2-4x+5)=x^3-3x^2+x+5$이므로

$a=-3$, $b=1$, $c=5$

$\therefore a+b+c=-3+1+5=3$

385

세 수를 근으로 하는 삼차방정식

(전략) α, β, γ를 세 근으로 하는 삼차방정식을 세워 그 근을 구한다.

(풀이) $(\alpha+\beta+\gamma)^2=\alpha^2+\beta^2+\gamma^2+2(\alpha\beta+\beta\gamma+\gamma\alpha)$이므로

$2^2=6+2(\alpha\beta+\beta\gamma+\gamma\alpha)$

$\therefore \alpha\beta+\beta\gamma+\gamma\alpha=-1$

α, β, γ를 세 근으로 하고 x^3의 계수가 1인 삼차방정식은

$(x-\alpha)(x-\beta)(x-\gamma)=0$에서

$x^3-(\alpha+\beta+\gamma)x^2+(\alpha\beta+\beta\gamma+\gamma\alpha)x-\alpha\beta\gamma=0$

이때 $\alpha+\beta+\gamma=2$, $\alpha\beta+\beta\gamma+\gamma\alpha=-1$, $\alpha\beta\gamma=-2$이므로

$x^3-2x^2-x+2=0$

$x^2(x-2)-(x-2)=0$

$(x^2-1)(x-2)=0$

$(x+1)(x-1)(x-2)=0$

$\therefore x=-1$ 또는 $x=1$ 또는 $x=2$

그런데 $\alpha\leq\beta\leq\gamma$이므로

$\alpha=-1$, $\beta=1$, $\gamma=2$

$\therefore \alpha-\beta+\gamma=-1-1+2=0$

386

삼차방정식의 켤레근

(전략) 삼차방정식의 계수가 모두 실수이므로 한 허근이 α이면 $\overline{\alpha}$도 근임을 이용하여 $\alpha, \overline{\alpha}$ 사이의 관계를 파악한다.

(풀이) 주어진 삼차방정식의 계수가 실수이므로 한 허근이 α이면 $\overline{\alpha}$도 근이다.

즉, $\alpha^3+2\alpha+3=0$, $\overline{\alpha}^3+2\overline{\alpha}+3=0$이므로

$\alpha^3=-2\alpha-3$, $\overline{\alpha}^3=-2\overline{\alpha}-3$ …… ㉠

또, $f(x)=x^3+2x+3$이라 하면 $f(-1)=0$이므로 조립제법을 이용하여 $f(x)$를 인수분해 하면

-1	1	0	2	3
		-1	1	-3
	1	-1	3	0

$f(x)=(x+1)(x^2-x+3)$

즉, 주어진 방정식은

$(x+1)(x^2-x+3)=0$

이때 $\alpha, \overline{\alpha}$는 이차방정식 $x^2-x+3=0$의 두 허근이므로 이차방정식의 근과 계수의 관계에 의하여

$\alpha+\overline{\alpha}=1$, $\alpha\overline{\alpha}=3$ …… ㉡

㉠, ㉡에 의하여

$$\begin{aligned}\alpha^3\overline{\alpha}+\alpha\overline{\alpha}^3&=(-2\alpha-3)\overline{\alpha}+\alpha(-2\overline{\alpha}-3)\\&=-4\alpha\overline{\alpha}-3(\alpha+\overline{\alpha})\\&=(-4)\times3-3\times1\\&=-15\end{aligned}$$

387

삼차방정식의 켤레근 ⊕ 삼차방정식의 근과 계수의 관계

(전략) 삼차방정식의 켤레근과 근과 계수의 관계를 이용하여 식을 세운다.

(풀이) 조건 (가)에서 삼차방정식 $P(x)=0$의 계수가 실수이고 한 근이 $2+i$이므로 $2-i$도 근이다.

나머지 한 근을 α라 하면 $x^3-ax^2+bx-c=0$에서 삼차방정식의 근과 계수의 관계에 의하여

(세 근의 합)$=\alpha+(2+i)+(2-i)=a$

(두 근끼리의 곱의 합)$=\alpha(2+i)+(2+i)(2-i)+(2-i)\alpha=b$

(세 근의 곱)$=\alpha(2+i)(2-i)=c$

$\therefore a=\alpha+4, b=4\alpha+5, c=5\alpha$ …… ㉠

한편, 조건 (나)에서 $P(x)=x^3-ax^2+bx-c$를 $x-1$로 나누었을 때의 나머지가 1이므로 나머지정리에 의하여

$P(1)=1-a+b-c=1$

$\therefore a-b+c=0$ …… ㉡

㉠을 ㉡에 대입하면

$(\alpha+4)-(4\alpha+5)+5\alpha=0$

$2\alpha-1=0 \quad \therefore \alpha=\frac{1}{2}$

즉, 삼차방정식 $P(x)=0$의 세 근이 $\frac{1}{2}$, $2+i$, $2-i$이므로 삼차방정식 $P(2-3x)=0$에서

$2-3x=\frac{1}{2}$ 또는 $2-3x=2+i$ 또는 $2-3x=2-i$

$\therefore x=\frac{1}{2}$ 또는 $x=-\frac{i}{3}$ 또는 $x=\frac{i}{3}$

따라서 방정식 $P(2-3x)=0$의 세 근의 곱은

$\frac{1}{2}\times\left(-\frac{i}{3}\right)\times\frac{i}{3}=\frac{1}{18}$

> **개념 보충**
>
> **나머지정리**
>
> 다항식 $f(x)$를 일차식 $x-\alpha$로 나누었을 때의 나머지는 $f(\alpha)$이다.

388

방정식 $x^3=1$의 허근의 성질

(전략) $\omega^3=1$, $\omega^2+\omega+1=0$임을 이용하여 주어진 식을 간단히 한다.

(풀이) $x^3-1=0$에서 $x^3=1$

$(x-1)(x^2+x+1)=0$

이때 방정식 $x^3-1=0$의 한 허근 ω는 이차방정식 $x^2+x+1=0$의 근이므로

$\omega^3=1$, $\omega^2+\omega+1=0$

$$\begin{aligned}\omega+\omega^2+\cdots+\omega^{10}&=(\omega+\omega^2+1)+(\omega+\omega^2+1)+(\omega+\omega^2+1)+\omega\\&=\omega\end{aligned}$$

$$\begin{aligned}\omega^2+\omega^3+\cdots+\omega^{10}&=(\omega^2+1+\omega)+(\omega^2+1+\omega)+(\omega^2+1+\omega)\\&=0\end{aligned}$$

$\omega^3+\omega^4+\cdots+\omega^{10}=(1+\omega+\omega^2)+(1+\omega+\omega^2)+1+\omega=1+\omega$

$\omega^4+\omega^5+\cdots+\omega^{10}=(\omega+\omega^2+1)+(\omega+\omega^2+1)+\omega=\omega$

⋮

$$\begin{aligned}\therefore\ &\omega+2\omega^2+3\omega^3+\cdots+10\omega^{10}\\&=(\omega+\omega^2+\cdots+\omega^{10})+(\omega^2+\omega^3+\cdots+\omega^{10})\\&\quad+(\omega^3+\omega^4+\cdots+\omega^{10})+(\omega^4+\omega^5+\cdots+\omega^{10})+\cdots+\omega^{10}\\&=3\{\omega+0+(1+\omega)\}+\omega\\&=3+7\omega\end{aligned}$$

따라서 $a=3$, $b=7$이므로

$a+b=3+7=10$

389

방정식 $x^3=1$의 허근의 성질

(전략) $f(1), f(2), f(3), \cdots$을 차례대로 구하여 규칙을 찾는다.

(풀이) $x^3=1$에서 $x^3-1=0$

즉, $(x-1)(x^2+x+1)=0$

따라서 방정식 $x^3=1$의 한 허근 ω는 이차방정식 $x^2+x+1=0$의 근이므로

$\omega^3=1$, $\omega^2+\omega+1=0$

이때 $f(n)$에 $n=1, 2, 3, \cdots$을 차례대로 대입하면

$f(1)=\frac{\omega^2+1}{\omega}=\frac{-\omega}{\omega}=-1$

$f(2)=\frac{\omega^4+1}{\omega^2}=\frac{\omega+1}{\omega^2}=\frac{-\omega^2}{\omega^2}=-1$

$f(3)=\frac{\omega^6+1}{\omega^3}=\frac{1+1}{1}=2$

$f(4)=\frac{\omega^8+1}{\omega^4}=\frac{\omega^2+1}{\omega}=f(1)$

$f(5)=\frac{\omega^{10}+1}{\omega^5}=\frac{\omega+1}{\omega^2}=f(2)$

$f(6)=\frac{\omega^{12}+1}{\omega^6}=\frac{1+1}{1}=f(3)$

⋮

따라서 $f(1)=f(4)=f(7)=f(10)=-1$,

$f(2)=f(5)=f(8)=-1$, $f(3)=f(6)=f(9)=2$이므로

$f(1)+f(2)+f(3)+\cdots+f(10)$

$=3\times(-1-1+2)+(-1)$

$=-1$

390

연립이차방정식의 풀이

(전략) 주어진 두 연립방정식에서 a, b를 포함하지 않는 두 방정식을 연립하여 해를 구한다.

(풀이) 두 연립방정식 $\begin{cases}x-y=3\\bx^2-ay=5\end{cases}$와 $\begin{cases}bx+ay=1\\x^2+y^2=5\end{cases}$의 공통인 해는

연립방정식

$\begin{cases}x-y=3 & \cdots\cdots ㉠\\x^2+y^2=5 & \cdots\cdots ㉡\end{cases}$

의 해와 같다.

㉠에서 $y=x-3$ ...... ㉢

㉢을 ㉡에 대입하면

$x^2+(x-3)^2=5$

$2x^2-6x+4=0$, $x^2-3x+2=0$

$(x-1)(x-2)=0$ $\quad\therefore x=1$ 또는 $x=2$

$x=1$을 ㉢에 대입하면 $y=-2$

$x=2$를 ㉢에 대입하면 $y=-1$

즉, 연립방정식의 해는 $\begin{cases}x=1\\y=-2\end{cases}$ 또는 $\begin{cases}x=2\\y=-1\end{cases}$

(i) $x=1$, $y=-2$를 $bx^2-ay=5$와 $bx+ay=1$에 각각 대입하면

$b+2a=5$, $b-2a=1$

두 식을 연립하여 풀면

$a=1$, $b=3$ $\quad\therefore ab=1\times3=3$

(ii) $x=2$, $y=-1$을 $bx^2-ay=5$와 $bx+ay=1$에 각각 대입하면

$4b+a=5$, $2b-a=1$

두 식을 연립하여 풀면

$a=1$, $b=1$ $\quad\therefore ab=1\times1=1$

(i), (ii)에서 ab의 값은 1 또는 3이다.

391

대칭식으로 이루어진 연립이차방정식의 풀이

(전략) $x+y=u$, $xy=v$로 놓고 주어진 식을 u, v에 대한 식으로 변형하여 연립방정식을 푼다.

(풀이) $x^2y+xy^2=xy(x+y)$이므로 주어진 연립방정식은

$\begin{cases}(x+y)+xy=9\\xy(x+y)=20\end{cases}$

$x+y=u$, $xy=v$로 놓고, 연립방정식을 u, v에 대한 식으로 나타내면

$\begin{cases}u+v=9 & \cdots\cdots ㉠\\uv=20 & \cdots\cdots ㉡\end{cases}$

㉠에서 $u=9-v$ ...... ㉢

㉢을 ㉡에 대입하면

$(9-v)v=20$, $v^2-9v+20=0$

$(v-4)(v-5)=0$ $\quad\therefore v=4$ 또는 $v=5$

$v=4$를 ㉢에 대입하면 $u=5$

$v=5$를 ㉢에 대입하면 $u=4$

$\therefore \begin{cases}x+y=5\\xy=4\end{cases}$ 또는 $\begin{cases}x+y=4\\xy=5\end{cases}$

(i) $x+y=5$, $xy=4$일 때,

x, y는 t에 대한 이차방정식 $t^2-5t+4=0$의 두 근이므로

$(t-1)(t-4)=0$에서

$t=1$ 또는 $t=4$

$\therefore \begin{cases}x=1\\y=4\end{cases}$ 또는 $\begin{cases}x=4\\y=1\end{cases}$

(ii) $x+y=4$, $xy=5$일 때,

x, y는 t에 대한 이차방정식 $t^2-4t+5=0$의 두 근이므로

$t=2\pm i$

$\therefore \begin{cases}x=2+i\\y=2-i\end{cases}$ 또는 $\begin{cases}x=2-i\\y=2+i\end{cases}$

이때 x, y는 실수이므로 조건을 만족시키지 않는다.

(i), (ii)에서 $|x-y|=3$

392

연립이차방정식의 활용

(전략) 직각삼각형의 성질을 이용하여 연립이차방정식을 세워 풀고 선분 AB의 길이를 구한다.

(풀이) 오른쪽 그림과 같이

$\overline{AB}=x$, $\overline{BC}=a$, $\overline{CA}=b$라 하면

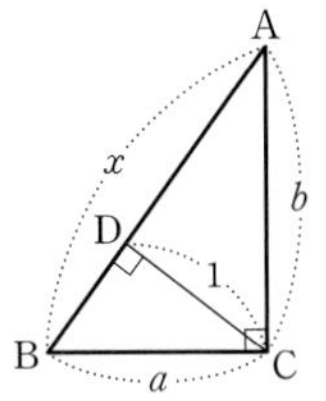

$\triangle ABC=\frac{1}{2}ab=\frac{1}{2}x$

$\therefore ab=x$ ...... ㉠

삼각형 ABC의 둘레의 길이가 5이므로

$a+b+x=5$

$\therefore a+b=5-x$ ...... ㉡

삼각형 ABC는 직각삼각형이므로 피타고라스 정리에 의하여

($\overline{BC}^2+\overline{AC}^2=\overline{AB}^2$)

$a^2+b^2=x^2$

$\therefore (a+b)^2-2ab=x^2$ ...... ㉢

㉠, ㉡을 ㉢에 대입하면

$(5-x)^2-2x=x^2$

$25-12x=0$ $\quad\therefore x=\frac{25}{12}$

따라서 선분 AB의 길이는 $\frac{25}{12}$이다.

도전 1등급 최고난도 ● 93쪽

393 164 **394** ③

393

삼 · 사차방정식의 풀이

(1단계) 두 원의 반지름의 길이를 r이라 하고 $\overline{DH}^2$과 $\overline{BC}$를 r에 대한 식으로 나타낸다.

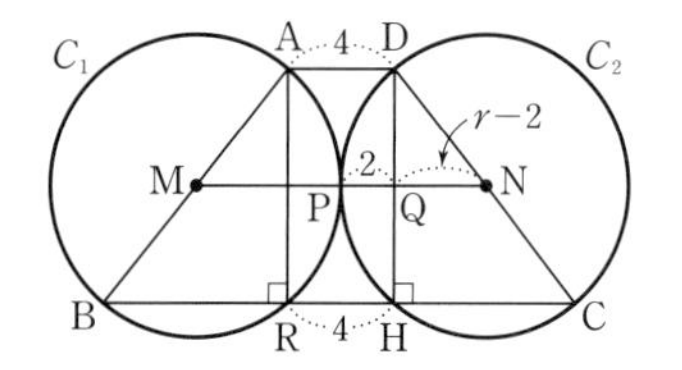

위의 그림과 같이 선분 AB를 지름으로 하는 원을 C_1이라 하고 선분 CD를 지름으로 하는 원을 C_2라 하자. 두 선분 AB, CD의 중점을 각각 M, N이라 하면 두 점 M, N은 각각 두 원 C_1, C_2의 중심이다.

$\overline{AB}=\overline{CD}$이므로 두 원 C_1, C_2의 반지름의 길이가 서로 같고 원 C_1과 C_2는 오직 한 점에서 만나므로 원 C_1과 원 C_2가 만나는 점은 선분 MN의 중점이다. 이 중점을 P, 점 D에서 선분 BC에 내린 수선의 발을 H, 선분 DH와 선분 MN이 만나는 점을 Q라 하자.

두 원 C_1, C_2의 반지름의 길이를 r이라 하면

$\overline{QN}=\overline{PN}-\overline{PQ}=r-2$에서

$\overline{HC}=2\times\overline{QN}=2r-4$이므로

$\overline{DH}^2=\overline{CD}^2-\overline{HC}^2=(2r)^2-(2r-4)^2=16r-16$ …… ㉠

점 A에서 선분 BC에 내린 수선의 발을 R이라 하면

$\overline{BR}=\overline{HC}=2r-4$, $\overline{RH}=4$이므로

$\overline{BC}=\overline{BR}+\overline{RH}+\overline{HC}$

$=(2r-4)+4+(2r-4)=4r-4$ …… ㉡

(2단계) S^2과 l을 r에 대한 식으로 나타낸다.

㉠, ㉡에서

$S^2=\left\{\frac{1}{2}\times(\overline{AD}+\overline{BC})\times\overline{DH}\right\}^2$

$=\frac{1}{4}\times(\overline{AD}+\overline{BC})^2\times\overline{DH}^2$

$=\frac{1}{4}\times(4r)^2\times(16r-16)$

$=64r^2(r-1)$

$l=\overline{AB}+\overline{BC}+\overline{CD}+\overline{AD}$

$=2r+(4r-4)+2r+4=8r$

(3단계) $S^2+8l=6720$을 이용하여 r의 값을 구하고 $\overline{BD}^2$의 값을 구한다.

$S^2+8l=6720$에서

$64r^2(r-1)+64r=6720$

$r^3-r^2+r-105=0$

$(r-5)(r^2+4r+21)=0$

이차방정식 $r^2+4r+21=0$의 판별식 D라 할 때,

$\frac{D}{4}=2^2-21=-17<0$이므로 실수 r의 값은 존재하지 않는다.

따라서 $r=5$이므로

$\overline{BH}=\overline{BR}+\overline{RH}=(2r-4)+4=2r=2\times5=10$

또, ㉠에서

$\overline{DH}=\sqrt{16r-16}=\sqrt{16\times5-16}=\sqrt{64}=8$

직각삼각형 BHD에서 피타고라스 정리에 의하여

$\overline{BD}^2=\overline{BH}^2+\overline{DH}^2=100+64=164$

394

연립이차방정식의 활용

(1단계) 직사각형의 가로의 길이를 a로 놓고, 직사각형을 접었을 때 겹쳐지지 않은 직각삼각형의 빗변을 a에 대한 식으로 나타낸다.

직사각형의 가로의 길이를 a라 하면 직사각형의 둘레의 길이가 24이므로 세로의 길이는 $12-a$이다.

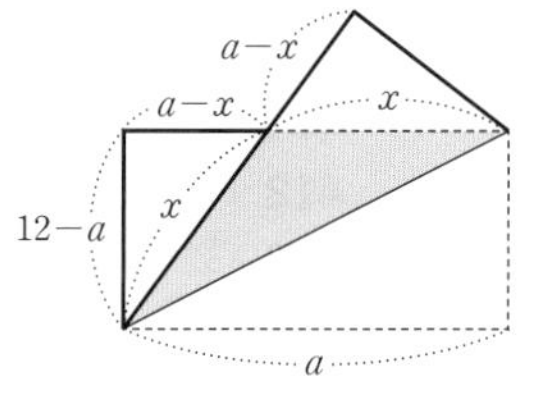

위의 그림과 같이 겹쳐지지 않은 두 직각삼각형은 합동이므로 이 직각삼각형의 빗변의 길이를 x라 하면 다른 두 변의 길이는 각각 $12-a$, $a-x$이다.

피타고라스 정리에 의하여

$x^2=(12-a)^2+(a-x)^2$

$2ax=2a^2-24a+144$

$\therefore x=a-12+\frac{72}{a}$ …… ㉠

(2단계) 겹쳐진 부분의 넓이가 10임을 이용하여 a에 대한 삼차방정식을 세운다.

또, 겹쳐진 부분의 넓이가 10이므로

$\frac{1}{2}(12-a)x=10$

㉠을 위의 식에 대입하면

$\frac{1}{2}(12-a)\left(a-12+\frac{72}{a}\right)=10$

$\therefore a^3-24a^2+236a-864=0$

(3단계) 인수정리를 이용하여 삼차방정식을 풀어 a의 값을 구한다.

$f(a)=a^3-24a^2+236a-864$라 하면 $f(8)=0$이므로 조립제법을 이용하여 $f(a)$를 인수분해 하면

8	1	-24	236	-864
		8	-128	864
	1	-16	108	0

$f(a)=(a-8)(a^2-16a+108)$

즉, 방정식 $(a-8)(a^2-16a+108)=0$에서 이차방정식 $a^2-16a+108=0$은 허근을 가지므로

$a=8$ ↳ $\frac{D}{4}=(-8)^2-108=-44<0$

따라서 직사각형의 긴 변의 길이는 8이다.

참고 ① 다음 그림에서 $\triangle ABC\equiv\triangle DEC$ (ASA 합동)

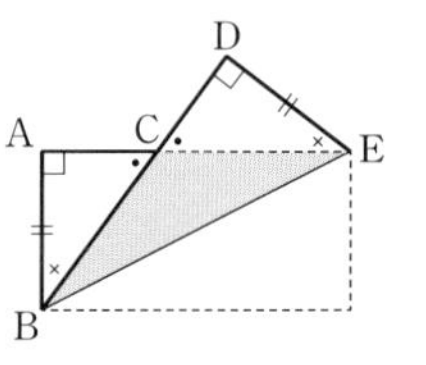

② 직사각형의 가로의 길이가 a일 때, 세로의 길이는 $12-a$이므로 직사각형의 가로 또는 세로의 길이는 8 또는 4이다.
따라서 직사각형의 긴 변의 길이는 8이다.

08 연립일차부등식

유형 분석 기출

● 95쪽~99쪽

395 ②	396 ②	397 ①	398 ④	399 ④
400 ④	401 ⑤	402 ③	403 ②	404 21
405 ⑤	406 ④	407 ①	408 ②	409 ③
410 21	411 −3	412 ⑤	413 ⑤	414 21
415 ③	416 ③	417 ③	418 ④	419 ③
420 ①	421 ①	422 ⑤	423 ⑤	424 ②

395

ㄱ. $a>b$이므로 $a+c>b+c$ …… ㉠

$c>d$이므로 $b+c>b+d$ …… ㉡

㉠, ㉡에서 $a+c>b+d$ (참)

ㄴ. $a=4$, $b=3$, $c=2$, $d=1$이면

$a>b>0$, $c>d>0$이지만

$a-c=4-2=2$, $b-d=3-1=2$이므로

$a-c=b-d$ (거짓)

ㄷ. $a>b$, $c>0$이므로 $ac>bc$ …… ㉠

$c>d$, $b>0$이므로 $bc>bd$ …… ㉡

㉠, ㉡에서 $ac>bd$ (참)

ㄹ. $a=2$, $b=1$, $c=4$, $d=1$이면

$a>b>0$, $c>d>0$이지만

$\frac{a}{c}=\frac{2}{4}=\frac{1}{2}$, $\frac{b}{d}=\frac{1}{1}=1$이므로

$\frac{a}{c}<\frac{b}{d}$ (거짓)

이상에서 옳은 것은 ㄱ, ㄷ이다.

396

$x-2y=4$에서 $x=2y+4$

이것을 $-3\le x+y\le -1$에 대입하면

$-3\le 3y+4\le -1$, $-7\le 3y\le -5$ $\therefore -\frac{7}{3}\le y\le -\frac{5}{3}$

따라서 $M=-\frac{5}{3}$, $m=-\frac{7}{3}$이므로

$M+m=\left(-\frac{5}{3}\right)+\left(-\frac{7}{3}\right)=-4$

397

$1\le x<3$에서 $2\le 2x<6$ …… ㉠

$-4<y\le 2k$에서 $-k\le -\frac{1}{2}y<2$ …… ㉡

㉠+㉡을 하면 $2-k\le 2x-\frac{1}{2}y<8$

이때 $2x-\frac{1}{2}y$의 최솟값이 4이므로

$2-k=4$

$\therefore k=-2$

398

$(2-a)x>a-b$의 해가 $x<-3$이므로

$2-a<0$ $\therefore a>2$

$\therefore x<\frac{a-b}{2-a}$

즉, $\frac{a-b}{2-a}=-3$이므로

$a-b=-3(2-a)$, $a-b=-6+3a$

$\therefore 2a+b=6$ …… ㉠

㉠을 $(2a+b)x\le 12$에 대입하면

$6x\le 12$

$\therefore x\le 2$

1등급 비법

부등식 $ax>b$를 풀어 $x<\frac{b}{a}$와 같이 부등호의 방향이 반대가 되려면 $a<0$이어야 한다.

399

$ax\ge b$의 해가 $x\ge 2$이므로 $a>0$

$\therefore x\ge \frac{b}{a}$

따라서 $\frac{b}{a}=2$이므로 $b=2a$ …… ㉠

㉠을 $ax\ge 2a+b$에 대입하면

$ax\ge 2a+2a$, $ax\ge 4a$

$\therefore x\ge 4$ ($\because a>0$)

따라서 x의 최솟값은 4이다.

400

$(a-2)x\ge b-a+1$의 해가 모든 실수이려면

$a-2=0$, $b-a+1\le 0$이어야 한다.

$a=2$이므로 $b-2+1\le 0$ $\therefore b\le 1$

즉, $a+b=2+b\le 2+1=3$

따라서 $a+b$의 최댓값은 3이다.

1등급 비법

부등식 $ax\ge b$의 해가 모든 실수이려면 $a=0$이고 $b\le 0$을 만족시켜야 한다.

401

$4x-2\le 6$에서 $4x\le 8$

$\therefore x\le 2$ …… ㉠

$7-3x<12-2x$에서

$-x<5$ $\therefore x>-5$ …… ㉡

㉠, ㉡의 공통부분을 구하면

$-5<x\le 2$

따라서 이를 수직선 위에 나타내면 ⑤와 같다.

오답 피하기 해를 수직선 위에 나타낼 때는 기준점에서 등호의 포함 여부에 주의한다.

402

$-x+16>2x-5$에서

$-3x>-21 \quad \therefore x<7$ …… ㉠

$x+5\le 5x-3$에서

$-4x\le -8 \quad \therefore x\ge 2$ …… ㉡

㉠, ㉡의 공통부분을 구하면

$2\le x<7$

따라서 정수 x는 2, 3, 4, 5, 6의 5개이다.

403

$5(x+2)\le 3(x+5)$에서

$5x+10\le 3x+15$, $2x\le 5$

$\therefore x\le \frac{5}{2}$ …… ㉠

$\frac{x-2}{2}<\frac{x+1}{3}$의 양변에 6을 곱하면

$3x-6<2x+2$

$\therefore x<8$ …… ㉡

㉠, ㉡의 공통부분을 구하면

$x\le \frac{5}{2}$

따라서 자연수 x는 1, 2이므로 그 합은

$1+2=3$

개념 보충

계수가 분수 또는 소수인 연립일차부등식

부등식에서

① 계수가 분수이면 ⇨ 양변에 분모의 최소공배수를 곱한다.

② 계수가 소수이면 ⇨ 양변에 10의 거듭제곱을 곱한다.

404

$x-1>8$에서 $x>9$

$2x-16\le x+a$에서 $x\le a+16$

이때 주어진 연립부등식의 해가 $b<x\le 28$이므로

$b=9$, $a+16=28$에서

$a=12$, $b=9$

$\therefore a+b=12+9=21$

405

$\frac{x}{6}\le a-\frac{x}{3}$의 양변에 6을 곱하면

$x\le 6a-2x$, $3x\le 6a$

$\therefore x\le 2a$

$0.5x+0.8>0.2x-1$의 양변에 10을 곱하면

$5x+8>2x-10$, $3x>-18$

$\therefore x>-6$

이때 주어진 연립부등식의 해가 $b<x\le -2$이므로

$2a=-2$, $b=-6$

$\therefore a=-1$, $b=-6$

이것을 $ax-b\ge 0$에 대입하면

$-x+6\ge 0$, $-x\ge -6$

$\therefore x\le 6$

따라서 해가 아닌 것은 ⑤이다.

406

$-2x>a-3$에서 $x<\frac{3-a}{2}$

$-3x-4\le 2$에서 $-3x\le 6$

$\therefore x\ge -2$

이때 주어진 연립부등식이 해를 갖지 않으려면 오른쪽 그림에서

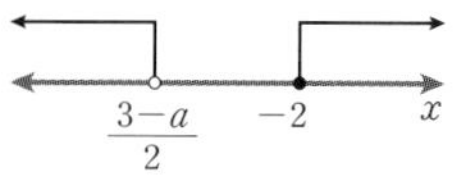

$\frac{3-a}{2}\le -2$

$a-3\ge 4$

$\therefore a\ge 7$

따라서 a의 최솟값은 7이다.

1등급 비법

연립부등식이 해를 갖지 않는 경우

연립부등식에서 각각의 부등식의 해를 구한 후 공통부분이 없도록 해를 수직선 위에 나타낸다.

407

$-x+5\ge x+a$에서

$-2x\ge a-5$

$\therefore x\le \frac{5-a}{2}$

$3(x-2)\le 4x+b$에서

$3x-6\le 4x+b$

$-x\le b+6$

$\therefore x\ge -b-6$

이때 주어진 연립부등식의 해가 $x=2$이므로

$\frac{5-a}{2}=2$, $-b-6=2$

따라서 $a=1$, $b=-8$이므로

$ab=1\times(-8)=-8$

오답 피하기 $x\le a$와 $x\ge a$를 동시에 만족시키는 x의 값의 범위는 $x=a$가 된다. 부등식의 해가 방정식의 해와 같이 등식으로 표현되는 점에 주의한다.

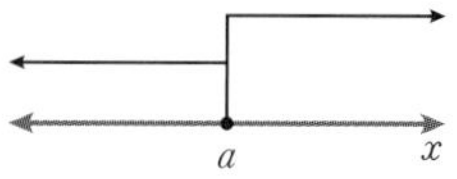

408

$\frac{3x-1}{2}\le x+a$의 양변에 2를 곱하면

$3x-1\le 2x+2a$

$\therefore x\le 2a+1$

$0.2(x-1)<0.3x-0.5$의 양변에 10을 곱하면

$2(x-1)<3x-5$, $2x-2<3x-5$

$-x<-3$

$\therefore x>3$

이때 주어진 연립부등식을 만족시키는 정수 x가 2개이려면 오른쪽 그림에서

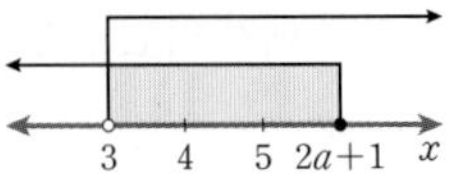

$5\le 2a+1<6$, $4\le 2a<5$

$\therefore 2\le a<\frac{5}{2}$

409

$6x-1\le 2x+k$에서

$4x\le k+1$

$\therefore x\le\frac{k+1}{4}$ …… ㉠

$4x-3<5x+1$에서

$-x<4$

$\therefore x>-4$ …… ㉡

ㄱ. $k>0$이면 $\frac{k+1}{4}>\frac{1}{4}$이므로

$-4<x\le\frac{k+1}{4}$

따라서 ㉠, ㉡의 공통부분이 존재하므로 주어진 연립부등식은 반드시 해를 갖는다. (참)

ㄴ. $k=11$이면 $\frac{k+1}{4}=3$이므로 ㉠, ㉡의 공통부분을 구하면

$-4<x\le 3$

따라서 자연수 x는 1, 2, 3의 3개이다. (참)

ㄷ. 주어진 연립부등식이 해를 갖지 않으려면 오른쪽 그림에서

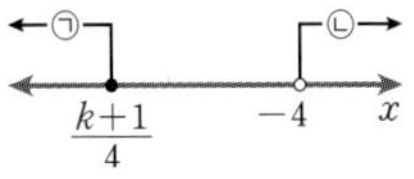

$\frac{k+1}{4}\le -4$, $k+1\le -16$

$\therefore k\le -17$

따라서 k의 최댓값은 -17이다. (거짓)

이상에서 옳은 것은 ㄱ, ㄴ이다.

410

$-3(x+2)+2\le -x-5\le 1-2x$에서

$\begin{cases}-3(x+2)+2\le -x-5\\ -x-5\le 1-2x\end{cases}$

$-3(x+2)+2\le -x-5$에서

$-3x-4\le -x-5$, $-2x\le -1$

$\therefore x\ge\frac{1}{2}$ …… ㉠

$-x-5\le 1-2x$에서 $x\le 6$ …… ㉡

㉠, ㉡의 공통부분을 구하면

$\frac{1}{2}\le x\le 6$

따라서 정수 x는 1, 2, 3, 4, 5, 6이므로 그 합은

$1+2+3+4+5+6=21$

411

$\frac{4x-a}{5}\le 2x+3\le x+1$에서

$\begin{cases}\frac{4x-a}{5}\le 2x+3\\ 2x+3\le x+1\end{cases}$

$\frac{4x-a}{5}\le 2x+3$의 양변에 5를 곱하면

$4x-a\le 10x+15$, $-6x\le a+15$

$\therefore x\ge -\frac{a+15}{6}$

$2x+3\le x+1$에서 $x\le -2$

이때 주어진 부등식이 해를 가지려면 오른쪽 그림에서

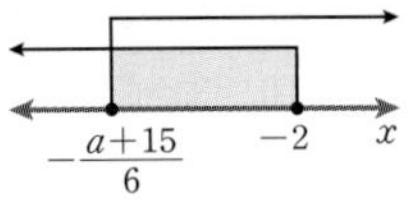

$-\frac{a+15}{6}\le -2$

$a+15\ge 12$

$\therefore a\ge -3$

따라서 a의 최솟값은 -3이다.

1등급 비법

연립부등식이 해를 갖는 경우

연립부등식에서 각각의 부등식의 해를 구한 후 공통부분이 있도록 해를 수직선 위에 나타낸다.

412

$7x-a<2x-1<4x-5$에서

$\begin{cases}7x-a<2x-1\\ 2x-1<4x-5\end{cases}$

$7x-a<2x-1$에서 $5x<a-1$

$\therefore x<\frac{a-1}{5}$

$2x-1<4x-5$에서 $-2x<-4$

$\therefore x>2$

이때 주어진 부등식의 해가 없으려면 오른쪽 그림에서

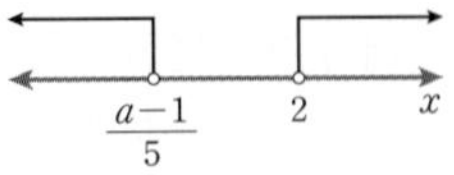

$\frac{a-1}{5}\le 2$

$a-1\le 10$

$\therefore a\le 11$

따라서 a의 최댓값은 11이다.

413

사탕을 x개 산다고 하면 초콜릿은 $(10-x)$개 살 수 있으므로

$3700\le 300x+500(10-x)\le 3900$

$37\le 50-2x\le 39$

$-13\le -2x\le -11$

$\therefore \frac{11}{2}\le x\le\frac{13}{2}$

따라서 사탕은 6개 살 수 있다.

414
연속하는 세 홀수 중 가장 큰 수를 x라 하면 세 수는 $x-4$, $x-2$, x이므로

$\begin{cases} (x-4)+(x-2)+x>54 \\ 3(x-4)+7\leq 61 \end{cases}$

$(x-4)+(x-2)+x>54$에서

$3x-6>54$, $3x>60$ $\quad\therefore x>20$ …… ㉠

$3(x-4)+7\leq 61$에서

$3x-5\leq 61$, $3x\leq 66$ $\quad\therefore x\leq 22$ …… ㉡

㉠, ㉡의 공통부분을 구하면

$20<x\leq 22$

이때 x는 홀수이므로 $x=21$

따라서 세 홀수 중 가장 큰 수는 21이다.

개념 보충

연립일차부등식의 활용 문제 풀이 순서

(i) 구하려는 것을 미지수 x로 놓는다.
(ii) 주어진 조건을 만족시키는 연립부등식을 세운다.
(iii) 연립부등식을 풀고, 구한 해가 문제의 뜻에 맞는지 확인한다.

415
과자를 x개 산다고 하면 음료수는 $(14-x)$개 살 수 있으므로

$\begin{cases} x>14-x \\ 1000x+800(14-x)\leq 13000 \end{cases}$

$x>14-x$에서

$2x>14$ $\quad\therefore x>7$ …… ㉠

$1000x+800(14-x)\leq 13000$에서

$2x+112\leq 130$, $2x\leq 18$

$\therefore x\leq 9$ …… ㉡

㉠, ㉡의 공통부분을 구하면

$7<x\leq 9$

따라서 과자는 최대 9개를 살 수 있다.

416
바구니의 개수를 x라 하면 달걀의 개수는 $6x+25$이므로

$8x+2\leq 6x+25\leq 8x+4$에서

$\begin{cases} 8x+2\leq 6x+25 \\ 6x+25\leq 8x+4 \end{cases}$

$8x+2\leq 6x+25$에서

$2x\leq 23$ $\quad\therefore x\leq \frac{23}{2}$ …… ㉠

$6x+25\leq 8x+4$에서

$-2x\leq -21$ $\quad\therefore x\geq \frac{21}{2}$ …… ㉡

㉠, ㉡의 공통부분을 구하면

$\frac{21}{2}\leq x\leq \frac{23}{2}$

따라서 바구니의 개수는 11이므로 달걀의 개수는

$6\times 11+25=91$

417
처음 자연수의 십의 자리의 숫자를 x라 하면 일의 자리의 숫자는 $x+2$이므로

$\begin{cases} x+(x+2)>10 \\ 10(x+2)+x>2\{10x+(x+2)\}-45 \end{cases}$

$x+(x+2)>10$에서

$2x>8$ $\quad\therefore x>4$ …… ㉠

$10(x+2)+x>2\{10x+(x+2)\}-45$에서

$11x+20>22x-41$

$-11x>-61$ $\quad\therefore x<\frac{61}{11}$ …… ㉡

㉠, ㉡의 공통부분을 구하면

$4<x<\frac{61}{11}$

이때 x는 자연수이므로 $x=5$

따라서 처음 자연수는 57이다.

418
텐트의 개수를 x라 하면 학생 수는 $4x+2$이므로

$7(x-2)+1\leq 4x+2\leq 7(x-2)+7$에서

$\begin{cases} 7(x-2)+1\leq 4x+2 \\ 4x+2\leq 7(x-2)+7 \end{cases}$

→ 남는 텐트 1개를 제외한 나머지 텐트 중에서 마지막 텐트에는 학생이 최소 1명에서 최대 7명까지 들어갈 수 있다.

$7(x-2)+1\leq 4x+2$에서

$7x-13\leq 4x+2$, $3x\leq 15$ $\quad\therefore x\leq 5$ …… ㉠

$4x+2\leq 7(x-2)+7$에서

$4x+2\leq 7x-7$, $-3x\leq -9$ $\quad\therefore x\geq 3$ …… ㉡

㉠, ㉡의 공통부분을 구하면

$3\leq x\leq 5$

따라서 최대 학생 수는 $x=5$일 때이므로

$4\times 5+2=22$

1등급 비법

과부족에 대한 문제

한 의자에 학생이 a명씩 앉으면 n개의 의자가 남는다.

⇨ 의자의 개수를 x라 하면

(i) 남는 의자를 제외한 나머지 의자 중에서 마지막 의자에는 학생이 최소 1명에서 최대 a명까지 앉을 수 있다.

의자 $\{x-(n+1)\}$개 a명씩 모두 앉음 / 1명 이상 a명 이하 앉음 / 남는 의자 n개

(ii) 최소 학생 수는 $a\{x-(n+1)\}+1$

최대 학생 수는 $a\{x-(n+1)\}+a$

(iii) 학생 수의 범위는

$a\{x-(n+1)\}+1\leq$(학생 수)$\leq a\{x-(n+1)\}+a$

419

$|2x-3|<5$에서 $-5<2x-3<5$

$-2<2x<8 \quad \therefore -1<x<4$

주어진 부등식의 해가 $a<x<b$이므로

$a=-1, b=4$

$\therefore a+b=-1+4=3$

개념 보충

부등식 $|x|<a \ (a>0)$는 $-a<x<a$와 같이 풀 수 있다.

420

$|x-4|\ge 2x+1$에서

(i) $x<4$일 때,

$-(x-4)\ge 2x+1, \ -x+4\ge 2x+1$

$-3x\ge -3 \quad \therefore x\le 1$

그런데 $x<4$이므로 $x\le 1$

(ii) $x\ge 4$일 때,

$x-4\ge 2x+1, \ -x\ge 5 \quad \therefore x\le -5$

그런데 $x\ge 4$이므로 해는 없다.

(i), (ii)에서 주어진 부등식의 해는 $x\le 1$

따라서 양의 정수 x는 1의 1개이다.

1등급 비법

$|ax+b|<cx+d$ 꼴의 부등식

절댓값 기호 안의 식의 값이 0이 되는 x의 값, 즉 $x=-\frac{b}{a}$를 기준으로 x의 값의 범위를 $x<-\frac{b}{a}, x\ge -\frac{b}{a}$로 나눈다.

421

$|x-a|<6$에서

$-6<x-a<6$

$-6+a<x<6+a$

이때 정수 x의 최댓값이 7이어야 하므로

$7<6+a\le 8 \quad \therefore 1<a\le 2$

422

$\left|3x+\frac{2}{3}\right|+a\ge 2$에서 $\left|3x+\frac{2}{3}\right|\ge 2-a$

이 부등식의 해가 모든 실수이려면

$2-a\le 0 \quad \therefore a\ge 2$

423

$-\sqrt{9x^2+6x+1}+2|-3x-1|\le 2x+4$에서

$-\sqrt{(3x+1)^2}+2|-3x-1|\le 2x+4$

$-|3x+1|+2|-3x-1|\le 2x+4$

$-|3x+1|+2|3x+1|\le 2x+4$

$\therefore |3x+1|\le 2x+4$

(i) $x<-\frac{1}{3}$일 때,

$-(3x+1)\le 2x+4$

$-3x-1\le 2x+4$

$-5x\le 5 \quad \therefore x\ge -1$

그런데 $x<-\frac{1}{3}$이므로 $-1\le x<-\frac{1}{3}$

(ii) $x\ge -\frac{1}{3}$일 때,

$3x+1\le 2x+4 \quad \therefore x\le 3$

그런데 $x\ge -\frac{1}{3}$이므로 $-\frac{1}{3}\le x\le 3$

(i), (ii)에서 주어진 부등식의 해는

$-1\le x\le 3$

따라서 모든 정수 x는 $-1, 0, 1, 2, 3$이므로 그 합은

$(-1)+0+1+2+3=5$

참고 $\sqrt{a^2}=|a|=\begin{cases} a & (a\ge 0) \\ -a & (a<0) \end{cases}$

424

$2|x-1|+3|x+1|<9$에서

(i) $x<-1$일 때,

$-2(x-1)-3(x+1)<9$

$-2x+2-3x-3<9$

$-5x<10 \quad \therefore x>-2$

그런데 $x<-1$이므로 $-2<x<-1$

(ii) $-1\le x<1$일 때,

$-2(x-1)+3(x+1)<9$

$-2x+2+3x+3<9 \quad \therefore x<4$

그런데 $-1\le x<1$이므로 $-1\le x<1$

(iii) $x\ge 1$일 때,

$2(x-1)+3(x+1)<9$

$2x-2+3x+3<9$

$5x<8 \quad \therefore x<\frac{8}{5}$

그런데 $x\ge 1$이므로 $1\le x<\frac{8}{5}$

이상에서 주어진 부등식의 해는

$-2<x<\frac{8}{5}$

따라서 $a=-2, b=\frac{8}{5}$이므로

$a+b=-2+\frac{8}{5}=-\frac{2}{5}$

1등급 비법

$|x-a|+|x-b|<c \ (a<b, c>0)$ 꼴의 부등식

절댓값 기호 안의 식의 값이 0이 되는 x의 값, 즉 $x=a, x=b$를 기준으로 x의 값의 범위를 $x<a, a\le x<b, x\ge b$로 나눈다.

내신 적중 서술형

● 100쪽

425 7 **426** (1) $a=2, b=-3$ (2) 12 **427** 3
428 $x\geq-1$

425

$2(5x+a)-1\leq x+5$에서

$10x+2a-1\leq x+5,\ 9x\leq 6-2a$

$\therefore x\leq\frac{6-2a}{9}$ …… ㉠ …… ㉮

$\frac{x-b}{3}\geq\frac{x}{2}-\frac{3x+1}{6}$의 양변에 6을 곱하면

$2(x-b)\geq 3x-(3x+1),\ 2x-2b\geq-1$

$2x\geq 2b-1 \quad \therefore x\geq\frac{2b-1}{2}$ …… ㉡ …… ㉯

이때 주어진 연립부등식의 해가 $x=-1$이므로

㉠에서 $\frac{6-2a}{9}=-1$

$6-2a=-9$

$\therefore a=\frac{15}{2}$

㉡에서 $\frac{2b-1}{2}=-1$

$2b-1=-2$

$\therefore b=-\frac{1}{2}$ …… ㉰

$\therefore a+b=\frac{15}{2}+\left(-\frac{1}{2}\right)=7$ …… ㉱

채점 기준	배점 비율
㉮ $2(5x+a)-1\leq x+5$의 해 구하기	30 %
㉯ $\frac{x-b}{3}\geq\frac{x}{2}-\frac{3x+1}{6}$의 해 구하기	30 %
㉰ a, b의 값 구하기	30 %
㉱ $a+b$의 값 구하기	10 %

426

(1) $2x-2a<x+a$에서 $x<3a$

$2x-2a<3x+b$에서 $-x<2a+b$

$\therefore x>-2a-b$

그런데 잘못 변형한 이 연립부등식의 해가 $-1<x<6$이므로

$-2a-b=-1,\ 3a=6$

$\therefore a=2, b=-3$ …… ㉮

(2) 주어진 부등식 $2x-2a<x+a<3x+b$에 $a=2, b=-3$을 대입하면

$2x-4<x+2<3x-3$이므로

$\begin{cases}2x-4<x+2\\x+2<3x-3\end{cases}$

$2x-4<x+2$에서 $x<6$ …… ㉠

$x+2<3x-3$에서 $-2x<-5$

$\therefore x>\frac{5}{2}$ …… ㉡

㉠, ㉡의 공통부분을 구하면

$\frac{5}{2}<x<6$ …… ㉯

따라서 부등식을 만족시키는 정수 x는 3, 4, 5이므로 그 합은

$3+4+5=12$ …… ㉰

	채점 기준	배점 비율
(1)	㉮ 연립부등식을 풀어 a, b의 값 구하기	50 %
(2)	㉯ 주어진 부등식의 해 구하기	30 %
	㉰ 정수 x의 값의 합 구하기	20 %

427

$\left|10-\frac{x}{2}\right|\leq n$에서 $-n\leq 10-\frac{x}{2}\leq n$

$-n-10\leq-\frac{x}{2}\leq n-10$

각 변에 -2를 곱하면

$-2n+20\leq x\leq 2n+20$ …… ㉮

이 부등식을 만족시키는 정수 x가 13개이므로

$(2n+20)-(-2n+20)+1=13$

$4n+1=13,\ 4n=12$

$\therefore n=3$ …… ㉯

채점 기준	배점 비율
㉮ 절댓값을 포함한 부등식 풀기	60 %
㉯ 자연수 n의 값 구하기	40 %

개념 보충

$a\leq n\leq b$ (a, b는 정수)를 만족시키는 정수 n의 개수는 $b-a+1$이다.

428

$|x+4|\geq|-x+2|$에서 $|x+4|\geq|x-2|$

($|-x+2|=|-(x-2)|=|x-2|$)

(i) $x<-4$일 때,

$-(x+4)\geq-(x-2)$

$-x-4\geq-x+2$

$0\times x\geq 6$이므로 해는 없다. …… ㉮

(ii) $-4\leq x<2$일 때,

$x+4\geq-(x-2)$

$x+4\geq-x+2$

$2x\geq-2 \quad \therefore x\geq-1$

그런데 $-4\leq x<2$이므로 $-1\leq x<2$ …… ㉯

(iii) $x\geq 2$일 때,

$x+4\geq x-2$

$0\times x\geq-6$이므로 해는 모든 실수이다.

그런데 $x\geq 2$이므로 $x\geq 2$ …… ㉰

이상에서 주어진 부등식의 해는

$x\geq-1$ …… ㉱

채점 기준	배점 비율
㉮ $x<-4$일 때, 부등식의 해 구하기	30 %
㉯ $-4\le x<2$일 때, 부등식의 해 구하기	30 %
㉰ $x\ge 2$일 때, 부등식의 해 구하기	30 %
㉱ 주어진 부등식의 해 구하기	10 %

1등급 실력 완성

● 101쪽 ~ 102쪽

429 ② **430** 해는 없다. **431** ②
432 $0<a\le 1$ **433** $1\le a<\frac{3}{2}$ **434** ④
435 ① **436** 10 **437** $a\le 1$ **438** -14

429

부등식의 기본 성질

(전략) 부등식의 성질을 이용하여 a, b, c 사이의 대소 관계를 이끌어 낸다.

(풀이) 조건 (가)에서 $a+b>c$ …… ㉠

조건 (나)에서 $b>c+a$ …… ㉡

조건 (다)에서 $b+c>a$ …… ㉢

㉠+㉡을 하면 $a+2b>2c+a$, $2b>2c$

$\therefore b>c$ …… ㉣

㉡+㉢을 하면 $2b+c>c+2a$, $2b>2a$

$\therefore b>a$ …… ㉤

㉣, ㉤에서 b가 가장 크다는 사실만 알 수 있으므로

ㄱ. $a<b$ (참)

ㄴ. $c<b$ (참)

ㄷ. a와 c의 대소 관계는 주어진 조건에서 알 수 없으므로 $a<c<b$가 항상 옳다고 말할 수 없다.

이상에서 옳은 것은 ㄱ, ㄴ이다.

430

연립일차부등식의 풀이

(전략) 부등식 $px+q>0$에서 $p>0$이면 $x>-\frac{q}{p}$이고, $p<0$이면 $x<-\frac{q}{p}$임을 이용한다.

(풀이) $ax-b\le 0$에서 $ax\le b$

이 부등식의 해가 $x\le 3$이므로 $a>0$, $\frac{b}{a}=3$ $\therefore b=3a$

$cx+d>0$에서 $cx>-d$

이 부등식의 해가 $x<-2$이므로 $c<0$, $-\frac{d}{c}=-2$ $\therefore d=2c$

$ax+b\le 0$에서 $x\le -\frac{b}{a}$ ($\because a>0$)

$\therefore x\le -3$ ($\because b=3a$) …… ㉠

$-cx+d>0$에서 $x>\frac{d}{c}$ ($\because c<0$)

$\therefore x>2$ ($\because d=2c$) …… ㉡

㉠, ㉡의 공통부분이 없으므로 연립부등식 $\begin{cases} ax+b\le 0 \\ -cx+d>0 \end{cases}$의 해는 없다.

431

연립일차부등식의 풀이

(전략) a, b에 대한 부등식을 세운 후 $a-b=13$을 만족시키는 자연수 a, b의 값을 구한다.

(풀이) $\frac{a}{b}$를 소수점 아래 첫째 자리에서 반올림하면 3이므로

$2.5\le \frac{a}{b}<3.5$

b는 자연수이므로 부등식의 각 변에 $2b$를 곱하면

$5b\le 2a<7b$

이때 $a-b=13$이므로 $a=13+b$를 위의 부등식에 대입하면

$5b\le 26+2b<7b$

$\therefore \begin{cases} 5b\le 26+2b \\ 26+2b<7b \end{cases}$

$5b\le 26+2b$에서 $3b\le 26$

$\therefore b\le \frac{26}{3}$ …… ㉠

$26+2b<7b$에서 $-5b<-26$

$\therefore b>\frac{26}{5}$ …… ㉡

㉠, ㉡의 공통부분을 구하면 $\frac{26}{5}<b\le \frac{26}{3}$

그런데 b는 자연수이므로 $b=6$ 또는 $b=7$ 또는 $b=8$

(i) $b=6$일 때, $a=19$

(ii) $b=7$일 때, $a=20$

(iii) $b=8$일 때, $a=21$

이상에서 조건을 만족시키는 순서쌍 (a, b)는 $(6, 19)$, $(7, 20)$, $(8, 21)$의 3개이다.

432

연립일차부등식의 풀이

(전략) 두 조건을 만족시키는 x의 값의 범위를 각각 구한 후 공통부분을 구해 정수 x의 개수가 5인 a의 값의 범위를 구한다.

(풀이) 조건 (가)에서 $\sqrt{x-4}\sqrt{-4-x}=-\sqrt{(x-4)(-4-x)}$이므로

$x-4<0$, $-4-x<0$ 또는 $x-4=0$ 또는 $-4-x=0$

$\therefore -4\le x\le 4$ …… ㉠

조건 (나)에서 $\frac{\sqrt{x+6}}{\sqrt{x-a}}=-\sqrt{\frac{x+6}{x-a}}$이므로

$x+6>0$, $x-a<0$ 또는 $x+6=0$, $x-a\ne 0$

$\therefore -6\le x<a$ ($\because a>-6$) …… ㉡

따라서 ㉠, ㉡을 모두 만족시키는 정수 x의 개수가 5이려면

$0<a\le 1$

개념 보충

실수 a, b에 대하여

① $\sqrt{a}\sqrt{b}=-\sqrt{ab}$이면 $a<0$, $b<0$ 또는 $a=0$ 또는 $b=0$

② $\frac{\sqrt{a}}{\sqrt{b}}=-\sqrt{\frac{a}{b}}$이면 $a>0$, $b<0$ 또는 $a=0$, $b\ne 0$

433

$A<B<C$ 꼴의 부등식

(전략) $A<B<C$ 꼴의 부등식은 $\begin{cases} A<B \\ B<C \end{cases}$로 고쳐서 푼다.

(풀이) $x+y+1=0$에서 $y=-x-1$

이것을 부등식 $x-1<1+\frac{-y-3}{2}\le\frac{2x+a}{3}$에 대입하면

$x-1<1+\frac{-(-x-1)-3}{2}\le\frac{2x+a}{3}$

$x-1<1+\frac{x-2}{2}\le\frac{2x+a}{3}$

$\begin{cases} x-1<1+\frac{x-2}{2} \\ 1+\frac{x-2}{2}\le\frac{2x+a}{3} \end{cases}$

$x-1<1+\frac{x-2}{2}$의 양변에 2를 곱하면

$2x-2<2+x-2 \qquad \therefore x<2$

$1+\frac{x-2}{2}\le\frac{2x+a}{3}$의 양변에 6을 곱하면

$6+3x-6\le 4x+2a$, $-x\le 2a$

$\therefore x\ge -2a$

이때 주어진 부등식을 만족시키는 정수 x가 4개이려면

$-3<-2a\le -2$

$\therefore 1\le a<\frac{3}{2}$

434

연립일차부등식의 활용

(전략) 의자의 개수를 x라 하고, 학생 수에 대한 부등식을 세운다.

(풀이) 의자의 개수를 x라 하면 학생 수는 $4x+8$이므로

$5(x-6)+1\le 4x+8\le 5(x-6)+5$에서

→ 남는 의자 5개를 제외한 나머지 의자 중에서 마지막 의자에는 학생이 최소 1명에서 최대 5명까지 앉을 수 있다.

$\begin{cases} 5(x-6)+1\le 4x+8 \\ 4x+8\le 5(x-6)+5 \end{cases}$

$5(x-6)+1\le 4x+8$에서 $5x-29\le 4x+8$

$\therefore x\le 37$ …… ㉠

$4x+8\le 5(x-6)+5$에서 $4x+8\le 5x-25$

$-x\le -33 \qquad \therefore x\ge 33$ …… ㉡

㉠, ㉡의 공통부분을 구하면

$33\le x\le 37$

그런데 x는 자연수이므로 ← 의자의 개수는 자연수이어야 한다.

$x=33, 34, 35, 36, 37$

이때 학생 수는 $4x+8$이므로

$4x+8=140, 144, 148, 152, 156$

따라서 학생 수가 될 수 있는 것은 ④이다.

435

절댓값 기호를 포함한 부등식

(전략) 먼저 $|x-1|$의 값의 범위를 구한 후 부등식의 해를 구한다.

(풀이) $||x-1|-4|<2$에서 $-2<|x-1|-4<2$

$\therefore 2<|x-1|<6$

(i) $x<1$일 때,

$2<-(x-1)<6$, $2<-x+1<6$

$1<-x<5 \qquad \therefore -5<x<-1$

그런데 $x<1$이므로 $-5<x<-1$

(ii) $x\ge 1$일 때,

$2<x-1<6 \qquad \therefore 3<x<7$

그런데 $x\ge 1$이므로 $3<x<7$

(i), (ii)에서 주어진 부등식의 해는 $-5<x<-1$ 또는 $3<x<7$

따라서 정수 x는 $-4, -3, -2, 4, 5, 6$의 6개이다.

436

절댓값 기호를 포함한 부등식

(전략) 양수 c에 대하여 $|ax+b|<c$이면 $-c<ax+b<c$임을 이용한다.

(풀이) $|x-2k|<k^2$에서 $-k^2<x-2k<k^2$

$\therefore -k^2+2k<x<k^2+2k$

이 부등식의 해가 $-3<x<15$이므로

(i) $-k^2+2k=-3$에서 $k^2-2k-3=0$

$(k+1)(k-3)=0$

$\therefore k=-1$ 또는 $k=3$

(ii) $k^2+2k=15$에서 $k^2+2k-15=0$

$(k+5)(k-3)=0$

$\therefore k=-5$ 또는 $k=3$

(i), (ii)에서 $k=3$

$|x-2|<k$에서 $|x-2|<3$

$-3<x-2<3 \qquad \therefore -1<x<5$

따라서 정수 x는 0, 1, 2, 3, 4이므로 그 합은

$0+1+2+3+4=10$

437

절댓값 기호를 포함한 부등식

(전략) x의 값의 범위를 $x<1$, $1\le x<2$, $2\le x$일 때로 나누어 절댓값 기호를 없애고 조건을 만족시키는 실수 a의 값의 범위를 구한다.

(풀이) (i) $x<1$일 때,

$-(x-1)-(x-2)<a$

$-x+1-x+2<a$, $-2x<a-3$, $x>\frac{3-a}{2}$

그런데 $x<1$이므로 주어진 부등식이 해를 갖지 않으려면

$\frac{3-a}{2}\ge 1$, $3-a\ge 2$, $-a\ge -1$

$\therefore a\le 1$

(ii) $1\le x<2$일 때,

$x-1-(x-2)<a$, $x-1-x+2<a$, $1<a$

그런데 $1\le x<2$이므로 주어진 부등식이 해를 갖지 않으려면

$a\le 1$

(iii) $x\ge 2$일 때,

$x-1+x-2<a$, $2x-3<a$

$2x<a+3$, $x<\frac{a+3}{2}$

그런데 $x\ge2$이므로 주어진 부등식이 해를 갖지 않으려면

$\frac{a+3}{2}\le2,\ a+3\le4$

$\therefore\ a\le1$

이상에서 부등식 $|x-1|+|x-2|<a$의 해가 존재하지 않으려면 $a\le1$이어야 한다.

438

절댓값 기호를 포함한 부등식

(전략) 절댓값 기호 안의 식의 값이 0이 되도록 하는 x의 값을 기준으로 x의 값의 범위를 나누어 생각한다.

(풀이) $\sqrt{4x^2+4x+1}=\sqrt{(2x+1)^2}=|2x+1|$이므로

$|2x+1|+|x|\le a$

(i) $x<-\frac{1}{2}$일 때,

$-(2x+1)-x\le a,\ -3x-1\le a,\ -3x\le a+1$

$\therefore\ x\ge-\frac{a+1}{3}$

이때 $a>1$이므로 $-\frac{a+1}{3}<-\frac{2}{3}$

그런데 $x<-\frac{1}{2}$이므로 $-\frac{a+1}{3}\le x<-\frac{1}{2}$

(ii) $-\frac{1}{2}\le x<0$일 때,

$2x+1-x\le a,\ x+1\le a \qquad \therefore\ x\le a-1$

이때 $a>1$이므로 $a-1>0$

그런데 $-\frac{1}{2}\le x<0$이므로 $-\frac{1}{2}\le x<0$

(iii) $x\ge0$일 때,

$2x+1+x\le a,\ 3x+1\le a,\ 3x\le a-1$

$\therefore\ x\le\frac{a-1}{3}$

이때 $a>1$이므로 $\frac{a-1}{3}>0$

그런데 $x\ge0$이므로 $0\le x\le\frac{a-1}{3}$

이상에서 주어진 부등식의 해는

$-\frac{a+1}{3}\le x\le\frac{a-1}{3}$

한편, 부등식 $0\le x-b\le4$의 해는 $b\le x\le b+4$이므로

$b=-\frac{a+1}{3},\ b+4=\frac{a-1}{3}$

$3b=-a-1,\ 3b+12=a-1$

$\therefore\ a+3b=-1,\ a-3b=13$

두 식을 연립하여 풀면 $a=6,\ b=-\frac{7}{3}$

$\therefore\ ab=6\times\left(-\frac{7}{3}\right)=-14$

도전 1등급 최고난도 ● 103쪽

439 5 **440** ③ **441** ③

439

연립일차부등식의 풀이

(1단계) 부등식 $ax+6\le-3x-2a$의 해가 $x<1$임을 이용하여 a의 값을 구한다.

$ax+6\le-3x-2a$에서

$ax+3x\le-2a-6$

$\therefore\ (a+3)x\le-2(a+3)$ ...... ㉠

(i) $a>-3$일 때,

$a+3>0$이므로 부등식 ㉠의 해는 $x\le-2$이고 이때 주어진 부등식의 해는 $x<1$이 될 수 없다.

(ii) $a=-3$일 때,

$0\times x\le0$이므로 부등식 ㉠의 해는 모든 실수이고 이때 주어진 부등식의 해는 $x<1$이 될 수 있다.

(iii) $a<-3$일 때,

$a+3<0$이므로 부등식 ㉠의 해는 $x\ge-2$이고 이때 주어진 부등식의 해는 $x<1$이 될 수 없다.

이상에서 $a=-3$

(2단계) a의 값을 부등식 $bx-7<ax-b$에 대입하여 b의 값을 구한다.

$a=-3$을 $bx-7<ax-b$에 대입하면

$bx-7<-3x-b,\ bx+3x<-b+7$

$\therefore\ (b+3)x<-b+7$

이 부등식의 해가 $x<1$이어야 하므로 $b+3>0$

$\therefore\ x<\frac{-b+7}{b+3}$

즉, $\frac{-b+7}{b+3}=1$이므로

$-b+7=b+3,\ -2b=-4 \qquad \therefore\ b=2$

(3단계) $b-a$의 값을 구한다.

$\therefore\ b-a=2-(-3)=5$

440

절댓값 기호를 포함한 부등식

(1단계) 절댓값이 포함된 일차함수의 그래프를 그린다.

$y_1=|x-a|,\ y_2=|x-b|,\ y_3=|x-c|$로 놓고 그 그래프를 그리면 다음 그림과 같다.

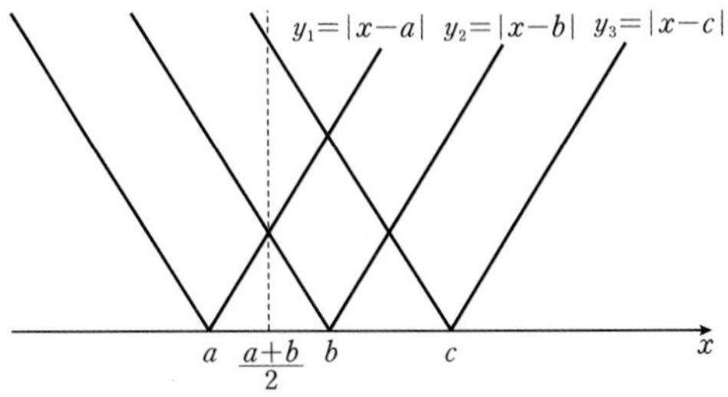

$y_1=|x-a|$ $y_2=|x-b|$ $y_3=|x-c|$

a $\frac{a+b}{2}$ b c x

(2단계) 그래프를 이용하여 x의 값의 범위를 구한다.

위의 그림에서 부등식 $|x-a|<|x-b|<|x-c|$의 해는 $y_1<y_2<y_3$을 만족시키는 x의 값의 범위이다.

따라서 주어진 부등식을 만족시키는 x의 값의 범위는 두 직선 $y=x-a$와 $y=-x+b$의 교점의 x좌표인 $x=\frac{a+b}{2}$보다 작을 때이므로 $x<\frac{a+b}{2}$

441

절댓값 기호를 포함한 부등식

(1단계) 절댓값 기호 안의 식의 값이 0이 되도록 하는 x의 값을 기준으로 x의 값의 범위를 나누어 부등식의 해를 구한다.

(i) $x<0$일 때,

$-x-(x-a)<b,\ -2x+a<b$

$-2x<b-a \qquad \therefore x>\dfrac{a-b}{2}$

이때 $0<a<b$에서 $a-b<0$

$\therefore \dfrac{a-b}{2}<0$

그런데 $x<0$이므로

$\dfrac{a-b}{2}<x<0$

(ii) $0\le x<a$일 때,

$x-(x-a)<b,\ a<b$

이때 $a<b$는 항상 성립하므로

$0\le x<a$

(iii) $x\ge a$일 때,

$x+x-a<b,\ 2x<a+b$

$\therefore x<\dfrac{a+b}{2}$

그런데 $x\ge a$이고 $0<a<b$에서 $a<\dfrac{a+b}{2}$이므로

$a\le x<\dfrac{a+b}{2}$

이상에서 $\dfrac{a-b}{2}<x<\dfrac{a+b}{2}$ …… ㉠

(2단계) 부등식의 해에 a, b의 값을 대입하여 참, 거짓을 판별한다.

ㄱ. ㉠에 $a=1$, $b=2$를 대입하면

$\dfrac{1-2}{2}<x<\dfrac{1+2}{2} \qquad \therefore -\dfrac{1}{2}<x<\dfrac{3}{2}$

즉, 정수 x는 0, 1의 2개이므로 $A(1,2)=2$ (참)

ㄴ. ㉠에 $a=n$, $b=n+2$를 대입하면

$\dfrac{n-(n+2)}{2}<x<\dfrac{n+(n+2)}{2} \qquad \therefore -1<x<n+1$

즉, 정수 x는 $(n+1)$개이므로 $A(n, n+2)=n+1$ (참)

ㄷ. ㉠에 $a=n$, $b=3n$을 대입하면

$\dfrac{n-3n}{2}<x<\dfrac{n+3n}{2} \qquad \therefore -n<x<2n$

즉, 정수 x는 $2n-(-n)-1=3n-1$(개)이므로

$A(n, 3n)=3n-1$

이때 $3n-1>100$에서 $3n>101 \qquad \therefore n>\dfrac{101}{3}$

따라서 자연수 n의 최솟값은 34이다. (거짓)

이상에서 옳은 것은 ㄱ, ㄴ이다.

09 이차부등식

유형 분석 기출 ● 106쪽~111쪽

442 ④	**443** ④	**444** 3	**445** ④	**446** ⑤
447 ④	**448** ⑤	**449** ③	**450** ②	**451** ②
452 ①	**453** ③	**454** ⑤	**455** ①	**456** -3
457 ⑤	**458** 22	**459** ③	**460** $-1<x<6$	
461 ⑤	**462** ①	**463** ⑤	**464** ⑤	**465** 3
466 $a\ge 2$	**467** ③	**468** 30	**469** ③	**470** ①
471 $3\le x\le 5$		**472** ⑤	**473** $k>\frac{19}{4}$	
474 ③	**475** 4	**476** 10	**477** ③	

442

이차부등식 $f(x)>0$의 해는 이차함수 $y=f(x)$의 그래프가 x축보다 위쪽에 있는 부분의 x의 값의 범위이므로

$-3<x<1$

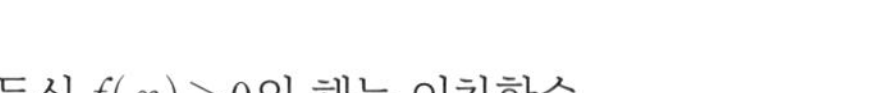

개념 보충

① 이차부등식 $ax^2+bx+c>0$의 해
⇨ 이차함수 $y=ax^2+bx+c$의 그래프가 x축보다 위쪽에 있는 부분의 x의 값의 범위

② 이차부등식 $ax^2+bx+c<0$의 해
⇨ 이차함수 $y=ax^2+bx+c$의 그래프가 x축보다 아래쪽에 있는 부분의 x의 값의 범위

443

이차부등식 $x^2-4x+1\le 0$의 해가 $\alpha\le x\le\beta$이므로

$x^2-4x+1=(x-\alpha)(x-\beta)$

즉, α, β가 이차방정식 $x^2-4x+1=0$의 두 근이므로 근의 공식에 의하여

$x=2\pm\sqrt{3}$

따라서 이차부등식 $x^2-4x+1\le 0$의 해는

$2-\sqrt{3}\le x\le 2+\sqrt{3}$이므로

$\alpha=2-\sqrt{3},\ \beta=2+\sqrt{3}$

$\therefore \alpha-\beta=2-\sqrt{3}-(2+\sqrt{3})=-2\sqrt{3}$

다른 풀이 α, β가 이차방정식 $x^2-4x+1=0$의 두 근이므로 이차방정식의 근과 계수의 관계에 의하여

$\alpha+\beta=4,\ \alpha\beta=1$

$\therefore (\alpha-\beta)^2=(\alpha+\beta)^2-4\alpha\beta$

$=4^2-4\times 1=12$

$\therefore \alpha-\beta=-2\sqrt{3}\ (\because \alpha<\beta)$

1등급 비법

이차부등식 $ax^2+bx+c\le 0$에서 ax^2+bx+c가 인수분해 되지 않으면 근의 공식을 이용하여 이차방정식 $ax^2+bx+c=0$의 근을 구한 후, 이차부등식의 해를 구한다.

444

$f(x)g(x)\geq 0$에서

$f(x)\geq 0$, $g(x)\geq 0$ 또는 $f(x)\leq 0$, $g(x)\leq 0$

(i) $f(x)\geq 0$, $g(x)\geq 0$을 만족시키는 x의 값의 범위는

$f(x)\geq 0$에서 $x\leq -1$ 또는 $x\geq 3$

$g(x)\geq 0$에서 $0\leq x\leq 3$

이므로 $x=3$

(ii) $f(x)\leq 0$, $g(x)\leq 0$을 만족시키는 x의 값의 범위는

$f(x)\leq 0$에서 $-1\leq x\leq 3$

$g(x)\leq 0$에서 $x\leq 0$ 또는 $x\geq 3$

이므로 $-1\leq x\leq 0$ 또는 $x=3$

(i), (ii)에서 부등식 $f(x)g(x)\geq 0$의 해는

$-1\leq x\leq 0$ 또는 $x=3$

따라서 주어진 부등식을 만족시키는 정수 x는 -1, 0, 3의 3개이다.

445

(i) $x\geq 0$일 때,

$x^2-3x+2\leq 0$, $(x-1)(x-2)\leq 0$

$\therefore 1\leq x\leq 2$

그런데 $x\geq 0$이므로 $1\leq x\leq 2$

(ii) $x<0$일 때,

$x^2+3x+2\leq 0$, $(x+1)(x+2)\leq 0$

$\therefore -2\leq x\leq -1$

그런데 $x<0$이므로 $-2\leq x\leq -1$

(i), (ii)에서 주어진 부등식의 해는

$-2\leq x\leq -1$ 또는 $1\leq x\leq 2$

따라서 주어진 부등식을 만족시키는 정수 x는 -2, -1, 1, 2의 4개이다.

446

$x^2-3x-18\leq 0$에서

$(x-6)(x+3)\leq 0$ $\quad\therefore -3\leq x\leq 6$

이때 오른쪽 그림과 같이 $-3\leq x\leq 6$이 $x\leq a$에 포함되려면

$a\geq 6$ ...... ㉠

$-2x^2+7x-3<0$에서 $2x^2-7x+3>0$

$(2x-1)(x-3)>0$ $\quad\therefore x<\frac{1}{2}$ 또는 $x>3$

이때 오른쪽 그림과 같이 $x>\beta$가 $x<\frac{1}{2}$ 또는 $x>3$에 포함되려면

$\beta\geq 3$ ...... ㉡

㉠, ㉡에서 $\alpha+\beta\geq 9$

따라서 $\alpha+\beta$의 최솟값은 9이다.

447

$x^2+x+1=\left(x+\frac{1}{2}\right)^2+\frac{3}{4}>0$이므로

$|x^2+x+1|=x^2+x+1$

이차부등식 $x^2+x+1\leq |x+4|$에서

(i) $x<-4$일 때,

$x^2+x+1\leq -(x+4)$, $x^2+2x+5\leq 0$

$(x+1)^2+4\leq 0$

그런데 모든 실수 x에 대하여 $(x+1)^2+4>0$이므로 해는 없다.

(ii) $x\geq -4$일 때,

$x^2+x+1\leq x+4$, $x^2\leq 3$ $\quad\therefore -\sqrt{3}\leq x\leq \sqrt{3}$

그런데 $x\geq -4$이므로 $-\sqrt{3}\leq x\leq \sqrt{3}$

(i), (ii)에서 주어진 부등식의 해는

$-\sqrt{3}\leq x\leq \sqrt{3}$

448

해가 $-4<x<3$이고 x^2의 계수가 1인 이차부등식은

$(x+4)(x-3)<0$ $\quad\therefore x^2+x-12<0$

이 부등식이 $x^2+ax+b<0$과 같으므로

$a=1$, $b=-12$

$\therefore a-b=1-(-12)=13$

449

이차부등식 $ax^2+3x-2\geq 0$의 해가 $1\leq x\leq 2$이므로

$a<0$ ← 주어진 이차부등식과 해의 부등호의 방향을 비교하여 a의 부호를 정한다.

해가 $1\leq x\leq 2$이고 x^2의 계수가 1인 이차부등식은

$(x-1)(x-2)\leq 0$, $x^2-3x+2\leq 0$

양변에 a를 곱하면

$ax^2-3ax+2a\geq 0$ ($\because a<0$)

이 부등식이 $ax^2+3x-2\geq 0$과 같으므로

$a=-1$

$a=-1$을 $ax^2+5ax+6\leq 0$에 대입하면

$-x^2-5x+6\leq 0$

$x^2+5x-6\geq 0$, $(x+6)(x-1)\geq 0$

$\therefore x\leq -6$ 또는 $x\geq 1$

1등급 비법

이차부등식의 해가 주어졌을 때, x^2의 계수가 a인 이차부등식을 구하는 순서는 다음과 같다.

(i) 주어진 해를 이용하여 x^2의 계수가 1인 이차부등식을 만든다.

(ii) (i)의 식의 양변에 a를 곱한다. 이때 $a<0$이면 부등호의 방향이 바뀌는 것에 주의한다.

450

해가 $x<-2$ 또는 $x>4$이고 x^2의 계수가 1인 이차부등식은

$(x+2)(x-4)>0$

이차부등식 $f(x)<0$의 해가 $x<-2$ 또는 $x>4$이므로

$f(x)=a(x+2)(x-4)$ $(a<0)$라 하면

$f(-x)=a(-x+2)(-x-4)$

$=a(x+4)(x-2)$

따라서 부등식 $f(-x)>0$, 즉 $a(x+4)(x-2)>0$에서

$(x+4)(x-2)<0$ ($\because a<0$)

$\therefore -4<x<2$

451

이차부등식 $(a+2)x^2-4x+a-2\ge 0$의 해가 오직 한 개 존재하려면 $a+2<0$ $\quad\therefore a<-2$

또, 이차방정식 $(a+2)x^2-4x+a-2=0$이 중근을 가져야 하므로 이차방정식의 판별식을 D라 할 때,

$\frac{D}{4}=(-2)^2-(a+2)(a-2)=0$

$4-a^2+4=0$, $a^2=8$ $\quad\therefore a=-2\sqrt{2}$ 또는 $a=2\sqrt{2}$

이때 $a<-2$이므로 $a=-2\sqrt{2}$

1등급 비법

이차방정식 $ax^2+bx+c=0$의 판별식을 D라 할 때, 이차부등식 $ax^2+bx+c\ge 0$이 해를 한 개만 가지려면 $a<0$, $D=0$이어야 한다.

452

이차함수 $y=f(x)$의 그래프가 x축과 두 점 $(-2, 0)$, $(1, 0)$에서 만나므로

$f(x)=a(x-1)(x+2)$ $(a>0)$라 하면

$f\left(\frac{x+k}{2}\right)=a\left(\frac{x+k}{2}-1\right)\left(\frac{x+k}{2}+2\right)$

$=\frac{a}{4}(x+k-2)(x+k+4)$

$f\left(\frac{x+k}{2}\right)\le 0$, 즉 $\frac{a}{4}(x+k-2)(x+k+4)\le 0$에서

$(x+k-2)(x+k+4)\le 0$ $(\because a>0)$

$\therefore -k-4\le x\le -k+2$

이때 부등식 $f\left(\frac{x+k}{2}\right)\le 0$의 해가 $-1\le x\le 5$이므로

$-k-4=-1$, $-k+2=5$

$\therefore k=-3$

453

$x^2-2ax<0$에서 $x(x-2a)<0$

(i) $2a>0$일 때,

$x(x-2a)<0$에서 $0<x<2a$

이 부등식을 만족시키는 정수 x가 5개이려면 오른쪽 그림에서

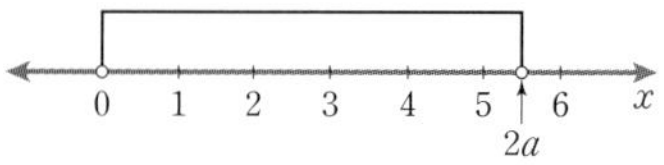

$5<2a\le 6$ $\quad\therefore \frac{5}{2}<a\le 3$

그런데 $2a>0$, 즉 $a>0$이므로 $\frac{5}{2}<a\le 3$

(ii) $2a=0$일 때,

$x(x-2a)<0$에서 $x^2<0$

이 부등식을 만족시키는 정수 x는 없으므로 주어진 조건을 만족시키지 않는다.

(iii) $2a<0$일 때,

$x(x-2a)<0$에서 $2a<x<0$

이 부등식을 만족시키는 정수 x가 5개이려면 오른쪽 그림에서

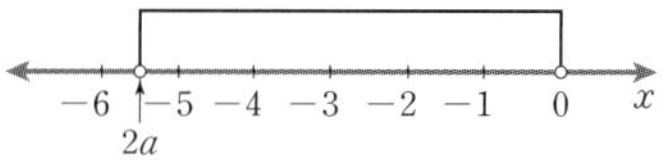

$-6\le 2a<-5$

$\therefore -3\le a<-\frac{5}{2}$

그런데 $2a<0$, 즉 $a<0$이므로

$-3\le a<-\frac{5}{2}$

이상에서 $\frac{5}{2}<a\le 3$ 또는 $-3\le a<-\frac{5}{2}$

따라서 구하는 정수 a는 -3, 3의 2개이다.

454

이차부등식 $x^2-2ax+3a+10>0$이 모든 실수 x에 대하여 성립하려면 이차방정식 $x^2-2ax+3a+10=0$의 판별식을 D라 할 때,

$\frac{D}{4}=(-a)^2-(3a+10)<0$

$a^2-3a-10<0$

$(a+2)(a-5)<0$

$\therefore -2<a<5$

따라서 정수 a는 -1, 0, 1, 2, 3, 4의 6개이다.

1등급 비법

이차부등식이 항상 성립할 조건

이차방정식 $ax^2+bx+c=0$의 판별식을 D라 할 때, 모든 실수 x에 대하여 $ax^2+bx+c>0$이 성립할 조건은 $a>0$, $D<0$이다.

455

모든 실수 x에 대하여 $\sqrt{x^2+2kx+4k+21}$이 실수가 되려면 모든 실수 x에 대하여 부등식 $x^2+2kx+4k+21\ge 0$이 성립해야 한다.

이차방정식 $x^2+2kx+(4k+21)=0$의 판별식을 D라 할 때,

$\frac{D}{4}=k^2-(4k+21)\le 0$

$k^2-4k-21\le 0$

$(k-7)(k+3)\le 0$

$\therefore -3\le k\le 7$

456

$f(x)=-x^2+2x+3-2k$라 하면

$f(x)=-(x-1)^2+4-2k$

$-2\le x\le 3$에서 이차함수 $y=f(x)$의 그래프는 오른쪽 그림과 같고 이차부등식 $f(x)\ge 0$이 항상 성립하려면 $f(-2)\ge 0$이어야 한다.

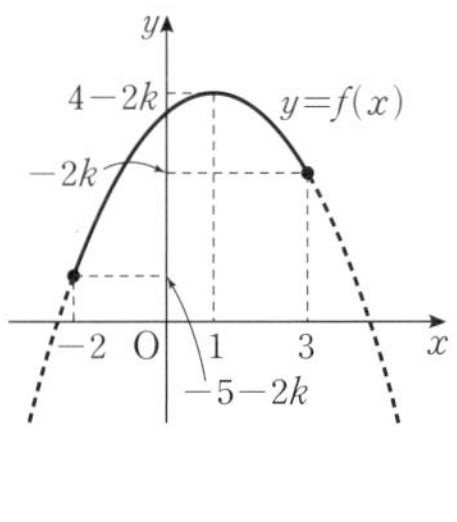

즉, $f(-2)=-9+4-2k\ge 0$에서

$-5-2k\ge 0$

$\therefore k\le -\frac{5}{2}$

따라서 정수 k의 최댓값은 -3이다.

457

이차부등식 $x^2+5x+2a<0$이 해를 가지려면 이차방정식 $x^2+5x+2a=0$이 서로 다른 두 실근을 가져야 하므로 이 이차방정식의 판별식을 D라 할 때,

$D=5^2-4\times1\times2a>0$

$25-8a>0$

$-8a>-25$

$\therefore a<\frac{25}{8}$

따라서 정수 a의 최댓값은 3이다.

1등급 비법

이차부등식이 해를 가질 조건

① 이차부등식 $ax^2+bx+c>0$은 $a>0$이면 항상 해를 갖고 $a<0$이면 $D>0$이어야 한다.

② 이차부등식 $ax^2+bx+c<0$은 $a<0$이면 항상 해를 갖고 $a>0$이면 $D>0$이어야 한다.

458

이차부등식 $x^2+8x+(a-6)<0$이 해를 갖지 않으려면 이차방정식 $x^2+8x+(a-6)=0$이 중근 또는 근을 갖지 않아야 하므로 이 이차방정식의 판별식을 D라 할 때,

$\frac{D}{4}=4^2-(a-6)\le0$

$16-a+6\le0,\ -a+22\le0$

$-a\le-22 \quad \therefore a\ge22$

따라서 실수 a의 최솟값은 22이다.

459

(i) $k>0$일 때,

주어진 부등식의 해가 존재하려면 이차방정식 $kx^2+2kx-3=0$이 실근을 가져야 하므로 이 이차방정식의 판별식을 D라 할 때,

$\frac{D}{4}=k^2-k\times(-3)\ge0,\ k(k+3)\ge0$

$\therefore k\le-3$ 또는 $k\ge0$

그런데 $k>0$이므로 $k>0$

(ii) $k=0$일 때,

$-3\le0$이므로 주어진 부등식의 해는 모든 실수이다.

(iii) $k<0$일 때,

이차함수 $y=kx^2+2kx-3$의 그래프는 위로 볼록하므로 주어진 부등식은 항상 해를 갖는다.

이상에서 조건을 만족시키는 실수 k의 값의 범위는 모든 실수이다.

460

이차함수 $y=2x^2-3x-2$의 그래프가 이차함수 $y=x^2+2x+4$의 그래프보다 아래쪽에 있으려면

$2x^2-3x-2<x^2+2x+4$

$x^2-5x-6<0,\ (x+1)(x-6)<0$

$\therefore -1<x<6$

461

이차함수 $y=x^2-2x+a$의 그래프가 직선 $y=2x+1$보다 항상 위쪽에 있으려면 모든 실수 x에 대하여 부등식 $x^2-2x+a>2x+1$, 즉 $x^2-4x+a-1>0$이 성립해야 한다.

이차방정식 $x^2-4x+a-1=0$의 판별식을 D라 할 때,

$\frac{D}{4}=(-2)^2-(a-1)<0$

$4-a+1<0,\ -a<-5$

$\therefore a>5$

따라서 정수 a의 최솟값은 6이다.

462

이차함수 $y=x^2+ax+b$의 그래프가 직선 $y=x-3$보다 위쪽에 있으려면

$x^2+ax+b>x-3$

$\therefore x^2+(a-1)x+b+3>0$ …… ㉠

한편, 해가 $x<-1$ 또는 $x>4$이고 x^2의 계수가 1인 이차부등식은

$(x+1)(x-4)>0$

$\therefore x^2-3x-4>0$ …… ㉡

㉠, ㉡이 서로 같은 부등식이므로

$a-1=-3,\ b+3=-4$

$\therefore a=-2,\ b=-7$

$\therefore a+b=-2+(-7)=-9$

개념 보충

두 함수의 그래프와 이차부등식의 해 사이의 관계

이차함수 $y=f(x)$의 그래프와 직선 $y=g(x)$에 대하여

① 이차부등식 $f(x)>g(x)$의 해

⇨ 이차함수 $y=f(x)$의 그래프가 직선 $y=g(x)$보다 위쪽에 있는 부분의 x의 값의 범위

② 이차부등식 $f(x)<g(x)$의 해

⇨ 이차함수 $y=f(x)$의 그래프가 직선 $y=g(x)$보다 아래쪽에 있는 부분의 x의 값의 범위

463

$x^2-3x<4$에서

$x^2-3x-4<0$

$(x+1)(x-4)<0$

$\therefore -1<x<4$ …… ㉠

$x^2\ge6x-5$에서

$x^2-6x+5\ge0$

$(x-1)(x-5)\ge0$

$\therefore x\le1$ 또는 $x\ge5$ …… ㉡

㉠, ㉡의 공통부분을 구하면

$-1<x\le1$

따라서 $\alpha=-1,\ \beta=1$이므로

$\beta-\alpha=1-(-1)=2$

464

$x^2-3x-18\le0$에서

$(x+3)(x-6)\le0$ $\quad\therefore -3\le x\le6$ ...... ㉠

$x^2-8x+15\ge0$에서

$(x-3)(x-5)\ge0$ $\quad\therefore x\le3$ 또는 $x\ge5$ ...... ㉡

㉠, ㉡의 공통부분을 구하면

$-3\le x\le3$ 또는 $5\le x\le6$

따라서 정수 x는 $-3, -2, -1, 0, 1, 2, 3, 5, 6$이므로 그 합은

$(-3)+(-2)+(-1)+0+1+2+3+5+6=11$

465

$|x-2|\le1$에서

$-1\le x-2\le1$ $\quad\therefore 1\le x\le3$ ...... ㉠

$x^2-x-6\le0$에서

$(x+2)(x-3)\le0$ $\quad\therefore -2\le x\le3$ ...... ㉡

㉠, ㉡의 공통부분을 구하면

$1\le x\le3$

따라서 정수 x는 1, 2, 3의 3개이다.

466

$x^2-4<2x-1\le x+a$에서

$\begin{cases} x^2-4<2x-1 \\ 2x-1\le x+a \end{cases}$

$x^2-4<2x-1$에서 $x^2-2x-3<0$

$(x+1)(x-3)<0$ $\quad\therefore -1<x<3$ ...... ㉠

$2x-1\le x+a$에서 $x\le a+1$ ...... ㉡

㉠, ㉡의 공통부분이

$-1<x<3$이어야 하므로

오른쪽 그림에서

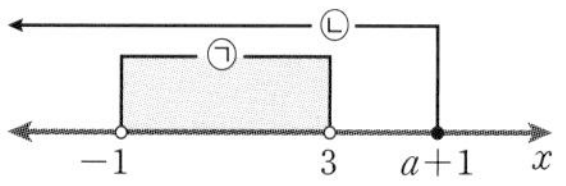

$a+1\ge3$ $\quad\therefore a\ge2$

참고 부등식 $f(x)<g(x)<h(x)$는 연립부등식

$\begin{cases} f(x)<g(x) \\ g(x)<h(x) \end{cases}$ 꼴로 변형하여 푼다.

467

$x^2+3x-4<0$에서

$(x+4)(x-1)<0$ $\quad\therefore -4<x<1$ ...... ㉠

연립부등식의 해가 $-2<x<1$이 되려면 부등식

$(x-a)(x+2)>0$의 해는

$x<a$ 또는 $x>-2$ ...... ㉡

이어야 한다.

즉, 오른쪽 그림에서

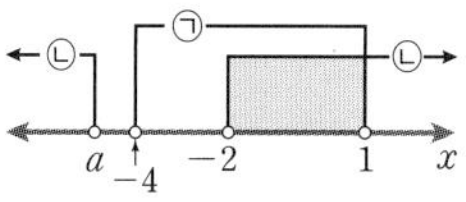

$a\le-4$

따라서 실수 a의 최댓값은 -4이다.

468

$x^2-10x+21\le0$에서 $(x-3)(x-7)\le0$

$\therefore 3\le x\le7$ ...... ㉠

$x^2-2(n-1)x+n^2-2n\ge0$에서

$x^2-(2n-2)x+n(n-2)\ge0$, $\{x-(n-2)\}(x-n)\ge0$

$\therefore x\le n-2$ 또는 $x\ge n$ ...... ㉡

(i) $1\le n\le3$일 때, ㉠, ㉡에서 $3\le x\le7$이므로 정수 x는 3, 4, 5, 6, 7의 5개이다.

(ii) $n=4$일 때, ㉠, ㉡에서 $4\le x\le7$이므로 정수 x는 4, 5, 6, 7의 4개이다.

(iii) $n=5$일 때, ㉠, ㉡에서 $x=3$ 또는 $5\le x\le7$이므로 정수 x는 3, 5, 6, 7의 4개이다.

(iv) $n=6$일 때, ㉠, ㉡에서 $3\le x\le4$ 또는 $6\le x\le7$이므로 정수 x는 3, 4, 6, 7의 4개이다.

(v) $n=7$일 때, ㉠, ㉡에서 $3\le x\le5$ 또는 $x=7$이므로 정수 x는 3, 4, 5, 7의 4개이다.

(vi) $n=8$일 때, ㉠, ㉡에서 $3\le x\le6$이므로 정수 x는 3, 4, 5, 6의 4개이다.

(vii) $n\ge9$일 때, ㉠, ㉡에서 $3\le x\le7$이므로 정수 x는 3, 4, 5, 6, 7의 5개이다.

이상에서 연립이차부등식을 만족시키는 정수 x의 개수가 4가 되도록 하는 모든 자연수 n은 4, 5, 6, 7, 8이므로 그 합은

$4+5+6+7+8=30$

469

직사각형의 둘레의 길이가 36이므로 직사각형의 가로의 길이를 x라 하면 세로의 길이는 $18-x$이다.

직사각형의 가로와 세로의 길이는 양수이므로

$x>0$, $x<18$ $\quad\therefore 0<x<18$ ...... ㉠

이 직사각형의 넓이가 77보다 크므로

$x(18-x)>77$, $x^2-18x+77<0$

$(x-7)(x-11)<0$ $\quad\therefore 7<x<11$ ...... ㉡

㉠, ㉡의 공통부분을 구하면

$7<x<11$

따라서 직사각형의 한 변의 길이가 될 수 있는 자연수는 8, 9, 10이므로 그 합은

$8+9+10=27$

470

삼각형의 세 변의 길이는 모두 양수이므로

$x-3>0$, $x>0$, $x+3>0$ $\quad\therefore x>3$ ...... ㉠

삼각형에서 가장 긴 변의 길이는 나머지 두 변의 길이의 합보다 작아야 하므로

$x+3<x+(x-3)$ $\quad\therefore x>6$ ...... ㉡

둔각삼각형이려면 가장 긴 변의 길이의 제곱이 나머지 두 변의 길이의 제곱의 합보다 커야 하므로

$(x+3)^2>x^2+(x-3)^2$, $x^2-12x<0$

$x(x-12)<0$ $\quad\therefore 0<x<12$ ...... ㉢

㉠, ㉡, ㉢의 공통부분을 구하면

$6<x<12$

따라서 자연수 x는 7, 8, 9, 10, 11의 5개이다.

개념 보충

오른쪽 그림과 같이 삼각형의 세 변의 길이가 a, b, c $(a<b<c)$일 때,

① 삼각형이 될 조건 ⇨ $c<a+b$
② 예각삼각형이 될 조건 ⇨ $c^2<a^2+b^2$
③ 직각삼각형이 될 조건 ⇨ $c^2=a^2+b^2$
④ 둔각삼각형이 될 조건 ⇨ $c^2>a^2+b^2$

471

산책로의 폭이 x m이므로 $x>0$

산책로의 넓이는

$(180+2x)(120+2x)-180\times120=4x^2+600x(\mathrm{m}^2)$

산책로의 넓이가 $1836\ \mathrm{m}^2$ 이상 $3100\ \mathrm{m}^2$ 이하이므로

$1836\le4x^2+600x\le3100$

$459\le x^2+150x\le775$에서 $\begin{cases}459\le x^2+150x\\ x^2+150x\le775\end{cases}$

$x^2+150x\ge459$에서 $x^2+150x-459\ge0$

$(x+153)(x-3)\ge0 \qquad \therefore x\le-153$ 또는 $x\ge3$

그런데 $x>0$이므로 $x\ge3$ …… ㉠

$x^2+150x\le775$에서 $x^2+150x-775\le0$

$(x+155)(x-5)\le0 \qquad \therefore -155\le x\le5$

그런데 $x>0$이므로 $0<x\le5$ …… ㉡

㉠, ㉡의 공통부분을 구하면 $3\le x\le5$

472

이차방정식 $x^2-2(a+3)x+a^2+4=0$의 두 근을 α, β라 하고 판별식을 D라 할 때, 두 근이 모두 양수가 되려면

$D\ge0$, $\alpha+\beta>0$, $\alpha\beta>0$

(i) $\dfrac{D}{4}=\{-(a+3)\}^2-(a^2+4)\ge0$

$6a+5\ge0 \qquad \therefore a\ge-\dfrac{5}{6}$

(ii) $\alpha+\beta=2(a+3)>0 \qquad \therefore a>-3$

(iii) $\alpha\beta=a^2+4>0$

즉, a는 모든 실수이다.

이상에서 $a\ge-\dfrac{5}{6}$

따라서 정수 a의 최솟값은 0이다.

473

이차방정식 $x^2+(2k+1)x+k^2+5=0$의 두 근을 α, β $(\alpha\ne\beta)$라 하고 판별식을 D라 할 때, 두 근이 서로 다른 음수가 되려면

$D>0$, $\alpha+\beta<0$, $\alpha\beta>0$

(i) $D=(2k+1)^2-4(k^2+5)>0$

$4k-19>0 \qquad \therefore k>\dfrac{19}{4}$

(ii) $\alpha+\beta=-(2k+1)<0$

$2k+1>0 \qquad \therefore k>-\dfrac{1}{2}$

(iii) $\alpha\beta=k^2+5>0$

즉, k는 모든 실수이다.

이상에서 $k>\dfrac{19}{4}$

474

이차방정식 $x^2-(2m-3)x+m^2-4=0$의 두 근을 α, β라 하면 두 근의 부호가 서로 다르므로 $\alpha\beta<0$

$\alpha\beta=m^2-4$이므로

$m^2-4<0$, $(m+2)(m-2)<0$

$\therefore -2<m<2$

따라서 정수 m은 -1, 0, 1의 3개이다.

1등급 비법

이차방정식의 실근의 부호

이차방정식 $ax^2+bx+c=0$의 판별식을 D라 하면

① 두 근이 모두 양수
⇨ $D\ge0$, $\alpha+\beta>0$, $\alpha\beta>0$
② 두 근이 모두 음수
⇨ $D\ge0$, $\alpha+\beta<0$, $\alpha\beta>0$
③ 두 근이 서로 다른 부호
⇨ $\alpha\beta<0$

475

이차방정식 $x^2+(p^2-5p+4)x+p^2-7p+10=0$의 두 근을 α, β라 하면 두 근의 부호가 서로 다르므로 $\alpha\beta<0$

$\alpha\beta=p^2-7p+10$이므로 $p^2-7p+10<0$

$(p-2)(p-5)<0$

$\therefore 2<p<5$ …… ㉠

또, 두 근의 절댓값이 같으므로 $\alpha+\beta=0$

$\alpha+\beta=-(p^2-5p+4)$이므로 $-(p^2-5p+4)=0$

$p^2-5p+4=0$, $(p-1)(p-4)=0$

$\therefore p=1$ 또는 $p=4$ …… ㉡

㉠, ㉡의 공통부분을 구하면 $p=4$

476

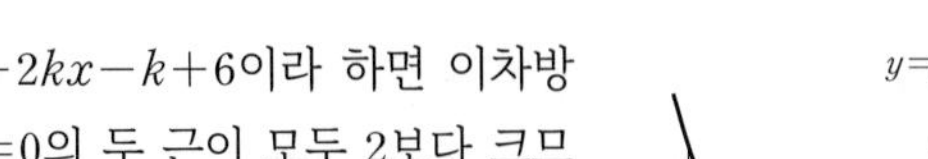

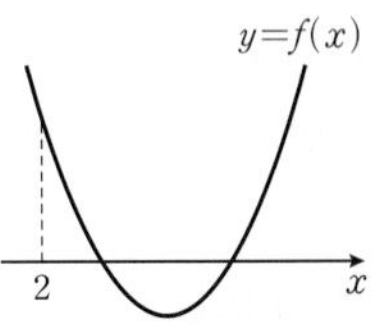

$f(x)=x^2+2kx-k+6$이라 하면 이차방정식 $f(x)=0$의 두 근이 모두 2보다 크므로 이차함수 $y=f(x)$의 그래프는 오른쪽 그림과 같다.

(i) 이차방정식 $f(x)=0$의 판별식을 D라 할 때,

$\dfrac{D}{4}=k^2-(-k+6)\ge0$

$k^2+k-6\ge0$, $(k+3)(k-2)\ge0$

$\therefore k\le-3$ 또는 $k\ge2$

(ii) $f(2)>0$에서 $4+4k-k+6>0$

$3k+10>0 \qquad \therefore k>-\dfrac{10}{3}$

(iii) $f(x)=x^2+2kx-k+6=(x+k)^2-k^2-k+6$
에서 $y=f(x)$의 그래프의 축의 방정식은 $x=-k$이므로
$-k>2$
$\therefore k<-2$

이상에서 $-\frac{10}{3}<k\le-3$

따라서 $\alpha=-\frac{10}{3}$, $\beta=-3$이므로

$\alpha\beta=\left(-\frac{10}{3}\right)\times(-3)=10$

1등급 비법

이차방정식의 근의 위치
이차방정식 $ax^2+bx+c=0$ $(a>0)$의 판별식을 D라 할 때,
$f(x)=ax^2+bx+c$라 하면
① 두 근이 모두 p보다 크다.

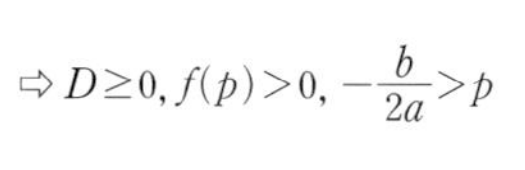

$\Rightarrow D\ge0,\ f(p)>0,\ -\frac{b}{2a}>p$

② 두 근이 모두 p보다 작다.

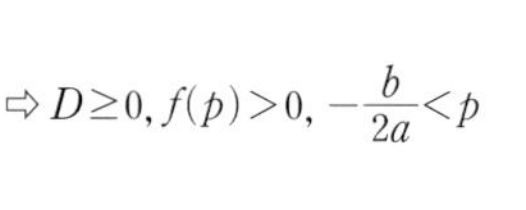

$\Rightarrow D\ge0,\ f(p)>0,\ -\frac{b}{2a}<p$

③ 두 근 사이에 p가 있다.

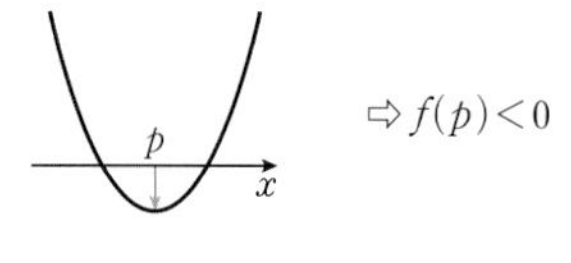

$\Rightarrow f(p)<0$

477

$x^2-3x+2=0$에서
$(x-1)(x-2)=0$
$\therefore x=1$ 또는 $x=2$
$f(x)=x^2-ax+5$라 하면 이차방정식 $f(x)=0$의 한 근만이 1과 2 사이에 있으므로 이차함수 $y=f(x)$의 그래프는 다음 그림과 같다.

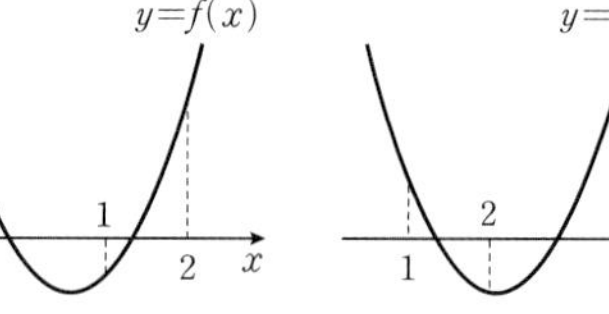

$\therefore f(1)f(2)<0$
$f(1)=1-a+5=-a+6$
$f(2)=4-2a+5=-2a+9$
이므로
$(-a+6)(-2a+9)<0$
$(a-6)(2a-9)<0$
$\therefore \frac{9}{2}<a<6$
따라서 정수 a는 5이다.

내신 적중 서술형

112쪽

478 (1) $b=-a$, $c=-6a$ (2) $x<-\frac{1}{2}$ 또는 $x>\frac{1}{3}$
479 -1 **480** $\frac{5}{2}\le a<3$ **481** $-\frac{5}{3}<k<1$

478

(1) 이차부등식 $ax^2+bx+c<0$의 해가 $-2<x<3$이므로 $a>0$
해가 $-2<x<3$이고 x^2의 계수가 1인 이차부등식은
$(x+2)(x-3)<0$ $\quad\therefore x^2-x-6<0$ …… ㉮
양변에 a를 곱하면
$ax^2-ax-6a<0$ ($\because a>0$)
이 부등식이 $ax^2+bx+c<0$과 같으므로
$b=-a$, $c=-6a$ …… ㉯

(2) (1)에서 구한 것을 이차부등식 $cx^2+bx+a<0$에 대입하면
$-6ax^2-ax+a<0$
$6x^2+x-1>0$ ($\because a>0$)
$(3x-1)(2x+1)>0$ $\quad\therefore x<-\frac{1}{2}$ 또는 $x>\frac{1}{3}$ …… ㉰

	채점 기준	배점 비율
(1)	㉮ a의 부호를 구한 후 해가 $-2<x<3$이고 x^2의 계수가 1인 이차부등식 구하기	20 %
	㉯ b, c를 a에 대한 식으로 각각 나타내기	30 %
(2)	㉰ 이차부등식 $cx^2+bx+a<0$의 해 구하기	50 %

479

함수 $y=(k+2)x^2-4x+5$의 그래프가 직선 $y=2kx+1$보다 항상 위쪽에 있으려면 모든 실수 x에 대하여 부등식
$(k+2)x^2-4x+5>2kx+1$, 즉
$(k+2)x^2-2(k+2)x+4>0$ …… ㉠
이 성립해야 한다. …… ㉮

(i) $k+2=0$, 즉 $k=-2$일 때,
$0\times x^2-0\times x+4=4>0$이므로 모든 실수 x에 대하여 부등식이 성립한다.

(ii) $k+2\ne0$, 즉 $k\ne-2$일 때,
부등식 ㉠이 모든 실수 x에 대하여 성립하려면
$k+2>0$ $\quad\therefore k>-2$ …… ㉡
이차방정식 $(k+2)x^2-2(k+2)x+4=0$의 판별식을 D라 할 때,
$\frac{D}{4}=\{-(k+2)\}^2-4(k+2)<0$
$k^2-4<0$, $(k+2)(k-2)<0$
$\therefore -2<k<2$ …… ㉢
㉡, ㉢의 공통부분을 구하면
$-2<k<2$

(i), (ii)에서 k의 값의 범위는
$-2\le k<2$ …… ㉯
따라서 정수 k의 최댓값은 1, 최솟값은 -2이므로 그 합은
$1+(-2)=-1$ …… ㉰

채점 기준	배점 비율
㉮ 조건을 만족시키는 부등식 세우기	30 %
㉯ 조건을 만족시키는 k의 값의 범위 구하기	50 %
㉰ 정수 k의 최댓값과 최솟값의 합 구하기	20 %

오답 피하기 부등식이 모든 실수에 대하여 성립하는 경우를 확인할 때, 최고차항의 계수가 0인 경우도 생각한다.

1등급 비법

이차함수 $y=ax^2+bx+c$의 그래프가 직선 $y=mx+n$보다 항상 위쪽에 있다.
⇨ 모든 실수 x에 대하여 부등식 $ax^2+bx+c>mx+n$, 즉 $ax^2+(b-m)x+(c-n)>0$이 성립한다.

480

$2(x-1)>x+1$에서

$2x-2>x+1 \quad \therefore x>3$ ...... ㉠ ...... ㉮

$x^2 \le (2a+1)x-2a$에서

$x^2-(2a+1)x+2a \le 0$, $(x-1)(x-2a) \le 0$

그런데 $2a \le 1$이면 연립부등식의 해가 존재하지 않으므로

$2a>1$

$\therefore 1 \le x \le 2a$ ...... ㉡ ...... ㉯

이때 ㉠, ㉡을 동시에 만족시키는 정수 x가 2개만 존재하려면 다음 그림과 같아야 한다.

따라서 $5 \le 2a < 6$에서 $\frac{5}{2} \le a < 3$ ...... ㉰

채점 기준	배점 비율
㉮ $2(x-1)>x+1$의 해 구하기	20 %
㉯ $x^2 \le (2a+1)x-2a$의 해 구하기	40 %
㉰ 조건을 만족시키는 a의 값의 범위 구하기	40 %

481

이차방정식 $x^2+(3k+5)x+k-1=0$의 두 근을 α, β라 하면

(i) 음수인 근의 절댓값이 양수인 근보다 크므로 $\alpha+\beta<0$

$\alpha+\beta=-(3k+5)$이므로 $-(3k+5)<0$

$3k+5>0 \quad \therefore k>-\frac{5}{3}$ ...... ㉮

(ii) 두 근의 부호가 서로 다르므로 $\alpha\beta<0$

$\alpha\beta=k-1$이므로 $k-1<0$

$\therefore k<1$ ...... ㉯

(i), (ii)에서 $-\frac{5}{3}<k<1$ ...... ㉰

채점 기준	배점 비율
㉮ 두 근의 합을 이용하여 k의 값의 범위 구하기	40 %
㉯ 두 근의 곱을 이용하여 k의 값의 범위 구하기	40 %
㉰ 조건을 만족시키는 k의 값의 범위 구하기	20 %

1등급 비법

이차방정식의 두 실근을 α, β라 할 때,
① 두 근의 절댓값이 같고 부호가 반대일 조건
⇨ $\alpha+\beta=0$, $\alpha\beta<0$
② 음수인 근의 절댓값이 양수인 근보다 클 조건
⇨ $\alpha+\beta<0$, $\alpha\beta<0$
③ 양수인 근이 음수인 근의 절댓값보다 클 조건
⇨ $\alpha+\beta>0$, $\alpha\beta<0$
④ 한 근만 0일 조건 ⇨ $\alpha+\beta\ne0$, $\alpha\beta=0$

1등급 실력 완성 ● 113쪽~115쪽

482 ③ **483** 4 **484** $0<x<\frac{1}{3}$ **485** ④
486 26 **487** $m<-1$ 또는 $m>0$ **488** 5 **489** ①
490 ⑤ **491** 10 **492** ② **493** ②
494 $1 \le k<2$ **495** $2 \le m<\frac{11}{5}$
496 $\sqrt{3}<m<2$

482

이차부등식의 풀이

전략 해가 α, β이고 x^2의 계수가 a인 이차방정식은 $a(x-\alpha)(x-\beta)=0$임을 이용한다.

풀이 주어진 이차함수 $y=f(x)$의 그래프가 아래로 볼록하므로

$a>0$

이차함수 $f(x)$는 x축과 두 점 $(\alpha, 0)$, $(\beta, 0)$에서 만나므로

$f(x)=a(x-\alpha)(x-\beta)=ax^2-a(\alpha+\beta)x+a\alpha\beta$

$\therefore b=-a(\alpha+\beta)$, $c=a\alpha\beta$

이것을 $cx^2+bx+a<0$에 대입하면

$a\alpha\beta x^2-a(\alpha+\beta)x+a<0$

$\alpha\beta x^2-(\alpha+\beta)x+1<0$ ($\because a>0$)

$(\alpha x-1)(\beta x-1)<0$

$\therefore \frac{1}{\beta}<x<\frac{1}{\alpha}$ ($\because 0<\alpha<\beta$)

다른 풀이 이차방정식 $ax^2+bx+c=0$의 두 근이 α, β이므로 근과 계수의 관계에 의하여

$\alpha+\beta=-\frac{b}{a}$, $\alpha\beta=\frac{c}{a}$ ...... ㉠

한편, 이차부등식 $cx^2+bx+a<0$에서 이차방정식 $cx^2+bx+a=0$의 두 근을 p, q라 하면 근과 계수의 관계에 의하여

$$p+q=-\frac{b}{c}=\frac{-\frac{b}{a}}{\frac{c}{a}}=\frac{\alpha+\beta}{\alpha\beta}=\frac{1}{\alpha}+\frac{1}{\beta}$$

$$pq=\frac{a}{c}=\frac{1}{\frac{c}{a}}=\frac{1}{\alpha\beta}=\frac{1}{\alpha}\times\frac{1}{\beta} \ (\because ㉠)$$

따라서 이차방정식 $cx^2+bx+a=0$의 두 근이 $\frac{1}{\alpha}$, $\frac{1}{\beta}$이고,

$0<\alpha<\beta$에서 $\frac{1}{\beta}<\frac{1}{\alpha}$이므로 이차부등식 $cx^2+bx+a<0$의 해는

$\frac{1}{\beta}<x<\frac{1}{\alpha}$

483

이차부등식의 풀이

전략 $x+y=k$ (k는 상수)라 하고, 한 문자를 소거하여 이차방정식의 실근이 존재할 조건을 이용한다.

풀이 $x+y=k$ (k는 상수)라 하면 $y=-x+k$

$y=-x+k$를 $x^2+xy+y^2=3$에 대입하면

$x^2+x(-x+k)+(-x+k)^2=3$

$\therefore x^2-kx+k^2-3=0$ ...... ㉠

㉠을 x에 대한 이차방정식으로 보면 이 이차방정식을 만족시키는 실수 x가 존재해야 하므로 ㉠의 판별식을 D라 할 때,

$D=(-k)^2-4(k^2-3)\geq 0$

$-3k^2+12\geq 0$, $k^2-4\leq 0$

$(k+2)(k-2)\leq 0$ $\quad\therefore -2\leq k\leq 2$

따라서 $M=2$, $m=-2$이므로

$M-m=2-(-2)=4$

484

해가 주어진 이차부등식

전략 해가 $x<\alpha$ 또는 $x>\beta$ $(\alpha<\beta)$이고 x^2의 계수가 음수인 이차부등식은 $a(x-\alpha)(x-\beta)<0$ $(a<0)$임을 이용하여 $f(x)$를 구한다.

풀이 해가 $x<-2$ 또는 $x>3$이고 x^2의 계수가 1인 이차부등식은

$(x+2)(x-3)>0$

이차부등식 $f(x)<0$의 해가 $x<-2$ 또는 $x>3$이므로

$f(x)=a(x+2)(x-3)$ $(a<0)$이라 하면

$f(2x)=a(2x+2)(2x-3)$

$f(2x)-f(x)>0$에서

$a(2x+2)(2x-3)-a(x+2)(x-3)>0$

$a(4x^2-2x-6-x^2+x+6)>0$

$a(3x^2-x)>0$, $ax(3x-1)>0$

양변을 a로 나누면

$x(3x-1)<0$ $(\because a<0)$

$\therefore 0<x<\frac{1}{3}$

485

해가 주어진 이차부등식

전략 문자가 포함된 이차부등식을 먼저 푼 후 주어진 조건을 이용하여 p의 값의 범위를 추론한다.

풀이 $(x+p)(x-p-1)<0$에서

$-p<x<p+1$ $(\because p>0)$ ...... ㉠

이때 양의 실수 p에 대하여 ㉠을 만족시키는 정수인 해의 합이 5이려면 x의 값은 $-4, -3, -2, -1, 0, 1, 2, 3, 4, 5$이어야 한다.

즉, $-5\leq -p<-4$, $5<p+1\leq 6$에서 $4<p\leq 5$

486

해가 주어진 이차부등식

전략 k의 값에 따라 이차부등식을 풀고 조건을 만족시키는 k의 값을 구한다.

풀이 (i) $k>0$일 때,

$2x^2+kx\leq 0$에서 $x(2x+k)\leq 0$

$\therefore -\frac{k}{2}\leq x\leq 0$

이 부등식을 만족시키는 정수 x가 7개이려면

$-7<-\frac{k}{2}\leq -6$ $\quad\therefore 12\leq k<14$

따라서 조건을 만족시키는 정수 k는 12, 13이다.

(ii) $k=0$일 때,

$2x^2+kx\leq 0$에서 $2x^2\leq 0$ $\quad\therefore x^2\leq 0$

이 부등식을 만족시키는 정수 x는 0뿐이므로 주어진 조건을 만족시키지 않는다.

(iii) $k<0$일 때,

$2x^2+kx\leq 0$에서 $x(2x+k)\leq 0$ $\quad\therefore 0\leq x\leq -\frac{k}{2}$

이 부등식을 만족시키는 정수 x가 7개이려면

$6\leq -\frac{k}{2}<7$ $\quad\therefore -14<k\leq -12$

따라서 조건을 만족시키는 정수 k는 -13, -12이다.

이상에서 정수 k의 최댓값은 13, 최솟값은 -13이므로

$M=13$, $m=-13$

$\therefore M-m=13-(-13)=26$

487

이차부등식이 항상 성립할 조건

전략 $a\leq x\leq b$에서 이차부등식 $f(x)>0$이 항상 성립하려면 $a\leq x\leq b$에서 $(f(x)$의 최솟값$)>0$이어야 한다.

풀이 $f(x)=x^2-2mx+m^2+m$이라 하면

$f(x)=(x-m)^2+m$이므로 이 이차함수의 꼭짓점의 x좌표는 m이다.

(i) $m<0$일 때,

$f(x)$의 최솟값은 $f(0)$이므로 $f(0)>0$이어야 한다.

$f(0)=m^2+m$이므로 $m^2+m>0$

즉, $m(m+1)>0$이므로 $m<-1$ 또는 $m>0$

그런데 $m<0$이므로 $m<-1$

(ii) $0\leq m<4$일 때,

$f(x)$의 최솟값은 $f(m)$이므로 $f(m)>0$이어야 한다.

$f(m)=m$이므로 $m>0$

그런데 $0\leq m<4$이므로 $0<m<4$

(iii) $m\geq 4$일 때,

$f(x)$의 최솟값은 $f(4)$이므로 $f(4)>0$이어야 한다.

$f(4)=16-8m+m^2+m$이므로

$m^2-7m+16=\left(m-\frac{7}{2}\right)^2+\frac{15}{4}>0$

즉, 모든 $m\geq 4$에 대하여 성립한다.

이상에서 실수 m의 값의 범위는

$m<-1$ 또는 $m>0$

488

두 그래프의 위치 관계와 이차부등식

(전략) $ax^2+bx+c<mx+n$의 해는 이차함수 $y=ax^2+bx+c$의 그래프가 직선 $y=mx+n$보다 아래쪽에 있는 부분의 x의 값의 범위와 같음을 이용한다.

(풀이) $y=\frac{1}{2}x+3$에 $y=2$를 대입하면

$\frac{1}{2}x+3=2 \qquad \therefore x=-2$

$y=\frac{1}{2}x+3$에 $y=5$를 대입하면

$\frac{1}{2}x+3=5 \qquad \therefore x=4$

따라서 이차함수 $y=f(x)$의 그래프와 직선 $y=\frac{1}{2}x+3$의 교점의 좌표는 $(-2, 2)$, $(4, 5)$이다.

부등식 $f(x)-\frac{1}{2}x-3<0$에서 $f(x)<\frac{1}{2}x+3$이므로 이 부등식의 해는 이차함수 $y=f(x)$의 그래프가 직선 $y=\frac{1}{2}x+3$보다 아래쪽에 있는 부분의 x의 값의 범위이다.

즉, 부등식 $f(x)-\frac{1}{2}x-3<0$의 해는

$-2<x<4$

따라서 조건을 만족시키는 정수 x는 $-1, 0, 1, 2, 3$이므로 그 합은

$(-1)+0+1+2+3=5$

489

연립이차부등식의 풀이

(전략) 모든 실수 x에 대하여 이차부등식 $ax^2+bx+c\geq0$이 성립할 조건은 $a>0$, $b^2-4ac\leq0$임을 이용한다.

(풀이) $-x^2-2x\leq mx-m\leq x^2-4x+5$에서

$\begin{cases}-x^2-2x\leq mx-m \\ mx-m\leq x^2-4x+5\end{cases}$

$-x^2-2x\leq mx-m$에서

$-x^2-(2+m)x+m\leq0$

$x^2+(2+m)x-m\geq0$

이 부등식이 모든 실수 x에 대하여 성립해야 하므로 이차방정식 $x^2+(2+m)x-m=0$의 판별식을 D_1이라 할 때,

$D_1=(2+m)^2+4m\leq0$, $m^2+8m+4\leq0$

$\therefore -4-2\sqrt{3}\leq m\leq-4+2\sqrt{3}$ …… ㉠

$mx-m\leq x^2-4x+5$에서

$-x^2+(4+m)x-(m+5)\leq0$

$x^2-(4+m)x+(m+5)\geq0$

이 부등식이 모든 실수 x에 대하여 성립해야 하므로 이차방정식 $x^2-(4+m)x+(m+5)=0$의 판별식을 D_2라 할 때,

$D_2=(4+m)^2-4(m+5)\leq0$, $m^2+4m-4\leq0$

$\therefore -2-2\sqrt{2}\leq m\leq-2+2\sqrt{2}$ …… ㉡

㉠, ㉡의 공통부분을 구하면

$-2-2\sqrt{2}\leq m\leq-4+2\sqrt{3}$

따라서 이를 만족시키는 정수 m은 $-4, -3, -2, -1$이고 그 합은

$(-4)+(-3)+(-2)+(-1)=-10$

490

연립이차부등식의 풀이

(전략) a, b의 값을 부등식 $|x-a|\leq b$에 대입하여 해를 구한다.

(풀이) $|x-a|\leq b$에서

$-b\leq x-a\leq b \qquad \therefore a-b\leq x\leq a+b$ …… ㉠

$x^2-x-6\leq0$에서

$(x+2)(x-3)\leq0 \qquad \therefore -2\leq x\leq3$ …… ㉡

ㄱ. $a=2$, $b=2$일 때,

$a=2$, $b=2$를 ㉠에 대입하면

$0\leq x\leq4$ …… ㉢

㉡, ㉢의 공통부분을 구하면 $0\leq x\leq3$

따라서 정수 x는 $0, 1, 2, 3$의 4개이다.

$\therefore f(2, 2)=4$ (참)

ㄴ. $a=1$일 때,

$a=1$을 ㉠에 대입하면

$1-b\leq x\leq1+b$ …… ㉣

$f(1, b)$가 최댓값을 가지려면 오른쪽 그림에서 $1-b\leq-2$, $1+b\geq3$이어야 하므로

$b\geq3$, $b\geq2 \qquad \therefore b\geq3$

따라서 b의 최솟값은 3이다. (참)

ㄷ. $b=3$일 때,

$b=3$을 ㉠에 대입하면

$a-3\leq x\leq a+3$ …… ㉤

$f(a, 3)$이 최솟값을 가지려면 ㉡, ㉤의 공통부분이 없어야 하므로

$a+3<-2$ 또는 $3<a-3$

$\therefore a<-5$ 또는 $a>6$

따라서 a는 자연수이므로 a의 최솟값은 7이다. (참)

이상에서 ㄱ, ㄴ, ㄷ 모두 옳다.

491

연립이차부등식의 풀이

(전략) 각각의 이차부등식을 먼저 풀고 정수 x가 존재하지 않도록 하는 실수 a의 값의 범위를 구한다.

(풀이) $x^2-(a^2-3)x-3a^2<0$에서 $(x-a^2)(x+3)<0$

이때 $a>2$이므로 $a^2>4 \qquad \therefore -3<x<a^2$ …… ㉠

$x^2+(a-9)x-9a>0$에서

$(x+a)(x-9)>0 \qquad \therefore x<-a$ 또는 $x>9$ …… ㉡

㉠, ㉡에서 $a^2>10$이면 연립부등식의 해에 $x=10$이 포함되므로 정수 x가 존재하게 된다.

즉, 정수 x가 존재하지 않기 위한 a의 값의 범위는

$a^2\leq10$, $-a\leq-2$이어야 한다.

$\therefore 2<a\leq\sqrt{10}$ ($\because a>2$)

따라서 실수 a의 최댓값 $M=\sqrt{10}$이므로

$M^2=10$

492

연립이차부등식의 풀이

(전략) 먼저 부등식 $x^2+3x-10<0$을 풀고 a의 값의 범위에 따라 부등식 $ax\geq a^2$의 해를 구하여 연립부등식을 만족시키는 정수 x의 개수가 4가 되도록 하는 정수 a의 값을 구한다.

(풀이) $x^2+3x-10<0$에서

$(x+5)(x-2)<0 \qquad \therefore -5<x<2$

이 이차부등식을 만족시키는 정수 x는 $-4, -3, -2, -1, 0, 1$의 6개이다.

(i) $a>0$일 때,

$ax\geq a^2$에서 $x\geq a$

이때 주어진 연립부등식을 만족시키는 정수 x의 개수는 0 또는 1이므로 조건을 만족시키지 않는다.

(ii) $a=0$일 때,

$ax\geq a^2$에서 $0\times x\geq 0$이고 이 부등식의 해는 모든 실수이다.

그런데 주어진 연립부등식을 만족시키는 정수 x의 개수는 6이므로 조건을 만족시키지 않는다.

(iii) $a<0$일 때,

$ax\geq a^2$에서 $x\leq a$이므로 주어진 연립부등식을 만족시키는 정수 x의 개수가 4이려면 그 값이 $-4, -3, -2, -1$이어야 한다.

따라서 정수 a의 값은 -1이다.

이상에서 $a=-1$

493

이차부등식의 활용

(전략) A를 원점으로 하는 수직선 위에 세 지점 A, B, C를 놓고 보관 창고의 좌표를 t라 하여 t에 대한 이차부등식을 세운다.

(풀이) 세 지점 A, B, C를 A를 원점으로 하는 수직선 위에 놓으면

A(0), B(−10), C(40)

보관 창고의 좌표를 t라 하면 보관 창고는 A와 C 사이에 있으므로

$0<t<40$ …… ㉠

총 운송비는 $50t^2+100(t+10)^2+200(40-t)^2$이고 하루에 드는 총 운송비가 198750원 이하가 되어야 하므로

$50t^2+100(t+10)^2+200(t-40)^2\leq 198750$

$t^2+2(t+10)^2+4(t-40)^2\leq 3975$

$7t^2-280t+2625\leq 0$

$t^2-40t+375\leq 0$

$(t-15)(t-25)\leq 0$

$\therefore 15\leq t\leq 25$ …… ㉡

㉠, ㉡의 공통부분을 구하면

$15\leq t\leq 25$

따라서 보관 창고와 A 지점까지 거리의 최댓값은 25 km, 최솟값은 15 km이므로 그 차는

$25-15=10(\text{km})$

494

이차방정식과 연립이차부등식

(전략) 이차방정식의 판별식을 D라 할 때, 실근을 가지려면 $D\geq 0$이어야 하고, 허근을 가지려면 $D<0$이어야 함을 이용하여 연립이차부등식을 세운다.

(풀이) 이차방정식 $x^2-2kx+1=0$의 판별식을 D_1이라 할 때, 이 이차방정식이 실근을 가지므로

$\frac{D_1}{4}=(-k)^2-1\geq 0$

$(k+1)(k-1)\geq 0 \qquad \therefore k\leq -1$ 또는 $k\geq 1$ …… ㉠

이차방정식 $x^2-2kx+2k=0$의 판별식을 D_2라 할 때, 이 이차방정식이 허근을 가지므로

$\frac{D_2}{4}=(-k)^2-2k<0$

$k(k-2)<0 \qquad \therefore 0<k<2$ …… ㉡

㉠, ㉡의 공통부분을 구하면

$1\leq k<2$

495

이차방정식의 실근의 위치

(전략) 이차방정식 $ax^2+bx+c=0$ $(a>0)$에서 $f(x)=ax^2+bx+c$, 판별식 $D=b^2-4ac$라 할 때, 두 근이 p, q $(p<q)$ 사이에 있으려면 $D\geq 0, f(p)>0, f(q)>0, p<-\frac{b}{2a}<q$이어야 한다.

(풀이) $f(x)=x^2-2mx+m+2$라 하면

이차방정식 $f(x)=0$의 두 근이 모두 3보다 작은 양수이므로 이차함수 $y=f(x)$의 그래프는 오른쪽 그림과 같다.

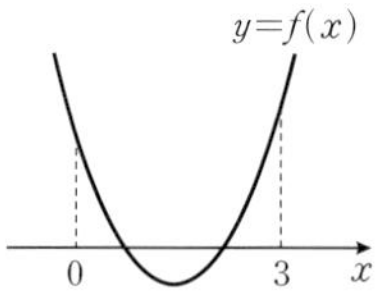

(i) 이차방정식 $f(x)=0$의 판별식을 D라 할 때,

$\frac{D}{4}=(-m)^2-(m+2)\geq 0$

$m^2-m-2\geq 0, \ (m+1)(m-2)\geq 0$

$\therefore m\leq -1$ 또는 $m\geq 2$

(ii) $f(0)>0$에서 $m+2>0 \qquad \therefore m>-2$

(iii) $f(3)>0$에서 $9-6m+m+2>0$

$-5m>-11 \qquad \therefore m<\frac{11}{5}$

(iv) $f(x)=x^2-2mx+m+2$

$=(x-m)^2-m^2+m+2$

에서 $y=f(x)$의 그래프의 축의 방정식은 $x=m$이므로

$0<m<3$

이상에서 $2\leq m<\frac{11}{5}$

496

이차방정식의 실근의 위치

(전략) $f(x)=x^3+(2-2m)x^2+(3-4m)x+6$이라 하고 $f(-2)=0$임을 이용하여 $f(x)=0$을 인수분해 한다.

(풀이) $f(x)=x^3+(2-2m)x^2+(3-4m)x+6$이라 하면

$f(-2)=0$이므로 조립제법을 이용하여 $f(x)$를 인수분해 하면

−2	1	$2-2m$	$3-4m$	6
		-2	$4m$	-6
	1	$-2m$	3	0

$f(x)=(x+2)(x^2-2mx+3)$

즉, 주어진 방정식은 $(x+2)(x^2-2mx+3)=0$

이때 한 근이 -2이므로 이 근이 -1보다 작은 한 근이고, 이차방정식 $x^2-2mx+3=0$의 두 근이 1과 3 사이의 서로 다른 두 근이어야 한다.

이때 $g(x)=x^2-2mx+3$이라 하자.

(i) $g(x)=0$의 판별식을 D라 할 때,

$\frac{D}{4}=(-m)^2-3>0$

$(m+\sqrt{3})(m-\sqrt{3})>0$

$\therefore m<-\sqrt{3}$ 또는 $m>\sqrt{3}$

(ii) $g(1)>0$에서

$1-2m+3>0,\ -2m>-4$

$\therefore m<2$

(iii) $g(3)>0$에서

$9-6m+3>0,\ -6m>-12$

$\therefore m<2$

(iv) $g(x)=x^2-2mx+3=(x-m)^2-m^2+3$에서 $y=g(x)$의 그래프의 축의 방정식은 $x=m$이므로

$1<m<3$

이상에서 $\sqrt{3}<m<2$

도전 1등급 최고난도

• 116쪽

497 ① **498** 21 **499** 3

497

이차부등식의 풀이

〔1단계〕 작년의 수입 화장품의 가격을 a원, 판매량을 b개라 하고, 올해의 가격과 판매량을 식으로 나타낸다.

작년의 수입 화장품의 가격을 a원, 판매량을 b개라 하면 작년보다 가격이 x % 올랐으므로 올해의 가격은

$a\left(1+\frac{x}{100}\right)$(원)

판매량이 $\frac{2}{3}x$ % 감소했으므로 올해의 판매량은

$b\left(1-\frac{2x}{300}\right)$(개)

〔2단계〕 (매출)=(제품 1개당 가격)×(판매량)임을 이용하여 이차부등식을 세운다.

작년 매출은 ab(원)이고,

올해 매출은 $a\left(1+\frac{x}{100}\right)\times b\left(1-\frac{2x}{300}\right)$(원)이다.

매출이 작년 대비 4 % 이상 증가했으므로

$a\left(1+\frac{x}{100}\right)\times b\left(1-\frac{2x}{300}\right)\ge ab\left(1+\frac{4}{100}\right)$

〔3단계〕 이차부등식을 풀어 x의 값의 범위를 구한다.

$\left(1+\frac{x}{100}\right)\left(1-\frac{2x}{300}\right)\ge\frac{104}{100}$ ($\because a>0, b>0$)

양변에 30000을 곱하면

$(100+x)(300-2x)\ge 31200$

$x^2-50x+600\le 0$

$(x-20)(x-30)\le 0$

$\therefore 20\le x\le 30$

따라서 $p=20,\ q=30$이므로

$p+q=20+30=50$

개념 보충

① A가 a % 증가하면 ⇨ $A\left(1+\frac{a}{100}\right)$

② A가 b % 감소하면 ⇨ $A\left(1-\frac{b}{100}\right)$

498

연립이차부등식의 풀이

〔1단계〕 각각의 부등식의 해를 구한다.

$|x-n|>2$에서

$x-n<-2$ 또는 $x-n>2$

$\therefore x<n-2$ 또는 $x>n+2$

$x^2-14x+40\le 0$에서

$(x-4)(x-10)\le 0$

$\therefore 4\le x\le 10$

〔2단계〕 n의 값의 범위를 나누어 주어진 연립부등식을 만족시키는 자연수 x의 개수를 구한다.

(i) $n\le 5$일 때,

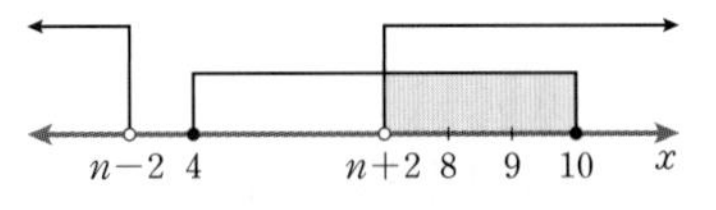

$n+2\le 7$이므로 주어진 연립부등식을 만족시키는 자연수 x의 개수는 3 이상이고, 조건을 만족시키지 않는다.

(ii) $n=6$일 때,

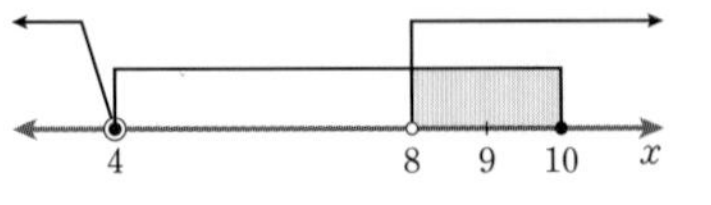

주어진 연립부등식을 만족시키는 자연수 x는 9, 10의 2개이다.

(iii) $n=7$일 때,

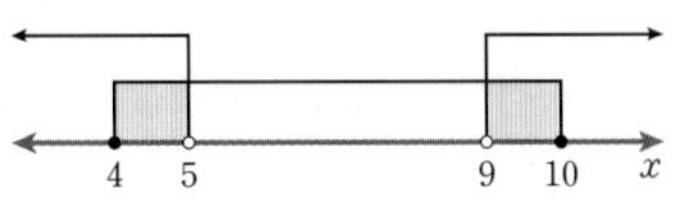

주어진 연립부등식을 만족시키는 자연수 x는 4, 10의 2개이다.

(iv) $n=8$일 때,

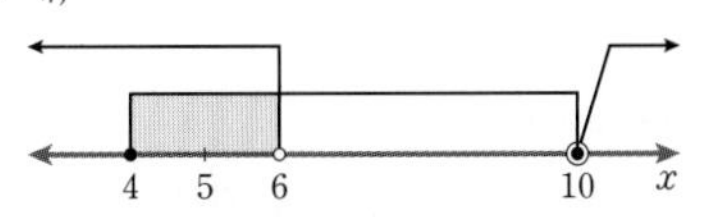

주어진 연립부등식을 만족시키는 자연수 x는 4, 5의 2개이다.

(v) $n \geq 9$일 때,

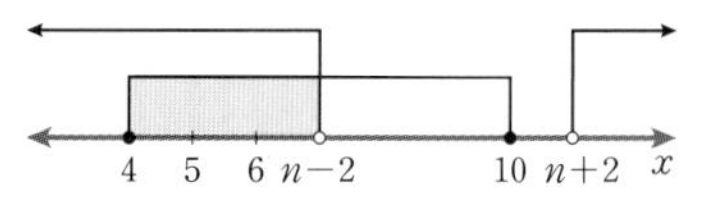

$n-2 \geq 7$, $n+2 \geq 11$이므로 주어진 연립부등식을 만족시키는 자연수 x의 개수는 3 이상이고, 조건을 만족시키지 않는다.

(3단계) 주어진 연립부등식을 만족시키는 자연수 x의 개수가 2가 되도록 하는 n의 값의 합을 구한다.

이상에서 조건을 만족시키는 자연수 n의 값은 6, 7, 8이므로 그 합은

$6+7+8=21$

499

연립이차부등식의 활용

(1단계) 세 직각삼각형 ABC, APR, PBQ는 각각 닮음임을 이용하여 $\overline{AR}$, $\overline{PR}$, $\overline{PQ}$의 길이를 a를 이용하여 나타낸다.

$\overline{QC}=a$이므로 $0<a<6$이고

$\overline{BQ}=6-a$

$\overline{PR}=\overline{QC}=a$

$\triangle APR \backsim \triangle ABC$ (AA 닮음)이므로

$\overline{AR} : \overline{PR}=\overline{AC} : \overline{BC}$

$\overline{AR} : a=12 : 6$

$\therefore \overline{AR}=2a$

$\therefore \overline{PQ}=\overline{RC}$

$=\overline{AC}-\overline{AR}$

$=12-2a$

(2단계) 직사각형 PQCR의 넓이는 두 삼각형 APR과 PBQ의 각각의 넓이보다 큼을 이용하여 연립이차부등식을 세운다.

직사각형 PQCR의 넓이는 $a(12-2a)$

$\triangle PBQ$의 넓이는 $\frac{1}{2}(6-a)(12-2a)$

$\triangle APR$의 넓이는 $\frac{1}{2} \times a \times 2a = a^2$

따라서 주어진 조건에 의하여

$$\begin{cases} a(12-2a) > \frac{1}{2}(6-a)(12-2a) \\ a(12-2a) > a^2 \end{cases}$$

(3단계) 연립이차부등식을 풀어 자연수 a의 값을 구한다.

$a(12-2a) > \frac{1}{2}(6-a)(12-2a)$에서

$12a-2a^2 > (6-a)^2$

$-3a^2+24a-36>0$, $a^2-8a+12<0$

$(a-2)(a-6)<0 \qquad \therefore 2<a<6 \qquad \cdots\cdots ㉠$

$a(12-2a) > a^2$에서

$12a-2a^2>a^2$

$-3a^2+12a>0$, $a^2-4a<0$

$a(a-4)<0 \qquad \therefore 0<a<4 \qquad \cdots\cdots ㉡$

㉠, ㉡의 공통부분을 구하면

$2<a<4$

따라서 조건을 만족시키는 자연수 a의 값은 3이다.

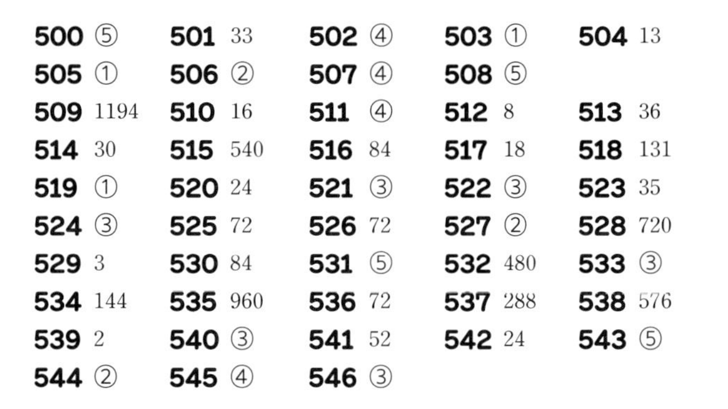

유형 분석 기출 ● 119쪽~126쪽

500 ⑤	**501** 33	**502** ④	**503** ①	**504** 13
505 ①	**506** ②	**507** ④	**508** ⑤	
509 1194	**510** 16	**511** ④	**512** 8	**513** 36
514 30	**515** 540	**516** 84	**517** 18	**518** 131
519 ①	**520** 24	**521** ③	**522** ③	**523** 35
524 ③	**525** 72	**526** 72	**527** ②	**528** 720
529 3	**530** 84	**531** ⑤	**532** 480	**533** ③
534 144	**535** 960	**536** 72	**537** 288	**538** 576
539 2	**540** ③	**541** 52	**542** 24	**543** ⑤
544 ②	**545** ④	**546** ③		

500

나오는 눈의 수의 합이 3의 배수가 되는 경우는 눈의 수의 합이 3 또는 6 또는 9 또는 12일 때이므로 나오는 두 눈의 수를 각각 a, b라 하면 순서쌍 (a, b)는

(i) 눈의 수의 합이 3일 때,

(1, 2), (2, 1)의 2개

(ii) 눈의 수의 합이 6일 때,

(1, 5), (2, 4), (3, 3), (4, 2), (5, 1)의 5개

(iii) 눈의 수의 합이 9일 때,

(3, 6), (4, 5), (5, 4), (6, 3)의 4개

(iv) 눈의 수의 합이 12일 때,

(6, 6)의 1개

(i)~(iv)에서 구하는 경우의 수는

$2+5+4+1=12$

501

1부터 100까지의 자연수 중에서

2로 나누어떨어지는 수, 즉 2의 배수는 50개,

3으로 나누어떨어지는 수, 즉 3의 배수는 33개,

2와 3으로 나누어떨어지는 수, 즉 2와 3의 최소공배수인 6의 배수는 16개이므로

2 또는 3으로 나누어떨어지는 자연수의 개수는

$50+33-16=67$

따라서 2와 3으로 모두 나누어떨어지지 않는 자연수의 개수는

$100-67=33$

502

5명의 학생 A, B, C, D, E의 우산을 각각 a, b, c, d, e라 하자.

A만 자신의 우산을 가져가고 나머지 B, C, D, E는 자신의 우산을 가져가지 않는 경우를 수형도로 나타내면 다음과 같이 9가지가 있다.

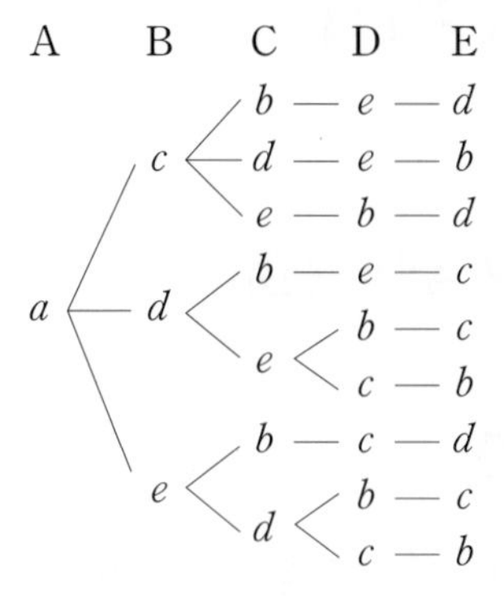

같은 방법으로 B, C, D, E 중 한 명만 자신의 우산을 가져가는 경우도 각각 9가지씩이다.
따라서 구하는 경우의 수는
$9+9+9+9+9=45$

1등급 비법

규칙성을 찾기 어려울 때에는 수형도를 이용하면 중복되지 않고 빠짐없이 모든 경우를 나열할 수 있다.

503

x, y가 양의 정수이므로 $4 \le 2x+y \le 6$을 만족시키는 경우는
$2x+y=4$ 또는 $2x+y=5$ 또는 $2x+y=6$일 때이다.
(i) $2x+y=4$일 때, 순서쌍 (x, y)는
  $(1, 2)$의 1개
(ii) $2x+y=5$일 때, 순서쌍 (x, y)는
  $(1, 3)$, $(2, 1)$의 2개
(iii) $2x+y=6$일 때, 순서쌍 (x, y)는
  $(1, 4)$, $(2, 2)$의 2개
(i), (ii), (iii)에서 구하는 순서쌍 (x, y)의 개수는
$1+2+2=5$

504

x, y, z가 자연수이므로 $x \ge 1$, $y \ge 1$, $z \ge 1$
$x+3y+5z=24$에서 z의 계수가 가장 크므로 z가 될 수 있는 자연수를 구해 보면
$5z < 24$ $\therefore z=1, 2, 3, 4$
(i) $z=1$일 때, $x+3y=19$이므로 순서쌍 (x, y)는
  $(16, 1)$, $(13, 2)$, $(10, 3)$, $(7, 4)$, $(4, 5)$, $(1, 6)$의 6개
(ii) $z=2$일 때, $x+3y=14$이므로 순서쌍 (x, y)는
  $(11, 1)$, $(8, 2)$, $(5, 3)$, $(2, 4)$의 4개
(iii) $z=3$일 때, $x+3y=9$이므로 순서쌍 (x, y)는
  $(6, 1)$, $(3, 2)$의 2개
(iv) $z=4$일 때, $x+3y=4$이므로 순서쌍 (x, y)는
  $(1, 1)$의 1개
(i)~(iv)에서 구하는 순서쌍 (x, y, z)의 개수는
$6+4+2+1=13$

1등급 비법

방정식 $ax+by+cz=d$ (a, b, c, d는 상수)를 만족시키는 순서쌍 (x, y, z)의 개수는 x, y, z 중에서 계수의 절댓값이 큰 것부터 대입하여 구한다.

505

(i) $a>b$일 때, 순서쌍 (a, b)는
  $(2, 1)$, $(3, 1)$, $(3, 2)$, $(4, 1)$, $(4, 2)$, $(4, 3)$, $(5, 1)$, $(5, 2)$, $(5, 3)$, $(5, 4)$, $(6, 1)$, $(6, 2)$, $(6, 3)$, $(6, 4)$, $(6, 5)$의 15개
(ii) $ab>16$일 때, 순서쌍 (a, b)는
  $(3, 6)$, $(4, 5)$, $(4, 6)$, $(5, 4)$, $(5, 5)$, $(5, 6)$, $(6, 3)$, $(6, 4)$, $(6, 5)$, $(6, 6)$의 10개
(iii) $a>b$, $ab>16$일 때, 순서쌍 (a, b)는
  $(5, 4)$, $(6, 3)$, $(6, 4)$, $(6, 5)$의 4개
(i), (ii), (iii)에서 구하는 순서쌍 (a, b)의 개수는
$15+10-4=21$

506

$(a+b+c)(x+y)^2=(a+b+c)(x^2+2xy+y^2)$에서 a, b, c에 곱해지는 항이 각각 x^2, $2xy$, y^2의 3개이므로 구하는 항의 개수는
$3 \times 3=9$

507

서로 다른 3개의 주사위를 동시에 던질 때, 나오는 세 눈의 수의 곱이 홀수인 경우는 세 눈의 수가 모두 홀수인 경우뿐이므로 이 경우의 수는 $3 \times 3 \times 3=27$
따라서 서로 다른 3개의 주사위를 동시에 던질 때, 나오는 세 눈의 수의 곱이 짝수인 경우의 수는 $6 \times 6 \times 6-27=189$

508

(i) 2□□ 꼴의 짝수일 때,
  일의 자리에 올 수 있는 숫자는 0, 4, 6, 8의 4가지,
  십의 자리에 올 수 있는 숫자는 8가지이므로
  $4 \times 8=32$
(ii) 3□□ 꼴의 짝수일 때,
  일의 자리에 올 수 있는 숫자는 0, 2, 4, 6, 8의 5가지,
  십의 자리에 올 수 있는 숫자는 8가지이므로
  $5 \times 8=40$
(iii) 4□□ 꼴의 짝수일 때,
  일의 자리에 올 수 있는 숫자는 0, 2, 6, 8의 4가지,
  십의 자리에 올 수 있는 숫자는 8가지이므로
  $4 \times 8=32$
(iv) 5□□ 꼴의 짝수일 때,
  일의 자리에 올 수 있는 숫자는 0, 2, 4, 6, 8의 5가지,
  십의 자리에 올 수 있는 숫자는 8가지이므로
  $5 \times 8=40$
(i)~(iv)에서 구하는 수의 개수는
$32+40+32+40=144$

509
360을 소인수분해하면
$360=2^3\times3^2\times5$
360의 양의 약수의 개수는
$(3+1)\times(2+1)\times(1+1)=24$
$\therefore a=24$
360의 양의 약수의 총합은
$(1+2+2^2+2^3)\times(1+3+3^2)\times(1+5)=1170$
$\therefore b=1170$
$\therefore a+b=24+1170=1194$

510
504를 소인수분해하면
$504=2^3\times3^2\times7$
504의 양의 약수의 개수는
$(3+1)\times(2+1)\times(1+1)=24$
이 중 3의 배수가 아닌 약수는 $2^3\times7$의 약수이므로 그 개수는
$(3+1)\times(1+1)=8$
따라서 구하는 3의 배수의 개수는
$24-8=16$

511
18을 소인수분해하면
$18=2\times3^2$
$18^n=(2\times3^2)^n=2^n\times3^{2n}$의 양의 약수의 개수가 91이므로
$(n+1)(2n+1)=91$
$2n^2+3n-90=0$
$(2n+15)(n-6)=0$
$\therefore n=6$ ($\because n$은 자연수)

512
(i) A → C로 가는 방법의 수는
2
(ii) A → B → C로 가는 방법의 수는
$3\times2=6$
(i), (ii)에서 구하는 방법의 수는
$2+6=8$

1등급 비법

동시에 갈 수 없는 길이면 합의 법칙, 이어지는 길이면 곱의 법칙을 이용한다.

513
(i) A → B → D → C → A로 가는 방법의 수는
$1\times3\times2\times3=18$
(ii) A → C → D → B → A로 가는 방법의 수는
$3\times2\times3\times1=18$
(i), (ii)에서 구하는 방법의 수는
$18+18=36$

514
(i) 집 → 서점 → 학교로 가는 방법의 수는
$3\times3=9$
(ii) 집 → 편의점 → 학교로 가는 방법의 수는
$3\times2=6$
(iii) 집 → 서점 → 편의점 → 학교로 가는 방법의 수는
$3\times1\times2=6$
(iv) 집 → 편의점 → 서점 → 학교로 가는 방법의 수는
$3\times1\times3=9$
(i)~(iv)에서 구하는 방법의 수는
$9+6+6+9=30$

515
가장 많은 영역과 인접한 영역인 A에 칠할 수 있는 색은
5가지
B에 칠할 수 있는 색은 A에 칠한 색을 제외한
$5-1=4$(가지)
C에 칠할 수 있는 색은 A, B에 칠한 색을 제외한
$5-2=3$(가지)
D에 칠할 수 있는 색은 A, C에 칠한 색을 제외한
$5-2=3$(가지)
E에 칠할 수 있는 색은 A, D에 칠한 색을 제외한
$5-2=3$(가지)
따라서 구하는 방법의 수는
$5\times4\times3\times3\times3=540$

516
(i) A와 C에 같은 색을 칠하는 경우
A에 칠할 수 있는 색은 4가지
B에 칠할 수 있는 색은 A에 칠한 색을 제외한
$4-1=3$(가지)
C에 칠할 수 있는 색은 A에 칠한 색과 같은 색이므로 1가지
D에 칠할 수 있는 색은 A(C)에 칠한 색을 제외한
$4-1=3$(가지)
이므로 이 방법의 수는
$4\times3\times1\times3=36$
(ii) A와 C에 다른 색을 칠하는 경우
A에 칠할 수 있는 색은 4가지
B에 칠할 수 있는 색은 A에 칠한 색을 제외한
$4-1=3$(가지)
C에 칠할 수 있는 색은 A, B에 칠한 색을 제외한
$4-2=2$(가지)
D에 칠할 수 있는 색은 A, C에 칠한 색을 제외한
$4-2=2$(가지)
이므로 이 방법의 수는
$4\times3\times2\times2=48$
(i), (ii)에서 구하는 방법의 수는
$36+48=84$

517

(i) B와 D에 같은 색을 칠하는 경우
B에 칠할 수 있는 색은 A에 칠한 색을 제외한
$4-1=3$(가지)
C에 칠할 수 있는 색은 A, B에 칠한 색을 제외한
$4-2=2$(가지)
D에 칠할 수 있는 색은 B에 칠한 색과 같은 색이므로 1가지
E에 칠할 수 있는 색은 A와 B(D)에 칠한 색을 제외한
$4-2=2$(가지)
이므로 이 방법의 수는
$3\times2\times1\times2=12$

(ii) B와 D에 다른 색을 칠하는 경우
B에 칠할 수 있는 색은 A에 칠한 색을 제외한
$4-1=3$(가지)
C에 칠할 수 있는 색은 A, B에 칠한 색을 제외한
$4-2=2$(가지)
D에 칠할 수 있는 색은 A, B, C에 칠한 색을 제외한
$4-3=1$(가지)
E에 칠할 수 있는 색은 A, B, D에 칠한 색을 제외한
$4-3=1$(가지)
이므로 이 방법의 수는
$3\times2\times1\times1=6$

(i), (ii)에서 구하는 방법의 수는
$12+6=18$

518

500원짜리 동전 1개로 지불할 수 있는 방법은
0개, 1개의 2가지
100원짜리 동전 5개로 지불할 수 있는 방법은
0개, 1개, …, 5개의 6가지
50원짜리 동전 10개로 지불할 수 있는 방법은
0개, 1개, …, 10개의 11가지
이때 0원을 지불하는 경우는 제외해야 하므로 구하는 방법의 수는
$2\times6\times11-1=131$

519

500원짜리 동전 2개로 지불하는 금액과 1000원짜리 지폐 1장으로 지불하는 금액이 같으므로 1000원짜리 지폐 2장을 500원짜리 동전 4개로 바꾸면 지불할 수 있는 금액의 수는 500원짜리 동전 7개, 100원짜리 동전 4개로 지불할 수 있는 금액의 수와 같다.
500원짜리 동전 7개로 지불할 수 있는 금액은
0원, 500원, 1000원, …, 3500원의 8가지
100원짜리 동전 4개로 지불할 수 있는 금액은
0원, 100원, 200원, 300원, 400원의 5가지
이때 0원을 지불하는 경우는 제외해야 하므로 구하는 금액의 수는
$8\times5-1=39$

520

(i) 지불할 수 있는 방법의 수
1000원짜리 지폐 3장으로 지불할 수 있는 방법은
0장, 1장, 2장, 3장의 4가지
5000원짜리 지폐 3장으로 지불할 수 있는 방법은
0장, 1장, 2장, 3장의 4가지
10000원짜리 지폐 3장으로 지불할 수 있는 방법은
0장, 1장, 2장, 3장의 4가지
이때 0원을 지불하는 경우는 제외해야 하므로 구하는 방법의 수는
$a=4\times4\times4-1=63$

(ii) 지불할 수 있는 금액의 수
5000원짜리 2장으로 지불하는 금액과 10000원짜리 1장으로 지불하는 금액이 같으므로 10000원짜리 지폐 3장을 5000원짜리 지폐 6장으로 바꾸면 지불할 수 있는 금액의 수는 1000원짜리 지폐 3장과 5000원짜리 지폐 9장으로 지불할 수 있는 금액의 수와 같다.
1000원짜리 지폐 3장으로 지불할 수 있는 금액은
0원, 1000원, 2000원, 3000원의 4가지
5000원짜리 지폐 9장으로 지불할 수 있는 금액은
0원, 5000원, 10000원, …, 45000원의 10가지
이때 0원을 지불하는 경우는 제외해야 하므로 구하는 금액의 수는
$b=4\times10-1=39$

(i), (ii)에서
$a-b=63-39=24$

521

${}_{n}P_{2}+4\times{}_{n}P_{1}=28$에서
$n(n-1)+4n=28$
$n^2+3n-28=0$, $(n+7)(n-4)=0$
$\therefore n=4\ (\because n\geq2)$

522

${}_{n}P_{4}:2\times{}_{n}P_{2}=3:1$에서
${}_{n}P_{4}=6\times{}_{n}P_{2}$
$n(n-1)(n-2)(n-3)=6n(n-1)$
${}_{n}P_{4}$에서 $n\geq4$이므로
양변을 $n(n-1)$로 나누면
$(n-2)(n-3)=6$
$n^2-5n=0$, $n(n-5)=0$
$\therefore n=5\ (\because n\geq4)$
$\therefore {}_{n}P_{n-3}={}_{5}P_{2}=20$

523

${}_{n}P_{4}+35\times{}_{n-1}P_{2}-9\times{}_{n}P_{3}=0$에서
$$n(n-1)(n-2)(n-3)+35(n-1)(n-2)-9n(n-1)(n-2)=0$$

${}_{n}P_{4}$에서 $n \geq 4$이므로
양변을 $(n-1)(n-2)$로 나누면
$n(n-3)+35-9n=0$
$n^2-12n+35=0$, $(n-5)(n-7)=0$
$\therefore n=5$ 또는 $n=7$
따라서 모든 자연수 n의 값의 곱은
$5\times7=35$

524
지혜가 3등을 하는 경우의 수는 지혜를 제외한 4명의 학생을 1, 2, 4, 5등에 일렬로 세우는 경우의 수와 같으므로 구하는 경우의 수는
$4!=24$

525
빨간색 꽃과 노란색 꽃의 수가 3송이로 서로 같으므로 빨간색 꽃과 노란색 꽃을 번갈아 심는 방법은
(빨, 노, 빨, 노, 빨, 노) 또는 (노, 빨, 노, 빨, 노, 빨)
의 2가지이다.
빨간색 꽃과 노란색 꽃을 일렬로 심는 방법의 수는 각각 $3!$이므로 구하는 방법의 수는
$2\times3!\times3!=72$

526
매일 한 팀 이상이 공연해야 하므로 첫째 날에는 한 팀 또는 두 팀 또는 세 팀이 공연해야 한다.
(i) 첫째 날에 한 팀, 둘째 날에 세 팀이 공연하는 경우
첫째 날에 공연하는 한 팀을 선택하는 경우의 수는
${}_{4}P_{1}=4$
둘째 날에 공연하는 세 팀의 공연 순서를 정하는 경우의 수는
$3!=6$
따라서 이 경우의 수는
$4\times6=24$
(ii) 첫째 날에 두 팀, 둘째 날에 두 팀이 공연하는 경우
첫째 날에 공연하는 두 팀을 선택하여 공연 순서를 정하는 경우의 수는 ${}_{4}P_{2}=12$
둘째 날에 공연하는 두 팀의 공연 순서를 정하는 경우의 수는
$2!=2$
따라서 이 경우의 수는
$12\times2=24$
(iii) 첫째 날에 세 팀, 둘째 날에 한 팀이 공연하는 경우
첫째 날에 공연하는 세 팀을 선택하여 공연 순서를 정하는 경우의 수는 ${}_{4}P_{3}=24$
나머지 한 팀이 둘째 날에 공연하는 경우의 수는 1
따라서 이 경우의 수는
$24\times1=24$
(i), (ii), (iii)에서 구하는 경우의 수는
$24+24+24=72$

527
a와 e를 한 문자로 생각하여 4개의 문자를 일렬로 나열하는 경우의 수는
$4!=24$
a와 e의 자리를 바꾸는 경우의 수는
$2!=2$
따라서 구하는 경우의 수는
$24\times2=48$

528
2개의 문자 e를 한 문자로 생각하여 6개의 문자를 일렬로 나열하는 경우의 수는
$6!=720$
2개의 문자 e끼리 자리를 바꾸는 경우의 수는 1
따라서 구하는 경우의 수는
$720\times1=720$

529
바지 4벌을 한 묶음으로 생각하여 $(n+1)$벌의 옷을 일렬로 거는 경우의 수는
$(n+1)!$
바지 4벌의 자리를 바꾸는 경우의 수는
$4!=24$
따라서 바지끼리 이웃하여 거는 경우의 수는
$(n+1)!\times4!=24(n+1)!$
이고, 이 경우의 수가 576이므로
$24(n+1)!=576$, $(n+1)!=24=4!$
$\therefore n=3$

530
a와 b를 한 문자로 생각하여 4개의 문자를 일렬로 나열하는 경우의 수는
$4!=24$
a와 b의 자리를 바꾸는 경우의 수는
$2!=2$
즉, a와 b가 이웃하게 나열하는 경우의 수는
$24\times2=48$
같은 방법으로 a와 c가 이웃하게 나열하는 경우의 수는 48
한편, a와 b, a와 c가 동시에 이웃하는 경우는 bac, cab의 2가지
a, b, c를 한 문자로 생각하여 3개의 문자를 일렬로 배열하는 경우의 수는
$3!=6$
즉, a와 b, a와 c가 동시에 이웃하게 나열하는 경우의 수는
$2\times6=12$
따라서 구하는 경우의 수는
$48+48-12=84$

참고 구하는 경우의 수는 (a, b)가 이웃하게 나열하는 경우의 수와 (a, c)가 이웃하게 나열하는 경우의 수를 합한 값에서 (a, b)와 (a, c)가 동시에 이웃하게 나열하는 경우의 수를 뺀 값이다.

531

1, 3, 5가 적혀 있는 카드를 일렬로 나열하는 경우의 수는
$3!=6$
1, 3, 5가 적혀 있는 세 장의 카드의 사이사이와 양 끝의 네 곳 중에서 두 곳을 택하여 2, 4가 적혀 있는 카드를 하나씩 나열하는 경우의 수는
${}_4P_2=12$
따라서 구하는 경우의 수는
$6\times12=72$
다른 풀이 5장의 카드를 모두 일렬로 나열하는 경우의 수는
$5!=120$
2, 4가 적혀 있는 두 장의 카드를 한 묶음으로 생각하여 이 묶음과 1, 3, 5가 적혀 있는 카드를 일렬로 나열하는 경우의 수는 $4!$이고 2, 4가 적혀 있는 카드의 자리를 바꾸는 경우의 수는 $2!$이므로 짝수가 적혀 있는 카드끼리 서로 이웃하도록 나열하는 경우의 수는
$4!\times2!=48$
따라서 짝수가 적혀 있는 카드끼리 서로 이웃하지 않도록 나열하는 경우의 수는
$120-48=72$

532

남학생 3명이 앉을 3개의 의자와 빈 의자 1개, 총 4개의 의자를 일렬로 나열하는 경우의 수는
$4!=24$
4개의 의자 사이사이와 양 끝의 5개의 자리 중 2개를 택하여 여학생이 앉을 의자를 놓는 경우의 수는
${}_5P_2=20$
따라서 구하는 경우의 수는
$24\times20=480$
다른 풀이 6개의 의자에 5명이 앉는 경우의 수는
${}_6P_5=720$
여학생이 앉을 2개의 의자를 1개로 보고 5개의 의자에 여학생이 이웃하여 앉는 경우의 수는
$5!\times2!=240$
따라서 구하는 경우의 수는
$720-240=480$

533

조건 (나)에서 2학년 학생 4명 중에서 2명이 양 끝에 있는 의자에 앉는 경우의 수는
${}_4P_2=12$
1학년 학생이 앉을 수 있는 의자를 ①, 2학년 학생이 앉을 수 있는 의자를 ②라 할 때, 조건 (가)를 만족시키도록 나머지 4명의 학생이 4개의 의자에 앉는 경우는 다음 3가지 중 하나이다.

①②①②, ①②②①, ②①②①

1학년 학생 2명과 2학년 학생 2명이 의자에 앉는 경우의 수는 위의 3가지 경우 모두 $2!\times2!=4$
따라서 구하는 경우의 수는
$12\times3\times4=144$
다른 풀이 먼저 2학년 학생 4명이 일렬로 앉은 후 1학년 학생 2명이 조건을 만족시키도록 앉는 경우를 생각하자.
2학년 학생 4명이 일렬로 앉는 경우의 수는 $4!=24$
이때 2학년 학생을 ②라 하자.

②∨②∨②∨②

두 조건 (가), (나)를 만족시키려면 1학년 학생 2명은 ∨표시된 3곳 중에서 2곳을 택하여 앉아야 하므로 1학년 학생이 앉는 경우의 수는
${}_3P_2=6$
따라서 구하는 경우의 수는 $24\times6=144$

534

사물함의 가장 윗줄부터 순서대로 1행, 2행, 3행이라 하면 서로 이웃하지 않는 네 사물함을 선택하는 경우의 수는 다음과 같다.
(i) 1개의 행에서 2개, 나머지 2개의 행에서 각각 1개씩 선택하는 경우
㉠ 1행에서 2개, 나머지 행에서 각각 1개씩 선택하는 경우
1행에서 1번, 3번 사물함을 선택할 때, 2행에서 5번 사물함을 선택할 수 있다. 이때 3행에서는 5번 사물함과 이웃하지 않는 7번, 9번 사물함 중에서 1개를 고르면 된다.
따라서 이 경우의 수는 2
㉡ 2행에서 2개, 나머지 행에서 각각 1개씩 선택하는 경우
2행에서 4번, 6번 사물함을 선택할 때, 1행과 3행에서 선택할 수 있는 경우의 수는 각각 1이다.
따라서 이 경우의 수는 1
㉢ 3행에서 2개, 나머지 행에서 각각 1개씩 선택하는 경우
㉠과 마찬가지이므로 경우의 수는 2
$\therefore 2+1+2=5$
(ii) 1행과 2행 또는 2행과 3행에서 4개를 선택하는 경우
이웃하는 면이 생길 수밖에 없으므로 경우의 수는 0
(iii) 1행과 3행에서 4개를 선택하는 경우
1행에서 1번, 3번 사물함을 선택하고 3행에서 7번, 9번 사물함을 선택해야 하므로 경우의 수는 1
(i), (ii), (iii)에서 구하는 경우의 수는 $5+0+1=6$
네 학생이 선택한 네 사물함을 사용하는 순서를 정하는 경우의 수는 위의 6가지 경우 각각 $4!$씩이므로 구하는 경우의 수는
$6\times4!=144$

535

a, ○, ○, i를 한 묶음으로 생각하여 4개의 문자를 일렬로 나열하

는 경우의 수는
$4!=24$
a와 i 사이에 5개의 문자 중 2개의 문자를 택하여 일렬로 나열하는 경우의 수는
${}_5P_2=20$
묶음에서 a와 i가 서로 자리를 바꾸는 경우의 수는
$2!=2$
따라서 구하는 경우의 수는
$24\times20\times2=960$

536

A, B가 앉는 줄을 택하는 방법의 수는
$2!=2$
한 줄에 놓인 3개의 의자 중 2개의 의자를 택하여 A, B가 앉는 방법의 수는
${}_3P_2=6$
나머지 3명이 맞은편 줄의 의자에 앉는 방법의 수는
$3!=6$
따라서 구하는 방법의 수는
$2\times6\times6=72$

537

운전석에는 아버지 또는 어머니만 앉을 수 있으므로 운전석에 앉는 방법의 수는
$2!=2$
할아버지와 할머니는 가운데 줄에만 앉을 수 있으므로 그 방법의 수는
${}_3P_2=6$
나머지 4명의 가족이 빈 자리에 앉는 방법의 수는
$4!=24$
따라서 구하는 방법의 수는
$2\times6\times24=288$

538

6개의 문자를 일렬로 나열하는 경우의 수는
$6!=720$
자음은 k, r, n의 3개이므로 양 끝에 모두 자음이 오는 경우의 수는
${}_3P_2\times4!=6\times24=144$
따라서 적어도 한쪽 끝에 모음이 오는 경우의 수는
$720-144=576$
참고 '적어도 한쪽 끝에 모음'의 반대는 '양 끝이 모두 자음'이다. 따라서 전체 경우의 수에서 양 끝이 모두 자음인 경우의 수를 뺀다.

539

서로 다른 한 자리의 자연수 6개를 일렬로 나열하는 방법의 수는
$6!=720$
서로 다른 한 자리의 자연수 6개 중에서 짝수의 개수를 n이라 하면 양 끝에 모두 짝수가 오도록 나열하는 방법의 수는
${}_nP_2\times4!={}_nP_2\times24$
이때 적어도 한쪽 끝에 홀수가 오도록 나열하는 방법의 수가 432이므로
$720-{}_nP_2\times24=432$
${}_nP_2\times24=288 \qquad \therefore {}_nP_2=12$
$n(n-1)=12$에서
$n^2-n-12=0,\ (n+3)(n-4)=0$
$\therefore n=4\ (\because n\ge2)$
따라서 짝수의 개수가 4이므로 홀수의 개수는
$6-4=2$

540

1000부터 4999까지의 자연수의 개수는 4000
각 자리의 숫자가 모두 다른 수의 개수는
$4\times9\times8\times7=2016$
따라서 적어도 두 자리의 숫자가 같은 수의 개수는
$4000-2016=1984$

541

6개의 숫자 0, 1, 2, 3, 4, 5에서 서로 다른 3개를 사용하여 만든 세 자리 자연수가 짝수이려면 일의 자리의 숫자가 0 또는 2 또는 4이어야 한다.
(i) 일의 자리의 숫자가 0인 경우
백의 자리, 십의 자리에는 0을 제외한 5개의 숫자 중에서 2개의 숫자가 올 수 있으므로 이 경우의 수는
${}_5P_2=20$
(ii) 일의 자리의 숫자가 2인 경우
백의 자리에는 0과 2를 제외한 4개의 숫자가 올 수 있고, 십의 자리에는 백의 자리의 숫자와 2를 제외한 4개의 숫자가 올 수 있으므로 이 경우의 수는
$4\times4=16$
(iii) 일의 자리의 숫자가 4인 경우
백의 자리에는 0과 4를 제외한 4개의 숫자가 올 수 있고, 십의 자리에는 백의 자리의 숫자와 4를 제외한 4개의 숫자가 올 수 있으므로 이 경우의 수는
$4\times4=16$
(i), (ii), (iii)에서 구하는 짝수의 개수는
$20+16+16=52$

542

1, 2, 3, 4, 5의 숫자가 각각 하나씩 적힌 5장의 카드에서 3장을 택하여 만든 세 자리 자연수가 3의 배수이려면 각 자리의 숫자의 합이 3의 배수이어야 한다.
(i) 각 자리의 숫자의 합이 6인 경우
1, 2, 3이므로 이 3장의 카드로 만들 수 있는 자연수의 개수는
$3!=6$

(ii) 각 자리의 숫자의 합이 9인 경우
1, 3, 5 또는 2, 3, 4이므로 각각의 3장의 카드로 만들 수 있는 자연수의 개수는
$3!=6$
즉, 이 경우의 자연수의 개수는
$6+6=12$

(iii) 각 자리의 숫자의 합이 12인 경우
3, 4, 5이므로 이 3장의 카드로 만들 수 있는 자연수의 개수는
$3!=6$

(i), (ii), (iii)에서 구하는 3의 배수의 개수는
$6+12+6=24$

개념 보충

배수의 판별
① 2의 배수: 일의 자리의 숫자가 0 또는 2의 배수
② 3의 배수: 각 자리의 숫자의 합이 3의 배수
③ 4의 배수: 끝의 두 자리의 수가 00 또는 4의 배수
④ 5의 배수: 일의 자리의 숫자가 0 또는 5
⑤ 9의 배수: 각 자리의 숫자의 합이 9의 배수

543

1, 1, 1, 1을 다음과 같이 나열하고 사이사이와 양 끝의 다섯 자리에 이웃하는 자리의 두 숫자가 항상 다르도록 2, 2, 3, 4를 나열해야 한다.

○1○1○1○1○

(i) 한쪽 끝을 제외한 네 자리에 각각 1개씩 숫자를 나열하는 경우
3, 4를 나열할 두 자리를 고르고 나머지 두 자리에 2를 나열하는 경우의 수는 ${}_4P_2=12$
따라서 이 경우의 수는
$2\times12=24$

(ii) 양 끝을 제외한 세 자리에 각각 1개, 1개, 2개의 숫자를 나열하는 경우
㉠ 2개의 숫자가 2와 3인 경우
두 자리에 2, 4를 각각 나열하고 나머지 한 자리에 2와 3을 나열하는 경우의 수는 $3!=6$이고, 2개의 숫자 2와 3이 서로 위치를 바꾸는 경우의 수는 $2!=2$이므로 경우의 수는
$6\times2=12$
㉡ 2개의 숫자가 2와 4인 경우
㉠과 마찬가지이므로 경우의 수는 12
㉢ 2개의 숫자가 3과 4인 경우
3과 4를 나열할 자리를 고르는 경우의 수는 3이고, 2개의 숫자 3과 4가 서로 위치를 바꾸는 경우의 수는 $2!=2$이므로 경우의 수는 $3\times2=6$
따라서 이 경우의 수는
$12+12+6=30$

(i), (ii)에서 구하는 자연수의 개수는
$24+30=54$

544

(i) A□□□□ 꼴인 문자열의 개수는
$4!=24$
(ii) B□□□□ 꼴인 문자열의 개수는
$4!=24$
(iii) C□□□□ 꼴인 문자열의 개수는
$4!=24$
(iv) DA□□□ 꼴인 문자열의 개수는
$3!=6$
(v) DB□□□ 꼴인 문자열의 개수는
$3!=6$

(i)~(v)에서 A로 시작하는 문자열부터 DB로 시작하는 문자열까지의 총개수는
$24+24+24+6+6=84$
이므로
DCABE, DCAEB, DCBAE, DCBEA, DCEAB, ⋯
에서 89번째 문자열은 DCEAB이다.
따라서 89번째 문자열의 마지막 문자는 B이다.

1등급 비법

사전식 배열은 문자를 차례대로 나열하는 것이므로 순열과 관계가 있다. 맨 앞에 오는 문자에 따라 차례대로 문자열을 찾는다.

545

24000보다 큰 수는 24□□□, 25□□□, 26□□□, 3□□□□, 4□□□□, 5□□□□, 6□□□□ 꼴이다.

(i) 24□□□ 꼴인 자연수의 개수는
${}_4P_3=24$
(ii) 25□□□ 꼴인 자연수의 개수는
${}_4P_3=24$
(iii) 26□□□ 꼴인 자연수의 개수는
${}_4P_3=24$
(iv) 3□□□□ 꼴인 자연수의 개수는
${}_5P_4=120$
(v) 4□□□□ 꼴인 자연수의 개수는
${}_5P_4=120$
(vi) 5□□□□ 꼴인 자연수의 개수는
${}_5P_4=120$
(vii) 6□□□□ 꼴인 자연수의 개수는
${}_5P_4=120$

(i)~(vii)에서 구하는 자연수의 개수는
$24+24+24+120+120+120+120=552$

546

(i) ㄱ□□□□ 꼴인 문자열의 개수는
$4!=24$
(ii) ㄴ□□□□ 꼴인 문자열의 개수는
$4!=24$

(iii) ㄷㄱㄴ□□ 꼴인 문자열의 개수는

$2!=2$

(iv) ㄷㄱㄹ□□ 꼴인 문자열의 개수는

$2!=2$

(i)~(iv)에서 ㄱ으로 시작하는 문자열부터 ㄷㄱㄹ으로 시작하는 문자열까지의 총개수는

$24+24+2+2=52$

이므로 ㄷㄱㅁㄴㄹ, ㄷㄱㅁㄹㄴ, …에서 ㄷㄱㅁㄹㄴ은 54번째 문자열이다.

내신 적중 서술형

● 127쪽

547 18 **548** 11 **549** (1) 144 (2) 288 (3) 432 **550** 192

547

1반의 1교시는 국어, 2교시는 영어, 3교시는 수학, 4교시는 과학인 경우에 대하여 2반의 시간표를 수형도로 나타내면 다음과 같이 9가지이다.

1교시	2교시	3교시	4교시
영어	국어	과학	수학
	수학	과학	국어
	과학	국어	수학
수학	국어	과학	영어
	과학	국어	영어
		영어	국어
과학	국어	영어	수학
	수학	국어	영어
		영어	국어

…… ㉮

같은 방법으로 1반의 1교시는 국어, 2교시는 영어, 3교시는 과학, 4교시는 수학인 경우에 대하여 2반의 시간표를 만드는 방법도 9가지이다. …… ㉯

따라서 구하는 방법의 수는

$9+9=18$ …… ㉰

채점 기준	배점 비율
㉮ 1반의 3교시는 수학, 4교시는 과학인 경우 2반의 시간표를 만드는 방법의 수 구하기	40 %
㉯ 1반의 3교시는 과학, 4교시는 수학인 경우 2반의 시간표를 만드는 방법의 수 구하기	40 %
㉰ 시간표를 만들 수 있는 방법의 수 구하기	20 %

548

$7 \le a+b \le 8$에서

$a+b=7$ 또는 $a+b=8$

(i) $a+b=7$일 때, 순서쌍 (a, b)는

$(1, 6), (2, 5), (3, 4), (4, 3), (5, 2), (6, 1)$의 6개 …… ㉮

(ii) $a+b=8$일 때, 순서쌍 (a, b)는

$(2, 6), (3, 5), (4, 4), (5, 3), (6, 2)$의 5개 …… ㉯

(i), (ii)에서 구하는 순서쌍 (a, b)의 개수는

$6+5=11$ …… ㉰

채점 기준	배점 비율
㉮ $a+b=7$을 만족시키는 순서쌍 (a, b)의 개수 구하기	40 %
㉯ $a+b=8$을 만족시키는 순서쌍 (a, b)의 개수 구하기	40 %
㉰ $7 \le a+b \le 8$을 만족시키는 순서쌍 (a, b)의 개수 구하기	20 %

549

(1) 남자 3명이 앞줄에 옆으로 나란히 서로 이웃하여 서는 방법의 수는 $3!=6$

여자 4명이 뒷줄에 서는 방법의 수는 $4!=24$

따라서 방법의 수는 $6 \times 24=144$ …… ㉮

(2) 뒷줄에 이웃하는 세 자리를 택하는 방법의 수는 2

남자 3명이 뒷줄 세 자리에 옆으로 나란히 서로 이웃하여 서는 방법의 수는 $3!=6$

여자 4명이 나머지 자리에 서는 방법의 수는 $4!=24$

따라서 방법의 수는 $2 \times 6 \times 24=288$ …… ㉯

(3) (1), (2)에서 구하는 방법의 수는

$144+288=432$ …… ㉰

	채점 기준	배점 비율
(1)	㉮ 남자 3명이 앞줄에 서는 방법의 수 구하기	40 %
(2)	㉯ 남자 3명이 뒷줄에 서는 방법의 수 구하기	40 %
(3)	㉰ 남자 3명이 앞줄 또는 뒷줄에 서는 방법의 수 구하기	20 %

550

(i) A, B가 2인용 소파에 앉는 경우

A, B가 2인용 소파에 앉는 방법의 수는 $2!=2$

C, D, E, F가 4인용 소파에 앉는 방법의 수는 $4!=24$

따라서 방법의 수는 $2 \times 24=48$ …… ㉮

(ii) A, B가 4인용 소파에 앉는 경우

A, B를 묶어서 한 사람으로 생각하여 3명이 4인용 소파에 앉는 방법의 수는 $3!=6$

A, B가 자리를 바꾸는 방법의 수는 $2!=2$

C, D, E, F 중에서 2명이 2인용 소파에 앉는 방법의 수는

${}_4P_2=12$

따라서 방법의 수는 $6 \times 2 \times 12=144$ …… ㉯

(i), (ii)에서 구하는 방법의 수는

$48+144=192$ …… ㉰

채점 기준	배점 비율
㉮ A, B가 2인용 소파에 앉는 방법의 수 구하기	40 %
㉯ A, B가 4인용 소파에 앉는 방법의 수 구하기	40 %
㉰ A, B가 같은 소파에 이웃하여 앉는 방법의 수 구하기	20 %

1등급 실력 완성

● 128쪽~130쪽

551 28	**552** ②	**553** 35	**554** 10	**555** 8
556 ③	**557** ①	**558** 5	**559** 36	**560** ③
561 120번	**562** 288	**563** 194	**564** ④	**565** 38

551

합의 법칙

(전략) 꼭짓점 A에서 출발하여 꼭짓점 B를 지나 꼭짓점 F로 가는 경우를 수형도를 이용하여 나타낸다.

(풀이) 주어진 정팔면체의 꼭짓점 A에서 출발하여 꼭짓점 B를 지나 꼭짓점 F로 가는 경우를 수형도 나타내면 다음과 같이 7가지이다.

A — B — C — D — E — F
A — B — C — D — F
A — B — C — F
A — B — E — D — C — F
A — B — E — D — F
A — B — E — F
A — B — F

같은 방법으로 꼭짓점 A에서 출발하여 꼭짓점 C 또는 D 또는 E를 지나 꼭짓점 F로 가는 경우도 각각 7가지씩이다.
따라서 구하는 방법의 수는
$7+7+7+7=28$

552

방정식과 부등식의 해의 개수

(전략) $x+y$, $x+y+z$가 양의 정수임을 이용하여 등식을 만족시키는 순서쌍의 개수를 구한다.

(풀이) x, y, z가 음이 아닌 정수이므로 $(x+y)(x+y+z)=8$에서 $x+y$, $x+y+z$는 양의 정수이어야 한다.
이때 $x+y \le x+y+z$이므로
$x+y=1$, $x+y+z=8$ 또는 $x+y=2$, $x+y+z=4$
(i) $x+y=1$, $x+y+z=8$일 때,
$1+z=8$에서 $z=7$
$x+y=1$에서 순서쌍 (x, y)는 $(0, 1)$, $(1, 0)$
따라서 순서쌍 (x, y, z)의 개수는 2이다.
(ii) $x+y=2$, $x+y+z=4$일 때,
$2+z=4$에서 $z=2$
$x+y=2$에서 순서쌍 (x, y)는 $(0, 2)$, $(1, 1)$, $(2, 0)$
따라서 순서쌍 (x, y, z)의 개수는 3이다.
(i), (ii)에서 순서쌍 (x, y, z)의 개수는
$2+3=5$

553

곱의 법칙

(전략) 사다리꼴의 넓이를 구하는 공식을 이용하여 경우를 나누어 구한다.

(풀이) 평행선에서 각각 두 점을 선택하여 네 꼭짓점으로 하는 사각형은 사다리꼴이므로 윗변의 길이와 아랫변의 길이를 각각 a, b라 하면
$\frac{1}{2}\times(a+b)\times1=4 \qquad \therefore a+b=8$
(i) $a=2$, $b=6$일 때,
$a=2$인 경우는 5가지, $b=6$인 경우는 1가지이므로
$5\times1=5$(개)
(ii) $a=3$, $b=5$일 때,
$a=3$인 경우는 4가지, $b=5$인 경우는 2가지이므로
$4\times2=8$(개)
(iii) $a=4$, $b=4$일 때,
$a=4$인 경우는 3가지, $b=4$인 경우는 3가지이므로
$3\times3=9$(개)
(iv) $a=5$, $b=3$일 때,
$a=5$인 경우는 2가지, $b=3$인 경우는 4가지이므로
$2\times4=8$(개)
(v) $a=6$, $b=2$일 때,
$a=6$인 경우는 1가지, $b=2$인 경우는 5가지이므로
$1\times5=5$(개)
(i)~(v)에서 구하는 사각형의 개수는
$5+8+9+8+5=35$

554

약수의 개수

(전략) 자연수 $N=a^pb^q$의 양의 약수의 개수가 $(p+1)(q+1)$임을 이용한다. (단, a, b는 서로 다른 소수, p, q는 자연수이다.)

(풀이) 서로 다른 두 개의 주사위 A, B를 동시에 던져서 나오는 눈의 수를 각각 a, b라 하자.
P의 양의 약수의 개수가 4이므로 P는 서로 다른 두 소수 α, β에 대하여
$P=\alpha^3$ 또는 $P=\alpha\beta$ 꼴이어야 한다.
(i) $P=\alpha^3$ 꼴인 경우
$\alpha=2$일 때, 순서쌍 (a, b)는 $(2, 4)$, $(4, 2)$의 2가지
(ii) $P=\alpha\beta$ 꼴인 경우
$\alpha=2$, $\beta=3$일 때,
순서쌍 (a, b)는 $(1, 6)$, $(2, 3)$, $(3, 2)$, $(6, 1)$의 4가지
$\alpha=2$, $\beta=5$일 때,
순서쌍 (a, b)는 $(2, 5)$, $(5, 2)$의 2가지
$\alpha=3$, $\beta=5$일 때,
순서쌍 (a, b)는 $(3, 5)$, $(5, 3)$의 2가지
이므로 $P=\alpha\beta$ 꼴인 경우의 수는
$4+2+2=8$
(i), (ii)에서 구하는 경우의 수는
$2+8=10$

(참고) 주사위를 던져서 나오는 눈의 수 중에서 합성수인 4, 6은 소인수분해 하여 각각 2^2, 2×3으로 생각한다.

555

도로망에서의 방법의 수

(전략) B 지점와 C 지점 사이에 x개의 도로를 추가한다고 하고 A 지점에서 D 지점으로 가는 방법의 수를 구한다.

풀이 B 지점과 C 지점 사이에 x개의 도로를 추가한다고 하면

(i) A → B → D로 가는 방법의 수는

$3\times2=6$

(ii) A → C → D로 가는 방법의 수는

$2\times3=6$

(iii) A → B → C → D로 가는 방법의 수는

$3\times x\times3=9x$

(iv) A → C → B → D로 가는 방법의 수는

$2\times x\times2=4x$

(i)~(iv)에서 A 지점에서 D 지점으로 가는 방법의 수는

$6+6+9x+4x=116$

$13x=104 \qquad \therefore x=8$

따라서 추가해야 하는 도로의 개수는 8이다.

556

색칠하는 방법의 수

전략 곱의 법칙을 이용하여 색을 칠하는 경우의 수를 구한다.

풀이 1이 적힌 정사각형과 6이 적힌 정사각형에 같은 색을 칠하고, 변을 공유하는 두 정사각형에는 서로 다른 색을 칠하므로 1, 6, 2, 3, 5, 4가 적힌 정사각형의 순서로 색을 칠해 보자.

1이 적힌 정사각형에 칠할 수 있는 색은 4가지

6이 적힌 정사각형에 칠할 수 있는 색은 1이 적힌 정사각형에 칠한 색과 같은 색이므로 1가지

2가 적힌 정사각형에 칠할 수 있는 색은 1이 적힌 정사각형에 칠한 색을 제외한 3가지

3이 적힌 정사각형에 칠할 수 있는 색은 2, 6이 적힌 정사각형에 칠한 색을 제외한 2가지

5가 적힌 정사각형에 칠할 수 있는 색은 2, 6이 적힌 정사각형에 칠한 색을 제외한 2가지

4가 적힌 정사각형에 칠할 수 있는 색은 1, 5가 적힌 정사각형에 칠한 색을 제외한 2가지

따라서 구하는 경우의 수는

$4\times1\times3\times2\times2\times2=96$

557

${}_n\mathrm{P}_r$의 계산

전략 ${}_n\mathrm{P}_r=\dfrac{n!}{(n-r)!}\ (0\le r\le n)$임을 이용한다.

풀이 ${}_{n-1}\mathrm{P}_r+r\times{}_{n-1}\mathrm{P}_{r-1}$

$$=\frac{(n-1)!}{\boxed{(n-r-1)!}}+r\times\frac{(n-1)!}{\boxed{(n-r)!}}$$

$$=\frac{(n-1)!\times(n-r)}{(n-r-1)!\times(n-r)}+r\times\frac{(n-1)!}{(n-r)!}$$

$$=\frac{(n-1)!}{(n-r)!}\times\{(n-r)+r\}$$

$$=\frac{(n-1)!}{(n-r)!}\times\boxed{n}$$

$$=\frac{\boxed{n!}}{(n-r)!}={}_n\mathrm{P}_r$$

∴ (가): $(n-r-1)!$, (나): $(n-r)!$, (다): n, (라): $n!$

558

${}_n\mathrm{P}_r$의 계산

전략 주어진 방정식을 n에 대한 식으로 나타낸 후 인수분해 하여 조건에 맞는 n의 값을 구한다.

풀이 ${}_n\mathrm{P}_3+5\times{}_n\mathrm{P}_2=5({}_{n+1}\mathrm{P}_2+n-3)$에서

$n(n-1)(n-2)+5\times n(n-1)=5\{(n+1)n+n-3\}$

$n^3-3n^2+2n+5n^2-5n=5n^2+10n-15$

$n^3-3n^2-13n+15=0$

$f(n)=n^3-3n^2-13n+15$라 하면 $f(1)=0$이므로 조립제법을 이용하여 $f(n)$을 인수분해 하면

1	1	-3	-13	15
		1	-2	-15
	1	-2	-15	0

$f(n)=(n-1)(n^2-2n-15)$

즉, 주어진 방정식은

$(n-1)(n^2-2n-15)=0$

$(n-1)(n+3)(n-5)=0$

$\therefore n=-3$ 또는 $n=1$ 또는 $n=5$

그런데 ${}_n\mathrm{P}_3$에서 $n\ge3$이므로 $n=5$

559

이웃하는 순열의 수

전략 아버지와 어머니가 A열에 앉는 경우와 B열에 앉는 경우로 나누어 구한다.

풀이 (i) 아버지와 어머니가 A열에 이웃하여 앉는 방법의 수는

$2\times2!\times3!=24$

(ii) 아버지와 어머니가 B열에 이웃하여 앉는 방법의 수는

$2!\times3!=12$

(i), (ii)에서 구하는 방법의 수는

$24+12=36$

560

제한 조건이 있을 때의 순열의 수

전략 순열의 수를 이용하여 서로 다른 골프공 4개와 서로 다른 탁구공 2개를 일렬로 나열하는 방법의 수를 구하고, 곱의 법칙을 이용하여 6개의 공을 꺼내는 방법의 수를 구한다.

풀이 조건 (가)에서 탁구공은 연속하여 꺼낼 수 없으므로 골프공 4개를 꺼내는 사이사이나 앞뒤에 탁구공을 꺼내야 한다.

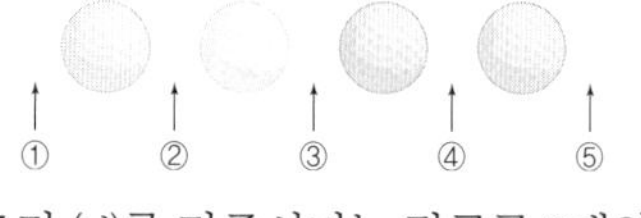

위의 그림에서 조건 (나)를 만족시키는 탁구공 2개의 위치는 (①, ③), (②, ③), (②, ④), (③, ④), (③, ⑤)의 5가지이다.

서로 다른 골프공 4개를 일렬로 나열하는 방법의 수는

$4!=24$

위의 그림에서 정해진 2개의 위치에 서로 다른 탁구공 2개를 일렬로 나열하는 방법의 수는

$2!=2$

조건 (가), (나)를 모두 만족시키면서 6개의 공을 상자에서 모두 꺼내는 방법의 수는

$5\times24\times2=240$

참고 탁구공 2개의 위치가 (①, ②), (①, ④), (①, ⑤), (②, ⑤), (④, ⑤)이면 조건 (나)를 만족시키지 않는다.

561

제한 조건이 있을 때의 순열의 수

전략 3, 6, 9를 포함하는 수의 개수를 구한다.

풀이 (i) 한 자리의 자연수의 경우

한 자리의 자연수 중 3, 6, 9를 포함하는 수는 3개이므로 박수를 친 횟수는 3번

(ii) 두 자리의 자연수의 경우

십의 자리의 숫자는 3, 6, 9가 아니고 일의 자리의 숫자는 3 또는 6 또는 9인 수는 $6\times3=18$(개)

십의 자리의 숫자는 3 또는 6 또는 9이고 일의 자리의 숫자는 3, 6, 9가 아닌 수는 $3\times7=21$(개)

십의 자리의 숫자와 일의 자리의 숫자가 3 또는 6 또는 9인 수는 $3\times3=9$(개)

따라서 두 자리의 자연수 중 박수를 친 횟수는

$18+21+9\times2=57$(번)

(iii) 세 자리의 자연수의 경우

백의 자리의 숫자는 항상 1이다.

십의 자리의 숫자는 3, 6, 9가 아니고 일의 자리의 숫자는 3 또는 6 또는 9인 수는 $7\times3=21$(개)

십의 자리의 숫자는 3 또는 6 또는 9이고 일의 자리의 숫자는 3, 6, 9가 아닌 수는 $3\times7=21$(개)

십의 자리의 숫자와 일의 자리의 숫자가 3 또는 6 또는 9인 수는 $3\times3=9$(개)

따라서 세 자리의 자연수 중 박수를 친 횟수는

$21+21+9\times2=60$(번)

(i), (ii), (iii)에서 박수를 친 횟수는

$3+57+60=120$(번)

562

'적어도'의 조건이 있는 순열의 수

전략 전체 경우의 수에서 부모 사이에 자녀가 서지 않는 경우와 1명만 서는 경우의 수를 빼어 구한다.

풀이 부모 사이에 자녀 4명 중 적어도 2명이 서게 되는 경우의 수는 전체 경우의 수에서 부모 사이에 자녀가 서지 않는 경우의 수와 1명만 서는 경우의 수를 빼면 된다.

6명의 가족이 일렬로 서는 경우의 수는

$6!=720$

(i) 부모 사이에 자녀가 서지 않는 경우

부모가 이웃하여 서는 경우와 같으므로

$5!\times2!=240$

(ii) 부모 사이에 자녀 1명만 서는 경우

㉮㉯㉰를 한 묶음으로 생각하여 4명이 일렬로 서는 경우의 수는

$4!=24$

부모 사이에 서는 자녀를 선택하는 경우의 수는

4

부모가 자리를 바꾸는 경우의 수는

$2!=2$

즉, 이 경우의 수는

$24\times4\times2=192$

(i), (ii)에서 부모 사이에 자녀가 서지 않거나 1명만 서는 경우의 수는

$240+192=432$

따라서 구하는 경우의 수는

$720-432=288$

563

자연수의 개수

전략 꺼낸 4개의 공 중 같은 숫자가 없는 경우와 있는 경우를 각각 나누어 방법의 수를 구한다.

풀이 꺼낸 4개의 공 중에서

(i) 같은 숫자가 없는 경우

${}_5P_4=120$

(ii) 같은 숫자가 한 쌍 있는 경우

○△○△, △○△○, △○○△의 3가지

○ 자리에 서로 다른 두 숫자를, △ 자리에 서로 같은 숫자를 각각 넣고, 3 또는 5에서 같은 숫자를 택할 수 있으므로

$3\times{}_4P_2\times2=72$

(iii) 같은 숫자가 두 쌍 있는 경우

3535, 5353의 2가지

(i), (ii), (iii)에서 구하는 방법의 수는

$120+72+2=194$

564

자연수의 개수

전략 254보다 큰 짝수는 백의 자리의 숫자가 3 이상이고 일의 자리의 숫자가 짝수임을 이용한다.

풀이 254보다 큰 짝수는 3□0, 3□2, 3□4, 4□0, 4□2, 5□0, 5□2, 5□4 꼴이다.

(i) 3□0, 3□2, 3□4 꼴인 자연수의 개수는

$3\times{}_4P_1=12$

(ii) 4□0, 4□2 꼴인 자연수의 개수는

$2\times{}_4P_1=8$

(iii) 5□0, 5□2, 5□4 꼴인 자연수의 개수는

$3\times{}_4P_1=12$

(i), (ii), (iii)에서 구하는 자연수의 개수는

$12+8+12=32$

565

자연수의 개수

전략 15의 배수는 3의 배수와 5의 배수를 동시에 만족시켜야 함을 이용하여 경우의 수를 구한다.

풀이 15의 배수이려면 3의 배수이면서 동시에 5의 배수이어야 한다. 즉, 5의 배수이려면 일의 자리 숫자가 0 또는 5이어야 하고, 3의 배수이려면 각 자리의 숫자의 합이 3의 배수이어야 한다.

(i) 일의 자리 숫자가 0인 경우
천의 자리, 백의 자리, 십의 자리의 숫자의 합이 3의 배수이어야 하고
1, 2, 3 또는 1, 3, 5 또는 2, 3, 4 또는 3, 4, 5
의 4가지이므로 만들 수 있는 15의 배수의 개수는
$4\times3!=24$

(ii) 일의 자리 숫자가 5인 경우
천의 자리, 백의 자리, 십의 자리의 숫자의 합과 5의 합이 3의 배수이어야 하므로 천의 자리, 백의 자리, 십의 자리의 숫자의 합은 4, 7이어야 한다.
0, 1, 2, 3, 4 중 세 수의 합이 4, 7이 되는 경우는
0, 1, 3 또는 0, 3, 4 또는 1, 2, 4
㉠ 0, 1, 3 또는 0, 3, 4인 경우
천의 자리에 올 수 있는 숫자는 0을 제외한 2가지
백의 자리와 십의 자리에 올 수 있는 숫자는 0과 천의 자리에 온 숫자를 제외한 2가지이므로
$2\times2\times2!=8$
㉡ 1, 2, 4인 경우
$3!=6$
즉, 만들 수 있는 15의 배수의 개수는
$8+6=14$

(i), (ii)에서 구하는 수의 개수는
$24+14=38$

도전 1등급 최고난도 ● 131쪽

566 576 **567** ①

566

제한 조건이 있을 때의 순열의 수

(1단계) A와 B가 같은 2인용 의자에 앉는 경우의 수를 구한다.

(i) A와 B가 같이 앉을 수 있는 2인용 의자는 운전자가 앉아 있는 의자를 제외한 3개이고, 두 사람은 자리를 서로 바꾸어 앉을 수 있으므로 A와 B가 같은 2인용 의자에 앉는 경우의 수는
$3\times2!=6$

(2단계) C와 D가 같은 2인용 의자에 앉지 않는 경우의 수를 구한다.

(ii) C와 D가 같은 2인용 의자에 앉지 않는 경우의 수는 A와 B가 앉은 의자와 운전자가 앉아 있는 좌석을 제외한 5개의 좌석에 C와 D가 앉는 전체 경우의 수에서 C와 D가 같은 2인용 의자에 앉는 경우의 수를 빼야 한다.
5개의 좌석에 C와 D가 앉는 전체 경우의 수는
${}_5P_2=20$
C와 D가 같이 앉을 수 있는 2인용 의자는 A와 B가 앉아 있는 의자와 운전자가 앉아 있는 의자를 제외한 나머지 2개이고, 두 사람은 자리를 서로 바꾸어 앉을 수 있으므로 C와 D가 같은 2인용 의자에 앉는 경우의 수는
$2\times2!=4$
따라서 C와 D가 같은 2인용 의자에 앉지 않는 경우의 수는
$20-4=16$

(3단계) 남은 3개의 좌석에 E, F, G가 앉는 경우의 수를 구한다.

(iii) 남은 3개의 좌석에 E, F, G가 앉는 경우의 수는
$3!=6$

(4단계) 곱의 법칙을 이용하여 7명의 관광객이 주어진 조건을 만족시키도록 놀이기구의 좌석에 앉는 경우의 수를 구한다.

(i), (ii), (iii)에서 구하는 경우의 수는
$6\times16\times6=576$

567

제한 조건이 있을 때의 순열의 수

(1단계) 2학년 학생이 오른쪽 끝 사각 의자에 앉을 때의 경우의 수를 구한다.

(i) 2학년 학생이 오른쪽 끝 사각 의자에 앉을 때

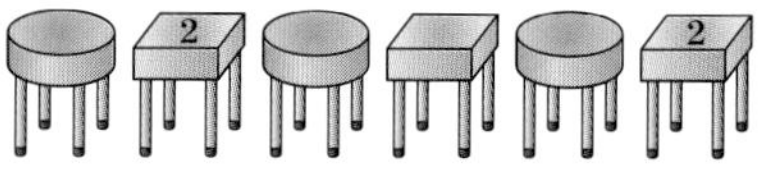

또는

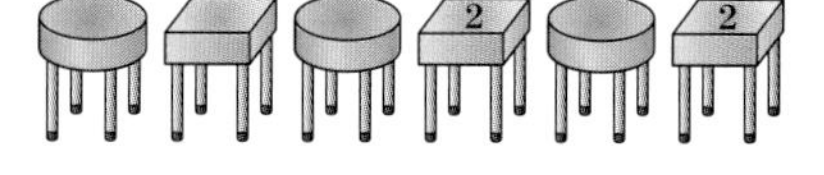

위 그림과 같이 2학년 학생이 앉을 사각 의자를 선택하는 경우의 수는 2
2학년 학생이 두 사각 의자에 앉는 경우의 수는
$2!=2$
㉠ 2학년 학생이 앉지 않은 사각 의자에 1학년 학생이 앉는다면 1학년 학생이 앉은 사각 의자와 이웃한 두 개의 둥근 의자에는 3학년 학생만 앉아야 하므로 경우의 수는
$2!\times2!=4$
㉡ 2학년 학생이 앉지 않은 사각 의자에 3학년 학생이 앉는다면 3학년 학생이 앉은 사각 의자와 이웃한 두 개의 둥근 의자에는 1학년 학생만 앉아야 하므로 경우의 수는
$2!\times2!=4$
따라서 이 경우의 수는 $2\times2\times(4+4)=32$

(2단계) 2학년 학생이 오른쪽 끝의 사각 의자에 앉지 않을 때의 경우의 수를 구한다.

(ii) 2학년 학생이 오른쪽 끝의 사각 의자에 앉지 않을 때

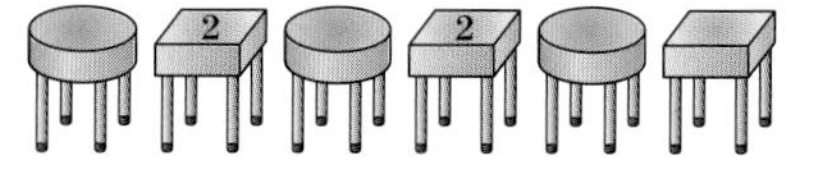

오른쪽 끝이 아닌 나머지 2개의 사각 의자에 2학년 학생 2명이 앉는 경우의 수는
$2!=2$

㉠ 오른쪽 끝의 사각 의자에 1학년 학생이 앉는다면 1학년 학생이 앉은 사각 의자와 이웃한 둥근 의자에 3학년 학생이 앉아야 하므로 경우의 수는

$2\times2\times2!=8$

㉡ 오른쪽 끝의 사각 의자에 3학년 학생이 앉는다면 3학년 학생이 앉은 사각 의자와 이웃한 둥근 의자에 1학년 학생이 앉아야 하므로 경우의 수는

$2\times2\times2!=8$

따라서 이 경우의 수는

$2\times(8+8)=32$

(3단계) 조건을 만족시키도록 하는 경우의 수를 구한다.

(i), (ii)에서 구하는 경우의 수는

$32+32=64$

다른 풀이 사각 의자 3개 중에서 2개의 의자에 2학년 학생 2명이 앉는 경우의 수는

${}_3P_2=6$

나머지 의자 4개에 1학년 학생 2명과 3학년 학생 2명이 앉는 경우의 수는

$4!=24$

조건 (가)를 만족시키는 경우의 수는

$6\times24=144$

이 중에서 1학년 학생 2명이 서로 이웃하여 앉는 경우는 그림과 같이 5가지이다.

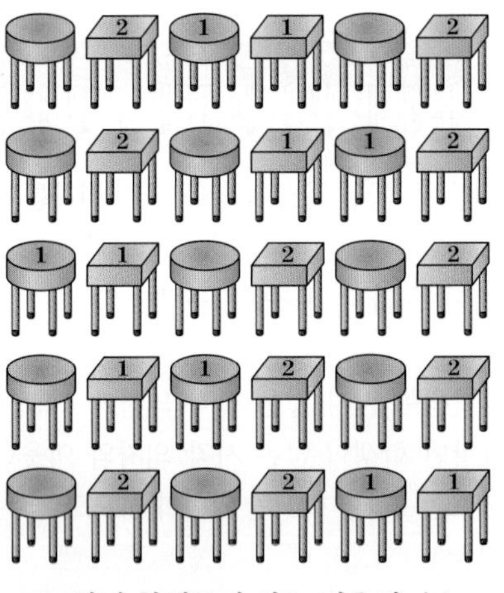

각각의 경우 1, 2, 3학년 학생들이 앉는 경우의 수는

$2!\times2!\times2!=8$

즉, 1학년 학생 2명이 서로 이웃하여 앉는 경우의 수는

$5\times8=40$

마찬가지로 3학년 학생 2명이 서로 이웃하여 앉는 경우의 수도 40

따라서 조건을 모두 만족시키는 경우의 수는

$144-40-40=64$

11 조합

유형 분석 기출 ● 133쪽~138쪽

568 7	**569** ①	**570** 2	**571** 4	**572** ②
573 8	**574** ③	**575** 55	**576** ②	**577** 80
578 16	**579** ④	**580** ⑤	**581** ③	**582** 91
583 380	**584** ④	**585** 80	**586** ②	**587** 46
588 ②	**589** 126	**590** 350	**591** ⑤	**592** 6
593 ②	**594** ③	**595** 32	**596** 70	**597** ①
598 ③	**599** 20	**600** 76	**601** 126	**602** 52

568

${}_{n+2}C_2={}_{n-1}C_2+{}_nC_2$에서

$\frac{(n+2)(n+1)}{2!}=\frac{(n-1)(n-2)}{2!}+\frac{n(n-1)}{2!}$

$(n+2)(n+1)=(n-1)(n-2)+n(n-1)$

$n^2-7n=0$

$n(n-7)=0$

이때 n은 자연수이므로 $n=7$

569

(i) ${}_{12}C_{2r+1}={}_{12}C_{7-r}$에서

$2r+1=7-r$

$3r=6$

$\therefore r=2$

(ii) ${}_{12}C_{2r+1}={}_{12}C_{12-(2r+1)}$이므로

${}_{12}C_{11-2r}={}_{12}C_{7-r}$에서

$11-2r=7-r$

$\therefore r=4$

(i), (ii)에서 모든 자연수 r의 값의 곱은

$2\times4=8$

570

이차방정식 ${}_nC_1x^2-{}_nC_2x+{}_nC_3=0$에서 근과 계수의 관계에 의하여

(두 근의 합)$=\frac{{}_nC_2}{{}_nC_1}=2$

${}_nC_2=2\times{}_nC_1$

$\frac{n(n-1)}{2}=2n$

이때 $n\geq3$이므로 등식의 양변을 n으로 나누면

$\frac{n-1}{2}=2$

$\therefore n=5$

$\therefore$ (두 근의 곱)$=\frac{{}_nC_3}{{}_nC_1}=\frac{{}_5C_3}{{}_5C_1}$

$=\frac{{}_5C_2}{{}_5C_1}=\frac{10}{5}=2$

571

$\frac{{}_{n}C_{r}}{6}=\frac{{}_{n}C_{r+1}}{3}$에서

$\frac{n!}{6\times r!(n-r)!}=\frac{n!}{3\times(r+1)!(n-r-1)!}$

$r+1=2(n-r)$

$\therefore 2n-3r=1$ ...... ㉠

$\frac{{}_{n}C_{r+1}}{3}={}_{n}C_{r+2}$에서

$\frac{n!}{3\times(r+1)!(n-r-1)!}=\frac{n!}{(r+2)!(n-r-2)!}$

$r+2=3(n-r-1)$

$\therefore 3n-4r=5$ ...... ㉡

㉠, ㉡을 연립하여 풀면

$n=11$, $r=7$

$\therefore n-r=11-7=4$

572

서로 다른 n개를 1, 2, 3, …, n이라 하자.

(i) 1을 포함하여 r개를 택하는 조합의 수는 $\boxed{{}_{n-1}C_{r-1}}$이다.
 2를 포함하여 r개를 택하는 조합의 수는 $\boxed{{}_{n-1}C_{r-1}}$이다.
 3을 포함하여 r개를 택하는 조합의 수는 $\boxed{{}_{n-1}C_{r-1}}$이다.
 ⋮
 n을 포함하여 r개를 택하는 조합의 수는 $\boxed{{}_{n-1}C_{r-1}}$이다.
 이상을 모두 합하면 $n\times\boxed{{}_{n-1}C_{r-1}}$이다. ...... ㉠

(ii) 그런데 위의 ㉠에 있는 조합의 수 중 1, 2, 3, …, r의 r개로 구성된 조합이 $\boxed{r}$번 반복된다.

(중략)

(i), (ii)에서 서로 다른 n개에서 r개를 택하는 조합의 수 ${}_{n}C_{r}$은

${}_{n}C_{r}=\boxed{\frac{n}{r}}\times{}_{n-1}C_{r-1}$

$\therefore$ (가): ${}_{n-1}C_{r-1}$, (나): r, (다): $\frac{n}{r}$

573

플로리스트 9명 중에서 2명을 뽑는 경우의 수는

${}_{9}C_{2}=36$

호텔리어 n명 중에서 2명을 뽑는 경우의 수는

${}_{n}C_{2}$

이때 2명의 직업이 같은 경우의 수가 64이므로

$36+{}_{n}C_{2}=64$

$\therefore {}_{n}C_{2}=28$

즉, $\frac{n(n-1)}{2}=28$에서

$n(n-1)=56=8\times7$

$\therefore n=8$

574

서로 다른 9개의 독서 토론 주제 중에서 2개의 주제를 택하는 경우의 수는

$a={}_{9}C_{2}=36$

서로 다른 2개의 주제를 택하여 각각 A조, B조에 주제를 배정하는 경우의 수는

$b={}_{9}P_{2}=72$

$\therefore a+b=36+72=108$

575

12를 12개의 1로 분리하여 나열한 후, 그 사이에 +를 2개 넣어 세 묶음으로 나누면 된다.

다음과 같이 12를 1로 분리하여 나열하고 11개의 □의 자리에서 2개를 택하여 +를 넣으면 된다.

1□1□1□1□1□1□1□1□1□1□1□1

따라서 구하는 경우의 수는

${}_{11}C_{2}=55$

576

10명의 참석자가 모두 한 번씩 악수를 한 횟수는 ${}_{10}C_{2}=45$

이때 여자끼리는 악수를 하지 않았으므로 악수가 이루어지지 않은 횟수는 ${}_{5}C_{2}=10$

따라서 구하는 악수의 총횟수는

$45-10=35$

577

세 수의 곱이 짝수인 경우의 수에서 세 수의 곱이 짝수이면서 4의 배수가 아닌 경우의 수를 빼면 된다.

(i) 세 수의 곱이 짝수인 경우의 수
 세 수 중에서 짝수가 있으면 세 수의 곱이 짝수가 되므로 전체 경우의 수에서 세 수가 모두 홀수인 경우의 수를 빼면 된다.
 $\therefore {}_{10}C_{3}-{}_{5}C_{3}=110$

(ii) 세 수의 곱이 짝수이면서 4의 배수가 아닌 경우의 수
 2, 6, 10 중에서 한 개와 1, 3, 5, 7, 9 중에서 두 개를 뽑는 경우의 수이다.
 $\therefore {}_{3}C_{1}\times{}_{5}C_{2}=30$

(i), (ii)에서 구하는 경우의 수는

$110-30=80$

578

서로 다른 네 종류의 인형이 각각 2개씩 있으므로 5개의 인형을 선택하려면 서로 다른 세 종류 또는 서로 다른 네 종류의 인형을 선택해야 한다.

(i) 서로 다른 세 종류의 인형을 선택하는 경우
 서로 다른 네 종류의 인형 중에서 세 종류의 인형을 선택하는 경우의 수는
 ${}_{4}C_{3}=4$
 선택한 세 종류의 인형 중에서 1개를 선택하는 인형 한 종류를 정하면 남은 두 종류의 인형은 모두 2개씩 선택하면 되므로
 ${}_{3}C_{1}=3$

즉, 이 경우의 수는 $4\times3=12$

(ii) 서로 다른 네 종류의 인형을 선택하는 경우

서로 다른 네 종류의 인형 중에서 2개를 선택하는 인형 한 종류를 정하면 남은 세 종류의 인형은 모두 1개씩 선택하면 되므로

${}_4C_1=4$

(i), (ii)에서 구하는 경우의 수는

$12+4=16$

579

A, B를 포함하여 5명을 뽑는 경우의 수는 A, B를 제외한 9명 중에서 3명을 뽑는 경우의 수와 같으므로

${}_9C_3=84$

580

아홉 자리 자연수의 첫 번째 자리의 숫자는 0이 될 수 없으므로 1이다.

이때 0끼리는 이웃하지 않도록 하려면 다음과 같이 6개의 □의 자리에서 3개를 택하여 0을 나열하면 된다.

1□1□1□1□1□1□

따라서 구하는 자연수의 개수는

${}_6C_3=20$

581

(i) $a=5$인 경우

$c<b<5$이므로 1부터 4까지의 자연수 중에서 2개를 뽑아 큰 수를 b, 작은 수를 c라 하면 경우의 수는

${}_4C_2=6$

(ii) $a=6$인 경우

$c<b<6$이므로 1부터 5까지의 자연수 중에서 2개를 뽑아 큰 수를 b, 작은 수를 c라 하면 경우의 수는

${}_5C_2=10$

(i), (ii)에서 구하는 자연수의 개수는

$6+10=16$

582

서로 다른 3개의 주사위를 동시에 던져서 나오는 모든 경우의 수는

$6\times6\times6=216$

이때 세 눈의 수의 곱이 5의 배수가 되지 않는 경우는 3개의 주사위에서 모두 5가 아닌 눈이 나와야 하므로 그 경우의 수는

${}_5C_1\times{}_5C_1\times{}_5C_1=5\times5\times5=125$

따라서 구하는 경우의 수는

$216-125=91$

583

다섯 자리 자연수를 만들 때, 7을 2개 이상 포함하고 7끼리는 이웃하지 않도록 하려면 7은 2개 또는 3개이어야 한다.

(i) 7이 2개인 경우

V□V□V□V 꼴에서 □의 자리에 1, 2, 3, 5, 9의 5개의 숫자 중에서 3개를 뽑아 일렬로 나열하고, 네 개의 V의 자리에서 2개를 택하여 7을 나열하면 되므로

${}_5P_3\times{}_4C_2=60\times6=360$

(ii) 7이 3개인 경우

7□7□7 꼴에서 □의 자리에 1, 2, 3, 5, 9의 5개의 숫자 중에서 2개를 뽑아 일렬로 나열하면 되므로

${}_5P_2=20$

(i), (ii)에서 구하는 자연수의 개수는

$360+20=380$

584

과자와 사탕을 합하여 3개를 뽑을 때, 과자는 최대 2개까지만 뽑을 수 있으므로 과자는 0개 또는 1개 또는 2개 뽑을 수 있다.

(i) 과자 0개, 사탕 3개를 뽑는 경우

${}_8C_0\times{}_4C_3=1\times4=4$

(ii) 과자 1개, 사탕 2개를 뽑는 경우

${}_8C_1\times{}_4C_2=8\times6=48$

(iii) 과자 2개, 사탕 1개를 뽑는 경우

${}_8C_2\times{}_4C_1=28\times4=112$

(i), (ii), (iii)에서 구하는 경우의 수는

$4+48+112=164$

585

10명의 학생 중에서 3명을 선택할 때 같은 학교의 학생이 선택되지 않으려면 선택된 3명의 학생의 학교는 모두 달라야 한다.

서로 다른 5개의 학교 중에서 3개를 택하는 경우의 수는

${}_5C_3=10$

각각의 학교에서 학생 2명 중에서 한 명을 택하는 경우의 수는

${}_2C_1=2$

따라서 구하는 경우의 수는

$10\times2\times2\times2=80$

586

(i) 연속하는 자연수가 1, 2 또는 8, 9인 경우

연속하는 자연수가 1, 2일 때, 3이 적힌 공을 제외한 나머지 6개의 공 중에서 한 개를 뽑아야 하므로

${}_6C_1=6$

연속하는 자연수가 8, 9일 때도 마찬가지이므로

${}_6C_1=6$

즉, 이 경우의 수는 $6+6=12$

(ii) 연속하는 자연수가 2, 3 또는 3, 4 또는 4, 5 또는 5, 6 또는 6, 7 또는 7, 8인 경우

연속하는 자연수가 2, 3일 때, 1과 4가 적힌 공을 제외한 나머지 5개의 공 중에서 한 개를 뽑아야 하므로

${}_5C_1=5$

연속하는 자연수가 3, 4 또는 4, 5 또는 5, 6 또는 6, 7 또는 7, 8 인 경우도 마찬가지이므로

$_5C_1=5$

즉, 이 경우의 수는 $5\times6=30$

(i), (ii)에서 구하는 경우의 수는

$12+30=42$

587

(i) A를 선출하는 경우

B를 선출하는 경우의 수는 C, G, H, I의 4명 중에서 3명을 선출하는 경우의 수와 같으므로

$_4C_3=4$

B는 선출하지 않고 C는 선출하는 경우의 수는 D, E, F, G, H, I의 6명 중에서 3명을 선출하는 경우의 수와 같으므로

$_6C_3=20$

즉, 이 경우의 수는

$4+20=24$

(ii) A는 선출하지 않고 B는 선출하는 경우

C, G, H, I의 4명 중에서 4명을 선출하는 경우의 수와 같으므로

$_4C_4=1$

(iii) A와 B를 모두 선출하지 않는 경우

C, D, E, F, G, H, I의 7명 중에서 5명을 선출하는 경우의 수와 같으므로

$_7C_5=21$

(i), (ii), (iii)에서 구하는 경우의 수는

$24+1+21=46$

588

전체 13명 중에서 3명을 뽑는 경우의 수는

$_{13}C_3=286$

남학생만 3명을 뽑는 경우의 수는

$_9C_3=84$

여학생만 3명을 뽑는 경우의 수는

$_4C_3=4$

따라서 구하는 경우의 수는

$286-(84+4)=198$

589

(i) 김밥 2개, 우동 1개, 라면 1개를 선택하는 경우

$_3C_2\times{}_3C_1\times{}_4C_1=3\times3\times4=36$

(ii) 김밥 1개, 우동 2개, 라면 1개를 선택하는 경우

$_3C_1\times{}_3C_2\times{}_4C_1=3\times3\times4=36$

(iii) 김밥 1개, 우동 1개, 라면 2개를 선택하는 경우

$_3C_1\times{}_3C_1\times{}_4C_2=3\times3\times6=54$

(i), (ii), (iii)에서 구하는 경우의 수는

$36+36+54=126$

590

(i) 홀수 2개, 짝수 3개를 뽑는 경우

12 미만의 홀수 6개 중에서 2개를 뽑고, 짝수 5개 중에서 3개를 뽑는 경우의 수는

$_6C_2\times{}_5C_3=15\times10=150$

(ii) 홀수 3개, 짝수 2개를 뽑는 경우

12 미만의 홀수 6개 중에서 3개를 뽑고, 짝수 5개 중에서 2개를 뽑는 경우의 수는

$_6C_3\times{}_5C_2=20\times10=200$

(i), (ii)에서 구하는 경우의 수는 $150+200=350$

591

5권의 교과서 중에서 2권을 뽑는 경우의 수는

$_5C_2=10$

3권의 문제집 중에서 2권을 뽑는 경우의 수는

$_3C_2=3$

4권의 책을 일렬로 꽂는 경우의 수는

$4!=24$

따라서 구하는 경우의 수는 $10\times3\times24=720$

1등급 비법

서로 다른 n개에서 $r(0<r\le n)$개를 택하는 조합의 수는 $_nC_r$이고, 그 각각에 대하여 r개를 일렬로 나열하는 경우의 수는 $r!$이다. 이는 서로 다른 n개에서 r개를 택하는 순열의 수 $_nP_r$과 같으므로

$_nC_r\times r!={}_nP_r$

592

동아리의 전체 회원 수를 $n(n\ge4)$이라 하면 특정한 2명을 포함하여 4명을 뽑는 경우의 수는 특정한 2명을 제외한 나머지 $(n-2)$명 중에서 2명을 뽑는 경우의 수와 같으므로

$_{n-2}C_2=\frac{(n-2)(n-3)}{2!}$

뽑은 4명을 일렬로 세우는 경우의 수는

$4!=24$

이때 특정한 2명을 포함하여 4명을 뽑아 일렬로 세우는 경우의 수가 144이므로

$\frac{(n-2)(n-3)}{2}\times24=144$

$(n-2)(n-3)=12=4\times3$

$n-2=4\quad\therefore n=6$

따라서 이 동아리의 전체 회원 수는 6이다.

593

□□□□□□에 2부터 7까지 6개의 자연수를 주어진 조건에 맞게 나열한다고 할 때, 3, 5가 나열되는 두 자리를 선택하는 경우의 수는 $_6C_2=15$

이때 선택한 두 자리의 왼쪽에 3, 남은 자리에 5를 나열하면 된다.
남은 네 자리에 2, 4, 6이 나열되는 세 자리를 선택하는 경우의 수는
$_4C_3=4$
이때 선택한 세 자리의 왼쪽부터 작은 수를 차례로 나열하고 남은 한 자리에 7을 나열하면 된다.
따라서 구하는 경우의 수는
$15\times4\times1=60$

594

가로 방향의 4개의 평행선에서 2개, 세로 방향의 6개의 평행선에서 2개를 택하면 한 개의 평행사변형을 만들 수 있다.
따라서 구하는 평행사변형의 개수는
$_4C_2\times{}_6C_2=6\times15=90$

참고 평행사변형은 두 쌍의 대변이 각각 평행한 사각형이다.

595

7개의 점 중에서 3개를 택하는 경우의 수는
$_7C_3=35$
이때 한 직선 위에 있는 3개의 점으로는 삼각형을 만들 수 없으므로 구하는 삼각형의 개수는
$35-3=32$

596

대각선의 교점은 두 대각선에 의해 결정된다.
이때 한 대각선은 2개의 꼭짓점에 의해 결정되므로 두 대각선은 4개의 꼭짓점에 의해 결정된다.
따라서 팔각형의 서로 다른 대각선의 교점의 최대 개수는 8개의 꼭짓점 중에서 서로 다른 4개를 택하는 경우의 수와 같으므로
$_8C_4=70$

597

(i) 직사각형의 개수
원에 내접하는 직사각형의 두 대각선의 교점은 원의 중심이고, 오른쪽 그림과 같이 원 위에 같은 간격으로 놓인 12개의 점 중에서 두 점을 연결한 선분 중 원의 중심을 지나는 선분은 6개이다.
12개의 점 중에서 4개의 점을 꼭짓점으로 하는 직사각형의 개수는 원의 중심을 지나는 6개의 선분 중 2개를 택하는 경우의 수와 같으므로
$m={}_6C_2=15$

(ii) 직각삼각형의 개수
원에 내접하는 직각삼각형의 빗변의 중점은 원의 중심이고, 오른쪽 그림과 같이 원 위에 같은 간격으로 놓인 12개의 점 중에서 두 점을 연결한 선분 중 원의 중심을 지나는 선분은 6개이다.

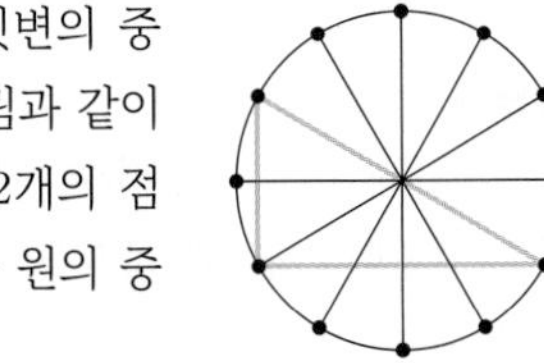

12개의 점 중에서 3개의 점을 꼭짓점으로 하는 직각삼각형의 개수는 원의 중심을 지나는 6개의 선분 중 1개를 택하고 남은 10개의 점 중 1개를 택하는 경우의 수와 같으므로
$n={}_6C_1\times{}_{10}C_1=6\times10=60$

(i), (ii)에서
$m+n=15+60=75$

1등급 비법
원의 지름에 대한 원주각의 크기는 90°이므로
① 6개의 지름 중에서 2개를 택하면 그 지름을 두 대각선으로 하는 직사각형을 만들 수 있다.
② 6개의 지름 중에서 1개를 택하면 그 지름을 빗변으로 하는 직각삼각형을 만들 수 있다.

598

오른쪽 그림과 같이 6개의 직선 AB, AD, AE, AF, AG, AC 중에서 서로 다른 2개의 직선을 택하고, 5개의 직선 BC, l_1, l_2, l_3, l_4 중에서 1개의 직선을 택하면 삼각형이 1개 만들어진다.

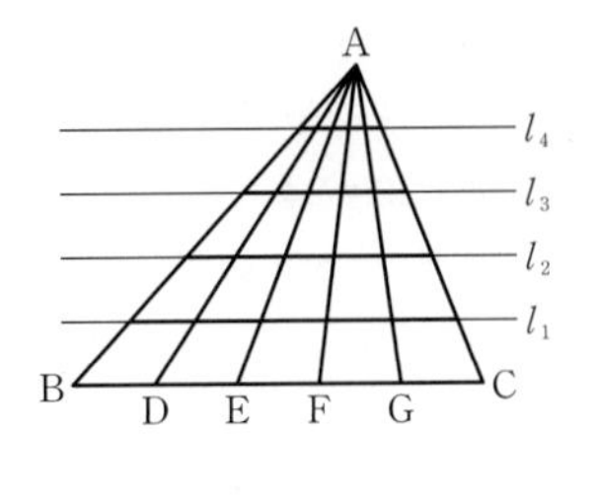

따라서 만들 수 있는 삼각형의 개수는
$_6C_2\times{}_5C_1=15\times5=75$

599

10개의 점 중에서 2개를 택하는 경우의 수는
$_{10}C_2=45$
한 직선 위의 4개의 점 중에서 2개를 택하는 경우의 수는
$_4C_2=6$
이때 한 직선 위에 4개의 점이 있는 직선은 5개이므로 구하는 직선의 개수는
$45-6\times5+5=20$

600

9개의 점 중에서 3개를 택하는 경우의 수는
$_9C_3=84$
이때 한 직선 위에 있는 3개의 점으로는 삼각형을 만들 수 없으므로 다음과 같은 경우는 제외해야 한다.
(i) 가로 또는 세로 방향의 한 직선 위에 있는 3개의 점 중에서 3개를 택하는 경우의 수는 $_3C_3=1$이고, 이 직선은 6개이므로
$1\times6=6$
(ii) 대각선 방향의 한 직선 위에 있는 3개의 점 중에서 3개를 택하는 경우의 수는 $_3C_3=1$이고, 이 직선은 2개이므로
$1\times2=2$
따라서 구하는 삼각형의 개수는
$84-(6+2)=76$

601

다음 그림과 같이 3개의 평행선, 4개의 평행선, 3개의 평행선을 각각 p, q, r이라 하자.

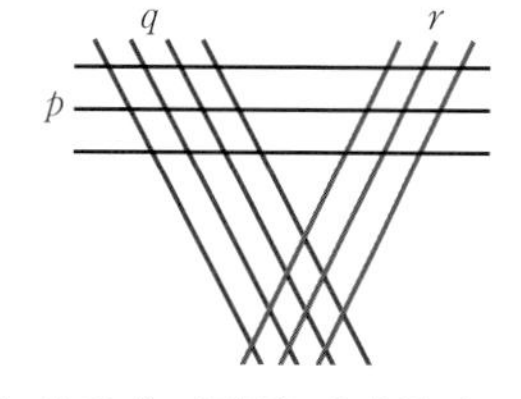

사다리꼴은 한 쌍의 대변이 평행한 사각형이므로 평행사변형이 아닌 사다리꼴이 결정되는 경우는 다음과 같다.

(i) p에서 2개, q, r에서 각각 1개씩 택하는 경우

$${}_3C_2\times{}_4C_1\times{}_3C_1=3\times4\times3=36$$

(ii) q에서 2개, p, r에서 각각 1개씩 택하는 경우

$${}_4C_2\times{}_3C_1\times{}_3C_1=6\times3\times3=54$$

(iii) r에서 2개, p, q에서 각각 1개씩 택하는 경우

$${}_3C_2\times{}_3C_1\times{}_4C_1=3\times3\times4=36$$

(i), (ii), (iii)에서 구하는 경우의 수는

$36+54+36=126$

602

15개의 점 중에서 2개를 택하는 경우의 수는

${}_{15}C_2=105$

이때 한 직선 위에 있는 점들로 만들 수 있는 직선은 1개뿐이므로 다음과 같은 경우를 제외해야 한다.

(i) 한 직선 위에 3개의 점이 있는 경우

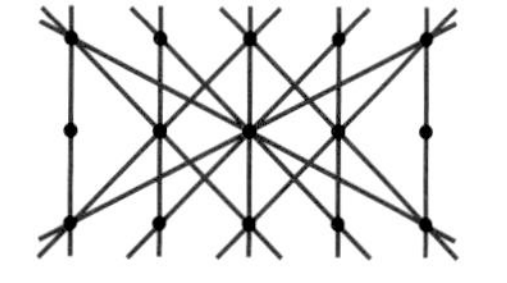

3개의 점 중에서 2개를 택하는 경우의 수는 ${}_3C_2=3$이고, 이 직선은 위의 그림과 같이 13개이므로

$3\times13=39$

(ii) 한 직선 위에 5개의 점이 있는 경우

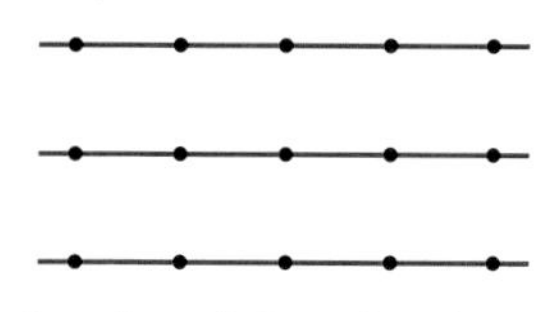

5개의 점 중에서 2개를 택하는 경우의 수는 ${}_5C_2=10$이고, 이 직선은 위의 그림과 같이 3개이므로

$10\times3=30$

따라서 구하는 직선의 개수는

$105-(39+30)+13+3=52$

참고 (i)에서 직선 13개를 빼고 (ii)에서 직선 3개를 빼었으므로 한 번씩 더해야 한다.

내신 적중 서술형 (● 139쪽)

603 (1) 210 (2) 90 (3) 16 **604** 4 **605** 30 **606** 31

603

(1) 전체 10명의 선수 중에서 4명을 뽑는 경우의 수는

${}_{10}C_4=210$ …… ㉮

(2) 축구 선수 6명 중에서 2명을 뽑는 경우의 수는

${}_6C_2=15$

야구 선수 4명 중에서 2명을 뽑는 경우의 수는

${}_4C_2=6$

따라서 구하는 경우의 수는

$15\times6=90$ …… ㉯

(3) 축구 선수 6명 중에서 4명을 뽑는 경우의 수는

${}_6C_4=15$

야구 선수 4명 중에서 4명을 뽑는 경우의 수는

${}_4C_4=1$

따라서 구하는 경우의 수는

$15+1=16$ …… ㉰

채점 기준	배점 비율
㉮ 4명의 선수를 뽑는 경우의 수 구하기	30 %
㉯ 축구 선수 2명과 야구 선수 2명을 뽑는 경우의 수 구하기	35 %
㉰ 4명의 선수를 모두 같은 종목에서 뽑는 경우의 수 구하기	35 %

604

철수를 포함하여 4명을 뽑는 경우의 수는 철수를 제외한 9명 중에서 3명을 뽑는 경우의 수와 같으므로

$a={}_9C_3$ …… ㉮

철수를 포함하지 않고 4명을 뽑는 경우의 수는 철수를 제외한 9명 중에서 4명을 뽑는 경우의 수와 같으므로

$b={}_9C_4$ …… ㉯

$\therefore a+b={}_9C_3+{}_9C_4={}_{10}C_4$

$\therefore r=4$ …… ㉰

채점 기준	배점 비율
㉮ a의 값 구하기	30 %
㉯ b의 값 구하기	30 %
㉰ r의 값 구하기	40 %

1등급 비법

① 서로 다른 n개에서 특정한 k개를 포함하여 r개를 뽑는 경우의 수는 $(n-k)$개에서 $(r-k)$개를 뽑는 경우의 수와 같다.

⇨ ${}_{n-k}C_{r-k}$

② 서로 다른 n개에서 특정한 k개를 제외하고 r개를 뽑는 경우의 수는 $(n-k)$개에서 r개를 뽑는 경우의 수와 같다.

⇨ ${}_{n-k}C_r$

605

(i) A와 B가 공통으로 등록하는 학원이 없는 경우

A가 4개의 학원 중에서 2개를 택하고, 남은 2개의 학원에 B가 등록하면 되므로 경우의 수는

${}_4C_2 \times {}_2C_2 = 6 \times 1 = 6$ …… ㉮

(ii) A와 B가 공통으로 등록하는 학원이 1개인 경우

A가 4개의 학원 중에서 2개를 택하는 경우의 수는

${}_4C_2 = 6$

이때 B는 A가 택한 2개의 학원 중에서 하나를 택하고, A가 택하지 않은 나머지 2개의 학원 중에서 하나를 택하면 되므로 그 경우의 수는

${}_2C_1 \times {}_2C_1 = 2 \times 2 = 4$

즉, A와 B가 공통으로 등록하는 학원이 1개인 경우의 수는

$6 \times 4 = 24$ …… ㉯

(i), (ii)에서 구하는 경우의 수는

$6 + 24 = 30$ …… ㉰

채점 기준	배점 비율
㉮ A와 B가 공통으로 등록하는 학원이 없는 경우의 수 구하기	40 %
㉯ A와 B가 공통으로 등록하는 학원이 1개인 경우의 수 구하기	40 %
㉰ A와 B가 공통으로 등록하는 학원이 1개 이하가 되도록 하는 경우의 수 구하기	20 %

606

7개의 점 중에서 3개를 택하는 경우의 수는

${}_7C_3 = 35$ …… ㉮

한 직선 위에 있는 4개의 점 중에서 3개를 택하는 경우의 수는

${}_4C_3 = 4$ …… ㉯

이때 한 직선 위에 있는 3개의 점으로는 삼각형을 만들 수 없으므로 구하는 삼각형의 개수는

$35 - 4 = 31$ …… ㉰

채점 기준	배점 비율
㉮ 7개의 점 중에서 3개를 택하는 경우의 수 구하기	40 %
㉯ 한 직선 위에 있는 4개의 점 중에서 3개를 택하는 경우의 수 구하기	40 %
㉰ 삼각형의 개수 구하기	20 %

1등급 비법

한 직선 위에 있는 서로 다른 n개의 점으로는 삼각형을 만들 수 없으므로 이런 경우는 반드시 제외해야 한다.

1등급 실력 완성

● 140쪽~141쪽

607 ⑤	**608** ③	**609** 210	**610** 130	**611** 205
612 ②	**613** 840	**614** 11	**615** 5	**616** ②

607

조합의 수

(전략) 각 사람이 가진 동전으로 250원을 모으는 경우를 나누어 경우의 수를 각각 구한다.

(풀이) (i) 1명이 250원을 모으는 경우

250원을 낼 수 있는 사람은 A뿐이므로 1명이 250원을 내는 경우의 수는 1

(ii) 2명이 250원을 모으는 경우

㉠ $250 = 200 + 50$(원)에서

200원을 낼 수 있는 사람은 A, B의 2명 중 1명, 50원을 낼 수 있는 사람은 200원을 낸 사람을 제외한 나머지 3명 중 1명이므로 경우의 수는

${}_2C_1 \times {}_3C_1 = 2 \times 3 = 6$

㉡ $250 = 150 + 100$(원)에서

150원을 낼 수 있는 사람은 A, B의 2명 중 1명, 100원을 낼 수 있는 사람은 150원을 낸 사람을 제외한 나머지 3명 중 1명이므로 경우의 수는

${}_2C_1 \times {}_3C_1 = 2 \times 3 = 6$

(iii) 3명이 250원을 모으는 경우

㉠ $250 = 150 + 50 + 50$(원)에서

150원을 낼 수 있는 사람은 A, B의 2명 중 1명, 50원을 낼 수 있는 사람은 150원을 낸 사람을 제외한 나머지 3명 중 2명이므로 경우의 수는

${}_2C_1 \times {}_3C_2 = 2 \times 3 = 6$

㉡ $250 = 100 + 100 + 50$(원)에서

100원을 낼 수 있는 사람은 A, B, C, D의 4명 중 1명, 50원을 낼 수 있는 사람은 100원을 낸 2명을 제외한 나머지 2명 중 1명이므로 경우의 수는

${}_4C_2 \times {}_2C_1 = 6 \times 2 = 12$

(iv) 4명이 250원을 모으는 경우

$250 = 100 + 50 + 50 + 50$(원)에서

100원을 낼 수 있는 사람은 A, B, C, D의 4명 중 1명, 50원을 낼 수 있는 사람은 100원을 낸 사람을 제외한 나머지 3명 중 3명이므로 경우의 수는

${}_4C_1 \times {}_3C_3 = 4 \times 1 = 4$

(i)~(iv)에서 구하는 경우의 수는

$1 + 6 + 6 + 6 + 12 + 4 = 35$

608

제한 조건이 있을 때의 조합의 수

(전략) 각 오리 보트에 탑승하는 어른의 수와 어린이의 수로 경우를 나눈다.

(풀이) 2대의 오리 보트를 A, B라 하자.

각 오리 보트에 어른이 1명 이상 탑승해야 하므로 A 보트에 어른 1명, B 보트에 어른 2명이 탑승하는 경우의 수는

${}_3C_1 \times {}_2C_2 = 3 \times 1 = 3$

(i) A 보트에 어린이 2명, B 보트에 어린이 4명이 탑승하는 경우의 수는

${}_6C_2\times{}_4C_4=15\times1=15$

(ii) A 보트에 어린이 3명, B 보트에 어린이 3명이 탑승하는 경우의 수는

${}_6C_3\times{}_3C_3=20\times1=20$

(iii) A 보트에 어린이 4명, B 보트에 어린이 2명이 탑승하는 경우의 수는

${}_6C_4\times{}_2C_2=15\times1=15$

(iv) A 보트에 어린이 5명, B 보트에 어린이 1명이 탑승하는 경우의 수는

${}_6C_5\times{}_1C_1=6\times1=6$

(i)~(iv)에서 A 보트에 어른 1명, B 보트에 어른 2명이 나누어 타는 경우의 수는

$3\times(15+20+15+6)=168$

같은 방법으로 A 보트에 어른 2명, B 보트에 어른 1명이 나누어 타는 경우의 수도 168이다.

따라서 구하는 경우의 수는

$168+168=336$

609

제한 조건이 있을 때의 조합의 수

전략 각 차의 운전자를 제외한 나머지 5명을 3개의 조로 나누는 경우를 생각한다.

풀이 8명 중에서 각 차의 운전자 3명을 제외한 5명이 승용차에 나누어 타는 경우는

(3명, 2명, 0명), (3명, 1명, 1명), (2명, 2명, 1명)

(i) 3명, 2명, 0명으로 나누어 타는 경우의 수는

${}_5C_3\times{}_2C_2=10\times1=10$

(ii) 3명, 1명, 1명으로 나누어 타는 경우의 수는

${}_5C_3\times{}_2C_1\times{}_1C_1\times\frac{1}{2!}=10\times2\times1\times\frac{1}{2}=10$

(iii) 2명, 2명, 1명으로 나누어 타는 경우의 수는

${}_5C_2\times{}_3C_2\times{}_1C_1\times\frac{1}{2!}=10\times3\times1\times\frac{1}{2}=15$

(i), (ii), (iii)에서 3개의 조로 나누는 경우의 수는

$10+10+15=35$

3개의 조가 3대의 승용차에 나누어 타는 경우의 수는

$3!=6$

따라서 구하는 경우의 수는

$35\times6=210$

1등급 비법

서로 다른 n개를 p개, q개, r개$(p+q+r=n)$로 분할하는 경우의 수는

① p, q, r이 모두 다른 수일 때 ⇨ ${}_nC_p\times{}_{n-p}C_q\times{}_rC_r$

② p, q, r 중 어느 두 수가 같을 때 ⇨ ${}_nC_p\times{}_{n-p}C_q\times{}_rC_r\times\frac{1}{2!}$

③ p, q, r이 모두 같은 수일 때 ⇨ ${}_nC_p\times{}_{n-p}C_q\times{}_rC_r\times\frac{1}{3!}$

610

제한 조건이 있을 때의 조합의 수

전략 정삼각형에 적힌 숫자의 경우를 나누어 경우의 수를 각각 구한다.

풀이 다음 그림과 같이 정삼각형에 적힌 숫자를 a, 정사각형에 적힌 숫자를 왼쪽부터 차례로 b, c, d라 하자.

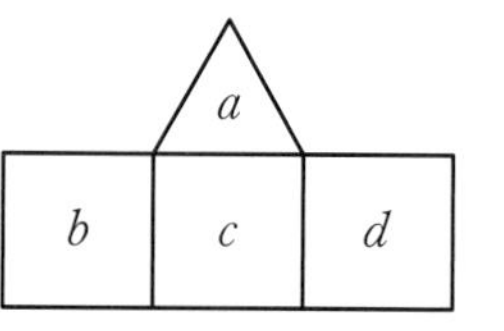

조건 (가), (나)에서 a보다 작은 숫자가 적어도 2개 존재해야 하므로

$a\geq3$

(i) $a=3$일 때,

c는 1, 2 중 하나이므로 ${}_2C_1=2$

각각의 경우에 대하여 b, d는 1, 2 중 c가 아닌 숫자이면 되므로

$1\times1=1$

따라서 이 경우의 수는

$2\times1=2$

(ii) $a=4$일 때,

c는 1, 2, 3 중 하나이므로 ${}_3C_1=3$

각각의 경우에 대하여 b, d는 1, 2, 3 중 c가 아닌 숫자이면 되므로

$2\times2=4$

따라서 이 경우의 수는

$3\times4=12$

(iii) $a=5$일 때,

c는 1, 2, 3, 4 중 하나이므로 ${}_4C_1=4$

각각의 경우에 대하여 b, d는 1, 2, 3, 4 중 c가 아닌 숫자이면 되므로

$3\times3=9$

따라서 이 경우의 수는

$4\times9=36$

(iv) $a=6$일 때,

c는 1, 2, 3, 4, 5 중 하나이므로 ${}_5C_1=5$

각각의 경우에 대하여 b, d는 1, 2, 3, 4, 5 중 c가 아닌 숫자이면 되므로

$4\times4=16$

따라서 이 경우의 수는

$5\times16=80$

(i)~(iv)에서 구하는 경우의 수는

$2+12+36+80=130$

다른 풀이 조건 (가)에서 $a>b$, $a>c$, $a>d$

조건 (나)에서 $b\neq c$, $c\neq d$

(i) $b\neq d$일 때,

a, b, c, d가 서로 다르다.

6 이하의 자연수 중에서 서로 다른 4개의 숫자를 택하는 경우의 수는 ${}_6C_4=15$

이 각각에 대하여 택한 4개의 숫자 중에서 가장 큰 숫자를 a라 하고, 나머지 3개의 숫자를 b, c, d로 정하면 되므로 이 경우의 수는 $1\times3!=6$

따라서 이 경우의 수는 $15\times6=90$

(ii) $b=d$일 때,

$a>b=d$, $a>c$이므로 a, b, c, d 중 서로 다른 숫자의 개수는 3이다.

6 이하의 자연수 중에서 서로 다른 3개의 숫자를 택하는 경우의 수는 ${}_6C_3=20$

이 각각에 대하여 택한 3개의 숫자 중에서 가장 큰 숫자를 a라 하고, 나머지 2개의 숫자를 $b(=d)$, c로 정하면 되므로 이 경우의 수는

$1\times2!=2$

따라서 이 경우의 수는

$20\times2=40$

(i), (ii)에서 구하는 경우의 수는

$90+40=130$

611

'적어도'의 조건이 있는 조합의 수

(전략) 1반을 제외한 10개의 반에 카드 4개를 배정하는 경우의 수를 구한 후, A 그룹에 카드 4개를 배정하는 경우의 수를 뺀다.

(풀이) 1반을 제외한 10개의 반에 카드 4개를 배정하는 경우의 수에서 A 그룹에만 카드 4개를 배정하는 경우의 수를 뺀다.

1반을 제외한 10개의 반 중에서 카드를 배정할 4개의 반을 뽑는 경우의 수는

${}_{10}C_4=210$

1반을 제외한 A 그룹 5개의 반 중에서 카드를 배정할 4개의 반을 뽑는 경우의 수는

${}_5C_4=5$

따라서 구하는 경우의 수는

$210-5=205$

612

뽑아서 나열하는 경우의 수

(전략) 사과 주스를 나누어 주고 빵을 나누어 주는 경우의 수를 각각 구한 후, 곱의 법칙을 이용한다.

(풀이) 사과 주스를 받을 사람을 택하는 경우의 수는 서로 다른 5개 중에서 3개를 택하는 경우의 수와 같으므로

${}_5C_3=10$

서로 다른 빵 3개 중에서 2개를 사과 주스를 받지 않은 사람에게 나누어 주는 경우의 수는 서로 다른 3개 중에서 2개를 택하여 나열하는 경우의 수와 같으므로

${}_3P_2=6$

따라서 구하는 경우의 수는

$10\times6=60$

613

뽑아서 나열하는 경우의 수

(전략) 어린이가 2명, 3명 포함되는 경우로 나누어 경우의 수를 각각 구한다.

(풀이) (i) 뽑은 4명 중에서 어린이가 2명 포함되는 경우

7명의 어른 중에서 2명, 3명의 어린이 중에서 2명을 뽑은 후, 2명의 어린이가 모두 이웃하도록 앉혀야 하므로 경우의 수는

${}_7C_2\times{}_3C_2\times3!\times2!=21\times3\times6\times2=756$

(ii) 뽑은 4명 중에서 어린이가 3명 포함되는 경우

7명의 어른 중에서 1명, 3명의 어린이를 모두 뽑은 후, 3명의 어린이가 모두 이웃하도록 앉혀야 하므로 경우의 수는

${}_7C_1\times{}_3C_3\times2!\times3!=7\times1\times2\times6=84$

(i), (ii)에서 구하는 경우의 수는

$756+84=840$

614

뽑아서 나열하는 경우의 수

(전략) 주어진 조건을 만족시키는 경우의 수를 구한 후 나열하는 경우의 수를 곱하여 구한다.

(풀이) (i) 첫째 날 4팀, 둘째 날 5팀이 공연하는 경우

9팀 중 첫째 날 공연하는 4팀, 둘째 날 공연하는 5팀을 택하는 경우의 수는

${}_9C_4\times{}_5C_5={}_9C_4$

각각의 경우에 대하여 각 팀의 공연 순서를 정하는 경우의 수는

$4!\times5!$

따라서 이 경우의 수는

${}_9C_4\times4!\times5!$

(ii) 첫째 날 5팀, 둘째 날 4팀이 공연하는 경우

9팀 중 첫째 날 공연하는 5팀, 둘째 날 공연하는 4팀을 택하는 경우의 수는

${}_9C_5\times{}_4C_4={}_9C_4$

각각의 경우에 대하여 각 팀의 공연 순서를 정하는 경우의 수는

$5!\times4!$

따라서 이 경우의 수는

${}_9C_4\times5!\times4!$

(i), (ii)에서 구하는 경우의 수는

${}_9C_4\times4!\times5!+{}_9C_4\times5!\times4!=2\times{}_9C_4\times4!\times5!$

따라서 $a=2$, $n=9$이므로

$a+n=2+9=11$

615

도형의 개수

(전략) 주어진 조건으로 방정식을 세운 후 n의 값을 구한다.

(풀이) n개의 평행선 중에서 2개를 택하고 $(n-1)$개의 평행선 중에서 2개를 택하면 평행사변형 하나가 결정되므로 만들어지는 평행사변형의 개수는

${}_nC_2\times{}_{n-1}C_2$

이때 만들어지는 평행사변형의 개수가 60이므로

${}_nC_2\times{}_{n-1}C_2=60$

$$\frac{n(n-1)}{2}\times\frac{(n-1)(n-2)}{2}=60$$

$n(n-1)^2(n-2)=240=5\times4^2\times3$

$\therefore n=5$

616

도형의 개수

(전략) 만들 수 있는 삼각형의 개수에서 정n각형과 변을 공유하는 삼각형의 개수를 뺀다.

(풀이) 정n각형의 n개의 꼭짓점 중에서 3개를 택하여 삼각형을 만드는 경우의 수는

${}_{n}C_{3}$

이때 정n각형과 변을 공유하는 경우는 한 변을 공유하는 경우와 두 변을 공유하는 경우가 있다.

(i) 정n각형과 두 변을 공유하는 경우
정n각형의 한 꼭짓점을 택하여 그 양변을 공유하면 되므로 경우의 수는 n

(ii) 정n각형과 한 변을 공유하는 경우
정n각형에서 한 변을 택하는 경우의 수는 n
그 각각에 대하여 택한 한 변의 양 끝 점과 이웃하는 꼭짓점을 제외한 $(n-4)$개의 꼭짓점 중에서 하나를 택하는 경우의 수는 $(n-4)$이므로 구하는 경우의 수는
$n(n-4)$

(i), (ii)에서 정n각형과 변을 공유하는 삼각형의 개수는

$n+n(n-4)=n^2-3n$

이때 정n각형과 변을 공유하지 않는 삼각형의 개수가 $7n$이므로

${}_{n}C_{3}-(n^2-3n)=7n$에서

$\frac{1}{6}n(n-1)(n-2)-n^2+3n=7n$

$n\geq6$이므로 양변을 n으로 나누어 정리하면

$\frac{1}{6}(n-1)(n-2)-n-4=0$

$n^2-9n-22=0,\ (n+2)(n-11)=0$

$\therefore n=11\ (\because n\geq6)$

도전 1등급 최고난도 ● 142쪽

617 36 **618** 39 **619** ②

617

제한 조건이 있을 때의 조합의 수

(1단계) f의 값을 구하고 c의 값이 될 수 있는 수를 구한다.

여섯 자리의 자연수 $abcdef$가 5의 배수이면서 f가 0이 아니므로 $f=5$

따라서 $c<d<e<5$이므로 c의 값이 될 수 있는 수는 1, 2이다.

(2단계) c의 값에 따라 자연수의 개수를 구한다.

(i) $c=1$일 때
d, e의 값이 될 수 있는 수는 2, 3, 4 중에서 2개이고 $d<e$에서 d, e의 값은 작은 수부터 차례대로 정하면 되므로
${}_{3}C_{2}=3$
a, b의 값이 될 수 있는 수는 2, 3, 4, 6, 7, 8, 9 중에서 d, e의 값을 제외한 5개의 수 중에서 2개이고 $a>b$에서 a, b의 값은 큰 수부터 차례대로 정하면 되므로
${}_{5}C_{2}=10$
따라서 자연수의 개수는
$3\times10=30$

(ii) $c=2$일 때
d의 값이 될 수 있는 수는 3이고, e의 값이 될 수 있는 수는 4의 1개이다.
a, b의 값이 될 수 있는 수는 6, 7, 8, 9 중에서 2개이고 $a>b$에서 a, b의 값은 큰 수부터 차례대로 정하면 되므로
${}_{4}C_{2}=6$
따라서 자연수의 개수는
$1\times6=6$

(3단계) 조건을 만족시키는 자연수의 개수를 구한다.

(i), (ii)에서 구하는 자연수의 개수는

$30+6=36$

618

제한 조건이 있을 때의 조합의 수

(1단계) 문제의 조건을 파악한다.

조건 (가)에서 a, b, c, d에 5가 반드시 포함되어야 하고, 짝수가 적어도 1개 이상 포함되어야 한다.

또, 조건 (나)에서 $b\times c\times d$는 a의 배수이어야 한다.

(2단계) a의 값에 따라 순서쌍의 개수를 구한다.

(i) $a=1$일 때,
b, c, d 중에서 5가 반드시 포함되어야 하고, 2, 4, 6, 8 중에서 적어도 1개 이상이 포함되어야 한다.
2, 3, 4, 6, 7, 8, 9 중에서 2개를 택하는 경우의 수는
${}_{7}C_{2}=21$
3, 7, 9 중에서 2개를 택하는 경우의 수는
${}_{3}C_{2}=3$
따라서 순서쌍 (a, b, c, d)의 개수는
$21-3=18$

(ii) $a=2$일 때,
b, c, d 중에서 5가 반드시 포함되어야 하고, $b\times c\times d$가 2의 배수이어야 하므로 4, 6, 8 중에서 적어도 1개 이상이 포함되어야 한다.
3, 4, 6, 7, 8, 9 중에서 2개를 택하는 경우의 수는
${}_{6}C_{2}=15$
3, 7, 9 중에서 2개를 택하는 경우의 수는
${}_{3}C_{2}=3$
따라서 순서쌍 (a, b, c, d)의 개수는
$15-3=12$

(iii) $a=3$일 때,
b, c, d 중에서 5가 반드시 포함되어야 하고, 4, 6, 8 중에서 적어도 1개 이상이 포함되어야 한다. 또, $b\times c\times d$가 3의 배수이어야 하므로 6, 9 중 적어도 1개 이상이 포함되어야 한다.

㉠ 6이 포함되는 경우

4, 7, 8, 9 중에서 1개를 택하는 경우의 수는

${}_4C_1=4$

㉡ 6이 포함되지 않는 경우

a가 포함되어야 하므로 4, 8 중에서 1개를 택하는 경우의 수는

${}_2C_1=2$

따라서 순서쌍 (a, b, c, d)의 개수는

$4+2=6$

(iv) $a=4$일 때,

b, c, d 중에서 5가 반드시 포함되어야 하고, $b\times c\times d$가 4의 배수이어야 하므로 8이 반드시 포함되어야 한다.

6, 7, 9 중에서 1개를 택하는 경우의 수는

${}_3C_1=3$

따라서 순서쌍 (a, b, c, d)의 개수는 3이다.

(v) $a\geq 5$일 때,

b, c, d 중에서 5의 배수가 없으므로 조건을 만족시키는 순서쌍 (a, b, c, d)는 없다.

(3단계) 조건을 만족시키는 순서쌍의 개수를 구한다.

(i)~(v)에서 구하는 순서쌍의 개수는

$18+12+6+3=39$

619

뽑아서 나열하는 경우의 수

(1단계) 의자의 위치와 좌석 번호를 나타내고 주어진 규칙을 파악한다.

11	12	13	14	15	16	17
		23	24	25		

규칙 (가)에서 A는 좌석 번호가 24 또는 25인 의자에 앉을 수 있고, B는 좌석 번호가 11 또는 12 또는 13 또는 14인 의자에 앉을 수 있다.

규칙 (나), (다)에서 어느 두 학생도 양옆 또는 앞뒤로 이웃하여 앉지 않는다.

5명의 학생이 앉을 수 있는 5개의 의자를 선택한 후 규칙 (가)에 의해 A, B가 앉고 남은 3개의 의자에 나머지 3명의 학생이 앉는 것으로 경우의 수를 구할 수 있다.

(2단계) A가 좌석 번호가 24인 의자에 앉을 때 경우의 수를 구한다.

(i) A가 좌석 번호가 24인 의자에 앉을 때

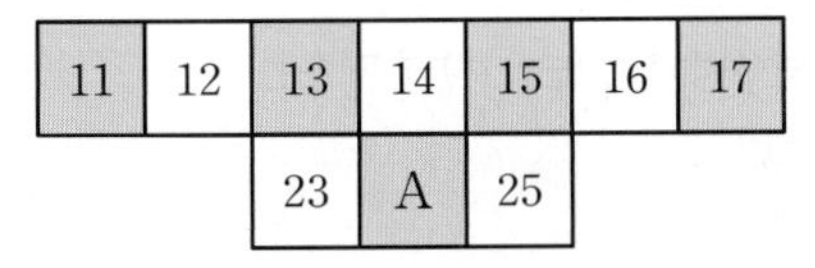

A가 좌석 번호가 24인 의자에 앉으면 나머지 4명의 학생은 규칙 (나), (다)에 의하여 좌석 번호가 11, 13, 15, 17인 의자에 각각 한 명씩 앉아야 한다.

이때 B는 규칙 (가)에 의하여 좌석 번호가 11, 13인 2개의 의자 중 1개의 의자에 앉아야 하므로 B가 의자를 선택하여 앉는 경우의 수는

${}_2C_1=2$

A, B를 제외한 3명의 학생이 나머지 3개의 의자에 앉는 경우의 수는

$3!=6$

따라서 이 경우의 수는

$2\times 6=12$

(3단계) A가 좌석 번호가 25인 의자에 앉을 때 경우의 수를 구한다.

(ii) A가 좌석 번호가 25인 의자에 앉을 때

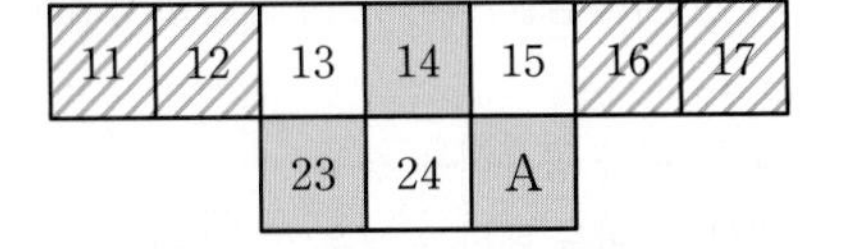

A가 좌석 번호가 25인 의자에 앉으면 나머지 4명의 학생은 규칙 (나), (다)에 의하여 좌석 번호가 11 또는 12인 의자 중 하나, 좌석 번호가 16 또는 17인 의자 중 하나, 좌석 번호가 14인 의자, 좌석 번호가 23인 의자에 각각 한 명씩 앉아야 한다.

좌석 번호가 11 또는 12인 의자 중 하나를 선택하고(㉠) 좌석 번호가 16 또는 17인 의자 중 하나를 선택하는 경우의 수는

${}_2C_1\times{}_2C_1=2\times 2=4$

이때 B는 규칙 (가)에 의하여 ㉠에서 선택된 의자와 좌석 번호가 14인 의자 중 1개의 의자에 앉아야 하므로 B가 의자를 선택하여 앉는 경우의 수는

${}_2C_1=2$

A, B를 제외한 3명의 학생이 나머지 3개의 의자에 앉는 경우의 수는

$3!=6$

따라서 이 경우의 수는

$4\times 2\times 6=48$

(4단계) 규칙을 만족시키는 경우의 수를 구한다.

(i), (ii)에서 구하는 경우의 수는

$12+48=60$

Ⅳ 행렬

12 행렬

유형 분석 기출 ● 146쪽 ~ 154쪽

620 ②	621 ⑤	622 16	623 ③	
624 $\begin{pmatrix} 0 & 4 \\ 3 & 3 \end{pmatrix}$	625 ②	626 ①	627 ③	628 ①
629 ④	630 ①	631 ③	632 $\begin{pmatrix} 4 & 2 \\ -7 & -4 \end{pmatrix}$	
633 ②	634 $\begin{pmatrix} -1 & -2 \\ -1 & -\frac{3}{2} \end{pmatrix}$		635 ②	636 ③
637 ④	638 ②	639 $A=\begin{pmatrix} 2 & -1 \\ 1 & 0 \end{pmatrix}$, $B=\begin{pmatrix} -3 & \frac{3}{2} \\ \frac{3}{2} & 3 \end{pmatrix}$		
640 $\frac{6}{5}$	641 ④	642 ①	643 ⑤	644 3
645 ②	646 ②	647 ⑤	648 ⑤	649 ④
650 ②	651 -18	652 $\begin{pmatrix} 1 & 0 \\ 20 & 1 \end{pmatrix}$		653 ③
654 502	655 ①	656 16	657 ④	658 ④
659 ②	660 1	661 $\frac{1}{2}$	662 $\begin{pmatrix} 20 & 0 \\ 0 & 20 \end{pmatrix}$	
663 ①	664 ④	665 ②	666 ①	667 ⑤
668 30	669 ③			

620

주어진 행렬의 (2, 1) 성분은 2, (3, 2) 성분은 0이므로

구하는 성분의 곱은

$2\times 0=0$

621

주어진 행렬의 1행의 성분의 합은

$2+3+0=5$ …… ㉠

주어진 행렬의 2행의 성분의 합은

$(x-1)+4+x=2x+3$ …… ㉡

주어진 행렬의 3행의 성분의 합은

$y+0+(y+1)=2y+1$ …… ㉢

㉠, ㉡에서 $2x+3=5$이므로 $x=1$

㉠, ㉢에서 $2y+1=5$이므로 $y=2$

$\therefore x+y=1+2=3$

622

$a_{ij}=\begin{cases} i+2j & (i\geq j) \\ 3 & (i<j) \end{cases}$에

$i=1, 2, j=1, 2$를 차례로 대입하면

$a_{11}=1+2\times 1=3$, $a_{12}=3$,

$a_{21}=2+2\times 1=4$, $a_{22}=2+2\times 2=6$

$\therefore A=\begin{pmatrix} 3 & 3 \\ 4 & 6 \end{pmatrix}$

따라서 행렬 A의 모든 성분의 합은

$3+3+4+6=16$

623

$a_{ij}=\begin{cases} i-j & (i\geq j) \\ ij & (i<j) \end{cases}$에

$i=1, 2, j=1, 2, 3$을 차례로 대입하면

$a_{11}=0$, $a_{12}=2$, $a_{13}=3$,

$a_{21}=1$, $a_{22}=0$, $a_{23}=6$

$\therefore A=\begin{pmatrix} 0 & 2 & 3 \\ 1 & 0 & 6 \end{pmatrix}$

① 2×3 행렬이다. (거짓)

② (1, 1) 성분은 0이다. (거짓)

③ 2행의 모든 성분의 합은 $1+0+6=7$ (참)

④ 1열의 모든 성분의 합은 $0+1=1$ (거짓)

⑤ 성분의 최솟값은 0이다. (거짓)

따라서 옳은 것은 ③이다.

624

$a_{ij}=\begin{cases} i^2 & (i=j) \\ 2i+j & (i\neq j) \end{cases}$에

$i=1, 2, j=1, 2$를 차례로 대입하면

$a_{11}=1^2=1$, $a_{12}=2\times 1+2=4$,

$a_{21}=2\times 2+1=5$, $a_{22}=2^2=4$

$\therefore A=\begin{pmatrix} 1 & 4 \\ 5 & 4 \end{pmatrix}$

이때 $b_{ij}=a_{ji}-1$이므로

$B=\begin{pmatrix} 0 & 4 \\ 3 & 3 \end{pmatrix}$

625

$a_{ij}=\begin{cases} k^i & (i=j) \\ ik+j & (i\neq j) \end{cases}$에

$i=1, 2, 3, j=1, 2, 3$을 차례로 대입하면

$a_{11}=k$, $a_{12}=k+2$, $a_{13}=k+3$,

$a_{21}=2k+1$, $a_{22}=k^2$, $a_{23}=2k+3$,

$a_{31}=3k+1$, $a_{32}=3k+2$, $a_{33}=k^3$

이때 행렬 A의 (3, 1) 성분이 4이므로

$3k+1=4 \qquad \therefore k=1$

따라서 행렬 A의 모든 성분의 합은

$k^3+k^2+13k+12=1+1+13+12=27$

626

섬 A_1과 A_2를 잇는 다리는 2개이므로

$a_{12}=2$, $a_{21}=2$

섬 A_1과 A_3을 잇는 다리는 3개이므로

$a_{13}=3$, $a_{31}=3$

섬 A_2와 A_3을 잇는 다리는 2개이므로

$a_{23}=2$, $a_{32}=2$

$\therefore A=\begin{pmatrix} 0 & 2 & 3 \\ 2 & 0 & 2 \\ 3 & 2 & 0 \end{pmatrix}$

행렬 A의 2행의 성분의 합 k는

$k=2+0+2=4$

행렬 A의 3열의 성분의 합 l은

$l=3+2+0=5$

$\therefore k+l=4+5=9$

627

$A=\begin{pmatrix} 0 & 4 & 2 \\ 4 & 0 & 3 \\ 2 & 3 & 0 \end{pmatrix}$에서

$a_{12}=4$이므로 공원 P_1에서 공원 P_2까지 가는 서로 다른 산책로의 수는 4

$a_{23}=3$이므로 공원 P_2에서 공원 P_3까지 가는 서로 다른 산책로의 수는 3

따라서 구하는 경로의 개수는 곱의 법칙에 의하여

$4\times3=12$

628

$A=B$이므로

$a=xy$ …… ㉠

$x+2y=4-2x$에서 $3x+2y=4$ …… ㉡

$3x-2y=4x$에서 $x+2y=0$ …… ㉢

㉡, ㉢을 연립하여 풀면 $x=2$, $y=-1$

$x=2$, $y=-1$을 ㉠에 대입하면

$a=-2$

$\therefore a+x+y=-2+2+(-1)=-1$

629

$a_{ij}=\begin{cases} k+i & (i=j) \\ ik-j & (i\neq j) \end{cases}$에

$i=1, 2$, $j=1, 2$를 차례로 대입하면

$a_{11}=k+1$, $a_{12}=k-2$,

$a_{21}=2k-1$, $a_{22}=k+2$

$\therefore A=\begin{pmatrix} k+1 & k-2 \\ 2k-1 & k+2 \end{pmatrix}$

$A=B$이므로 행렬 A의 $(2, 1)$ 성분과 행렬 B의 $(2, 1)$ 성분은 서로 같다.

즉, $2k-1=5$이므로 $k=3$

따라서 행렬 A의 모든 성분의 합은

$k+1+k-2+2k-1+k+2=5k$

$=5\times3=15$

630

두 행렬 A, B가 서로 같으므로 $x^3+y^3=2$, $xy=1$

$x^3+y^3=(x+y)^3-3xy(x+y)$에서 $2=(x+y)^3-3(x+y)$

$\therefore (x+y)^3-3(x+y)-2=0$

$x+y=k$라 하면 $k^3-3k-2=0$

$(k-2)(k^2+2k+1)=0$, $(k-2)(k+1)^2=0$

$\therefore k=2$ 또는 $k=-1$

(i) $x+y=2$일 때,

$x^2+y^2=(x+y)^2-2xy=2^2-2\times1=2$

$\therefore \frac{y}{x}+\frac{x}{y}=\frac{x^2+y^2}{xy}=2$

(ii) $x+y=-1$일 때,

$x^2+y^2=(x+y)^2-2xy=(-1)^2-2\times1=-1$

이때 x, y가 실수이어야 하므로 모순이다.

(i), (ii)에서 $\frac{y}{x}+\frac{x}{y}=2$

631

$kA=\begin{pmatrix} 2k & k \\ -2k & 4k \\ 5k & -k \end{pmatrix}$이므로

행렬 kA의 모든 성분의 합은

$2k+k+(-2k)+4k+5k+(-k)=9k$

따라서 $9k=3$이므로

$k=\frac{1}{3}$

632

$2(A+B)-3B=2A+2B-3B$

$=2A-B$

$=2\begin{pmatrix} 1 & 3 \\ -2 & -1 \end{pmatrix}-\begin{pmatrix} -2 & 4 \\ 3 & 2 \end{pmatrix}$

$=\begin{pmatrix} 2 & 6 \\ -4 & -2 \end{pmatrix}-\begin{pmatrix} -2 & 4 \\ 3 & 2 \end{pmatrix}$

$=\begin{pmatrix} 4 & 2 \\ -7 & -4 \end{pmatrix}$

633

$3(2A-X)=2(X-B)$에서

$6A-3X=2X-2B$

$5X=6A+2B$

$\therefore X=\frac{6}{5}A+\frac{2}{5}B$

두 행렬 A, B의 모든 성분의 합은 각각 2, 3이므로 행렬 X의 모든 성분의 합은

$\frac{6}{5}\times2+\frac{2}{5}\times3=\frac{18}{5}$

634

$a_{ij}=\begin{cases} i+j & (i\geq j) \\ 2^i+j & (i<j) \end{cases}$에

$i=1, 2$, $j=1, 2$를 차례로 대입하면

$a_{11}=1+1=2$, $a_{12}=2^1+2=4$,

$a_{21}=2+1=3$, $a_{22}=2+2=4$

$\therefore A=\begin{pmatrix}2 & 4\\3 & 4\end{pmatrix}$

$2B+A=\begin{pmatrix}0 & 0\\1 & 1\end{pmatrix}$에서

$2B+\begin{pmatrix}2 & 4\\3 & 4\end{pmatrix}=\begin{pmatrix}0 & 0\\1 & 1\end{pmatrix}$

$2B=\begin{pmatrix}0 & 0\\1 & 1\end{pmatrix}-\begin{pmatrix}2 & 4\\3 & 4\end{pmatrix}$

$=\begin{pmatrix}-2 & -4\\-2 & -3\end{pmatrix}$

$\therefore B=\begin{pmatrix}-1 & -2\\-1 & -\frac{3}{2}\end{pmatrix}$

635

$mA+nB=C$에서

$m\begin{pmatrix}0 & 2\\3 & 4\end{pmatrix}+n\begin{pmatrix}3 & -1\\-2 & 0\end{pmatrix}=\begin{pmatrix}x & 1\\0 & y\end{pmatrix}$

$\begin{pmatrix}0 & 2m\\3m & 4m\end{pmatrix}+\begin{pmatrix}3n & -n\\-2n & 0\end{pmatrix}=\begin{pmatrix}x & 1\\0 & y\end{pmatrix}$

$\begin{pmatrix}3n & 2m-n\\3m-2n & 4m\end{pmatrix}=\begin{pmatrix}x & 1\\0 & y\end{pmatrix}$

$2m-n=1$, $3m-2n=0$을 연립하여 풀면

$m=2$, $n=3$

즉, $x=3n=9$, $y=4m=8$

$\therefore xy+mn=72+6=78$

636

$A+B=\begin{pmatrix}3 & 5\\7 & 8\end{pmatrix}$에서

$\begin{pmatrix}a & 3\\c & ab\end{pmatrix}+\begin{pmatrix}-b & ca\\2b & bc\end{pmatrix}=\begin{pmatrix}3 & 5\\7 & 8\end{pmatrix}$

$\begin{pmatrix}a-b & 3+ca\\c+2b & ab+bc\end{pmatrix}=\begin{pmatrix}3 & 5\\7 & 8\end{pmatrix}$

$a-b=3$, $c+2b=7$에서

$a+b+c=10$

$3+ca=5$, $ab+bc=8$에서

$ab+bc+ca=10$

$\therefore a^2+b^2+c^2=(a+b+c)^2-2(ab+bc+ca)$

$=10^2-2\times10=80$

637

$X-Y=A$ ...... ㉠

$2A+3B=2Y$ ...... ㉡

㉠+㉡을 하면

$(X-Y)+2Y=A+(2A+3B)$

$\therefore X+Y=3(A+B)$

이때 행렬 $A+B$의 모든 성분의 합이 5이므로

행렬 $X+Y$의 모든 성분의 합은

$3\times5=15$

638

$3A+B=\begin{pmatrix}2 & 1\\-2 & 5\end{pmatrix}$ ...... ㉠

$2A-B=\begin{pmatrix}3 & -1\\2 & 5\end{pmatrix}$ ...... ㉡

㉠+㉡을 하면

$5A=\begin{pmatrix}5 & 0\\0 & 10\end{pmatrix}$ $\therefore A=\begin{pmatrix}1 & 0\\0 & 2\end{pmatrix}$

$\therefore A+B=(3A+B)-2A$

$=\begin{pmatrix}2 & 1\\-2 & 5\end{pmatrix}-2\begin{pmatrix}1 & 0\\0 & 2\end{pmatrix}$

$=\begin{pmatrix}0 & 1\\-2 & 1\end{pmatrix}$

따라서 행렬 $A+B$의 모든 성분의 합은

$0+1+(-2)+1=0$

639

$\frac{1}{2}A+\frac{1}{3}B=\begin{pmatrix}0 & 0\\1 & 1\end{pmatrix}$에서

$3A+2B=\begin{pmatrix}0 & 0\\6 & 6\end{pmatrix}$ ...... ㉠

$5A-2B=\begin{pmatrix}16 & -8\\2 & -6\end{pmatrix}$ ...... ㉡

㉠+㉡을 하면

$8A=\begin{pmatrix}16 & -8\\8 & 0\end{pmatrix}$ $\therefore A=\begin{pmatrix}2 & -1\\1 & 0\end{pmatrix}$

$A=\begin{pmatrix}2 & -1\\1 & 0\end{pmatrix}$을 ㉠에 대입하면

$3\begin{pmatrix}2 & -1\\1 & 0\end{pmatrix}+2B=\begin{pmatrix}0 & 0\\6 & 6\end{pmatrix}$

$\begin{pmatrix}6 & -3\\3 & 0\end{pmatrix}+2B=\begin{pmatrix}0 & 0\\6 & 6\end{pmatrix}$

$2B=\begin{pmatrix}-6 & 3\\3 & 6\end{pmatrix}$ $\therefore B=\begin{pmatrix}-3 & \frac{3}{2}\\\frac{3}{2} & 3\end{pmatrix}$

$\therefore A=\begin{pmatrix}2 & -1\\1 & 0\end{pmatrix}$, $B=\begin{pmatrix}-3 & \frac{3}{2}\\\frac{3}{2} & 3\end{pmatrix}$

640

$X+2Y=A$ ...... ㉠

$2X-Y=3B$ ...... ㉡

㉠+㉡×2를 하면 $5X=A+6B$

$\therefore X=\frac{1}{5}A+\frac{6}{5}B$ ...... ㉢

㉢을 ㉡에 대입하면

$2\left(\frac{1}{5}A+\frac{6}{5}B\right)-Y=3B$

$\therefore Y=\frac{2}{5}A-\frac{3}{5}B$ ...... ㉣

㉢+㉣을 하면

$X+Y=\frac{3}{5}A+\frac{3}{5}B$

$=\frac{3}{5}(A+B)$

$=\frac{3}{5}\left\{\begin{pmatrix}2 & -1\\3 & 0\end{pmatrix}+\begin{pmatrix}0 & 1\\-1 & 2\end{pmatrix}\right\}$

$=\frac{3}{5}\begin{pmatrix}2 & 0\\2 & 2\end{pmatrix}=\frac{6}{5}\begin{pmatrix}1 & 0\\1 & 1\end{pmatrix}$

$\therefore k=\frac{6}{5}$

641

$2a_{ij}+3b_{ij}=ij$에서

$2A+3B=\begin{pmatrix}1 & 2\\2 & 4\end{pmatrix}$ ...... ㉠

$a_{ij}-b_{ij}=2$에서

$A-B=\begin{pmatrix}2 & 2\\2 & 2\end{pmatrix}$ ...... ㉡

㉠+㉡×3을 하면

$5A=\begin{pmatrix}7 & 8\\8 & 10\end{pmatrix}$ $\therefore A=\frac{1}{5}\begin{pmatrix}7 & 8\\8 & 10\end{pmatrix}$

$\therefore a_{21}=\frac{8}{5}, b_{12}=a_{12}-2=\frac{8}{5}-2=-\frac{2}{5}$

$\therefore a_{21}-b_{12}=\frac{8}{5}-\left(-\frac{2}{5}\right)=2$

642

$2A+3B=\begin{pmatrix}8 & 1\\14 & -6\end{pmatrix}$ ...... ㉠

$-3A+2B=\begin{pmatrix}1 & -8\\5 & 9\end{pmatrix}$ ...... ㉡

㉠×2−㉡×3을 하면

$13A=\begin{pmatrix}13 & 26\\13 & -39\end{pmatrix}$ $\therefore A=\begin{pmatrix}1 & 2\\1 & -3\end{pmatrix}$

$A=\begin{pmatrix}1 & 2\\1 & -3\end{pmatrix}$을 ㉡에 대입하면

$-3\begin{pmatrix}1 & 2\\1 & -3\end{pmatrix}+2B=\begin{pmatrix}1 & -8\\5 & 9\end{pmatrix}$

$2B=\begin{pmatrix}4 & -2\\8 & 0\end{pmatrix}$ $\therefore B=\begin{pmatrix}2 & -1\\4 & 0\end{pmatrix}$

이때 두 행렬 A, B의 모든 성분의 합은 각각 1, 5이므로

행렬 $x^2A+(x-1)B$의 모든 성분의 합은

$x^2+5(x-1)$

$x^2+5x-5=1$에서 $x^2+5x-6=0$

$(x+6)(x-1)=0$

$\therefore x=-6$ 또는 $x=1$

따라서 조건을 만족시키는 모든 실수 x의 값의 합은

$-6+1=-5$

643

$AB=\begin{pmatrix}1 & -1\\-1 & -1\end{pmatrix}\begin{pmatrix}1 & 1\\-1 & 0\end{pmatrix}=\begin{pmatrix}2 & 1\\0 & -1\end{pmatrix}$

$\therefore AB+A=\begin{pmatrix}2 & 1\\0 & -1\end{pmatrix}+\begin{pmatrix}1 & -1\\-1 & -1\end{pmatrix}=\begin{pmatrix}3 & 0\\-1 & -2\end{pmatrix}$

644

세 행렬 A, B, C는 각각 3×2, 1×2, 2×3 행렬이다.

따라서 곱이 정의되는 것은 AC, BC, CA의 3개이다.

645

$A+2B=\begin{pmatrix}5 & 2\\-4 & 5\end{pmatrix}$ ...... ㉠

$3A-B=\begin{pmatrix}1 & 6\\-5 & 8\end{pmatrix}$ ...... ㉡

㉠+㉡×2를 하면

$7A=\begin{pmatrix}7 & 14\\-14 & 21\end{pmatrix}$ $\therefore A=\begin{pmatrix}1 & 2\\-2 & 3\end{pmatrix}$

$A=\begin{pmatrix}1 & 2\\-2 & 3\end{pmatrix}$을 ㉡에 대입하면

$3\begin{pmatrix}1 & 2\\-2 & 3\end{pmatrix}-B=\begin{pmatrix}1 & 6\\-5 & 8\end{pmatrix}$

$\therefore B=\begin{pmatrix}2 & 0\\-1 & 1\end{pmatrix}$

$\therefore AB=\begin{pmatrix}1 & 2\\-2 & 3\end{pmatrix}\begin{pmatrix}2 & 0\\-1 & 1\end{pmatrix}=\begin{pmatrix}0 & 2\\-7 & 3\end{pmatrix}$

따라서 행렬 AB의 모든 성분의 합은

$0+2+(-7)+3=-2$

646

$\begin{pmatrix}2 & 3\\a & 1\end{pmatrix}\begin{pmatrix}a\\b\end{pmatrix}=\begin{pmatrix}3 & 2\\-1 & 2\end{pmatrix}\begin{pmatrix}2\\b\end{pmatrix}$에서

$\begin{pmatrix}2a+3b\\a^2+b\end{pmatrix}=\begin{pmatrix}6+2b\\-2+2b\end{pmatrix}$

$2a+3b=6+2b$에서 $2a+b=6$ ...... ㉠

$a^2+b=-2+2b$에서 $a^2-b=-2$ ...... ㉡

㉠+㉡을 하면 $a^2+2a-4=0$

$\therefore a=-1+\sqrt{5}$ ($\because a>0$)

$a=-1+\sqrt{5}$를 ㉠에 대입하면

$-2+2\sqrt{5}+b=6$ $\therefore b=8-2\sqrt{5}$

$\therefore a+b=(-1+\sqrt{5})+(8-2\sqrt{5})=7-\sqrt{5}$

647

$\begin{pmatrix}1 & 2\\3 & x\end{pmatrix}\begin{pmatrix}y\\4\end{pmatrix}=\begin{pmatrix}a\\a-2\end{pmatrix}$에서 $\begin{pmatrix}y+8\\3y+4x\end{pmatrix}=\begin{pmatrix}a\\a-2\end{pmatrix}$

$y+8=a$ ...... ㉠

$3y+4x=a-2$ ...... ㉡

㉠을 ㉡에 대입하면

$3y+4x=(y+8)-2$, $4x+2y=6$

$\therefore y=-2x+3$

$\therefore x^2+y^2=x^2+(-2x+3)^2$

$=5x^2-12x+9$

$=5\left(x-\frac{6}{5}\right)^2+\frac{9}{5}$

따라서 구하는 최솟값은 $\frac{9}{5}$이다.

648

이차방정식 $x^2-5x-3=0$의 두 근이 α, β이므로
근과 계수의 관계에 의하여
$\alpha+\beta=5$, $\alpha\beta=-3$

$A=\begin{pmatrix}\alpha & \beta\\0 & 2\end{pmatrix}$, $B=\begin{pmatrix}\alpha & 0\\\beta & \alpha\end{pmatrix}$에서

$AB=\begin{pmatrix}\alpha & \beta\\0 & 2\end{pmatrix}\begin{pmatrix}\alpha & 0\\\beta & \alpha\end{pmatrix}=\begin{pmatrix}\alpha^2+\beta^2 & \alpha\beta\\2\beta & 2\alpha\end{pmatrix}$

따라서 행렬 AB의 모든 성분의 합은

$\alpha^2+\beta^2+\alpha\beta+2(\alpha+\beta)=(\alpha+\beta)^2-\alpha\beta+2(\alpha+\beta)$
$=5^2+3+2\times5=38$

649

$A^2=\begin{pmatrix}1 & 2\\-1 & -1\end{pmatrix}\begin{pmatrix}1 & 2\\-1 & -1\end{pmatrix}=\begin{pmatrix}-1 & 0\\0 & -1\end{pmatrix}$

$A^3=A^2A=\begin{pmatrix}-1 & 0\\0 & -1\end{pmatrix}\begin{pmatrix}1 & 2\\-1 & -1\end{pmatrix}=\begin{pmatrix}-1 & -2\\1 & 1\end{pmatrix}$

따라서 행렬 A^3의 $(2, 1)$ 성분은 1이다.

650

행렬 $A=\begin{pmatrix}a+2 & 0\\2a & -1\end{pmatrix}$에 대하여

$A^2=\begin{pmatrix}a+2 & 0\\2a & -1\end{pmatrix}\begin{pmatrix}a+2 & 0\\2a & -1\end{pmatrix}=\begin{pmatrix}a^2+4a+4 & 0\\2a^2+2a & 1\end{pmatrix}$

이때 행렬 A^2의 $(1, 1)$ 성분과 $(2, 1)$ 성분의 합이 13이므로
$(a^2+4a+4)+(2a^2+2a)=13$
$3a^2+6a-9=0$, $a^2+2a-3=0$
$(a+3)(a-1)=0$
$\therefore a=-3$ 또는 $a=1$
따라서 구하는 모든 a의 값의 합은 $-3+1=-2$

651

$2A+B=\begin{pmatrix}4 & -3\\-1 & 2\end{pmatrix}$ …… ㉠

$2A-B=\begin{pmatrix}0 & -5\\1 & 2\end{pmatrix}$ …… ㉡

㉠−㉡을 하면

$2B=\begin{pmatrix}4 & 2\\-2 & 0\end{pmatrix}$ $\quad\therefore B=\begin{pmatrix}2 & 1\\-1 & 0\end{pmatrix}$

$B=\begin{pmatrix}2 & 1\\-1 & 0\end{pmatrix}$을 ㉠에 대입하면

$2A+\begin{pmatrix}2 & 1\\-1 & 0\end{pmatrix}=\begin{pmatrix}4 & -3\\-1 & 2\end{pmatrix}$

$2A=\begin{pmatrix}2 & -4\\0 & 2\end{pmatrix}$ $\quad\therefore A=\begin{pmatrix}1 & -2\\0 & 1\end{pmatrix}$

$\therefore 4A^2-B^2=4\begin{pmatrix}1 & -2\\0 & 1\end{pmatrix}\begin{pmatrix}1 & -2\\0 & 1\end{pmatrix}-\begin{pmatrix}2 & 1\\-1 & 0\end{pmatrix}\begin{pmatrix}2 & 1\\-1 & 0\end{pmatrix}$
$=4\begin{pmatrix}1 & -4\\0 & 1\end{pmatrix}-\begin{pmatrix}3 & 2\\-2 & -1\end{pmatrix}$
$=\begin{pmatrix}1 & -18\\2 & 5\end{pmatrix}$

$\therefore k=-18$

652

$A^2=\begin{pmatrix}1 & 0\\2 & 1\end{pmatrix}\begin{pmatrix}1 & 0\\2 & 1\end{pmatrix}=\begin{pmatrix}1 & 0\\4 & 1\end{pmatrix}$

$A^3=A^2A=\begin{pmatrix}1 & 0\\4 & 1\end{pmatrix}\begin{pmatrix}1 & 0\\2 & 1\end{pmatrix}=\begin{pmatrix}1 & 0\\6 & 1\end{pmatrix}$

$A^4=A^3A=\begin{pmatrix}1 & 0\\6 & 1\end{pmatrix}\begin{pmatrix}1 & 0\\2 & 1\end{pmatrix}=\begin{pmatrix}1 & 0\\8 & 1\end{pmatrix}$

⋮

자연수 n에 대하여 $A^n=\begin{pmatrix}1 & 0\\2n & 1\end{pmatrix}$

$\therefore A^{10}=\begin{pmatrix}1 & 0\\20 & 1\end{pmatrix}$

653

$A^2=\begin{pmatrix}0 & 2\\0 & 2\end{pmatrix}\begin{pmatrix}0 & 2\\0 & 2\end{pmatrix}=\begin{pmatrix}0 & 4\\0 & 4\end{pmatrix}$

$A^3=A^2A=\begin{pmatrix}0 & 4\\0 & 4\end{pmatrix}\begin{pmatrix}0 & 2\\0 & 2\end{pmatrix}=\begin{pmatrix}0 & 8\\0 & 8\end{pmatrix}$

$A^4=A^3A=\begin{pmatrix}0 & 8\\0 & 8\end{pmatrix}\begin{pmatrix}0 & 2\\0 & 2\end{pmatrix}=\begin{pmatrix}0 & 16\\0 & 16\end{pmatrix}$

⋮

자연수 n에 대하여

$A^n=\begin{pmatrix}0 & 2^n\\0 & 2^n\end{pmatrix}$

즉, 행렬 A^n의 제2열의 모든 성분의 합은
$2^n+2^n=2\times2^n=2^{n+1}$
$2^6=64$, $2^7=128$이므로 $2^{n+1}\ge100$에서
$n+1\ge7$ $\quad\therefore n\ge6$
따라서 구하는 자연수 n의 최솟값은 6이다.

654

$A^2=\begin{pmatrix}1 & -1\\0 & 1\end{pmatrix}\begin{pmatrix}1 & -1\\0 & 1\end{pmatrix}=\begin{pmatrix}1 & -2\\0 & 1\end{pmatrix}$

$A^3=A^2A=\begin{pmatrix}1 & -2\\0 & 1\end{pmatrix}\begin{pmatrix}1 & -1\\0 & 1\end{pmatrix}=\begin{pmatrix}1 & -3\\0 & 1\end{pmatrix}$

$A^4=A^3A=\begin{pmatrix}1 & -3\\0 & 1\end{pmatrix}\begin{pmatrix}1 & -1\\0 & 1\end{pmatrix}=\begin{pmatrix}1 & -4\\0 & 1\end{pmatrix}$

⋮

자연수 n에 대하여

$A^n=\begin{pmatrix}1 & -n\\0 & 1\end{pmatrix}$

이때

$A^{2n-1}-A^{2n}=\begin{pmatrix}1 & -2n+1\\0 & 1\end{pmatrix}-\begin{pmatrix}1 & -2n\\0 & 1\end{pmatrix}=\begin{pmatrix}0 & 1\\0 & 0\end{pmatrix}$

이므로

$A-A^2+A^3-A^4+\cdots+A^{1003}-A^{1004}$
$=\underbrace{\begin{pmatrix}0 & 1\\0 & 0\end{pmatrix}+\begin{pmatrix}0 & 1\\0 & 0\end{pmatrix}+\cdots+\begin{pmatrix}0 & 1\\0 & 0\end{pmatrix}}_{502\text{개}}$
$=\begin{pmatrix}0 & 502\\0 & 0\end{pmatrix}$

$\therefore a+b+c+d=502$

655

$QP=(150\quad 200)\begin{pmatrix}18 & 20\\ 30 & 40\end{pmatrix}$

$=(150\times18+200\times30\quad 150\times20+200\times40)$

이 제과점에서 하루 동안 사용한 버터의 양은

$150\times18+200\times30$이므로 행렬 QP의 $(1, 1)$ 성분과 같다.

참고 행렬 P는 2×2 행렬이고 Q는 1×2 행렬이므로 두 행렬 PQ의 곱은 정의되지 않는다.

656

주어진 조건에서

$x=$(수조 A에 남은 물의 양)+(수조 B에서 퍼온 물의 양)

$=\frac{2}{3}a+\frac{2}{3}\left(b+\frac{1}{3}a\right)$

$=\frac{8}{9}a+\frac{2}{3}b$

두 수조에 담긴 물의 양의 합은 같으므로

$x+y=a+b$

$\therefore y=a+b-\left(\frac{8}{9}a+\frac{2}{3}b\right)$

$=\frac{1}{9}a+\frac{1}{3}b$

$\therefore \begin{pmatrix}x\\ y\end{pmatrix}=\begin{pmatrix}\frac{8}{9} & \frac{2}{3}\\ \frac{1}{9} & \frac{1}{3}\end{pmatrix}\begin{pmatrix}a\\ b\end{pmatrix}$

따라서 $p=\frac{8}{9}$, $q=\frac{2}{3}$, $r=\frac{1}{9}$, $s=\frac{1}{3}$이므로

$\frac{pq}{rs}=16$

657

ㄱ. $a=a_{11}b_{11}+a_{12}b_{21}$, $b=a_{11}b_{12}+a_{12}b_{22}$이므로 a, b는 각각 두 제품 ㉮, ㉯의 지난해 1년 동안에 판매된 제품의 제조원가의 총액이다. 따라서 $a+b$는 지난해 1년 동안에 판매된 제품의 제조원가의 총액이다. (거짓)

ㄴ. $c=a_{21}b_{11}+a_{22}b_{21}$, $d=a_{21}b_{12}+a_{22}b_{22}$이므로 c, d는 각각 두 제품 ㉮, ㉯의 지난해 1년 동안에 판매된 제품의 판매 총액이다. 따라서 $c+d$는 지난해 1년 동안에 판매된 제품의 판매 총액이다. (참)

ㄷ. (판매 이익금)=(판매 가격)−(제조원가)이므로 $d-b$는 지난해 하반기에 판매된 제품의 판매 이익금 총액이다. (참)

이상에서 옳은 것은 ㄴ, ㄷ이다.

658

$ABC+AB^2=AB(C+B)$

$=AB(B+C)$

$=\begin{pmatrix}1 & 2\\ 0 & 1\end{pmatrix}\begin{pmatrix}0 & 1\\ 2 & 1\end{pmatrix}$

$=\begin{pmatrix}4 & 3\\ 2 & 1\end{pmatrix}$

659

$A^2+4B^2-2(AB+BA)=(A-2B)^2$

이때

$A-2B=\begin{pmatrix}1 & 2\\ -1 & 3\end{pmatrix}-2\begin{pmatrix}0 & 1\\ 3 & -1\end{pmatrix}=\begin{pmatrix}1 & 0\\ -7 & 5\end{pmatrix}$

이므로

$(\text{주어진 식})=\begin{pmatrix}1 & 0\\ -7 & 5\end{pmatrix}\begin{pmatrix}1 & 0\\ -7 & 5\end{pmatrix}=\begin{pmatrix}1 & 0\\ -42 & 25\end{pmatrix}$

따라서 구하는 모든 성분의 합은

$1+0+(-42)+25=-16$

660

$(A+B)(A-B)=(A+B)A-(A+B)B$

$=A^2+BA-AB-B^2$

즉, $A^2+BA-AB-B^2=A^2-B^2$이므로

$BA-AB=O$

$\therefore AB=BA$

이때

$AB=\begin{pmatrix}1 & 2\\ 4 & -1\end{pmatrix}\begin{pmatrix}x & 1\\ 2 & y\end{pmatrix}=\begin{pmatrix}x+4 & 1+2y\\ 4x-2 & 4-y\end{pmatrix}$,

$BA=\begin{pmatrix}x & 1\\ 2 & y\end{pmatrix}\begin{pmatrix}1 & 2\\ 4 & -1\end{pmatrix}=\begin{pmatrix}x+4 & 2x-1\\ 2+4y & 4-y\end{pmatrix}$

이므로

$1+2y=2x-1$, $4x-2=2+4y$

$\therefore x-y=1$

661

$A\begin{pmatrix}2a\\ 3b\end{pmatrix}=\begin{pmatrix}3\\ 4\end{pmatrix}$, $A\begin{pmatrix}4a\\ 3b\end{pmatrix}=\begin{pmatrix}2\\ -1\end{pmatrix}$에서

$A\begin{pmatrix}2a+4a\\ 3b+3b\end{pmatrix}=\begin{pmatrix}3+2\\ 4+(-1)\end{pmatrix}$

$A\begin{pmatrix}6a\\ 6b\end{pmatrix}=\begin{pmatrix}5\\ 3\end{pmatrix}$, $6A\begin{pmatrix}a\\ b\end{pmatrix}=\begin{pmatrix}5\\ 3\end{pmatrix}$

$\therefore A\begin{pmatrix}a\\ b\end{pmatrix}=\begin{pmatrix}\frac{5}{6}\\ \frac{1}{2}\end{pmatrix}$

따라서 구하는 $(2, 1)$ 성분은 $\frac{1}{2}$이다.

662

$A=\begin{pmatrix}a & b\\ c & d\end{pmatrix}$라 하자.

$A\begin{pmatrix}1\\ 0\end{pmatrix}=\begin{pmatrix}2\\ x\end{pmatrix}$에서 $\begin{pmatrix}a\\ c\end{pmatrix}=\begin{pmatrix}2\\ x\end{pmatrix}$

$A\begin{pmatrix}0\\ 1\end{pmatrix}=\begin{pmatrix}2x-4\\ -2\end{pmatrix}$에서 $\begin{pmatrix}b\\ d\end{pmatrix}=\begin{pmatrix}2x-4\\ -2\end{pmatrix}$

$a=2$, $b=2x-4$, $c=x$, $d=-2$

이때 행렬 A의 모든 성분의 합이 8이므로

$3x-4=8 \qquad \therefore x=4$

따라서 $A=\begin{pmatrix}2 & 4\\4 & -2\end{pmatrix}$이므로

$A^2=\begin{pmatrix}2 & 4\\4 & -2\end{pmatrix}\begin{pmatrix}2 & 4\\4 & -2\end{pmatrix}=\begin{pmatrix}20 & 0\\0 & 20\end{pmatrix}$

663

두 실수 x, y에 대하여

$x\begin{pmatrix}-2\\3\end{pmatrix}+y\begin{pmatrix}0\\2\end{pmatrix}=\begin{pmatrix}2\\1\end{pmatrix}$

이라 하자.

$-2x=2$에서 $x=-1$ …… ㉠

$3x+2y=1$에서 $y=2$ …… ㉡

㉠, ㉡을 이용하면

$A\begin{pmatrix}13\\-5\end{pmatrix}=\begin{pmatrix}-2\\3\end{pmatrix}$, $A\begin{pmatrix}6\\-2\end{pmatrix}=\begin{pmatrix}0\\2\end{pmatrix}$에서

$(-1)A\begin{pmatrix}13\\-5\end{pmatrix}=(-1)\begin{pmatrix}-2\\3\end{pmatrix}$, $2A\begin{pmatrix}6\\-2\end{pmatrix}=2\begin{pmatrix}0\\2\end{pmatrix}$

$A\begin{pmatrix}-13\\5\end{pmatrix}=\begin{pmatrix}2\\-3\end{pmatrix}$, $A\begin{pmatrix}12\\-4\end{pmatrix}=\begin{pmatrix}0\\4\end{pmatrix}$

$A\left\{\begin{pmatrix}-13\\5\end{pmatrix}+\begin{pmatrix}12\\-4\end{pmatrix}\right\}=\begin{pmatrix}2\\-3\end{pmatrix}+\begin{pmatrix}0\\4\end{pmatrix}$

$A\begin{pmatrix}-1\\1\end{pmatrix}=\begin{pmatrix}2\\1\end{pmatrix}$, $A^2\begin{pmatrix}-1\\1\end{pmatrix}=A\begin{pmatrix}2\\1\end{pmatrix}$

이때 $A^2=\begin{pmatrix}4 & 9\\3 & 7\end{pmatrix}$이므로

$\begin{pmatrix}4 & 9\\3 & 7\end{pmatrix}\begin{pmatrix}-1\\1\end{pmatrix}=A\begin{pmatrix}2\\1\end{pmatrix}$

$\therefore A\begin{pmatrix}2\\1\end{pmatrix}=\begin{pmatrix}5\\4\end{pmatrix}$

664

$AE=EA$이므로

$(A-E)(A^2+A+E)=A^3-E^3=A^3-E$ …… ㉠

$A=\begin{pmatrix}1 & 0\\0 & 3\end{pmatrix}$에서

$A^2=\begin{pmatrix}1 & 0\\0 & 3\end{pmatrix}\begin{pmatrix}1 & 0\\0 & 3\end{pmatrix}=\begin{pmatrix}1 & 0\\0 & 9\end{pmatrix}$

$A^3=A^2A=\begin{pmatrix}1 & 0\\0 & 9\end{pmatrix}\begin{pmatrix}1 & 0\\0 & 3\end{pmatrix}=\begin{pmatrix}1 & 0\\0 & 27\end{pmatrix}$

㉠에서

(주어진 식)$=\begin{pmatrix}1 & 0\\0 & 27\end{pmatrix}-\begin{pmatrix}1 & 0\\0 & 1\end{pmatrix}=\begin{pmatrix}0 & 0\\0 & 26\end{pmatrix}$

따라서 구하는 2열의 성분의 합은 26이다.

665

$AE=EA$이므로

$(A-E)(A+E)=2E$에서

$A^2-E^2=2E$

$A^2=3E$

$A^4=9E^2=9E$

$A^4\begin{pmatrix}1 & 3\\2 & 5\end{pmatrix}=9E\begin{pmatrix}1 & 3\\2 & 5\end{pmatrix}=\begin{pmatrix}9 & 27\\18 & 45\end{pmatrix}$

따라서 구하는 모든 성분의 합은

$9+27+18+45=99$

666

$A+2B=O$에서

$A=-2B$, $B=-\frac{1}{2}A$

$AB=E$에서

$A\left(-\frac{1}{2}A\right)=E$, $(-2B)B=E$

$A^2=-2E$, $B^2=-\frac{1}{2}E$

$A^4=4E$, $B^4=\frac{1}{4}E$

$\therefore A^4+B^4=\left(4+\frac{1}{4}\right)E=\frac{17}{4}E$

$a+b+c+d$의 값은 행렬 $\frac{17}{4}E$의 모든 성분의 합과 같으므로

$a+b+c+d=\frac{17}{4}+0+0+\frac{17}{4}=\frac{17}{2}$

667

$A=\begin{pmatrix}-1 & 2\\-1 & 1\end{pmatrix}$에서

$A^2=\begin{pmatrix}-1 & 2\\-1 & 1\end{pmatrix}\begin{pmatrix}-1 & 2\\-1 & 1\end{pmatrix}=\begin{pmatrix}-1 & 0\\0 & -1\end{pmatrix}=-E$

$A^{100}=(A^2)^{50}=(-E)^{50}=E$

따라서 구하는 모든 성분의 합은 2이다.

668

$A=\begin{pmatrix}-2 & -1\\3 & 1\end{pmatrix}$에서

$A^2=\begin{pmatrix}-2 & -1\\3 & 1\end{pmatrix}\begin{pmatrix}-2 & -1\\3 & 1\end{pmatrix}=\begin{pmatrix}1 & 1\\-3 & -2\end{pmatrix}$

$A^3=\begin{pmatrix}1 & 1\\-3 & -2\end{pmatrix}\begin{pmatrix}-2 & -1\\3 & 1\end{pmatrix}=\begin{pmatrix}1 & 0\\0 & 1\end{pmatrix}=E$

자연수 k에 대하여 $n=3k$라 하면 $A^n=E$이므로

$10\le n\le 99$, $10\le 3k\le 99$

$\therefore \frac{10}{3}\le k\le 33$

따라서 구하는 자연수 n의 개수는

$(33-4)+1=30$

669

$(A^2+A+E)(A^2-A+E)=O$에서

$(A-E)(A^2+A+E)(A+E)(A^2-A+E)=O$

$(A^3-E)(A^3+E)=O$

$A^6-E=O$

$\therefore A^6=E$

$\therefore 2A^{97}+3A^{96}=2(A^6)^{16}A+3(A^6)^{16}$

$=2A+3E$

이때 두 행렬 A, E의 모든 성분의 합은 각각 4, 2이므로 구하는 행렬의 모든 성분의 합은

$2\times4+3\times2=14$

내신 적중 서술형

● 155쪽

670 -2 **671** $\begin{pmatrix} -6 & 2 \\ -12 & 6 \end{pmatrix}$

672 (1) $\begin{pmatrix} -3 \\ 4 \end{pmatrix}$ (2) $\begin{pmatrix} 5 \\ -5 \end{pmatrix}$ (3) 1 **673** 129

670

$a_{ij}=\begin{cases} i-j & (i<j) \\ ij & (i=j) \\ k-j & (i>j) \end{cases}$에

$i=1, 2, 3, j=1, 2, 3$을 차례로 대입하면

$a_{11}=1, a_{12}=-1, a_{13}=-2,$

$a_{21}=k-1, a_{22}=4, a_{23}=-1,$

$a_{31}=k-1, a_{32}=k-2, a_{33}=9$ …… ㉮

$A=\begin{pmatrix} 1 & -1 & -2 \\ k-1 & 4 & -1 \\ k-1 & k-2 & 9 \end{pmatrix}$이므로

행렬 A의 모든 성분의 합은 $3k+6$이다. …… ㉯

이때 행렬 A의 모든 성분의 합이 0이므로

$3k+6=0 \quad \therefore k=-2$ …… ㉰

채점 기준	배점 비율
㉮ 주어진 식에서 a_{ij}의 값 구하기	60 %
㉯ 행렬 A의 모든 성분의 합 구하기	20 %
㉰ 상수 k의 값 구하기	20 %

671

이차방정식 $x^2-3x+4=0$의 두 근이 α, β이므로

근과 계수의 관계에 의하여

$\alpha+\beta=3, \alpha\beta=4$

$\alpha^2+\beta^2=(\alpha+\beta)^2-2\alpha\beta=3^2-2\times4=1$이므로

$A=\begin{pmatrix} 3 & 0 \\ 4 & 1 \end{pmatrix}$ …… ㉮

$A+\frac{1}{2}X=\begin{pmatrix} 0 & 1 \\ -2 & 4 \end{pmatrix}$에서

$\begin{pmatrix} 3 & 0 \\ 4 & 1 \end{pmatrix}+\frac{1}{2}X=\begin{pmatrix} 0 & 1 \\ -2 & 4 \end{pmatrix}$, $\frac{1}{2}X=\begin{pmatrix} -3 & 1 \\ -6 & 3 \end{pmatrix}$

$\therefore X=\begin{pmatrix} -6 & 2 \\ -12 & 6 \end{pmatrix}$ …… ㉯

채점 기준	배점 비율
㉮ 행렬 A 구하기	40 %
㉯ 행렬 X 구하기	60 %

672

(1) $A\begin{pmatrix} 2a+c \\ 2b+d \end{pmatrix}=\begin{pmatrix} -1 \\ 3 \end{pmatrix}$에서 $A\begin{pmatrix} 4a+2c \\ 4b+2d \end{pmatrix}=\begin{pmatrix} -2 \\ 6 \end{pmatrix}$ …… ㉠

$A\begin{pmatrix} a+2c \\ b+2d \end{pmatrix}=\begin{pmatrix} 7 \\ -6 \end{pmatrix}$ …… ㉡

㉠－㉡을 하면

$A\begin{pmatrix} 3a \\ 3b \end{pmatrix}=\begin{pmatrix} -9 \\ 12 \end{pmatrix}$

$\therefore A\begin{pmatrix} a \\ b \end{pmatrix}=\begin{pmatrix} -3 \\ 4 \end{pmatrix}$ …… ㉢ …… ㉮

(2) ㉡－㉢을 하면

$A\begin{pmatrix} 2c \\ 2d \end{pmatrix}=\begin{pmatrix} 10 \\ -10 \end{pmatrix}$

$\therefore A\begin{pmatrix} c \\ d \end{pmatrix}=\begin{pmatrix} 5 \\ -5 \end{pmatrix}$ …… ㉣ …… ㉯

(3) ㉢－㉣×2를 하면

$A\begin{pmatrix} a-2c \\ b-2d \end{pmatrix}=\begin{pmatrix} -3 \\ 4 \end{pmatrix}-2\begin{pmatrix} 5 \\ -5 \end{pmatrix}=\begin{pmatrix} -13 \\ 14 \end{pmatrix}$

따라서 구하는 모든 성분의 합은

$-13+14=1$ …… ㉰

	채점 기준	배점 비율
(1)	㉮ 행렬 $A\begin{pmatrix} a \\ b \end{pmatrix}$ 구하기	30 %
(2)	㉯ 행렬 $A\begin{pmatrix} c \\ d \end{pmatrix}$ 구하기	30 %
(3)	㉰ 행렬 $A\begin{pmatrix} a-2c \\ b-2d \end{pmatrix}$의 모든 성분의 합 구하기	40 %

673

$E^2=E$이므로 $4A^2-4E^2=2A-5E$에서

$4A^2-2A+E^2=O$ …… ㉮

$(2A+E)(4A^2-2A+E^2)=O$

$8A^3+E^3=O, A^3=-\frac{1}{8}E$

$A^6=A^3A^3=\left(-\frac{1}{8}E\right)\left(-\frac{1}{8}E\right)$

$=\frac{1}{64}E^2=\frac{1}{64}E$

$\therefore A^6+E=\frac{1}{64}E+E=\frac{65}{64}E=\begin{pmatrix} \frac{65}{64} & 0 \\ 0 & \frac{65}{64} \end{pmatrix}$ …… ㉯

따라서 구하는 행렬 A^6+E의 2열의 성분의 합은 $\frac{65}{64}$이므로

$p=64, q=65$

$\therefore p+q=64+65=129$ …… ㉰

채점 기준	배점 비율
㉮ 등식 $4A^2-2A+E^2=O$ 유도하기	30 %
㉯ 행렬 A^6+E 구하기	40 %
㉰ $p+q$의 값 구하기	30 %

1등급 실력 완성

● 156쪽 ~ 157쪽

674 5 **675** -7 **676** 3 **677** ①

678 $\begin{pmatrix} -7 & -1 \\ 1 & -7 \end{pmatrix}$ **679** ③ **680** ① **681** 1

682 $\frac{7}{3}$ **683** 6

674

행렬의 (i, j) 성분 ⊕ 행렬의 덧셈, 뺄셈, 실수배

(전략) $\sqrt{a^2}=|a|$임을 이용하며 k의 값의 범위를 구한다.

(풀이) $a_{ij}=\begin{cases} k-3^j & (i=j) \\ 2i-3k & (i\neq j) \end{cases}$에

$i=1, 2, j=1, 2$를 차례로 대입하면

$a_{11}=k-3, a_{12}=2-3k,$

$a_{21}=4-3k, a_{22}=k-9$

행렬 $A+B$의 (i, j) 성분을 c_{ij}라 하자.

$b_{ij}=\sqrt{(a_{ij})^2}$에서 $b_{ij}=|a_{ij}|$이므로

$a_{ij}\leq 0$일 때, $c_{ij}=a_{ij}+|a_{ij}|=0$

$a_{ij}>0$일 때, $c_{ij}=a_{ij}+|a_{ij}|=2a_{ij}$

행렬 $A+B$의 모든 성분의 합이 0 이하이므로

행렬 A의 모든 성분은 0 이하이다.

$k-3\leq 0$에서 $k\leq 3$ ...... ㉠

$2-3k\leq 0$에서 $k\geq \frac{2}{3}$ ...... ㉡

$4-3k\leq 0$에서 $k\geq \frac{4}{3}$ ...... ㉢

$k-9\leq 0$에서 $k\leq 9$ ...... ㉣

㉠~㉣에서 $\frac{4}{3}\leq k\leq 3$

따라서 조건을 만족시키는 정수 k는 2, 3이므로 구하는 합은

$2+3=5$

675

행렬의 곱셈

(전략) 행렬의 곱셈과 항등식의 성질을 이용한다.

(풀이) 두 상수 a, b에 대하여 $f(x)$는 일차식이므로

$f(x)=ax+b$라 하면

$f(2x)=2ax+b$

$\begin{pmatrix} 1 & -2 \\ -2 & 4 \end{pmatrix}\begin{pmatrix} f(x) \\ f(2x) \end{pmatrix}=\begin{pmatrix} 3x+4 \\ -6x-8 \end{pmatrix}$에서

$\begin{pmatrix} 1 & -2 \\ -2 & 4 \end{pmatrix}\begin{pmatrix} ax+b \\ 2ax+b \end{pmatrix}=\begin{pmatrix} 3x+4 \\ -6x-8 \end{pmatrix}$

$\begin{pmatrix} -3ax-b \\ 6ax+2b \end{pmatrix}=\begin{pmatrix} 3x+4 \\ -6x-8 \end{pmatrix}$

$-3ax-b=3x+4, 6ax+2b=-6x-8$ ...... ㉠

임의의 실수 x에 대하여 ㉠이 성립하므로

$-3a=3$에서 $a=-1$

$-b=4$에서 $b=-4$

따라서 $f(x)=-x-4$이므로

$f(3)=-3-4=-7$

676

행렬의 거듭제곱

(전략) 행렬의 거듭제곱을 이용하여 규칙성을 찾는다.

(풀이) $A^2=\begin{pmatrix} m & n \\ 0 & 0 \end{pmatrix}\begin{pmatrix} m & n \\ 0 & 0 \end{pmatrix}=\begin{pmatrix} m^2 & mn \\ 0 & 0 \end{pmatrix}$

$A^3=A^2A=\begin{pmatrix} m^2 & mn \\ 0 & 0 \end{pmatrix}\begin{pmatrix} m & n \\ 0 & 0 \end{pmatrix}=\begin{pmatrix} m^3 & m^2n \\ 0 & 0 \end{pmatrix}$

$A^4=A^3A=\begin{pmatrix} m^3 & m^2n \\ 0 & 0 \end{pmatrix}\begin{pmatrix} m & n \\ 0 & 0 \end{pmatrix}=\begin{pmatrix} m^4 & m^3n \\ 0 & 0 \end{pmatrix}$

⋮

$k\geq 2$인 자연수 k에 대하여 $A^k=\begin{pmatrix} m^k & m^{k-1}n \\ 0 & 0 \end{pmatrix}$

$A^5=\begin{pmatrix} a & b \\ c & d \end{pmatrix}$에서 $a=m^5, b=m^4n, c=d=0$

$a-b=cd$에서 $m^5-m^4n=0$

이때 m은 자연수이므로 $m=n$

$a+b<1000$에서 $m^5+m^4n<1000$

$2m^5<1000 \qquad \therefore m^5<500$

따라서 부등식을 만족시키는 자연수 m의 값은 1, 2, 3이므로 가능한 행렬 A의 개수는 3이다.

677

행렬의 (i, j) 성분 ⊕ 행렬의 거듭제곱

(전략) 허수단위의 성질을 이용하여 규칙성을 찾는다.

(풀이) $i^2=-1, i^3=-i, i^4=1$이므로

$A=\begin{pmatrix} -1 & -i \\ -i & 1 \end{pmatrix}$

$A^2=AA=\begin{pmatrix} -1 & -i \\ -i & 1 \end{pmatrix}\begin{pmatrix} -1 & -i \\ -i & 1 \end{pmatrix}=\begin{pmatrix} 0 & 0 \\ 0 & 0 \end{pmatrix}$

$A^3=A^2A=\begin{pmatrix} 0 & 0 \\ 0 & 0 \end{pmatrix}\begin{pmatrix} -1 & -i \\ -i & 1 \end{pmatrix}=\begin{pmatrix} 0 & 0 \\ 0 & 0 \end{pmatrix}$

$A^4=A^3A=\begin{pmatrix} 0 & 0 \\ 0 & 0 \end{pmatrix}\begin{pmatrix} 0 & 0 \\ 0 & 0 \end{pmatrix}=\begin{pmatrix} 0 & 0 \\ 0 & 0 \end{pmatrix}$

⋮

$n\geq 2$인 자연수 n에 대하여 $A^n=\begin{pmatrix} 0 & 0 \\ 0 & 0 \end{pmatrix}$

따라서 $A+A^2+A^3+\cdots+A^{20}=\begin{pmatrix} -1 & -i \\ -i & 1 \end{pmatrix}$이므로

이 행렬의 $(1, 2)$ 성분은 $-i$이다.

678

행렬의 (i, j) 성분 ⊕ 행렬의 거듭제곱

(전략) 행렬의 거듭제곱을 이용하여 규칙성을 파악한다.

(풀이) $A^2=\begin{pmatrix} 0 & 1 \\ a & 0 \end{pmatrix}\begin{pmatrix} 0 & 1 \\ a & 0 \end{pmatrix}=\begin{pmatrix} a & 0 \\ 0 & a \end{pmatrix}=aE$

$A^{10}=(A^2)^5=(aE)^5=a^5E=\begin{pmatrix} a^5 & 0 \\ 0 & a^5 \end{pmatrix}$

$A^9=(A^2)^4A=(aE)^4A=a^4A=\begin{pmatrix} 0 & a^4 \\ a^5 & 0 \end{pmatrix}$

조건 (가)에서 $-a^4\leq a^5\leq 0$이고 a는 정수이므로

$a=0$ 또는 $a=-1$

(i) $a=0$일 때,

$A^{10}=\begin{pmatrix} 0 & 0 \\ 0 & 0 \end{pmatrix}$이므로 $(A^{10}+E)^2=E$가 되어 조건 (나)를 만족시키지 않는다.

(ii) $a=-1$일 때,

$A=\begin{pmatrix} 0 & 1 \\ -1 & 0 \end{pmatrix}$이므로 $(A^{10}+E)^2\neq E$가 되어 조건 (나)를 만족시킨다.

따라서 $a=-1$이므로 $A=\begin{pmatrix} 0 & 1 \\ -1 & 0 \end{pmatrix}$

$\therefore (A+2E)(A-3E)=\begin{pmatrix} 2 & 1 \\ -1 & 2 \end{pmatrix}\begin{pmatrix} -3 & 1 \\ -1 & -3 \end{pmatrix}$

$=\begin{pmatrix} -7 & -1 \\ 1 & -7 \end{pmatrix}$

679

행렬의 곱셈의 활용; 실생활

(전략) 문제 상황을 이해하고 행렬의 곱으로 표현한다.

(풀이) 주어진 조건에 의하여 제품 A, B를 한 개씩 만드는 데 드는 비용은 각각 $3x+2y$, $4x+3y$이므로 이것을 행렬로 나타내면

$\begin{pmatrix} 3 & 2 \\ 4 & 3 \end{pmatrix}\begin{pmatrix} x \\ y \end{pmatrix}$

따라서 제품 A를 25개, B를 15개 만드는 데 사용된 강철과 알루미늄의 총 구입 가격을 행렬로 나타내면

$(25 \quad 15)\begin{pmatrix} 3 & 2 \\ 4 & 3 \end{pmatrix}\begin{pmatrix} x \\ y \end{pmatrix}$

680

행렬의 곱셈에 대한 성질 ⊕ 단위행렬

(전략) $AB=BA$임을 유도하여 곱셈 공식을 활용한다.

(풀이) $A+B=3E$에서 $A=3E-B$이므로

$AB=3B-B^2$, $BA=3B-B^2$

즉, $AB=BA$이므로

$A(A^2+E)+B(B^2+E)=A^3+B^3+A+B$

$=(A+B)^3-3AB(A+B)+A+B$

$=(3E)^3-3\times 4E\times 3E+3E$

$=27E-36E+3E$

$=-6E$

따라서 구하는 모든 성분의 합은 -12이다.

681

행렬의 곱셈 ⊕ 단위행렬

(전략) $AB=BA$임을 추론하여 곱셈 공식을 활용한다.

(풀이) $A=B+E$에서 $AB=B^2+B$, $BA=B^2+B$이므로

$AB=BA$이다. …… ㉠

$A=B+E$에서 $A-B=E$이므로

$(A-B)^2=E^2$

$A^2-2AB+B^2=E$

$\begin{pmatrix} 1 & 0 \\ 2 & -1 \end{pmatrix}-2AB=\begin{pmatrix} 1 & 0 \\ 0 & 1 \end{pmatrix}$

$2AB=\begin{pmatrix} 0 & 0 \\ 2 & -2 \end{pmatrix}$

$\therefore AB=\begin{pmatrix} 0 & 0 \\ 1 & -1 \end{pmatrix}$

㉠에 의하여

$A^3B^3=AAABBB$

$=AABABB$

$=ABABAB$

$=(AB)^3$

$=\begin{pmatrix} 0 & 0 \\ 1 & -1 \end{pmatrix}\begin{pmatrix} 0 & 0 \\ 1 & -1 \end{pmatrix}\begin{pmatrix} 0 & 0 \\ 1 & -1 \end{pmatrix}$

$=\begin{pmatrix} 0 & 0 \\ -1 & 1 \end{pmatrix}\begin{pmatrix} 0 & 0 \\ 1 & -1 \end{pmatrix}$

$=\begin{pmatrix} 0 & 0 \\ 1 & -1 \end{pmatrix}$

따라서 구하는 $(2, 1)$ 성분은 1이다.

682

$A\begin{pmatrix} a \\ b \end{pmatrix}$ 꼴을 포함한 식의 변형

(전략) 행렬의 곱셈을 이용하여 성분 간의 관계식을 추론한다.

(풀이) $A\begin{pmatrix} -1 \\ 2 \end{pmatrix}=\begin{pmatrix} 1 \\ 2 \end{pmatrix}$, $A\begin{pmatrix} 2 \\ -1 \end{pmatrix}=\begin{pmatrix} -2 \\ 0 \end{pmatrix}$에서

$A\left\{\begin{pmatrix} -1 \\ 2 \end{pmatrix}+\begin{pmatrix} 2 \\ -1 \end{pmatrix}\right\}=\begin{pmatrix} 1 \\ 2 \end{pmatrix}+\begin{pmatrix} -2 \\ 0 \end{pmatrix}$

$A\begin{pmatrix} 1 \\ 1 \end{pmatrix}=\begin{pmatrix} -1 \\ 2 \end{pmatrix}$

$A^2\begin{pmatrix} 1 \\ 1 \end{pmatrix}=A\begin{pmatrix} -1 \\ 2 \end{pmatrix}=\begin{pmatrix} 1 \\ 2 \end{pmatrix}$

$A^3\begin{pmatrix} 1 \\ 1 \end{pmatrix}=A\begin{pmatrix} 1 \\ 2 \end{pmatrix}$ …… ㉠

두 실수 x, y에 대하여 $x\begin{pmatrix} -1 \\ 2 \end{pmatrix}+y\begin{pmatrix} 2 \\ -1 \end{pmatrix}=\begin{pmatrix} 1 \\ 2 \end{pmatrix}$라 하면

$-x+2y=1$, $2x-y=2$

두 식을 연립하여 풀면

$x=\frac{5}{3}$, $y=\frac{4}{3}$

$A\begin{pmatrix} -1 \\ 2 \end{pmatrix}=\begin{pmatrix} 1 \\ 2 \end{pmatrix}$, $A\begin{pmatrix} 2 \\ -1 \end{pmatrix}=\begin{pmatrix} -2 \\ 0 \end{pmatrix}$에서

$\frac{5}{3}A\begin{pmatrix} -1 \\ 2 \end{pmatrix}=\frac{5}{3}\begin{pmatrix} 1 \\ 2 \end{pmatrix}$, $\frac{4}{3}A\begin{pmatrix} 2 \\ -1 \end{pmatrix}=\frac{4}{3}\begin{pmatrix} -2 \\ 0 \end{pmatrix}$이므로

$A\left\{\frac{5}{3}\begin{pmatrix} -1 \\ 2 \end{pmatrix}+\frac{4}{3}\begin{pmatrix} 2 \\ -1 \end{pmatrix}\right\}=\frac{5}{3}\begin{pmatrix} 1 \\ 2 \end{pmatrix}+\frac{4}{3}\begin{pmatrix} -2 \\ 0 \end{pmatrix}$

$A\begin{pmatrix} 1 \\ 2 \end{pmatrix}=\begin{pmatrix} -1 \\ \frac{10}{3} \end{pmatrix}$ …… ㉡

㉠, ㉡에서 $A^3\begin{pmatrix} 1 \\ 1 \end{pmatrix}=\begin{pmatrix} -1 \\ \frac{10}{3} \end{pmatrix}$이므로 구하는 모든 성분의 합은

$-1+\frac{10}{3}=\frac{7}{3}$

683

단위행렬

(전략) $AE=EA$임을 이용하여 곱셈 공식을 활용한다.

(풀이) $A(A^2-E)=O$에서

$A^3-A=O \qquad \therefore A^3=A$

$\therefore (A^{10}-E)^2+(A^4+E)^2$

$=(A^2-E)^2+(A^2+E)^2$

$=(A^4-2A^2+E^2)+(A^4+2A^2+E^2)$

$=(A^2-2A^2+E)+(A^2+2A^2+E)$

$=2A^2+2E$

두 행렬 A^2, E의 모든 성분의 합은 각각 1, 2이므로
구하는 행렬의 모든 성분의 합은
$2\times1+2\times2=6$

참고 행렬의 곱셈에서는 $AB=O$일 때, $A\neq O$, $B\neq O$인 경우도 있다. 실제로 이 문제에서 주어진 조건을 만족시키는 행렬은
$A=\begin{pmatrix}1&0\\0&0\end{pmatrix}$이다.

도전 1등급 최고난도 ● 158쪽

684 3 **685** $\begin{pmatrix}-10&-10\\-56&-48\end{pmatrix}$ **686** ㄴ

684

행렬의 (i, j) 성분 ⊕ 행렬의 곱셈

(1단계) 주어진 조건에서 행렬의 성분 간의 관계식을 구한다.

$a_{ij}+a_{ji}=0$에서 $a_{ij}=-a_{ji}$이므로
$a_{11}=0$, $a_{12}=-a_{21}$, $a_{22}=0$

$$A=\begin{pmatrix}a_{11}&a_{12}\\a_{21}&a_{22}\end{pmatrix}=\begin{pmatrix}0&a_{12}\\-a_{12}&0\end{pmatrix}$$

$b_{ij}-b_{ji}=0$에서 $b_{ij}=b_{ji}$이므로 $b_{12}=b_{21}$

$$B=\begin{pmatrix}b_{11}&b_{12}\\b_{21}&b_{22}\end{pmatrix}=\begin{pmatrix}b_{11}&b_{12}\\b_{12}&b_{22}\end{pmatrix}$$

(2단계) 행렬의 관계식을 이용하여 행렬의 성분을 구한다.

$$2A-B=2\begin{pmatrix}0&a_{12}\\-a_{12}&0\end{pmatrix}-\begin{pmatrix}b_{11}&b_{12}\\b_{12}&b_{22}\end{pmatrix}$$
$$=\begin{pmatrix}-b_{11}&2a_{12}-b_{12}\\-2a_{12}-b_{12}&-b_{22}\end{pmatrix}$$
$$=\begin{pmatrix}1&2\\-2&4\end{pmatrix}$$

$-b_{11}=1$에서 $b_{11}=-1$
$-b_{22}=4$에서 $b_{22}=-4$
$2a_{12}-b_{12}=2$ …… ㉠
$-2a_{12}-b_{12}=-2$ …… ㉡
㉠, ㉡을 연립하여 풀면 $a_{12}=1$, $b_{12}=0$

$$\therefore A=\begin{pmatrix}0&1\\-1&0\end{pmatrix},\ B=\begin{pmatrix}-1&0\\0&-4\end{pmatrix}$$

$$\therefore A^2-B=\begin{pmatrix}0&1\\-1&0\end{pmatrix}\begin{pmatrix}0&1\\-1&0\end{pmatrix}-\begin{pmatrix}-1&0\\0&-4\end{pmatrix}$$
$$=\begin{pmatrix}-1&0\\0&-1\end{pmatrix}-\begin{pmatrix}-1&0\\0&-4\end{pmatrix}$$
$$=\begin{pmatrix}0&0\\0&3\end{pmatrix}$$

따라서 행렬 A^2-B의 (2, 2) 성분은 3이다.

685

행렬의 (i, j) 성분 ⊕ 행렬의 곱셈

(1단계) 일차함수의 계수의 부호를 이용하여 함수 $f(x)$의 최댓값과 최솟값의 조건을 찾는다.

i, j는 모두 양수이므로 $-i<0$, $j+1>0$
함수 $f(x)$가 일차함수이므로 $(3i-2^j)$의 부호에 따라 최댓값과 최솟값이 정해진다.
$3i-2^j>0$일 때 함수 $f(x)$는 $x=-i$에서 최솟값을, $x=j+1$에서 최댓값을 갖고,
$3i-2^j<0$일 때 함수 $f(x)$는 $x=j+1$에서 최솟값을, $x=-i$에서 최댓값을 갖는다.

(2단계) i, j의 값에 따라 a_{ij}, b_{ij}를 구한다.

(i) $i=1$, $j=1$일 때, $3-2=1>0$이므로
$a_{11}=2$, $b_{11}=-1$

(ii) $i=1$, $j=2$일 때, $3-4=-1<0$이므로
$a_{12}=1$, $b_{12}=-3$

(iii) $i=2$, $j=1$일 때, $6-2=4>0$이므로
$a_{21}=8$, $b_{21}=-8$

(iv) $i=2$, $j=2$일 때, $6-4=2>0$이므로
$a_{22}=6$, $b_{22}=-4$

(3단계) (i)~(iv)에서 행렬 A, B를 구한다.

이상에서 $A=\begin{pmatrix}2&1\\8&6\end{pmatrix}$, $B=\begin{pmatrix}-1&-3\\-8&-4\end{pmatrix}$이므로

$$AB=\begin{pmatrix}2&1\\8&6\end{pmatrix}\begin{pmatrix}-1&-3\\-8&-4\end{pmatrix}$$
$$=\begin{pmatrix}-10&-10\\-56&-48\end{pmatrix}$$

686

행렬의 곱셈 ⊕ 행렬의 곱셈에 대한 성질

(1단계) 성립하지 않는 예를 찾아본다.

ㄱ. $A=\begin{pmatrix}0&1\\0&0\end{pmatrix}$일 때, $A\neq O$이지만
$A^2=\begin{pmatrix}0&1\\0&0\end{pmatrix}\begin{pmatrix}0&1\\0&0\end{pmatrix}=\begin{pmatrix}0&0\\0&0\end{pmatrix}$이다. (거짓)

(2단계) $AB=BA$임을 찾아서 관계식을 정리한다.

ㄴ. $A+B=\begin{pmatrix}1&0\\0&1\end{pmatrix}$에서 $A+B=E$이므로
$A=E-B$
$AB=B-B^2$, $BA=B-B^2$이므로
$AB=BA$
$\therefore (A+B)(A-B)=A^2-AB+BA-B^2$
$=A^2-B^2$ (참)

(3단계) $AB=E$임을 이용하여 주어진 관계식을 정리한다.

ㄷ. $(ABA)^3=(EA)^3=A^3$
$A^3B^3=AAABBB$
$=AA(AB)BB$
$=AAEBB$
$=AABB$
$=AEB$
$=AB=E$

이때 $A=2E$, $B=\frac{1}{2}E$이면 $AB=E$이지만 $A^3\neq AB$이다. (거짓)

따라서 옳은 것은 ㄴ뿐이다.

MEMO

Contact Mirae-N
www.mirae-n.com
(우)06532 서울시 서초구 신반포로 321
1800-8890

손쉬운
고전 문학
손쉬운
현대 문학